赵一鸣先生

1934 年 12 月生，浙江余姚人，中国共产党党员，中国地质科学院矿产资源研究所原所长（局级干部）。1953 年毕业于上海市市西中学。1953~1954 年，在北京俄专留苏预备部学俄文。1959 年毕业于苏联第聂伯尔彼得洛夫矿业学院地质勘探系金属矿床专业。1963 年晋升工程师。1964 年任矿床地质研究所研究室副主任。1970~1973 年和 1976~1980 年任研究队副队长兼技术负责。1980 年晋升副研究员。1983~1990 年任矿床地质研究所金属矿床研究室主任；其间，1986 年 7 月晋升研究员，1985 年获评地矿部全国地矿系统劳动模范。1988~1993 年，兼任国家自然科学基金委员会地球科学部地球化学组评委。1990 年 12 月至 1995 年 4 月任矿床地质研究所所长；其间，1992 年起享受国务院政府特殊津贴，1993 年被国务院学位委员会批准为矿床学博士生导师，1995 年任国际矿床成因协会矽卡岩组副组长。1990~2003 年任中国地质科学院学术委员会委员。曾任《地质学报》副主编，《地质论评》编委，《矿床地质》荣誉编委，《Ore Geology Reviews》编委（1997~2003 年）。

赵一鸣先生先后承担和主持完成部（院）、国家级科技项目 20 余项，其中包括部攻关（重点）项目 6 项、院控项目 2 项、国家科技攻关（地质找矿）项目 2 项、国家自然科学基金项目 5 项、地质调查项目 2 项以及横向科研项目 2 项等。出版专著 9 部，主编论文集 2 册，主编全国战略性矿产资源图幅 8 幅，发表论文 100 余篇。有关成果获原地矿部科技成果二等奖 4 项、三等奖 3 项，原国土资源部科技成果二等奖 1 项，北方十省市（区）优秀图书二等奖 1 项，国家优秀图书一等奖 1 项，优秀论文奖 3 篇。

世界主要矽卡岩矿床

赵一鸣　丰成友　瞿泓滢
李大新　刘建楠　吴　琼　等著

地质出版社
·北　京·

内 容 提 要

本书系作者数十年研究矽卡岩矿床之集大成，包括矽卡岩矿床总论和重点矿床地质特征分论两个部分。总论部分系统总结了世界矽卡岩矿床的时空演化、控矿地质条件、矽卡岩类型、矽卡岩矿物学、分带性及矿床地球化学特征；分论部分主要按 Fe、Cu、Pb-Zn、W、Sn、Mo、Au 和 U-REE 8 个矿种（矿种组），详细阐述了 55 个代表性矽卡岩矿床的主要地质地球化学特征，并分别附有矽卡岩矿床一览表。

本书可供从事矿床学研究、相关矿产勘查人员以及高等院校师生参考使用。

图书在版编目（CIP）数据

世界主要矽卡岩矿床 / 赵一鸣等著. —北京：地质出版社，2023.6

ISBN 978-7-116-13609-0

Ⅰ.①世… Ⅱ.①赵… Ⅲ.①矽卡岩矿床-世界 Ⅳ.①P619.21

中国国家版本馆 CIP 数据核字（2023）第 059126 号

SHIJIE ZHUYAO XIKAYAN KUANGCHUANG

责任编辑：孙彦琪　李　华
责任校对：陈　曦
出版发行：地质出版社
社址邮编：北京市海淀区学院路 31 号，100083
咨询电话：（010）66554528（邮购部）；（010）66554624（编辑室）
网　　址：https://www.gph.clmpg.com
传　　真：（010）66554686
印　　刷：北京地大彩印有限公司
开　　本：889 mm×1194 mm　1/16
印　　张：23.5
字　　数：750 千字
版　　次：2023 年 6 月北京第 1 版
印　　次：2023 年 6 月北京第 1 次印刷
审 图 号：GS 京（2023）1002 号
定　　价：180.00 元
书　　号：ISBN 978-7-116-13609-0

前　　言

“矽卡岩”这个名词最早是瑞典中部的矿工用来称呼那些与铁矿石伴生的深色钙质硅酸盐岩石的，后来经焦涅邦（1875）正式提出并为林格仑（1902）、戈尔德施密特（1911）等所采用。之后，矽卡岩矿床便成为一种独立的矿床类型。矽卡岩矿床也称接触矿床（柯塔，1864）、接触变质矿床（林格仑，1902；赫斯，1919）、高温交代矿床（林格仑，1922）、接触气成矿床（史奈德洪，1941）、接触交代矿床（别捷赫琴，1951）和火成变质矿床（Park et al.，1972）等。

矿体一般产于铝硅酸盐岩（包括侵入岩、火山岩、混合岩或其他碎屑岩）和碳酸盐岩或其他钙（镁）质围岩接触带的矽卡岩及其附近的交代岩中，在岩浆期后高温气液或火山气液或与混合岩化有关的高温气液作用下，主要是通过接触交代反应的方式生成的。矿石中常有矽卡岩矿物或变矽卡岩矿物。矽卡岩矿床经常伴生某些产于接触带附近围岩中，而不伴有矽卡岩矿物的各类交代矿床，如云英岩矿床、细脉浸染型交代矿床（斑岩型矿床）和其他热液交代矿床等，但这些矿床和矽卡岩矿床之间是互有成因联系的。也就是说，我们是把矽卡岩矿床当作一个成矿系列或含矿交代系列来考虑的。矽卡岩成矿作用是从矽卡岩阶段开始，到高中（低）温热液交代（酸性淋滤）阶段连续演化的复杂过程。在此过程中，金属矿化一部分形成于矽卡岩期，但相当部分则形成于高中温热液交代阶段。矿化作用是矽卡岩成矿作用演化到一定阶段的必然产物。

矽卡岩矿床是地球上重要的矿床类型之一，也是富铁矿、富铜矿和钨、锡、钼、铅、锌、金矿的重要类型，几乎形成于所有时代，其中以中生代和新生代最为重要。其分布遍及五大洲，但很不均匀，主要沿不同时代的褶皱带和岛弧分布，特别集中分布于环太平洋地区，另外，在大陆内部的陆-陆碰撞带和克拉通中的局部凹陷区及隆起区也有分布。据不完全统计，全世界 70 多个国家中已探明的矽卡岩矿床多达 2535 个，其中又以中国、美国、加拿大、俄罗斯、澳大利亚、日本等国家分布最广。

矽卡岩是一种较简单又特殊的岩石类型，主要由钙（镁）硅酸盐矿物，如石榴子石、辉石、硅灰石、角闪石、绿帘石、镁橄榄石、金云母等组成。大多数矽卡岩矿床产于侵入岩和碳酸盐岩或钙质地层的接触带附近，并显示一定的分带性。这种分带性既反映在本身矽卡岩的分带，也表现为金属矿化的分带。它们与岩浆作用和有关高温热液活动有密切关系。根据矽卡岩矿物共生组合特征，划分出四类矽卡岩，即钙矽卡岩、镁矽卡岩、锰质矽卡岩和碱质矽卡岩。其中，锰质矽卡岩和碱质矽卡岩是作者根据长期研究和积累新提出来的，并进行了深入的矿物学和地球化学研究（赵一鸣等，1990，2002），对指导 Pb、Zn、Ag 矽卡岩矿床和 U-REE 矽卡岩矿床的找矿有重要科学意义。

国外对矽卡岩矿床的介绍，或以综述为主，如 Einaudi et al.（1981）、Meinert et al.

(2005)，大多数文献则是对单个矽卡岩矿床的地质地球化学特征进行重点描述，但缺乏对世界上一些主要矽卡岩矿床较全面的介绍。本书的目的则是力求做到这一点，使读者，特别是对矽卡岩矿床感兴趣的矿床工作者便于查阅。一般来说，对典型矿床的描述，力求做到简明扼要、突出重点，而对少数超大型矿床的叙述，则内容稍丰富一些。作者长期从事中国矽卡岩矿床的研究，对国内外矽卡岩矿床收集积累了不少资料，这对编写本书奠定了较好的基础。

全书共分总论和分论两个部分。总论主要叙述世界矽卡岩矿床的时空分布、控矿地质条件、矽卡岩类型、矿物学、分带性等；分论是本书的重点，主要按 Fe、Cu、Pb-Zn、W、Sn、Mo、Au 和 U-REE 8 个矿种（矿种组），分述 55 个代表性矿床的主要地质地球化学特征，并分别附有矽卡岩矿床一览表。在一览表中，包括矿床名称、地理位置、矿床地质特征简述、储量、品位、成矿时代等内容。

赵一鸣负责总论、矽卡岩矿床一览表和部分代表性矿床的编写，丰成友、瞿泓滢、刘建楠、吴琼承担了部分代表性矿床的编写，丰成友、瞿泓滢、李大新对全书文字内容进行校对与统稿，钟世华、周建厚、王辉、于森、张明玉等参与了部分工作。本书的编写过程中，搜集和引用了多家地质勘查部门数十年来找矿勘查成果。书中引用的文献多为可以检索到的专著或论文，其中，有些专著或论文由于年代久远无法查询到原文献而未能列到参考文献中，有些专著或论文的作者可能引用了地质勘查部门的地质矿产勘查报告，由于不能检索到直接来源而未能引用原著，在此一并表示诚挚歉意。

在本书编写过程中，中国地质科学院矿产资源研究所陈仁义所长、王登红副所长、吴良士研究员、唐菊兴研究员、江思宏研究员、袁顺达研究员、李进文研究员、黄凡研究员、刘善宝研究员、李宝龙正高级工程师和白文杰同志、康洪英同志、王晓娟同志等曾给予很大支持和帮助，《中国矿产地质志》项目办提供了部分图件，在此一并表示衷心的感谢。

目　　录

Contents

概　　述

矽卡岩矿床是世界上重要的矿床类型之一，也是富铁矿、富铜矿和钨、锡、铅、锌、金矿的重要类型，几乎形成于所有时代。其分布遍及五大洲，但很不均一，主要沿不同时代的褶皱带产出。据不完全统计，全世界70多个国家已探明矽卡岩矿床多达2535个，其中又以中国、美国、加拿大、俄罗斯、澳大利亚、日本等国家分布最广。

矽卡岩是一种简单又特殊的岩石类型，主要由钙（镁）硅酸盐矿物，如石榴子石、辉石、角闪石、绿帘石、硅灰石、镁橄榄石、金云母等组成。大多数矽卡岩矿床产于侵入岩和钙（镁）质围岩的接触带，并显示一定的分带性。这种分带性既反映在本身矽卡岩的分带，也表现为金属矿化的分带。它们与岩浆作用和高温热液活动密切相关。

国外对矽卡岩矿床的介绍，或以综述为主，大多数文献则是对单个矿床的地质地球化学特征加以介绍，但缺乏对世界上一些主要矽卡岩矿床的地质地球化学特征进行较全面系统的描述。本书的目的则力求做到这一点，使读者特别是对矽卡岩矿床感兴趣的矿床地质工作者便于查阅。一般来说，对典型矿床的描述，力求做到简明、扼要，突出重点；而对少数超大型矿床的叙述，其内容稍丰富一些，如印度尼西亚的Ertsberg铜金矿床、加拿大的Nickel Plate金矿床和中国的个旧锡多金属矿床等。

全书共分总论和分论两部分。总论主要叙述世界矽卡岩矿床时空演化和控矿地质条件，矽卡岩类型和矿物学，矽卡岩矿床的分带，矽卡岩和金属矿化的地球化学联系；分论是本书的重点，主要按Fe、Cu、Pb-Zn、W、Sn、Mo、Au和U-REE 8个矿种（矿种组），分述代表性矿床的主要地质特征，并附有世界矽卡岩矿床一览表。在一览表中，包括矿床名称、地理位置、矿床简要地质特征、储量、品位、成矿时代和参考文献等内容。

全书主要内容包括：

1. 矽卡岩矿床时空演化和控矿地质条件

（1）空间分布规律

矽卡岩矿床在世界五大洲均有分布，但很不均匀，主要沿不同时代的褶皱带分布，在古老地盾中，也有少量矿床产出。根据矽卡岩矿床的分布情况，可大致划分出以下8个较重要的成矿带：①太平洋东岸成矿带，②太平洋西岸成矿带，③乌拉尔山成矿带，④特提斯成矿带，⑤长江中下游成矿带，⑥东昆仑成矿带，⑦阿尔泰-萨彦成矿带，⑧土尔盖成矿带，其中，①～⑥是多金属综合矿床成矿带，而⑦、⑧则是较单一的铁矿成矿带。

（2）成岩成矿时代演化

与矽卡岩矿床有关的岩浆岩大致可分为5个主要岩浆活动期：前寒武纪、早古生代、晚古生代、中生代和新生代，其中以中生代最为重要。

前寒武纪的矽卡岩矿床以铁矿和钨矿为主，次有Cu、Pb-Zn、Sn、Mo、Au和U-REE。铁、钨矿床主要见于北欧的挪威、瑞典和印度老变质岩区，澳大利亚中部、西南部和昆士兰州北部的一些PbZnCu矿床，MoW和U-REE矿床也认为是在前寒武纪形成的，其中，挪威Tykjo的W(Cu)矿的形成时代为28亿年前，属新太古代，可能是世界上最古老的矽卡岩矿床。

早古生代加里东期的矽卡岩矿床相对较少，主要见于澳大利亚新南威尔士州Cadia FeCuAu矿床、Junction Reefs Au矿床和中国新疆的白干湖WSn矿床、广西钦甲Cu矿床等。

晚古生代华力西期的矽卡岩矿床以铁矿为主，包括土尔盖成矿带的Fe矿床和我国新疆天山成矿带的一些Fe矿床以及澳大利亚塔斯马尼亚King岛的Kara W矿床等。

与中生代岩浆活动有关的矽卡岩矿床约占中国矽卡岩矿床总数的80%，主要分布在我国东部地区，在韩国、日本、加拿大、美国和墨西哥等国也有相当大的数量。因此，中生代燕山期在世界范围内也是最重要的矽卡岩矿床成矿期。

与新生代岩浆活动有关的矽卡岩矿床，主要见于秘鲁、智利、墨西哥和美国西部及中国西藏，土耳其和伊朗的一些 Cu、W、Mo、Fe 矿床。

(3) 控矿地质条件

控制矽卡岩的主要地质条件为地层（围岩）、岩浆岩和构造。

A. 地层（围岩）对矽卡岩矿床的控制

矽卡岩矿床可以产于所有时代的地层围岩中，围岩的岩性五花八门，主要是灰岩、白云质灰岩、灰质白云岩、白云岩，其次是泥灰岩、火山凝灰岩、凝灰质砂岩或粉砂岩、砂岩、片岩、片麻岩等。碳酸盐岩围岩和一些钙质岩石的存在是矽卡岩矿床形成的必要条件之一。当碳酸盐岩、火山凝灰岩、砂页岩、粉砂岩互层时，对形成矽卡岩矿床是有利的。

碳酸盐岩围岩化学成分的差别，在很大程度上影响着矽卡岩的类型，统计表明，当碳酸盐岩为 MgO 含量小于3%的灰岩或大理岩时，一般是形成钙矽卡岩矿物组合（钙铝-钙铁榴石、透辉石-钙铁辉石、硅灰石、绿帘石、阳起石等），如加拿大不列颠哥伦比亚省的 Merry Widow 和 Texada Island 铁矿床、美国内华达州 Fortitude 金矿和中国闽南、青海都兰及长江中下游的大多数 Fe（Cu）矿床；当碳酸盐岩围岩为 MgO 含量高于10%的白云岩或白云质大理岩时，就有可能出现较典型的镁矽卡岩矿物组合（包括镁橄榄石、尖晶石、透辉石、硅镁石、金云母、蛇纹石等），如俄罗斯的塔瑶什铁（硼）矿床、印尼的 Ertsberg CuAu 矿床和中国广东的大顶铁（锡）矿床等。

控矿围岩的地层时代，从太古宙到新生代各时代均有，但其中最重要的控矿层位是元古宇—中奥陶统、泥盆系、石炭系—二叠系、三叠系和白垩系。值得注意的是，在一个成矿带（区）往往有一两个碳酸盐岩层或火山-沉积岩岩层为主要控矿层位，控制着区域内矽卡岩矿床的分布。例如，分布在中国华北地区中朝克拉通上的矽卡岩铁矿床的控矿层位主要是中奥陶统灰岩；长江中下游地区的矽卡岩铁铜（金）矿床集中在三叠系和石炭系两个碳酸盐岩层位；俄罗斯阿尔泰-萨彦地区的铁矿床围岩主要是下古生界火山-沉积岩夹灰岩地层，而哈萨克斯坦土尔盖成矿带的铁矿集中在石炭系火山-沉积岩夹灰岩地层中等。

B. 成矿岩浆岩

绝大多数矽卡岩矿床伴随有不同类型、时代、规模的岩浆岩侵入体。前已提及，有关岩浆岩的时代从前寒武纪、加里东期、华力西期、印支期、燕山期，一直到新生代，而以中生代燕山期为主，次为新生代喜马拉雅期和华力西期。侵入岩的类型则多种多样，包括辉长岩、闪长岩、石英闪长岩、石英二长闪长岩、花岗闪长岩、二长花岗岩、闪长玢岩、花岗岩和花岗斑岩等。岩体的规模有大有小，大到花岗岩基，小的如小型岩株、岩墙、岩脉，但以小型岩体为主，出露地表的面积大多数小于 1 km^2，其形态千姿百态。

矽卡岩矿床的类型和有关侵入岩的化学成分之间有着非常密切的关系，它们之间存在一定的岩浆岩成矿专属性。

与铁矿有关的侵入岩主要有辉长岩和闪长岩类，但也有花岗岩。在后一种情况下，铁矿必然伴生锡、钼等金属矿化，如中国大顶、黄岗和马坑铁矿。

与 Cu、Au 矿床有关的侵入岩大多为闪长岩、花岗闪长岩、石英二长岩等。

与 Pb、Zn、Ag 矿床有关的侵入岩有花岗闪长岩、石英二长岩、二长花岗岩、花岗斑岩等。

与 Sn、Mo 矿床有关的侵入岩主要为花岗岩，特别是 Sn 矿床，多为高铝的壳源重熔型花岗岩；相反，铝不饱和的闪长岩类侵入体和铁矿伴生，具有很强的地幔信号，与陆壳沉积物混染较少。

Meinet et al.(2005) 曾综合了侵入岩主量元素与7个矽卡岩矿床类型（Fe、Au、Cu、Pb-Zn、W、Mo 与 Sn）之间的相关资料，用作地球化学判别图件。与矽卡岩 Fe、Au 矿床伴生的侵入体比，矽卡岩 Sn、Mo 矿床含有大量 MgO，但相对缺 K_2O 和 SiO_2；而且矽卡岩 Fe、Au、Cu、Zn、W、Sn 和

Mo 矿床在 K_2O-SiO_2 相关图上，具有正相关关系，而在 $MgO-SiO_2$ 相关图上，则具有负相关关系。Fe、Au 矽卡岩比 Sn、Mo 矽卡岩少污染地壳物质，这可能反映侵入岩的原始岩浆物质。

C. 大地构造单元对矽卡岩矿床的控制

矽卡岩矿床按产出的大地构造环境，主要有以下几类。

a. 产于古老克拉通内部的矽卡岩矿床

在成因上，大多与花岗混合岩化作用有密切关系，如俄罗斯东西伯利亚的镁矽卡岩型铁（硼）矿床，中国辽南翁泉沟镁矽卡岩型铁（硼）矿床，挪威、瑞典的铁、钨矿床可能也属此类。

b. 产于大陆边缘褶皱带和岛弧中的矽卡岩矿床

这是形成矽卡岩矿床最重要的大地构造背景，北美西海岸、俄罗斯远东、日本、韩国和我国黑龙江省等许多重要的 Fe、Cu、Pb、Zn、W、Sn、Au 矿床都产于这类地质构造环境。有关岩浆岩多为中酸性钙碱性的闪长岩、石英闪长岩、花岗闪长岩、二长岩和花岗岩等。

c. 产于陆-陆碰撞褶皱带的矽卡岩矿床

典型实例是我国西藏的冈底斯成矿带。侯增谦等（2012）认为，大陆碰撞成矿作用构成了冈底斯新生代的斑岩-矽卡岩成矿系统，矿床贯穿于印度-亚洲大陆碰撞的全过程，集中产出于冈底斯巨型碰撞带，形成亚贵拉（PbZnAg）、努日（CuWMo）、甲玛（Cu 多金属）等大型矽卡岩矿床。

d. 大陆内部大（深）断裂对矽卡岩矿床的控制

我国有相当数量的矽卡岩矿床沿一定大地构造单元的大（深）断裂带呈线性分布。在闽南-粤东地区，许多矽卡岩铁矿床多沿丽水-海丰大断裂带附近分布。该断裂带呈 NE 向延伸，长约 1100 km，宽 20~50 km。李春昱等（1982）认为这条大断裂可能是古生代板块俯冲带。

长江中下游地区在燕山期板块活动性明显增强，翟裕生等（1992）认为是由多种地质构造要素组成，包括深断裂、断块构造、滑脱推覆构造、构造破碎带、火山侵入机构等。矽卡岩铁铜（金）矿床沿着这一深大断裂带两侧分布。

2. 矽卡岩类型和矿物学

在文献上，矽卡岩按其组成矿物特征，通常分为镁矽卡岩和钙矽卡岩两类。通过对我国各种矽卡岩系统研究，并和国外有关矽卡岩矿床做了广泛的对比，建议除了镁矽卡岩和钙矽卡岩外，还应进一步划分出锰质矽卡岩和碱质矽卡岩。因为后两类矽卡岩不仅在矿物组合、成分和生成条件等方面有其特殊性，而且有特有的成矿专属性。下面，我们就这四类矽卡岩的生成地质条件、矿物共生组合、矿物成分特征、分带性以及伴生矿化等方面分别进行叙述。

（1）镁矽卡岩

镁矽卡岩一般见于各类侵入岩、混合岩、铝硅酸盐岩和镁质大理岩的接触带。根据其生成时间、方式和矿物共生组合特征等的不同，可以划分出岩浆期镁矽卡岩和岩浆期后矽卡岩两类。岩浆期镁矽卡岩的概念是苏联学者 Коржинский（1955）最先提出来的。他认为花岗岩化作用时，有透岩浆溶液的参与，镁矽卡岩交代白云岩发生在岩浆阶段。之后，Жариков（1968，1985）和 Шабынин（1974，1978）等又对这类矽卡岩的形成条件、岩石矿物和地球化学特征做了进一步研究。笔者也曾对中国东秦岭地区的镁矽卡岩矿床进行过较详细的研究（赵一鸣等，1983a，b），并确定有岩浆期和岩浆期后镁矽卡岩的存在。

岩浆期镁矽卡岩和岩浆期后镁矽卡岩的主要鉴别标志如下。

A. 矿物成分和共生组合特征

岩浆期镁矽卡岩的矿物较为单一，主要由一套富镁富铝硅酸盐矿物组成，有尖晶石、铝透辉石（Al_2O_3 含量可高达 3.64%~13.14%，光轴角有较强色散现象）、镁橄榄石、基性斜长石、紫苏辉石（仅见于深成相）、钙镁橄榄石、方镁石（一般见于浅成相）、方解石和磁铁矿等。

岩浆期后镁矽卡岩中的辉石主要为较纯的透辉石，Al_2O_3 的含量一般不超过 1%，光轴角没有色散现象。因此，根据辉石中 Al_2O_3 的含量高低和光轴色散情况，可以较有把握地区分岩浆期镁矽卡岩的铝透辉石和岩浆期后镁矽卡岩中的透辉石。

岩浆期后镁矽卡岩的组成矿物较多样化，主要有镁橄榄石、透辉石、金云母、透闪石、硅镁石族（包括硅镁石、粒硅镁石和斜硅镁石等）和蛇纹石等，在特殊情况下还有硼镁铁矿、硼镁石、遂安石、氟硼镁石和直闪石等。此外，还有一些较低温的镁矽卡岩蚀变矿物，如镁绿泥石、水镁石、滑石和纤维硼镁石等。

B. 接触带岩浆岩的变化

由于岩浆期镁矽卡岩是在岩浆尚未完全结晶凝固之前形成的，是从液态岩浆中分出来的溶液或是引起围岩花岗岩化作用的溶液与白云岩相互作用的结果，因此，与矽卡岩接触的岩浆岩本身未见矽卡岩化现象。与此相反，岩浆期后镁矽卡岩是岩浆期后溶液作用下，岩浆岩和镁质大理岩进行接触反应交代的产物，本身岩浆岩也常遭受矽卡岩化。例如，在陕西木龙沟矿区外接触带广泛发育岩浆期后镁矽卡岩，包括透辉石、镁橄榄石和粒（斜）硅镁石矽卡岩，而在内接触带花岗闪长斑岩中常发育透辉石-石榴子石矽卡岩。

C. 形成温度

岩浆期镁矽卡岩和岩浆期后镁矽卡岩的形成温度有较大差别。岩浆期镁矽卡岩的生成温度相当高，我们曾对陕西黑山镁矿的岩浆期镁矽卡岩的有关矿物包裹体进行了均一法测定，在铝透辉石中发现熔融包裹体，测得其均一温度为 905~1005℃。镁橄榄石矽卡岩中的气液包裹体均一温度也较高，达 642~702℃。而该区和云南个旧等矿区岩浆期后镁矽卡岩的透辉石中气液包裹体的均一温度相对较低，为 502~672℃，透闪石中的包裹体更低，仅 360~507℃。

D. 矿化

岩浆期镁矽卡岩一般不含矿，有时可伴生少量磁铁矿化；而岩浆期后镁矽卡岩的伴生矿化则相当复杂，可能有 Fe、Cu、Pb、Zn、W、Sn、Mo、Au、B、Be 等。

（2）钙矽卡岩

钙矽卡岩是由钙、镁、铁硅酸盐组成的交代岩。它是在高温气液参与下，碳酸盐岩（主要是灰岩）和岩浆岩（包括各类侵入岩和火山岩）或其他铝硅酸盐岩（包括片麻岩、片岩、混合岩、砂岩、粉砂岩等）相互反应作用的产物。

我国和世界上许多国家钙矽卡岩产出地质条件表明，它们产于较广泛的地质背景，包括不同时代的大陆边缘褶皱带、岛弧、大陆内部活动区和克拉通古老变质岩区等。

钙矽卡岩按其形成的方式，可分为双交代型（扩散交代型）和接触渗滤交代型。双交代型钙矽卡岩的生成是当高温溶液沿着化学成分不平衡的两种介质（碳酸盐岩和铝硅酸盐岩）运移时，发生硅、铝向碳酸盐岩扩散，而钙向铝硅酸盐岩扩散，形成接触反应钙矽卡岩体。接触渗滤型钙矽卡岩的生成是由于组分单向迁移而发生反应交代的结果。

钙矽卡岩的矿物种类较多，但常见的主要有钙铝-钙铁系列石榴子石、透辉石-钙铁辉石系列辉石、硅灰石、方柱石、绿帘石、阳起石、斜长石等，常见榍石、磷灰石，有时有褐帘石，在特殊条件下可能有黄长石、硼符山石、含水枪晶石、硬硅钙石等罕见矿物出现。在有些镁（铜）矿床中，有较多的含铁金云母、含氯角闪石、含氟角闪石、霓辉石。

大量矽卡岩矿物学研究表明，不同钙矽卡岩金属矿床中的辉石和石榴子石成分有较明显的变化。

矽卡岩铁、铜矿的辉石主要为透辉石，锰钙辉石分子含量很低。与辉石共生的石榴子石一般为钙铁榴石，含 63%~88%钙铁榴石分子，锰铝榴石分子不超过 3%，辉石-石榴子石矿物共生对含铁率比值很小，说明矽卡岩化溶液酸度很低，氧逸度较高。这一特点和接踵而来的大规模磁铁矿化需要相对富氧的环境是一致的。

矽卡岩白钨矿矿床中的辉石含钙铁辉石分子为中等数量（33.91%~58.55%），还含一定量锰钙辉石分子（7.87%~10.39%），石榴子石含 52%~68%钙铁榴石分子，石榴子石的锰铝榴石分子普遍较高（3.5%~22%）。在本类矿床中，透辉石和钙铝-钙铁榴石的过渡种属共生，反映了矽卡岩化溶液大体属中等酸度。

矽卡岩锡矿床的辉石主要为钙铁辉石，但在含铜矽卡岩中则以透辉石为主，说明矽卡岩化溶液酸度较高，形成于较还原的环境。

含钼矽卡岩的辉石主要为透辉石，而石榴子石则属于钙铝榴石和钙镁榴石的过渡种属，钙铝榴石分子含量相对较高，达32%~83%，平均58.8%。

矽卡岩铅锌矿床的情况比较特殊，除了见有多量钙铁榴石、绿帘石等矿物外，还常出现大量锰质辉石，如锰钙辉石、锰钙铁辉石、蔷薇辉石、钙蔷薇辉石等，个别矿区还有锰铝榴石。

以上说明，交代成矿专属性在早期辉石-石榴子石共生对中有所显示，即随着矽卡岩化溶液酸度的增长和氧逸度的降低，铁从以 Fe^{3+} 为主赋存于石榴子石中，逐渐变为以 Fe^{2+} 为主赋存于单斜辉石中，其伴生金属矿化组合也作有规律的变化：Fe、Cu→Mo→W→Sn。矽卡岩铅锌矿床则以富锰辉石发育为其特征。

（3）锰质矽卡岩

锰质矽卡岩是作者通过对福建、辽宁等地一些矽卡岩铅锌银矿床研究，并和国外有关矽卡岩铅锌锰矿床进行对比后，划分出来的交代建造。在以往的国外文献中，它被当作钙矽卡岩的一部分。我们之所以将其从钙矽卡岩中划分出来，以一个独立的交代建造来考虑，主要根据有以下几点：

1）它有一套较特殊的锰质硅酸盐矿物组合，包括锰钙辉石、锰钙铁辉石、锰铝榴石、蔷薇辉石、钙蔷薇辉石、锰三斜辉石、锰黑柱石和锰质硅灰石等，还往往叠加一些晚期的锰质热液交代矿物，如锰质阳起石、红帘石、菱锰矿、锰绿泥石等。这和钙矽卡岩主要由钙铝-钙铁系列石榴子石、透辉石-钙铁辉石系列辉石、硅灰石、符山石、方柱石等矿物组成有明显的区别。

2）锰质矽卡岩的形成温度比一般钙矽卡岩要低，前者大多为200~400 ℃，后者一般为350~650 ℃；生成时间也比钙矽卡岩要晚一些，常见它交代钙矽卡岩的现象。锰质矽卡岩的形成方式主要是接触渗滤交代作用。它们经常产于距离侵入体有一定距离的碳酸盐岩围岩中，受断裂和层间裂隙带控制；而钙矽卡岩既可以由双交代作用形成，也可以通过接触渗滤交代方式生成，大多产于接触带，也有沿围岩断裂裂隙产出的。

3）锰质矽卡岩经常伴生 Pb、Zn（Cu、Ag）矿化，主要组成矿物为闪锌矿、方铅矿、黄铁矿，次为黄铜矿、磁黄铁矿和磁铁矿，而钙矽卡岩的伴生矿化则十分广泛，可能有 Fe、Cu、Pb、Zn、W、Mo、Sn、Bi、Au 等，相应的金属矿物更为复杂。

4）这套特殊的锰质矽卡岩矿物组合和伴生矿化，不但在中国许多地区相似地质条件下产出，而且在其他国家也有共同性，如苏联的西卡拉玛柴（扎里柯夫，1959）、美国新墨西哥州的 Groundhog（Einaudi et al.，1981）、日本的 Nakatsu 和韩国的 Yeonhwa-Ulchin 等，只是不同地区的锰质矽卡岩矿物组合略有差异而已。

（4）碱质矽卡岩

碱质矽卡岩也是作者提出的一种新的矽卡岩类型和含矿交代建造，因为它形成于较特殊的地质环境，有一套特殊的 Na（K、Ca、Mg、Fe、Al）硅酸盐交代矿物，并伴生 REE（Fe、Mo、U、Th）等矿化（赵一鸣等，1990，2012）。

碱质矽卡岩一般产于碱性花岗岩或正长岩和白云岩的接触带。碱质矽卡岩矿物和伴生的具经济价值的矿物包括霓石、霓辉石、氟硅钙钠石、针钠钙石、钠铁闪石、镁钠铁闪石、钠透闪石、金云母、烧绿石、独居石、磁铁矿、氟碳铈矿、易解石、铌铁矿、萤石、沥青铀矿、异性石、褐钇铌矿、硅锆钠石、铈磷灰石、片榍石、钠锆石等。

3. 矽卡岩矿床分类

前面我们已经按矽卡岩类型分为4类，即镁矽卡岩、钙矽卡岩、锰质矽卡岩和碱质矽卡岩。每类矽卡岩都有其伴生的金属矿化。为了叙述方便和对比清晰，Einaudi et al.（1981），Meinert et al.（2005）和赵一鸣等（1990，2012）均按矿床中主要金属元素，来划分矽卡岩矿床的类型，即 Fe、Cu、Pb-Zn、W、Sn、Mo、Au 7类。这次分类我们还加上 U-REE 共8类。

（1）矽卡岩铁矿床

矽卡岩铁矿床是主要铁矿类型之一，也是目前重要的富铁矿类型。矿石的品位 TFe 一般大于

40%；部分矿床的铁矿石可达50%~60%，矿石无须选矿可以直接入炉炼钢。

矽卡岩铁矿床生成地质环境十分广泛，包括古老地盾区、大陆边缘褶皱带、岛弧和大陆内部的断凹带等。其分布相对较广，主要集中在加拿大西部岛屿、美国西海岸带、中国东部、俄罗斯乌拉尔、阿尔泰-萨彦地区以及哈萨克斯坦的土尔盖地区等。

与成矿有关的岩浆岩主要为辉长岩和闪长岩，但也有花岗岩，在后一种情况下，铁矿总是伴生Sn或Mo。在侵入体内接触带往往发育较强的钠长石化和/或方柱石化蚀变，而且宽度较大，可作为重要的找矿标志之一。

矽卡岩铁矿床大致可分为两大类，一类主要是产于侵入岩和各类碳酸盐岩围岩接触带的矿床，如中国湖北铁山、广东大顶，美国犹他州的Iron Springs等；另一类是与海相火山-侵入活动有关的矽卡岩铁矿床，其实例有俄罗斯阿尔泰-萨彦，哈萨克斯坦土尔盖地区和中国天山成矿带等。

根据容矿围岩的不同，又可分为镁矽卡岩型铁矿和钙矽卡岩型铁矿两类。前者被交代围岩为白云岩或白云质灰岩；后者被交代围岩为MgO含量一般低于3%的灰岩、大理岩或钙质火山岩类。

成矿时代可以从前寒武纪、古生代、中生代一直到新生代，但与海相火山-侵入活动有关的铁矿成矿时代主要是古生代。

（2）矽卡岩铜矿床

矽卡岩铜矿床是世界铜矿尤其是富铜矿的重要类型之一。矿石多以较高品位的富矿为特征，常与Fe、Mo、Au、Pb、Zn、W、Sn等金属相伴产出，组成铜、铜铁（或铁铜）、铜钼、铜金、铜铅锌、铜锡等多种矿化组合。

可分为成因单一的矽卡岩铜多金属矿床和斑岩-矽卡岩复合型铜多金属矿床两类；后一类矿床铜储量规模往往较大，但铜的平均品位相对较低。

矽卡岩铜矿床主要分布于美国、墨西哥海岸、秘鲁和智利北部、中国长江中下游、特提斯成矿带等地。大地构造背景是大陆边缘褶皱带、断裂-褶皱带和大陆内部碰撞、褶皱带。

成矿岩体包括辉石闪长岩-花岗岩的各类岩石，而与中性特别是中酸性侵入岩关系最为密切，包括石英闪长岩、石英二长闪长岩、花岗闪长岩及其浅成相。在岩石化学上，它们大多数属于硅酸弱过饱和、贫铁镁组分、富含碱质的钙碱性系列和次碱性系列岩石。矿化多与浅成-超浅成岩相相伴随，有时伴有侵入、爆发角砾岩。

成矿时代主要为中生代和新生代。这两个时代的矽卡岩铜矿床数量占全世界矽卡岩铜矿床的83%。

含铜矽卡岩矿床广泛发育有钙矽卡岩及镁矽卡岩交代建造，前者更为普遍；镁矽卡岩主要产于中酸性岩浆岩与白云岩的接触带。

交代分带是矽卡岩铜矿床的重要特征，不同矿化组合常与一定矽卡岩带相依并存，促使Cu、Fe、Mo等在空间上的分异富集。在中酸性和酸性成矿母岩中，高温碱质交代阶段以钾化为主，并常伴有硅钾质中低温热液蚀变，如钾长石化、黑云母化、绢云母-水白云母化、高岭石化、蒙脱石化、硅化。在钙矽卡岩中常发育阳起石化、绿帘石化、绿泥石化、碳酸盐化。矽卡岩化及岩浆期后热液蚀变的强度和广度是矽卡岩铜矿床的重要成矿标志。

在酸性浅成相侵入岩中，矽卡岩化常与斑岩型Cu、Mo矿化相伴随；各类蚀变矿化在空间上的有机结合，在时间上依序发展，形成以岩体为中心的斑岩型和以接触带为中心的矽卡岩型矿化，这两者构成了与浅成中酸性岩浆活动有关的斑岩-矽卡岩型矿床成矿系列。

（3）矽卡岩铅锌银矿床

矽卡岩铅锌银矿床多产于大陆边缘褶皱带、岛弧。矿体一般赋存于距侵入体接触带有一定距离的碳酸盐岩围岩中，沿断裂裂隙或碳酸盐岩和碎屑岩之间不同岩性的层间破碎带产出，也有产于岩墙、岩脉和碳酸盐岩接触带的。

与成矿有关的侵入岩可以从闪长岩、花岗闪长岩、石英二长岩到花岗岩及它们的浅成相。

与矿化伴生的矽卡岩主要属于温度稍低的锰质矽卡岩，其组成矿物有锰钙铁辉石、锰钙辉石、蔷薇辉石、钙蔷薇辉石、锰三斜辉石、锰质阳起石、锰黑柱石和锰铝榴石等，成为找矿勘探的重要标志之一（赵一鸣等，1990）。

矽卡岩 Pb、Zn 矿床常与 Fe、Cu、W、Sn、Mo 等金属伴生，并显示一定的分带性；一般 Fe、Cu 靠近侵入岩接触带，而 Pb、Zn、Ag 则产于距接触带有一定距离的碳酸盐岩围岩中。

成矿时代主要为中生代和新生代。

（4）矽卡岩钨矿床

矽卡岩钨矿床主要产于大陆边缘及内部的重要造山带，多与钙碱性侵入体相伴，且主要是中粗粒的岩基或较大岩株。侵入岩岩性有花岗闪长岩、石英二长岩、二长花岗岩、花岗岩等。成矿时代可以从前寒武纪、古生代、中生代一直到新生代，而以中生代燕山期为主。

钨矿化常与 Cu、Zn、Mo、Sn 等金属矿化伴生。白钨矿一般呈浸染状或细脉-浸染状交代矽卡岩或其附近的交代岩。WO_3 品位分布不均，一般为 0.3%~0.72%，部分富矿可达 1.28%~2%。Newberry et al.（1981）把含钨矽卡岩分为两组：还原型和氧化型。还原型含钨矽卡岩主要由钙铁辉石和少量钙铝榴石组成，伴有富钼的白钨矿（钨钼钙矿）；在氧化型含钨矽卡岩中，钙铁榴石较丰富，辉石相对较少，白钨矿是贫钼的。

（5）矽卡岩锡矿床

矽卡岩锡矿床的分布有局限性，很不均匀，除了加拿大西北部、阿拉斯加、俄罗斯远东、澳大利亚、泰国、阿富汗等地有零星分布外，大多数矿床集中在中国华南地区。

与成矿有关的侵入岩大多为高硅的花岗岩，属于壳源重熔型花岗岩，以酸度高、K_2O/Na_2O 值大于 1、铝过饱和、富含挥发分 F 为特征。成矿时代以中生代燕山期为主，少量为元古宙和古生代。

矿床赋存的围岩地层有新元古界、寒武系、泥盆系、石炭系—二叠系和三叠系等，其中泥盆系和三叠系是最重要的控矿地层。矿田、矿床一般位于两组或两组以上不同方向构造的复合部位，短轴背斜是控制含锡岩体的主要构造形式之一。

在矿床中，Sn 常和 Fe、Cu、W、Pb、Zn、Au 等金属矿化伴生；矽卡岩主要属于钙矽卡岩，少数矿床还有较特殊的富氟条纹岩。含锡矿物比较单一，主要为锡石，偶有马来亚石、黄锡矿和硼钙锡矿。

Dobson（1982）曾报道在阿拉斯加 Lost River 含锡矽卡岩中，石榴子石含锡高达 6%；赵一鸣等（1990）也报道过在中国云南个旧锡多金属矿床中，石榴子石含钨高达 1.97%，石榴子石的含铁性和含锡率之间成正比。

（6）矽卡岩钼矿床

与其他矽卡岩矿床相比较，矽卡岩钼矿床的数量相对较稀少，除在中国北方稍多外，其他地区矿床分布零星。

在构造上，矽卡岩钼矿床主要产于大陆边缘或内部的褶皱带，一些小型矿床也产于前寒武纪稳定地块（克拉通）。

与成矿有关的侵入岩主要为花岗岩，部分矿床伴生石英二长岩或花岗闪长岩。岩石相对富 SiO_2、K_2O，但 SiO_2 含量变化范围较大，较矽卡岩铜矿更富钾。依据成矿岩浆岩的特点可划分为花岗闪长岩和花岗岩两个系列，前者包括石英闪长岩、石英二长闪长岩、花岗闪长岩；后者为花岗岩、石英斑岩、花岗斑岩、流纹斑岩，其中花岗岩系列的岩石在成钼岩浆岩中占明显优势。岩体多呈中浅成-浅成相-超浅成相，甚至伴有侵入或爆发角砾岩。

成矿时代集中于印支期—燕山期，少量为前寒武纪、古生代和新生代，而以燕山期为主。同位素年龄多为 180~80Ma。

矽卡岩钼矿床的围岩时代偏老，主要为中新元古代及古生代，其次为二叠纪。同一地区，乃至同一矿田中，矽卡岩钼矿床可与斑岩型、脉型及角砾岩筒型钼矿化相伴产出，构成错综复杂的蚀变矿化。一般由下至上可出现矽卡岩型-斑岩型-脉型-网脉型及角砾岩筒型的空间分带。围岩蚀变常以岩体为中心，发育强烈的钾硅质交代作用，形成面型或线型蚀变带。在接触带广泛发育矽卡岩化。有相当数量矽卡岩钼矿床伴生钨。

（7）矽卡岩金矿床

近十几年来，含金矽卡岩矿床的勘查和研究工作在国内外均取得了很大的进展，发现了一批大型独立或共生金矿床，如美国内华达州的 McCoy、蒙大拿州的 Elkhom 和 Beal、华盛顿州的 Crown Jewel，印度尼西亚的 Big Gossan（Meinert et al.，1997；Meinert，1998a，b），中国湖北的鸡冠嘴、鸡笼山、桃花嘴和安徽的天马山等，从而引起了人们的关注，成为国际地学研究的前沿和热点之一。

Theodoret et al.（1991）总结了含金矽卡岩矿床的主要地质特征、分带规律、产出构造背景、共生矿床、矿石矿物组成和流体包裹体特征，并列出了世界上 33 个国家的 127 个含金矽卡岩矿床的产地名称、储量、品位和地质特征，但其中对中国的含金矽卡岩少有介绍。

Meinert et al.（1989，1998a，b）和 Ray et al.（1990）对美国、加拿大、澳大利亚等国的 10 余个重要含金矽卡岩矿床的主要地质特征做了总结，划分出还原型和氧化型含金矽卡岩、含金镁矽卡岩和产于区域变质地体中的含金矽卡岩等 4 个类型。从其所举的矿床实例看，以还原型含金矽卡岩最为重要，金矿化大多产于离接触带有一定距离的钙铁辉石矽卡岩中。这类矽卡岩包括加拿大的特大型 Hedley（Nickel Plate）金矿，美国内华达州的特大型 Fortitude 金矿、蒙大拿州的 Beal 和 Elkhom、华盛顿州的 Crown Jewel 和澳大利亚的 Junction Reefs 等。还原型矽卡岩金矿床具有富铁的单斜辉石（大于 Hd_{50}），但在近接触带含较丰富的石榴子石，有关侵入岩含有钛铁矿，$Fe_2O_3/(Fe_2O_3+FeO)$ 值小于 0.5；另一特点是该类金矿含金品位较高，Au 高达 5~15 g/t，硫化物含量也较高，以磁黄铁矿和毒砂为主。氧化型矽卡岩金矿的特点：石榴子石/辉石值较高；硫化物和含金品位相对较低，硫化物中黄铁矿含量多于磁黄铁矿。氧化型矽卡岩金矿的实例较多，有美国内华达州的 McCoy、厄瓜多尔的 Nambija 以及中国湖北的鸡龙山、云南北衙等。

赵一鸣等（1997a，b，c；1998；1999a，b）和 Zhao et al.（1999）对我国含金矽卡岩矿床，特别是对长江中下游地区的含金矽卡岩矿床的分布、构造环境、地质地球化学特征等进行了较深入的研究，指出它们形成的有利构造环境为大陆边缘的拗陷和褶皱带及深大断裂附近，有关侵入岩为 I 型，主要为花岗闪长岩和石英二长闪长岩的浅成相，矿床的综合交代矿化分带模式，自岩体向碳酸盐岩围岩方向依次为 Cu(Mo)→Cu(Fe)→Cu、Au→Au→Au-Pb-Zn。含金矽卡岩均为氧化型，金矿化形成温度大致为 350~153℃。

（8）矽卡岩 U-REE（Th、Zr、Y）矿床

这类矽卡岩矿床数量较少，但很特殊。有关岩浆岩为正长岩、碱性花岗岩，也有碱性伟晶岩。在碱性侵入岩和碳酸盐岩围岩的接触带，往往有一套碱性矽卡岩产出。U-REE（Th、Zr、Y）矿化即产于碱性矽卡岩中。因此，作者建议这类矽卡岩矿床应单独地分出来。

碱质矽卡岩的矿物组成有霓石、霓辉石、氟镁钠闪石、镁钠闪石、钠透闪石、针钠钙石、异性石、钠锆石等。矿石金属矿物十分复杂，可能有绿层硅铈钛矿、水硅钛铈矿、沥青铀矿、独居石、烧绿石、褐帘石、菱硼硅镧矿等。

碱质矽卡岩矿床的围岩，可以是大理岩、白云质大理岩，也可能是碳酸岩。已知主要矿床实例有加拿大魁北克的 Kipawa Y Zr-REE 矿床、中国辽宁赛马 U-REE（Th）矿床和澳大利亚 Mary-Kathleen U-REE 矿床等。成矿时代为元古宙和中生代。

上篇　总　论

第一章　矽卡岩矿床时空演化和控矿地质条件

一、空间分布规律

矽卡岩矿床在世界五大洲均有分布，但很不均匀，主要沿环太平洋地区不同时代的褶皱带分布，在大陆内部和古老地盾中也有产出。据不完全统计，全世界70多个国家已探明的矽卡岩矿床多达2535个，其中，又以中国、美国、加拿大、俄罗斯、日本、澳大利亚等国家分布最广。其分布情况和主要类型矿床特征见表1-1和图1-1。

表1-1　世界主要国家（地区）矽卡岩矿床的分布

国家（地区）	Fe	Cu	Pb-Zn	W	Sn	Mo	Au	其他	合计
阿根廷	23	8	2		1	1	3		38
澳大利亚	7	13	10	8	12	1	8	9	68
巴西				5	1		2	2	10
加拿大-美国西部	147	436					33		943
智利	1	9	2						12
中国	299	207	208	85	61	22	36	6	924
东欧	3	3	2					2	10
斯堪的纳维亚半岛	79	8	10	6					103
法国	2			9					11
英国	2	2			1				5
印度			1	6			1	6	14
印尼		4	1				2		7
伊朗	6	10							16
爱尔兰				3		1			4
意大利	2		6					2	8
日本	21	31	27	6	2	1		40	126
哈萨克斯坦	3	4				1			8
朝鲜	3	2	2				5		12
韩国	9		7	3	1			4	24
吉尔吉斯斯坦	1				1		2		4
马来西亚	2				3		1	4	10
蒙古国	4		3		1	1			9
新西兰		1	1	1				1	4

续表

国家（地区）	Fe	Cu	Pb-Zn	W	Sn	Mo	Au	其他	合计
巴布亚新几内亚	2	5					3		10
菲律宾	6						1		7
葡萄牙				10				42	52
俄罗斯	51	13	4	5	3	1	2		78
西班牙	10	4	1	12	1	1	2	6	37
瑞士	1						1		2
塔吉克斯坦				1			1	2	4
泰国		1			2		2		5
土耳其	27	1	12	8		2			50
乌兹别克斯坦	1			1				2	4
越南	1	1					1		3
德国	1		2	2	1			1	7
总和	613	753	441	288	109	61	105	152	2535

资料来源：中国、俄罗斯、韩国的资料据赵一鸣等（2017a），其他据 Meinert et al.（2005）；其他矽卡岩矿床主要是指非金属矿床。

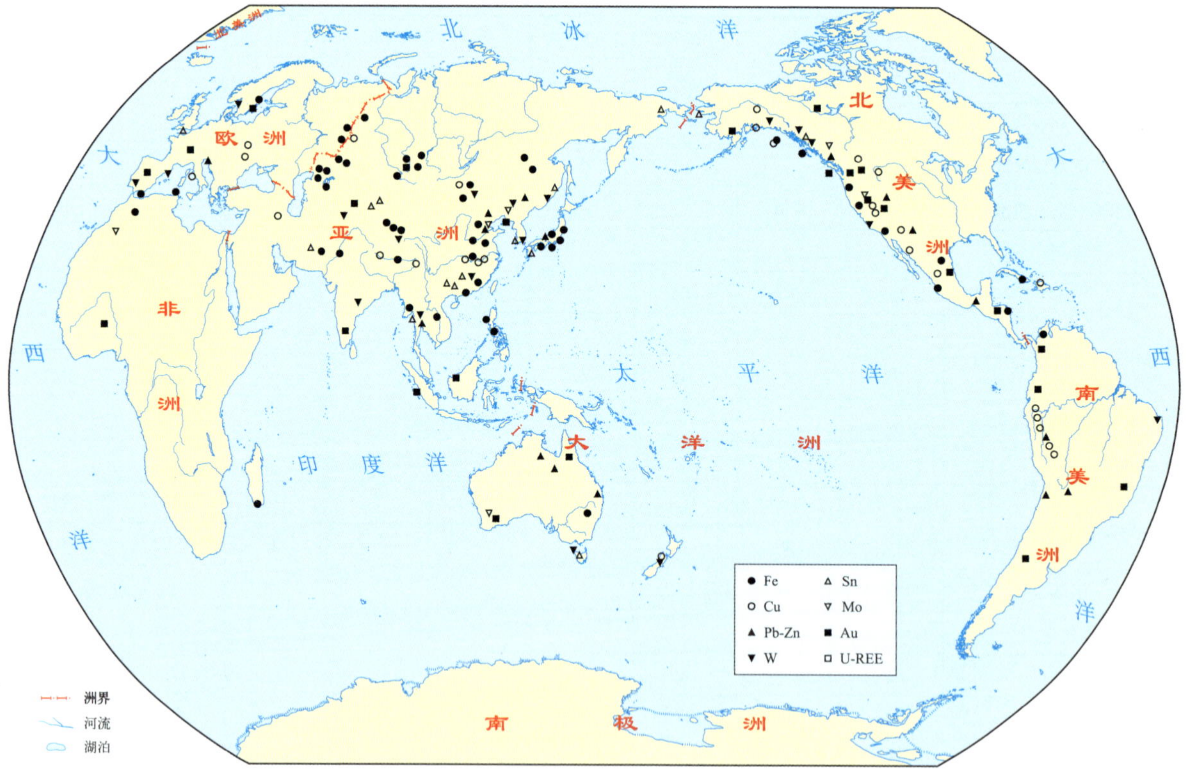

图 1-1　世界主要矽卡岩矿床分布图

根据矽卡岩矿床的分布情况，可大致划分为以下 8 个较重要的成矿带：①太平洋东岸成矿带；②太平洋西岸成矿带；③乌拉尔山成矿带；④特提斯成矿带；⑤长江中下游成矿带；⑥东昆仑成矿带；⑦阿尔泰-萨彦成矿区；⑧土尔盖成矿带。其中，①~⑥是多金属综合矿床成矿带，而⑦、⑧是单一的铁矿成矿区带。下面，将这 8 个矽卡岩成矿区带简要分述于下：

（1）太平洋东岸成矿带

由于太平洋板块向美洲大陆俯冲的结果，美洲大陆西部边缘形成一系列矽卡岩金属矿床。在北美西岸，由西向东显示一定分带趋势：矽卡岩铁矿主要沿海边岛屿展布，往东变为以 Cu、Au（W、Mo）为主，再向东则为 Pb-Zn 矿带。该带向南依次延着古巴、海地、墨西哥、洪都拉斯、哥伦比亚、厄瓜多尔、秘鲁、智利和阿根廷。矿床类型有 Fe、Cu、Pb-Zn、W、Au 等，共分布有上千个不同类型和规模不等的矽卡岩矿床。在成矿时代上，太平洋东岸成矿带的矽卡岩矿床自北向南，逐渐由中生代向新生代变化。加拿大西海岸的矿床多为中生代，美国西海岸的矿床既有中生代也有新生代，但以中生代为主；而南美洲的秘鲁、智利大多为新生代。

（2）太平洋西岸成矿带

该带北起俄罗斯的远东地区，南经中国黑龙江、日本、韩国、华北、华南、菲律宾、越南、印尼，一直到澳大利亚东海岸和新西兰。矽卡岩矿床的总数与太平洋东海岸成矿带相似。矿床类型十分齐全，包括 Fe、Cu、Pb-Zn、W、Sn、Mo、Au、U-REE 等。与成矿有关的岩浆岩从辉长岩、闪长岩、石英二长岩、花岗闪长岩到花岗岩、正长岩都有。成矿时代方面，太平洋西岸绝大多数矿床形成于中生代，少数为新生代和古生代。在太平洋西岸，金属矿化组合和太平洋东岸有较大差别。在太平洋东岸以 Cu（Au）、Pb-Zn 占优势，Sn 很罕见；而太平洋西岸则以 Sn、W、Fe、Mo 为主，尤其是在华南、泰国、马来西亚等地，Sn 矿化尤为发育，甚至有些铁矿也伴生 Sn。

（3）乌拉尔山成矿带

该带位于俄罗斯西部，亚洲大陆与欧洲大陆的交界处。矿带呈 S—N 走向，自北至南主要有 Novogodnee-monto Au（Cu）矿床、Турьинск Cu 矿床、Гора Благодать Fe 矿床和 Гора Магнитная Fe 矿床等分布，矿带延长可达 1000 多千米。成矿时代为晚古生代（华力西期）。

（4）特提斯成矿带

该带呈 E—W 走向，包括我国西藏境内的冈底斯成矿带、班公湖-怒江成矿带，向西延至阿富汗和伊朗西部。矿床类型以 Cu 为主，次有 Fe、Pb-Zn、Sn、Ag 等。主要矿床有西藏的甲玛 Cu 多金属矿床、亚贵拉 PbZn 矿床、尼雄 Fe 矿床、尕尔穷 CuAu 矿床，阿富汗的 Misgara Sn（CuPbZn）矿床和伊朗的松贡 Cu（Mo）矿床等。成矿时代主要为新生代，次为中生代。

（5）长江中下游成矿带

矽卡岩铁铜（金）矿床大致沿江分布，西起湖北大冶、阳新，东经江西九江，安徽安庆、铜陵，江苏六合，直至上海金山附近，东西断续延长达 600 余千米。代表性矿床有湖北铁山 FeCu 矿，金山店、程潮 Fe 矿，铜绿山 CuFeAu 矿，鸡笼山 AuCu 矿，江西城门山、武山 Cu 矿，安徽铜山、冬瓜山、铜官山 Cu 矿等。成矿时代为中生代燕山期（153~117 Ma）。

（6）东昆仑成矿带

该成矿带位于东昆仑造山带，东起甘肃南部的合作地区，西经青海同仁、都兰，最西到达青海的祁漫塔格地区，东西长 1000 余千米。矿床类型包括 Fe、Cu、Pb-Zn、W 等。矿床规模在甘南、青海都兰等地主要为中小型，而在青海祁漫塔格地区的铁铜多金属矿床多为大型，如尕林格、野马泉、肯德可克 Fe 多金属矿床，卡而却卡、虎头崖、四角羊 CuPbZn 多金属矿床等。成矿时代在祁漫塔格地区的矿床多为印支期（237~204 Ma），而东部地区则主要为中生代燕山期。

（7）阿尔泰-萨彦成矿区

这是一个铁矿成矿区，位于俄罗斯乌拉尔山西南部。铁矿分布于阿尔泰-萨彦加里东褶皱带，主要与海相沉积火山-侵入活动有关，有关侵入岩为辉长岩。目前已发现 100 多个矿床，成矿时代为古生代。

（8）土尔盖成矿带

这也是一个铁矿成矿带，位于哈萨克斯坦境内。铁矿床主要沿近 S—N 向构造带延伸，长达 800 余千米，矿带宽度一般不超过 60 km。铁矿均产于石炭纪火山沉积-侵入岩带。现已查明了 20 多个矿床，与铁矿共生的侵入岩是一些规模不大的闪长岩和辉长岩岩体。成矿时代为古生代。

二、成岩成矿时代演化

与矽卡岩矿床有关的岩浆岩，大致可分为5个主要岩浆活动期，即前寒武纪期、早古生代加里东期、晚古生代华力西期、中生代印支期、中生代燕山期和新生代喜马拉雅期。其中以中生代燕山期最为重要，新生代喜马拉雅期次之。各类型矽卡岩矿床的形成时代见表1-2。

表1-2 世界矽卡岩矿床成岩成矿时代分布一览表

矿床类型	前寒武纪 大于500 Ma	早古生代 （加里东期） 500~400 Ma	晚古生代 （华力西期） 400~250 Ma	中生代 （印支期） 250~205 Ma	中生代 （燕山期） 205~65 Ma	新生代 （喜马拉雅期） 小于65 Ma
Fe	4	2	15	10	19	9
Cu	1	2	3	5	21	20
Pb-Zn	1	1	1	1	6	17
W	4	4	9	3	27	2
Sn	2			2	4	3
Mo	1		1		4	1
Au	2	1	2	1	3	5
U-REE	2	2	1	1		

注：表内的数字为有同位素年龄数据的矿床数。

前寒武纪的矽卡岩矿床以铁矿和钨矿为主，次有铜、铅、锌、锡、钼、金等。铁、钨矿床主要见于北欧的挪威、瑞典等老变质岩区，澳大利亚中部、西南部和昆士兰州北部的一些矽卡岩矿床也认为属于前寒武纪的矿床。其中，挪威的Tykjo W（Cu）矿床的形成时代为距今28亿年，可能是世界上最古老的矽卡岩矿床。

早古生代加里东期的矽卡岩矿床相对较少，主要见于澳大利亚新南威尔士州的Cadia FeCuAu矿床、Junction Reefs Au矿床和中国新疆的白干湖WSn矿床，广西钦甲Cu矿床和牛塘界W矿床也属于加里东期产物。

晚古生代华力西期的矽卡岩矿床以铁矿为主，包括土尔盖成矿带的铁矿床和我国新疆天山成矿带与海相沉积火山-侵入活动有关的一些铁矿床，俄罗斯乌拉尔山成矿带的矿床、澳大利亚塔斯马尼亚的King岛Kara W矿床和西班牙、法国的一些W、Mo、Au矿床也是华力西期产物。

中生代印支期形成的矽卡岩矿床，目前主要见于中国青海西部祁漫塔格地区的一些Cu多金属矿床，包括青海尕林格、肯德可克、野马泉、虎头崖、四角羊等，云南羊拉Cu矿床和南秧田WMo矿床、辽宁赛马U-REE矿床、湖南锡田WSn矿床、黑龙江翠宏山W多金属矿床等也属于印支期岩浆活动的产物，形成时代为距今234~205 Ma。

与中生代燕山期岩浆活动有关的矽卡岩矿床约占中国矽卡岩矿床总数的80%，主要分布在我国东部地区，在韩国、日本、加拿大、美国和墨西哥等国也有相当大的数量。因此，燕山期在全世界范围内也是最重要的矽卡岩矿床成矿期。

与新生代岩浆活动有关的矽卡岩矿床，主要见于南美洲秘鲁、智利、墨西哥和美国西部以及特提斯成矿带的中国西藏、土耳其和伊朗的一些Cu、W、Mo、Fe矿床，成矿时代为新生代（小于80 Ma）。

三、控矿地质条件

控制矽卡岩矿床的主要地质条件为地层、岩浆岩和构造。

（一）地层围岩

矽卡岩矿床可以产于所有时代的地层中，围岩的岩性也五花八门，主要是灰岩、白云质灰岩、白云岩、灰质白云岩，其次是泥灰岩、火山凝灰岩、凝灰质砂岩或粉砂岩、片岩、片麻岩等。碳酸盐岩围岩和一些钙质岩石的存在，是矽卡岩矿床形成的必要条件之一。当碳酸盐岩、火山凝灰岩、砂页岩、粉砂岩互层时，对形成矽卡岩矿床是有利的。碳酸盐岩围岩化学成分的差别，在很大程度上影响矽卡岩的类型，统计表明，当碳酸盐岩的 MgO 含量小于 3%时，一般只形成钙矽卡岩矿物组合（钙铝-钙铁榴石、透辉石-钙铁辉石、硅灰石、绿帘石、阳起石等），如加拿大不列颠哥伦比亚省的 Merry Widow 和 Texada Island Fe 矿床，美国内华达州的 Fortitude Au 矿床和中国闽南、青海都兰及长江中下游的大多数矿床；当碳酸盐岩围岩为 MgO 含量高于 10%～15%的白云岩或白云质灰岩时，就有可能出现较典型的镁矽卡岩矿物组合（包括镁橄榄石、尖晶石、透辉石、硅镁石类、金云母、蛇纹石等），如俄罗斯西伯利亚的塔瑶什铁（硼）矿床、印尼 Ertsberg CuAu 矿床和中国广东大顶 Fe（Sn）矿床等。

（二）有关侵入岩

绝大多数矽卡岩矿床伴生有不同时代、类型、规模的岩浆岩侵入体。前已提及，有关岩浆岩时代从前寒武纪、加里东期、华力西期、印支期、燕山期，一直到喜马拉雅期，而以燕山期为主，次为喜马拉雅期和华力西期。侵入岩的类型则多种多样，包括橄榄辉长岩、辉长岩、闪长岩、石英闪长岩、二长岩、花岗闪长岩、二长花岗岩、闪长玢岩、花岗岩和花岗斑岩等。岩体的规模有大有小，大到花岗岩基，小至岩株、岩墙、岩脉，但以小型岩体为主。出露地表的面积大多数小于 1 km^2，其形状千姿百态。

矽卡岩矿床的类型和有关侵入岩的化学成分之间关系密切，存在一定的岩浆岩成矿专属性（赵一鸣等，1990；赵一鸣，2013）。与 Fe 矿有关的侵入岩主要有辉长岩和闪长岩类，但局部也有花岗岩。在后一种情况下，Fe 矿必然伴生 Sn、Mo 等金属矿化，如中国大顶、黄岗和马坑 Fe 矿。与 Cu、Au 矿床有关的侵入岩大多为闪长岩、花岗闪长岩、石英二长岩等。与 Pb、Zn、Ag 矿床有关的侵入岩，有花岗闪长岩、石英二长岩、花岗斑岩等。与 Sn、Mo 矿床有关的侵入岩主要为花岗岩。相反，铝不饱和的闪长岩类侵入体和铁矿伴生，具有很强的地幔信号，与陆壳沉积物混染较少（Kesler，1968）。

Meinert et al.（2005）曾综合了侵入岩主元素与 7 个矽卡岩类型（Fe、Au、Cu、Pb-Zn、W、Mo、Sn）之间的相关资料，与矽卡岩 Fe、Au 矿床伴生的侵入体与矽卡岩 Sn、Mo 矿床相比，含有大量 MgO，但相对缺 K_2O 和 SiO_2；而且矽卡岩 Fe、Au、Cu、Zn、W、Sn、Mo 矿床，在 K_2O-SiO_2 相关图上，具有正相关关系；在 MgO-SiO_2 相关图上，则具有负相关关系。Fe、Au 矽卡岩比 Sn、W 矽卡岩少污染地壳物质，这可能反映侵入岩的原始岩浆物质。

（三）大地构造单元对矽卡岩的控制

大地构造单元对岩浆岩组合和有关矽卡岩矿床的分布起重要作用。矽卡岩矿床产出于广泛的大地构造环境。Einaudi et al.（1981）曾把板块构造和岩浆活动、矽卡岩成矿作用联系起来，并把矽卡岩矿床的生成大地构造背景分成两大类：一类是产于大陆边缘造山带的矿床，包括北美西部形成于中深成环境与中性到硅质钙碱性岩浆岩有关的矽卡岩钨矿床，以及形成于浅成环境的富硫化物矽卡岩贱金属矿床及与造山期晚期-造山期后演化程度较高的花岗岩有关的 Mo、Sn、W、Zn、Be 矿床；另一类是产于大洋岛弧环境同造山期的与玄武质和安山质火山-侵入活动有关的矽卡岩矿床。属于后一类矿床的典型例子有加拿大不列颠哥伦比亚、俄罗斯的磁山、阿塞拜疆塔什干山、加拿大温哥华岛的帝国矿山、菲律宾拉拉普及日本釜石地区的矿床。

Meinert et al.（2005）在讨论矽卡岩矿床的构造背景时，曾提出四种矽卡岩矿床形成的理想构造背景：①大洋俯冲和弧后盆地环境，②大陆俯冲环境和增生的海洋地体，③过渡的低角度俯冲环境，④俯冲后或大陆断陷环境。Meinert et al.（2005）认为，绝大多数矽卡岩矿床与俯冲在陆壳之下的岩浆弧伴生。

笔者认为上述构造环境分类和理想模式虽有一定合理性，但还不能解释众多分布于大陆内部的矽卡岩矿床。归纳起来，矽卡岩矿床按产出的大地构造环境，主要有以下几类：

1. 产于古老克拉通内部的矽卡岩矿床

在成因上，大多与花岗混合岩化作用有密切关系，如俄罗斯东西伯利亚阿尔丹隆起区的 Mg 矽卡岩型 FeB 矿床、中国辽宁翁泉沟 Mg 矽卡岩型 FeB 矿床，挪威、瑞典的 Fe、W 矽卡岩矿床可能也属于此类。

2. 产于大陆边缘褶皱带和岛弧中的矽卡岩矿床

这是形成矽卡岩矿床最重要的大地构造环境，北美西海岸有关岛屿、俄罗斯远东、日本、韩国、我国黑龙江省等许多重要的矽卡岩 Fe、Cu、Pb、Zn、W、Sn、Au 矿床，都产于这类构造环境。有关岩浆岩多为中酸性钙碱性的闪长岩、石英闪长岩、花岗闪长岩、二长岩和花岗岩等。

3. 产于陆-陆碰撞带的矽卡岩矿床

典型实例是我国西藏的冈底斯成矿带。侯增谦等（2012）认为大陆碰撞成矿作用构成了冈底斯新生代的斑岩-矽卡岩成矿系统，矿床贯穿于印度-亚洲大陆碰撞的全过程，集中产出于冈底斯巨型碰撞带。斑岩-矽卡岩矿床不仅形成于主碰撞期（65~41 Ma），也出现在晚碰撞期（40~26 Ma），所形成的矿床包括亚贵拉（Pb-Zn-Ag）、努日（Cu-W-Mo）、克鲁（Cu-Au）、甲玛（Cu 多金属）等大型矽卡岩矿床。

4. 大陆内部大（深）断裂对矽卡岩矿床的控制

我国有相当数量的矽卡岩矿床，沿一定大地构造单元的大（深）断裂带呈线性分布。在浙闽粤地区的丽水-海丰大断裂带附近，特别是闽南-粤东地区，许多矽卡岩铁矿床沿此大断裂带分布。该断裂带呈 NE 向延展，长约 1100 km，宽 20~50 km。李春昱等（1982）认为这条断裂可能是早古生代板块俯冲带。

长江中下游地区自印支运动开始，处于板块内部变形阶段，板块的活动性明显增强，尤其是到燕山期，受华北板块、华南板块以及西太平洋板块的挤压和夹持，本区岩浆活动和构造活动强烈而频繁。翟裕生等（1992）认为，长江中下游地区的构造，不是简单的断裂、破碎或凹陷，而是由多种构造要素组成的，包括深断裂、断块构造、滑脱推覆构造、构造破碎带、火山-侵入机构等。矽卡岩 Fe、Cu（Au）矿床就沿着这一深大断裂带两侧分布。

加拿大魁北克 Crevier Complex Nb、Ta 矿床矿体产于霞石正长岩与碳酸岩接触带，交代矿物有铁白云石、硅灰石、磁黄铁矿、黑云母和黄碳镍钠石。

第二章 矽卡岩类型和矿物学

在研究中，矽卡岩按其组成矿物特征通常分为镁矽卡岩和钙矽卡岩两类。作者通过对我国各种矽卡岩的系统研究，并和国外有关矿床的矽卡岩做了广泛对比，建议除了镁矽卡岩和钙矽卡岩外，还应进一步划分出锰质矽卡岩和碱质矽卡岩。因为后两类矽卡岩不仅在矿物组合、成分和生成条件等方面有其特殊性，而且它们还具有特有的成矿专属性。下面，我们就这四类矽卡岩的生成地质条件、矿物共生组合、矿物成分特征、分带性以及伴生矿化等方面进行详细叙述，并对岩浆期镁矽卡岩和岩浆期后镁矽卡岩之间的区别标志进行论述。

一、镁矽卡岩

镁矽卡岩一般见于各类侵入岩、混合岩、铝硅酸盐岩和镁质大理岩的接触带。根据其生成时间、方式和矿物共生组合特征等的不同，可以划分出岩浆期镁矽卡岩和岩浆期后镁矽卡岩两类。

岩浆期镁矽卡岩的概念是苏联学者 Коржинский（1955）最先提出来的。他认为花岗岩化作用时，有透岩浆溶液的参与，镁矽卡岩交代白云岩发生在岩浆阶段。之后，Жариков（1968，1985）和 Шабынин（1974，1978）等又对这类矽卡岩的形成条件、岩石矿物和地球化学特征做了进一步研究。作者也曾对东秦岭地区的镁矽卡岩矿床进行过较详细的研究（赵一鸣等，1983a），并确定有岩浆期和岩浆期后镁矽卡岩的存在。

岩浆期镁矽卡岩和岩浆期后镁矽卡岩的主要鉴别标志如下。

1. 矿物成分和共生组合特征

岩浆期镁矽卡岩的矿物较为单一，主要由一套富镁富铝硅酸盐矿物组成，包括尖晶石、深绿辉石（铝透辉石）、镁橄榄石、基性斜长石、紫苏辉石（仅见于深成相）、钙镁橄榄石、方镁石（一般见于浅成相）、方解石和磁铁矿等。

深绿辉石（铝透辉石）是岩浆期镁矽卡岩最重要的标型矿物之一，常和尖晶石共生，或组成单矿物矽卡岩，外表为浅绿至灰绿色，细-粗粒结构。化学成分的特点是富含 Al_2O_3（达 3.64%～13.14%），四面体位有相当数量的 Si 为 Al 所代替，Fe_2O_3 的含量也偏高（3.1%～5.56%），而 FeO 的含量则甚低（0.04%～0.30%）。尖晶石也是岩浆期镁矽卡岩的重要组成矿物之一，外表绿黑色，薄片中为鲜绿色或浅绿色，常呈细粒自形八面体散晶或斑杂状集合体，分布于各类镁矽卡岩中。根据个别单矿物分析，其化学成分及相应质量分数为：Al_2O_3 64.83%，Fe_2O_3 6.41%，FeO 0.66%，MgO 5.67%，CaO 0.65%，ZnO 0.03%，总和 98.22%，属镁尖晶石。钙镁橄榄石外表浅绿至灰色，中-细粒结构，呈短柱状自形-半自形集合体（图 2-1），其中常有尖晶石、深绿辉石等矿物包裹体，说明其生成时间稍晚。方镁石常见于斑花大理岩中，属于浅成相岩浆期镁矽卡岩的最外带产物，呈自形立方体散晶产出，但常全部遭到水镁石化。

岩浆期后镁矽卡岩的组成矿物较多样化，主要有镁橄榄石、透辉石、金云母、透闪石，韭角闪石、硅镁石族（包括硅镁石、粒硅镁石和斜硅镁石等）和蛇纹石等，在特殊情况下还有硼镁铁矿、硼镁石、遂安石、氟硼镁石和直闪石等。此外，还有一些较低温的镁矽卡岩蚀变矿物，如镁绿泥石、水镁石、滑石、菱铁矿和纤维硼镁石等。岩浆期后镁矽卡岩中的辉石主要为较纯的透辉石，Al_2O_3 的含量一般不超过 1%。光轴角没有色散现象或显示十分微弱。因此，根据辉石中 Al_2O_3 的含量高低和光轴色散的强弱，可以较有把握地区分岩浆期镁矽卡岩中的深绿辉石（铝透辉石）和岩浆期后镁矽卡岩中的透辉石。

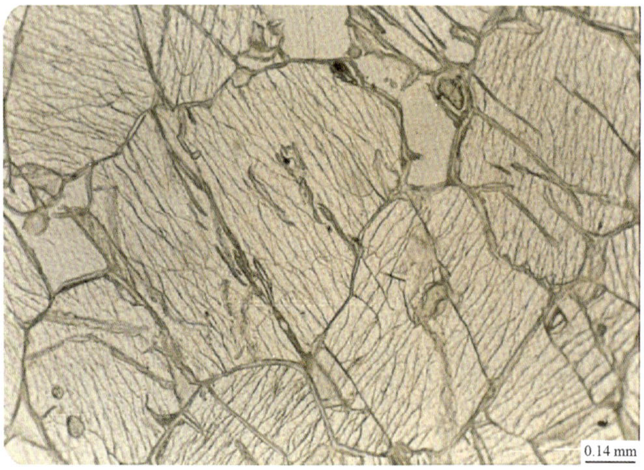

图 2-1　钙镁橄榄石

镁橄榄石是岩浆期后镁矽卡岩的重要组成矿物之一，常伴有不同数量的磁铁矿，并很容易遭到蛇纹石化，常呈等粒状集合体，或呈细脉交代透辉石矽卡岩。值得注意的是，镁橄榄石的含铁量和其生成条件、伴生的磁铁矿化强度呈正比关系。不同产状镁橄榄石含铁性研究表明，岩浆期镁矽卡岩中的镁橄榄石基本不含铁，属于纯镁橄榄石；岩浆期后镁矽卡岩中的镁橄榄石常伴有磁铁矿化，而且随着矿化的增强，镁橄榄石的含铁量也相应增多。金云母也是岩浆期后镁矽卡岩的重要组成矿物之一，一般交代尖晶石、镁橄榄石等岩浆期镁矽卡岩矿物，并常和透辉石、透闪石、磁铁矿等矿物共生。有时金云母呈网脉状交代早期形成的镁矽卡岩，因此，其形成时间较长，可以从岩浆期后镁矽卡岩阶段一直延续到高温热液阶段。镁矽卡岩中的金云母，镜下一般为淡棕色或淡绿色，具弱多色性，折光率和含铁性较低，属较纯的金云母。

2. 接触带岩浆岩的变化

由于岩浆期镁矽卡岩是在岩浆尚未完全结晶凝固之前形成的，是从液态岩浆中分出来的溶液或是引起围岩花岗岩化作用的溶液与白云岩相互作用的结果，因此，与矽卡岩接触的岩浆岩本身未见有矽卡岩化现象。与此相反，岩浆期后镁矽卡岩是岩浆期后溶液作用下岩浆岩和镁质大理岩进行接触交代反应的产物，本身岩浆岩也常遭受矽卡岩化。例如，在陕西木龙沟矿区外接触带广泛发育岩浆期后镁矽卡岩，包括透辉石、镁橄榄石和粒（斜）硅镁石矽卡岩，而在内接触带花岗闪长斑岩中常发育透辉石-石榴子石矽卡岩。

3. 形成温度

岩浆期镁矽卡岩和岩浆期后镁矽卡岩的形成温度有较大差别。岩浆期镁矽卡岩的生成温度相当高，我们曾对陕西黑山的岩浆期镁矽卡岩的有关矿物流体包裹体进行了均一法温度测定，在深绿辉石中发现熔融包裹体，测得其均一温度为 905~1005℃。镁橄榄石矽卡岩中的气液包裹体均一温度也较高，达 642~702℃。而该区和云南个旧等矿区岩浆期后镁矽卡岩-透辉石中气液包裹体的均一温度则相对较低，为 502~672℃，透闪石则更低，仅 360~507℃。

4. 交代分带

在岩浆期镁矽卡岩形成过程中，Al_2O_3 有较大的迁移。因此，在交代柱的各交代岩带中都有可能出现富铝矿物（如尖晶石或深绿辉石）。但在岩浆期后镁矽卡岩形成时，Al_2O_3 基本上是惰性的，所以在外带镁矽卡岩中很少有富铝矿物。我们对东秦岭地区的研究表明，岩浆期镁矽卡岩具有以下分带：

闪长岩类	辉石+基性斜长石	尖晶石+深绿辉石	尖晶石+镁橄榄石（或钙镁橄榄石）	尖晶石+方镁石+方解石	白云石大理石

而岩浆后期镁矽卡岩的分带常和内带钙矽卡岩伴生：

花岗闪长斑岩	钾长石化花岗闪长斑岩	透辉石+石榴子石	透辉石+镁橄榄石	白云石大理石

5. 矿化特征

岩浆期镁矽卡岩一般不含矿，有时可伴生少量磁铁矿化；而岩浆期后镁矽卡岩的伴生矿化则相当复杂，可能有 Fe、Cu、Pb、Zn、W、Sn、Mo、Au、B、Be 等。

Zharikov（1959，1991）曾多次强调指出，“在岩浆期后早期，镁只是在深成条件下才是惰性的，因而，岩浆期后镁矽卡岩仅产于古老地盾和前寒武纪褶皱带”，“在中深成相和浅成相条件下，岩浆期后镁矽卡岩不具有独立意义，它们只作为蚀变作用产物出现在已生成的岩浆期镁矽卡岩中”。但我们对东秦岭和云南个旧等地镁矽卡岩的研究表明，Zharikov（1959，1991）的上述论断是不全面的。在浅成和中浅成环境下，完全可以独立地生成岩浆期后镁矽卡岩，它们不一定都是改造岩浆期镁矽卡岩的产物。例如，在东秦岭木龙沟矿区，镁橄榄石-透辉石矽卡岩和粒（斜）硅镁石矽卡岩广泛发育于花岗闪长斑岩的外接触带，伴有磁铁矿化和钼、多金属矿化；又如在云南个旧，岩浆期后镁矽卡岩主要表现为厚度较大（数米至数十米）的单矿物透辉石矽卡岩，伴有透闪石化和铜、锡矿化。此外，在近接触带的镁质大理岩中常有筒状渗滤型粒硅镁石矽卡岩，伴有黄铜矿化、磁黄铁矿化等。在这两个矿区的岩浆期后镁矽卡岩中，未发现有改造岩浆期镁矽卡岩的任何蛛丝马迹。

二、钙矽卡岩

1. 一般地质特征

钙矽卡岩是由钙、镁、铁硅酸盐和铝硅酸盐组成的交代岩，是在高温气液参与下，碳酸盐岩和岩浆岩（包括各类侵入岩和火山岩）或其他铝硅酸盐岩（包括片麻岩、片岩、混合岩、砂岩、粉砂岩等）相互反应作用的产物。这种高温气液可以是岩浆期后溶液、火山气液，也可以是与花岗岩质混合岩化有关的高温气液。

我国和世界上许多国家钙矽卡岩产出的地质条件表明，它们产于较广泛的地质背景，包括不同时代的大陆边缘褶皱带、岛弧、大陆内部活动区和克拉通古老变质岩区等。较有利的生成地质条件如下：

1）大陆边缘褶皱带有厚层灰岩或海相火山-沉积岩夹碳酸盐岩层的存在，并伴有较强烈的中-酸性至中基性火山侵入活动，如北美加拿大和美国西部地区的一些矽卡岩矿床。

2）岛弧地区与中酸（基）性侵入岩有关的铜矿床，如日本。

3）大陆内部坳陷区或褶皱区，分布有厚层碳酸盐岩层，并伴有较强烈的中酸性或酸性岩浆侵入活动，如长江中下游、小秦岭和燕山褶皱区等。

4）褶皱带或坳陷区内有较厚的稳定碳酸盐岩层存在，伴有强烈的中酸性、酸性岩浆侵入活动，如桂湘赣褶皱区和闽西南-粤东晚古生代坳陷区等。

钙矽卡岩按其形成的方式可分为双交代型（扩散交代型）和接触渗滤交代型。双交代型钙矽卡岩的生成是当高温溶液沿着化学成分不平衡的两种介质（碳酸盐岩和硅铝酸盐岩）运移，发生硅、铝向碳酸盐岩扩散，而钙向铝硅酸盐岩扩散，形成接触反应钙矽卡岩体。接触渗滤型钙矽卡岩的生成是由于组分单向迁移而发生反应交代的结果。

钙矽卡岩的形态多种多样，有似层状、透镜状、脉状、囊状和不规则状，厚度由几毫米至数百米不等。

2. 矿物成分和共生组合特征

钙矽卡岩的矿物种类较多，但常见的主要是钙铝-钙铁系列石榴子石、透辉石-钙铁辉石系列辉石、硅灰石、符山石、方柱石、绿帘石、阳起石、斜长石、钾长石等，常见的副矿物为榍石和磷灰石，有时有褐帘石，在特殊条件下可能有黄长石、硼符山石、含水铨晶石、硬硅钙石等罕见矿物出现。在有些铁（铜）矿床中，有较多的含铁金云母（绿色云母）、含氯角闪石、含氟角闪石、霓辉石。

大量矽卡岩矿物学研究表明，不同矽卡岩金属矿床的辉石和石榴子石成分有较明显的变化。

矽卡岩铁、铜矿床的辉石主要为透辉石，锰钙辉石分子含量很低。与辉石共生的石榴子石一般为钙铁榴石，含63%~88%钙铁榴石分子，锰铝榴石分子不超过3%，辉石-石榴子石矿物共生对含铁率比值很小，说明矽卡岩化溶液酸度很低，氧逸度较高。这一特点和接踵而来的大规模磁铁矿化需要相对富氧的环境是一致的。

矽卡岩白钨矿矿床中的辉石含钙铁辉石分子为中等数量（33.91%~58.88%），大多属透辉石，还含一定量锰钙辉石分子（7.87%~10.39%）；石榴子石含52%~68%钙铁榴石分子，较为特征的是石榴子石的锰铝榴石分子普遍较高（3.5%~22%）。这一特点和上述矽卡岩铁铜矿床中的辉石和石榴子石有明显差别。在本类矿床中，透辉石和钙铝-钙铁榴石的过渡种属共生，含铁率比值 $Kp=0.55\sim0.88$，反映了矽卡岩化溶液大体属中等酸度，这和镁矽卡岩铁钼多金属矿床内带含钼钙矽卡岩中辉石和石榴子石的含铁率比值（$Kp=1$）比较接近。

矽卡岩型锡矿床的辉石主要为钙铁辉石，但在含铜矽卡岩中则以透辉石为主，与其共生的石榴子石则主要是钙铝榴石，说明矽卡岩化溶液酸度较高，形成于较还原的环境。

含钼矽卡岩中的辉石主要为透辉石（$Di_{55.6\sim93.3}Hd_{5.9\sim40.7}Jo_{0.8\sim5.1}$），而石榴子石则属于钙铝榴石和钙铁榴石的过渡种属，钙铝榴石分子含量相对较高，达32%~83%（平均58.8%）。而矽卡岩铅锌矿床的情况比较特殊，除了见有较多钙铁榴石、绿帘石等钙质矽卡岩矿物外，还常出现大量锰质辉石，如锰钙辉石、锰钙铁辉石、蔷薇辉石、钙蔷薇辉石等，并伴有锰黑柱石，个别矿区还有锰铝榴石。

以上说明，交代成矿专属性，在早期矽卡岩的矿物成分和辉石-石榴子石共生矿物对中铁的价态分配规律上有所显示，即随着矽卡岩化溶液酸度的增长和氧逸度的降低，铁从以 Fe^{3+} 为主赋存于石榴子石中，逐渐变为以 Fe^{2+} 为主赋存于单斜辉石中，其伴生金属矿化组合也作有规律的变化：Fe、Cu→Mo→W→Sn。矽卡岩铅锌矿床则以富锰辉石的发育为其特征。

3. 区别内外带矽卡岩的标志

根据钙矽卡岩被交代原岩成分的不同，可分为内矽卡岩和外矽卡岩。交代侵入岩、火山岩和其他铝硅酸盐岩的矽卡岩称为内矽卡岩，而交代灰岩和大理岩的称为外矽卡岩。

在强烈的双交代作用下，内矽卡岩和外矽卡岩往往不容易区分，因为二者都可以生成辉石-石榴子石或单矿物石榴子石矽卡岩。它们的区别标志大致有以下几方面，见表2-1。

表2-1　内、外带矽卡岩的区别标志

内矽卡岩	外矽卡岩
由于去硅作用，Al/Si值高，表现在矿物成分上，岩石中的石榴子石含有大量钙铝榴石分子，常有符山石或绿帘石伴生	Al/Si值低，石榴子石的成分接近钙铁榴石，一般无符山石，绿帘石很少见
若有辉石，则均匀地分散在石榴子石之中，含量一般不超过岩石体积的三分之一	以单一的辉石矽卡岩为特征，当出现石榴子石时，辉石分布不均，在石榴子石矽卡岩中有辉石矽卡岩的残余
常保留有原始岩浆岩中的副矿物，如榍石、锆石、磷灰石等，因为Ti、Zr、P是惰性的，在交代作用中，不发生迁移	一般没有榍石、锆石和磷灰石等副矿物，有时磷灰石在外矽卡岩中可局部交代聚积
常含有原始岩浆岩中的特征元素Ti、V、Ga等，其次尚有Cr、Be、Zr、Sc等	上述元素含量很低
叠加的热液蚀变矿物也相对富铝，如葡萄石、绿钙闪石、沸石类、鱼眼石和斧石等	叠加的热液蚀变矿物一般贫铝，如阳起石、碳酸盐矿物等，石英、萤石在内外矽卡岩中都可能出现
伴生金属矿物较少，有时可能有辉钼矿、白钨矿和锡石等	伴生金属矿化多，而且较强烈，可能有磁铁矿、多金属硫化物、锡石、白钨矿、辉钼矿、辉铋矿、自然金等

三、锰质矽卡岩

1. 锰质矽卡岩的划分依据

锰质矽卡岩是作者通过对中国福建、辽宁等地一些矽卡岩铅锌银矿床研究后划分出来的交代建造。在以往的国外文献中，它是当作钙矽卡岩的一部分。我们之所以要把其从钙矽卡岩中划分出来，以一个独立的交代建造来考虑，主要依据以下几点：

1）有一套较特殊的钙锰（铁）质硅酸盐矿物组合，包括锰钙辉石、锰钙铁辉石、锰铝榴石、蔷薇辉石、钙蔷薇辉石、锰三斜辉石、锰黑柱石和锰质硅灰石等，还往往叠加一些晚期的锰质热液交代矿物，如锰质阳起石、红帘石、菱锰矿、锰绿泥石等。这和钙矽卡岩主要由钙铝-钙铁系列石榴子石、透辉石-钙铁辉石系列辉石、硅灰石、符山石、方柱石等矿物组成有明显的区别。

2）锰质矽卡岩的形成温度比一般钙矽卡岩要低，前者大多为200~400℃，后者一般为350~650℃；生成时间也比钙矽卡岩相对要晚一些，常见交代钙矽卡岩的现象。锰质矽卡岩的形成方式主要是接触渗滤交代作用。它们经常产于距侵入体有一定距离的碳酸盐岩围岩中，受断裂和层间裂隙带控制；而钙矽卡岩既可以由双交代作用形成，也可以通过接触渗滤交代方式生成，大多产于接触带，也有沿围岩断裂裂隙产出的。

3）这类矽卡岩经常伴生Pb、Zn（Cu、Ag）矿化，主要组成金属矿物为闪锌矿、方铅矿、黄铁矿，次为黄铜矿、磁黄铁矿和磁铁矿，而钙矽卡岩的伴生矿化则十分广泛，可能有Fe、Cu、Pb、Zn、W、Mo、Sn、Bi、Au等，相应的金属矿物组合更为复杂。

4）这套较特殊的锰质矽卡岩矿物组合和伴生矿化，不但在中国许多地区的相似地质条件下产出，而且在其他国家也有共同性，如苏联的西卡拉玛柴（Zharikov，1959）、美国新墨西哥州的格仑特霍克（Einaudi et al.，1981）、日本的Nakatatsu和韩国的Yeonhwa-Ulchin等，只是不同地区的锰质矽卡岩矿物组合略有差异而已。

2. 锰质矽卡岩的主要矿物成分

（1）钙锰辉石

这是我们在研究中国福建大排矽卡岩铅锌矿床时，在国内首次发现锰质矽卡岩矿物。它常组成单矿物交代岩，伴生晚期的石英、方解石和金属硫化物黄铁矿、闪锌矿、方铅矿等。

矿物外表为灰白色稍带粉红色，常呈柱状集合体（3~7）mm×(0.02~1)mm，单偏光下稍具多色性：N_g—浅棕色，N_p—接近无色，和一般单斜辉石相似，两组解理夹角为87°，二轴晶正旋光性，光轴角则较大，$2V(+)=73°$；折光率比钙铁辉石低：$N_g=1.738\sim1.740$，$N_p=1.712\sim1.715$，$N_g-N_p=0.025\sim0.026$；消光角比文献上报道的钙锰辉石还要大，$C\wedge N_g=52°\sim54°$。

（2）锰钙铁辉石

这是矽卡岩铅锌矿床中较常见的锰质矿物。它可以组成单矿物矽卡岩，或与锰黑柱石、钙蔷薇辉石、钙铁榴石等共生。矿物外表为绿黑色，风化后变为灰褐色，常呈较大的柱状、放射状或细柱粒状集合体，晶体最长的可达10~15 cm。单偏光下矿物为无色，含铁高时则为浅绿色，稍具多色性：N_g—浅绿色，N_m—淡绿稍带淡黄色，N_p—淡黄绿色。随着矿物中锰钙辉石分子的增加和钙铁辉石分子的相应减少，其颜色逐渐变淡，直至完全变为无色。二轴晶正旋光性，$2V=62°\sim69°$，比钙铁辉石稍大；折光率$N_g=1.741\sim1.750$，$N_p=1.712\sim1.723$，$N_g-N_p=0.024\sim0.028$；消光角$C\wedge N_g=46°\sim50°$。大量单矿物化学分析结果表明，矿物不但含FeO高（15.13%~23.80%），而且MnO含量也偏高，达1.72%~9.06%。矿物的端员分子为：$Hd_{56.5\sim87.78}Jo_{6.67\sim35.16}Di_{5.38\sim26.88}$。

锰钙铁辉石的另一个特点是含一定量的Fe_2O_3（1.73%~5.90%），组成特殊的钙铁契尔马克分子$CaFe_2^{3+}SiO_6$。对照辉石化学成分和薄片鉴定资料，发现凡薄片中见到绿色很显著的辉石，一般含Fe_2O_3较高（3.2%~5.9%）。可见，锰钙铁辉石中Fe_2O_3组分的增高是颜色变绿的主要原因之一。

（3）钙蔷薇辉石、锰三斜辉石和锰硅灰石

钙蔷薇辉石和锰三斜辉石是较罕见的矽卡岩矿物，主要发现于中国福建马坑、阳山、潘田和洛阳等铁（多金属）矿区。在空间上它们往往出现在铁矿体上部和边部，伴生矿物有锰钙铁辉石、锰黑柱石、锰阳起石、萤石、闪锌矿和方铅矿等。

蔷薇辉石常呈纤维状、放射状集合体，晶体长度最大可达 1 cm 左右，灰白色至淡粉色，风化面为灰褐色，镜下无色透明，两组解理的交角接近 90°，$2V(-)=34°\sim42°$。

锰三斜辉石常和钙蔷薇辉石共生，或组成单矿物渗滤矽卡岩脉。矿物呈柱状或放射状集合体，切面常呈叶片状，外表淡粉色，薄片中无色透明，与钙蔷薇辉石的明显区别是二轴晶正旋光性，光轴角中等（52°）。

（4）蔷薇辉石

蔷薇辉石在中国辽宁八家子铅锌矿床有较多的发现，呈渗滤交代脉产于离侵入体接触带有一定距离的白云质灰岩中，伴有闪锌矿化、方铅矿化和黄铁矿化。

矿物外表为玫瑰红色，呈中粗粒自形-半自形厚板状集合体，粒径 3~5 mm，局部大于 5 mm。单偏光下蔷薇辉石为无色，二轴晶正旋光性，$2V(+)=76°\sim78°$。折光率 $N_g=1.740\sim1.745$，$N_p=1.724\sim1.727$，$N_g-N_p=0.016\sim0.018$。较为特殊的是消光角很大，$C\wedge N_g=48°\sim53°$，与文献上报道的蔷薇辉石消光角（一般为 25°左右）有较大的差别。蔷薇辉石在美国 Groundhog、苏联西卡拉玛柴、韩国 Yeonhwa-Ulchin、日本 Nakatatsu 铅锌矿床都有大量产出，是矽卡岩铅锌矿床的一个普遍性矿物。蔷薇辉石化学成分的特点是 MnO 含量很高，达 38.80%~42.27%，含一定量 FeO（3.94%~5.10%）。

（5）锰铝榴石

锰铝榴石在一般矽卡岩矿床中很罕见，但在中国辽宁八家子铅锌矿床的锰质矽卡岩中却有较多数量产出，常伴生铅锌矿化。它通常组成单矿物渗滤交代脉，局部与含铁金云母共生。晶体大多呈浑圆形，粒状集合体，粒径为 2~4 mm；与含铁金云母共生的锰铝榴石粒径较小，仅 0.2~0.5 mm。该矿区的锰铝榴石常显示旋光性异常，还显示出环带构造特征，晶粒的中心部位为均质体，边缘则为非均质体。个别样品的电子探针分析表明，其中心均质部分的锰铝榴石分子含量稍高，为 74.65%；而边部非均质部分的锰铝榴石分子则略低，为 72.63%。

关于锰铝榴石产出的地质条件，是值得研究的问题。纵观世界上含铅锌矿化的钙锰质矽卡岩资料，一般锰质辉石（包括锰钙辉石、锰钙铁辉石、蔷薇辉石、钙蔷薇辉石等）比较发育，但与它们伴生的石榴子石中锰铝榴石分子都不高（表 2-2）。

（6）锰黑柱石

锰黑柱石是锰质矽卡岩中经常出现的矿物，其外形为短柱状，沥青黑色，单偏光下多色性极明显：N_g—深棕色至黑色，N_p—红棕色；在光片中能见到清楚的双反射和很强的非均质性。矿物含 MnO 较高，可达 3.13%~11.22%，FeO/MnO 值波动于 2~8 之间，即应属于锰黑柱石或含锰黑柱石。锰黑柱石常和锰钙铁辉石、钙蔷薇辉石和钙铁榴石等矿物伴生，其形成需要有特定的地质环境和物理化学条件，即在中浅成中酸性侵入岩和灰岩接触带附近的灰岩中，在矽卡岩晚期，溶液酸度升高和铁、锰化学势很高的条件下形成。

四、碱质矽卡岩

碱质矽卡岩是一种新的矽卡岩类型和含矿交代建造，形成于较特殊的地质环境，具有一套特殊的 Na（K、Ca、Mg、Fe、Al）硅酸盐交代矿物，并伴生 REE（Fe、Nb、U、Th）等矿化（赵一鸣等，1990，2012）。

碱质矽卡岩一般产于碱性花岗岩或正长岩和白云石大理岩的接触带。已知碱质矽卡岩矿物及伴生的具经济价值的矿物见表 2-3。

表 2-2 国内外几个铅锌矿床中锰质矽卡岩产出地质条件和矿物组合

产地	产出地质条件	矽卡岩矿物成分	退化交代矿物	伴生金属矿物	矿化组合	资料来源
辽宁八家子	在新元古代白云岩中呈渗滤交代脉产出，距黑云石英闪长岩侵入体有一定距离	蔷薇辉石、锰质透辉石（$Hd_{20}Jo_{25}$）、锰铝榴石（$Ad_{0\sim8.5}Sp_{58.5\sim89.3}Alm_{0\sim25.5}$）、锰橄榄石	含铁金云母、含锰阳起石、菱锰矿、锰铁白云石、重晶石、萤石	闪锌矿、方铅矿、黄铁矿、磁黄铁矿	Pb，Zn，Ag（Cu，Fe）	董永观（1985）和笔者 1983 年的观察研究
福建大排	在花岗闪长斑岩外接触带二叠纪灰岩中呈透镜体产出	钙锰辉石（$Hd_{15.8\sim22.3}Jo_{69.3\sim77}$）、钙铁榴石、黑柱石、锰钙铁辉石（$Hd_{49\sim57}Jo_{22\sim24}$）	萤石、石英、重晶石	闪锌矿、方铅矿、黄铁矿、辉钼矿（磁铁矿）	Pb，Zn（Fe，Mo）	本书
福建马坑	产于石炭纪—二叠纪灰岩中，在矽卡岩铁矿体的上部和边缘部位	含锰钙铁辉石（$Hd_{63.7\sim70.6}Jo_{10.5\sim15.4}$）、钙蔷薇辉石、锰三斜辉石、锰黑柱石、钙铁榴石（$Ad_{91\sim96.2}Sp_{1.6\sim3.2}$）	含氟锰阳起石、斜黝帘石、绿帘石、萤石	闪锌矿、方铅矿、黄铁矿、磁铁矿、黄铜矿	Pb，Zn（Fe，Mo）	赵一鸣等（1983b）
苏联西卡拉玛柴	在古生代灰岩中呈渗滤交代型管状体或产于花岗斑岩等侵入体与灰岩的接触带	蔷薇辉石、钙蔷薇辉石、锰钙铁辉石（$Hd_{55}Jo_{24}$）、锰次透辉石（$Hd_{24\sim37}Jo_{22\sim39}$）	红帘石、绿帘石、阳起石、绿泥石、石英	闪锌矿、方铅矿、黄铁矿、黄铜矿、磁铁矿	Pb，Zn（Cu，Mo）	扎里柯夫（1959）
美国新墨西哥州 Groundhog 中央矿山	沿石炭纪灰岩层面或花岗闪长斑岩岩墙的接触带产出	锰钙铁辉石（$Hd_{40\sim46}Jo_{30\sim50}$）、钙蔷薇辉石、钙铁榴石（$Ad_{80\sim100}$）	黑柱石、镁铁闪石、角闪石、绿泥石	闪锌矿、方铅矿、黄铜矿、黄铁矿、磁铁矿	Pb，Zn（Cu，Ag）	Einaudi et al.（1981）
日本中部 Nakatatsu	在第三纪（古近纪、新近纪）花岗斑岩接触附近的古生代灰岩中呈透镜状产出	锰钙铁辉石（$Hd_{40\sim62.2}Jo_{14\sim53.1}$）、钙蔷薇辉石、蔷薇辉石、硅灰石、石榴子石（$Ad_{16\sim98}Sp_{1.8\sim8.3}$）	绿帘石、阳起石、萤石、锰绿泥石、菱锰矿	闪锌矿、方铅矿、磁黄铁矿、黄铜矿、黄铁矿、毒砂、磁铁矿	Pb，Zn（Cu，Fe）	Shimizu et al.（1982）
韩国 Yeonhwa-Ulchin	在石英斑岩、石英二长岩侵入体外接触带的寒武纪灰岩中呈管状和脉状体产出	辉石（$Hd_{26\sim91}Jo_{5\sim23}$）、石榴子石（$Ad_{51\sim90}Sp_{0.5\sim8.8}$）、钙蔷薇辉石、蔷薇辉石	绿泥石、萤石、石英、方解石	闪锌矿、方铅矿、黄铁矿、黄铜矿	Pb，Zn（Cu，Ag）	Yun et al.（1982）

表 2-3 碱质矽卡岩矿物及伴生的有经济价值的矿物

矿物名称	英文名称	化学式
霓石	Aegirine	$NaFe^{3+}[Si_2O_6]$
霓辉石	Aegirine-augite	$(Na,Ca)(Fe,Mg,Al)[Si_2O_6]$
氟硅钙钠石	Agrellite	
针钠钙石	Pectolite	$NaCa_2[Si_3O_8(OH)]$
钠铁闪石	Arfvedsonite	$Na_3Fe_4^{2+}Fe^{3+}[Si_4O_{11}]_2(OH)_2$
镁钠铁闪石	Magnesio-arfvedsonite	
钠透闪石	Richterite	
金云母	Phlogopite	$KMg_3[AlSi_3O_{10}](OH,F)_2$
烧绿石	Pyrochlore	$(Ca,Na)_2(Nb,Ta)_2O_6(OH,F,O)$
独居石	Monazite	$Ce(PO_4)$或$(Ce,La)PO_4$
磁铁矿	Magnetite	Fe_3O_4
氟碳铈矿	Bastnaesite	$(Ce,La)[CO_3]F$
易解石	Aeschynite	$(Ce,Th)(Ti,Nb)_2O_6$
铌铁矿	Columbite	$(Fe,Mn)Nb_2O_6$
萤石	Fluorite	CaF_2
沥青铀矿	Pitchblende	$UO_2,2UO_3$
异性石	Eudialite	$(NaCa)_4Zr[Si_3O_9]_2(OH,Cl)_2$
褐钇铌矿	Fergusonite	
硅锆钠石	Vlasovite	
铈磷灰石	Britholite	
片榍石	Hiortdahlite	
钠锆石	Catepleite	$Na_2[Zr(Si_3O_9)]\cdot 2H_2O$

前面我们已经按矽卡岩的类型分为4类，即镁矽卡岩、钙矽卡岩、锰质矽卡岩和碱质矽卡岩。每类矽卡岩都有其伴生的金属矿化。为了叙述方便和对比清晰，Einaudi et al.（1981）、Meinert et al.（2005）和赵一鸣等（1990，2012）均按矿床中主要金属元素来划分矽卡岩矿床的类型，即Fe、Cu、Pb-Zn、W、Sn、Mo、Au 7类。这次分类，我们还加上U-REE，共8类。在自然界中，是没有真正意义上单一金属元素的矽卡岩矿床，总是或多或少地伴生其他金属元素。但我们强调的是主要金属元素。

表2-4列出了上述8类矽卡岩矿床的主要地质特征。具体矿床的详细地质特征，将在下篇分论中叙述。

表 2-4 世界矽卡岩矿床主要类型对比

矿床类型	Fe	Cu	Pb-Zn	W	Mo	Sn	Au	U-REE
已知规模最大矿床	哈萨克斯坦 Sarbai 720×10^6 t（矿石），TFe 47%	印度尼西亚 Ertsberg Cu 45.5×10^6 t，2.3%；Au 2178 t，1 g/t	墨西哥 Naica 10×10^6 t，Pb 13%，Zn 10%	加拿大 MacTung WO_3 63×10^6 t，0.95%	中国三道庄超大型 Mo 0.076%	中国个旧 Sn>100×10^6 t，0.41%~0.74%	加拿大 Nickel Plate Au 710 t，5.3 g/t	中国赛马大型
代表性矿床规模	5×10^6~200×10^6 t（矿石）	0.1×10^6~2×10^6 t	0.2×10^6~3×10^6 t	0.1×10^6~2×10^6 t	0.01×10^6~0.2×10^6 t	0.05×10^6~0.2×10^6 t	10~50 t	

续表

矿床类型	Fe	Cu	Pb-Zn	W	Mo	Sn	Au	U-REE
代表性矿床品位	TFe 40%	1%~2%	Pb 5%，Zn 8%	WO_3 0.50%~0.75%	Mo 0.10%~0.15%	Sn 0.5%~1%	Au 2~7 g/t	
金属元素组合	Fe（Cu，Co，Sn，Au，B）	Cu，Mo（Zn，Au）	Pb，Zn，Ag（Cu，W）	W，Mo，Cu（Zn，Bi）	Mo，W（Cu，Zn）	Sn，F（Be，Cu，W，Zn）	Au，Cu（Fe，Zn，Ag）	U-REE(Fe，Th，Zr，Y)
大地构造背景	大陆边缘的断裂带、大洋岛弧、陆内碰撞带	大陆边缘同造山期、造山后期、陆内碰撞带	大陆边缘同造山期、造山后期	大陆边缘同造山期、造山后期	大陆边缘造山后期、造山期	大陆边缘造山后期、造山期后	大陆边缘造山带	大陆边缘造山带
共生的侵入岩	辉长岩、闪长岩、花岗岩、辉绿岩	花岗闪长岩、石英二长岩	花岗闪长岩、花岗岩	石英闪长岩、石英二长岩	花岗岩	花岗岩	闪长岩、花岗闪长岩、石英二长岩	正长岩、碱性花岗岩
同源火山岩	常见玄武岩、安山岩	常见安山岩	无	无	无	无	无	无
矽卡岩矿物组合	石榴子石、辉石、硅灰石、符山石、镁橄榄石、尖晶石	石榴子石、透辉石、镁橄榄石、硅灰石	钙铁榴石、透辉石、硅灰石、蔷薇辉石	石榴子石、钙铁辉石、硅灰石、符山石	石榴子石、辉石、符山石、硅灰石、镁橄榄石	石榴子石、钙铁辉石、符山石、硅灰石	石榴子石、钙铁辉石、镁橄榄石、尖晶石	霓石、霓辉石、钠锆石、硅锆钠石
退化蚀变矿物组合	阳起石、透闪石、绿帘石、金云母、黑柱石	阳起石、透闪石、绿帘石、金云母、绿泥石	锰质阳起石、绿泥石	绿帘石、阳起石、黝帘石、绿泥石	绿帘石、金云母、绿泥石	阳起石、绿帘石、黝帘石	绿帘石、阳起石、金云母、绿泥石、蛇纹石	钠透闪石、钠铁闪石、针钠钙石
矿石矿物组合	磁铁矿、假象赤铁矿、赤铁矿、针铁矿、黄铁矿、黄铜矿、磁黄铁矿	黄铜矿、斑铜矿、黄铁矿、磁铁矿、辉铜矿、孔雀石	闪锌矿、方铅矿、黄铜矿、黄铁矿、磁黄铁矿、辉银矿、自然银	白钨矿、辉钼矿、黄铜矿、磁黄铁矿、黄铁矿、黑钨矿	辉钼矿、黄铜矿、钼钙矿、白钨矿、辉铋矿	锡石、辉钼矿、白钨矿、黄铜矿、黄铁矿、闪锌矿	黄铜矿、毒砂、自然金、银金矿、自然铋、斜方砷铁矿	烧绿石、独居石、异性石、绿层硅铈钛矿、铀钍石、沥青铀矿

第三章　矽卡岩矿床的分带

一、矽卡岩矿床形成阶段和矿物组合

矽卡岩矿床的形成大多经历了一个漫长而又复杂的过程。在此过程中，成岩成矿的物理化学条件有较大变化，从而引起交代矿物的不断演化和更替。归纳起来，矽卡岩矿床的生成大致可分为以下三大阶段：

1）岩浆期矽卡岩阶段：在岩浆侵位的同时，一方面，由于岩浆熔融体释放出的热能，使接触带附近的围岩发生广泛的接触热变质作用，形成各类角岩和大理岩等；另一方面，当围岩为白云岩时，在透岩浆流体的作用下，有可能以渗滤交代镁质碳酸盐岩的方式，形成岩浆期镁矽卡岩。

2）岩浆期后矽卡岩阶段（包括早期碱性阶段）：形成各类碱质交代岩和矽卡岩，包括岩浆期后镁矽卡岩、钙矽卡岩、碱质矽卡岩和锰质矽卡岩等，与此同时，还有部分金属矿石的堆积。

3）矽卡岩期后的酸性淋滤和沉淀阶段：形成大量含水和富含挥发分的退化交代矿物，并伴有许多金属矿物的沉淀。该阶段为主要成矿阶段，包含了从高温-气化热液、中温热液到中低温热液阶段所形成的一系列交代矿物组合。

此外，在某些矿床中还可以划分出晚期碱性阶段，但在大多数矽卡岩矿床内，这一阶段不发育。

矽卡岩矿床形成的长期性和多阶段性以及含矿流体、围岩成分的差异，导致矿物组合的多样性、重叠性和复杂性。

1）岩浆期镁矽卡岩矿物：铝透辉石（深绿辉石）、尖晶石、透辉石、镁橄榄石、钙镁橄榄石、基性斜长石、方镁石、紫苏辉石、石墨、刚玉、钾长石、方解石、白云石、菱镁矿、锆石。

2）岩浆期后镁矽卡岩矿物、蚀变镁矽卡岩矿物和伴生的金属矿物：镁橄榄石、透辉石、硅镁石、斜硅镁石、粒硅镁石、块硅镁石、镁黄长石、金云母、透闪石、韭闪石、直闪石、异剥石、镁绿泥石、滑石、水镁石、硬水铝石、海泡石、绢石、叶蛇纹石、纤维蛇纹石、胶蛇纹石、石棉、铁电气石、镁电气石、文石、磁铁矿、硼镁铁矿、黑硼锡铁矿、柱状硼镁石、块状硼镁石、遂安石、纤维硼镁石、氟硼镁石、菱镁矿、方解石、白云石等。

3）钙矽卡岩矿物：钙铝榴石-钙铁榴石系列、透辉石、钙铁辉石、透辉石-普通辉石、霓辉石、方柱石、符山石、硼符山石、阳起石、绿帘石、钾长石、条纹长石、钠长石、中-基性斜长石、榍石、含铁金云母、含氯角闪石、含氟角闪石、褐帘石、磷灰石、枪晶石、灰枪晶石、磁铁矿、白钨矿、锡石、硅硼钙石等。

4）碱质矽卡岩和碱质交代岩矿物：霓石、霓辉石、霞石、钠透闪石、钠铁闪石、氟镁钠闪石、微斜长石、钠长石、含铁金云母、针钠钙石、异性石、闪叶石、星叶石、钠锆石等。

5）锰质矽卡岩矿物：锰钙铁辉石、锰透辉石、钙锰辉石、蔷薇辉石、钙蔷薇辉石、锰三斜辉石、西湖村石、锰铝榴石、锰黑柱石、锰阳起石等。

6）酸性淋滤和沉淀阶段的矿物和晚期碱性阶段的矿物：石英、白云母、绢云母、水白云母、锂白云母、伊利石、硬石膏、石膏、葡萄石、叶绿泥石、斜绿泥石、蠕绿泥石、铁绿泥石、透绿泥石、钠云母、黑鳞云母、铁锂云母、鱼眼石、绿帘石、黝帘石、斜黝帘石、红帘石、萤石、氟镁石、高岭石、明矾石、重晶石、硬硅钙石、黄玉、斧石、电气石、赛黄晶、方解石、白云石、铁白云石、菱锰矿、菱镁矿、珍珠云母、磷镁石、菱沸石、片沸石、辉沸石、杆沸石、钠沸石、十字沸石等；金属矿物和其他有用矿物大部分是在酸性淋滤和沉淀阶段形成的，主要有磁铁矿、镁磁铁矿、赤铁矿、镜铁矿、假象赤铁矿、假象磁铁矿、钛铁矿、白钨矿、黑钨矿、锡石、马来亚石、尼日利亚石、富钛尼日利亚石、铌铁矿、铌钽铁矿、钛钽铌矿、钽铌锰矿、细晶石、硼钙锡矿、硫银锡矿、黑硫银锡矿、绿柱石、金绿宝石、塔菲石、香花石、孟宪民石、日光榴石、硅铍石、铍珍珠云母、顾家石、似晶石、双晶石、锂铍石、蓝柱石、硅铍钇矿、羟硅铍石、硬羟钙铍石、铍石、球羟硅铍石、羟铍石、α 锂霞石、纤钡锂石、氟铈镧矿、磷钇矿、独居石、黄铁矿、镍黄铁矿、磁黄铁矿、白铁矿、黄铜矿、斑铜矿、黝铜矿、辉铜矿、墨铜矿、砷黝铜矿、锌黝铜矿、硫砷铜矿、硫砷铜银矿、辉锑铅银矿、车轮矿、毒砂、辉钼矿、钼钙矿、辉铋矿、碲铋矿、辉钴矿、辉银矿、深红银矿、硫锰矿、黄锡矿、闪锌矿、硫铜铟锌矿、方铅矿、硫锡铅矿、斜方辉铅铋矿、针硫铋铅矿、辉锑矿、辉铅铋矿、斜方砷铁矿、脆硫锑铅矿、异极矿、菱铁矿、菱锰矿、菱镁矿、水菱镁矿、镁菱铁矿、自然金、银金矿、自然银、自然铜、自然锑、自然砷和自然铋等。在碱质矽卡岩中还可能出现绿层钙铈钛矿、铀烧绿石、铌钛铀矿、沥青铀矿、铀钍矿、铀方钍石、水硅钛铈矿、褐稀土矿等。

二、矽卡岩分带和矿化分带的关系

绝大部分矽卡岩均有较明显的分带性，这是矽卡岩区别于钙硅质角岩的重要标志之一。矽卡岩分带的规模大小不一，大的可以涉及整个矿区，达数十米甚至一二百米，小的见于手标本中，仅几毫米至几厘米，分带的形式多种多样。应该指出，矽卡岩分带和矿化分带二者并非经常一致。矽卡岩分带一般指的是一个较完整的矽卡岩交代柱，矿化通常比矽卡岩形成稍晚，或与晚期交代岩伴生叠加于矽卡岩之上，但往往赋存于一定的矽卡岩带中。有时，矿化分带的范围较广，不局限于一个矽卡岩建造之内，可能包括多种交代建造，而在空间上做有规律的分布，自侵入体向碳酸盐岩围岩方向呈现明显的水平或垂直分带。在有些情况下，矽卡岩分带可与矿化分带重合。

下面我们对三种不同类型矽卡岩的分带及其伴生矿化举例加以说明。

（1）岩浆期后镁矽卡岩分带

在岩浆期后镁矽卡岩矿床中，镁矽卡岩和钙矽卡岩经常在同一个矿床内出现，但以前者为主。二者可组成一个交代柱，此时，镁矽卡岩往往交代镁质碳酸盐岩围岩，而钙矽卡岩则总是交代内带的侵入岩或其他铝硅酸盐岩。在内带钙矽卡岩旁侧的岩浆岩中常发育钾质交代岩带。以陕西木龙沟铁钼多金属矿床为例，有如下分带[1]：

花岗闪长斑岩	钾长石化、透辉石化花岗闪长斑岩，叠加硅化和辉钼矿化	次透辉石石榴子石矽卡岩，伴有辉钼矿化	透辉石镁橄榄石矽卡岩，伴有磁铁矿化，外侧伴有黄铜矿化和铁闪锌矿化	蛇纹石化白云石大理岩	硅质条带白云岩

云南个旧锡多金属矿床的部分分带：

斑状黑云母花岗岩	钾长石交代岩，± 白钨矿、锡石	方柱石矽卡岩，± 白钨矿、锡石	透闪石化透辉石矽卡岩，伴有黄铜矿化、黄铁矿化和磁黄铁矿化 ±锡石	粒硅镁石矽卡岩，伴生强黄铜矿化和黄铁矿化	白云质大理岩

在有的交代柱中，方柱石矽卡岩带缺失，代之以符山石石榴子石矽卡岩带。

（2）钙矽卡岩分带

湖北大冶铁山（铜）铁矿床的钙矽卡岩分带：

[1] 双线表示内外带矽卡岩的界线。

石英闪长岩	透辉石化钠长石化闪长岩	强透辉化方柱石化和钠长石化闪长岩	石榴子石透辉石方柱石矽卡岩	透辉石含铁金云母矽卡岩，伴有大量磁铁矿化、黄铜矿化和菱铁矿化	大理岩

在有的剖面中，内带矽卡岩缺失，并为透辉石钠长石交代岩所代替。

福建马坑铁矿常见的钙矽卡岩分带：

辉绿岩	透辉石基性斜长石交代岩，± 辉钼矿	透辉石钙铝榴石（符山石）矽卡岩，± 辉钼矿	钙铁榴石矽卡岩，+磁铁矿	透辉石钙铁榴石矽卡岩，+ 磁铁矿	大理岩

（3）钙锰质矽卡岩分带

锰质矽卡岩大多属于渗滤交代分带，并和铅锌矿化紧密伴生，产于离侵入体有一定距离的硝酸盐岩中。

辽宁八家子铅锌矿床的锰质矽卡岩分带：

八家子铅锌矿床发育三类矽卡岩，自黑云母石英闪长岩接触带沿北西向断裂向碳酸盐岩围岩依次作带状分布：磁铁矿化镁矽卡岩→磁铁矿化、黄铁矿化锰质镁矽卡岩→铅锌矿化锰质矽卡岩。锰质矽卡岩多呈渗滤交代脉产出，并显示如下对称分带现象：

白云质大理岩	蔷薇辉石矽卡岩，伴有少量铅锌矿化	锰铝榴石蔷薇辉石矽卡岩，强闪锌矿化和方铅矿化	蔷薇辉石矽卡岩，伴有少量铅锌矿化	白云质大理岩

第四章 矽卡岩和金属矿化的地球化学联系

国外某些研究者把矽卡岩仅仅看作是一种对矿化有利的围岩。我们认为，这种看法是不全面的。矽卡岩和矿化之间在空间上大致重合，时间上同时或相继形成，有着密切的成因联系。矽卡岩、其他交代岩和矿石都是统一的矽卡岩成矿作用所不可分割的组成部分。

金属矿化中的一部分是和矽卡岩矿物几乎同时生成的，例如条纹状和环纹状交代岩中的石榴子石、符山石、萤石、磁铁矿以及含铍条纹状交代岩等，是在富挥发组分的含矿流体作用于碳酸盐岩围岩的交代产物。矽卡岩矿物、萤石和金属矿物互为条纹或环纹作韵律性的有规律地生长。

大部分金属矿化虽稍晚于矽卡岩，但矽卡岩化常是金属矿化的先导。磁铁矿化、白钨矿化、锡石矿化以及多金属、钼、铋等硫化物矿化大多是紧跟矽卡岩的形成，和富含挥发分的交代矿物一起交代有关的矽卡岩矿物。经常见到成矿金属元素本身在矽卡岩阶段就已进入矽卡岩矿物的成分之中，例如在矽卡岩磁铁矿矿床中，铁常常大量进入石榴子石的成分形成钙铁榴石矽卡岩，又如在个旧锡矿，早期石榴子石中含有相当数量的锡，据我们分析结果，钙铁榴石含 SnO_2 达 0.66%~1.97%。

由此可见，矽卡岩化和金属矿化之间有着密切的地球化学联系。对我国各类矽卡岩矿床的辉石、石榴子石等重要矽卡岩矿物成分，特别是辉石和石榴子石共生对的含铁率的测定表明，它们和金属矿化的类型有着密切联系。矽卡岩铁铜矿床中的辉石主要为透辉石，锰钙辉石分子含量都很低，共生的石榴子石以钙铁榴石为主，辉石-石榴子石共生对的含铁率比值很小，$Kp=0.07\sim0.29$；矽卡岩钼矿床的 $Kp=0.29\sim0.71$，比铁铜矿床高；矽卡岩白钨矿床的显著特征在于次透辉石和钙铝-钙铁榴石的过渡种属共生，$Kp=0.55\sim0.88$；矽卡岩锡矿床中，多数是钙铁辉石和钙铝榴石共生，$Kp=13.5$。上述规律反映了矽卡岩矿化溶液的酸度和氧化还原条件的变化，即从 Fe、Cu→Mo→W→Sn 矿化，总的趋势是矽卡岩溶液酸度逐渐增高，氧逸度相应降低。此外，产于矽卡岩铅锌矿床中的辉石常富含锰，为蔷薇辉石等；而石榴子石有的则为锰铝榴石。

一、流体包裹体地球化学

1. 矽卡岩矿床的流体包裹体特征

流体包裹体作为被保存下来的成矿流体的样品，其中蕴藏着许多有关成矿作用过程物理化学条件及成矿机制的信息。详细地研究这些信息能为我们恢复成矿流体演化途径，揭示成矿机制，进而为建立成矿模式提供依据。

应该指出，各类矽卡岩矿床几乎很少进行过广泛深入的流体包裹体研究（Roedder，1984）。这主要是因为矽卡岩矿物（如辉石、石榴子石等）的透明度低，其中包裹体很少而且也很小，给观察带来了一定的困难。从国内现有研究资料来看，对矽卡岩矿物仅测定了均一温度和少量 NaCl 过饱和包裹体的盐度，对于 NaCl 不饱和的流体包裹体，由于其冰点很难观察，故很少有盐度资料。根据我们对云南个旧锡矿、湖南新田岭钨矿、辽宁八家子铅锌矿和陕西黑山铁矿的流体包裹体研究结果，以及收集的其他矿床有关资料，进行综合分析得出了主要矽卡岩矿床流体特征及形成物理化学条件。

2. 流体包裹体分类及在矽卡岩矿床中的分布规律

矽卡岩矿床中的流体包裹体根据其物态、气液比和均一方式分为五类，即，A 型（富液相气液包裹体）：室温下由气、液两相组成，气液比<50%，加热时气泡缩小，均一为液相；B 型（富气相气液包裹体）：室温下由气、液两相组成，气液比>50%，加热时气泡扩大，均一为气相；C 型（多相包裹体）：室温下由气相、液相和一种以上子矿物所组成，气液比多小于50%，子矿物种类主要为石盐（NaCl）、钾盐（KCl），其次为磁铁矿（Fe_3O_4）、方解石（$CaCO_3$）、赤铁矿（Fe_2O_3）和硬石膏（$CaSO_4$）；D型（含液相CO_2包裹体）：室温下由液相CO_2、气相CO_2和水溶液组成，加热时，先是气相CO_2和液相CO_2均一为气相CO_2或液相CO_2，继续加热，气相CO_2或液相CO_2与水溶液相均一为气相或液相；E型（熔融包裹体）：由气相和玻璃质（或显微结晶质）组成，加热时，先是气泡沿包裹体内裂隙或包裹体边部渗透，随后气相开始扩散至整个包裹体，使包裹体变暗，继续加热，气相开始溶解，包裹体边部玻璃质开始熔融，并出现净化边，最后整个包裹体变得透明，均一为熔体相。

A型包裹体在矽卡岩矿床中分布最普遍，各阶段都有出现。在石英-萤石-碳酸盐阶段仅有A型包裹体；B型和C型包裹体在碱质交代阶段、矽卡岩阶段、含水硅酸盐阶段和云英岩阶段出现；D型包裹体在矽卡岩矿床中很少，仅零星见于含水硅酸盐阶段和石英-绿泥石（中温热液）阶段；E型包裹体除在与成矿有关岩体中见到外，还见于岩浆期镁矽卡岩中的铝透辉石中，这表明岩浆期镁矽卡岩形成于岩浆熔体介质中，由此可见在高温条件下通过岩浆的同化混染作用，围岩中的镁进入熔体中也可形成镁矽卡岩。目前国内外文献中均未见镁矽卡岩中存在E型包裹体（熔融包裹体）的报道，这是一个新的发现。

3. 均一温度和爆裂温度

通过对17个矽卡岩矿床均一温度和爆裂温度的整理和分析，得出如下几点认识：

1）各矿物的均一温度：铝透辉石905~1005℃，镁橄榄石651~702℃，硅灰石530~730℃，方柱石580~650℃，（单斜）辉石400~650℃（集中在500~600℃），石榴子石300~642℃（集中在450~600℃），符山石260~460℃，蔷薇辉石280~400℃，闪石200~520℃（集中在200~360℃），萤石120~440℃（集中在180~360℃），锡石260~540℃（集中在320~440℃），白钨矿180~320℃，闪锌矿240~400℃。

2）某些不透明矿物的爆裂温度（起爆温度）：磁铁矿300~540℃（集中在380~480℃），磁黄铁矿300~410℃，毒砂310~405℃，黄铜矿250~400℃，黄铁矿160~400℃（有两个峰，即180~260℃和260~380℃），闪锌矿180~360℃（集中在240~340℃），方铅矿150~320℃。

3）特定的交代相（交代矿物组合）往往形成于一定的温度条件。

a）铝透辉石-尖晶石-（钙）镁橄榄石相是岩浆期镁矽卡岩的特征矿物组合，其均一温度最高，为905~1005℃，与中性岩浆的固相线温度相近。

b）辉石-石榴子石-硅灰石相均一温度为500~730℃。

c）镁橄榄石-透辉石相均一温度为650~700℃。

d）辉石-石榴子石-方柱石相均一温度为550~650℃。

e）辉石-榴石相均一温度为450~600℃。

f）钙锰辉石（蔷薇辉石）-锰铝榴石相均一温度为300~400℃。

g）（金云母）-（粒硅镁石）-透闪石相均一温度为285~465℃。这一组合伴生金属矿物有磁黄铁矿、磁铁矿、黄铜矿、毒砂和锡石。除了少量磁铁矿爆裂温度高于500℃外，上述多数金属矿物爆裂温度为250~480℃。

h）石英-阳起石相均一温度为250~350℃，伴生金属矿物为黄铁矿和闪锌矿，爆裂温度为250~380℃。

i）石英-（萤石）-碳酸盐相均一温度为150~250℃，伴生金属矿物为方铅矿、闪锌矿、黄铁矿和硫盐类矿物，爆裂温度为140~300℃。

由上述可见，伴生金属矿物的爆裂温度与相应的交代相的均一温度相近。这表明由于形成条件相近，特定的交代相伴有特定的金属矿物。

4. 含盐度与流体成分

（1）含盐度

如前所述，矽卡岩矿床流体中所见子矿物多为石盐，其次是钾盐，因此，可以将矽卡岩矿床成矿流体作为 NaCl 和 NaCl-KCl-H_2O 体系来处理。通过测定冰点和子晶消失温度，查 NaCl-H_2O 和 NaCl-KCl-H_2O 体系相图（Roedder，1984）即可获得流体的含盐度。含石盐子晶的 C 型包裹体含 NaCl 30%～60%，集中于 33%～45%；含石盐和钾盐子晶的 C 型包裹体含 NaCl 35%～60%，KCl 14%～33%；A 型包裹体含 NaCl 1%～21%，集中在 4%～19%。

可以看出：①矽卡岩矿床成矿流体多属 NaCl 不饱和型，包裹体中气相晚于石盐消失。只有湖北封三洞矿床成矿流体是 NaCl 过饱和的，气相早于石盐消失，这说明成矿流体捕获了当时因过饱和而沉淀的石盐。②随着温度的下降，含盐度也有降低趋势，这是由于钠逐渐转入固相或晚期地下水混入造成的。③云南个旧锡矿矽卡岩中临界均一包裹体的均一温度为 600℃左右，盐度为 20%；广西大厂锡矿碱质交代岩中临界均一包裹体的均一温度为 537～577℃，平均 550℃左右，盐度为 16%左右。由此可见，矽卡岩矿床成矿流体的初始含盐度大致为 16%～20%。

（2）流体成分

流体包裹体气-液相全分析是了解成矿流体成分的一条途径，但遗憾的是这种方法采用研磨法或热爆法打开包裹体，提取其中的气体和液体分别进行分析，这就很难避免主矿物的污染，也难于消除由吸附作用带来的误差，因而降低了数据的可靠性，但这些数据仍可为了解成矿流体的成分提供较有价值的参考。

流体包裹体液相分析结果表明：

1）阴离子主要以 Cl^-、F^- 和 SO_4^{2-} 为主，其中钨锡矿床以 F^- 和 SO_4^{2-} 为主（云南个旧锡矿和湖南柿竹园钨矿以 F^- 为主，广西大厂锡矿以 SO_4^{2-} 为主）；铜、钼矿床以 Cl^- 为主。

2）阳离子以 Na^+、Ca^{2+} 为主，Mg^{2+}、K^+ 少量，但锡矿 K^+ 的含量相对较高。部分 Ca^{2+}、Mg^{2+} 可能来自主矿物的溶解。

3）钨锡矿床成矿流体属 NaCl-KCl-$CaSO_4$-H_2O 体系，铜钼矿床成矿流体属 NaCl-KCl-$CaCl_2$-H_2O 体系。

气相成分分析结果表明：

1）气相以 H_2O 为主，其次是 CO_2、CO、CH_4 和 H_2，但含量很少。例如，广西大厂锡矿和云南个旧锡矿成矿过程中从早到晚，H_2 和 CO+CH_4 还原组分含量有相对较少→相对较多→相对较少的变化趋势，这可能说明氧化还原条件有相对还原→相对氧化→相对还原的变化趋势。

2）矽卡岩矿床成矿流体中 CO_2 的摩尔分数 X_{CO_2} = 0.01～0.44，集中在 0.01～0.25。例如，广西大厂锡矿矽卡岩阶段 X_{CO_2} = 0.07～0.14，石英-绿泥石阶段 X_{CO_2} = 0.23～0.37，石英-萤石-碳酸盐阶段 X_{CO_2} = 0.01～0.08；云南个旧锡矿矽卡岩阶段 X_{CO_2} = 0～0.05，含水硅酸盐及氧化物阶段 X_{CO_2} = 0.04～0.13，石英-萤石-碳酸盐阶段 X_{CO_2} = 0.08～0.44，晚期石英-方解石脉阶段 X_{CO_2} = 0.02。

5. 成矿流体的压力

矽卡岩矿床成矿流体可以近似地作为 NaCl-H_2O 体系来处理。从 NaCl-H_2O 体系相图（Roedder，1984）中可查得 A 型和 C 型包裹体形成的流体压力，结果见表 4-1。从表中可以看出：①矽卡岩矿床成矿流体的压力为（0.05～1.17）×10^8 Pa，多集中在（0.3～0.8）×10^8 Pa 之间；②成矿流体的压力从早至晚有降低趋势。矽卡岩阶段及碱质交代阶段压力为（0.22～1.17）×10^8 Pa，集中在（0.5～0.8）×10^8 Pa；含水硅酸盐阶段及云英岩阶段为（0.05～0.7）×10^8 Pa，集中在（0.2～0.5）×10^8 Pa。

6. 流体沸腾及其与成矿作用的关系

许多矽卡岩矿床（如湖北大冶铁山、封三洞，江西城门山，湖南柿竹园、香花岭，云南个旧，广西大厂等矿床），A 型、B 型和 C 型包裹体并存，且均一温度相近，因此，我们认为这些矿床的成矿流体曾发生过沸腾作用。在矽卡岩阶段和碱质交代阶段，在已知包裹体组合的 14 个矿床中有 9 个

表 4-1 中国主要矽卡岩矿床流体包裹体特征及形成物理化学条件

矿床产地	成岩成矿阶段	主要矿石矿物	特征矿物	包裹体组合	温度/℃	压力/10^8 Pa	③ X_{CO_2}	④ NaCl/%	④ KCl/%	是否沸腾	资料来源
湖北大冶铁山	闪长岩阶段 碱质交代岩阶段 矽卡岩阶段 含水硅酸盐阶段	磁铁矿 磁铁矿、黄铜矿	透辉石、钠长石、（钾长石） 次透辉石、石榴子石、方柱石 阳起质透闪石、含铁金云母	E A±B±C A+B+C A	1060~1200 600~680 528~640 277	>0.90 >0.65		34~60 >23		沸腾 沸腾	张文淮等（1984） 刘家齐等（1980） 谭明秋（1986）
山东金岭	角闪闪长岩阶段 矽卡岩阶段 含水硅酸盐阶段 石英-碳酸盐阶段	磁铁矿 黄铁矿	辉石、石榴子石 透闪石、绿帘石 石英、方解石、绿泥石	A+B A A±C	480~610 300~440 200~380			>23			南京大学地质系地球化学教研室（1977）
福建马坑	辉绿闪长岩、花岗岩阶段 矽卡岩阶段 含水硅酸盐阶段	磁铁矿 磁铁矿、辉钼矿	辉石、石榴子石、符山石 石英、透闪石、绢云母	B A±B±C A±B	>700 400~700 200~420	0.30~0.80 0.30~0.50		38~42 <23	19	沸腾	李荫清等（1982）
陕西黑山	石英闪长岩阶段 岩浆期镁矽卡岩阶段 岩浆期后镁矽卡岩阶段	磁铁矿	钙镁橄榄石、铝透辉石、尖晶石 镁橄榄石、透辉石	E+A A+C	905~1005 487~702			34	33		本书
湖北封三洞	花岗闪长斑岩阶段 碱质交代岩阶段 矽卡岩阶段 含水硅酸盐-硫化物阶段	磁铁矿 黄铜矿、辉钼矿	石英、黑云母、钾长石 透辉石、钙铁榴石、（硅灰石） 石英、绿帘石、阳起石	A+B+C A+B+C A±D	866② 400~560 400~480 140~350	0.22~0.58 0.22~0.39 0.05~0.19		38~44 37~46	19	沸腾 沸腾	张洪涛（1984）
湖北大冶铜绿山	闪长岩阶段 矽卡岩阶段 含水硅酸盐-硫化物阶段 石英-碳酸盐阶段	黄铜矿、磁铁矿 黄铁矿	透辉石、石榴子石 金云母、透闪石 石英、方解石、绿泥石	A±B±C A	950~1050 478~740 249~459 156~249					沸腾	鄂东南地质大队（1983） 谭明秋（1986）
江西城门山	花岗闪长斑岩（有钾化）阶段 矽卡岩阶段 含水硅酸盐、硫化物阶段 石英-碳酸盐阶段	黄铜矿、辉钼矿 黄铁矿	透辉石、钙铁榴石、硅灰石 透闪石、金云母、阳起石 石英、方解石	B+C B+A±C A±B±C A	630~675① 470~550① 300~400① 270~285①		0.13~0.40	35~60 30~37 <23 <23	14~17	沸腾 沸腾	谢奕汉等（1953）

续表

矿床产地	成岩成矿阶段	主要矿石矿物	特征矿物	包裹体组合	温度/℃	压力/10^8 Pa	③ X_{CO_2}	④ NaCl/%	④ KCl/%	是否沸腾	资料来源
湖北大冶龙角山	花岗闪长岩阶段 矽卡岩阶段 含水硅酸盐-硫化物阶段 石英-碳酸盐阶段	黄铜矿、白钨矿 黄铁矿、白钨矿	辉石、石榴子石 石英、透闪石、阳起石 石英、方解石	B±A A+B±D A±B	320~425 170~310 125~285	0.5 0.15~0.30 <0.10	0.15	15~19 9~21 <10			古仁镜等（1982）
河南三道庄	花岗岩阶段 矽卡岩阶段 石英、硫化物阶段 沸石-碳酸盐阶段	辉钼矿、白钨矿 辰砂	辉石、石榴子石、硅灰石 石英、金云母、萤石 沸石、方解石、萤石		720~830② 225~340 115~225	0.50~1.00 0.59~0.67 0.68	0.10~0.12 0.11	14 16			吴澄宇（1984）
湖南黄沙坪	花岗斑岩(有钾化)阶段 矽卡岩阶段 含水硅酸盐-硫化物阶段 石英-碳酸盐阶段	白钨矿、锡石 毒砂、闪锌矿 方铅矿、硫盐	辉石、石榴子石 阳起石、绿帘石、萤石 石英、方解石、萤石	A+B±C A±B±C A	400~620① 210~350 110~260		0.02~0.29 0.01~0.19	34~37 25~34 14~19		沸腾	董潜明等（1986） 李裕祖（1982）
辽宁八家子	黑云母石英闪长岩阶段 镁矽卡岩阶段 钙矽卡岩阶段 锰质矽卡岩阶段 含水硅酸盐阶段 石英-碳酸盐阶段	闪锌矿 闪锌矿、方铅矿 黄铁矿、方铅矿	镁橄榄石、透辉石 透辉石、钙铁榴石 蔷薇辉石、锰铝榴石 石英、阳起石、透闪石、绿帘石 石英、方解石、重晶石		>500 >400 250~395 320~420 250~360						董永观（1985）
湖南新田岭	矽卡岩阶段 石英-萤石-碳酸盐阶段	白钨矿	透辉石、石榴子石 阳起石、石英 萤石、方解石、石英		300~520 200~320 150~200						本书
湖南瑶岗仙	黑云母花岗岩阶段 矽卡岩阶段 含水硅酸盐阶段	白钨矿 白钨矿、辉钼矿	钙铝榴石、透辉石 阳起石、透闪石、石英	A A±B A±B±D	693 400~440 213~290		0.50~0.53				卢焕章（1975）

续表

矿床产地	成岩成矿阶段	主要矿石矿物	特征矿物	包裹体组合	温度/℃	压力/10^8 Pa	③ X_{CO_2}	④ NaCl/%	④ KCl/%	是否沸腾	资料来源
湖南柿竹园					700②						
	斑状黑云母花岗岩阶段		透辉石、石榴子石	A±B±C	446～651			32			
	矽卡岩阶段	白钨矿	符山石、钙铝榴石	A±B±C	450～540			50		沸腾	杨超群（1981）
	含水硅酸盐阶段	白钨矿、锡石、辉钼矿	阳起石、透闪石	A+B	259～347						
	云英岩阶段	白钨矿、黑钨矿	白云母、石英、萤石、黄玉	A±D	260～410			21～23			
	硫化物阶段	黄铁矿、辉铋矿	石英、萤石、方解石	A	167～265						
湖南香花岭	黑云母花岗岩阶段										
	镁矽卡岩阶段	白钨矿	镁橄榄石、尖晶石、深绿辉石								
	钙矽卡岩阶段	锡石、黑钨矿	辉石、石榴子石	A+C±B	500～610			30～48			
	云英岩阶段	锡石、白钨矿、香花石	石英、白云母、萤石、黄玉、电气石	A+B+C	320～485	0.56～0.78		10～42			王立华等（1984）
	含水硅酸盐及氟硼质交代岩阶段	闪锌矿、方铅矿、黄锡矿	粒硅镁石、金云母、氟硼镁石	A+B+C	290～465	0.14～0.41		13～38		沸腾	
	硫化物阶段	脆硫锑铅矿、黄锡矿	石英、绢云母、滑石、绿泥石	A±B	220～290	0.15～0.40		13～24		沸腾	
	石英-碳酸盐阶段		石英、方解石、水白云母	A	160～220			3～10		沸腾	
云南个旧	黑云母花岗岩阶段		方柱石、钙铁辉石、钙铝榴石	A±C	596～650	0.95～1.10	0.01	36～37			本书
	钙矽卡岩阶段		透辉石、钙铁榴石、硅灰石	A±B±C	492～577	0.50～0.68	<0.01	39～46		沸腾	於崇文（1984）
	镁矽卡岩阶段	锡石、黄铜矿、磁黄铁矿	透辉石、（镁橄榄石）	A±C	520～630	0.80	<0.01	40			
	含水硅酸盐阶段	硼钙锡矿、磁铁矿	金云母、闪石、粒硅镁石	A	285～414	0.42		5			
	氟硼质交代岩阶段	黄铁矿、方铅矿、闪锌矿	萤石、硅硼钙石、赛黄晶	A±B	200～341	0.38～0.65	0.08	4～8			
	石英-萤石-碳酸盐阶段		方解石、石英、萤石、绿泥石	A	200～300	0.07～0.16					
广西大厂	黑云母花岗岩阶段			E	680～710	1.00～1.70					
	矽卡岩阶段		辉石、石榴子石、硅灰石	A+B+C	440～730	0.72～1.17	0.07～0.14	34～60		沸腾	孟令库（1983）
	含水硅酸盐阶段	锡石、黄铜矿、闪锌矿	石英、阳起石、金云母、绿帘石	A+B±C±D	310～460	0.21～0.70		5～15		沸腾	李荫清等（1985）
	石英-绿泥石阶段	闪锌矿、方铅矿、硫盐	石英、绿泥石、萤石	A±D	250～290	0.17～0.87	0.23～0.37	5～10			
	石英-萤石-碳酸盐阶段	黑钨矿、硫盐、辉锑矿	萤石、方解石、石英	A	150～180	0.20～0.97	0.01～0.08	1～7			

注：①爆裂温度；②根据热力学方法推测的温度；③数字下面打“-”者为据含液相 CO_2 包裹体计算的流体中 CO_2 摩尔分数，其余都是根据包裹体气相成分分析结果计算的；④当包裹体组合中存在 C 型包裹体时，表中所列盐度值仅代表 C 型包裹体的盐度值。

发生了较强烈的沸腾；在含水硅酸盐阶段，在14个已知包裹体组合的矿床中有5个发生了较强烈的沸腾或局部沸腾。矽卡岩矿床中的沸腾作用比斑岩型矿床要弱，而且其规模也不如斑岩型矿床那么大。斑岩-矽卡岩复合型矿床（如湖北封三洞矿床），沸腾作用比较强烈。

二、同位素地球化学

稳定同位素是地质科学领域中一门新兴学科，作为“示踪原子”，在解决地质学领域内许多重大地质问题上所具的独特优越性，为其他地球化学研究方法无法相比。在对矿床成因及成矿物质来源研究诸方面，它已在层控矿床、斑岩型矿床、石英脉钨矿床、锡石-硫化物矿床和大气降水热液矿床等研究探索取得了一定进展（Wolf，1976；芮宗瑶等，1984；张理刚，1985），但在交代矿床方面报道较少。结合矽卡岩矿床的成因研究，我们选择几个典型矿床进行初步解剖，做了部分硫、碳、氢、氧、铅等稳定同位素的综合研究。此外，还对前人有关这方面资料进行综合和分析，以期通过提供的同位素信息，为矿床的交代成因提供某些证据。

1. 硫同位素组成

矽卡岩矿床的$\delta^{34}S$值比较集中，极差一般不超过10‰，均一化程度较高，频率直方图上明显具塔式分布规律。大体上看，矽卡岩型矿床可认为硫源比较单一，显示地壳深部硫的来源特征，主要属幔源硫或岩浆硫。

拉伊和大本（1974）曾对世界上14个著名的多金属热液矿床硫同位素组成做了详细研究，根据总硫同位素组成，他们将其划分为三个类型。其中之一是成矿溶液总硫同位素组成为接近于零的正值，如达尔文等矿床，这类矿床在成因上与花岗岩类侵入体有关，硫源为地幔或地壳深部物质均一化的结果。矽卡岩型矿床看来基本属于这一类型。已知矽卡岩矿床的全硫值大体在接近于零值附近的范围内。有的矽卡岩矿床（如湖南水口山）明显表明硫源以岩浆硫或深部硫为主，全硫值接近于零（-0.2%~0%）。现已查明与岩浆源有成因联系的硫化物矿床，其特点是硫同位素组成的变化范围小，在多数情况下不超过10‰，一般不超过5‰~6‰，辽宁八家子矿区的硫同位素组成基本具备上述特征，可作为矿区硫为岩浆硫源的一个佐证。与水口山、达尔文等其他国内外矽卡岩型铅锌矿床比较（张理刚，1985），均具有中酸性岩浆岩中硫的同位素组成特点。

2. 氢氧同位素组成

为探讨矽卡岩矿床的成矿溶液来源性质，我们还做了某些氢、氧同位素的研究。重点对湖南新田岭白钨矿区进行解剖，对辽宁八家子，云南个旧，湖南柿竹园、水口山、黄沙坪等矿区也做了部分工作。新田岭矿区成矿期石英流体包裹体δD为-55.0‰~-43.3‰，根据石英的$\delta^{18}O$值及均一温度计算与之平衡的矿液$\delta^{18}O_{H_2O}$值为4.55‰~7.39‰；八家子矿区成矿期石英流体包裹体δD为-74.3‰，据石英的$\delta^{18}O$值及均一温度计算与之平衡的矿液$\delta^{18}O_{H_2O}$为4.82‰；个旧马拉格矿床矽卡岩中萤石δD为-68.9‰；柿竹园矿区矽卡岩矿石中萤石δD为-72.0‰；水口山矿床矿石中闪锌矿δD为-32.09‰，$\delta^{18}O_{H_2O}$为5.58‰；黄沙坪矿区成矿期石英δD为-74.9‰，据石英$\delta^{18}O$值及均一温度计算矿液$\delta^{18}O_{H_2O}$为5.46‰，成矿期萤石δD为-55.4‰。总体上看，氢同位素资料较少，在此不多作讨论，但从中可以看出，作为成矿溶液的矿物包裹体水的δD值变化范围为-74.9%~32.09‰，矿液水的$\delta^{18}O_{H_2O}$值变化范围为4.73‰~7.92‰，基本上落在正常岩浆水或再平衡岩浆水（张理刚，1985）范围内，或者说是落在正常岩浆水或以岩浆水为主混溶部分大气降水的混合岩浆水范围内。如水口山矿区闪锌矿δD为-32.09‰，反映了晚期成矿溶液中有大气降水的混入。

从稳定同位素角度，对成矿元素在交代作用过程中的活化迁移问题，我国学者丁悌平、张理刚等进行了有关研究和探索，张理刚（1985）曾提出了再平衡混合岩浆水成矿的观点。从上述氢、氧同位素组成来看，矽卡岩矿床成矿溶液的来源一部分是正常岩浆水，一部分（可能是大部分）是再平衡岩浆水，部分矿床成矿期或晚期有大气降水混入，尤其对矽卡岩铅锌矿床来看，成矿后期或晚期，成矿溶液可能以大气降水居主导地位。

从已知数十个矽卡岩矿床成矿岩体全岩$\delta^{18}O$值来看，一部分大于10.0‰，具有明显富$\delta^{18}O$的特征，符合徐克勤划分的大陆地壳重熔花岗岩的特征。但实际情况并非全部如此，如湖南水口山、天堂等矿床岩体的 $\delta^{18}O$ 值虽大于 10‰，却属于同熔型岩体。可见，考虑全岩 $\delta^{18}O$ 值大小仅是从一个角度来分析，奥尼尔、泰勒只是总结了大体的一般规律。要确切查明岩浆岩岩石类型或成岩物质来源，还是应结合岩体地质特征进行全面的综合分析，才能得到合理的解释。将搜集到的部分矽卡岩矿床有关岩体全岩 $\delta^{18}O$ 值结合岩体地质资料全面分析后，可划分为两个成因类型：一类属壳源重熔型花岗岩，全岩 $\delta^{18}O$ 值大于 10.0‰，与之有关的主要是一些与钨、锡有关的矽卡岩矿床和部分矽卡岩铅锌矿床；另一类属同熔型、混合源型花岗岩，全岩 $\delta^{18}O$ 值小于 10.0‰，与之有关的是矽卡岩铁、铜、钼矿床和部分矽卡岩铅锌（多金属）矿床。

大体上看，矽卡岩铁矿床磁铁矿 $\delta^{18}O$ 值变化范围明显大于岩浆型铁矿床，但没有沉积变质铁矿床那么低的负值和高的正值。矽卡岩铁矿床磁铁矿氧同位素组成可明显分为两组，一组为正值（1.5‰~8.8‰），相当于岩浆型磁铁矿 $\delta^{18}O$ 值或其下限，相当或接近于岩浆水，另一组在零值附近（-1.78‰~1.00‰），其原因可能与“轻”的地下水作用等因素有关。马坑铁矿极少量几个样品低达-3.86‰~-3.40‰，其原因有待研究。有的矿区只见一组数据，可能是样品数量太少的原因，当然也不能完全排除有的矿区成矿作用晚期大气降水影响甚微的因素。潘田铁矿地表局部出露少量条带状石英磁铁矿，其磁铁矿 $\delta^{18}O$ 值低达-10.64‰~-10.26‰，可能是受 $\delta^{18}O$ 值较低的表生水的作用所致。

总体来看，沉积型、沉积变质型、岩浆型、矽卡岩型等铁矿床，具有不同的氧同位素分布特征，这主要与成矿流体同位素组成的不同和成矿物理化学条件不完全相同等因素有关。从矽卡岩矿床磁铁矿的氧同位素组成结合其他氢、氧同位素资料来看，矽卡岩矿床的矿液来源主要是岩浆水外，大气降水的作用在一些矿区应有足够的重视，尤其是在成矿作用的后期或晚期。

3. 铅同位素组成

为了进一步探讨矽卡岩矿床成矿元素铅的来源及矿液演化的特点，我们选择了辽宁八家子铅锌矿床重点解剖研究，自近接触带至远接触带测定了矿体中十余个方铅矿的铅同位素组成，$^{206}Pb/^{204}Pb$ 值为 16.144~16.560，$^{207}Pb/^{204}Pb$ 值为 15.185~15.550，$^{208}Pb/^{204}Pb$ 值为 36.310~37.580。上述数值表明了该矿区属非正常铅，用 φ 值方法计算成矿年龄不合适。铅同位素比值在水平空间上从离接触带较近向远离接触带略有增加趋势。为了对比，还对与矿化有成因联系的黑云母石英闪长岩中的 3 个斜长石和钾长石样品做了铅同位素测定，长石铅与上述组成比较接近，比值是 $^{206}Pb/^{204}Pb$ 为 16.308~16.437，$^{207}Pb/^{204}Pb$ 为 14.990~15.158，$^{208}Pb/^{204}Pb$ 为 35.565~36.384，表明矿石铅与岩浆铅有一定依存亲缘关系。

4. 碳同位素组成

我们以新田岭矿区为代表来分析讨论。围岩碳酸盐岩 $\delta^{18}C$ 为 1.5%~2.5‰，刚好落在海相碳酸盐岩的范围内（-2%~2‰）。矿石中方解石的 $\delta^{18}O$ 为 10.4%~11.5‰，按均一温度计算溶液的 $\delta^{18}O_{H_2O}$ 在 5.4%~6.8‰。根据 Taylor（1979）的水-岩同位素交换关系式可知 $\delta^{18}O$ 为 7‰的溶液与石灰岩交换是产生不了 $\delta^{18}O$ 低于 7‰的溶液的。因此这种溶液最初不可能是纯岩浆水或者以岩浆水为主。假定最初溶液为大气降水，现在矿区矿坑水的 $\delta^{18}O$ 值为-6.4‰。在燕山期成矿时，大气降水的 $\delta^{18}O$ 值不清楚，我们假定与现代值差别不大，取值为-6.4‰，按 Taylor（1979）的水-岩反应公式，获新田岭矿区水/岩值为 0.12~0.4，这个比值较为合理。成矿后期方解石脉的 $\delta^{18}O$ 为 6.3‰，据均一温度计算溶液的 $\delta^{18}O_{H_2O}$ 为-2.25‰~1.37‰。按 Taylor（1979）关于水/岩计算公式，同样的运算，假定最初的溶液为岩浆水，则无解；假定最初溶液为大气降水（取值-6.4‰），获水/岩值为 0.32~0.39。因此不论早期方解石沉淀或者晚期方解石脉形成时，溶液均可能是以经过交换的大气降水为主，当然少量岩浆水混入的可能性也有的。

下面再讨论沉淀方解石的溶液中碳的来源。成矿期方解石 $\delta^{13}C$ 为-6.8‰~-3.5%。根据 Ohmoto et al.（1979）资料，在 300℃时沉淀的方解石的 $\delta^{13}C$ 较溶液中的 CO_2 低 1.4‰，由此，计算出新田岭地区成矿流体中 CO_2 的 $\delta^{13}C$ 为-5.4‰~-2.1%，代表交换后的溶液。根据 Taylor（1979）关于水/岩计算公式求得交换时的$CO_{2溶液}/CO_{2灰岩}$值为0.54~0.93。要使水溶液中岩浆碳为与之交换的灰岩的碳接近1倍，是难以使人相信的。如果溶液中含的不是岩浆碳而是石炭系中的有机碳或石墨，则这些碳氧化生成的CO_2，其$\delta^{13}C$值一般可达-25‰左右，$CO_{2溶液}/CO_{2灰岩}$值为0.17~0.30，同样的运算，成矿后期方解石获得的$CO_{2溶液}$与$CO_{2灰岩}$比值为0.18，此二比值看来较合理一些。说明碳的来源以地层碳为主，混有部分岩浆碳，然而上述计算中，许多方面都加以简单化了，我们仅从粗略计算中来为定性地估量溶液中水和碳的来源，提供一定参考数据。一般认为，岩浆成因碳酸岩碳的$\delta^{13}C$值通常在-7‰左右，沉积的海相碳酸盐岩在0‰左右，实测的成矿期方解石$\delta^{13}C$达到-3.5%，显示出有围岩地层碳的加入，矿区碳的来源是携带深源碳的高温气液作用于碳酸盐岩围岩地层经接触交代作用并摄取了围岩地层中的碳，是地层碳与岩浆碳的混合碳。而且根据前述热液与碳酸盐岩围岩的碳同位素交换，地层碳应是主要的。

5. 锶同位素组成

因条件限制，未取锶同位素样品实测研究，仅对部分矽卡岩矿床有关岩体的初始锶数据进行初步归纳和分析。

从初始锶值来看，与钨、锡（包括部分铅锌）矿床有关的花岗岩类，其全岩或磷灰石的初始锶具有明显高的值（$^{87}Sr/^{86}Sr$）$_i$>0.710；与铁、铜、钼（包括部分铅锌多金属）矿床有关的花岗质岩石则具较低的值（$^{87}Sr/^{86}Sr$）$_i$<0.710。前者与壳源重熔型花岗岩及其演化有关，岩石类型以黑云母花岗岩、花岗岩为主，成岩物质来源于硅铝质地壳。后者与同熔型或混合源型花岗岩有关，岩石类型以中酸性花岗闪长岩、花岗闪长斑岩、石英闪长岩为主（与钼矿化有关岩石为花岗岩），成岩物质来源于上地幔、下地壳或大洋壳。锶同位素（初始锶）研究与前述氧同位素研究（全岩$\delta^{18}O$值）是比较相一致的。毋庸置疑，矽卡岩矿床成矿岩体主要来自上述壳源重熔型花岗岩与同熔或混合源型（过渡型）花岗岩两个成因系列。

综合上述对矽卡岩矿床的硫、氢、氧、碳、铅、锶等同位素的研究，可以大致归纳总结如下：

1）矽卡岩矿床的硫源以幔源或地壳深部来源为主，主要来自深源混熔（混合源型）岩浆和壳源重熔型岩浆，部分矿区有围岩地层硫的混入，或为以地层硫为主的混合硫。

2）碳的来源有岩浆碳及深源碳和围岩地层碳的混合两种情况，一般以地层碳为主，混有岩浆碳。

3）铅的来源以岩浆源为主（部分矿区主要是矽卡岩铅锌矿床，有的是以地层铅为主），铅同位素组成较均一，有正常铅和异常铅两种形式，大体可分为三种情况或类型。

4）结合氢、氧、锶同位素研究表明，矽卡岩矿床成矿溶液来源自混合岩浆水或再平衡岩浆水，部分矿区后期以大气降水为主。

5）成岩物质来自成矿岩体主要为壳源重熔型花岗岩与同熔或混合源型（过渡型）花岗岩两种成因系列，表明来源于硅质地壳或上地幔、下地壳与大洋壳。

显而易见，上述稳定同位素的综合研究亦为矽卡岩矿床的成因提供了佐证。

三、挥发组分在矽卡岩矿床形成中的作用

1. 挥发组分在矽卡岩矿床的矿石、交代岩、矿物和其他岩石中的分布

人们早已注意到，在许多内生矿床的矿石和交代岩中常含有多量挥发组分，诸如Cl、F、S、B、CO_2、H_2O等。

我国和其他国家许多矽卡岩矿床中挥发组分甚为富集，往往可作为找矿标志之一。例如我们对陕南和豫西地区15个有矿和无矿小侵入体进行调查后，发现有镁矽卡岩型铁矿床产出的小侵入体接触带，广泛发育金云母化、透闪石化、粒（斜）硅镁石化、蛇纹石化、绢云母化和沸石化等热液蚀变现象。因此，矿石和交代岩中含F和H_2O均较高：F 0.07%~0.35%，H_2O 1.55%~5.63%，Cl局部可达0.29%，这类岩体属于“湿”的岩体；而无矿岩体接触带，虽局部也有镁矽卡岩，但热液蚀变很弱，岩石含挥发组分都很低，F一般为0.03%~0.07%，Cl为0.02%~0.1%，H_2O为0.6%~

1.3%，属于较“干”的岩体（赵一鸣等，1983a）。

湖北大冶铁山和福建马坑等矿床的情况也是如此，无矿地段的岩石（灰岩、砂岩、粉砂岩等）挥发组分含量很低：F 为 0.02%~0.13%，C 为 0.01%~10.00%；而矿区的矽卡岩、热液交代岩和矽卡岩铁矿石中挥发组分却相当高，F 0.16%~3.0%，Cl 0.02%~0.84%，即比无矿地段的围岩中高出一到二个数量级。

在许多矽卡岩矿床的矿石和近矿交代岩中，现已发现的含挥发组分较高的矿物有方柱石、金云母、绿色云母（含铁金云母）、含氯角闪石、含氟角闪石、符山石、萤石、氟镁石、硅镁石族、蛇纹石和含氟透闪石等。在有的矿区还有多量含硼矿物出现，云南个旧锡多金属矿床就是一个很好的例子。在该矿床中，不但有许多含 F、Cl 的交代矿物，而且还存在不少含硼的矿物。从个旧矿区各类岩石和矿物的上述元素含量，可以看出：

1）氟在各类矽卡岩和钾质交代岩中都较高，但分布不均匀。含锡钙矽卡岩的含氟最高，因为矽卡岩中有大量萤石和其他氟硼质交代矿物产出；蚀变花岗岩和透辉石矽卡岩含氟相对较低。在岩浆结晶阶段，氟在花岗岩的黑云母中已趋富集（2.05%~2.48%）；在岩浆期后镁矽卡岩的金云母中含氟则更高（3.46%~4.86%），粒硅镁石、灰枪晶石和硼符山石等含水矽卡岩矿物含氟也很高（1.99%~8.63%）。

2）硼在黑云母花岗岩中的含量和世界花岗岩的平均含硼量大致相当，说明在岩浆阶段，硼尚未见有明显的富集现象。但在云南个旧打磨山地区含锡钙矽卡岩中，硼的含量普遍较高，研究结果表明，那里有较多的含硼矿物产出，除了前人已确定的含硼矿物斧石、硼钙锡矿等外，新发现了硼符山石（含 B_2O_3 2.02%~2.75%）、硼角闪石（含 B_2O_3 3.62%）、赛黄晶、硅硼钙石、氟硼镁石等含硼矿物，形成一套氟硼质交代岩。

3）氯主要赋存于方柱石中（1.2%~4%），硼符山石和金云母的含 Cl 量也偏高。

载贞（1980）对云南个旧矿区含锡花岗岩中 Sn、F 含量统计结果表明，花岗岩类含 $Sn>10\times10^{-6}$、$F>1000\times10^{-6}$ 时，可以作为含锡花岗岩。含锡花岗岩中 Sn/F 值为 0.5~0.8 时，为成矿岩体。因此，花岗岩中 Sn、F 含量和百分比值可以作为锡矿成矿预测中对成矿岩体的一个判别指标。

方柱石主要见于俄罗斯安查斯铁矿床、哈萨克斯坦萨尔拜铁矿床和中国华北地台及鄂东南等地区与基性、中性、中基性或中偏酸性侵入体有关的某些铁矿床内接触带，常和透辉石或石榴子石共生，呈交代网脉产出，在其脉侧往往伴有钠长石化或条纹长石化现象。它的出现，说明成岩成矿温度是较高的。萤石在美国西部、我国东南沿海、南岭和东北等地的花岗岩类接触带的矽卡岩矿床中有较广泛的分布，在与白云岩接触处还可能有氟镁石产出。金云母和硅镁石族矿物的出现也与镁质碳酸盐岩围岩有关。含氯角闪石在阿塞拜疆塔什干山、中国闽西南马坑、阳山、挂山和新疆磁海等钙矽卡岩铁矿床中有较多的分布，一般产于近矿辉绿闪长岩或花岗岩内接触带，常交代内带的钙矽卡岩。上述矿物中，除了方柱石是早期碱性交代阶段的产物外，其他多相当于晚期矽卡岩阶段或高中温气液阶段（酸性淋滤阶段）的交代产物，形成时间和金属矿化较接近，说明 F、Cl 等挥发组分在成矿期活动甚为强烈。

氟和氯不仅参与了上述交代矿物的晶格，而且还可以组成盐类矿物，赋存于矿物的多相包裹体中。据李荫清和陈伟十（1982）的研究，在福建马坑、洛阳矿区的铁矿石和矽卡岩中，发现矿物的流体包裹体内常含有石盐（NaCl）和钾盐（KCl）的子晶，这和原地质部物探研究所（1977）报道的“在马坑铁矿体中含有多量可溶性氯（$40\times10^{-6}\sim200\times10^{-6}$）”的资料是相符的。在云南个旧锡多金属矿区的方柱石、透辉石和硅灰石等矽卡岩矿物的流体包裹体中，我们也发现了不少石盐子晶，这说明成岩成矿流体的含盐度相当高。

与成矿有关的挥发组分富集的程度，不仅反映在岩浆期后气液交代作用的产物上，而且还能在岩浆结晶阶段所形成的某些含水硅酸盐矿物中表现出来。如个旧锡矿花岗岩黑云母中 F 含量很高和福建马坑、阳山、潘田等矿区近矿花岗岩中黑云母的 F、Cl 含量比远矿花岗岩体中黑云母要高很多，辉绿闪长岩中的角闪石含 Cl 也偏高等情况（赵一鸣等，1983a）都是一些有力的证据。成矿岩体黑云母的 F/Cl 值似可作为判别金属矿化的类型。对我国几个重要矽卡岩矿床（田）与成矿有关侵入体中黑云母的 F、Cl 含量对比表明，与矽卡岩铜矿、铁矿和铁铜矿床有关的侵入体中黑云母 F/Cl 值较低（<5），而与矽卡岩钼矿、铁钼矿、锡钨多金属矿床有关的侵入体中黑云母 F/Cl 值相对较高，达 8.6~183.3。

2. 关于矿质运移的形式

现代大量实验资料证实，在有气液参与的内生成矿过程中，金属元素大多是以配合物的形式迁移的，其次可能是卤化物。

（1）配合物的组成

含有配离子的化合物叫配合物。配离子是由一个简单的阳离子（中心离子）和几个中性分子或其他阴离子以配位键的方式结合成的具有一定特性的复杂离子（《无机化学》编写组，1978）。

一般易溶的配合物有三个组成部分：

1）中心离子或配合物形成体：对于矽卡岩矿床来说，主要是 Fe^{2+}、Fe^{3+}、Cu^{+}、W^{6+}、Mo^{4+}、Sn^{4+}、Pb^{2+}、Zn^{2+}、Be^{2+}、Ag^{+}、Au^{3+}等成矿金属元素的离子。

2）配位体：在配离子中同中心离子配合的离子或分子叫配位体，常为 F^-、Cl^-、OH^-、O^{2-}、S^{2-}、BO_3^{3-}、CO_3^{2-}、SO_4^{2-} 等阴离子或酸根，和上述金属元素的离子结合成配阴离子，如 $[FeCl]^{3-}$、$[SnF_6]^{2-}$ 等。当配位体是中性分子 H_2O 时，它和中心离子结合成配阳离子，如$[Fe^{2+}(H_2O)_6]^{2+}$等。

3）外界离子：一般主要为 Na^+、K^+等碱金属阳离子，但若和配阳离子相结合时，则可能为 F^-、Cl^-等阴离子。它们和配离子是以离子键的方式结合的。

许多实验已经证明，配合物对内生成矿作用的重要意义主要有以下三方面；

1）促使从岩浆或岩石中萃取多量金属元素。奥伏琴尼柯夫（1964）的实验表明，在弱盐酸溶液（0.8%~2.6%HCl）中加入 NaCl 或 KCl，作用于黑云母、辉石和安山岩等，由于可形成配合物 $Na[FeCl_4]$ 或 $K[FeCl_4]$，因而大大加速了矿物和岩石中铁的萃取。铁被萃取的程度与碱金属在溶液中的含量成正比。梁祥济和曲国林（1982）结合马坑铁矿的近矿辉绿岩褪色析出铁的现象，做了有关模拟实验，得出了类似的结论。

2）在高温气相和液相中配合物溶解度大大增长。В. Д. Тведвелл et al.（1954）关于硫化银溶解度的实验具有很大的说服力，银的配合物 AgHS 的溶解度比银的硫化物 Ag_2S 高 10^9~10^{12} 倍。

3）配合物在溶液和气体中稳定性相当高，可以进行长距离搬运。配合物在水溶液中除高的溶解度外，还有不易水解和沉淀的特点，因此，具有很大的稳定性。例如，在碱金属过剩的情况下，不发生铁的水解和沉淀，因为铁已完全进入配合物的组成中。配离子在溶液中的稳定性取决于中心离子和配位体的性质、它们之间键的类型以及外界离子的反极化能力（奥伏琴尼柯夫，1964）。大部分成矿金属元素，作为中心离子，常是电价高、半径小、离子电位高的阳离子，它们同配位体的配合较强，因此所形成的配合物也较稳定。外界离子钾、钠等，由于其电离势、负电性和离子电位都很小，因此是最强的基。它们具有很大的解离能力和很小的反极化能力。因此，许多金属的配阴离子与其结合所形成的配合物，常具有较大的溶解度和稳定性（胡受奚等，1982）。金属配合物同样易溶于气体中，在气体溶液中也很稳定。

（2）参与矽卡岩成矿作用的配合物形式

根据许多矽卡岩矿床中钾、钠、氟、氯、硼等交代作用十分发育，并和成矿有密切成因联系的特点，综合国内外文献中有关配合物的资料，在矽卡岩矿床成矿过程中，主要金属成矿元素迁移的配合物形式可能有以下一些：

Fe：$R_2[Fe^{2+}Cl_4]$，$R_2[Fe^{2+}F_4]$，$R[Fe^{3+}F_4]$，$R_3[Fe^{3+}Cl_6]$，$R_3[Fe^{3+}F_6]$。西列尼钦柯（1961）认为，在配阴离子 $[FeCl_6]^{3-}$中，OH^-可以部分替代 Cl^-，甚至完全被 H_2O 所代替，即配阴离子的形式可以是 $[FeCl_{6-n}(OH)_n]^{3-n}$ 或$[FeCl_{6-n}(H_2O)_n]^{3-n}$，其中 n 为 1、2、3、4、5、6。

Cu：$R[Cu(HS)_3]$，$R[CuS(HS)_3]$，$R_2[CuS_2]$，$R_2[Cu(S_2O_3)_2]$，$R_2[CuCl_4]$

Pb：$R[Pb(HS)_3]$，$R_2[Pb(S_2O_3)_2]$，$R_2[PbF_4]$，$R_2[PbCl_4]$

Zn：$R[Zn(HS)_3]$，$R_2[Zn(S_2O_3)_2]$，$R_2[ZnF_4]$，$R_2[ZnCl_4]$

W：$R_2[WF_8]$，WOF_4，$WOCl_4$，$R_2[WO_4]$

Mo：$R_2[MoF_6]$，$R_2[MoCl_6]$，R_2MoO_4，$R_2[MoS_4]$，$R_2[MoO_3F_2]$

Sn：$R_2[SnF_6]$，$R_2[SnCl_6]$，$R_2[Sn(OH,F)_6]$，$R_2[Sn(OH)_4F_2]$，$R_2[Sn(OH)_6]$，$R_2[Sn(BO_3)_2]$，$R_2[SnS_3]$

Au：$R[AuCl_2]$，$R[AuCl_4]$，$R[AuS]$，$R[AuS_2]$，$R_3[Au(SO_4)_2]$

Be：$R_2[BeF_4]$

其中 R 为 K^+、Na^+等碱金属离子。

金属除了以配合物这个主要形式运移外，呈卤化物的形式进行搬运也是可能的。例如，对于马坑等大型矽卡岩铁矿床来说，矿石和近矿围岩中富含 F、Cl 等挥发组分的交代矿物（萤石、含氯角闪石、含氟透闪石等）。在近矿铝硅酸盐岩中虽也见有钾长石化，但其发育程度远不如湖北大冶、河北邯邢等地区的钠长石化。作者推测，矿床可能主要以喷气接触反应交代的方式生成的，铁质除了以配合物的形式外，部分可能是以氯化物或氟化物的形式（$FeCl_2$、FeF_2、$FeCl_3$、FeF_3）进行搬运的。王玉荣（1978）曾对铁质迁移形式进行过一些实验，结果表明，挥发组分中以 Cl 对铁的搬运能力最强，其次是 F；$FeCl_2$ 在气热相中比 $FeCl_3$ 稳定。因此，铁的卤化物中可能搬运的形式应主要是 $FeCl_2$ 和 FeF_2。同样，Cu、Sn、W、Mo 等也可能以氯化物或氟化物的形式进行搬运。

3. 金属矿物沉淀富集的条件

在矽卡岩矿床中，矿体多产于侵入体外接触带，主要交代外矽卡岩或碳酸盐岩围岩而成。金属矿物常与矽卡岩紧密伴生，并明显地交代透辉石、石榴子石、镁橄榄石等矽卡岩矿物，大体与金云母、硅镁石类、闪石类和萤石等含挥发组分的矿物形成时间接近。在有的地段，磁铁矿、锡石、白钨矿和铜、铅、锌等金属硫化物还可以直接交代大理岩、结晶灰岩或白云岩等。这说明接触带矽卡岩和碳酸盐岩围岩的存在，是金属矿物沉淀富集的重要条件。

促使金属配合物或卤化物分解和矿质沉淀的因素很多，如温度、压力、E_h 值和 pH 值等的变化，其中热流体温度的下降和 pH 值的增大可能是矿质沉淀的主要原因。当矽卡岩化晚期热流体运移至接触带时，物理化学条件发生急剧变化，温度和压力迅速降低，流体从超临界状态转入溶液状态，其酸度不断增大，特别是当和早期形成的矽卡岩或碳酸盐岩围岩相遇时，由于相互作用结果，溶液碱度升高，能促使配合物或卤化物分解，金属矿物就以交代矽卡岩或碳酸盐岩围岩的方式沉淀富集。

以磁铁矿的生成为例，氯铁配合物和灰岩作用，可以沉淀出磁铁矿，其反应式如下：

$$Na_2[FeCl_4]+CaCO_3 \rightleftharpoons Ca[FeCl_4]+Na_2CO_3$$

$$Ca[FeCl_4]+2H_2O \rightleftharpoons Fe(OH)_2+CaCl_2+2HCl$$

$$Fe(OH)_2+2Na[FeCl_4]+2H_2O \rightleftharpoons Fe_3O_4+6HCl+2NaCl$$

反应的结果，引起水解，促使磁铁矿沉淀。在配合物分解时产生的 HCl（强酸），可能会阻碍铁质的沉淀，但由于与 $CaCO_3$ 中和，使配合物的分解和磁铁矿的沉淀，可以顺利进行。

$FeCl_2$ 通过水解并和 $CaCO_3$ 作用，也能生成磁铁矿。这已为哥赫拉（1925）和王玉荣（1978）的实验所证明。含 $FeCl_2$ 的热水溶液作用于灰岩时生成磁铁矿的化学反应如下：

$$FeCl_2+H_2O \rightarrow 2HCl+Fe(OH)_2$$

$$2HCl+CaCO_3=CaCl_2+CO_2+H_2O$$

$$2Fe(OH)_2+FeCl_2=Fe_3O_4+2HCl+H_2$$

这也是一个水解反应，当含矿溶液和灰岩相遇时，随着 pH 值的增高，这一反应加剧。

再以锡石的生成为例，当锡的易溶配合物和灰岩相遇时，也发生反应交代，沉淀锡石和萤石，其化学反应：

$$K_2[SnF_6]+2CaCO_3 \rightleftharpoons SnO_2+2CaF_2+2KF+2CO_2$$

锡的氟化物水解后，也能沉淀出锡石：

$$SnF_4+2H_2O \rightleftharpoons SnO_2+4HF$$

所产生的中间产物 HF，由于和灰岩进一步反应，中和形成萤石：

$$4HF+2CaCO_3 \rightleftharpoons 2CaF_2+2H_2O+2CO_2$$

当钨的易溶配合物与灰岩或矽卡岩分解后的碳酸盐反应时，发生离子交换，能形成白钨矿：

$$K_2WO_4+CaCO_3 \rightleftharpoons CaWO_4+K_2CO_3$$

下篇　重点矿床地质特征分论

第五章　矽卡岩铁矿床

矽卡岩铁矿床是主要铁矿类型之一，也是目前重要的富铁矿类型。矿石的品位 TFe 一般大于 40%，部分矿床的铁矿石可达 50%~60%，矿石无须选矿可以直接入炉炼钢。

矽卡岩铁矿床生成地质环境十分广泛，包括古老地盾区、大陆边缘褶皱带、岛弧和大陆内部的断凹带等。其分布相对较广，主要集中在加拿大西部岛屿、美国西海岸、中国东部、俄罗斯乌拉尔、阿尔泰-萨彦地区以及哈萨克斯坦的土尔盖地区等。与成矿有关的岩浆岩主要为辉长岩和闪长岩，但也有花岗岩，在后一种情况下，铁矿总是伴生 Sn 或 Mo。在侵入体内接触带往往发育较强的钠长石化和/或方柱石蚀变，而且宽度较大，可作为重要的找矿标志之一。

矽卡岩铁矿床可大致分为两大类：一类是矿床主要产于侵入岩和碳酸盐岩围岩的接触带；另一类是与海相火山-侵入活动有关的矽卡岩铁矿床。后一类铁矿床的实例有俄罗斯阿尔泰-萨彦地区、哈萨克斯坦土尔盖地区和中国天山成矿带。根据容矿围岩的不同，又可分为镁矽卡岩型和钙矽卡岩型两类。前者的被交代围岩为白云岩或白云质灰岩；后者的被交代围岩则为 MgO 含量一般低于 3%的灰岩、大理岩或钙质火山岩类。

成矿时代可以从前寒武纪、古生代、中生代一直到新生代。但与海相火山侵入活动有关的铁矿成矿时代主要是古生代（表 5-1）。

一、哈萨克斯坦萨尔拜（Sarbai）铁矿床

（一）地理位置和勘查开发概况

萨尔拜铁矿床位于哈萨克斯坦西北部库斯坦拿城南西 45 km 处，1948 年飞机飞越该矿上空时因磁针强烈偏转而被发现。该矿床所在的土尔盖铁矿带内产有许多铁矿床，主要包括萨尔拜、索科洛夫、卡切尔、库尔容库尔、卡雷库里等，其中，萨尔拜铁矿床规模最大，其铁矿资源量多达 7.25×10^{8} t，可能也是世界上规模最大的矽卡岩铁矿床。

（二）矿区地质

矿区地层是一套下石炭统火山-沉积岩层，沿 NNE 向复向斜分布，岩性为安山玢岩、凝灰岩、凝灰角砾岩、层凝灰岩、砂岩、灰岩互层，还有中-晚石炭世赤铁矿化凝灰岩、玄武质凝灰熔岩和泥岩。这些岩层组成索科洛夫-萨尔拜背斜，近 SN 走向。矿体分布在该背斜的西翼。

矿区出露萨尔拜闪长岩体，该岩体岩性包括辉石、石英闪长岩、闪长玢岩，并有一系列脉岩。成矿前有闪长玢岩，成矿后有石英辉石玢岩和花岗斑岩。

矿区发育成矿前、成矿期和成矿后的断层。成矿前断裂近 SN 向，向西倾，倾角 65°~70°，侵入岩为闪长玢岩。成矿期的断裂为矽卡岩-磁铁矿体所占据。成矿后的断裂错开矿体，使矿石和交代岩破碎。沿某些成矿后断裂侵入有石英闪长玢岩和花岗斑岩岩墙。

表 5-1　世界主要矽卡岩铁矿床一览表

序号	矿床名称	地理位置	矿床简要地质特征	储量和品位	成矿时代	参考文献
1	加拿大铁山（Iron Hill）铁矿床	British Columbia 省温哥华岛	矿体产于侏罗纪（181～141 Ma）石英二长岩、花岗闪长岩、辉长岩和三叠纪火山岩（玄武岩、安山岩）与灰岩的接触带矽卡岩。矽卡岩属钙矽卡岩，以钙铁榴石为主，远离接触带的辉石富锰（$Jo_{52\sim24}$）；矿石矿物主要为磁铁矿和黄铜矿，伴生 Au、Co、Cu、Zn		中生代	Meinert，1984
2	加拿大铁顶（Iron Crown）铁矿床	British Columbia	矿体产于石英二长岩和三叠纪灰岩、火山岩接触带；矽卡岩由透辉石、钙铝榴石和绿帘石等组成，近接触带侵入岩中钠长石化明显；金属矿物主要为磁铁矿，少量黄铜矿和闪锌矿		中生代	
3	加拿大欢乐寡妇（Merry Widows）铁矿床	British Columbia 省温哥华岛北端	矿体产于辉长-闪长岩岩株和三叠纪灰岩、火山岩的接触带。矽卡岩由透辉石、石榴子石、黑柱石、角闪石等组成，内接触带钠长石化明显；金属矿物主要为磁铁矿，伴生黄铁矿、黄铜矿、赤铁矿、辉砷钴矿、自然金		晚中生代（181±8 Ma）	Carson，1973；Meinert，1984
4	加拿大 Texada Island 铁矿床	British Columbia 省温哥华岛东部 Texada 岛	矿体产于石英二长岩、花岗闪长岩侵入体外接触带的火山岩和灰岩中；块状磁铁矿主要交代灰岩，金属矿物除磁铁矿外，还有黄铁矿、闪锌矿、辉钼矿、方铅矿、白钨矿等；矽卡岩由透辉石、钙铝榴石、绿帘石、阳起石组成，内接触带钠长石化发育		中生代	Meinert，1984
5	美国康沃尔（Cornwall）铁矿床	费城西 W76°、N40°	矿体产于三叠纪辉绿岩与三叠纪灰岩、流纹质凝灰岩接触带；金属矿物主要为磁铁矿，次有黄铁矿、磁黄铁矿、黄铜矿和闪锌矿；矽卡岩矿物为透辉石、石榴子石、绿帘石、透闪石、阳起石、蛇纹石、绿泥石等	铁矿石 3×10^8 t，TFe 平均 42%	中生代	Lapham，1968
6	美国铁泉（Iron Spring）铁矿床	犹他州西南部 W112°、N34°	矿体产于石英二长岩和晚侏罗世灰岩夹粉砂岩、砂岩、页岩接触带，呈似层状、透镜状；主矿体长 300 m，厚度最大 60 m；矽卡岩由钙铁榴石、透辉石、黑柱石、蛇纹石、金云母等组成；金属矿物除磁铁矿外，含少量黄铜矿和磁黄铁矿	TFe 20%～67%	中生代	Mackin，1954
7	美国森特勒尔（Sendner）铁锌矿床	新墨西哥州 W108°6′、N32°48′	铁矿体呈层状产于花岗闪长岩、石英二长岩和石炭纪—二叠纪灰岩接触带，而锌矿体则在较外侧，在灰岩中也有产出。矿石矿物有磁铁矿、镜铁矿、闪锌矿，少量黄铁矿、黄铜矿；矽卡岩由石榴子石、钙铁辉石、硅灰石、绿帘石、黑柱石、蛇纹石、透闪石等组成	Zn 含量最高可达 17.49%		桂林冶金地质所，1974

续表

序号	矿床名称	地理位置	矿床简要地质特征	储量和品位	成矿时代	参考文献
8	美国中央（Central）铁锌矿床	新墨西哥州西南部	矿体产于闪长岩、花岗闪长岩和古生代灰岩的接触带矽卡岩中；矽卡岩由石榴子石、钙铁辉石、绿帘石、透闪石等组成；伴生矿化有 Fe、Cu、Zn、Pb；Zn 在最外带主要交代灰岩；金属矿物有磁铁矿、赤铁矿、黄铜矿、闪锌矿、方铅矿、白钨矿等			Charles，1975
9	美国 Iron Hat 铁矿床	加利福尼亚州 San Bernaxdino County E115°50′、N35°	矿体产于花岗岩、花岗闪长岩与古生代灰岩、大理岩、页岩的接触带矽卡岩中；矽卡岩由钙铁榴石、透辉石、符山石、硅灰石、尖晶石、镁橄榄石、斜硅镁石、蛇纹石、绿帘石、阳起石等组成；金属矿物有磁铁矿、赤铁矿，少量镜铁矿和硫化物。花岗岩和花岗闪长岩明显的钠长石化	Fe 50×10^4 t，TFe 59%	晚中生代（166±10 Ma）	Donald et al.，1988
10	哥伦比亚剌纳夹（Cienaga）铁矿床	W74°15′、N11°	矿体产于花岗闪长岩与白云质大理岩接触带，主要交代白云质大理岩，形成镁矽卡岩磁铁矿；镁矽卡矿物有镁橄榄石、透辉石、金云母、蛇纹石、石榴子石、遂安石、小藤石、斜黝帘石、海泡石、绿泥石等		新生代（58±4.3 Ma）	Castellanos-Alarco et al.，2016
11	瑞典罗特维加铁矿床	E16°、N62°30′	矿体产于花岗岩和前寒武纪灰岩、白云岩接触带；镁矽卡岩较发育，矿物有透辉石、镁橄榄石、金云母、硅镁石、蛇纹石等，也有钙矽卡岩，矿物有石榴子石、阳起石等			
12	希腊萨特（Xant）铁铅钨钼矿床	位于雅典西部 E23°、N38°30′	在花岗岩体接触带有 Fe-Cu-W-Mo 矽卡岩和 Mo-Cu-W-Bi 热液石英脉；绿帘石、石榴子石矽卡岩中有 Fe-Cu-W-Mo 矿化			
13	罗马尼亚澳斯纳费尔（Ocna de Fier）铁（铜）矿床	位于罗马尼亚西部偏南	矿体产于晚白垩世花岗闪长岩与侏罗纪—早白垩世灰岩接触带矽卡岩中；矽卡岩矿物有石榴子石、镁橄榄石、尖晶石、金云母、阳起石、钙蔷薇辉石、锰三斜辉石、黑柱石、绿帘石等；金属矿物有磁铁矿、赤铁矿、黄铁矿、黄铜矿、斑铜矿、闪锌矿、硼镁铁矿、白钨矿等	Cu 25×10^4 t，5.66%	新生代	Ciobanu et al.，2004
14	意大利萨那昂（San Leone）矿床	位于撒丁岛西南	铁矿体呈透镜状产于华力西期花岗闪长岩和奥陶纪—志留纪变质岩外接触带；矽卡岩由钙铁辉石、钙铁榴石、绿帘石、符山石、透闪石、黑柱石、硅铁灰石、萤石、白钨矿等组成；矿体长 800 m，厚 20 m		晚古生代	Verkaren et al.，1979
15	俄罗斯塔瑶什（Taёж）铁（硼）矿床	东西伯利亚 E125°、N57°	矿床产于向斜构造中；矿体呈透镜状产于片麻岩、花岗岩和白云质大理岩接触带；镁矽卡岩化发育，组成矿物有镁橄榄石、尖晶石、透辉石、透闪石、金云母、硼镁铁矿等，共有 18 个矿体	大型		Shabynin，1978

续表

序号	矿床名称	地理位置	矿床简要地质特征	储量和品位	成矿时代	参考文献
16	俄罗斯磁山（Гора Магнитная）铁矿床	位于南乌拉尔 E59°30′、N53°	矿体呈透镜状、似层状产于华力西期花岗岩类岩体和泥盆纪—早石炭世火山-沉积岩、灰岩接触带；矽卡岩为钙矽卡岩（石榴子石、辉石、绿帘石）；主矿体长可达 3000 m，厚 60~70 m	大型，TFe 25%~67%	晚古生代	Magakyan，1955
17	俄罗斯布拉格达吉（Гора агодать）铁矿床		矿体呈似层状产于正长岩、玢岩和中泥盆世凝灰岩、灰岩、片岩互层的接触带；主矿体长 1.5 km，厚平均 74 m，延深可达 700 m；矽卡岩矿物有石榴子石、透辉石、绿帘石、方柱石等	大型，TFe 25%~63%	晚古生代	Magakyan，1955
18	俄罗斯舍列格舍夫（Шерегешев）铁矿床	阿尔泰库兹涅兹地区	矿体产于辉长岩、正长岩、花岗岩和泥盆纪白云岩的接触带；镁矽卡岩组成矿物有透辉石、镁橄榄石、粒硅镁石、斜硅镁石、金云母、深绿辉石、蛇纹石、绿脆云母、镁绿泥石，也有钙矽卡岩		古生代	Shabynin，1978
19	俄罗斯安查斯（Анзасск）铁矿床	阿尔泰-萨彦地区 E90°、W54°30′	矿体呈透镜状产于方柱石化辉长岩中；磁铁矿石具典型的砾状、斑杂状和细脉浸染状构造，磁铁矿或胶结辉长岩角砾，或本身呈角砾被石英-方解石胶结；方柱石、角闪石和黑云母中富含氯	TFe 41.29%~46.81%，平均 43.81%；矿石中 TiO_2 可达 0.55%，V_2O_5 可达 0.28%	古生代	Vakhrushev，1965
20	俄罗斯科尔舒诺夫（Куршенов）铁矿床	位于西伯利亚安加拉河流域	矿体产于一个火山岩筒内，被矽卡岩化凝灰岩的爆发角砾岩所充填；主要矽卡岩矿物有辉石和石榴子石；矿石大多为致密块状角砾状和浸染状		古生代	桂林冶金地质所，1974
21	俄罗斯康度姆（Кодомск）铁矿床	位于比斯克东偏南 E88°30、N52°30′	矿体呈透镜产于正长岩、闪长玢岩和早古生代火山沉积岩、大理岩接触带的矽卡岩中		古生代	Vakhrushev，1965
22	俄罗斯因斯克（Инское）铁矿床	位于比斯克西南部 E83°、N50°	矿体呈板状、透镜状产于花岗岩、辉长岩外接触带大理岩中，伴有矽卡岩（石榴子石、辉石、硼铁矿等）		古生代	Vakhrushev，1965
23	哈萨克斯坦卡恰尔（Качал）铁矿床	库斯坦奈西偏北 E63°20′、N53°10′	矿体有 39 个，长 120~2000 m，厚 8~171 m，埋深 140~1800 m	大型，TFe 39.04%	古生代	
24	哈萨克斯坦萨尔拜（Sarbai）铁矿床	E63°、N52°20′	矿体呈似层状产于华力西期闪长玢岩与早石炭世火山、沉积岩（安山岩、凝灰岩、灰岩、凝灰质砂岩）接触带，由三个矿体组成，长 1000~1700 m，厚 170~185 m，延深 1800 m；矽卡岩矿物有辉石、石榴子石、方柱石、绿帘石、阳起石等	铁矿石 7.25×10^8 t，TFe 20%~50%，平均 45.6%	古生代	Smirnov，1983

续表

序号	矿床名称	地理位置	矿床简要地质特征	储量和品位	成矿时代	参考文献
25	阿塞拜疆塔什干山（Дашкесан）铁矿床	位于里海西部 E47°、N41°	矿体呈似层状产于侏罗纪玢岩、凝灰岩和灰岩中；含矿矽卡岩长 4 km，厚 40 m；矽卡岩由透辉石、石榴子石和透闪石等组成，角闪石含氯高达 7%，称为氯闪石（塔什干石）	大型 铁矿石 1.87×10^{8} t， TFe 35.4%～60%	中生代	Magakyan，1955；桂林冶金地质所，1974
26	土耳其爱佛依来尔（Eveiler）铁-金-铜矿床	土耳其西北部 E27°、N39°40′	矿体产于花岗闪长岩、石英闪长岩和石炭纪大理岩接触带；矽卡岩矿物有透辉石、石榴子石、方柱石和绿帘石等		新生代 （21±3 Ma）	Ozturk et al.，2008
27	土耳其阿曼特（Ayamant）铁铜矿床		矿床属斑岩-矽卡岩型。矿体产于花岗闪长岩和早三叠世灰岩、变粉砂岩接触带，呈透镜状、薄层状，与矽卡岩共生；矽卡岩矿物有透辉石、钙铁榴石、阳起石、方柱石、绿帘石等；矿石矿物为磁铁矿、赤铁矿、黄铜矿、斑铜矿、方黄铜矿、闪锌矿、方铅矿、辉钼矿、自然金、银金矿	TFe 40%～65%； Cu 0.014%～0.57%， 最高可达 2%以上	新生代 （20.3±0.1 Ma）	Oyman，2010
28	蒙古托木尔洛戈伊（Tamurtolo-gey）铁矿床	位于蒙古国北部 E106°40′、N48°30′	矿体呈透镜状、不规则状产于中-晚寒武世闪长岩和早寒武世白云质大理岩接触带；矽卡岩主要由透辉石、镁橄榄石、金云母等组成；金属矿物主为磁铁矿，少量黄铁矿、磁黄铁矿、闪锌矿		早古生代	Podlessky et al.，1991
29	蒙古托木尔台（Tomur-Tai）铁硼矿床	E107°30′、N49°40′	矿体呈似层状产于中-晚寒武世花岗岩体与早寒武世白云质大理岩接触带；矽卡岩矿物有透辉石、镁橄榄石、金云母、蛇纹石等		早古生代	Podlessky et al.，1991
30	蒙古奥博特（Obot）铁硼矿床	E109°、N47°	矿体呈似层状、不规则透镜状产于花岗岩和白云石大理岩接触带矽卡岩中；金属矿物除磁铁矿外，还有少量黄铁矿、磁黄铁矿和黄铜矿，另有硼镁石、硼铁矿			Podlessky et al.，1991
31	伊朗伯赫纳伐尔（Pahnavar）铁矿床	位于伊朗 Azarbaijan 以东	矿体产于渐新世花岗岩与晚白垩世灰岩接触带；矽卡岩矿物为钙铁榴石、透辉石、阳起石、绿帘石和硅灰石等；金属矿物主要为磁铁矿，次有赤铁矿、针铁矿、黄铁矿、黄铜矿、闪锌矿、方铅矿		新生代	Mokhtari，2012
32	日本釜石（Kamaishi）铁（铜）矿床	位于本州釜山市 E142°、N39°10′	为铁（铜、锌）综合矿床；矿体分布在玢岩、闪长岩或花岗闪长岩体附近的接触带矽卡岩内；矽卡岩矿物主要有钙铝-钙铁榴石、钙铁辉石、绿帘石、斧石、电气石等；金属矿物有磁铁矿、赤铁矿、黄铜矿、磁黄铁矿和闪锌矿等	铁矿石 300×10^{4} t， TFe>30%； Cu 0.48%	晚中生代 （120～110 Ma）	Miyazawa，1978

续表

序号	矿床名称	地理位置	矿床简要地质特征	储量和品位	成矿时代	参考文献
33	日本八茎（Yayuki）铁铜钨矿床	E141°、N37°20′	矿体产于石英闪长岩和古生代灰岩接触带矽卡岩中，呈不规则状；主矿体长350 m，平均厚40 m，延深650 m；矽卡岩矿物有石榴子石、钙铁辉石、硅灰岩、绿帘石、绿泥石等；金属矿物主要为磁铁矿，次有黄铜矿、磁黄铁矿、黄铁矿、白钨矿、闪锌矿、方铅矿	Cu 9×10^4 t，1.16%		桂林冶金地质所，1974
34	韩国Ulsan铁-钨矿床	韩国东南部	矿体产于花岗岩与白垩纪灰岩、火山-沉积岩接触带矽卡岩中。矽卡岩矿物主要由辉石和石榴子石组成，金属矿物有磁铁矿、白钨矿、黄铁矿、菱铁矿、闪锌矿和方铅矿等		新生代	Choi et al.，2003
35	澳大利亚拆地（Cadia）铁-铜-金矿床	南威尔士州东部 E149°、N34°	矿体产于早古生代二长岩、石英二长岩与灰岩、碎屑岩接触带矽卡岩中；矽卡岩矿物主要为透辉石、钙铁榴石和绿帘石；除矽卡岩化外，围岩蚀变还有钾化、绢云岩化和青磐岩化。矿床为斑岩-矽卡岩型	铁矿石 7.67×10^8 t；Au 586 t，0.3～2.5 g/t；Cu 0.16%～0.77%	早志留世（438.2±4.2 Ma）	
36	菲律宾拉拉普（Larap）铁矿床	吕宋岛 E123°、N14°	矿体呈透镜状产于花岗闪长岩、闪长岩和大理岩接触带，厚60 m；金属矿物主要为磁铁矿，次有黄铁矿、黄铜矿、磁黄铁矿，少量斑铜矿、辉钼矿、闪锌矿；矽卡岩矿物有辉石、石榴子石、方柱石、钠长石等	铁矿石>2000×10^4 t，TFe 43%	新生代	Frost，1965
37	菲律宾散克斯盖文（Thanksgiving）铁多金属矿床	马尼拉以北，吕宋岛 E120°、N16°	矿体呈脉状、囊状产于闪长玢岩与第三纪（古近纪、新近纪）灰岩接触带；由钙铁榴石和斜黝帘石组成的矽卡岩分布很广；金属矿物主要为磁铁矿，次有黄铁矿、黄铜矿、闪锌矿、方铅矿、毒砂、自然金、碲铅矿、碲银矿、碲金银矿等	Cu 0.6%；Zn 12.11%；Au 10.9 t，6.4%	新生代	Callous，1967
38	印尼塔纳劳特（Tanah Laut）铁矿床	南加里曼丹南部 E114°50、S4°	矿体产于闪长岩与大理岩接触带，呈透镜状；含矿矽卡岩由磁铁矿、石榴子石、透辉石、绿帘石等组成	200×10^4 t，TFe 50%～60%		赵一鸣等，2007
39	泰国考他奎铁矿床	黎府与老挝交界处 E102°、S18°	闪长岩株侵入于古生界；矿体产于接触带，呈平缓的透镜状分布。矿床沿湄公河分布；矿石由致密块状磁铁矿和赤铁矿组成	2720×10^4 t，TFe 44%～67%，平均52%		沈承珩等，1995
40	越南槟榔寨铁矿床	越南北部太原附近 E105°40′、N21°40′	矿带长达5 km，宽1 km；矿体呈透镜状产于辉绿岩与石炭纪—二叠纪接触带，矽卡岩矿物有绿帘石、阳起石等	TFe 43%～68%		
41	越南石溪铁矿床	位于河静省海边 E105°40′、N18°20′	矿体产于二长花岗岩和大理岩接触带（外接触带）矽卡岩中，呈透镜状；矿石以块状磁铁矿-赤铁矿为主，局部有黄铜矿、黄铁矿和方铅矿	铁矿石 5.5×10^8 t，TFe 60%～65%，平均61.35%	晚二叠世（257.8±2.2 Ma）	施美凤等，2015

续表

序号	矿床名称	地理位置	矿床简要地质特征	储量和品位	成矿时代	参考文献
42	柬埔寨迪克山（Phnou deck）铁矿床	磅同以北，E105°03′、N13°14′	矿体产于花岗岩闪长岩体与第三纪（古近纪、新近纪）大理岩、砂岩接触带	600×10^4 t，TFe 51%~56%	新生代	国外地质科技动态，1976
43	马来西亚乌鲁龙平铁矿	E102°56′、N3°30′	矿体呈透镜状，主矿体长 700 m，宽 75 m	3000×10^4 t，TFe 50%~60%		国外地质科技动态，1976
44	马来西亚武吉贝萨尔铁（锡）矿床	E103°10′、N4°45′	矿体产于花岗岩体与古生代灰岩接触带；矿石由磁铁矿、赤铁矿、黄铁矿、锡石等组成，随矿体深度的增加，矿石中 S、Sn 含量也随之升高	160×10^4 t，TFe 42%；S 3%；含 Sn 有时可达 1. 6%		国外地质科技动态，1976
45	老挝川圹富诺安（Phu Nhouan）铁矿	查尔平原东缘，川圹-康开间 EW 向富诺安山中 E103°30′、N19°20′	矿体呈层状、透镜状产于花岗岩-闪长岩侵入体外的晚石炭世—二叠纪灰岩与三叠纪（?）页岩、砂岩的接触部位，矿带长约 4 km，沿倾向往南坡可追索数百米。矿石为致密状磁铁矿-赤铁矿夹红色条带状赤铁矿，部分表面被蚀变成褐铁矿	大型 铁矿石 10×10^8 t，TFe 60%		国外地质科技动态，1976
46	缅甸敦艺铁矿床	缅甸曼德勒附近	矿体呈似层状、透镜状产于闪长岩、二长岩与碳酸盐岩、钙质凝灰岩接触带：矽卡岩矿物由石榴子石、透辉石、钙铁辉石、方柱石和钠长石组成；金属矿物主要有磁铁矿，次有赤铁矿、菱铁矿、镜铁矿、磁黄铁矿、黄铁矿、黄铜铁、闪锌矿、方铅矿	1×10^8 t，TFe 55%~60%		沈承珩等，1995
47	中国铁山铁铜矿床	湖北黄石市以西	矿体呈透镜状产于石英闪长岩与三叠纪灰岩的接触带；共有 6 个矿体，长 100~450 m，厚 10~80 m，延深约 360 m。矽卡岩主要属钙矽卡岩，由透辉石、石榴子石、方柱石、硅灰石、阳起石、绿帘石、含铁金云母等组成；近矿石英闪长岩中钠长石化发育；金属矿物主要有磁铁矿、假象赤铁矿、黄铁矿、黄铜矿、斑铜矿、辉铜矿、孔雀石等	铁矿石 1.8×10^8 t，TFe 平均 53%；Cu 0. 57%	晚中生代（149~132 Ma）	赵一鸣等，1990
48	中国马坑铁矿床	福建龙岩市	矿体产于花岗岩外接触带石炭纪砂岩和灰岩的层间破碎带；成矿前的辉绿闪长岩十分发育，也遭到了矽卡岩化。矽卡岩矿物有透辉石、石榴子石、含氯角闪石、阳起质透闪石、黑柱石、符山石、钙蔷薇辉石等，局部有镁矽卡岩矿物（含云母、粒硅镁石、斜硅镁石等）。矿石和矽卡岩关系十分密切。金属矿物主要有磁铁矿，次为假象赤铁矿、黄铁矿、黄铜矿、辉钼矿、闪锌矿，还有少量方铅矿、白钨矿	6×10^8 t，TFe 38. 13%	晚中生代（164~112 Ma）	赵一鸣等，1983b

续表

序号	矿床名称	地理位置	矿床简要地质特征	储量和品位	成矿时代	参考文献
49	中国大顶铁（锡）矿床	广东连平县	矿体呈很大的透镜体产于花岗岩和白云石大理岩的接触带。这是一个典型的镁矽卡岩型铁（锡）矿床。与磁铁矿共生的镁矽卡岩矿物有深绿辉石、尖晶石、镁橄榄石、钙镁橄榄石、硅镁石、金云母、闪石、蛇纹石、方镁石、水镁石、小藤石、氟硼镁石、硅硼钙石等，金属矿物主要有磁铁矿，次为假象赤铁矿、黄铁矿、磁黄铁矿、白钨矿、锡石、闪锌矿、方铅矿、辉钼矿等	铁矿石 1 亿多吨，TFe 44.99%；Sn 0.12%~0.19%	中生代	王书凤，1983
50	中国中关铁矿床	河北武安县	矿体呈透镜状产于燕山期闪长岩与中奥陶世灰岩、白云质灰岩接触带。矽卡岩由透辉石、石榴子石、金云母、阳起质透闪石等矿物组成，从矿物组合看，它既不具典型的钙矽卡岩矿物组合，也不具典型的镁矽卡岩矿物组合，而是两者之间的过渡类型。矿石中的金属矿物主要为磁铁矿，次有假象赤铁矿、黄铁矿、黄铜矿、闪锌矿等；黄铁矿中钴的含量偏高	铁矿石 1 亿多吨，TFe 45.14%	中生代	赵一鸣等，1990
51	中国黄岗铁（锡）矿床	内蒙古昭乌盟北部	矿体呈透镜状产于花岗岩和早二叠世灰岩接触带。主矿体长 500 m，厚 10 余米至数十米。矽卡岩属于钙矽卡岩，矿物由透辉石、石榴子石、符山石、硅灰石、黑柱石、阳起石、绿帘石等组成；矿石金属矿物主要有磁铁矿、锡石、闪锌矿、黄铜矿、毒砂、白钨矿等	铁矿石 1×10^8 t，TFe 39.58%；Sn 0.31%	晚中生代（146 Ma）	赵一鸣等，1990
52	中国莱芜铁矿床	山东莱芜市	矿体呈透镜状产于燕山期辉石闪长岩、含石英黑云母闪长岩和奥陶纪灰岩、白云质灰岩接触带。矽卡岩矿物有透辉石、镁橄榄石、尖晶石、方柱石、石榴子石、钠长石等；金属矿物主要为磁铁矿、黄铁矿	约 5×10^8 t TFe 52.12%	中生代	赵一鸣等，1990
53	中国尕林格铁多金属矿床	青海格尔木市乌图美仁乡，祁漫塔格山 E92°12′、N37°06′	矿体产于花岗闪长岩和灰岩接触带，呈透镜状、似层状；矽卡岩矿物有透辉石、钙铁榴石、硅灰石、绿钙闪石、绿帘石、阳起石等；金属矿物主要为磁铁矿，次有闪锌矿、方铅矿、黄铜矿、磁黄铁矿、闪锌矿、镁磁铁矿	1.5×10^8 t，TFe 37.83%；Pb 3.71%；Zn 3.5%；Au 0.3%；Co 0.23%~0.62%	晚三叠世（229.4±0.8 Ma）	于淼等，2015
54	中国敦德铁矿床	新疆西天山 E85°22′、N43°16′	矿体呈板状、透镜状产于晚石炭世火山-碎屑岩（夹灰岩）中，已圈定铁矿体 7 条，锌矿体 2 条；矿体长 56~931 m，厚 2~100 m；围岩蚀变有矽卡岩化、绿帘石-绿泥石化、钾化	铁矿石 1.85×10^8 t，TFe 20%~65%；Zn 149×10^4 t，0.5%~5.3%	晚古生代（316~296 Ma）	段士刚等，2014
55	中国智博铁矿床	新疆西天山	矿体赋存于玄武安山岩、安山岩、粗面安山岩及火山碎屑岩中，呈似层状、透镜状；矽卡岩矿物有透辉石、钠长石、绿帘石、阳起石等	铁矿石 2.3×10^8 t	晚古生代（365~294 Ma）	王志华等，2012

矿区的围岩蚀变有成矿前的角页岩化，形成黑云母-钾长石和钠长石交代岩，还发育同成矿时的交代岩辉石-方柱石、辉石-石榴子石、方柱石-辉石-石榴子石、绿帘石-阳起石等矿物组合，还有成矿后的交代产物绿泥石、葡萄石、方解石、石英、沸石等。萨尔拜和土尔盖铁矿带其他矿床的突出特点是含 Cl 的钠质方柱石-钠柱石广泛发育，这说明存在强烈的 Cl-Na 交代作用。

角页岩主要沿沉凝灰岩和凝灰岩发育，随着离接触带渐远而减弱。方柱石交代岩仅形成于含长石的岩类。矽卡岩和含水硅酸盐交代岩可沿各种围岩和先前形成的交代岩发育。各类交代岩的分带性是很有规律的，从侵入岩体（次火山岩体）接触带开始，E—W 向水平分带如下：

1）黑云母-钠长石-方柱石交代岩，厚 100~150 m；

2）石榴子石和辉石-石榴子石矽卡岩，厚 3~20 m，分布于东矿体和东南矿体的下盘；

3）矽卡岩、矿石、方柱石交代岩和矿化交代岩互层，厚 50~185 m；

4）矽卡岩和方柱石-辉石交代岩，分布与矿体上盘，厚 3~20 m；

5）辉石矽卡岩，残留有角页岩，厚 10~30 m；

6）辉石-斜长石角页岩，略有矽卡岩化，厚 40 m 左右；

7）角页岩化和钠长石化凝灰岩、层凝灰岩，厚 160 m。

邻近西矿体自东向西岩石蚀变的顺序：钠长石化、葡萄石化凝灰岩及层凝灰岩→阳起石化、绿泥石化火山碎屑岩→矿化带（矿石和矿化绿帘石-阳起石交代岩组成）→没有矿化的交代岩→绿帘石化、阳起石化、葡萄石化、沸石化凝灰岩和层凝灰岩。

（三）矿床地质特征

矿床包括东、东南和西三个大矿体，主要呈透镜状赋存在萨尔拜闪长岩体西部外接触带的层凝灰岩交代岩中（图 5-1）。东矿体长 1700 m，厚 185 m，沿倾向延深 800 m；西矿体长 1400 m，最大厚度 185 m，中心部分延深 1700~1800 m。西矿体中夹有一层绿帘石-阳起石交代岩，把矿体分成两层。萨尔拜铁矿床突出的特征是工业矿体与闪长岩侵入体未直接接触，二者之间有一层厚 25~150 m 的无矿交代岩。透镜状铁矿体因成矿后的石英闪长玢岩岩墙的侵入而变得复杂化，有的地方矿体呈阶梯状，是由于受成矿前、后断裂的影响。

矿体由致密块状矿石、浸染状矿石（矿化矽卡岩与无矿交代岩互层）组成。将近一半是含铁 50%以上的块状富矿，另一半是含铁 20%~50%的浸染状贫矿；氧化矿占总储量的 0.9%。所有矿石均为磁铁矿矿石，有少量硫化物矿石，包括黄铁矿矿石和磁黄铁矿矿石，含有磁铁矿、黄铜矿、闪锌矿。硫化物矿石呈似层状，产于磁铁矿矿体下盘，但没有工业价值。

致密块状磁铁矿矿石具有条带和粗条带构造，继承钙质层凝灰岩和石灰岩的构造。矿物成分除了占优势的磁铁矿外，还有辉石、方柱石、石榴子石、硅灰石、钠长石、绿帘石、阳起石、磷灰石、黄铁矿、方解石、石英，少量符山石和榍石，偶有磁黄铁矿、毒砂、闪锌矿、方铅矿、辉钼矿，另有少量赤铁矿、镜铁矿和穆磁铁矿。

浸染状磁铁矿石都是一些矿化交代岩，如块状矿石一样，也具条带构造。与交代岩的类型相适应，可分出以下浸染状矿石类型：①辉石-磁铁矿和石榴子石-磁铁矿型；②方柱石-辉石-石榴子石-磁铁矿型；③绿帘石-阳起石-磁铁矿和石榴子石-绿帘石-阳起石-磁铁矿型。后一种类型见于西矿体，而前两类矿石多少含有矽卡岩矿物硅灰石、磷灰石和退化交代矿物钠长石、绿帘石、阳起石、绿泥石、硫化物、方解石、石英、沸石以及榍石、符山石。

总之，萨尔拜铁矿床及整个土尔盖矿带的铁矿床主要与中偏基性的次火山岩体（侵入岩）有关，是一套铁矿床组合，受区域构造和火山机构的控制。

二、美国铁泉（Iron Springs）铁矿床

铁泉磁铁矿床位于美国犹他州西南部的锡德城（Cedar）西部。铁矿床与“铁山”“花岗岩山”和“三峰”3 个侵入体有关。这三个侵入体沿 NE 向呈线状排列，每个侵入体均呈椭圆形，沿 NE 方

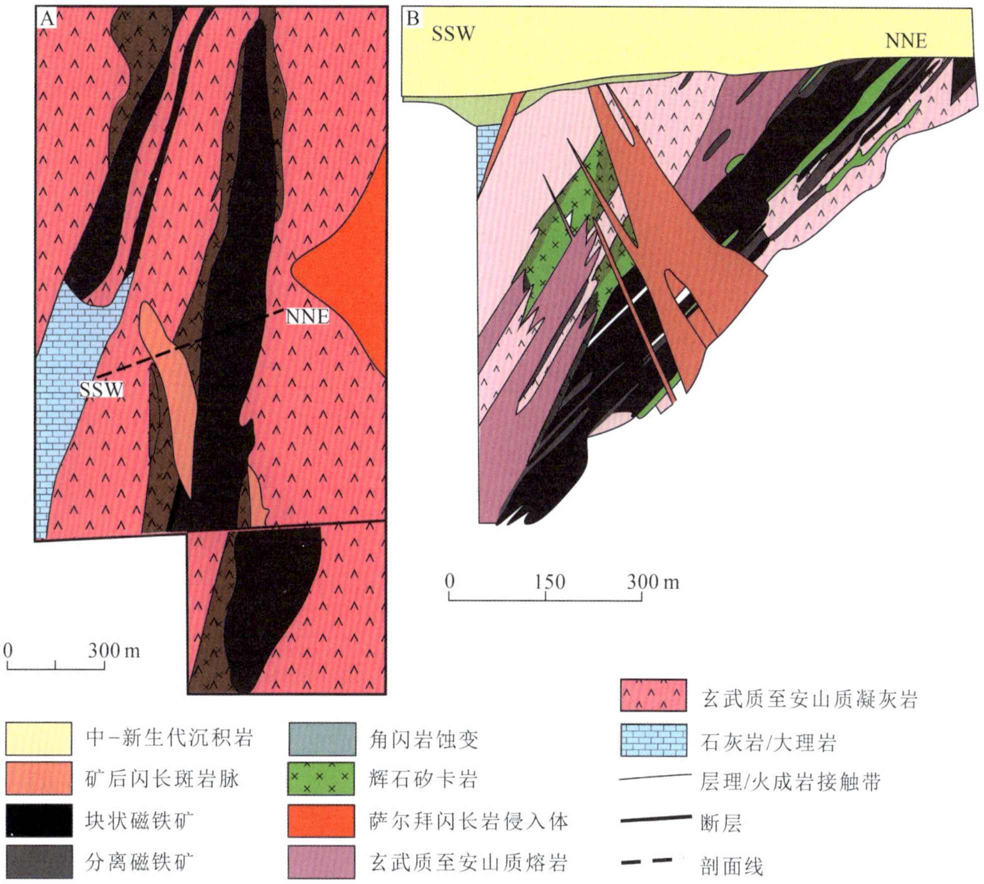

图 5-1　哈萨克斯坦萨尔拜（Sarbai）铁矿床（A）基于-80 m 地平线的地质略图（据 Smirnov，1977），（B）地质剖面图（据 Ivanov and Dymkin，1988）

向延长，长轴为 3~5 英里❶。除了沿这些侵入体边部有交代矿石赋存外，侵入岩本身也含有磁铁矿脉。“铁山”和“花岗岩山”的矿石比“三峰”岩体的要多得多。这些矿床与新墨西哥州 Fierro 磁铁矿矿床的区别，在于铁泉矿床的大部分矿石是直接交代灰岩而成，而不是交代早期形成的矽卡岩（图 5-2）。

该区出露的最古老岩层是蓝色和灰色的侏罗系灰岩，厚度 200~300 英尺❷，通常称为 Homstake 建造。它包括一个厚 15 英尺的基底粉砂岩层，并为一个厚 5~10 英尺的泥质灰岩层所覆盖。这个灰岩覆盖层的特点是具有波纹痕迹和泥裂痕。Homstake 建造上部是上侏罗统 Entrada 建造，该建造由黑色和灰色页岩组成，其中夹有中粗粒长石砂岩透镜体。根据侵蚀的程度不同，其厚度变化在 50~200 英尺之间。Entrada 建造的侵入面为基底砾岩，向上过渡为杂色灰岩、页岩、砂岩和砾岩。这些岩层均属于白垩系，其厚度达到 5000 英尺。铁泉建造受到褶皱作用并被剥蚀，克拉伦建造不整合覆盖其上。它是从白垩纪到始新世岩石组成的杂岩体，由粗粒漂砾岩、灰色和红色砂岩和页岩以及白色到玫瑰色灰岩组成。在克拉伦建造之前的时期，铁泉建造受到褶皱和侵蚀。因此，其厚度变化很大，从 1000~5000 英尺不等，个别地方保存 5000 英尺完整的岩层剖面。有的地方 Iron Springs 和 Entrada 建造完全被冲刷掉，在这种情况下，克拉伦建造直接覆盖在 Homstake 建造之上。

这 3 个侵入体为岩盖类型，沿 Homstake 建造底部侵入，并把 Homstake 建造及其上覆的沉积岩一道隆起。这三个岩盖在成分上是相似的，由石英二长岩或花岗闪长斑岩组成，带有细粒的冷凝边，沿

❶ 1 英里 = 1.61 km。

❷ 1 英尺 = 30.48 cm。

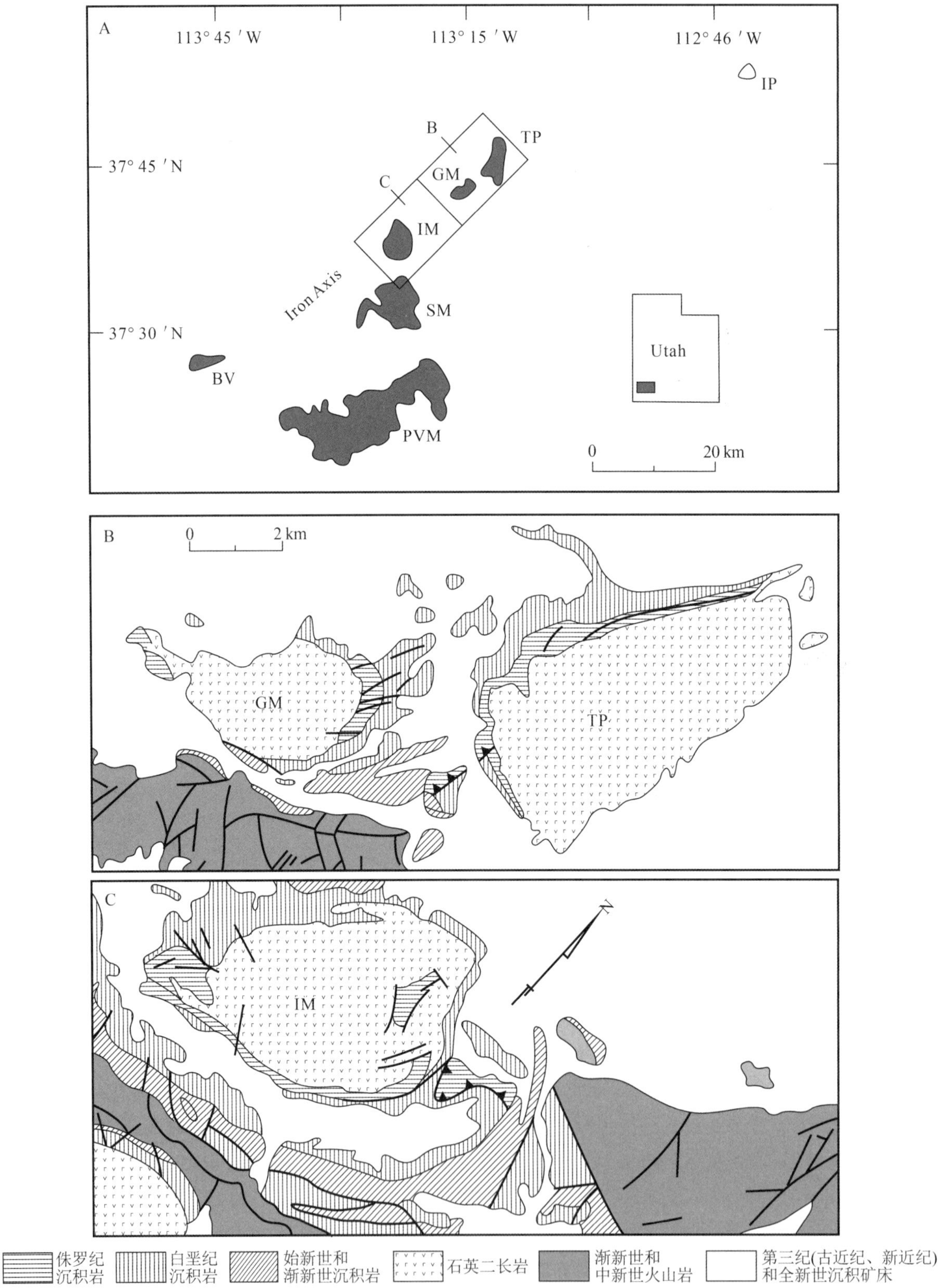

图 5-2 美国铁泉（Iron Springs）铁矿床索引图（A），犹他州（Utah）西南部中新世钙碱性侵入岩分布图（B）和铁泉铁矿床地质简图（C）

（据 Rowley and Barker，1978）

BV = Bull Valley Pluton，GM = Granite Mountain，IM = Iron Mountain，IP = Iron Peak，PVM = Pine Valley Mountains，SM = Stoddard Mountain，TP = The Three Peaks

接触带没有明显的同化标志，可见它们是由黏性熔浆的贯入而形成。

Mackin（1954）通过仔细观察和野外填图工作，描绘出了在这几个岩盖中的三个带，每一个都反映结晶过程中的一个不同相。每个侵入体边缘周围都存在一个细粒石英二长岩边缘带，宽 100~200 英尺。这是一种稳定的岩石，在内接触带之上形成一些含矿岩层。这种边缘带的矿石是细粒的，脆性较小，其中磁铁矿的含量比内接触带的石英二长岩要高一些，而且其中还含有新鲜的黑云母和角闪石斑晶。

石英二长岩的内部相颗粒比较粗，黑云母和角闪石受到次生蚀变作用，因此，这种岩石对于风化作用是不稳定的。它的特点是形成一些不太高的丘陵或平原。与边缘带的石英二长岩不同的是，新鲜岩石在内部带很少出露地表。

每个岩盖的内部带和边缘带的节理都是放射状和同心圆状的。节理的走向为几英尺至几十英尺。一般，放射状节理的走向与同心圆状节理几乎是直角相交。在内部带和边缘带中均没有发现裂隙壁上的热液蚀变现象。

Mackin（1954）对这些岩盖中的第三个带也做了描述，他称这个带为蚀变节理发育带。这个节理带使内部带和边缘带分离开来，形成一些崎岖的地形区。每个节理的两侧都有一个宽 1~6 英寸❶或更宽一些的褪色岩石带。由于风化作用的不均匀性，在蚀变节理带中形成一个脊型的表面。这是因为每个蚀变节理带的边部都形成一个硬表面壳，而这个硬表面壳在半英寸的距离内过渡到软的同类型热液蚀变石英二长岩中。这种石英二长岩是内部带的代表性岩石。蚀变节理带中的镁铁质矿物（即暗色矿物）褪色成淡绿色或白色。在蚀变节理发育的地段，约有 20%岩石体积受到褪色作用。岩盖的三个带之间的差异，看来是由次生蚀变的性质和程度所决定的，而不是由原生岩石类型所决定的。

蚀变节理带中的节理可分为放射状的、同心状的和斜交的三种类型。放射状节理是内部带放射节理的延续，其走向与侵入体接触线垂直，并呈垂直倾斜。相反，同心节理走向与侵入岩接触带平行，与侵入岩接触面呈直角向侵入体方向倾斜。弯曲节理是从放射节理和同心节理分支出来的，属于斜交节理一类。蚀变节理大概有 30%~50%含有磁铁矿和少量辉石、磷灰石、方解石和赤铁矿。梳状构造和晶族表明，裂隙是被充填的而不是交代形成的。这种矿脉非常多，宽不到 4 英寸的矿脉有数千条之多，合起来有几英尺厚，个别的厚度超过 1 英尺。大部分较大的矿脉均产于放射节理中，但也有一些充填在同心节理和斜交节理中。一般地讲，放射状脉呈楔状，向岩盖边部逐渐变厚，无论在平面上和剖面上都是如此。

化学分析结果表明，沉积于裂隙中的铁和交代灰岩的铁都是来源于蚀变节理带。次生作用所形成的内部蚀变带与内部蚀变带所含的铁量与新鲜的边缘带是相同的，即约为 3%，但是褪色蚀变带都比较贫铁。设想，如果所有这些岩石中的铁都被淋滤出来，那么足够形成岩盖中及其周围的全部矿体。

详细填图确定，铁矿床赋存在岩盖顶盘突出部分。在侵入体没有强烈向上隆起的地方，节理和周围的灰岩都没有矿化。显然，在岩浆结晶过程中有一个临界期间存在。这时，顶盘的裂隙使挥发物能够逸出。“三峰”岩盖的顶盘比较平坦，沿其边缘没有产生便于矿质带出的节理裂隙。因此，该岩体只有一个不宽的蚀变节理带，铁矿体也没有生产价值。应当指出，“三峰”岩盖的顶盘弯曲的地方没有矿化。这与“花岗岩山”和“铁山”的情况恰好相反，那里的顶盘都受到强烈的矿化。在岩盖的外接触带内，矿化仅见于晚期侵入岩的张裂隙和角砾岩带蚀变裂隙带。富铁溶液从蚀变节理带经过边缘带移动，并在 Homstake 灰岩停留下来，形成接触交代铁矿体。

Homstake 灰岩中的交代矿体沿走向达到 200 英尺。矿体呈拉长状不均匀地沿侵入岩接触带分布。矿体与石英二长岩被 Homstake 建造底部的粉砂岩层分离开来，矿体外部界线仅在灰岩整个厚度都被交代了的地方才与层理吻合。

围岩、侵入岩和矽卡岩之间的关系表明，深部岩浆作用的过程是长时期的，最后以形成矽卡岩而告终。最早有玢岩侵入，随后有闪长岩，最后又有花岗岩和石英闪长岩侵入。含磁铁矿的石榴子石-

❶ 1 英寸=2.54 cm。

辉石矽卡岩是在辉绿岩侵入以后才形成的。

矿体受到若干成矿后的正断层的破坏。主要矿体厚度可达 60~70 m。矿石由磁铁矿、矽卡岩矿物，少量赤铁矿、黄铁矿以及微量黄铜矿、闪锌矿、方铅矿、毒砂组成。氧化带（距地表 40~50 m）内有假象赤铁矿等矿物。

工业矿石铁的品位 20%~67%不等。原生矿石含 S 2%~3%，次生矿石含 S 0.10%、P 0.01%~0.07%。

三、俄罗斯磁山（Гора Магнитная）铁矿床

磁山铁矿床位于南乌拉尔山脉东坡，马格尼托哥尔斯克钢铁厂即以此为原料基地，矿石储量巨大，铁矿石品位 TFe 25%~67%、S 2%~3%、P 0.01%~0.07%，根据矿石含铁量的高低，划分出一级矿石（TFe 大于 52%）和二级矿石（TFe 25%~52%）。

矿区的主要围岩有泥盆系和石炭系凝灰沉积岩层、碧玉及灰岩，构成两个向斜褶皱。该岩层被华力西期侵入岩侵入。侵入杂岩的岩性较复杂，有花岗岩、正长岩、花岗闪长岩、闪长岩等，分布于磁山的山顶和山坡。矿区内的阿塔奇山有玢岩角砾岩和凝灰岩出露，在花岗岩接触带内变为角岩化的岩石——线玻正斑岩，其中含有红柱石、硅线石和堇青石。线玻正斑岩在其他地段也有出露，多产于矿体的下盘。灰岩厚度为 100~200 m，在其与花岗岩的接触带内，几乎全部蚀变为石榴子石-辉石、绿帘石-石榴子石、云母-石榴子石等组合的矽卡岩，其中有规模不等的致密状和部分浸染状铁矿石的矿巢以及透镜状、层状矿体赋存。围岩、侵入岩和矽卡岩之间的关系表明，深部岩浆作用的过程是长期的，最后以形成矽卡岩而告终。岩体侵入的顺序：玢岩→闪长岩→花岗岩和石英闪长岩。所有这些侵入岩都伴随有脉岩，在此以后，有单独的辉绿岩岩墙侵入。

矿体受若干成矿后的正断层破坏，并有大量成矿前岩脉贯入。主矿体厚度达 60~70 m，在许多山顶有所出露，长可达 3000 m。

矿石主要由磁铁矿和矽卡岩矿物（辉石、石榴子石、绿帘石等）组成，含少量赤铁矿、黄铁矿以及微量黄铜矿、闪锌矿、方铅矿、毒砂等。氧化带（距地表 40~50 m）有假象赤铁矿，而硫化物则已被淋滤，变为褐铁矿。

查瓦里斯基（1927）曾指出，作为含矿花岗岩的转生岩的煌斑岩（闪长岩和玢岩）受到矽卡岩化，而细晶岩岩脉未受蚀变，并穿插矽卡岩矿体。由此得出结论，矽卡岩化与高度分异的岩脉的侵入，在时间上很接近。矿化作用与铁的胶体溶液或氧化亚铁的挥发物从花岗岩熔浆的带出有关。在接触带内按 $3FeO+CO_2=Fe_3O_4+CO$ 形成磁铁矿。

该矿床铁矿石的储量，按已采出的矿石数量看，也是世界上最大的铁矿床之一。

四、俄罗斯安查斯（Анзасск）铁矿床

（一）地理位置

安查斯铁矿床位于俄罗斯阿尔泰-萨彦铁矿矿集区，地理位置属于哈卡斯共和国塔什特扑地区。矿床开发始于 1955 年。

（二）区域地质背景

组成本区的地质建造有元古宙、寒武纪变质岩以及侵入岩。侵入岩体产于巨大的构造带内，此构造带为由陡立的 NE 向雁行状断裂组成的断裂系，称为安查斯构造带，与北萨彦深断裂有关。北萨彦深断裂南侧为构成地垒的古生界，北侧为寒武系。呈 NW 向和 S—N 向延伸的两组次要断裂切割了安查斯构造带，从而在该带内形成了断块构造。安查斯构造带内产有呈线状辉长岩侵入体以及与其有成因联系的铁矿床。在这类铁矿床中，以安查斯铁矿床规模最大。

（三）矿床地质特征

安查斯铁矿床的形成历史、矿体形态以及其他许多特点主要是由它在构造弱化带中的位置所决定的。这一构造弱化带在寒武纪到泥盆纪时期，曾屡经构造活动，从而导致围岩的破碎。而辉长岩则顺着该破碎带侵入，形成辉长岩岩体，进而与热液流体发生交代作用，并形成了铁矿体。

矿体与断裂的关系是很明显的，表现为矿体均呈线状分布，矿田内的磁铁矿体构成三条相连的、雁形状排列的、在平面上相互平行的矿带。中间一条最大，占已探明铁矿储量的80%，东部第一矿体即产于该带中。

矿体呈透镜状产于方柱石化辉长岩中。矿石具有典型的角砾状、斑杂状和细脉-浸染状构造，富铁的块状矿石很少见到。铁矿石的角砾状构造表现为磁铁矿胶结辉长岩角砾，或本身磁铁矿矿石被石英-方解石-铁白云石胶结。矿石矿物主要为磁铁矿，有少量赤铁矿、黄铁矿、黄铜矿和磁黄铁矿。硫化物中含钴、镍偏高，而铁矿石中则钛、钒较高。铁矿石品位 TFe 41.29%~46.81%，平均43.81%；S 含量 2.33%~2.95%。

成矿前的交代岩主要是一些钠长岩和方柱石岩。钠长岩无论在矿区内还是在整个安查斯构造带中都很发育，构成了沿走向和宽度很大的岩带或透镜体。钠长岩几乎全由钠长石组成，但构造特点多变。斑状钠长岩发育很广，而且中粒和粗粒的钠长岩则发育较差。辉长岩和叶片状钠长岩之间的过渡关系，说明叶片状钠长岩是交代成因的，而且也说明部分钠长岩是沉积变质岩经过交代而形成的。

安查斯矿床的另一个特点是方柱石化特别发育。关于钠长交代岩和方柱石交代岩的空间分布情况，可以从剖面中得到部分了解。方柱石化发育在矿体以下的侵入岩中，而矿体则是直接赋存在钠长石化区内。绝大多数方柱石是成矿前的高温流体通过交代侵入杂岩中的斜长石形成的。因此，它们可以划分为两个矿物组合：由交代辉长岩类岩石中的斜长石而生成的方柱石-闪石组合；另一个组合是方柱石-黑云母，主要集中在轻微钠长石化的侵入岩破碎带中。在方柱石化辉长岩中，方柱石的含量可高达50%~60%，角闪石的成分为阳起石，常被塔什干石所交代，还含少量浸染状磁铁矿。

从矿床中的地球化学特点看，以下三点是必须注意的：①不论是在方柱石中，还是在其他许多近矿蚀变岩的矿物（闪石和黑云母）中都有氯的存在，而且数量可观，单矿物化学分析结果表明，Cl 在角闪石中高达 1.80%~7.24%，在方柱石中为 1.79%~2.70%，而在黑云母中为 0.62%~1.11%，在磷灰石中为 0.38%~0.90%。②矿石成分简单，矿石中的硫化物仅有黄铁矿、黄铜矿和磁黄铁矿。③黄铁矿和磁黄铁矿中 Co 和 Ni 的含量很高。

最后必须指出，铁矿床的交代矿物中大量 Cl 的存在，在岩浆期后的接触交代成矿作用具有重要意义。铁可能主要以 $FeCl_2$ 和 $FeCl_3$ 的形式在岩浆期后高温流体中被搬运。

五、俄罗斯塔瑶什（Таёж）铁矿床

塔瑶什铁矿床位于西伯利亚克拉通的局部隆起区阿尔丹附近，这是一个很特殊的含硼镁矽卡岩型铁矿床。苏联研究镁矽卡岩的专家沙贝宁（1978）曾对该矿床做过深入的研究。矿区占地面积 350 km^2，产于一个向斜构造的西北端。其南部和东南部还有多个铁矿床分布。塔瑶什铁矿床是南雅哥基地区前寒武纪地层中最大的矽卡岩矿床。

矿区内，矿床是一个向斜构造，矿体下盘岩石为角闪石-辉石片岩，厚 300~400 m。矿层由白云石大理岩、片麻岩夹矽卡岩铁矿体组成，铁矿体平均厚 300~320 m。矿层上部的岩石为矽线石片麻岩和片麻状石英岩，厚度大于 500 m。含矿层划分为下含矿层（140~240 m）、中间的片麻岩层（30~70 m）和上含矿层（40~120 m）。下部主要是白云岩和交代它的含矿镁矽卡岩。矿体夹层为黑云母片麻岩和矽线石片麻岩。矿体上部主要是富含石英的黑云母-矽线石片麻岩和堇青石-黑云母-矽线石片麻岩。

所有上述岩石都遭到钾长石化、混合岩化和花岗岩化，局部遭到强烈的褶皱和断裂。必须指出，

矿区的所有花岗岩类岩石为典型的片麻状花岗岩，真正意义上的花岗岩是缺失的。片麻状岩石组合在矽卡岩化作用下，遭到强烈的蚀变和矿化，特别是白云石大理岩中，镁矽卡岩化尤为强烈。

矿床的一个重要特征是片麻岩类岩石中，广泛分布电气石化岩石。所有含矿层中含长石的岩石都遭到了电气石化蚀变。含电气石的岩石构成似柱状体，沿含硼镁矽卡岩走向未追索到电气石化岩石。矿区内年轻的岩浆岩是许多中生代正长斑岩岩脉。

矿床产于向斜褶皱的封闭部分，东南翼倾角为50°~60°，南翼向南有断层。褶皱构造是在区域变质时形成的。褶皱变形作用发生在花岗岩化时。断裂破坏对于矽卡岩和矿化来说是较年轻的。

矿区内共划分出18个矿体，矿体厚度在剖面上较稳定。塔瑶什铁矿最大的特点是发育一套含硼、铁的镁矽卡岩组合。沙贝宁（1974）曾通过对矿区钻孔岩心的详细编录和显微镜下鉴定，提出了镁矽卡岩和含硼矿物组合。镁矽卡岩矿物主要有尖晶石、镁橄榄石、透辉石、金云母、粒硅镁石、斜硅镁石、深绿辉石、顽火辉石、蛇纹石、磁铁矿、镁绿泥石等。它们常组成以下矿物组合：尖晶石-深绿辉石、顽火辉石-透辉石-金云母-磁铁矿、镁橄榄石-磁铁矿、透辉石-金云母-蛇纹石、透辉石-金云母、磁铁矿-金云母-斜硅镁石、蛇纹石-金云母-磁铁矿、金云母-磁铁矿、斜硅镁石-磁铁矿、角闪石-透辉石-金云母等。以上说明，磁铁矿和镁矽卡岩矿物很难分开，磁铁矿多了就成为矿石，少了或缺失时则为镁矽卡岩。

硼矿化常出现在斑花大理岩边缘，含硼矿物主要有硼镁铁矿（大量）、电气石、氟硼镁石、遂安石和硼镁石。它们可以组成以下矿物组合：硼镁铁矿-镁橄榄石-金云母、硼镁铁矿-金云母-透辉石、硼镁铁矿-尖晶石-镁橄榄石、硼镁铁矿-金云母-电气石、硼镁铁矿-磁铁矿、金云母-斜硅镁石、硼镁铁矿-金云母-磁铁矿-蛇纹石、硼镁铁矿-斜硅镁石-磁铁矿等。

六、越南石溪（Thach Khe）铁矿床

（一）地理位置和勘查开发概况

石溪铁矿床位于越南中部河静省河静市东北7 km的海边，是东南亚地区最大的矽卡岩富磁铁矿矿床。1962年通过航磁发现异常，后于1964年经过勘探和钻探发现铁矿体，探明铁矿储量为5.5×10^8 t，TFe平均品位61.35%。由于矿床靠近大海，矿体埋深可延至海平面以下420 m，海水灌入采区，流量很大，开采条件较差，加之铁矿石含锌偏高，目前尚未开发，但具有极大的工业价值。

（二）区域地质背景

矿床位于老挝-越南长山（Truong Son）褶皱带东端，带内分布有多个大型矿床，包括越南石溪Fe矿、老挝色潘斑岩-矽卡岩型CuAu矿、富康斑岩-矽卡岩型CuAu矿、爬立山矽卡岩型Fe矿、富诺安矽卡岩型Fe矿等。这些矿床主要受晚古生代以来洋壳俯冲所导致的活动陆缘岩浆活动、弧-陆或陆-陆碰撞作用的控制，而这些构造-岩浆活动在长山带内形成很多复式岩浆杂岩体，与带内铁铜钨锡等金属矿产有密切的成因联系。

长山成矿带沿老挝-越南中部NW—SE向的长山山脉展布，北起马江结合带，南至色潘-富山-三岐结合带，东临太平洋，西以莫边府断裂-泰国黎府结合带为界。主要发育古生代—中生代低变质岩系，包括志留纪—早泥盆世和晚二叠世海相沉积、晚二叠世玄武岩、杏仁状玄武岩、凝灰岩及三叠纪海陆相沉积。长山成矿带广泛发育古生代—早中生代侵入岩体。

石溪铁矿区地表均被海岸砂和黏土层覆盖，只有两个小山坡出露花岗岩。该区地层主要由中-下泥盆统角岩、大理岩和灰岩、石炭系—二叠系灰岩和大理岩、中三叠统砂岩、泥质页岩和角岩组成。花岗岩体侵入于中-下泥盆统及石炭系—二叠系中，并在岩体外接触带形成矽卡岩，矿体产于矽卡岩中。

长山成矿带受印支运动的影响，区域构造总体呈NW—SE向，带内发育一系列平行的第三纪

（古近纪、新近纪）走滑断层。长山带中部的大江断裂系将其分为南、北长山带，断裂带内发育绿片岩相的变质碎屑岩和火山岩，石溪铁矿就产于大江断裂系的东端，这些断裂为矿床成矿与定位提供了有利条件（图 5-3）。

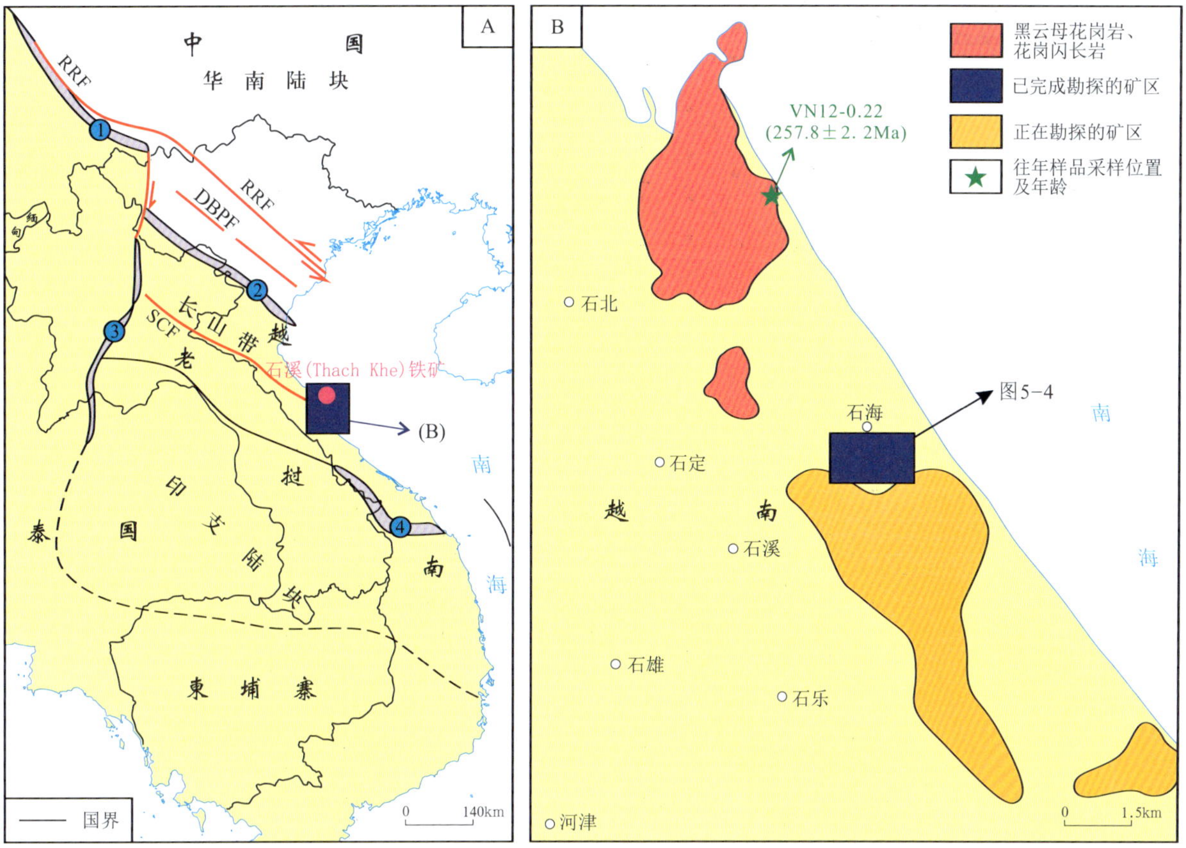

图 5-3　石溪铁矿地质简图

（据施美凤等，2015）

RRF—红河断裂；DBPF—莫边府断裂；SCF—大江断裂。①哀牢山结合带；②马江结合带；③莫边府-黎府结合带；④三岐-福山结合带

（三）矿床地质特征

石溪铁矿矿体产于泥盆纪—二叠纪碳酸盐岩与黑云母花岗岩、花岗闪长岩的接触带中，呈透镜状沿 NNE 向展布，向南倾斜，倾角 20°；横剖面上，矿体呈马尾状，向西凸入花岗岩体内。矿体长约 3 km，埋深 25~135 m，大体可分为南、北两个矿段，矿体北部宽 200~400 m（图 5-4）。

矿石以块状磁铁矿、赤铁矿富矿为主（占 95%），TFe 品位 60%~65%，平均 61.35%，铁矿资源量 5.5×10^{8} t，属于酸性低 P、低 S 富铁矿石。矿石中局部有黄铁矿、黄铜矿、方铅矿等硫化物细脉。矿石矿物分三个阶段形成：第一阶段主要形成磁铁矿、钛铁矿、赤铁矿和无水矽卡岩矿物；第二阶段形成磁铁矿、赤铁矿、金红石、阳起石和碳酸盐矿物，该阶段的磁铁矿更富集，形成磁铁矿总量的 30%~35%，并包围第一阶段形成的磁铁矿，晚期脉状黄铁矿穿切第一、第二阶段的磁铁矿；第三阶段形成的矿物包括磁铁矿、赤铁矿、石英和 Cu、Zn、Pb 硫化物，形成的磁铁矿占磁铁矿总量的 35%~40%，在矿床中占主要地位。块状构造矿石中的矿物颗粒小于 0.02 mm。硫化物如黄铁矿、黄铜矿、方铅矿进入第一、二阶段的小细脉内又将后者穿切。

关于矿床形成的时代，施美凤等（2015）曾对矿区内的黑云母花岗岩进行锆石 U-Pb 定年，结果为 257.8±2.2 Ma，属于晚二叠世 A 型花岗岩，说明成岩成矿时代为华力西期。

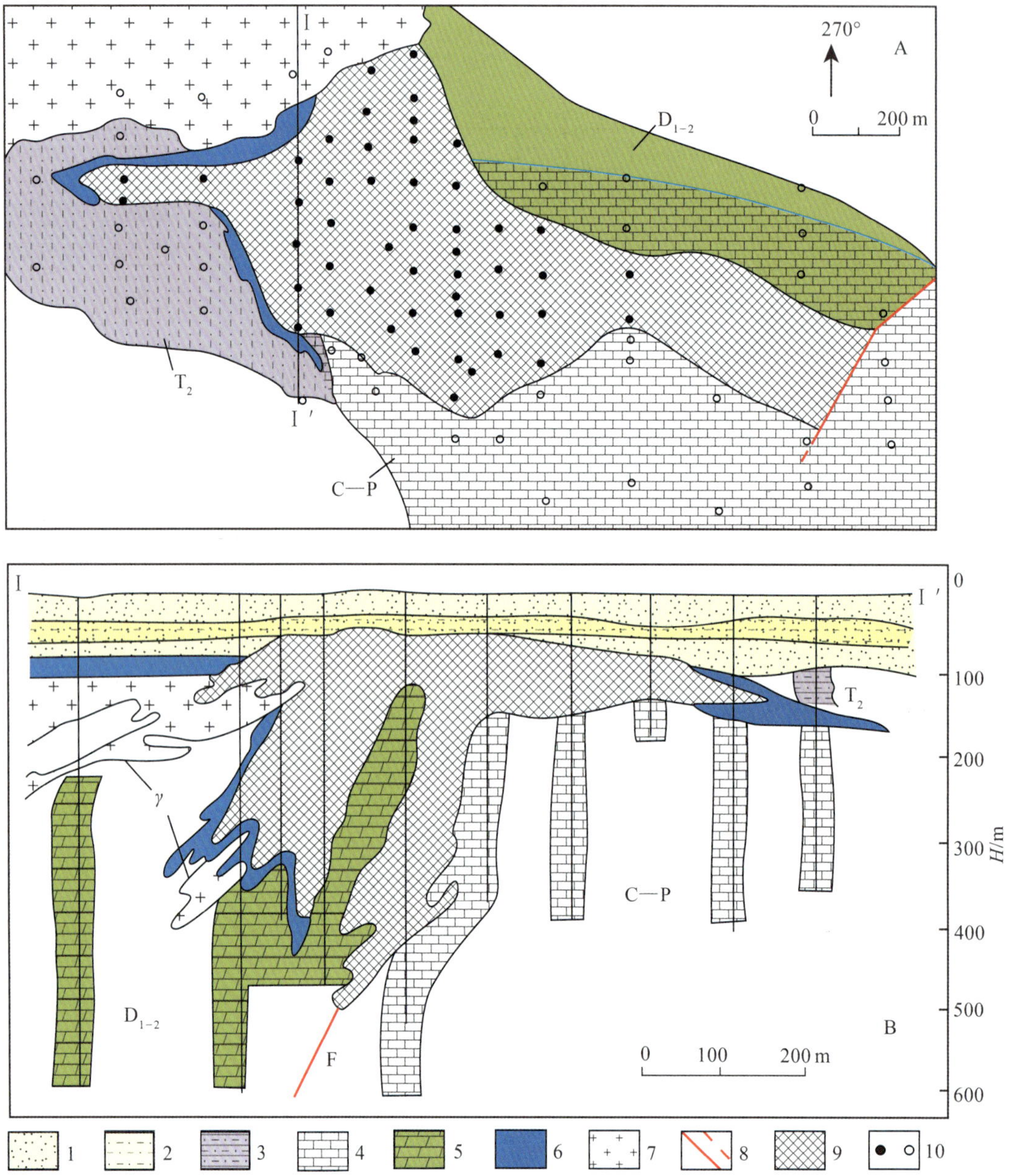

图 5-4 石溪铁矿已勘探的矿区地质图（A）及Ⅰ-Ⅰ′横剖面图（B）

（据亚太经社会区域矿产资源图册，越南，第 6 卷）

1—沙；2—泥土；3—中三叠世砂岩、泥质页岩、角岩；4—石炭纪—二叠纪石灰岩、大理岩；5—早-中泥盆世角岩、大理岩、灰岩；6—杂有矽卡岩的变质岩；7—花岗岩；8—断层；9—矿体；10—钻孔（●在矿体中，○在矿体外）

七、中国河北武安中关铁矿床❶

邯邢式铁矿是分布于我国华北地台上的一种重要的接触交代铁矿类型，是指产于燕山期中（基）性侵入岩类与中奥陶统碳酸盐岩围岩接触带的铁矿床，由于这类铁矿在河北邯郸-邢台一带分布较为集中，其矿床地质特征和大冶、闽南等地区的接触交代铁矿床相比较，具有一定特色，故被称为邯邢式铁矿。中关铁矿是邯邢地区的一个重要铁矿床，并具有代表性。

---

❶ 主要根据原华北地质科学研究所编的“华北富铁矿工作验交流会议地质资料汇编”（1975），河北省地质局第二地质队的“中关接触充填交代型铁矿地质特征”（1975），沈保丰等（1981）“冀南邯邢式铁成矿地质条件分析”等资料编写。

（一）区域地质背景

本区位于山西陆台的东部边缘，为太行隆起带与华北沉降带的衔接处，属靠近隆起带一侧的次一级构造单元“武安凹陷”。区域构造特点是 NNE 向和 S—N 向断裂和褶皱发育。另根据航磁资料分析，在隐伏的前寒武纪基底上存在古 E—W 向褶皱，本区恰位于一个 E—W 向坳陷上，可能这种隐伏基底构造与燕山期盖层构造体系的复合地段，联合控制着深部岩浆的上侵活动。

区内自上而下、自西向东发育地层如下。

1）寒武系：下寒武统为紫色砂页岩，中-上寒武统以灰岩为主，厚 553 m。

2）下奥陶统为厚层白云岩，厚 76 m。

3）中奥陶统马家沟组：是本区分布最广的地层，其岩性主要为厚层灰岩，夹白云质灰岩和少量泥灰岩，还夹有三层含石膏（石盐）假晶的灰岩，总厚为 600～700 m。岩石化学成分横向上的变化：由东而西 MgO 含量增加很大，在邯邢地区平均只有 2.7%，而山西的临汾地区平均含量却高达 10%左右。这一规律性决定了在邯邢地区所见的矽卡岩以钙矽卡岩为主，局部有镁矽卡岩；而临汾地区的矽卡岩主要为镁矽卡岩。中奥陶统三层含膏（盐）角砾岩层的存在，在构造变动中易形成薄弱带，加上其易溶性和可塑性的特点，为岩浆入侵形成似层状岩体提供了有利空间。

4）石炭系：由砂质页岩、砂岩、页岩夹灰岩组成，厚 140 m。

5）二叠系：砂岩、页岩、砂质页岩，下部产煤层，厚 1080 m 左右。

与成矿有关的侵入岩以闪长岩-二长岩系列为主，包括一部分基性岩，是岩浆长期演化和多次侵入的产物。根据野外观察和同位素年龄资料，侵入岩形成时代为侏罗纪—白垩纪（177～89 Ma），可分为早、中、晚 3 个阶段：

1）燕山期早期（177～152 Ma）：主要有角闪闪长岩，次为角闪辉长岩和橄榄辉长闪长岩，后二者形成相对较早。其中角闪闪长岩类与铁矿关系较密切，主要分布于符山岩体。

2）燕山期中期（132～121 Ma）：以中偏碱性的闪长岩、正长闪长岩、角闪二长岩和辉石二长岩为主，是本区主要成矿母岩，主要有符山、固镇、矿山村、綦村等岩体（图 5-5）。

3）燕山期晚期（111～89 Ma）：正长斑岩和角闪正长岩，目前主要见于洪山岩体，尚未发现有工业价值的铁矿床。

闪长岩、二长岩类侵入体总的形态为似层状，大体顺层侵入于中奥陶统碳酸盐岩地层中。已有资料表明，本区铁矿床大多集中在似层状侵入体的似等轴状上穹部位周边碳酸盐岩围岩接触带附近。似等轴状上穹体的形成机理可能与岩浆作似层状侵入过程中，局部发生“旋流”运动有关。从岩体垂直方向上，侵入体作似层状分叉，形成锯齿状接触带，往往在围岩向侵入体凸入部位，形成多层矿体。

（二）矿化类型

从区域矿床地质特征分析，本区至少存在四种互有成因联系的铁矿床类型，即：镁矽卡岩型、钙矽卡岩型、钙镁质矽卡岩型和高温热液交代型铁矿床。前三类一般直接产于闪长岩类侵入体和碳酸盐岩围岩的接触带，呈似层状或透镜状产出，根据围岩中 MgO 含量的多寡，相应形成镁矽卡岩类、钙矽卡岩型或钙镁质矽卡岩过渡型铁矿床。高温热液交代型铁矿床大多产于接触带附近的碳酸盐岩围岩中，主要受围岩的层间裂隙控制，局部也有斜交层理的，呈透镜状、脉状产出，其规模相对较小，和产于接触带的矽卡岩型铁矿床紧密伴生。

钙镁质矽卡岩型铁矿床是作者根据我国某些矽卡岩铁矿床的具体情况，划分出来的一种介于钙矽卡岩和镁矽卡岩之间的过渡类型[1]，主要考虑到我国华北地台上的许多铁矿床中矽卡岩矿物组成的特殊性，既不具有典型的镁矽卡岩矿物组合（镁橄榄石、尖晶石、硅镁石族、蛇纹石等），也不具有典

[1] 赵一鸣等．1979．有关矽卡岩的一些基本概念和某些理论问题．福建地质，1．

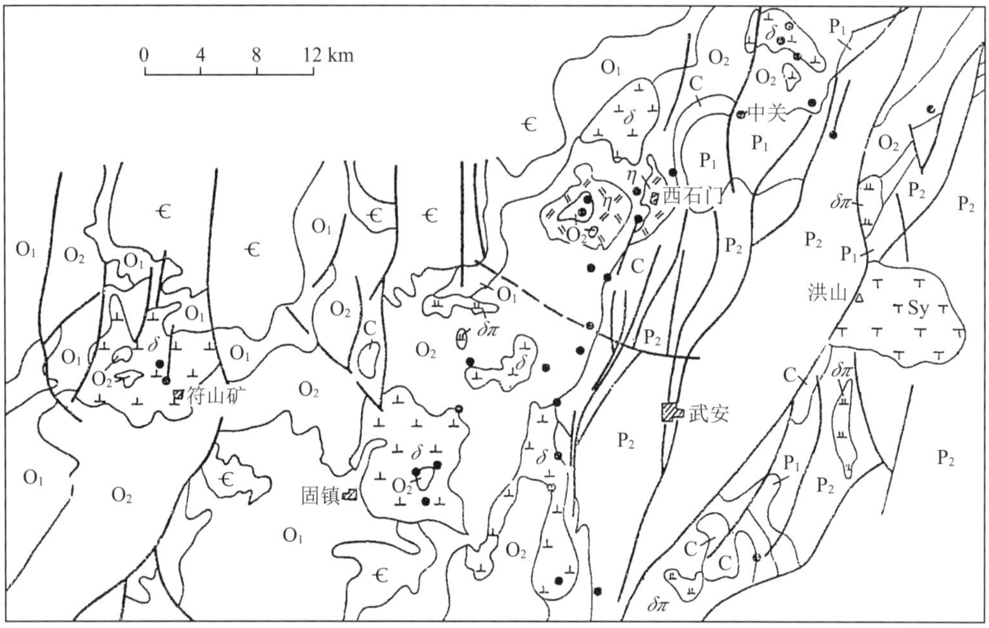

图 5-5　邯邢地区接触交代型铁矿区域地质略图

（据华北地研所铁矿队，1974）

P_2—中二叠统：砂质页岩、石英长石砂页岩；P_1—下二叠统：页岩、砂岩；C—石炭系：砂页岩夹白云质灰岩；

O_2—中奥陶统：灰岩夹白云质灰岩；O_1—下奥陶统：白云岩；€—寒武系：砂页岩、灰岩；

δ—闪长岩类：$\delta\pi$—闪长玢岩；η—二长岩；●—铁矿床

型的钙矽卡岩矿物组合（钙铁榴石、次透辉石-钙铁辉石系列、符山石、硅灰石等），而主要由透辉石或低铁透辉石、金云母或含铁金云母、阳起质透闪石等矿物组成，局部有石榴子石。这些矿床中被矽卡岩所交代的原始碳酸盐岩围岩，一般为白云质灰岩，MgO 含量介于 2%～12%之间。

对于中关铁矿床来说，主要存在两种矿床类型，即镁质接触交代型（镁矽卡岩型）和高温热液交代型铁矿床，可能还存在钙镁质矽卡岩型铁矿床。

（三）矿床地质特征

中关铁矿是一个隐伏矿床，地表全部被第四系黄土和松散沉积物所掩盖。这是根据原地质部航测队所圈出的低缓磁力异常，由冶金 518 地质队钻探验证发现的矿床。

矿区岩层呈一个倾向 SEE 的单斜层，倾角 5°～15°。矿床位于中央背斜的北东倾伏端。主矿体产于燕山期似斑状闪长岩和中奥陶统灰岩的接触带，呈不很规则的透镜体。在相邻剖面上矿体形态变化较大，有的呈似层状，有的剖面中呈帽顶状、透镜状。矿体两端一般厚度迅速变薄或分叉，最后尖灭（图 5-6）。部分小矿体呈小透镜状、似层状产于接触带附近灰岩的层间裂隙中。

总的看，矿体的形态受成矿构造、闪长岩顶部接触面形态和灰岩岩性等多种因素的联合控制。近矿的闪长岩均遭到强度不等的蚀变作用。在外接触带形成透辉石矽卡岩、透辉石-透闪石矽卡岩和金云母矽卡岩，在热液蚀变阶段还叠加了绿泥石化和蛇纹石化。在内接触带主要表现为方柱石化、钠长石化、透辉石化和金云母化等。当交代较弱时形成方柱石化、透辉石化、钠长石化闪长岩，当交代强烈时形成方柱石矽卡岩和透辉石-钠长石交代岩及钠长石交代岩等。一般的交代分带剖面从岩体向外闪长岩→透辉石化、钠长石化闪长岩→透辉石、钠长石岩或钠长石交代岩→透辉石矽卡岩（叠加磁铁矿化）→大理岩。

钠长石化是区别接触带有矿与无矿部位的重要蚀变标志。在无矿部位的内接触带基本不存在钠长石化，当矿体规模较大时，钠长石化的强度和分布范围也较大。从闪长岩体向铁矿体方向，钠长石化

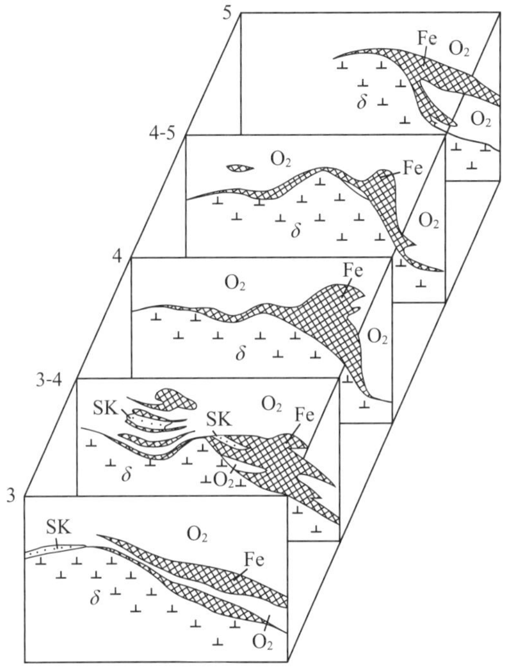

图 5-6　河北中关铁矿床不同剖面矿体形态变化图

（据河北省地质局第二地质队，1975）

O_2—中奥陶统灰岩、白云质灰岩；δ—燕山期闪长岩，近矿处钠长石化较强；SK—矽卡岩；Fe—铁矿体

作用有从弱到强的趋势。

根据矿石主要组成矿物成分的不同，可大致分为四种矿石类型，即黄铁矿-磁铁矿矿石，绿色云母（绿泥石）-磁铁矿矿石，蛇纹石-磁铁矿矿石，水镁石-磁铁矿矿石。矿石中 TFe 平均品位为 45.14%。矿石中的金属矿物主要为磁铁矿，次有黄铁矿和假象赤铁矿，还有少量镜铁矿、黄铜矿、白铁矿、磁黄铁矿、斑铜矿、辉铜矿、闪锌矿等。非金属矿物有透辉石、透闪石、阳起石、金云母、蛇纹石、白云石、方解石，次为绿泥石、石榴子石、石英、含铁白云石、菱铁矿、重晶石、水镁石、滑石等。

磁铁矿的大量晶出是在透辉石形成之后，常见磁铁矿交代透辉石的现象，和透闪石、阳起石和金云母的形成时间相当。磁铁矿被黄铁矿等硫化物交代的现象是常见的。磁铁矿石的构造有块状、浸染状、条带状，其次有筛眼状、斑杂状、环带状、细脉状、斑点状和交代残留构造等。矿体中常保留有大理岩的交代残留体，其产状与围岩基本一致，在大理岩残留体中也见有磁铁矿化和黄铁矿化现象。

八、中国湖北大冶铁山铁（铜）矿床

（一）地理位置和勘查开发概况

大冶式铁矿是我国重要的矽卡岩型富铁矿床，分布于湖北省东南部大冶鄂城一带。铁山矿区为本区最主要的铁矿床，早在古代就已开采，中华人民共和国成立后，在 20 世纪 50 年代初期，地质部 429 地质队曾进行过较详细的勘探工作。目前，是武钢主要的铁矿石供应基地之一。

赵一鸣等曾于 1962~1964 年和 20 世纪 80 年代初两次对本矿区进行过较深入详细的研究，在岩浆岩岩石学、交代岩岩石学、矿物学、地球化学、接触交代作用和成矿作用等方面取得了较系统的资料，首次在我国提出了矽卡岩型铁矿床中碱质交代对铁质活化富集的重要作用，指出碱质交代和挥发组分是该类铁矿的重要找矿标志。

（二）区域地质背景

1. 区域构造

鄂东南地区在大地构造位置上隶属于扬子准地台下扬子台褶带。它的北边是中朝准地台伏牛-大别台背斜，旧称淮阳地盾，属秦岭褶皱带东段，南部为江南古陆，而大冶式铁矿所在构造分区为古生代—早中生代拗陷带，是地幔上隆和地壳结构较薄弱的部位，这种部位易遭受后期构造活化和深部岩浆的上侵。

区域构造和卫星影像资料表明，区内北部下扬子拗陷褶皱和淮阳地盾之间有一组近 E—W 向和 NW 向深大断裂，可能属切割上地幔的深大断裂，在印支—燕山运动时形成一组 NNE 向的大型深断裂带和近 E—W 向褶皱，促使早期形成的 NWW 向和 NW 向断裂带复活。这一系列复杂构造断裂带的交叉，不仅控制了继承性拗陷盆地的发生和发展，同时控制了区内中性和中酸性岩体的就位和铁、铜矿床分布（裴荣富等，1985）。

2. 区域地层

区内出露的地层由上而下、由新至老如下：

1）白垩系中酸性火山凝灰岩和砂页岩，750 m。

2）侏罗系砂页岩，夹煤层，400 m。

3）上三叠统蒲圻砂页岩，200 m。

4）下三叠统大冶灰岩：下部以灰岩为主，上部为灰岩、白云质灰岩和白云岩，夹石膏层，350 m。

5）二叠系泥质灰岩和页岩，约 300 m。

6）中-上石炭统灰岩、白云质灰岩，90~250 m。

7）泥盆系五通组砂岩和石英岩，厚 100~120 m。

8）志留系富池组页岩，厚约 300 m。

铁矿化在上述各时代和不同岩性的围岩中均有发现，但统计表明，将近 90%的铁（铜）矿储量都集中在下三叠统碳酸盐岩层和侵入体接触带，其次是石炭系—二叠系碳酸盐岩层（7%~8%），说明碳酸盐岩的存在，有利于铁（铜）矿的沉淀富集。

3. 区域岩浆岩

区内沿 NNE—SSW 方向等距地分布着燕山期鄂城、铁山、金山店和灵乡 4 个岩体，前三者出露长轴均为 NWW 向，灵乡岩体则呈 NE 向延展。此外，在灵乡岩体的东南部还有殷祖和阳新两个较大的侵入体产出。铁（铜）矿床均产于上述岩体的接触带（图 5-7）。

本区岩浆活动和成矿作用具有多期性的特点，大体可分为 3 期：①燕山期早期（同位素年龄 165~140 Ma）：形成灵乡、殷祖、阳新和铁山等中酸性岩体，铁山矿床铁矿石中金云母 K-Ar 法年龄为 149~132 Ma，大广山铁铜矿床磁铁矿石中的金云母 K-Ar 法年龄为 140 Ma，基本上反映了这个成矿期的时代。②燕山期中期（145~132 Ma）：主要形成鄂城、金山店等与铁矿化有关的富碱闪长岩-石英二长岩类侵入体。③燕山期晚期（132~90 Ma）：在火山盆地内部形成王豹山闪长岩体和鄂城侵入体内部的花岗斑岩岩脉。

岩浆活动自早到晚有从中偏基性向中酸性或酸性演化的趋势，其中铁山岩体演化最明显，伴生矿床的规模也最大。在岩石化学成分上，这种演化反映为 SiO_2 逐渐增多，而 CaO、MgO、（$FeO+Fe_2O_3$）含量渐趋减少，K_2O 和 Na_2O 的变化则不明显。岩浆分异和演化不好的岩体如殷祖岩体，含矿性较差。

（三）矿床地质特征

铁山矿床位于铁山背斜的北翼。矿体赋存于铁山侵入体南缘中段闪长岩类与三叠纪灰岩的接触带中。

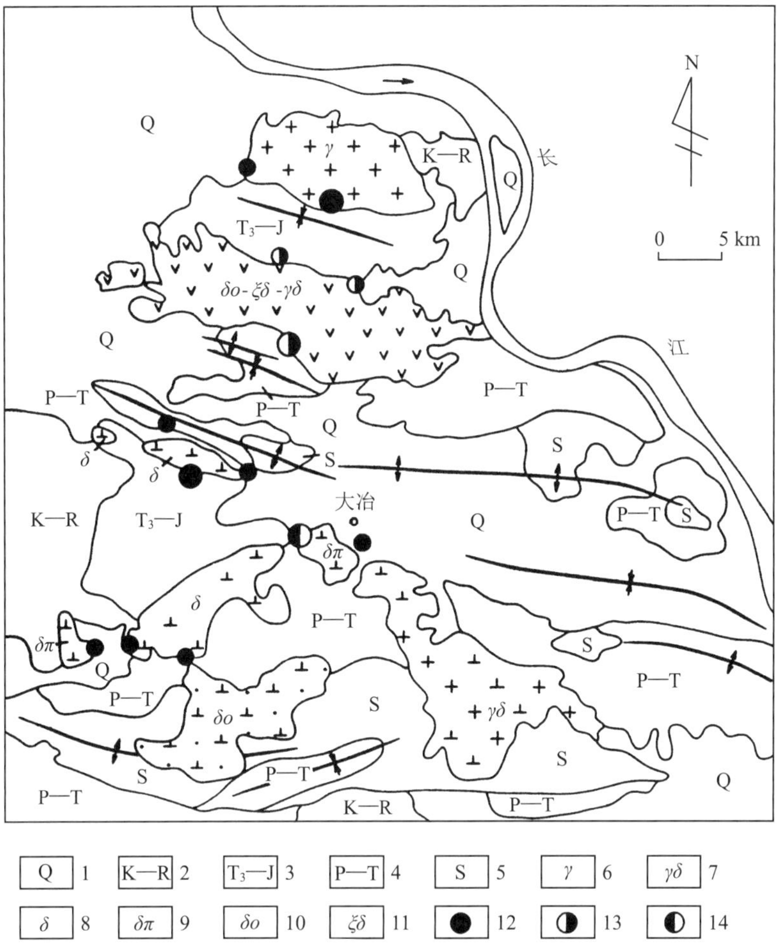

图 5-7 大冶地区侵入体和铁矿分布略图

1—第四系；2—白垩系—第三系（古近系、新近系）；3—上三叠统—侏罗系；4—二叠系—三叠系；5—志留系；6—花岗岩；7—花岗闪长岩；8—闪长岩；9—闪长斑岩；10—石英闪长岩；11—正长闪长岩；12—铁矿床；13—铜铁矿床；14—铁铜矿床

1. 控矿围岩岩性

矿区内出露地层以中-下三叠统大冶灰岩为主，次为二叠系硅质页岩。中-下三叠统大冶灰岩由下而上按其岩性可分为三层：①灰黑色薄层泥质灰岩与页岩互层，该层在接触带附近变为条带状石榴子石透辉石大理岩；②灰黑色中厚层纯灰岩；③含少量白云质（MgO 1.5%~5%）厚层灰岩，夹数层厚 20~30 m 的灰质白云岩（MgO 15%~18%）。第 3 层为铁山矿床的主要成矿围岩，相当于嘉陵江组层位。上述碳酸盐岩围岩受岩浆侵入影响，受到接触热变质作用，均不同程度地遭到大理岩化。

2. 侵入体岩相和岩石化学特征

铁山岩体是由石英闪长岩、正长闪长岩（二长闪长岩）、闪长岩和花岗闪长岩等组成的多次侵入的中偏酸偏碱性侵入杂岩。各岩性分布具有一定规律性，自中心向边缘呈环状分布。

1）中心部分：由斑状花岗闪长岩组成，出露面积约 6 km^2。岩石为浅灰-肉红色，不等粒斑状结构，内部相斑晶相对较大，边缘相为细斑结构。斑晶为条纹长石和钾长石，后者具卡式双晶。斜长石（$An_{13\sim21}$）粒径 1~3 mm，常被条纹长石所交代，石英呈他形粒状，粒径 0.4~2 mm，分布于斑晶之间。暗色矿物主要为角闪石，含少量黑云母。副矿物有磷灰石、榍石、磁铁矿和锆石。

2）过渡部分：为正长闪长岩和石英二长闪长岩，是岩体的主要岩相，其结构由内向外从粗中粒渐变为细粒，且具流线构造。岩石由更长石、条纹长石和角闪石组成，含少量黑云母、透辉石，副矿物有磷灰石、磁铁矿、榍石等。

3）边缘部分：由石英闪长岩、斑状石英闪长岩和黑云母辉石闪长岩等组成。石英闪长岩和斑状石英闪长岩外表呈灰白色至浅灰色，分布于岩体南部。岩石或多或少显示斑状结构，斑晶主要由斜长石，其次为角闪石组成，粒度0.5~3 mm。基质主要由斜长石组成，含一定量条纹长石和石英。斜长石经电子探针分析结果，其成分为$An_{14.2\sim39.9}$，即主要属更长石，局部为中长石。部分斜长石显示环带结构。

黑云母辉石闪长岩主要分布于铁山岩体南缘尖山、狮子山和铁门坎矿段的地表。我们曾在尖山204 m水平开采面上观察到黑云母辉石闪长岩侵入切穿石英闪长岩的现象，说明其生成比石英闪长岩要晚。岩石外表为绿灰色，中-细粒结构，主要组成矿物有斜长石（$An_{14\sim35}$）、条纹长石、单斜辉石（透辉石-霓辉石的过渡系列）、黑云母，含少量石英和角闪石，常见的副矿物有榍石、磷灰石、磁铁矿、金红石和锆石等。

如前所述，铁山岩体是燕山期（同位素年龄165~128 Ma）多次侵入的复式杂岩体。依各期侵入体的接触关系，参照同位素地质年龄资料，各类岩石的侵入顺序大致是斑状含石英闪长岩、石英闪长岩→粗斑含石英闪长斑岩→黑云母辉石闪长岩→斑状花岗闪长岩。矿区内铁山岩体的岩石化学成分：SiO_2 56.05%~69.65%，TiO_2 0.35%~0.90%，Al_2O_3 15.56%~17.02%，Fe_2O_3 1.24%~3.32%，FeO 0.71%~3.32%，MnO 0.03%~0.11%，MgO 0.86%~3.51%，CaO 1.80%~5.74%，Na_2O 4.39%~5.38%，K_2O 2.86%~4.50%，H_2O 0.11%~0.90%。

通过不同侵入阶段的岩石岩相学和岩石化学特征的对比，可以看出，铁山杂岩是一个硅酸不饱和-弱过饱和的岩浆正常演化系列，表现为早期阶段富Ca、Mg，燕山期早期的晚期阶段富Fe、Na，燕山期晚期阶段富Si、K，Na、Fe在燕山期早期的晚期阶段最高。铁山杂岩体具有高的Fe^{3+}/Fe^{2+}值，反映出成岩过程中高的氧逸度环境，晚期岩体中Fe_2O_3/FeO值有所降低，这种特点决定了铁主要分布于氧化物相中，而晚期岩体中硅酸铁的比例有所增加。早期岩体具有高的Na/K值，而晚期岩体Na含量锐减，这可能促使钠在岩浆演化中在早期高温阶段就进入流体相，造成本区强烈的钠化。

3. 矿体地质特征

铁山矿床共由六大矿体组成，自东向西依次为尖山、狮子山、象鼻山、尖林山、龙洞和铁门坎，均产于蚀变石英闪长岩、黑云母辉石闪长岩与大理岩或白云质大理岩的接触带，连绵全长约5 km（图5-8）。矿体形态变化较大，一般为似层状或透镜状，局部为囊状，后者是交代蚀变闪长岩中大理岩捕虏体的产物（图5-9）。六大矿体中除龙洞矿体向南倾斜和尖林山矿体呈平卧状外，其他都向NNE倾斜，但在深部有的矿体又转向南倾斜。矿体沿倾斜延长多在100~450 m不等，厚10~80 m，局部可达180 m。

4. 矿化类型和矿石特征

根据矿石的矿物组合、构造特征、产出地质部位及其所反映的生成条件，可大致划分以下5个矿化类型：①接触交代型含铜矽卡岩磁铁矿矿化；②高温气液充填型磁铁矿矿化；③高中温热液交代型含铜磁铁矿-菱铁矿矿化；④中低温热液充填型菱铁矿矿化；⑤风化淋滤型含铜褐铁矿矿化。其①、③类分布最广，是矿区内最重要的铁（铜）矿石。上述①~④类矿化形成于同一成矿期的不同成矿阶段，相互之间有密切的时空成因联系，组成一个与燕山期中偏酸性侵入杂岩有关的铁（铜）矿床成矿系列。

铁矿石的金属矿物主要为磁铁矿，次为赤铁矿、假象赤铁矿、菱铁矿、黄铁矿、黄铜矿、磁黄铁矿，有少量斑铜矿、白铁矿、闪锌矿，在氧化带还有水针铁矿、孔雀石、铜蓝、辉铜矿、赤铜矿等。脉石矿物主要为绿色云母（含铁金云母）、透辉石（或次透辉石）、方解石、白云石、铁白云石和石英，局部有绿泥石、阳起石等。

矿石以致密块状构造为主，其次为浸染状和花斑状，局部见角砾状、条带状和多孔状构造。磁铁矿交代矽卡岩和大理岩，菱铁矿和金属硫化物交代磁铁矿的现象十分普遍，形成许多交代结构和构

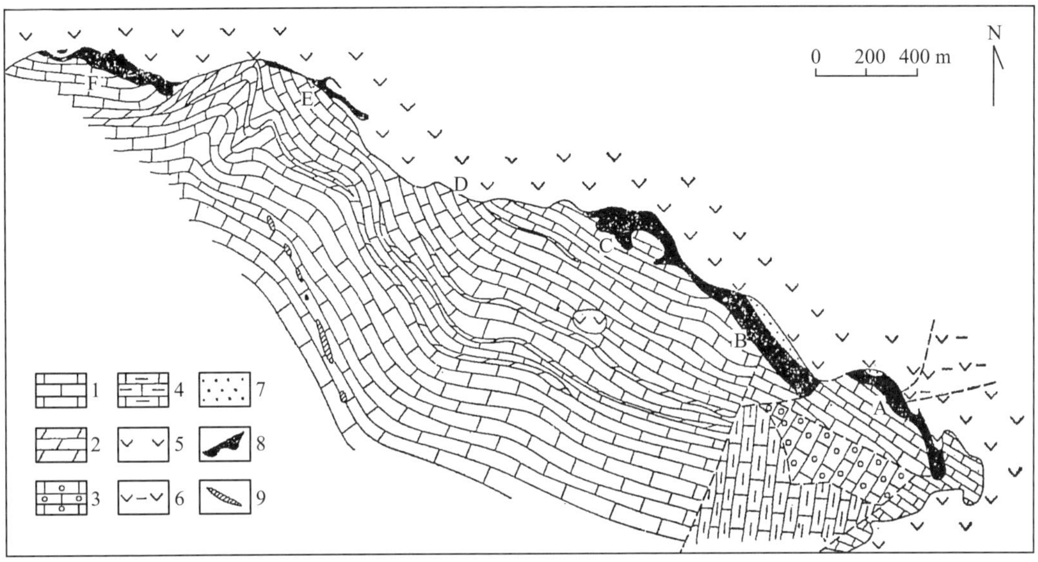

图 5-8 大冶铁山铁矿地质略图

1—大理岩；2—白云质大理岩；3—条带状透辉石石榴大理岩；4—含角页岩条带大理岩；5—含石英闪长岩；6—含黑云母辉石闪长岩；7—透辉石矽卡岩；8—铁（铜）矿体；9—铁锰矿体。

A—尖山；B—狮子山；C—象鼻山；D—尖林山；E—龙洞；F—铁门坎

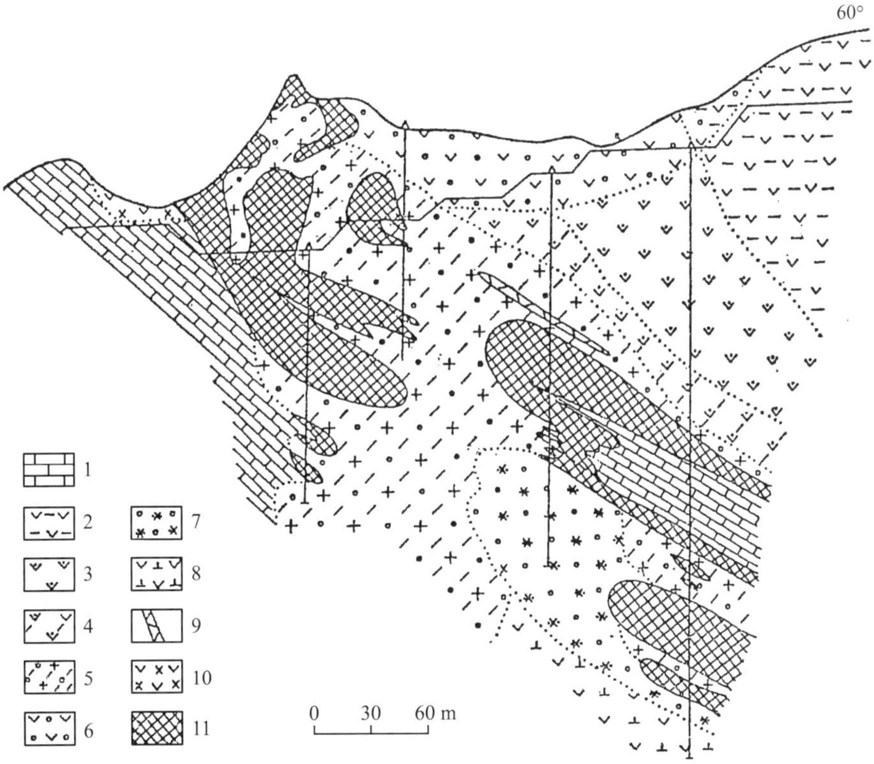

图 5-9 大冶铁山尖山矿体地质剖面

1—大理岩；2—含黑云母辉石闪长岩；3—钠长石化透辉石化闪长岩；4—弱方柱石化钠长石化闪长岩；5—石榴子石透辉石方柱石矽卡岩；6—网脉状透辉石-石榴子石化闪长岩；7—透辉石石榴子石矽卡岩（局部含硅灰石）；8—辉石正长闪长岩；9—闪长玢岩岩脉；10—高岭土化闪长岩；11—铁矿体

造。在象鼻山矿体中还见有多孔状磁铁矿石，孔洞中有少量绿色云母和黄铁矿，我们认为这类矿石应属于高温富挥发分的含铁流体充填在张开裂隙中的产物，因为接触交代作用并不完全排除在一定构造围岩条件下在不同热液作用阶段局部可能发生的充填作用。此外，在狮子山紧挨岩体处还可见到一角砾状磁铁贫矿带，宽一至数米，磁铁矿呈网脉穿插胶结被压碎的蚀变闪长岩角砾，角岩的棱角还十分清晰，说明矿石主要是以充填的方式生成的。

矿石化学成分的特点是富 Fe 高 S，并伴生 Cu、Co、Au、Ag 等有益元素，可供综合利用。铁矿石平均含全铁 53%左右，铜品位 0.5%~0.7%，钴是以类质同象的形式赋存于黄铁矿中。

（四）矽卡岩类型、矿物成分和交代分带

铁山矿区矿体附近的闪长岩类和碳酸盐岩围岩均遭到强烈的接触交代作用和热液蚀变作用，形成各类矽卡岩、碱质交代岩和热液蚀变岩石。矽卡岩和碱质交代岩是接触交代作用阶段（矽卡岩阶段）的产物，其形成时间早于矿化作用，在空间上常具较明显的分带性。

热液蚀变岩往往叠加在上述二类交代岩之上，但更紧挨矿体，在形成时间上则和矿化十分接近。下面对各类矽卡岩的特征、矿物成分和交代分带现象分别进行描述。

1. 透辉石（次透辉石）矽卡岩

这是矿区内最重要的矽卡岩，主要分布于狮子山、尖山、龙洞等矿段的外接触带，并常被磁铁矿矿体所交代，局部也有在内接触带蚀变闪长岩中呈脉状产出的。在狮子山矿段，透辉石矽卡岩的分布均高于 112 m 标高，呈透镜状和弯月形产出，厚度可达 30~50 m。在龙洞矿段，透辉石矽卡岩的分布亦不低于 60 m 标高水平。由于上部矿体大多已被开采完，因此，目前在地表和采坑这类矽卡岩已很难见到。

辉石矽卡岩在上述矿段发育的原因，一方面可能是由于该地段接触带的大理岩含镁偏高；另一方面接触构造形式起重要作用，例如，狮子山矿段的辉石矽卡岩大多产于闪长岩的内凹处，即大理岩呈弧形突入闪长岩的部位。透辉石矽卡岩外表为暗绿色，块状构造，细-中粒结构，主要由透辉石组成，含少量方解石、石榴子石、黄绿色闪石、阳起石和绿色云母等。

对矿区内的单斜辉石经旋光性测定、化学分析和电子探针分析表 5-2，结果表明主要属透辉石，$Hd_{4.5\sim41.05}Jo_{0.43\sim2.35}$，$N_g=1.071\sim1.736$，$N_m=1.678\sim1.718$，$N_p=1.670\sim1.710$，$2V(+)=56°\sim62°$，$C\wedge N_g=39°\sim47°$。部分产于蚀变闪长岩中的辉石含铝和钠偏高，消光角较大，$C\wedge N_g=48°\sim52°$，属于透辉石和霓石的过渡种属——霓辉石。

我们曾对狮子山矿体北缘不同水平标高透辉石矽卡岩中的辉石和尖山 34 线 30 孔内辉石磁铁矿矿石中的辉石进行过系统的折率测定，$N_g=1.701\sim1.710$，表明辉石的成分在空间上相对较稳定，变化不大，这说明本区外带辉石矽卡岩主要属于接触渗滤交代成因，而不是属于双交代成因的。因为双交代（扩散交代）成因的辉石矽卡岩，其矿物成分在垂直接触带方向应出现有规律的变化。另一方面，狮子山矿段的辉石比尖山矿段的辉石含铁率普遍要高一些，前者 $Hd_{17\sim22}$，后者 $Hd_{12\sim16}$。这可能与不同矿段的矽卡岩化溶液中铁的化学位高低略有差异有关。

2. 闪长岩中的脉状或网脉状石榴子石-透辉石-方柱石矽卡岩及其旁侧的碱质交代岩

这类交代岩在铁山矿区分布较广，主要见于尖山、铁门坎和龙洞等矿段，在空间上和矿体关系极为密切，常在矿体附近闪长岩类内接触带产出。断裂裂隙构造对这类交代岩的控制十分明显，因此，主要形成一系列沿闪长岩类裂隙交代的矽卡岩脉或网脉（图 5-10）。当交代作用强烈时，网脉连成一片，形成块状矽卡岩。

在尖山矿段地表，我们通过详细地质填图发现此种网脉矽卡岩化带有两条：一条分布于 35 线附近，宽约 50 m，呈 NE50°方向延伸，长 300 余米；另一条矽卡岩化带宽度较小，约 25 m，呈 NW320°方向延伸，矽卡岩化强度相对较弱。在矽卡岩网脉带两侧的闪长岩均遭到不同程度的钾长石（条纹长石）化。

表 5-2 铁山矿区辉石化学成分

No.	1	2	3	4	5	6	7	8	9	10
样号	T-23	T-21	T-38	T-39	S144-1	尖Ⅳ-23	T53-1	T53-5	T33-2	M-12-2
化学组分/%										
SiO_2	50.58	52.20	50.20	50.38	53.71	49.76	50.08	50.21	51.33	51.89
TiO_2	0.32	0.07	0.35	0.30	0.21	1.20	0.00	0.02	0.19	0.59
Al_2O_3	2.63	1.12	2.94	3.05	1.59	2.98	069	2.34	1.09	1.80
Fe_2O_3	3.75	2.17	0.94	0.43	2.76	4.43				
FeO	1.36	5.80	3.08	4.49	4.86	5.12	12.76	9.87	11.03	7.73
MnO	0.14	0.13	0.13	0.13	0.14	0.02	0.41	0.86	0.24	0.29
MgO	14.95	13.71	15.05	14.86	13.23	11.85	10.26	11.67	11.24	14.42
CaO	24.13	23.20	24.93	23.80	20.83	21.70	23.03	23.85	22.85	22.92
Na_2O	0.65	1.04	0.56	0.63	0.55	1.13	0.53	0.29	0.99	0.45
K_2O	0.08	0.12	0.12	0.12	0.22	0.37	0.00	0.00	0.00	0.00
H_2O^+	0.17	0.13	0.24	0.29	0.98	0.32				
CO_2	0.42	0.21	1.06	1.15	—	0.17				
总和	99.18	99.90	99.60	99.63	99.08	99.05	99.48	99.11	98.96	100.09
矿物端员分子/%										
$CaMgSi_2O_6$	95.0	80.5	89.27	84.57	82.44	78.85	63.50	73.84	72.33	82.54
$CaFeSiO_2O_6$	4.5	19.0	10.30	15.00	17.00	18.80	35.06	23.07	26.80	16.52
$CaMnSi_2O_6$	0.5	0.5	0.43	0.43	0.56	2.35	1.44	3.09	0.87	0.94

注：样品 1~6 为化学分析，分析者为原中国地质科学院岩矿测试技术研究所；7~10 为探针分析，分析者为黄进。

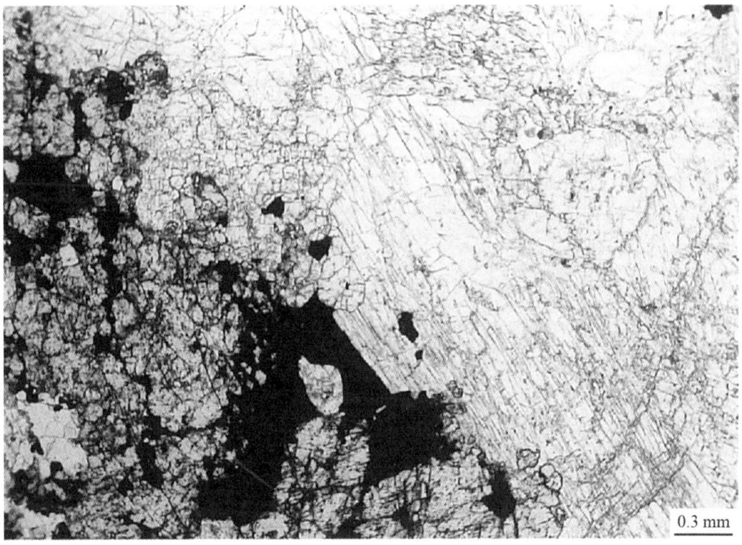

图 5-10 交代矽卡岩显微照片

条纹长石交代斜长石的现象在尖山矿段的矽卡岩脉旁侧闪长岩中十分发育，其形态也多种多样：①钾长石沿节理交代钠长石，交代作用较弱时，钠长石残留斑块状分布零星；交代强烈时变成条纹长石。②在高倍显微镜下观察，钠长石呈细小星点分布于钾长石中。③钠长石在钾长石中呈细纹状产出，细纹的分布方向和条纹长石结晶的长轴方向垂直；当发育卡氏双晶时，钠长石细纹总是向双晶结合面两侧呈“人”字形分布，形成羽毛状结构。④钾长石沿斜长石的节理裂隙交代，形成港湾状、网脉状等各种形态。

方柱石矽卡岩脉外表呈蓝灰-绿灰色，矿物组成为方柱石、透辉石、钙铁榴石和榍石等，有时有少量黄铁矿、钠长石和葡萄石等晚期交代矿物。方柱石按化学成分主要属于针柱石（$Me_{20.36\sim34.10}Ma_{65.9\sim79.64}$）。方柱石交代斜长石、条纹长石或反条纹长石的现象在薄片中很常见，一般沿长石的节理裂隙呈枝杈状、不规则网脉状进行交代，然后逐渐扩大到整个长石晶体。

方柱石矽卡岩脉侧的碱质交代现象在不同矿段有所不同，在狮子山、铁门坎和龙洞等矿段主要发育钠长石化，伴有少量钾长石化，而尖山矿段则主发育钾长石化，其次为钠长石化。出现钠化或钾化为主的原因似乎与闪长岩原岩的成分有一定联系，当原岩为石英闪长岩时一般发育钠长石化，当原岩是黑云母辉石闪长岩时，则主要发育钾长石化。

伴有钠长石化的矽卡岩分带在铁门坎矿段比较典型，通过地表和开采场的详细填图，自石英闪长岩至大理岩可以分出以下几个带：

00　*石英闪长岩*

Ⅰ*透辉石化钠长石化闪长岩，宽* 50~300 m。

Ⅱ*网脉状方柱石化（伴有透辉石化、石榴子石化和绿帘石化）和钠长石化闪长岩，宽* 0~80 m。

Ⅲ*石榴子石透辉石方柱石矽卡岩，宽* 0~50 m。

Ⅳ*绿色云母透辉石磁铁矿*。

0　*大理岩*

3. 石榴子石矽卡岩

石榴子石矽卡岩是铁山矿区重要交代岩之一，按石榴子石的成分大致可以分为两大类：

第一类是钙铝榴石矽卡岩：主要产于尖山矿段内带，呈脉状产出，和硅灰石、透辉石共生，属矽卡岩早期的渗滤交代产物。根据大量折光率的测定，石榴子石含7%~26%钙铁榴石分子。尖山矿体外接触带条带状透辉石-石榴子石大理岩中的石榴子石也属于此类。经电子探针分析，此种石榴子石成分为 $Hd_{34.56}Gr_{61.78}Sp+Py_{3.65}$。

第二类是钙铁榴石矽卡岩，以棕色为特征，常呈不规则脉状交代方柱石矽卡岩或透辉石矽卡岩，也有呈网脉状交代钠长石化闪长岩。矿物成分特点是含较高的钙铁榴石分子（$Ad_{63\sim100}$），而锰铝榴石分子很低（$Sp_{0.11\sim0.79}$）。当钙铁榴石与晚期热液交代矿物钠长石、绿泥石、方解石等伴生时，常有环带状结构，并具异常干涉色。

4. 脉状硅灰石-钙铝榴石-透辉石矽卡岩

这类矽卡岩脉仅见于尖山矿段离矿体稍远的网脉状矽卡岩带中，外表一般为浅灰至灰白色，稍带浅绿和浅棕色。脉的宽度变化很大，狭者仅 1~2 cm，宽者可达数米。它们经常呈网脉沿闪长岩的裂隙交代产出，形成“角砾状”构造。

此种矽卡岩脉的矿物组成主要有硅灰石、钙铝榴石和透辉石，常具对称的分带现象，自闪长岩到矽卡岩脉的中心，一般可分成以下 5 个交代带：①条纹长石化（或反条纹长石化）黑云母霓辉石闪长岩；②平行的束状硅灰石带；③致密细粒状钙铝榴石-透辉石-硅灰石带；④透辉石（Di_{18}）-钙铝榴石（$Ad_{20}Gr_{80}$）带；⑤硅灰石中心带。

（五）矽卡岩期后酸性淋滤阶段的热液交代产物

铁山矿区近矿闪长岩中除了矽卡岩化外，还发育各种热液交代现象，主要表现为绿色云母化、绿帘石化、阳起石、晚期钠长石化、碳酸盐化、绿泥石化和高岭石化等，往往叠加于矽卡岩、碱质交代岩或其他围岩之上，在空间上紧挨矿体分布，但其范围比碱质交代岩小，宽度一般为数米，局部达 20~30 m。在生成时间上大致相当于磁铁矿化的晚期或稍晚，大都属于酸性淋滤阶段的产物。

1. 绿色云母交代岩

这是铁山矿区最重要的近矿热液交代岩之一，广泛发育于矿体边部的内外带矽卡岩和蚀变闪长岩中，常呈网脉状沿矽卡岩或蚀变闪长岩的裂隙交代产出。绿色云母蚀变岩带的宽度一般为数米，决定于接触围岩岩性和裂隙发育强度。当近矿交代岩为方柱石矽卡岩或方柱石化钾（钠）长石化闪长岩时，绿色云母化最发育。与其共生的矿物有磁铁矿、方解石、透辉石、钠长石、阳起石和萤石等。

绿色云母外表为绿色，呈鳞片状集合体，鳞片大小一般为0.2~0.5 cm，局部较细，仅0.5 mm左右。在薄片中云母的多色性显著，$N_g=N_m$—浓绿至淡绿色，N_p—淡黄色，折光率普遍比金云母高，但低于黑云母，$N_g=1.589 \sim 1.613$，$N_p=1.547 \sim 1.558$，光轴角小（10°±），相对密度2.891~2.951。沙贝宁（1985）曾指出，黑云母和金云母之间，按含铁度（fm）大小应存在一个连续的系列，花岗岩、伟晶岩中的黑云母的fm值一般大于35%，金云母fm值通常低于15%，fm值介于15%~35%之间的云母应属于含铁金云母类，铁山矿区的绿色云母按化学成分和折光率换算的总含铁度为15%~29%，所以应属于含铁金云母。

2. 绿帘石交代岩

这类交代岩主要见于矿体边部的内矽卡岩或蚀变闪长岩中，如尖山、铁门坎等矿段。绿帘石常呈脉状产出，或为单矿物交代脉，或和钠长石、蓝绿色角闪岩、方解石、阳起石和黄铁矿等共生。

绿帘石为黄绿色柱状集合体，$N_g=1.768$，$N_m=1.752$，$N_p=1.730$，$2V(-)=73° \sim 79°$，其化学成分见表5-3。蓝绿色角闪石常交代透辉石，$C \wedge N_g=30°$，$N_g=1.694$，$N_m=1.686$，$N_p=1.674$，属绿钙闪石类。阳起石一般呈纤维状集合体，$C \wedge N_g=16° \sim 20°$，$N_g=1.635$，$N_p=1.626$。

表5-3 方柱石（1~4）和绿帘石（5~7）化学成分

No.	1	2	3	4	5	6	7
样号	TM96-12	TM128-5	Gn-15	T-18	T-41	T-25	TM96-13
化学组分/%							
SiO_2	54.60	56.08	53.54	60.70	37.25	36.90	37.78
TiO_2	0.04	0.01	0.06	0.04	0.13	0.35	0.12
Al_2O_3	21.49	21.39	22.56	20.54	23.92	23.02	23.73
Fe_2O_3	0.43	0.38	0.83	0.30	11.50	11.32	10.99
FeO	0.28	0.06	1.54	0.21	0.74	0.86	0.26
MnO	0.01	0.01	0.01	0.02	0.06	0.05	0.05
MgO	0.67	0.28	0.03	0.72	0.03	0.70	0.62
CaO	7.71	6.48	5.95	3.58	22.80	23.20	22.94
Na_2O	8.72	9.25	7.70	9.10	0.20	0.23	0.23
K_2O	1.11	1.54	1.65	1.53	0.08	0.08	0.02
H_2O^+	0.60	0.44	1.74	0.75	1.96	1.99	2.08
H_2O^-	—	—	0.16	—	—	—	0.11
Cl	3.64	3.32	3.28	1.52	—	—	—
SO_3	0.15	0.13	0.37	0.24	—	—	—
SrO	—	—	—	—	0.65	0.56	—
CO_2	0.75	0.19	0.71	0.36	0	0.10	0.28
	100.20	99.56	100.13	99.61	99.59	99.36	99.22
$-O=2Cl$	0.84	0.76	0.75	0.35			
总　和	99.36	98.80	99.38	99.29			
矿物端员分子/%							
$Ca_4Al_6Si_6O_{24}(SO_4,CO_3)$	31.07	25.86	23.20	20.36			
$Na_4(Al_3Si_9O_{24})Cl$	68.93	74.14	76.80	79.64			

九、中国福建龙岩马坑铁矿床

马坑式铁矿是我国东南部重要的接触交代-热液型铁矿床，分布于福建西南部龙岩、上杭、漳平、德化、大田一带。马坑铁矿为本区最主要的矿床。矿区地表的褐铁矿矿体约在一百年以前即已开始被开采。1957 年后，福建省物探队地面磁测发现了磁异常，经钻探验证和进一步勘探，证实为一大型隐伏铁矿床。20 世纪 70 年代后期，许多单位和本专著作者等（赵一鸣等，1980，1983b）曾对该类铁矿床进行过较详细的研究。

（一）区域地质背景

矿区所处大地构造位置为华南加里东地槽褶皱系（华夏褶皱系）永安-梅县上古生代拗陷，南岭东西向复杂构造带东端与新华夏系的复合部位。其西侧、北侧都是后加里东隆起带，东侧为中生代断陷带。

1. 区域构造和铁矿分布

本区重要铁矿床的分布受永-梅上古生代拗陷内的次一级 NE 向龙漳基底断裂凹陷带的控制。一些最主要的铁矿床如马坑、洛阳、潘田、阳山和中甲等，都分布在这一级 NE 向断凹带的东南缘。

矿床（点）分布的另一规律是往往成群产出，构成一个个诸如马坑、阳山、挂山、银顶格等矿田（矿集区）。矿田之间的分布有一定的等距性，各区之间的距离大致为 30~35 km。这种有规律的矿群等距展布，反映了 E—W 向构造带和 NE 向或 NNE 向构造的复合交汇处，在具备有利控矿地层岩性条件下，往往伴有岩浆侵位和热液矿化活动。

2. 区域地层与控矿层位

区内最老的地层是前泥盆系，包括建瓯群、板溪群和罗峰溪组，为一套厚度巨大的浅变质砂页岩建造，局部夹海相火山岩和大理岩。它们作为上古生界断陷的基底，分布于背斜构造的轴部和部分隆起地区。

上泥盆统南靖群（D_3N）—下石炭统林地组（C_1l）为一套海陆交互相砂砾岩、砂岩和粉砂岩沉积，以陆相为主，局部夹火山碎屑岩，厚度大于 2000 m。

中石炭统黄龙组（C_2h）—下二叠统栖霞组（P_1q）为一套海相碳酸盐岩建造，厚数十米到近千米，是本区最重要的控矿围岩地层。黄龙组在西南部主要为厚层白云质灰岩或白云岩，到龙岩中甲附近白云质减少、钙硅质增加，并见有粉砂岩或凝灰质砂岩，厚度也明显减薄。上石炭统船山组（C_3c）灰岩也从西南部的白云质灰岩到北东部变为较纯灰岩。下二叠统栖霞组（P_1q）灰岩岩性和厚度在各处较为稳定。

下二叠统文笔山组（P_1w）为泥岩、泥质粉砂岩夹细砂岩，岩性稳定，厚 200~300 m；二叠系加福组（P_1j）—翠屏山组（P_2c）属海陆交替相砂页岩建造，含煤，厚 320~980 m；上二叠统大隆组（P_2d）—下三叠统溪口组（T_1x）是海相泥质钙质粉砂岩、硅质岩和砂质泥岩夹厚层灰岩、大理岩透镜体，为本区第二套碳酸盐岩层位，是形成一些矽卡岩和热液型铁多金属矿床较有利的控矿层位。

印支期构造层（T_3—J_1）与下伏各时代地层不整合接触，以陆相碎屑沉积为主，局部夹有火山岩。燕山期旋回沉积建造为巨厚的陆相碎屑岩堆积，并有大规模的酸-中酸性火山岩、火山碎屑岩存在。本区铁、多金属矿床的产出，受地层和围岩岩性控制十分明显，集中赋存在两套碳酸盐岩建造，即黄龙组（C_2h）—栖霞组（P_1q）厚层灰岩与白云质灰岩，和大隆组（P_2d）—溪口组（T_1x）粉砂岩夹灰岩，而以前者为主。在其他厚层碎屑岩中，还未发现铁矿。这说明，碳酸盐岩围岩或钙质地层的存在，是矽卡岩矿床不可缺少的条件之一。

3. 侵入岩及与成矿的关系

本区岩浆岩侵入体分布很广，出露面积几乎占全区总面积的三分之一以上，岩类繁杂，从酸性的花岗岩类到基性的辉长辉绿岩类，但以前者为主，后者出露零星，规模也较小。侵入体的时代从加里东期到喜马拉雅期，但与铁矿有关的岩浆岩主要是燕山期（同位素年龄为 164~95.5 Ma）花岗岩类、花岗闪长岩和中基性辉绿闪长岩类。

本区花岗岩类与铁矿的密切关系主要表现在以下几个方面：

1）在空间上，绝大多数铁矿床都产于花岗岩类侵入体外接触带或其附近有利围岩的断裂带。远离侵入体接触带和没有侵入岩地段，至今还未发现有工业价值的铁矿。

2）岩体的产状、形态、规模及其与围岩间的接触构造形式，对铁矿的产出和富集有明显的控制作用。花岗岩呈锅底形包围有利成矿地层围岩时，一般对成矿最有利。

3）与成矿有关的岩体，大多为中浅成中小型岩株或较大花岗岩体边部的岩枝、岩舌状侵入前缘，如马坑、阳山、洛阳、潘田等大中型铁矿床都属此类，而大的花岗岩基接触带则没有什么铁矿产出。

4）花岗岩类侵入体和灰岩或灰岩-火山碎屑岩组合接触时，外接触带经常产生矽卡岩化和磁铁矿化，而内接触带则往往发生钾长石化现象，有时甚至花岗岩本身也遭到矽卡岩化和磁铁矿化。这种侵入体、矽卡岩、钾质交代岩和磁铁矿体之间的紧密的时、空、地球化学联系，说明它们之间互有成因关系。

5）根据对全区 Sn、Mo、Pb、Zn、Cu 等元素的化探数据的统计，说明绝大部分铁矿都和 Sn、Mo、Pb、Zn 的化探异常重叠。马坑矿区铁矿中 Fe 和 Sn 呈密切正相关关系，二者的相关系数为 0.89，众所周知，Sn、Mo、Pb、Zn 等元素是华南燕山期花岗岩的特征性成矿元素，它们与铁矿共生在一起，说明铁矿和花岗岩在地球化学上有密切联系。在马坑、挂山等地区，除了与铁矿关系密切的花岗岩类之外，还普遍发育了中基性辉绿闪长岩类浅成侵入体。在马坑矿区尤其发育，并具有一定规模。

（二）矿化类型

本区与燕山期花岗岩类和辉绿闪长岩类有成因联系的矿化类型主要有以下几种：钙矽卡岩型铁（钼）矿化（马坑主矿体、洛阳），锰质矽卡岩型铅锌矿化（大排、马坑和阳山的边部矿体），镁矽卡岩型铜钼矿化（铜坑），高温热液型铁矿化（马坑和潘田的部分矿体）。以上几种矿化成因类型在闽西南地区组成一个铁（钼、铜、铅、锌）矿床成矿系列。

（三）矿床地质特征

矿区位于马坑背斜北西翼，总体为一单斜构造，其中发育次一级背向斜（图5-11），主要断裂构造为 NW 向。

马坑铁矿主体为一大型似层状隐伏矿体，产于燕山期花岗岩体外接触带黄龙组、船山组厚层灰岩、白云质灰岩和林地组石英砂岩、凝灰质砂岩、粉砂岩之间的层间构造面（图5-12）。矿体相对埋藏深度为 80~600 m 不等，由北东向南西矿体埋藏由浅变深。铁矿体走向与岩层走向大体一致，为 NE—SW 向，倾向 NW，倾角为 25°~45°，在断层带附近倾角增大，矿体延长 3000 余米，沿倾斜延深 100~1200 m，厚 10 余米至 100 余米不等。在有的矿段，由于地层褶皱和层间破碎，在背斜鞍部造成虚脱，是矿液沉淀富集的有利构造部位，因而形成厚大矿体；而在向斜鞍部，造成压扭性层间裂隙，矿化强度明显减弱，矿体厚度也较小（图5-12）。除主矿体外，在上部船山灰岩和栖霞灰岩层剥离或与辉绿闪岩类的接触带，常有 1~3 个雁形排列的透镜状或囊状矽卡岩磁铁矿小矿体产出。

矿区内的岩浆岩主要有两类：一类为燕山期早期（同位素年龄 164~112 Ma）黑云母花岗岩，地表出露两个岩体，其中莒舟岩体位于矿区东侧，呈 NE 向展布，大洋岩体位于矿区西侧，作南北向延伸，马坑矿区即位于其中。这两个岩体的岩石学、矿物学和岩石化学等方面特征都非常相似，说明两个岩体深部很可能是相连的。按这两个岩体的岩性特征，钾长石有序度和格子双晶的发育程度以及黑云母成分变化，可将岩体分成两个相：即黑云母正长石花岗岩相和微斜长石花岗岩相。前者为中心相，后者为边缘相。从岩体中心到边缘，相变特征明显。黑云母正长石花岗岩相由中粗粒黑云母花岗岩和似斑状黑云母花岗岩组成，而微斜长石花岗岩相则由中细粒花岗岩、似斑状花岗岩及花岗斑岩组

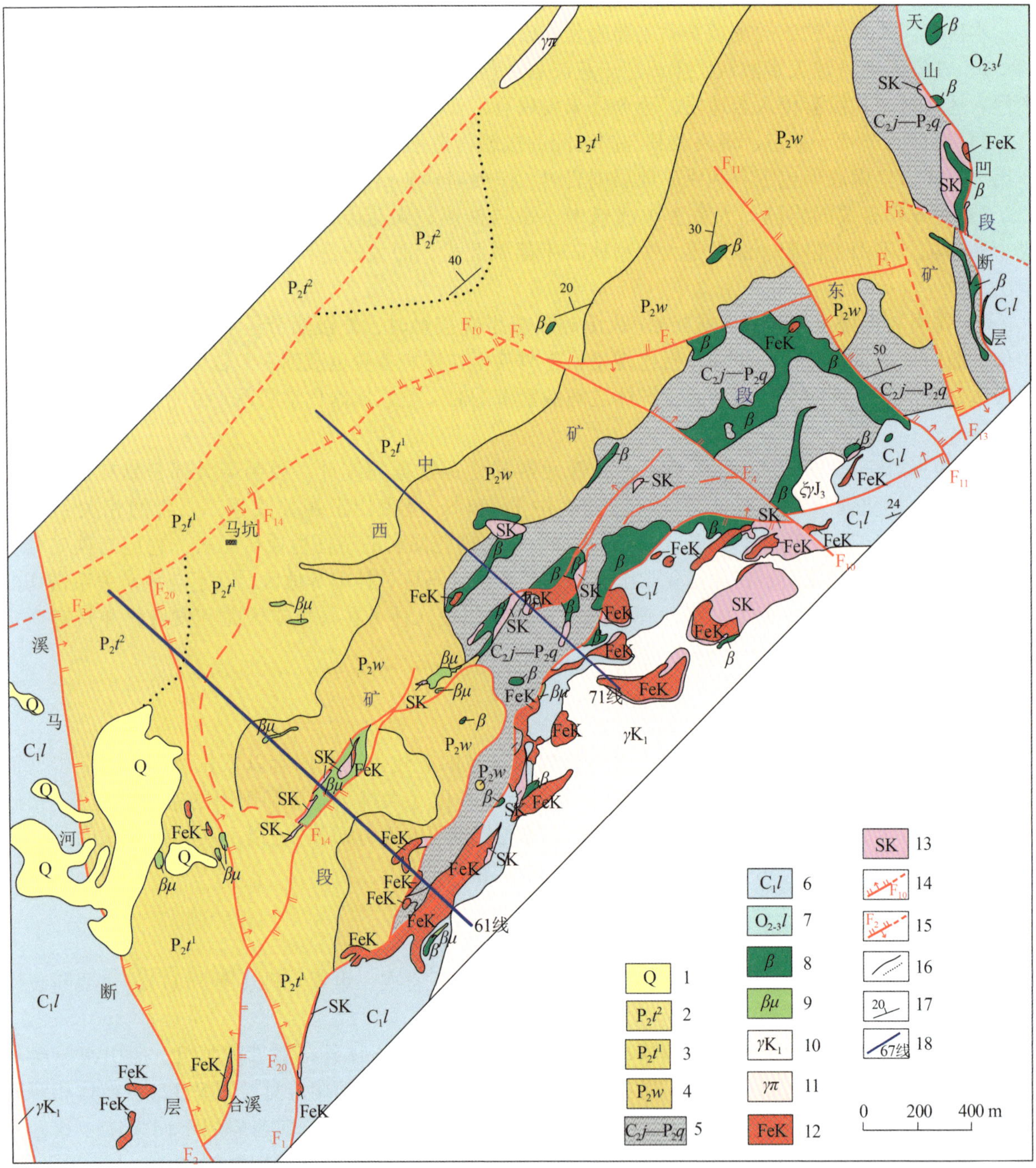

图 5-11　马坑铁矿地质略图

（据张兰生等，2022）

1—第四系；2—中二叠统童子岩组第二段粉砂岩-泥岩建造；3—中二叠统童子岩组第一段含煤碎屑岩建造；4—中二叠统文笔山组粉砂岩-泥岩建造；5—上石炭统经畲组至中二叠统栖霞组硅泥质碎屑-碳酸盐岩建造；6—下石炭统林地组石英砂砾岩建造；7—中-上奥陶统罗峰溪组砂质-泥质板岩建造；8—辉绿岩类；9—辉长辉绿岩；10—早白垩世花岗岩；11—花岗斑岩；12—褐铁矿；13—矽卡岩；14—实、推测正断层及编号；15—实、推测逆断层及编号；16—实、推测地质界线；17—岩层产状；18—剖面勘探线及编号

成。从矿物成分变化特征看，石英、碱质长石含量稍有增加，而钾长石的有序度由低变高（S_T 从 0.23~0.49→0.71~0.91）。钾钠长石中的钠长石分子含量从 20%~26%升高到 29%~32%，而钾长石中的 K/Rb 从 145~173 降到 60~116。同样，从岩体中心相到边缘相，正长石、条纹长石被微斜长石

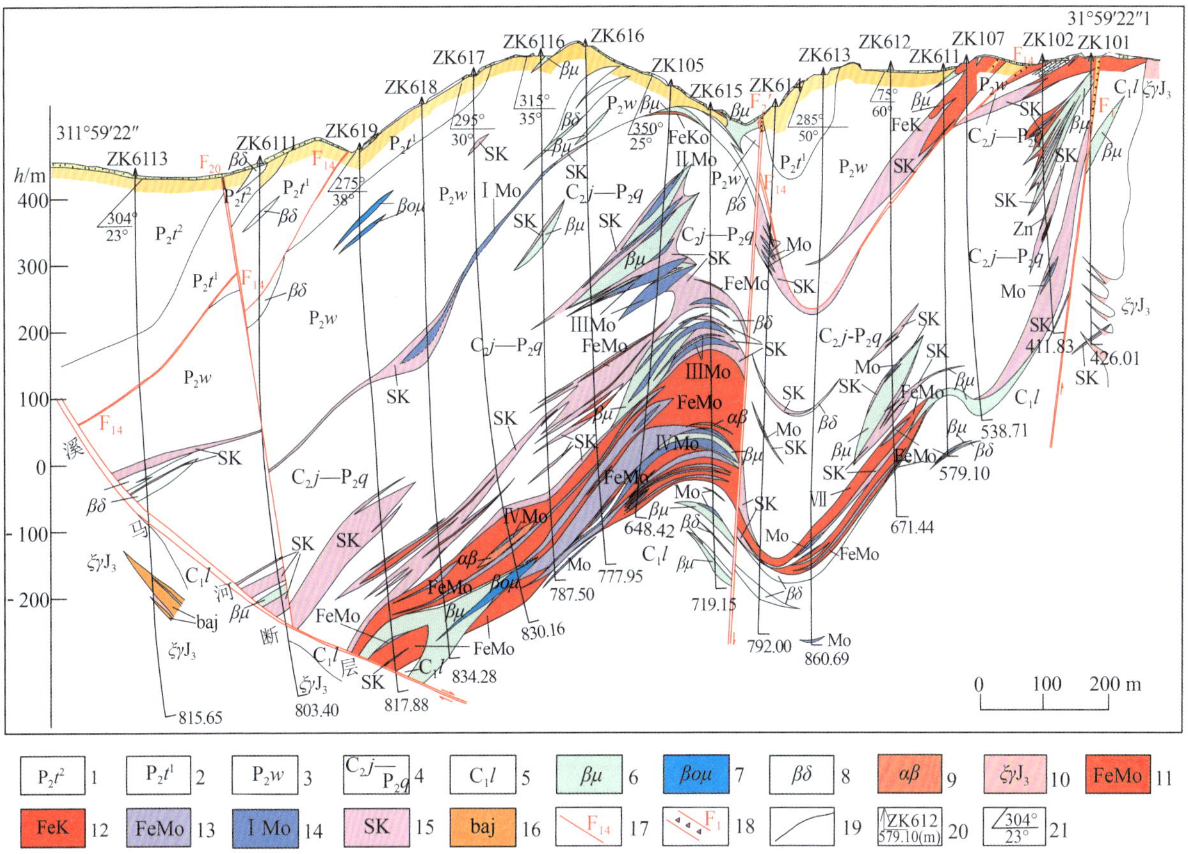

图 5-12　马坑铁矿 61 线地质剖面图

（据张兰生等，2022）

1—中二叠统童子岩组第二段粉砂岩-泥岩建造；2—中二叠统童子岩组第一段含煤碎屑岩建造；3—中二叠统文笔山组粉砂岩-泥岩建造；4—上石炭统经畲组至中二叠统栖霞组硅泥质-碳酸盐岩建造；5—下石炭统林地组石英砂砾岩建造；6—辉绿岩；7—辉绿苏长玢岩；8—辉绿闪长岩；9—安山玄武岩；10—晚侏罗世正长岩；11—磁铁矿；12—褐铁矿；13—铁钼矿；14—钼矿体及编号；15—矽卡岩；16—次玄武岩；17—实、推测断层及编号；18—断层破碎带及编号；19—实、推测地质界线；20—钻孔位置及编号；21—地层产状

取代，暗色矿物和磁铁矿逐渐消失，但黑云母的含铁性、氧化系数、含铝性均有所升高，TiO_2 含量降低，所有这些都说明岩浆演化比较彻底。另一类为辉绿闪长岩类岩石，在马坑矿区分布较广，其产出形态有岩株状，也有呈岩床和岩墙产出的。它们与铁矿在空间上经常伴生，部分是矿体的顶底板围岩，有的甚至见于矿体内部，但岩石多遭到不同程度的矽卡岩化、含氯角闪石化和褪色蚀变。根据其岩性和岩石化学特征，可进一步划分为辉长辉绿岩（或辉绿岩）、辉绿闪长岩和辉绿玢岩三种。

铁矿石最常见的构造是致密块状、斑杂状、浸染状，次为条纹（带）状、同心圆环纹状、角砾状、交代残留构造和网脉状构造等。上述矿石构造大多是交代成因的，例如钙铁榴石矽卡岩经过构造压碎后被磁铁矿交代形成角砾状构造，当交代强烈时，矽卡岩在磁铁矿石中呈交代残留体出现；当围岩为石英岩时，被磁铁矿交代后保留硅质岩交代残留体；还有一种较特殊的皱纹状或同心环纹状构造，主要由石榴子石、透辉石或符山石、萤石和磁铁矿分别组成韵律性相间的条纹或环纹。这类铁矿石构造和香花岭锡（铍）矿、个旧锡矿和澳大利亚塔斯马尼亚锡矿等矽卡岩型矿床中的皱纹状萤石-矽卡岩-磁铁矿的构造是十分相似的，一般认为是属交代作用的产物，其形成机理和“李塞根环”的形成很相似。铁矿石的交代结构也十分发育，磁铁矿交代辉石、石榴子石、符山石、钾长石和石英，形成交代残留结构、似海绵陨铁结构和矿物假象等。

原生矿石中金属矿物主要为磁铁矿，次为假象赤铁矿、黄铁矿、辉钼矿和闪锌矿，还有少量方铅矿、黄铜矿、白钨矿等。非金属矿物以透辉石、石榴子石和石英为主，常含一定数量萤石，次为方解石、含氟透闪石、金云母和含氯角闪石，局部有符山石、粒硅镁石、钾长石、绢云母和黑柱石等。

主要矿石类型为透辉石-磁铁矿矿石、石榴子石-透辉石磁铁矿矿石、石榴子石-磁铁矿矿石和石英-磁铁矿矿石，次为含氯角闪石-磁铁矿矿石、石英-阳起石透闪石-磁铁矿矿石、含氟透闪石-磁铁矿矿石、辉钼矿-磁铁矿矿石，局部还有少量粒（斜）硅镁石-磁铁矿矿石、金云母-磁铁矿矿石、钾长石-磁铁矿矿石、萤石-符山石-磁铁矿矿石、滑石-磁铁矿矿石和黑柱石-磁铁矿矿石等。铁矿石类型的多样性，主要取决于被交代围岩的岩性，交代灰岩或凝灰质砂岩者，形成石榴子石磁铁矿；交代白云质灰岩者，形成透辉石磁铁矿或石榴子石透辉石磁铁矿；交代辉绿闪长岩者，形成石榴子石-符山石磁铁矿，或进一步改造成为含氯角闪石磁铁矿；而交代石英（砂）岩时，则形成石英磁铁矿。

矿石含铁品位中等，平均含 TFe 38.13%左右，部分属富矿，矿石含铁品位的高低与矽卡岩矿物的含量呈反消长关系。绝大部分矿石中 S、P 含量都很低。伴生的有益元素主要是 Mo，呈辉钼矿形式赋存于磁铁矿体和上下盘蚀变围岩中。此外，在铁矿体边缘锰质矽卡岩中 Pb、Zn 含量有时也可达到工业品位。根据对 21 个磁铁矿样品钪（Sc）含量的分析，其含量偏高，平均达 $11\times10^{-6}\sim35\times10^{-6}$，这和近矿侵入岩的 Sc 含量较高特点具有地球化学共性，例如矿区内花岗岩的 Sc 含量为 $48\times10^{-6}\sim78\times10^{-6}$，辉绿岩平均含 Sc 达 47×10^{-6}。

（四）矽卡岩和有关交代岩的类型、矿物组合及成分

马坑矿区的矽卡岩较发育，主要分布于矿体内、矿体上盘及矿体尖灭部分。在文笔山组变质泥质和下部灰岩接触面也常有矽卡岩产出。按矽卡岩生成方式，可分为双交代矽卡岩和渗滤交代矽卡岩，而以后者为主，按矿物成分本区矽卡岩主要属钙矽卡岩，其次为钙锰质矽卡岩，局部有少量镁矽卡岩。

1. 钙矽卡岩

钙矽卡岩的类型较多，主要有石榴子石矽卡岩、辉石-石榴子石矽卡岩、辉石矽卡岩，常伴有不同强度的磁铁矿化，其次有符山石矽卡岩、石榴子石（透辉石）-符山石矽卡岩、硅灰石矽卡岩。

石榴子石是分布最广、最常见的矽卡岩矿物，既可以组成单矿物矽卡岩，也可以和辉石、符山石、绿帘石等矽卡岩矿物以及磁铁矿、金属硫化物等一起产出。在磁铁矿体中石榴子石是最重要的脉石矿物之一，明显分两个世代：早期石榴子石形成于磁铁矿化之前，晚期石榴子石呈脉状切穿石榴子石-磁铁矿矿石。根据大量化学分析和折光率测定结果，石榴子石属钙铝-钙铁榴石系列，以钙铁榴石为主（$Ad_{49.6\sim95.2}$）。较纯的钙铝榴石（$Ad_{2\sim7}$）只在某些内矽卡岩中才能见到。石榴子石中的锰铝榴石、铁铝榴石和镁铝榴石分子都不高（赵一鸣等，1983b）。

单斜辉石也是马坑矿区分布最广的矽卡岩矿物之一，属于透辉石-钙铁辉石-锰钙辉石系列。在钙矽卡岩中单斜辉石主要包括透辉石和钙铁辉石（$Di_{12.5\sim94}$）（$Hd_{4\sim75}Jo_{2\sim12.5}$）。它们形成单矿物辉石矽卡岩或/和石榴子石、符山石、斜长石等矿物共生。外带的透辉石矽卡岩和石榴子石-透辉石矽卡岩常伴有大量磁铁矿化。钙铁辉石的生成时间比透辉石稍晚，大致和磁铁矿化生成的时间相当。在薄片中，当见到磁铁矿强烈交代透辉石矽卡岩时，常有一定数量的钙铁辉石出现，交代早期形成透辉石。透辉石在单偏光下无色透明，而钙铁辉石则为浅绿色，并稍具多色性。

符山石是马坑矿区内矽卡岩带的标志矿物，是交代辉绿闪长岩类的产物，其共生矿物通常是钙铝榴石和透辉石。符山石常呈浅棕色放射状或短柱状集合体，长 0.1~3 cm 不等。符山石的化学成分特点是富含挥发分 F 和 Cl（F=1.87%~2.3%，Cl=0.33%~0.52%）。

2. 锰质矽卡岩

这类矽卡岩在闽西南地区的矽卡岩铁-多金属矿床和矽卡岩铅锌矿床中分布较广。在马坑矿区，一般见于主矿体上部文笔山组变质泥岩和灰岩的接触面和主矿体边缘尖灭部分，也常沿灰岩构造裂隙呈交代脉产出。组成矿物有锰钙铁辉石、钙蔷薇辉石、锰三斜辉石、锰黑柱石、锰硅灰石和锰阳起石等，伴有闪锌矿化、黄铁矿化和方铅矿化，分别组成锰钙铁辉石矽卡岩、黑柱石-锰钙铁辉

石矽卡岩、钙蔷薇辉石矽卡岩、黑柱石-钙蔷薇辉石矽卡岩、锰三斜辉石矽卡岩和锰硅灰石矽卡岩等。

3. 镁矽卡岩

镁矽卡岩在马坑矿区分布有局限性，其形成主要与碳酸盐岩地层中的某些白云质灰岩（MgO 平均含量达 10.87%）透镜体有关，组成矿物主要有透辉石、金云母、粒硅镁石、斜硅镁石，偶尔还可见到少量尖晶石和镁橄榄石。镁矽卡岩经常和磁铁矿紧密伴生，常叠加晚期的透闪石化、蛇纹石化和滑石化等镁质热液交代矿物。

4. 辉绿闪长岩中的褪色交代岩

在马坑矿区，侵入到灰岩中的辉绿闪长岩类除遭到钙矽卡岩化外，还广泛发育褪色蚀变带。这些褪色交代岩或分布于透辉石（石榴子石）-符山石渗滤交代脉的两侧，成为矽卡岩对称交代分带的一个组成部分，或单独地沿辉绿闪长岩的节理裂隙交代，形成复杂的网脉。褪色辉绿闪长岩外表灰白色，仍保留原岩的辉绿结构，但矿物成分却已发生了显著的变化。角闪石几乎全部被透辉石交代，斜长石由原岩的拉长石（$An_{50\sim55}$）变为钙长石（$An_{90\sim95}$），即岩石已变为透辉石-钙长石交代岩。和新鲜辉绿闪长岩的化学成分进行对比表明，在辉绿闪长岩类褪色交代过程中，带入了大量 CaO，带出不少铁质和 Na_2O，其实质是一种钙质交代去铁作用。因此，辉绿闪长岩类的褪色交代现象是一种重要的找矿标志，在透辉石-钙长石交代岩带中常伴有辉钼矿化。

5. 热液交代岩

除了矽卡岩和透辉石-钙长石交代岩外，在马坑矿区的近矿围岩中，还常见各类热液交代现象，其中比较重要的有含氯角闪石化、钾长石化、萤石化、绢云母化和硅化等，组成各种热液交代岩。含氯角闪石交代岩主要发育于内带钙矽卡岩和近矿辉绿闪长岩类中，常和磁铁矿、萤石和石英等共生，是高温热液阶段的交代产物；钾长石化、绢云母化主要见于近矿花岗岩、辉绿闪长岩和主矿体底板的凝灰质砂岩中；而萤石化和硅化既见于内接触带铝硅酸盐岩中，也在矿体上部的大理岩内沿裂隙构造产出。

（五）成岩成矿阶段

对马坑矿区矽卡岩、矿石和有关交代岩的矿物共生组合、生成次序和流体包裹体研究结果，划分出 3 个成岩成矿阶段。

1）矽卡岩矿化阶段：这是本区最重要的成矿阶段。按矽卡岩和矿化类型的不同，主要分两个交代建造，即钙矽卡岩磁铁矿建造和锰质矽卡岩多金属硫化物建造。钙矽卡岩磁铁矿建造的形成温度为 340~700℃，磁铁矿的形成温度稍低，一般不超过 400℃。这和矿物生成顺序一致，因为无论在手标本或薄片中磁铁矿交代辉石和石榴子石的现象十分普遍。在矽卡岩矿物中，发现了不少富含石盐和钾盐子晶的多相包裹体，含盐度高达 33%~51%。锰质矽卡岩多金属硫化物建造的形成温度为 250~455℃，同样，其中的金属硫化物（主要是黄铁矿、铁闪锌矿和方铅矿）的形成温度也相对较低（250~340℃）。

2）含水硅酸盐和石英磁铁矿化阶段：相当于高（中）温热液阶段（200~400℃）。特征性矿物有含氯角闪石、阳起质透闪石、含氟透闪石、绿帘石、萤石和大量石英等，常交代早期形成的矽卡岩，并伴有磁铁矿的大量沉淀。富含挥发组分交代矿物的存在，说明氟、氯、氢的交代作用十分显著，属于酸性淋滤阶段的产物，该阶段热流体的盐度降低至 33%以下。

3）石英（碳酸盐）硫化物阶段：（160~350℃）：主要形成石英-辉钼矿细脉和石英-方解石-黄铁矿细脉等，一般叠加在磁铁矿体和矿体上下盘矽卡岩、蚀变辉绿闪长岩和有关交代岩之上。包裹体类型属于气-液型和液体型，含盐度低于 23%。

王登红等（2010）测得马坑矿区含钼矽卡岩铁矿石的石榴子石 Sm-Nd 等时线年龄为 161.2±4.9 Ma，而辉钼矿 Re-Os 等时线年龄则为 130.5±0.9 Ma，这说明成矿的时代应为燕山期。关于马坑铁矿的成因，还有另一种观点，韩发等（1983）认为这是一个海相火山热液沉积型矿床。

十、中国广东连平大顶铁（锡）矿床

大顶铁矿床位于广东省连平县，是一个典型的镁矽卡岩型铁（锡）矿床，铁矿储量约 1.113×10^{8} t，品位 TFe 为 44.99%，伴生的锡矿为中型，Sn 品位介于 0.122%~0.189%之间。

大顶铁（锡）矿床出露上三叠统碎屑岩、碳酸盐岩地层，岩性主要由石英砂岩、石英粉砂岩、泥质岩和白云岩组成，矿区及附近出露厚度约 1600 m。根据所含化石及岩性的不同，可分为三个岩性段：即大往段、蕉园段和大顶段。大往段是一套海退期沉积物，厚约 250 m，主要由黏土岩、页岩夹中细粒石英砂岩组成。蕉园段是一套海侵期沉积物，厚约 850 m，主要为黏土岩夹石英砂岩。大顶段是一套海进期沉积物，厚约 500 m，其底部为细粒石英砂岩与泥质砂岩互层，夹有薄层黏土岩；中部由厚层石英砂岩夹薄层石英粉砂岩、粉砂质黏土岩组成；上部主要为石英粉砂质黏土岩与石英粉砂岩互层，局部地段夹较厚的白云岩、钙质白云岩、白云质灰岩、灰岩及泥灰岩。这些镁质碳酸盐岩夹层，大多数已被镁矽卡岩所交代。据镁矽卡岩的规模估算，厚度可达 100 多米，长约千米。镁质碳酸盐岩的 MgO 含量最高可达 20.81%，主要属于白云岩。

总体上看，矿区构造为一穹窿构造，该穹窿构造的主轴走向 NW310°，向南东东倾没。在此穹窿构造的背景上，发育若干次级序次褶皱。这些褶曲归结起来，分为 NE 向和 NW 向两组。在所有这些褶曲中，向斜相对开阔一些，背斜相对紧闭一点。在大顶矿区，对铁矿体起控制作用的构造因素，主要是石背花岗岩与上三叠统碳酸盐岩的接触带，接触带对矿液有相对的封闭作用（图 5-13）。

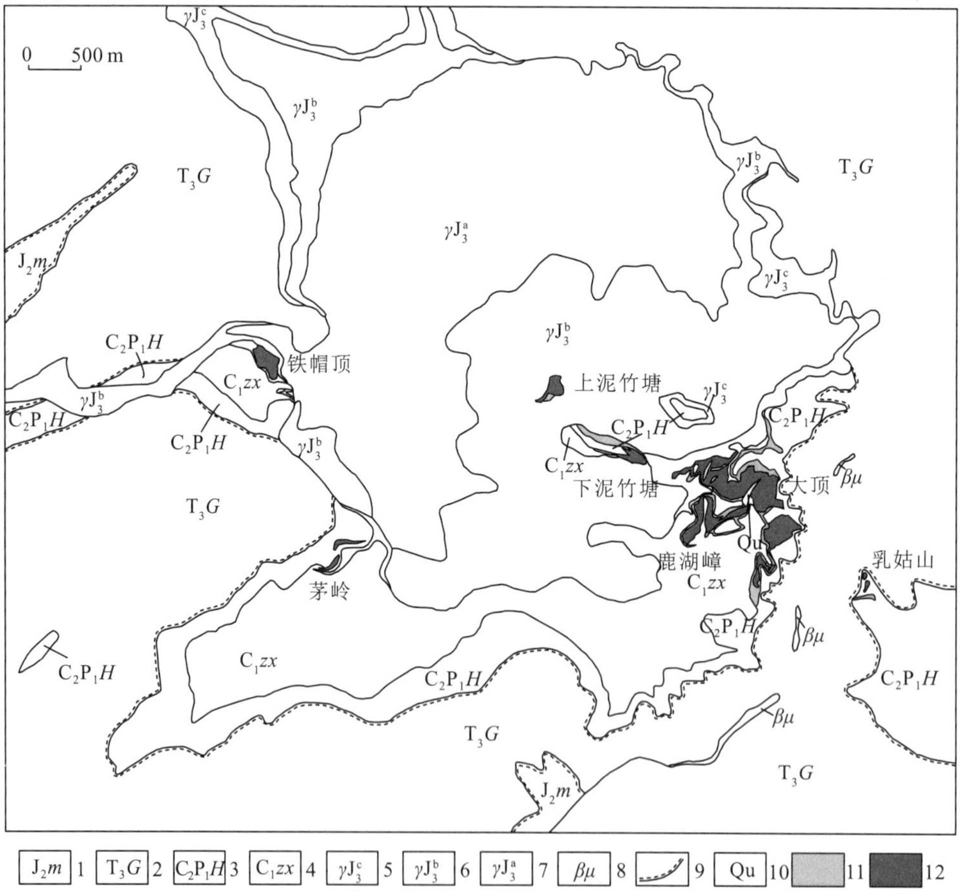

图 5-13　中国连平大顶铁（锡）矿床地质图

（据冶金工业部广东冶金地质局九三二队，1988，有修改）

1—中侏罗统麻笼组；2—上三叠统艮口群；3—上石炭统—下二叠统壶天群；4—下石炭统忠信组；5—晚侏罗世细粒斑状花岗岩；6—晚侏罗世中粒斑状花岗岩；7—晚侏罗世粗粒斑状花岗岩；8—辉绿岩；9—不整合界线；10—梳状石英脉；11—矽卡岩；12—磁铁矿体

矿区的侵入岩主要是石背花岗岩，该岩体出露面积 20 多平方千米，呈岩株状。四周的岩层全是上三叠统白云岩、页岩和粉砂岩。岩层的层面一般从岩体向外倾，形成穹窿状构造，岩体处在穹窿构造正中。石背岩体属花岗岩类，主要造岩矿物为斜长石、钾长石、石英、黑云母，副矿物有锆石、磷灰石、金红石、钛铁矿、磁铁矿等。根据造岩矿物粒度的差异，可分为粗粒斑状黑云母花岗岩、中粒斑状黑云母花岗岩和细粒斑状黑云母花岗岩。与此相应划分为中心相、过渡相、边缘相。关于岩体形成的时代，有关样品的同位素年龄为 269 Ma 和 201 Ma，大致相当于印支期。大顶铁矿与石背花岗岩关系非常密切，矿体不能脱离花岗岩体而存在，两者总是保持若即若离的关系。岩体的岩石化学组成为 SiO_2 71.56%~75.80%，TiO_2 0.08%~0.26%，Al_2O_3 11.85%~13.05%，Fe_2O_3 0.50%~2.43%，FeO 1.26%~2.85%，MnO 0.04%~0.15%，MgO 0.08%~0.62%，CaO 1.13%~2.88%，Na_2O 4.33%~5.07%，K_2O 4.36%~4.89%，H_2O 0.08%~1.41%。

在剖面上，矿体呈一个大的平卧透镜体（图 5-14）。

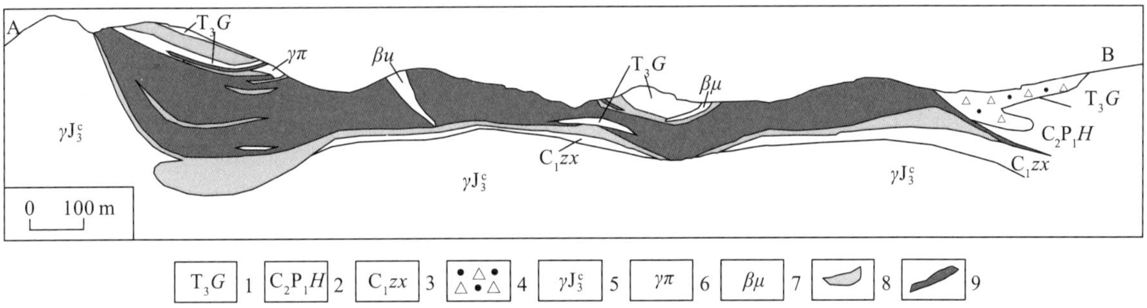

图 5-14　大顶铁矿地质剖面图

（据冶金工业部广东冶金地质局九三二队，1988，有修改）

1—上三叠统艮口群；2—上石炭统—下二叠统壶天群；3—下石炭统忠信组；4—山麓堆积层；5—晚侏罗世细粒斑状花岗岩；6—花岗斑岩；7—辉绿岩；8—梳状石英脉；9—磁铁矿体

铁（锡）矿石的类型相当复杂，在构造上，大多为致密块状，其次为星散状、网脉状、似角砾状、不规则斑杂状、条纹状等。从矿物组合上看，占优势的有硅镁石磁铁矿矿石、蛇纹石磁铁矿矿石、辉石磁铁矿矿石，其次是硼镁铁矿磁铁矿矿石、钙镁橄榄石磁铁矿矿石、碳硼硅钙镁石磁铁矿矿石、硼镁石磁铁矿矿石、硼镁石硼镁铁矿磁铁矿矿石、方解石磁铁矿矿石等。矿石的这些构造类型既表达铁矿对矽卡岩的交代程度对矿化的控制，又反映着细微裂隙与矿石沉淀的空间关系。矿石上述矿物组合类型不仅指明矽卡岩岩性对矿化的控制，而且还意味着磁铁矿沉淀时物理化学条件的多样性。

铁（锡）矿石的主要矿石矿物是磁铁矿，次为锡石、硼钙锡矿、硼镁铁矿、硼镁石、假象赤铁矿，此外，还有闪锌矿、毒砂、黄铁矿、黄铜矿、磁黄铁矿、辉钼矿、白钨矿、针铁矿、硬锰矿、软锰矿等。与之相伴的脉石矿物主要为硅镁石类、蛇纹石类、辉石类、钙镁橄榄石、钙硼硅钙镁石、水镁石、金云母、方解石等。

大顶矿区花岗岩和白云岩接触带的交代岩主要有镁矽卡岩和氟硼质交代岩，以及由镁矽卡岩改造而成的钙矽卡岩。镁矽卡岩的主要矿物有镁橄榄石、镁尖晶石、深绿辉石、粒硅镁石、硅镁石、斜硅镁石、金云母、透闪石、韭闪石、叶蛇纹石、纤维蛇纹石、胶蛇纹石、水镁石、氟镁石、方镁石和滑石等；氟硼质交代岩的矿物主要有小滕石、遂安石、硼镁铁矿、硼镁石、氟硼镁石、电气石、斧石、硅硼钙石、硼钙锡矿等；钙矽卡岩的矿物组成主要有硅灰石、钙镁橄榄石、符山石、石榴子石、绿帘石、斜黝帘石、阳起石、硬硅钙石、鱼眼石等。

第六章 矽卡岩铜矿床

矽卡岩铜矿床是世界铜矿尤其是富铜矿的重要类型之一。矿石多以较高品位的富矿为特征，常与Fe、Mo、Au、Pb、Zn、W、Sn等金属相伴产出，组成铜、铜铁（或铁铜）、铜钼、铜金、铜铅锌、铜锡（或锡铜）等多种矿化组合。矽卡岩铜矿床可分为单一成因的矽卡岩铜多金属矿床和斑岩-矽卡岩复合型铜多金属矿床两类，后一类矿床铜储量规模往往较大，但铜的平均品位相对较低。

矽卡岩铜矿床主要分布于美国、墨西哥西海岸、秘鲁和智利北部、中国长江中下游、特提斯成矿带等地（见图1-1）。大地构造背景是大陆边缘褶皱带、断裂-褶皱带和大陆内部碰撞-褶皱带。成矿岩体包括辉石闪长岩-花岗岩的各类岩石，而以中性特别是中酸性侵入岩关系最为密切，包括石英闪长岩、石英二长闪长岩、花岗闪长岩及其浅成岩相。在岩石化学上它们大多数属于硅酸弱过饱和、贫铁镁组分、富含碱质的钙碱性系列和次碱性系列的岩石。矿化多与浅成-超浅成岩相相伴随，有时伴有侵入、爆发角砾岩。成矿时代主要为中生代和新生代，这两个时代的矽卡岩铜矿床占全世界矽卡岩铜矿床的83%左右。

矽卡岩铜矿床广泛发育有钙矽卡岩及镁矽卡岩交代建造，前者更为普遍，镁矽卡岩主要产于中酸性岩浆岩与白云岩的接触带，形成镁矽卡岩型铜矿床或铜铁矿床。

交代分带是矽卡岩铜矿床的重要特征，不同的矿化组合常与一定矽卡岩带相依并存，促成Cu、Fe、Mo等金属在空间上的分异富集。在偏酸性的成矿母岩中，高温碱质交代阶段以钾化为主，并常伴有硅钾质中低温热液蚀变叠加，如钾长石化、黑云母化、绢云母-水白云母化、高岭石化、蒙脱石化、硅化。在钙矽卡岩中常发育透闪-阳起石化、绿帘石化、绿泥石化、碳酸盐化。矽卡岩化及岩浆期后热液蚀变的强度和广度是矽卡岩铜矿床重要找矿标志。

在酸性浅成相侵入岩中，矽卡岩化常与斑岩型矿化相伴随，各类蚀变矿化在空间上的有机结合，在时间上依序发展，形成以岩体为中心的斑岩型和以接触带为中心的矽卡岩型矿化，这两者构成了与浅成中酸性岩浆活动有关的斑岩-矽卡岩型矿床成矿系列（表6-1）。

一、加拿大 MacTung 铜矿床

（一）地理位置及概况

MacTung矿床是加拿大科迪勒拉山系东北部最大的、经济价值最高的矽卡岩矿床。其特征矿石元素组合为W（-Cu-Au-Bi），已公开的矿石储量为3000×10^4 t，WO_3品位为0.9%（Harris，1977），形成时代为中-晚白垩世（Dick and Hodgson，1982）。MacTung矿床地处加拿大西北部Yukon州和西北地区（Northwest Territories）交界处，距离Yukon州首府约385 km，地理坐标为63°17′N、130°10′W，最高点位于矿床北部，海拔2220 m。整个矿床坐落在NW—SE向展布的新元古代—石炭纪沉积盆地（Selwyn盆地）中，矿化区位于盆地东部边缘附近。盆地东北部主要为碳酸盐岩相，西部主要为泥质岩相。矿化作用产生于蚀变碳酸盐岩和泥页岩互层中，在角砾岩化和矽卡岩化后，经历了低级-高级区域变质作用。

（二）矿区地质特征

1. 矿区地层

MacTung矿床地层序列包括不同的变质泥岩以及其间层状的碳酸盐岩单元组成，形成时代为晚前

表 6-1　世界主要矽卡岩铜矿床一览表

序号	矿床名称	地理位置	矿床简要地质特征	储量和品位	成矿时代	参考文献
56	加拿大泰特莱纳（Madeleine）铜（银）矿床	魁北克省东部 W66°、N49°	矿体呈扁豆状产于角页岩中，主矿体长 160 m，最宽 60 m，延深 300 多米；矿石为浸染状硫化矿	Cu 64×10^4 t，1.3%；Ag 10 g/t	中泥盆世	杜汉忠等，1987
57	加拿大格斯贝（Gaspe）铜钼矿床	魁北克省东南部 W66°、N49°	矿床为斑岩-矽卡岩型。矿体产于石英二长岩和泥盆纪大理岩接触带。围岩蚀变有矽卡岩（透辉石、石榴子石）化和绢英岩化等；金属矿物有磁黄铁矿、黄铜矿、黄铁矿和辉钼矿等	斑岩型 Cu 110×10^4 t，0.4%；矽卡岩型 Cu 83.78×10^4 t，1.35%；Mo 0.03%	晚泥盆世（358±18 Ma）	Aiicock，1982
58	加拿大白马（White Horse）铜（金、银）矿床	西北地区 W135°、N60°30′	矿体产于白垩纪花岗岩与三叠纪灰岩的接触带，由数十个小矿体组成。围岩蚀变有绿帘石化、蛇纹石化和磁铁矿化	Cu 16.65×10^4 t，1.47%	白垩纪	Tenney，1981
59	美国 Twin Buttes 铜矿床	亚利桑那州 Tucson 南 42 km	矿体产于花岗岩、石英二长岩和中生代灰岩、大理岩、石英岩接触带矽卡岩中。金属矿物有黄铜矿、黄铁矿、磁铁矿、闪锌矿、斑铜矿、方铅矿、自然铜、菱锌矿等	Cu 4 Mt，0.8%；Mo 10×10^4 t，0.03%		Cordon，1922
60	美国叶灵顿（Yerington）铜矿床	内华达州西部 W118°30′、N37°30′	含铜矽卡岩矿体产于花岗闪长岩附近的晚三叠世灰岩、凝灰岩接触带，呈透镜状；矽卡岩矿物由石榴子石、辉石、硅灰石、透闪石、阳起石组成。金属矿物有黄铜矿、磁铁矿、黄铁矿、闪锌矿、方铅矿等	Cu 0.24%~2.25%	侏罗纪	Einaudi，1981
61	美国圣诞节（Christmas）铜矿床	亚利桑那州东南部 W111°、N34°	矿体呈板状产于安山岩与灰岩、白云岩的外接触带；主矿体厚达 100~150 m；属于斑岩-矽卡岩复合型镁矽卡岩矿床；镁矽卡岩矿物有镁橄榄石、透辉石、透闪石、蛇纹石、磁铁矿；钙矽卡岩由石榴子石、硅灰岩、透辉石组成；金属矿物有磁铁矿、黄铁矿、磁黄铁矿、黄铜矿、斑铜矿、闪锌矿、方黄铜矿、墨铜矿、方铅矿等	Cu 1%	新生代（62 Ma）	Perry，1969
62	美国爱丽（Ely）铜矿床	内华达州	属于斑岩-矽卡岩型。矿体产于白垩纪石英二长斑岩和晚石炭世灰岩、页岩的接触带蚀变斑岩和矽卡岩中。矽卡岩矿物有透辉石、钙铁榴石、硅灰石、阳起石、金云母、绿帘石、皂石、透闪石等；金属矿物有黄铁矿、黄铜矿、磁铁矿、磁黄铁矿等	Cu 0.8%	早白垩世（115~107.8 Ma）	James，1976

续表

序号	矿床名称	地理位置	矿床简要地质特征	储量和品位	成矿时代	参考文献
63	美国 Empire 铜锌矿床	蒙达荷州	矿体产于花岗斑岩和灰岩接触带；内矽卡岩比外矽卡岩发育，岩体遭绢云母化、硅化、方柱石化、硅灰石化、石榴子石化、辉石化及萤石化			Chang et al. , 2002
64	美国宾汉姆（Bingham）铜金钼（银铅锌）矿床	盐湖域以南优地州	矿体产于二长岩（39~37 Ma）和 Oqurrh 组火山岩接触带，为斑岩-矽卡岩型；火山岩组成为正长岩-云煌岩、橄榄粗安岩和沉积岩；金属矿物较复杂，有黄铁矿、磁黄铁矿、黄铜矿、闪锌矿、方铅矿、辉钼矿、自然金等；矽卡岩矿物有镁橄榄石、金云母、角闪石	(Pb+Zn) 660×10^4 t, 5. 6%；Cu 2254×10^4 t；Au 110 t；Mo 40.6×10^4 t	新生代	Atkinson, 1978
65	美国 Mason Valley 铜矿床	内华达州 Yerington 地区	含铜矽卡岩矿体呈透镜状产于侏罗纪花岗闪长岩、石英二长岩和晚三叠世灰岩、凝灰岩接触带；矽卡岩矿物主要有石榴子石、透辉石、透闪石等		中生代	
66	海地 Meme 铜（金）矿床	W72°30′、N19°30′	石英闪长岩岩株与古生代安山岩、灰岩呈侵入接触，岩株中有大理岩捕虏体，后者被多交代成为矽卡岩矿体：含矿矽卡岩宽一般 5~7 m；矽卡岩由透辉石、石榴子石组成；金属矿物有磁铁矿、黄铁矿、黄铜矿、斑铜矿、辉铜矿、蓝辉铜矿、自然金等	中型 Cu 2. 3%	晚白垩世	杜汉忠等，1987 Kesler, 1968 Evans, 1980
67	墨西哥 Cananea 铜锌矿床	W110°、N30°30′	矿体呈透镜状产于石英二长斑岩外接触带的古生代灰岩构造破碎带中。矽卡岩矿物有钙铝榴石、透辉石、钙铁榴石、阳起石、透闪石；金属矿物由黄铜矿、闪锌矿、方铅矿、黄铜矿、磁黄铁矿、斑铜矿等组成	Cu 21×10^4 t, 0. 6%； Zn 42×10^4 t, 4. 7%		Meinert, 1980
68	墨西哥 San Martin 铜铅锌银矿床	位于 Zacatecas 西部 W104°、N24°	矿体产于始新世石英二长花岗岩和白垩纪灰岩的外接触带，呈北东走向，长 450 m，宽 1. 5 m。富铜矿石主要由黄铜矿、斑铜矿组成，少量毒砂、闪锌矿、方铅矿；矽卡岩矿物由石榴子石和辉石组成，少量硅灰石、阳起石、绿帘石、符山石、萤石等	Cu 20×10^4 t, 1. 0%； Zn 100×10^4 t, 5%； Pb 10×10^4 t, 0. 5%； Ag 300 t, 150 g/t	晚白垩世 (44. 0~43. 7 Ma)	杜汉忠等，1987 Camprubí et al. , 2015
69	秘鲁安塔米纳（Antamina）铜锌矿床	位于秘鲁北部 W77°、N58°	矿体产于石英二长岩体和中白垩世灰岩接触带。矿化为浸染状硫化物，包括黄铜矿、黄铁矿、闪锌矿、方铅矿、黝铜矿等；矽卡岩矿物有石榴子石、透辉石、阳起石、透闪石和绿帘石。为一超大型铜多金属矿床	Cu 693×10^4 t, 1. 24%； Zn 567×10^4 t, 1. 03%； Mo 16×10^4 t, 0. 029%； Ag 7660 t, 14 g/t	新生代 (10. 18~9. 86 Ma)	Love et al. , 2004

续表

序号	矿床名称	地理位置	矿床简要地质特征	储量和品位	成矿时代	参考文献
70	秘鲁玛西斯特拉耳（Macisdral）铜矿床	W77°47′、N8°16′	矿区海拔高达4250 m。矿体产于石英二长岩株和灰岩的接触带石榴子石矽卡岩中；含矿矽卡岩带宽50~150 m；金属矿物以黄铜矿和磁黄铁矿为主，次有黄铁矿、辉钼矿、闪锌矿、方铅矿、毒砂、自然砷、黝铜矿、脆硫锑铅矿			国外富铜富铁地质资料（专辑），1965
71	秘鲁莫洛克哈（Morococha）铜铁钼矿床	W76°11′、S11°35′ 海拔4500~5000 m	矿体产于闪长岩、花岗闪长岩和侏罗纪白云质灰岩、钙质砂页岩接触带。矽卡岩由透辉石、石榴子石、透闪石、蛇纹石组成；金属矿物有磁铁矿、黄铁矿、磁黄铁矿、黄铜矿、闪锌矿和辉钼矿等		新生代	Mining Engineering，1958
72	秘鲁费鲁巴姆巴（Firupampa）铜矿床	W72°22′、S14°4′	矿体产于闪长岩、二长岩、花岗闪长岩与白垩纪灰岩的接触带；矽卡岩由石榴子石、透辉石和硅灰石组成；金属矿物有磁铁矿、黄铜矿、磁黄铁矿和斑铜矿等			Mining Engineering，1958
73	秘鲁中央矿山（Centromine）铜铅锌（金、银）矿床	利马东北 奥罗亚附近	为矽卡岩铜矿伴生金；中酸性岩浆岩侵入到灰岩、页岩中，形成矽卡岩铜多金属矿床；矿石金属矿物有黄铜矿、磁黄铁矿、毒砂、辉钼矿、自然金等	Au 0.4 g/t（大型）； Pb 4.8%；Zn 5%	中生代	杜汉忠等，1987
74	智利帕诺西劳（Panuicillo）铜矿床	Coquimbo 地区 S30°29′、W70°13′	矿体产于花岗岩闪长岩、闪长岩与早白垩世火山沉积岩（灰岩、砂岩、安山质熔岩、流纹质凝灰岩）接触带矽卡岩中；矽卡岩矿物有钙铝榴石、金云母、透辉石、韭闪石、绿脆云母、斧石等；金属矿物由黄铜矿、磁黄铁矿、磁铁矿、闪锌矿、黄铁矿组成，少量方铅矿、白铁矿、铜蓝等			Sugaki et al.，2000
75	印尼伊尔斯贝尔格（Erstberg）铜金矿	位于伊里安岛（巴布来新几内亚以西） E137°、S70°	矿体产于中-酸性侵入岩（粗面安岩）和晚白垩世—古近纪—新近纪白云石大理岩接触带，呈透镜状；以镁矽卡岩为主，矿物包括透辉石、镁橄榄石、金云母、钙镁橄榄石、金云母、绿脆云母、透闪石-阳起石、滑石等；金属矿物有黄铜矿、斑铜矿、闪锌矿、方铅矿、黄铁矿、白铁矿、辉钼矿、磁铁矿、辉铜矿、蓝辉铜矿、方黄铜矿、黄锡矿、自然金、银金矿、自然铋等。属斑岩-矽卡岩型超大型铜金矿床	Cu 4550×10^4 t， 2.3%； Au 2178 t， 0.8~1.2 g/t	新生代 （4.4~2.6 Ma）	Rubin et al.，1998

续表

序号	矿床名称	地理位置	矿床简要地质特征	储量和品位	成矿时代	参考文献
76	巴布亚新几内亚 OK Tedi 铜（金）矿床	E141 °30′、S4°	为斑岩-矽卡岩型矿床。矿体产于二长岩-闪长岩体与新生代灰岩、碎屑岩接触带。岩体钾长石化明显。金属矿物有磁铁矿、黄铜矿、黄铁矿和白铁矿，少量辉钼矿、自然金等	Cu 74×10^4 t，0. 74%；Au 100 t，3. 9 g/t	新生代（上新世）	Daries et al.，1978
77	泰国 Phu Lon 铜金矿床	位于泰国北部 E104°、N15°	矿体产于石英二长斑岩与泥盆纪灰岩接触带矽卡岩中。矽卡岩由钙铁榴石、透辉石、绿帘石、透闪石、阳起石和符山石组成；金属矿物有磁铁矿、黄铜矿、闪锌矿、辉钼矿、斑铜矿等	Cu 13×10^4 t，2. 4%；Au 3. 5 t，0. 64 g/t	中三叠世（244±4 Ma）	Kamvong et al.，2009
78	新西兰 Copperstain Creek 铜钼矿床	位于南岛的西北端 Takaka 地区	矿体产于花岗闪长岩和奥陶纪含大理岩的变质岩系接触带；矽卡岩矿物由钙铁榴石、透辉石、钙铁辉石、方柱石、绿帘石、透闪石-阳起石等组成；金属矿物有黄铜矿、辉钼矿、黄铁矿、磁铁矿、闪锌矿和方铅矿等		白垩纪	Wodziki，1972
79	西班牙扎拉（Cala）铜铁（金）矿床	赛维利亚省北部 W5°50′、N38°	矿体产于花岗闪长岩和寒武纪碳酸盐岩接触带；在辉石-石榴子石矽卡岩中有黄铁矿、黄铜石、磁铁矿矿化，伴生金矿化	Cu 25×10^4 t，0. 1%～0. 4%；铁矿石 2000×10^4 t；TFe 32%～40%		Jankovic et al.，1995
80	意大利 Valle del Temperino 铜铅锌矿床	西海岸 E11°、N46°	矿体产于古近纪—新近纪石英二长岩与侏罗纪—新近纪灰岩、页岩的接触带。矽卡岩矿物有钙铁辉石、硅灰石、石榴子石、黑柱石和绿帘石；金属矿物组成为磁铁矿、磁黄铁矿、黄铜矿、闪锌矿、方铅矿、毒砂		新生代（4. 3 Ma）	Corsini et al.，1980
81	俄罗斯达立纳哥尔斯克（Дальнегорск）铜锌铅（金）矿床	滨海地区	矿体产于古近纪—新近纪闪长岩、花岗斑岩和白垩纪灰岩接触带，呈管状、脉状和透镜状；主矿体长 400 m，厚 8～60 m；矽卡岩矿物由钙铁辉石、石榴子石、斧石、黑柱石、硅灰石、硅硼钙石等组成；金属矿物有黄铁矿、黄铜矿、闪锌矿、方铅矿、自然金等	中型 Cu 品位较低；Bi 0. 1%～2%	新生代	John，1984；Baskina et al.，1991
82	俄罗斯杜尔因（Турьин）铜矿床	北乌拉尔 E60°20′、N59°40′	矿体产于石英闪长岩和中泥盆世灰岩的接触带。含矿矽卡岩体呈层状、巢状和筒状；矽卡岩矿物由辉石、石榴子石、绿帘石组成；金属矿物有黄铜矿、磁黄铁矿、闪锌矿、方铅矿、硫钴矿、黝铜矿、方黄铜矿、辉钼矿、硫砷铜矿等			桂林冶金地质所，1974
83	埃及瓦地凯特（Wadi Kid）铜铅锌银矿床	Sinai 东南部	矿体产于前寒武纪变质火山-沉积岩（片岩、千枚岩、砂页岩、杂砂岩、灰岩等）中。矽卡岩矿物有钙铝榴石、钙铁辉石、硅灰石、葡萄石等；金属矿物有黄铁矿、黄铜矿、闪锌矿、方铅矿、斑铜矿、墨铜矿、硼镁铁矿、自然金等	Cu 536×10^4 t，0. 2%～1%；Au 80 t		Kodera et al.，2010

续表

序号	矿床名称	地理位置	矿床简要地质特征	储量和品位	成矿时代	参考文献
84	伊朗松贡铜（钼）矿床	伊朗西北部 E44°43′、N38°42′	这是一个斑岩-矽卡岩型矿床。矿化呈细脉浸染状，主要见于花岗岩斑岩蚀变岩体的钾化带、青磐岩化和绢英岩化带中；在矽卡岩中也有磁铁矿-黄铜矿-黄铁矿矿化	Cu 516×10^4 t， 0.6%（平均）； Mo 0.01%	新生代	胡茂德等， 2013
85	伊朗 Mazraeh 铜铁矿床	伊朗西北部 E47°03′、N38°38′	矿体产于花岗岩闪长岩和白垩纪灰岩接触带。主矿体长约 350 m，厚 100 余米；矽卡岩矿物由透辉石、石榴子石、方柱石、绿帘石组成；金属矿物有磁铁矿、黄铁矿、黄铜矿、斑铜矿、辉铜矿、铜蓝、孔雀石等	Cu 40×10^4 t， 1.2%	新生代	Somarin，2004
86	哈萨克斯坦萨亚克（Sayak）铜矿床	E77°34′、N46°55′	矿体产于闪长岩、花岗闪长岩接触带；矽卡岩矿物由石榴子石、透辉石、硅灰石、绿帘石、阳起石等组成；金属矿物有磁铁矿、黄铜矿、斑铜矿、硫铜铋矿、辉钴矿、闪锌矿等	Cu 57.5×10^4 t， 1.1%~3.2%	石炭纪 （±335 Ma）	陈宣华等， 2012； 安芳等，2014
87	日本大峰铜矿床	本州岩手县远野市	矿体产于花岗闪长岩与二叠纪角页岩、灰岩接触带，呈不规则状、筒状；已发现 9 个矿体；主矿体长 90 m，宽 30 m，延深 75 m。矽卡岩矿物由透辉石、石榴子石、绿帘石、硅灰石、鱼眼石等组成；金属矿物有黄铜矿、方黄铜矿、斑铜矿、闪锌矿、辉钼矿、毒砂、辉钴矿、自然金等	Cu 27×10^4 t， 1.35%； Au 1.3 g/t		桂林冶金地质所，1974
88	日本赤金铜矿床	位于本州岩手县	矿体产于石英斑岩和灰岩、凝灰岩接触带，由 9 个矿体组成，均产于矽卡岩内；矿石呈浸染状构造，组成矿物有黄铜矿、磁黄铁矿、磁铁矿等			桂林冶金地质所，1974
89	中国羊拉铜矿床	云南德钦东北 E99°05′、N28°56′	矿体呈脉状产于花岗闪长岩和碎屑岩、灰岩的外接触带矽卡岩中；矽卡岩矿物由透辉石、阳起石、石榴子石等组成；金属矿物有黄铜矿、黄铁矿、辉铜矿、闪锌矿、方铅矿、辉钼矿、磁黄铁矿等	Cu 123.33×10^4 t， 1.03%	晚三叠世 （235.6~230 Ma）	杨喜安等， 2011
90	中国甲玛铜多金属矿床	西藏墨竹工卡 E91°41′、N29°42′	矿体产于花岗斑岩、黑云母二长花岗斑岩、花岗闪长斑岩外接触带的矽板带和大理岩的断裂破碎带中，花岗斑岩中也有矿化。矽卡岩矿物有石榴子石、透辉石、硅灰石、绿帘石、萤石等；金属矿物由黄铜矿、黄铁矿、斑铜矿、黝铜矿、辉钼矿、闪锌矿、方铅矿、硫铅矿、毒砂等组成	大型， Cu 1.0%； Mo 0.063%； Pb 1.0%； Zb 0.74%； Au 0.37 g/t	新生代 （15.1~14.2 Ma）	唐菊兴等，2010； 应立娟等，2009

续表

序号	矿床名称	地理位置	矿床简要地质特征	储量和品位	成矿时代	参考文献
91	中国铜绿山铜铁金矿床	湖北大冶市	矿体呈透镜状交代二长花岗斑岩中的三叠纪白云质大理岩捕虏体。矽卡岩矿物主要为透辉石、钙铝榴石、透闪石-阳起石、金云母、韭闪石、尖晶石、符山石、方柱石等；金属矿物有黄铜矿、磁铁矿、斑铜矿、闪锌矿、辉铜矿、赤铜矿、辉钼矿、自然金等	Cu 111.32×10^4 t，1.178%；TFe 46.16%；Au 70 t，1.15 g/t	晚中生代（150~137 Ma）	赵一鸣等，1990
92	中国城门山铜矿床	江西柴桑区	矿体产于石英斑岩、花岗闪长斑岩和灰岩、砂岩的接触带，呈透镜状、似层状；在花岗闪长斑岩中也有细脉浸染状铜钼矿化，是一个斑岩-矽卡岩复合型矿床。矽卡岩为钙矽卡岩，由透辉石、石榴子石、硅灰石、绿帘石等组成；金属矿物有黄铁矿、黄铜矿、磁铁矿、闪锌矿、辉钼矿、辉铜矿等	大型，Cu 平均品位 0.76%	晚中生代（140±2 Ma）	赵一鸣等，1990
93	中国寿王坟铜矿床	河北兴隆县	矿体产于花岗闪长岩和白云质大理岩接触带。呈透镜状，长 300~500 m。镁矽卡岩发育，主要由透辉石、镁橄榄石、金云母、透闪石、阳起石、粒硅镁石、蛇纹石等组成。金属矿物有磁铁矿、黄铜矿、磁黄铁矿、辉钼矿等	Cu 平均品位 0.64%	中生代	赵一鸣等，1990
94	中国武山铜（铁）矿床	江西瑞昌市	矿体产于燕山期花岗岩闪长斑岩与早三叠世灰岩接触带	大型，Cu 1.1%	中生代	赵一鸣等，2006
95	中国冬瓜山铜矿床	安徽铜陵	矿体产于闪长岩与三叠纪碳酸盐岩外接触带矽卡岩中	大型，Cu 1.01%	中生代	赵一鸣等，2006
96	中国铜官山铜矿床	安徽铜陵	矿体产于闪长岩与晚古生代碳酸盐岩外接触带矽卡岩中	中型，Cu 0.59%	中生代	赵一鸣等，2006
97	中国卡而却卡铜多金属矿床	青海格尔木市乌图美仁乡，祁漫塔格山 E90°58′、N36°47′	矿体产于似斑状黑云母二长花岗岩与奥陶纪—志留纪变安山-玄武岩、变安山岩、变安山质凝灰岩、硅质大理岩（结晶灰岩）、变质粉砂岩的矽卡岩带中，矽卡岩为典型钙矽卡岩。共发现 8 条主矿化带，矿体长 200~600 m、宽 2~16 m。矽卡岩矿物有透辉石、钙铁辉石、钙铝榴石、符山石、绿钙闪石、阳起石、方柱石、硅灰石、绿帘石等，金属矿物主要有黄铜矿、辉钼矿、斑铜矿、闪锌矿、方铅矿、黄铁矿、磁黄铁矿等	大型，Cu+Pb+Zn 资源量超过 80×10^4 t，平均品位 Cu 1.39%；Zn 2.90%；Mo 5×10^4 t，0.15%；铁矿石 3400×10^4 t	晚三叠世（238.8±1.3 Ma）	丰成友等，2009；李大新等，2011

寒武纪至晚奥陶世，地层可分别命名为 1、2B、3C、3D、3E、3F、3G、3H 和 4（Dick and Hodgson，1982）不同的单元（图 6-1A）。最古老的露头 1 单元由 Vampire 组的云母千枚岩组成，下部碳酸盐岩 2B 单元属于 Sekwi 组，3C 单元是属于 Hess River 组的变质泥质单元。上部碳酸盐岩包括三个不同的单元 3D、3E、3F，和白云岩 3G 单元及变泥质 3H 单元共同属于 Rabbitkettle 组。单元 4 由钙质黑色页岩和硅质泥质岩组成，属于 Duo Lake 组（Gebru，2017；Fischer et al.，2018）。以上地层序列形成等倾褶皱（图 6-1B）。MacTung 矿床的矿化作用主要以含 W 的外矽卡岩矿体的形式赋存在下部 Sekwi 组 2B 碳酸盐岩单元和上部 Rabbitkettle 组 3D、3E、3F 碳酸盐岩单元中，白钨矿往往呈浸染状分布在矽卡岩之中，或呈细脉状穿切矽卡岩（Elongo et al.，2020）。

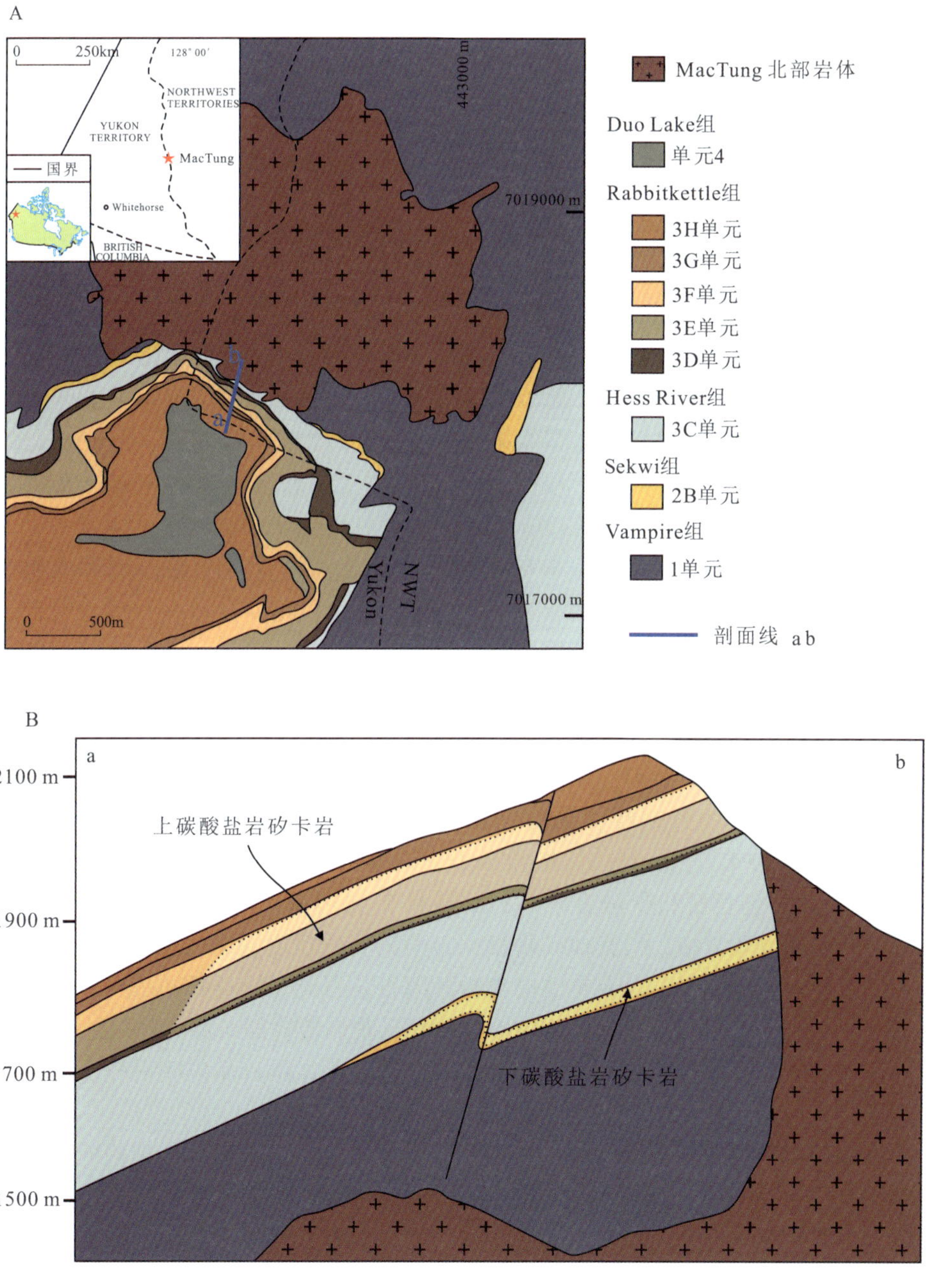

图 6-1　MacTung 矿床区域地质图

A—MacTung 矿区地质图（据 Gebru，2017，有修改）；B—MacTung 矿床剖面图（据 Gebru，2017；Fischer et al.，2018，有修改）矿化主要赋存于上部碳酸盐矽卡岩中（单元 3D、3E、3F）和下部碳酸盐矽卡岩中

2. 有关侵入岩

MacTung 矿床的南部和北部有两个花岗岩体，北部岩体出露面积约为 1.2 km×2.5 km，主要岩石类型为斑状黑云母花岗岩；南部岩体与 1 单元地层相接触，被晚期石英脉切割，石英脉中常可见辉钼矿化。黑云母角岩分布在岩体南缘 3C 单元捕虏体中，未见发育良好的钙硅酸盐岩或内矽卡岩蚀变。北部花岗岩体的特征是发育巨大（长 4 cm）板状长石且黑云母含量丰富（Gebru，2017）。

南部深成花岗岩位于矿化带以南约 3 km 处，出露面积略大于北部岩体，岩体出露部分与沉积层序的上部（尤其是 3H 单元）直接接触。西部和东部边缘出露规模较小的淡色花岗岩。岩体主要由长石、石英、白云母、电气石和少量黑云母组成。淡色花岗岩形成于晚期，主要分布在上覆岩石内的断裂面以及北部似斑状花岗岩内。淡色花岗岩岩墙组成与淡色花岗岩侵入岩相似，位于成矿的东北部，主要见于 1 单元，岩墙通常较薄，呈东西向延伸，向北倾斜（Gebru，2017）。在该地区的南部，发育细晶岩墙，这些岩墙通常侵入 3D 和 3G 单元的接触带（Gebru，2017）。

（三）矿床地质特征

1. 矿体和矿石

MacTung 矿床的矽卡岩主要分布在 Sekwi 和 Rabbitkettle 两个沉积地层组中的四个碳酸盐岩地层（Gebru，2017）。在矿区内，Sekwi 组主要包括 2B 单元，Rabbitkettle 地层主要包括 3D、3E、3F 和 3G 单元，其中 2B、3D、3E 和 3F 单元组成矽卡岩矿体。在 Sekwi 组和 Rabbitkettle 组之间，分布着一个贫矿的 Hess River 组的变泥岩层（3C 单元）。根据矿化性质和地层位置，2B 单元被称为下部矿体，3D 至 3F 单元则统称为上部矿体。下部矿体中几乎全部为矽卡岩型矿石，而上部矿体中主要含钙硅酸盐角岩型矿石，相比之下，下部矿体，磁黄铁矿、黄铜矿和白钨矿含量更高。MacTung 矿床矽卡岩主要产出 W、Cu、Au、Bi，矿石矿物主要为白钨矿、黄铜矿、铋和铋化合物。磷灰石常在矽卡岩带中常常与白钨矿一起出现，此外还常出现在 3D 单元，含量可高达 30%，厚度可达 7～20 m。白钨矿化主要有五种存在形式，包括：①浸染状分布在矽卡岩中，与辉石、石英、斜长石和硫化物共生；②石英脉、富硅带周缘的矽卡岩幔边中；③断裂带石英脉中；④呈气泡状分布在靠近矽卡岩、石英脉或矽卡岩化岩体位置；⑤块状磁黄铁矿化矽卡岩中。

MacTung 矿床矽卡岩矿物学差异表现在颜色和结构上。根据结构，矽卡岩可大致分为两种类型：中细粒矽卡岩和细粒矽卡岩。中细粒矽卡岩通常为绿色至深绿色，明显发育钙铁辉石和少量角闪石，其他矿物包括石英、斜长石、方解石、钛矿和金红石。在高硫化物区，磁黄铁矿、黄铜矿和黄铁矿伴随辉石和白钨矿。下部矿体中普遍存在磁黄铁矿和黄铜矿，磁黄铁矿含量可达 75%，黄铜矿可达 3%，钨在下部矿体中也较丰富（>1%）。细粒矽卡岩通常为浅绿色，含有大量镁钙辉石、石英、角闪石（通常为透闪石）、斜长石和少量方解石；磁黄铁矿和黄铜矿均存在，但含量较低，且粒度更细。石英和辉石的粒度也非常细，与其他矿物相比，角闪石的粒度通常较粗。角闪石-辉石矽卡岩过渡为米黄色至浅绿色钙硅酸盐岩，含有丰富的细粒透闪石、石英、钙长石和一些透辉石，具有硅质外观（玄武质辉石），通常被角闪石-辉石和磁黄铁矿-辉石矽卡岩叠加，形成高级蚀变的延续。这种从钙硅酸盐岩到矽卡岩的过渡岩性会与白钨矿和硫化物一起矿化，不过品位相对较低。

2. 围岩蚀变

矿区内，碳酸盐岩和泥质岩上发育的复杂蚀变岩系与矿化密切相关，分别构成泥质岩蚀变岩相和碳酸盐岩蚀变相（Gebru，2017）。

（1）泥质岩蚀变岩相

在 MacTung 矿床下部矽卡岩带的泥质角砾岩钻孔中发现了四个蚀变岩相，分别为黑色角岩、浅棕色角岩、深棕色角岩和浅绿色角岩相。蚀变作用具有渗透性特征，在泥质角页岩的小矿脉、裂缝和矽卡岩蚀变碳酸盐岩层上形成分带蚀变包层。在矿床规模上，在矿床横截面上可以区分 3 个蚀变带，包括：①距离上、下矽卡岩带最远，以黑色角岩占主导的区域；②主要由浅棕色和深棕色角岩混合物组成的中间区域，但有少量黑色和浅绿色角岩；③矽卡岩带的包围带区域，主要由深棕色和浅绿色角岩组成。

蚀变带 1：黑色角岩富含石墨，倾向于出现在角岩中距离矽卡岩或横切裂隙最远的部位。岩石主要由石英、白云母、长石、绿泥石、石墨和黄铁矿组成，局部含有红柱石变斑岩，但大部分蚀变为白云母和黑云母。石墨质角岩中石英细脉和裂隙并不丰富，但在它们出现的地方，裂隙周围的岩石外部区域逐渐变为无石墨浅棕色角岩，内部区域偶尔变为深棕色角岩和含钙硅酸盐浅绿色角岩。石墨质角岩比其他类型的角页岩富含黄铁矿，有时高达 10%，主要为细粒浸染状，但局部为薄整合层状。同时常见薄透镜状和厚度小于 1 cm 的胶磷矿床。石墨质角岩通常与浅棕色或深棕色角岩接触，很少与矽卡岩接触，未观察到与含钙硅酸盐浅绿色角岩直接接触。

蚀变带 2：浅棕色角岩在矿物学上与黑色角岩相似，只是不含石墨且黄铁矿含量较少。黑色和浅棕色角岩之间的接触是平直的，在剖面尺度上可见，常穿过层理面。深棕色角岩是 MacTung 矿床含量最丰富的角岩类型，主要产于黑色或浅棕色角岩和浅绿色角岩或矽卡岩之间。在矿物学上，相对于黑色和浅棕色角岩，深棕色角岩贫白云母，并且含有少量的硫铁矿，主要的云母类矿物为黑云母。在该蚀变带中，石英和石英-方解石细脉众多，尤其是与矽卡岩区域相邻的部位，局部矿脉含有少量极细粒白钨矿。浅绿色角岩或矽卡岩可能与深棕色角岩互层。大多数浅绿色角岩主要由极细的辉石和石英组成，并含有少量角闪石、榍石、斜长石和钙长石，通常不含黄铁矿。岩石以整合层状的形式出现，如石英细脉或矽卡岩蚀变层上的蚀变边，或侵入层理的不规则带，且总被深棕色的角岩所包裹。

蚀变带 3：在小规模的分带蚀变序列中，深棕色和浅绿色角岩的接触发生角闪石对黑云母的假象替换和钾长石从岩石中消失的边界上，同时由于没有其他含钾矿物沉积在原钾长石的位置，表明钾元素已从岩石中完全去除。从黑云母带到角闪石带，黄铁矿含量明显减少，榍石含量增加，该现象可能是由于黑云母分解时 Ti 的释放造成的。在细脉或断裂处，脉石被浅绿色辉石假象替换，此处黄铁矿已从岩石中完全溶解，表明硫和铁可能已被除去。

（2）碳酸盐岩蚀变相

碳酸盐岩蚀变往往形成矽卡岩，尽管矽卡岩在矿物分布上不均匀，但蚀变相的分布有一些一致的带状模式。最清晰的蚀变相分带出现在角岩中的小型石灰岩层（MacTung 的上矽卡岩带）。现将蚀变分带描述如下。

1）硅灰石相：细粒硅灰石在矿床的含矿岩石中很少出现，且不与矿石或硫化物矿物伴生。硅灰石相矽卡岩仅限于上部矽卡岩带的小型、宽数厘米的条带矽卡岩层的内部区域，通常与未变质的大理石接触。富钙的石榴子石、符山石和富钙辉石在硅灰石相矽卡岩中零星分布。

2）石榴子石-辉石相：含石榴子石和辉石的矽卡岩在矿床中广泛分布。石榴子石的含量变化很大，颜色通常为红棕色，具光学各向同性至弱的各向异性，从细粒的四面体集合体到粗粒的半自形到自形晶不等。较大的石榴子石颗粒通常表现出与晶面平行的轻微光学分带。石榴子石倾向于以多晶聚合体的形式出现，在局部以由单矿物组成的石榴子石岩石的形式出现。石榴子石部分或大部分被方解石、石英、磁黄铁矿、辉石、斜长石和斜锆石等矿物取代，并保留石榴子石假象，此现象非常普遍。单斜辉石通常与石榴子石伴生，可以观察到辉石替代石榴子石的结构，但石榴子石晶体中很少观察到辉石包裹体。此外，深棕色至深绿色的半自形符山石是石榴子石-辉石蚀变相矽卡岩中的另一种常见矿物，通常可以观察到符山石部分被石榴子石取代。含石榴子石岩石中方解石在碳酸盐岩蚀变岩中含量最高，且方解石含量与石榴子石具有一定相关性，随着石榴子石含量的降低，岩石中方解石的含量也降低。最后，白钨矿在石榴子石蚀变相中并不常见，但与其他蚀变相中的白钨矿相比，石榴子石-辉石相中的白钨矿的粒度通常更粗，分布更均匀。

3）辉石-磁黄铁矿岩相：辉石蚀变岩相不含石榴子石，以辉石作为主要硅酸盐矿物，该岩相中的其他矿物与石榴子石蚀变岩相中的矿物类似。磁黄铁矿占岩石体积的 70%~80%。随着磁黄铁矿含量的增加，岩石中白钨矿含量也随之增加，同时其粒度减小。辉石相矽卡岩是最富白钨矿的岩相（最多含约 40%白钨矿），矿化作用在层状矽卡岩中尤其发育。

4）角闪石相：角闪石蚀变相包括含有肉眼可观察到的角闪石的岩石，而不强调角闪岩的成分。

在没有辉石或黑云母的情况下，角闪石则很少出现。因此，矽卡岩的角闪石蚀变相可细分为角闪石辉石和角闪石黑云母两种亚相。矽卡岩中角闪石的成分变化极大，部分取决于与之伴生的矿物。角闪石相中含有自形的钛铁矿，表明其生成早于角闪石。白钨矿也常以包裹体的形式出现在角闪石中，同时白钨矿中出现的角闪石包裹体表明这两种矿物属于同时代产物，而白钨矿中的自形磷灰石包裹体则表明磷灰石早于白钨矿时代。此外，黑云母替代角闪石，以及角闪石和白钨矿外围发育的黑云母增生边的现象表明，黑云母的形成晚于白钨矿和角闪石。

5）黑云母相：该相主要由黑云母、石英、磷灰石、硫化物和少量斜长石组成，黑云母含量最高，磷灰石仅次于黑云母，常见副矿物为斜长石和石英。该带中不发育方解石、硅灰石、辉石、斜绿泥石、石榴子石和符山石等矿物。黑云母粒度从细到极粗，其颜色逐渐从深棕变为深绿色（以深棕色类型为主），通常以半自形到自形晶出现。微米、毫米级的黑云母、石英和磷灰石呈自形或半自形晶，相互共生或互为增生边，表明结晶时代相同。黑云母有时部分蚀变为绿泥石。该相中含白钨矿颗粒，直径可达 1 mm，分布不均匀，包含三个世代：第一世代自形的白钨矿，早于磷灰石、石英和黑云母结晶的；第二世代非自形的白钨矿，晚于磷灰石、石英和黑云母结晶的颗粒；以及第三世代发育于穿切黑云母相的白钨矿-硫化物细脉中白钨矿。该相中硫化物主要为黄铁矿、黄铜矿和少量闪锌矿，富硫化物矿石的白钨矿含量往往比贫硫化物矿石含量更高。

（四）成岩成矿时代

前人对 MacTung 矿区花岗岩类（细晶岩脉、斑状黑云母花岗岩、淡色花岗岩）进行系统的锆石 TIMS U-Pb 定年，细晶岩脉的锆石 U-Pb 年龄为 97.2±0.2 Ma，MacTung 岩体主岩相斑状黑云母花岗岩的结晶年龄为 97.6±0.2 Ma 和 97.0±0.1 Ma，深成岩体东南部的边缘相淡色花岗岩脉锆石 U-Pb 给出的年龄为 97.0±0.3 Ma，因此岩体侵位时代为晚白垩世（Gebru，2017）。

对来自 MacTung 矿区的三条石英脉进行辉钼矿 Re-Os 同位素定年，石英脉样品中均发育粗粒辉钼矿晶体，石英脉均穿切花岗岩体及下部沉积岩地层。三条石英脉中辉钼矿 Re-Os 年龄为 97.3~106.3±0.4 Ma，相比矿区内统一岩体结晶年龄，Re-Os 年龄变化范围较大的原因可能是由于 ^{187}Os 或 ^{187}Re 在辉钼矿颗粒中分布不均匀造成的。因此考虑较低年龄 97.3 Ma，基本与岩体年龄在误差范围内一致，为该地区花岗岩侵入和矿化时间提供了年龄限制，成矿作用与成岩作用密切相关（Gebru，2017）。

二、美国 Ely 铜矿床

（一）地理位置和矿床勘查工作概况

Ely 铜矿位于美国内华达州的中东部，该区与火成岩浆作用有关的铜矿发现可追溯到 19 世纪 70 年代，大规模的露天和地下铜矿开采始于 1908 年。早在 20 世纪初地质工作者们即开始进行区域地质填图和矿区地质调查工作，美国地质调查局于 20 世纪 60 年代又对该区部署了地质填图工作。1968~1970 年，对 Robinson Ely 矿区开展了一些野外工作，主要是用卷尺和罗盘对采矿区的未氧化地段进行了 1∶1200 的地质填图，此外，持续的采矿活动不断揭露出矿区三维空间结构，对数千米的钻孔岩心及碎屑进行了详细研究，岩相学观察和 X 射线扫描技术的应用对矿产勘查是切实有效的。

（二）区域地质背景

Robinson 地区主要出露古生代地层，岩性以厚层状碳酸盐岩为主。在矿区附近分布的地层岩石主要为页岩和上覆的灰岩，两者之间为一区域性的逆冲断层接触关系，受逆冲作用影响形成的褶皱构造以轴向近 S—N 向延伸，白垩纪的二长岩沿逆冲带和断裂构造带侵入。

白垩纪侵入岩及矿化部位之上覆盖的沉积物厚度目前无法直接确定，但从覆盖在附近山脉灰岩之上 300 m 或更厚的二叠纪沉积岩来看，这可能代表其最小覆盖厚度，因为在北部（靠近 Currie）和东部（犹他州的 Confusion Range）还大量分布有三叠纪地层岩石。假如在构造活动之前 Robinson 地区沉积有二叠系（Kaibab 组、Plympton 组和 Gerster 组）和三叠系（Thaynes 组），那么上覆于 Chainman-Ely 逆冲断层带之上的地层总厚度将接近 3300 m。因此，该铜矿可能最深形成于地表以下 2100~3300 m，该深度的静水压力为 $210\times10^5 \sim 330\times10^5$ Pa，若假定最低岩石密度为 2.2 g/cm^3，则静岩压力将至少为 $460\times10^5 \sim 720\times10^5$ Pa。

（三）矿床地质特征

1. 控矿围岩岩性

Ely 矿区出露地层岩性较为简单，主要为灰岩和页岩。James（1976）对矿区内未蚀变的灰岩进行采样全岩分析，结果表明，岩石化学成分主要为 CaO 和 SiO_2，仅含少量的 MgO 和含量小于 1%的 Al_2O_3 和 Fe_2O_3，对几件深灰色样品进行分析显示，Mg 的含量变化较大，介于 0.25%~3.1%之间，X 射线衍射实验表明，镁质样品中含有大量白云石。对 Chainman 页岩的 X 射线衍射分析表明，主要矿物成分有伊利石、石英、高岭石以及少量绿泥石和蒙脱石。

2. 有关侵入岩岩性、规模、形态特征

矿区内侵入岩主要为石英二长岩和石英二长斑岩，走向近 E—W，长约 11 km，构成一条构造侵入岩带，石英二长斑岩与区内铜矿化关系密切。此外，在 Weary Flat 蚀变矿化区的北部有一个较为新鲜的中粒石英二长岩，在 Liberty 矿坑的低角度断层下部也发现了中粒石英二长岩，航磁资料显示它们可能为一个深部相连的大岩体。

与铜矿化有关的石英二长斑岩多呈脉状，均发生一定程度的蚀变作用，基质非常细小，在很多地方直接构成矿石，也是该矿床的主要矿石类型。虽然随着深度增加，石英二长斑岩的蚀变和矿化减弱，而且岩体基质逐渐变粗甚至变为无蚀变的石英二长岩，但从石英二长斑岩到石英二长岩的明显变化均以断层为标志，这种断层通常为低角度断层，也成为铜矿体的下盘界线。新鲜的石英二长斑岩以岩墙状产出，穿切一些蚀变和矿化的斑岩体，成分以暗色隐晶质为主，含大量针状角闪石为主，局部发育少量黄铁矿，缺乏铜矿物为特征。

3. 控矿构造

区域上看，该区位于中生代造山带内。Bauer et al.（1966）总结了该区的构造演化历史，在二叠纪之后的地壳隆升，区域性逆冲推覆作用可能使 Ely 灰岩逆冲于 Chainman 页岩之上，区域上可见多处密西西比亚亚纪（Mississippian）之后的年轻地层覆盖于年老的地层之上，这种逆冲构造作用也解释了一些地区缺乏某种地层单元的原因。沿着逆冲构造面有石英二长岩侵入，向上侵入于上覆的不规则状 Ely 灰岩中，矿化斑岩体一般以岩席状产出，也常见有小的岩株。

大角度正断层与岩浆固结和成矿作用相伴，在许多采场掌子面可见每隔几十厘米就会出现位移较小的正断层，形成非常复杂的局部构造。大位移的正断层可以通过岩石单元或蚀变类型的偏移来识别，通常可通过较宽的断层泥带的出现来判别。在回采矿坑下盘西向断层明显切断了矿区西北侧的全部矿体，和几个近于平行的断层可能有相当大的位移。低角度 N—NE 走向东倾的正断层破坏了区内大部分或全部的高角度断裂构造，可能与区域盆地和山脉断裂同生，这些晚期的低角度断裂使得区内矿化蚀变带向东、西两端有较大延伸。

4. 矿化特征

Robinson 地区产出许多小的石英二长斑岩体和大量的斑状石英二长岩岩株，尽管这些岩体普遍侵入于灰岩地层中，但是原生铜矿化及伴生的接触交代变质岩只出现在露天采矿所划定的 W—NW 向矿化带中，表明强烈的蚀变和矿化作用在垂向上的延伸是有限的。浸染状原生铜矿石与其附近强烈碎裂的岩石密切相关，表明可能为断裂构造作用的产物。由于构造控制作用使成矿流体上升和/或大气水或原生水进入该带，硫化物和蚀变矿物在适宜的物理化学条件下形成。沿灰岩-页岩岩性界面延伸的逆冲断层对成矿作用的发生至关重要。

5. 矽卡岩类型、矿物成分和分带性

通过矿床开采揭露可清晰见到石英二长斑岩体及其围岩地层明显经历了多种蚀变矿化作用，包括硅化、钙质硅酸盐化和硫化物交代作用，这些蚀变作用主要集中在 W—NW 向的斑岩带中。沿着该带原生沉积岩的蚀变可划分为三种成因类型：①热变质作用，没有任何物质组分带入，页岩蚀变为红柱石角岩，粉砂质灰岩和白云岩中可见硅灰石和透辉石，岩石中的水可能是一种重要的传热介质；②接触交代作用，使侵入体附近的无铁灰岩被铁钙硅酸盐和氧化物（钙铁榴石、磁铁矿）普遍交代，有化学成分的加入；③热液蚀变，是指早期形成的矿物（如沉积岩中的钙铁榴石、侵入岩中的角闪石）被后期的黏土和次生黑云母所取代，并伴有硅酸盐和硫化物矿物沿裂隙充填。事实上，接触交代和热液蚀变过程密切相关，很难区分开，在块状钙硅酸盐岩附近的石英二长斑岩中含有明显由热液蚀变形成的石英、黑云母、正长石、绢云母和硫化物细脉。在热液作用过程中，常见接触交代作用与密切相关的热液脉体组合在一起，可以从它们之间的相互穿插关系来判断形成的先后和不同的形成阶段。

通过地表露头、矿坑和钻孔岩心对石英二长斑岩的详细观察，可将斑岩体蚀变分为三种蚀变类型：①青磐岩化，不太发育，在主矿区东侧、Lane Valley 以北的复式岩床可见角闪石局部蚀变为绿泥石、方解石、榍石和绿帘石，斜长石部分发生泥化和钠长石化，此处的斑岩体为淡绿色，仅含少量浸染状黄铁矿，在 Veteran 矿坑最深处的斑岩中也有少量的青磐岩化蚀变。②黑云母-正长石化，是该矿区的主要蚀变类型，存在于所有与铜矿伴生的侵入岩体中，也产于与矿化区相邻的少数基本上没有硫化物的斑岩岩体中，其特征是以细粒次生黑云母团块假象交代火成角闪石，并在蚀变最强烈的区域遍布整个岩石，斜长石可被次生正长石或蒙脱石黏土所交代，有时也可被少量高岭石或绢云母交代，石英二长斑岩中的大的正长石斑晶保存较完好，仅局部出现碎裂或被次生正长石细脉充填、横切。黄铜矿普遍发育，以浸染状和细脉状产出，但铜的品位变化很大。黑云母-正长石化蚀变斑岩的显著特征是具有独特的细晶基质，由小的石英和钾长石颗粒包围着较大的长石和黑云母斑晶组成，这代表着岩体的原始岩浆特征。但发生强烈的细晶团簇状黑云母化的板条状角闪石假晶以及沿裂隙发育的黄铜矿细脉均为后期构造-热液活动作用的产物。③石英-绢云母化，系由于原生斑岩遭受强烈的碱交代作用产生的由石英、绢云母、黄铁矿、黄铜矿等组成的白色集合体，虽然正长石斑晶的绢云母化轮廓通常较明显，但这种岩石第一眼看上去可能会被误认为是易碎、分选差的砂岩。该种类型蚀变岩石主要出现在露天矿坑的上部、黑云母正长石化蚀变的上方或外围，大部分已被开采殆尽。虽然绢云母可以在低 pH 值条件下表生浸出形成，但大部分 Ely 灰岩中的石英绢云母蚀变位于氧化带和辉铜矿富集带之下，岩石中广泛发育的黄铁矿和少量黄铜矿没有表生侵蚀的迹象，绢云母片较粗（>1 mm）。与之相反，与风化、氧化有关的绢云母颗粒较细，黑云母残余较为常见。

在 Ely 灰岩中可圈定出 3 个主要蚀变带，即接触交代蚀变带、硅化-黄铁矿化蚀变带和外围蚀变带。

1）接触交代蚀变带：与蚀变的侵入岩相邻，主要由块状石榴子石、透辉石及后期蚀变矿物组成，有大量 Fe、Mg 组成加入，硫化物主要以细脉状产出。更详细的研究表明，接触交代矿物的形成是一个多阶段的过程，早期主要是交代灰岩形成透辉石或纯红色的石榴子石，晚期则形成由石英、方解石、黄铁矿、黄铜矿、磁铁矿和赤铁矿等构成的细脉。流体包裹体研究表明，早、晚两个阶段的流体包裹体均含有一个或多个子矿物。①石榴子石-辉石阶段：以钙铁榴石和透辉石广泛分布为特征，在 Liberty 矿坑，大多数钙铁榴石发育在靠近斑岩体活动的中心地带，透辉石出现在矿坑南部坑壁上；在 Tripp-Veteran 地区，大多数石榴子石沿着矿坑北侧带状分布，透辉石则远离最大的斑岩群，这两个地区的石英-黄铁矿化蚀变均主要发生在透辉石带以南位置。透辉石和石榴子石的上述分布特征可能受寄主岩石的化学成分影响（在 Tripp-Veteran 地区有更多的镁质沉积物），或者因为温度和交代流体成分的变化而造成石榴子石-透辉石的矿物分带。②黏土-硫化物阶段：在蚀变矿化斑岩的近接触部位最为发育，表现为石榴子石和辉石变质岩被石英、方解石、硫化物和原生铁氧化物的细脉所穿切，这些矿物的蚀变晕与阳起石、绿脱石和其他硅酸盐矿物胶结，不含石榴子石、透辉石残余物。在某些部位，可见方解石细脉、石英细脉、磁铁矿-黄铁矿细脉等多种类型的细脉相互穿切，铜品位常常与这些细脉的丰度密切相关，而远离斑岩接触带时铜品位显著下降。硫化物细脉通常由数量大致相等的立方体黄铁矿、磁铁矿，以及次生黄铜矿和数量不等的石英和方解石组成，局部存在镜铁矿，但最常见的氧化物为磁铁矿，较早的赤铁矿呈片状假晶。X 射线粉晶分析结果显示，方解石中不含镁、锰或铁的替代物。最常见的灰绿色至棕色黏土矿物有石英、方解石等，石英、方解石、磁铁矿是石榴子石中的第二类蚀变晕，阳起石是第三类蚀变晕。

2）硅化-黄铁矿化蚀变带：一般位于接触交代蚀变带的上方或外部，以发育石英脉、黄铁矿化和少量黏土为特征，该蚀变带残留的方解石等碳酸盐矿物比接触交代蚀变带多很多，其蚀变矿物组合、产状和铜矿化强度也与接触交代蚀变带有明显差异，因风化作用常形成碧玉岩。在 Robinson 地区的露天矿场及附近可见大量的细晶石英，其中含有少量的表生铁氧化物（褐铁矿）和原生热液硫化物（主要是黄铁矿），这些细晶石英可分为三种成因类型：①与淋溶盖层有关的玻璃状表生二氧化硅；②由深成沉积或硅质沉积物热水改造形成的黄铁矿化灰色石英；③在沉积物边缘形成的溶蚀球状碧玉，一些碧玉岩中含有少量黄铁矿、萤石及铜金矿化，其中的流体包裹体含有子矿物，而与碧玉岩相邻的白云质灰岩层中含有滑石、皂石和透辉石的微型“光环”。Lovering（1972）对该地区的碧玉岩做了较为详细的描述和研究，认为它们系在高温深成热液中经风化作用而形成。

3）外围蚀变带：该带含有多种细粒矿物，如硅灰石、透辉石、皂石、透闪石等，这些矿物的 Fe 含量一般很低，通常是由热液流体沿着破碎裂隙交代杂质灰岩再结晶而形成，其中的金属硫化物含量少，局部见有方铅矿和闪锌矿细脉。外围蚀变带通常被认为是铁质交代作用的边界，从岩体与地层围岩正接触带向外，外围蚀变带的主要特征是不规则的褪色，并在镁质层中广泛发育白色透辉石和无铁皂石。在颜色变化的接触变质带边缘之外的许多地方均发现有块状硅灰石或硅灰石-石英条带，如在 Ruth 矿坑南侧掌子面见有 6~12 m 宽的条带；在 Veteran 矿坑以南的接触变质带边缘的一个钻孔内，可见透辉石、石榴子石与方解石和石英一起向下延伸至硅灰石带，硅灰石带也在距离接触变质区边界几米至数十米或更远的地方环绕着硅质结核。在接触变质带不发育硅灰石，有时残留有原生石英和方解石，而在黏土-硫化物蚀变组合中普遍含有方解石和石英。

（四）成岩成矿时代

McDowell（1967）和 Armstrong et al.（1973）报告了该地区火成岩的放射性同位素测年数据。4 件未蚀变石英二长岩的角闪石样品的 K-Ar 法平均年龄为 107.8 Ma，二长岩中单个黑云母的 K-Ar 法测年为 115 Ma，蚀变石英二长斑岩黑云母的 K-Ar 法平均年龄为 111~109 Ma。尽管可能受测年技术的影响造成黑云母和角闪石的测年数据不完全一致，但从上述年代学研究结果可以认为矿石形成和石英二长斑岩侵位几乎是同时的。一个晚期未蚀变脉岩的角闪石年龄为 103 Ma，可能代表了蚀变和矿化期的下限。

三、秘鲁 Antamina 铜锌矿床

（一）地理位置及概况

Antamina 铜锌矽卡岩矿床位于秘鲁西部利马以北约 270 km 处，安第斯山脉东侧，海拔 4300 m，经纬度位置 S9°32′和 W77°03′（图 6-2）。Antamina 是已知最大的铜锌矽卡岩矿床，矿石储量 561 Mt，其平均品位为 Cu 1.24%、Zn 1.03%、Ag 13.71 g/t 和 Mo 0.029%。矿床形成时代为在中新世（10.95±0.20~10.24±0.23 Ma；Mrozek，2018），矿床与 Antamina 斑岩体具有时空和成因联系，岩体侵位至晚白垩世碳酸盐岩地层中，岩体包含数个岩相，所有岩相均发育斑岩型石英网脉和黑云母蚀变。

（二）矿区地质特征

1. 矿区地层

Antamina 矿床外围分布着上白垩统，其中 Machay 群上白垩统碳酸盐岩地层与成矿作用关系密切，

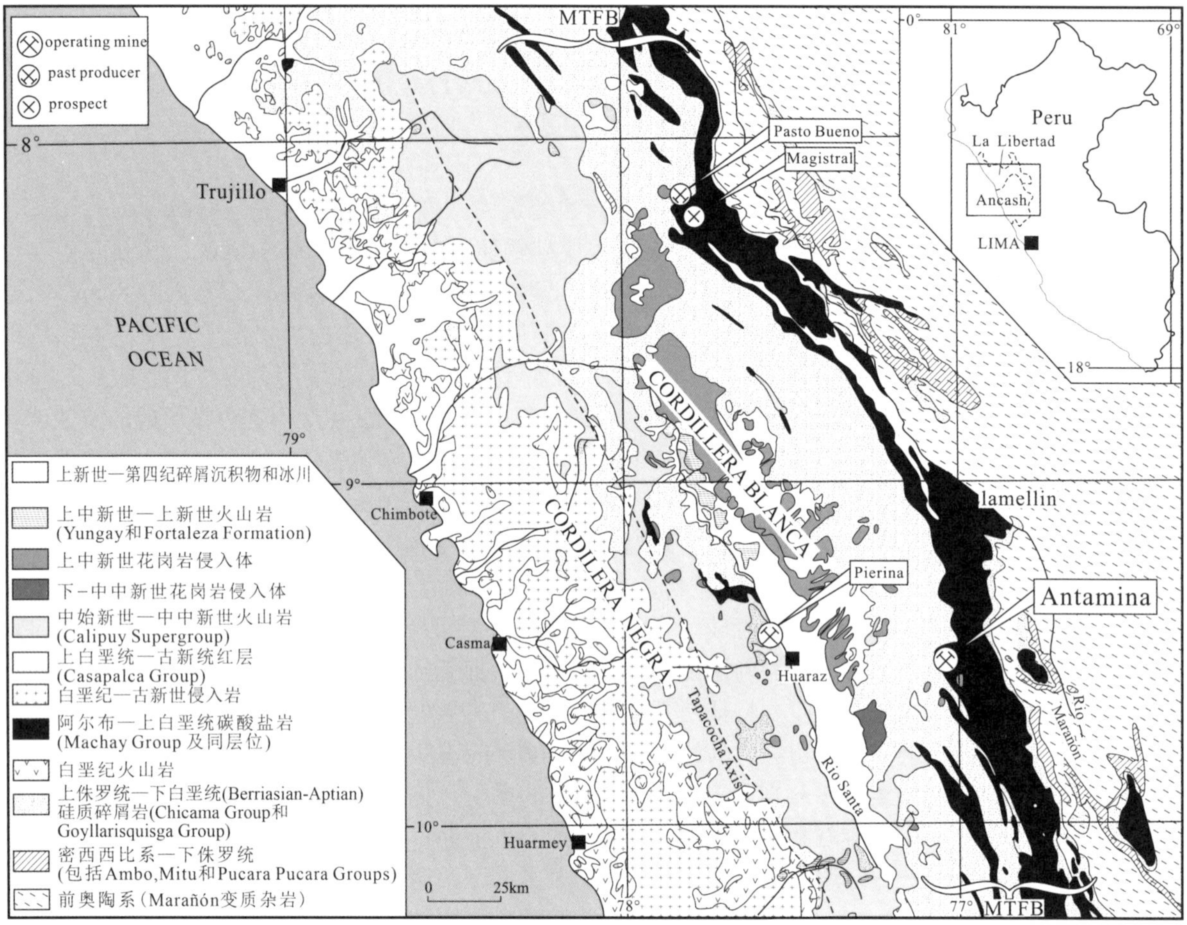

图 6-2 秘鲁 Antamina 矿床区域地质略图

(据 Myers, 1980)

Tapacocha 地轴标明白垩纪大陆架的西缘；MTFB-Marañón 逆冲褶皱带

发育秘鲁众多金属矽卡岩矿床（Soler et al.，1986）。二叠纪至古新世，盆地发育后期，南美洲西部沉积了一系列交替的硅质岩和碳酸盐岩交替相。晚侏罗世至古近纪的沉降形成了西秘鲁海槽，将西部的岩浆弧和东部的变质杂岩隔开（Mégard，1987）。白垩纪沉积岩聚集在该海槽的浅水部分及 Yauli 大陆架（Szekely，1967）。Tapacocha 地轴现在是一个北北西走向的高应变带，将海槽西部较深的水域部分与陆架沉积岩分开（图 6-2；Myers，1974，1975）。

Machay 群包括秘鲁中北部 9°S 以南、Tapacocha 地轴以东的所有阿尔布期（Albian）至中坎帕尼亚期（Mid-Campanian）碳酸盐岩。这些岩石也被非正式地称为“中白垩统石灰岩系”（Harrison，1940），“上白垩统和 Albian 碳酸盐岩系”（Mégard，1984）和“上碳酸盐岩序列”（Manrique，1998）。该岩群下伏的主要是硅质碎屑岩序列，包括 Chicama 岩群的上侏罗统海相黑色页岩和 Goyllarisquisga 岩群的下白垩统（贝里亚阶至阿普第阶）大陆架砂岩、页岩和小型石灰岩。坎帕尼亚至古新世红层以整合或轻微不整合的方式广泛覆盖在其上（Wilson，1963）。Machay 群包含两个海侵层序，二者呈不整合接触关系，该不整合面归因于与 Mochica 造山运动有关的中阿尔布晚期隆起和侵蚀（Mégard，1984）。在该群的下部，连续的 Pariahuanca、Chulec 和 Pariatanbo 地层记录了从近岸钙质砂岩和块状、贝壳状石灰岩，经过薄层石灰岩和泥灰岩，到深水薄层状含煤深灰色泥灰岩和石灰岩（Jaillard，1987）。在中阿尔布晚期间断之后，台地上的浅水相碳酸盐岩沉积恢复，形成上阿尔布期至上图伦阶 Jumasha 组（Jaillard，1987），该地层上覆深水相泥质 Celendín 地层（Benavides，1956）。因此，该群上部由 Jumasha 组和 Celendín 组组成，代表第二个主要海侵层序。秘鲁北部和中部中阿尔布期碳酸盐岩地层（第一个海侵层序）在岩性和厚度上相似（Benavides，1956；Jaillard，1987）。然而，在大约9°S以北，与秘鲁中部相比，上覆的阿尔布期至中坎帕尼亚阶碳酸盐岩更厚，含化石更丰富，且岩性更多变（Benavides，1956）。

2. 有关侵入岩

Antamina矿区的斑岩群至少包含三个岩相学上不同的侵入岩组合。最重要的斑岩相位于Taco-Laberinto地区（图6-3），向东延伸形成大规模岩墙群，主要由石英二长岩组成，岩石含有丰富的斜长石和石英斑晶，形成主要的矽卡岩发育区。Usupallares地区的斑岩（图6-3）含有丰富的钾长石大斑晶（长达6 cm）与主要岩相成分非常相似。此外，在Antamina湖北部还发育第三期小规模的斑岩侵入体（未在地图上显示），该岩相与其他侵入体相比，缺乏石英斑晶，仅含有斜长石斑晶，可能最初含有黑云母和角闪石。该地区的侵入岩包括岩脉（图6-3），都经历了强烈的热液蚀变。岩体三个岩相的K-Ar年龄范围为10.4±0.4~9.1±0.4 Ma，平均年龄为9.8 Ma，矽卡岩矿化年龄为10 Ma，因此岩浆活动与热液蚀变及矿化作用发生在非常短的时间之内，岩体与矿体具有密切成因联系（McKee et al.，1979）。

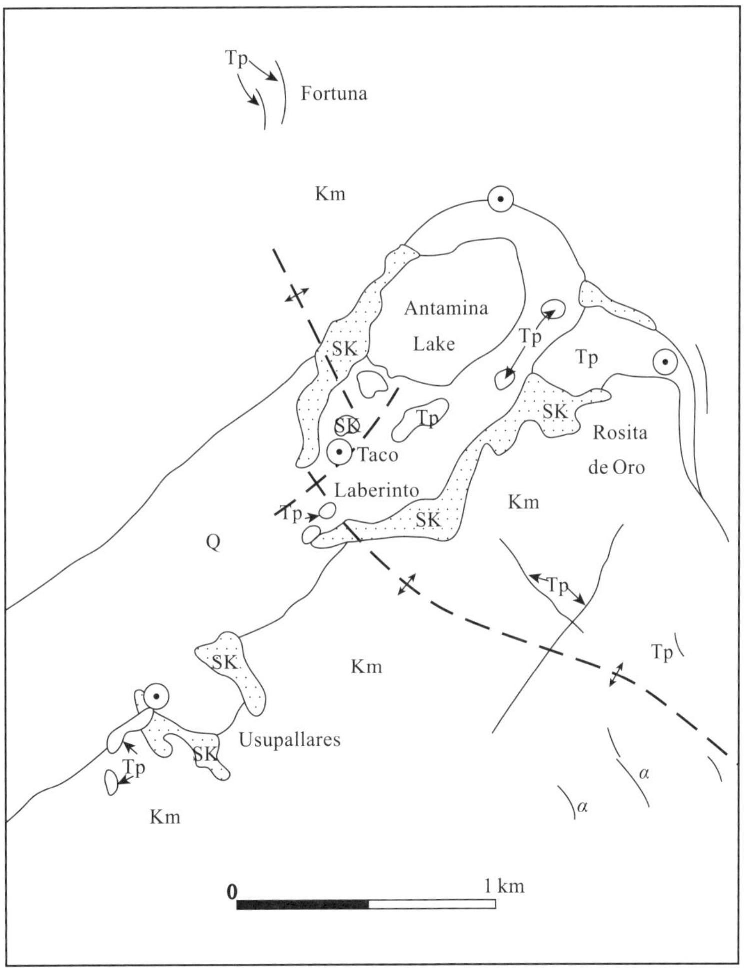

图6-3　秘鲁Antamina矿床地质简图

（据Petersen，1965）

Km—Mackay组（白垩纪）；Q—冲积层（第四纪）；Tp—石英二长闪长岩（古近纪—新近纪）；SK—矽卡岩；α—安山岩脉

（三）矿床地质特征

Antamina矿床与两个早期斑岩体具有密切成因联系，从石英二长斑岩向外，可识别出5个可见蚀变带：粉红色至棕色的矽卡岩蚀变侵入体（内矽卡岩）、棕色至绿色的石榴子石矽卡岩（外矽卡岩）、白色和灰色大理石带、棕褐色角岩和大理石带，以及灰色和浅绿色角岩的外部带。此外，矽卡岩周围还发育切穿矽卡岩和侵入岩体的次级角砾岩体。角岩带外以含化石的灰色石灰岩和泥灰岩为主，硅质碎屑含量变化大。Antamina 矿床内矽卡岩带主要沿着两个早期斑岩体边缘分布，外矽卡岩则围绕内矽卡岩分布，矽卡岩内均发育矿化作用，矿化和金属分带显示出从中央斑岩的近端 Mo±Cu 矿化向外发展为远端外矽卡岩中的 Cu（±Ag，Bi）-Zn-Pb 矿化。主要矿石矿物包括黄铜矿、辉钼矿、斑铜矿和闪锌矿为主，含有少量方铅矿和少量 Bi-Ag-S 矿物。

钙铁榴石是外矽卡岩带中最主要的矽卡岩矿物，指示其形成于氧化环境中，富含单斜辉石的岩层和透镜体在局部十分常见。在内矽卡岩和外矽卡岩接触面附近，矽卡岩显示出块状或斑驳状，使得二者难以区分。随着距离接触面渐远，矽卡岩与其前驱体结构相似性增加。从内外矽卡岩接触面向斑岩中心方向，内矽卡岩强度减弱，逐渐转变为发育明显板状结构的次生黑云母蚀变。从接触面向大理岩方向，外矽卡岩逐渐显示出从变沉积岩前驱体继承的条带状结构。总之，矽卡岩从斑岩中心向大理岩方向，展现出十分良好的石榴子石色彩分带，从近端红色-粉红色石榴子石逐渐过渡为远端棕色-绿色石榴子石。所有的矽卡岩表现出不同程度的退变质作用，表现为绿帘石±绿泥石±角闪石±方解石±石英。Cu-Pb-Zn 矿化主要与退变质蚀变作用密切相关（Love et al.，2000；Mrozek，2018）

热液角砾岩在内矽卡岩和外矽卡岩的接触位置十分常见，通常穿切斑岩体，形成被细粒褐红色石榴子石包裹体网状薄片或管道，角砾岩带含有少量的绿泥石。角砾常常呈不规则状，包含棱角或浑圆状的矽卡岩或成矿矿物碎片，被具有相似成分的砂状基质所包裹。闪锌矿和辉钼矿往往不会同时出现在角砾岩中，闪锌矿往往发育在靠近外矽卡岩带的角砾岩中，而辉钼矿则发育在靠近内矽卡岩带的角砾岩中。角砾岩中的主要金属矿物是黄铁矿、黄铜矿以及磁铁矿，大部分呈粉碎状，偶尔可见脉状、团块状或较大碎片。晚期方解石±闪锌矿±方铅矿脉广泛分布。

（四）成岩成矿时代

秘鲁 Antamina 铜锌钼矿床由中新世多相斑岩杂岩组成，形成当今世界已知的规模最大的连续矽卡岩体。通过野外地质和穿切关系的观察，至少确定了 11 个斑岩相，其中只有两个显示出与周围矽卡岩的成因联系（即发育内矽卡岩），然而所有斑岩都发育岩浆黑云母±角闪石和石英网脉，指示热液活动的存在，因此，很可能每一个斑岩都贡献了热液，最终形成 Antamina 超大型的矿床。每个区域中存在不同的斑岩相，每个相的相对时间用缩写 P1、P2、P3 等表示，其中 P1 是最古老的，P3 是最年轻的相。利用 LA-ICP-MS 和 CA-TIMS 锆石 U-Pb 定年确定的矿床四个区域（Taco Bornita，Usupallares，Oscarina 和 Condorcocha）中 10 个斑岩相的年龄范围为 10.95±0.20~10.24±0.23 Ma，其中，Taco Bornita 带包含 5 个斑岩相（10.95±0.20~10.25±0.20 Ma），该带发育了 Antamina 矿床的大部分金属资源量；Usupallares 带有三个斑岩相（10.44±0.14~10.24±0.23 Ma）；Oscarina 带拥有至少两条横穿东北 Taco 带矽卡岩的平行斑岩脉（10.81±0.02~10.54±0.11 Ma）；Condorcocha 带至少有三个斑岩相和一个小型矽卡岩，位于 Taco 带西北约 1 km 处。P2 Condorcocha 仅获得一个年龄，为 10.61±0.12 Ma；Taco 带中 3 个热液黑云母 $^{40}Ar/^{39}Ar$ 年龄包括 P1 带的 11.4±0.5~10.5±0.4 Ma 和 P2 带的 10.2±0.2 Ma。辉钼矿矿化分两个阶段出现在 Taco Bornita 和 Usupallares 区域，第一阶段辉钼矿产于矽卡岩中，形成年龄包括 10.58±0.07 Ma 和 10.44±0.05~10.39±0.05 Ma；第二阶段辉钼矿+石英脉穿过 P2 和 P3 斑岩体，Re-Os 年龄为 9.99±0.04 Ma 和 9.68±0.05 Ma。总体而言，锆石 U-Pb 和辉钼矿 Re-Os 年龄从东北向西南变小，矿床受到构造控制。巨大的 Antamina 矽卡岩矿床形成于约 11 Ma，多个含矿斑岩沿着北东向构造侵位到钙质围岩中（Love et al.，2004）。

四、印度尼西亚 Ertsberg 铜金矿床

Ertsberg 矿床位于印度尼西亚伊里安岛（Irian Jaya）的中西部，是一个超大型斑岩-矽卡岩 CuAu

矿床。已探明资源储量 Cu 45.5 Mt，Au 3178 t。矿床开发始于 1936 年，已有 80 余年历史，自 1972 年起已开采了 3×10^8 t 矿石，平均含 Cu 1.7%、Au 1.1 g/t、Ag 5.4 g/t。Rubin et al.（1998）曾对该矿床做过详细的研究（图 6-4）。

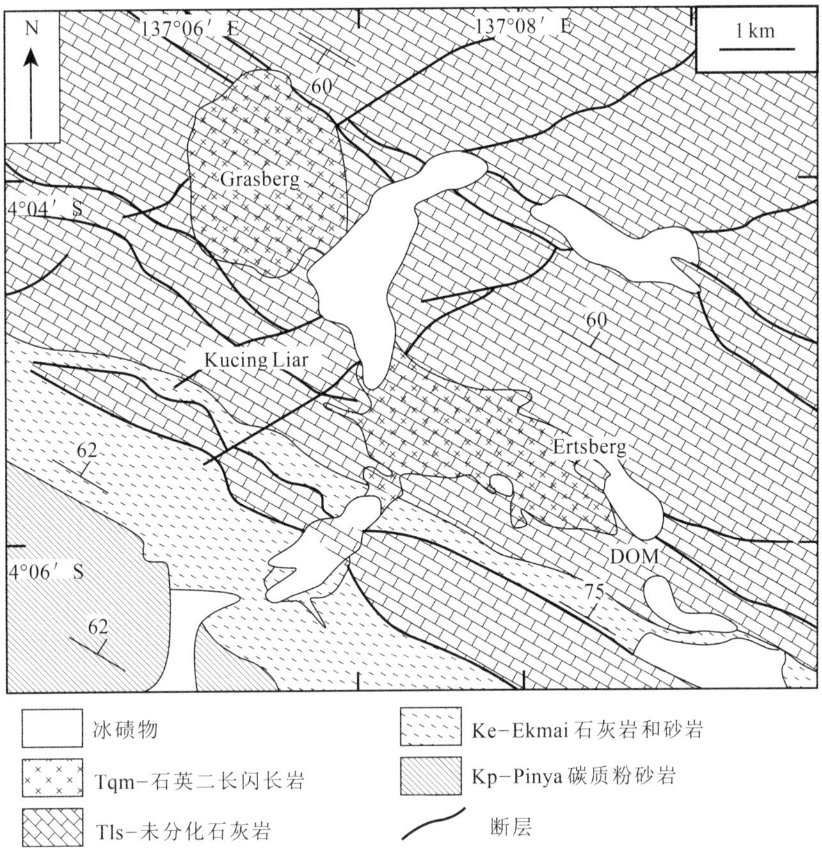

图 6-4　印度尼西亚 Ertsberg 铜金矿床地质略图

（据 Mathur et al.，2000）

（一）矿区地质特征

矿区出露地层主要为中生代 Kembelangan 群碎屑岩和白垩纪—中新世碳酸盐岩层，后者的岩性主要是白云质灰岩，次为砂岩，总厚度达 1600 m。白云岩的存在为本区形成镁矽卡岩创造了必要的条件。

Irian Jaya 岛中西部在中央山脉造山运动时，澳大利亚大陆边缘向北俯冲是在中新世（约 12 Ma）。褶皱方向大约为 110°，一系列陡倾斜的断层与褶皱轴平行，褶皱和某些陡倾斜断层被走向为 30°~70°和 170°~180°的横断层所错开，两组断层的交叉处往往控制了 Ertsberg 的侵入体。

侵入岩在本区由斑岩的岩株、岩脉和岩床组成，所有这些岩体都不同程度地遭到了热液蚀变。侵入体侵入于中生代和新生代沉积岩中，其年龄为 3.1~2.6 Ma。侵入岩的 SiO_2 含量为 54%~66%，大多数集中在 59%~63%之间，Na_2O+K_2O 为 5.6%~8.6%，K_2O/Na_2O 值为 1.3~3.8。投影到侵入岩分类图上，投影点接近粗面安山岩和粗面岩区，相当于石英二长岩、石英二长闪长岩、花岗闪长岩和二长花岗岩。斜长石是最重要的斑晶，斜长石的成分为 $An_{23\sim59}$，平均 An_{38}、Ab_{60}、Or_2；单斜辉石是最普遍的镁质矿物，TiO_2、Al_2O_3 和 Na_2O 的含量较低，但 Fe 的含量比矽卡岩中的辉石高；在岩体边缘有角闪石，但常蚀变成阳起石；磁铁矿是常见的副矿物，其他还有钛铁矿、磷灰石和黄铁矿。

由于这是一个斑岩-矽卡岩型铜金矿床，因此，在斑岩岩体内也有明显的蚀变和矿化，主要呈细脉状出现，大多数细脉宽 0.5～1 cm。矿物组合是石英、石英-黄铁矿+黄铜矿、石英-黄铜矿-绢云母、石英-硬石膏+黄铁矿+黄铜矿、石英-硬石膏-绿泥石+黄铁矿+黄铜矿和石英+黄铜矿+辉钼矿。

（二）矽卡岩类型及分带

矿区内含矿矽卡岩可分为三种类型：正常的 GBT（Gunung Bigin Timur）岩组、中间的岩组和深部岩组。含矿杂岩的垂直深度可达 1200 m，含有 1.22×10^8 t 矿石，Cu 平均品位 2%，Au 0.8 g/t，Ag 10.6 g/t。这是一个世界上最大的镁矽卡岩型铜金矿床。含矿矽卡岩呈很大的透镜体，产于侵入岩体和白云质大理岩的接触带。

上部矽卡岩主要进化交代矿物为透辉石、镁橄榄石和钙镁橄榄石。透辉石是外矽卡岩带中最重要的矿物，细粒状，其成分为 $Di_{76\sim100}Hd_{0\sim24}$，MnO 含量很低（小于 1%）。镁橄榄石很丰富，在外矽卡岩带常与透辉石共生，其成分为 $For_{89\sim100}$，平均 For_{99}。钙镁橄榄石在上部矽卡岩带中也很发育，从地表到 3500 m 标高都能见到。透辉石局部较富集，形成粗粒块状团块。石榴子石分为两类：①在内矽卡岩中呈细脉；②在外矽卡岩中显绿色或无色。内矽卡岩中石榴子石的成分平均为 $Ad_{71}Gr_{28}Py_1$，属于钙铁榴石；外矽卡岩带的石榴子石成分则平均为 $Ad_{67}Gr_{31}Py_2$，也属于钙铁榴石。透闪石和阳起石较少见，主要见于外矽卡岩带；而绿帘石则完全见于侵入岩中；绿脆云母产于外矽卡岩带。少量硅灰石和符山石在内外矽卡岩带中均有产出。

下部矽卡岩进化交代矿物主要有镁橄榄石和透辉石，透辉石的数量随着深度而减少。上述矿物的直径为 50 nm 到 5 mm 不等。尖晶石常产于磁铁矿边缘，与镁橄榄石、透辉石共生；透辉石和阳起石在该矽卡岩带很丰富，常和透辉石、硬石膏伴生，属于透辉石的蚀变产物；金云母随深度而增加，粗粒金云母常包含斑铜矿；滑石、绿泥石和蛇纹石是交代镁橄榄石的产物。

上、下部矽卡岩特征的对比见表 6-2。

表 6-2　Ertsberg 矿床上、下部矽卡岩对比表

	上部矽卡岩	下部矽卡岩
无水的	钙镁橄榄石、透辉石、镁橄榄石、石榴子石、磁铁矿	镁橄榄石、透辉石、磁铁矿
含水的	透闪石、阳起石、绿脆云母、蛇纹石、绿帘石、绿泥石	金云母、滑石、蛇纹石，少量阳起石、绿泥石
副矿物	方解石、硬石膏、石膏	硬石膏、白云石、方解石，少量石膏、石英、磷灰石、锆石、榍石
金属矿物	磁铁矿、黄铜矿、斑铜矿，少量黄铁矿、铁铜蓝	磁铁矿、斑铜矿、黄铜矿、白铁矿、铁铜蓝
矿石结构	角砾状	块状
其他	Au 平均小于 1 g/t	Au 平均大于 1 g/t

硬石膏的产出随着深度的加大而增加。磁铁矿矿体产出的规模很大，沿走向长可达数十米，它的形成晚于进化交代矽卡岩矿物，并和黄铜矿、斑铜矿、硬石膏共生；自然金和银金矿在斑铜矿中呈包裹体出现，其粒度大小为 5～100 nm，并常和辉铋矿、辉碲铋矿、自然铋共生。

矿区矽卡岩既显示横向分带，也具有垂向分带，这是由于向下碳酸盐岩和碎屑岩中 Mg/Ca 值增加，硫化物中 Cu/Fe 值减少。垂直分带最好的例子是 3500 m 以上，主要发育钙镁橄榄石；3500 m 以下，钙镁橄榄石渐变为透辉石-镁橄榄石组合。沿着接触带透辉石-镁橄榄石组合变为以镁橄榄石为主的矽卡岩。Cu、Au、Ag 随深度的增加而增加；而镁橄榄石和硬石膏则随深度增加而减少。

横向分带表现为从侵入体接触带向大理岩方向：透辉石、钙镁橄榄石、镁橄榄石→石榴子石或镁橄榄石→含水矽卡岩矿物（透闪石、金云母、阳起石等）。镁橄榄石、钙镁橄榄石、透辉石，可能还包括方镁石（现在已蚀变为水镁石而呈其假象）直接形成于小规模的接触交代作用。第一阶段的交代矿物有镁橄榄石、透辉石、钙镁橄榄石、尖晶石、石榴子石和部分磁铁矿、黄铁矿；第二阶段形成较晚的含水矽卡岩矿物，包括透闪石、阳起石、金云母、硬石膏，还有大量磁铁矿；第三阶段矿物包括斑铜矿、黄铁矿、黄铜矿，这些硫化物填隙在块状磁铁矿和硬石膏裂隙中，共同形成块状矿石。石英在三个阶段都有出现，但以第二阶段为主，绿泥石和蛇纹石主要形成于第三阶段。

（三）流体包裹体和同位素

钙镁橄榄石的流体包裹体的均一温度介于489~534℃之间，盐度（$NaCl_{eq}$）为39%~54%；有的包裹体温度达633℃，而盐度则为60%；局部有钾盐的子晶（Mertig，1995）。测得第一期石英流体包裹体的均一温度为294~436℃，盐度35%~39%；第二期石英包裹体均一温度为329~360℃，盐度20%~23%。外矽卡岩含金石英-斑铜矿脉中石英包裹体均一温度为228~252℃，盐度为9%~11%。流体包裹体显微测温结果表明：早期矽卡岩形成的流体温度很高，高于531℃，其盐度为36%~42%，这些矽卡岩矿物包括钙镁橄榄石、镁橄榄石和透辉石；石榴子石的流体包裹体显示较低的均一温度（388~411℃）；较晚期的石英流体包裹体均一温度降至241~345℃，盐度也相应降低，平均为10%~21%，代表了大多数工业意义金属矿物形成流体的温度。

Cu-Au矽卡岩矿床硫化物和硫酸盐矿物硫同位测定结果表明：从岩浆中分异出来的热液流体的$\delta^{34}S$值一般为-3‰~7‰；从流体中形成的硫化物与氧化的岩浆平衡所具有的典型$\delta^{34}S$值介于-10‰~10‰之间。这和Ertsberg CuAu矽卡岩矿床中硫化物的硫同位素值大致相当，说明硫的来源主要来自岩浆，但硬石膏的硫可能来自沉积围岩。

总之，印度尼西亚Ertsberg CuAu矽卡岩矿床含矿矽卡岩的形成，主要依靠高温氧化的酸性岩浆流体，接触交代作用是其主要方式。透辉石、镁橄榄石、方解石到镁橄榄石-透辉石的转变反映了镁质碳酸盐岩地层对它的控制。硫主要来自岩浆流体，但部分硬石膏的硫可能是沉积成因的。有经济价值金属硫化物的沉淀较早期矽卡岩的形成要晚。

五、哈萨克斯坦Sayak铜矿床

（一）地理位置和勘查开发概况

Sayak（萨亚克）铜矿是环巴尔喀什成矿带内规模最大的矽卡岩型矿床，位于哈萨克斯坦Balkhash市东约200 km处，地理坐标为E77°13′~77°26′、N46°57′~47°01′。1930年根据之前开采和冶炼的证据发现该矿之后就开始了阶段性的勘探，并在未开发区域和新发现区进行了继续的勘探，矿床于20世纪70年代以来开始开采。

该矿床铜矿保有储量约为57.5×10^4 t，其中萨亚克Ⅰ矿床为30×10^4 t、墨尔德拜（Moldybai）矿床为12.5×10^4 t、新塔斯套（Novy Tastau）和萨亚克Ⅳ矿床为15×10^4 t。也有资料显示，萨亚克矿田含有100×10^4 t以上的金属铜和30多吨金。矿床内的铜含量比较高（1.1%~3.2%），还伴生有钼和钴（0.01%）、金（0.2~2.1 g/t）、银、铋、硒、碲及铁矿石。有些地方，钼矿石含钼达0.1%~0.2%，金钴矿石含金5~10 g/t、钴0.1%~0.2%，硼酸盐（氧化硼10%~12%）矿石也具有工业意义。

（二）区域地质背景

矿田位于北巴尔喀什大陆边缘泥盆纪—石炭纪火山-岩浆弧的萨亚克复向斜内（Li et al.，2016）。复向斜沿NW向延伸60 km、宽40 km，主要由4000 m厚的萨亚克统海相火山-碳酸盐-陆源磨拉石和400 m厚的莫斯科阶含大量次火山建造的安山岩组成。萨亚克统之上不整合覆盖上石炭统安山岩和玄武岩。萨亚克杂岩体主要侵入在萨亚克复向斜的中心轴部位，早期为岩体边缘的辉长岩、辉长闪长岩和闪长岩，中期为大量的石英闪长岩和花岗闪长岩，晚期为黑云母-角闪石花岗岩，碱性不断增加。矿田发育两期伸展岩墙群，早期为NE走向，晚期为NW走向（图6-5）。

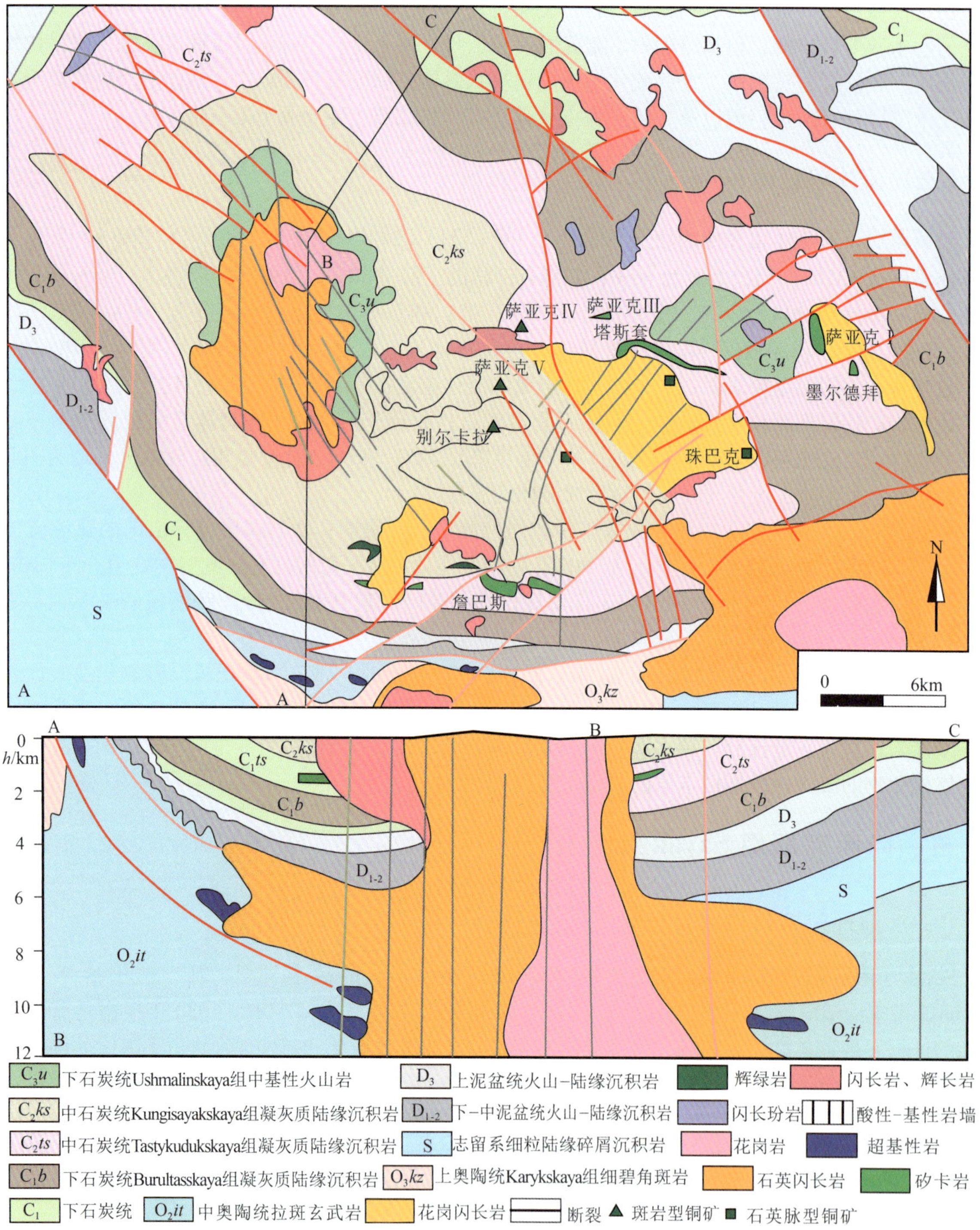

图6-5 萨亚克铜矿田区域地质简图（A据陈宣华等，2010；Bespaev et al.，2004）和萨亚克铜矿床A-B-C地质剖面图（B据陈宣华等，2012）

（三）矿区地质特征

Sayak铜矿不同类型的矿化产于下-中石炭统碳酸盐-陆源沉积岩中，包括中石炭统Kungisayakskaya组、Tastykudukskaya组和下石炭统Burultasskaya组，总厚度约4000 m，主要由砂岩、砾岩、粗砂岩、灰岩以及凝灰质砂岩组成，其中，Tastykudukskaya 组由厚约 200 m 的礁灰岩、生物碎屑灰岩夹凝灰质粉砂岩和泥岩组成。

矿床所处的萨亚克盆地是一个不对称的地堑或复向斜，受多期构造活动影响，NW 和 NE 向断裂最为发育，次为 SN 向和近 EW 向发育。

与成矿有关的岩体主要为萨亚克杂岩体，岩相包括：早期边缘相的辉长岩、辉石闪长岩和闪长岩，中期的石英闪长岩和花岗闪长岩，晚期的黑云母-角闪石花岗岩。成矿岩体主要为早期的闪长岩和中期的石英闪长岩、花岗闪长岩，岩性为 I 型花岗岩，属钙碱性系列，贫 Nb、Ta 和 Ti，轻稀土元素和大离子亲石元素较为富集。Sr、Sr/Y 含量较高，Y 含量和（La/Yb）$_N$ 值较低，具有明显的埃达克岩特征。陈宣华等（2012）获得早期的闪长岩结晶年龄为 335±2 Ma，晚期的花岗闪长岩结晶年龄为 308±10 Ma，反映了两期矽卡岩型铜成矿作用的年龄，其中，335 Ma 为主成矿期年龄。

（四）矿床地质特征

1. 矿体特征

含铜矽卡岩矿体主要受中石炭世灰岩与晚石炭世石英闪长岩、花岗闪长岩的接触带控制，在灰岩层内部，常见含铜矽卡岩矿体受灰岩控制，呈层状展布，矽卡岩带的宽度为 1~1.5 km，沿地层和侵入岩接触带水平延伸几百米至 4~6 km 以上。矽卡岩形态不规则，在大理岩和蚀变花岗闪长岩、石英闪长岩中，主要受其中的裂隙控制，呈不规则细脉或网脉状产出（图 6-5）。

2. 矿物组合

矿区内共发现 4 种矿物组合：①内带发育的石榴子石、自然金、辉钼矿、斑铜矿和黄铜矿组合，该带中硫化物主要发育于石榴子石间隙处，该带的钼品位最高，达 0.01%。②中带发育绿帘石、阳起石、自然金、硫铜铋矿、黄铜矿和磁黄铁矿组合。③外带发育石英、方解石、绿泥石、自然金、毒砂和辉砷钴矿组合，该带的金（达 7.8 g/t）、铋（2.19%）、钴（0.12%~0.20%）含量最高，金常以自然金、银金矿、碲金矿和碲金银矿的形式产出。④脉状方解石、绿泥石、方铅矿和闪锌矿组合。

3. 矿化蚀变及分带

矿区接触蚀变矿化分带明显，从灰岩向侵入岩，依次出现灰岩、大理岩、矽卡岩和侵入岩带。各带之间依次渐变过渡，大理岩带中常见重结晶程度较高的大理岩呈脉状产出，大理岩与矽卡岩之间的界线有突变和渐变两种。矽卡岩带可进一步划分为石榴子石矽卡岩带和绿帘石矽卡岩带，石榴子石矽卡岩主要由石榴子石组成，分布于靠近侵入岩的一侧；绿帘石-石榴子石±辉石±绿泥石矽卡岩带，主要分布于靠近大理岩的一侧，含绿帘石、石榴子石、辉石、绿泥石和石英。这两类矽卡岩空间上的叠加区域非常广泛，矿区常见绿帘石-石榴子石±辉石矽卡岩呈脉状穿切石榴子石矽卡岩。矽卡岩带中块状或脉状磁铁矿发育，但规模不大，无法作为独立铁矿体进行开采。矽卡岩与侵入岩之间也为逐渐过渡，常见两类矽卡岩呈脉状或网脉状穿切石英闪长岩、花岗闪长岩。岩体内常发育类似于斑岩型的蚀变矿化，如钾长石化、硅化、绿帘石-绿泥石化等，局部可见斑岩型 Cu-Mo 矿化，形成含矿石英细脉、网脉或星散状蚀变岩，矿石矿物为黄铁矿、黄铜矿和辉钼矿，在萨亚克 I 矿区这类矿体较普遍，Mo 平均品位为 0.25%，局部高达 1%，与磁铁矿、含 Cu-Mo-Au 矽卡岩型矿石伴生或共生。

4. 成矿阶段

据安芳等（2014）研究，该矿床可划分出 4 个成矿阶段，包括石榴子石矽卡岩阶段、绿帘石-石榴子石矽卡岩阶段、磁铁矿阶段和石英-硫化物阶段。

石榴子石矽卡岩阶段：石榴子石主要为钙铁榴石，手标本呈棕褐色或浅棕褐色；钙铁榴石呈粒状，粒度变化较大（0.1~1 mm），半自形-他形，显微镜下为浅黄绿色。裂隙发育且易被后期流体交代。该阶段形成的石榴子石端员组分为钙铁榴石（Ad_{100}），与铜矿化关系密切。辉石主要成分为透辉石和钙铁辉石，其端员组分变化范围为 $Di_{24\sim34}Hd_{63\sim74}Jo_{1\sim3}$。

绿帘石-石榴子石矽卡岩阶段：形成富含绿帘石及少量辉石、石榴子石和绿泥石的矽卡岩，手标本样品总体呈绿色或黄绿色，辉石、绿泥石含量较高时呈墨绿色，常见绿帘石-石榴子石矽卡岩呈脉状穿切第一阶段形成的石榴子石矽卡岩，或石榴子石矽卡岩以交代残余的形式产于绿帘石-石榴子石矽卡岩中。石榴子石呈粒状，半自形-自形，无色，环带构造非常普遍，成分主要为含铝钙铁榴石。绿帘石交代石榴子石，粒状-柱状，黄绿色，自形程度较高。辉石与绿帘石共生，墨绿色，呈柱状或针状集合体。矿物接触关系显示环带结构的石榴子石结晶略早于绿帘石和辉石。石英主要以包裹体形式产于石榴子石中或与石榴子石共生，绿泥石与绿帘石共生。该阶段形成的石榴子石形成于相对还原的环境，Al_2O_3 含量相对于第一阶段石榴子石明显升高（0.91%～3.35%），其端员组成为 $Ad_{83\sim100}Cr_{0\sim22}$。绿帘石具有明显的富 Al、贫 Fe 特征，与该阶段形成的石榴子石相似。

磁铁矿阶段：主要发育两种矿物组合：①磁铁矿、绿帘石和石英。该组合在矽卡岩带中呈透镜状、脉状或浸染状产出，磁铁矿为致密块状，富 Al_2O_3，贫 MnO 和 MgO，常见磁铁矿脉穿切绿帘石-石榴子石矽卡岩；②磁铁矿呈浸染状、脉状产于第一、二阶段形成的矽卡岩中。

石英-硫化物阶段：该阶段主要形成脉状、浸染状或块状硫化物矿石，并含有少量石英，脉状硫化物穿切石榴子石矽卡岩、绿帘石-石榴子石矽卡岩和块状磁铁矿的现象普遍。主要硫化物组合为黄铁矿-磁黄铁矿-黄铜矿-斑铜矿，脉石矿物为石英、方解石和少量绿帘石等，局部见绿帘石呈自形柱状被石英包裹。该阶段是主要的铜矿化阶段。

安芳等（2014）根据计算得出，石榴子石矽卡岩阶段温度为 600～670℃，磁铁矿-绿帘石形成于 530～630℃，铜矿化阶段发生在 350～590℃。成矿体系 $\lg f_{O_2}$ 从早期的-17～-15 逐渐低至-30～-25。表明成矿体系中氧逸度伴随温度的下降而逐渐降低是控制磁铁矿和硫化物沉淀的主要机制之一。

六、中国湖北大冶铜绿山铜（铁、金）矿床

（一）地理位置

铜绿山铜（铁、金）矿床位于湖北省大冶市西南约 3 km 处，是一个以铁、铜、金为主，伴生有钼、钴等多种有益组分的大型矽卡岩矿床。铜矿和金矿均为大型，铁矿为中型。

（二）区域地质背景

矿区位于 E—W 向大冶复向斜轴部，阳新中生代侵入杂岩西北端，受阳新侵入体西北端岛链状大理岩捕虏体与燕山期早期石英闪长岩类接触构造的控制。

大冶复向斜是由中-上三叠统蒲圻群、下-中侏罗统构成的宽缓向斜，由大冶向斜及其南翼次一级的洋湖背斜、柯益凤向斜、张文桥背斜组成轴向约 280°的向斜褶皱，褶皱群在平面上具有向西撒开，向东收敛的趋势，形成西宽东窄的喇叭状。向斜东段没入大冶湖中，向西被白垩纪陆相火山岩覆盖。

阳新岩体呈 NW 向展布，长约 40 km，宽 12 km，出露面积约 230 km^2，分布于大冶市之南的铜绿山-大箕山一带，由燕山期早期第一次侵入的角闪石英二长闪长岩（原定角闪石英闪长岩）、第二次侵入的粗斑石英闪长斑岩和第三次侵入的细斑石英闪长斑岩构成。阳新岩体周边部，尤其在阳新岩体的西北部蕴藏着丰富的铁铜资源，著名的有铜绿山、鲤泥湖、石头嘴、冯家山、下四房等矿床，组成呈 NWW 向延长的鲤泥湖-石头嘴子、铜绿山-冯家山接触交代型铜铁矿田。

阳新岩体形成于燕山期早期，K-Ar 同位素年龄为 150～137 Ma。岩体与围岩均呈侵入接触，在岩体的西北部与二叠系、三叠系碳酸盐类岩石接触带，以及岩体顶盖的大理岩捕虏体中，发育广泛的矽卡岩化。特别是岩体呈港湾状凹入，以及接触面由陡变缓处，矽卡岩化尤为强烈，这种部位是铁、铜矿体赋存的主要部位。

（三）矿床地质特征

1. 控矿构造

铜绿山矿床位于鄂东南 NNE 向鄂城-大磨山铁铜成矿带上，构造上，产于大冶复向斜南翼马叫-铜绿山 NNE 向背斜之北端。区内印支期奠定了 NWW—EW 向构造的基本骨架，主要由一系列

NWW—近EW向褶皱和断裂构成，燕山期在区域NWW向构造背景上，叠加有NNE向构造，形成次级褶皱，即马叫-铜绿山横跨背斜，伴随马叫-铜绿山褶皱产生一系列与背斜轴向一致或大致平行的纵断裂，并与侵入体接触构造复合，控制着矿体的空间定位。铜绿山矿床即产于NNE向褶皱与断裂的复合构造中（图6-6）。

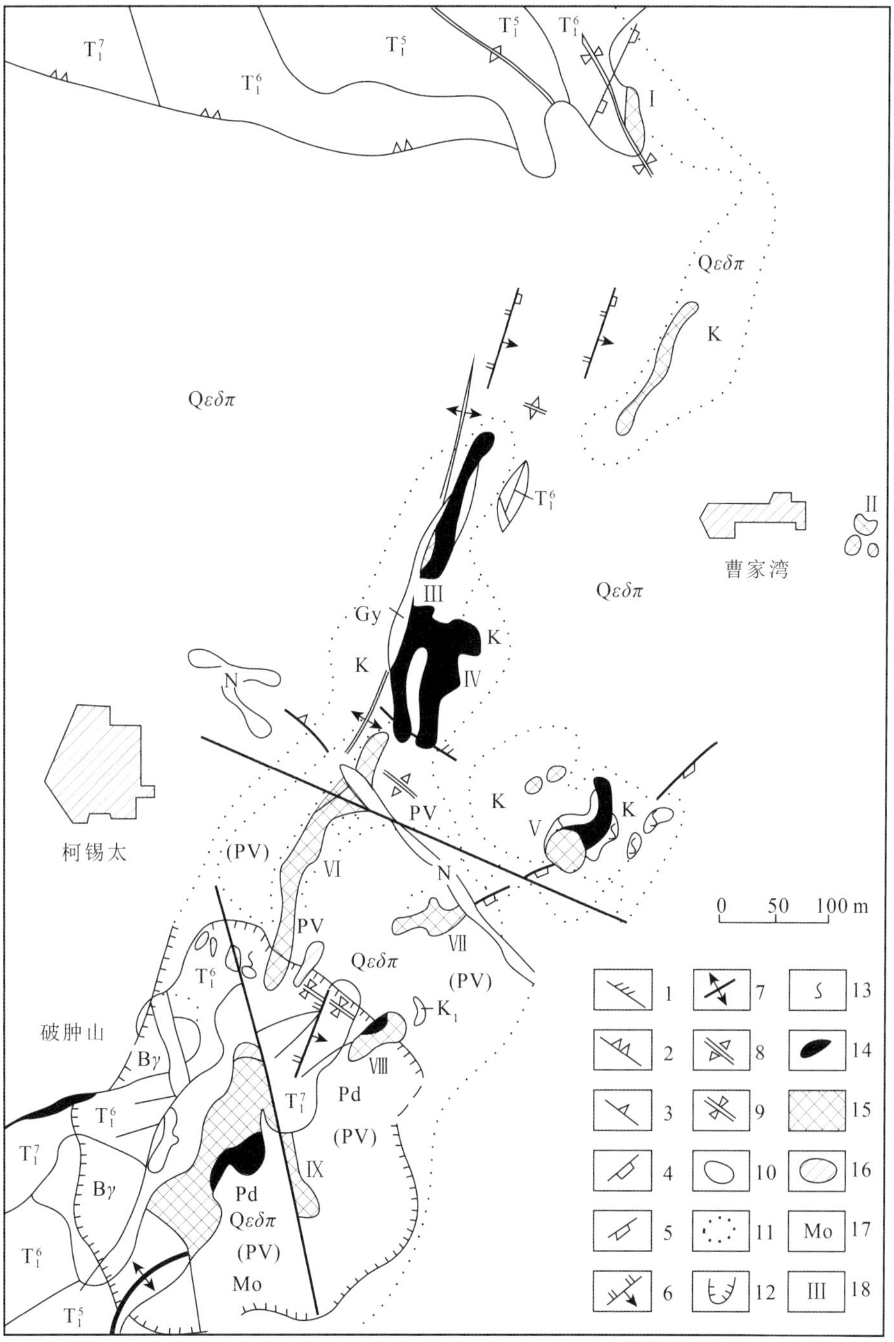

图6-6 铜绿山矿区地质图

（据王成辉等，2013）

K_1—下白垩统安山质凝灰角砾岩；T_1^7—下三叠统大冶群灰质白云石大理岩；T_1^6—大理岩；T_1^5—白云石大理岩；Bγ—构造角砾岩；Pd—构造破碎带；N—钠长斑岩；Qεδπ—石英正长闪长玢岩；PV—斜长石岩；（PV）—斜长石化；K—高岭石化；Gy—硅化岩。1—北西向压扭性断裂；2—北西西向压性断裂；3—北西向张性断裂；4—北北东向压扭性断裂；5—北东向压扭性断裂；6—逆断层；7—北北东向叠加背斜；8—北西西向隐伏背斜；9—北西西向隐伏向斜；10—地质界线；11—蚀变岩相带界线；12—采坑；13—矽卡岩；14—铁矿体；15—铜铁矿体；16—铜矿体；17—钼矿体；18—矿体编号

2. 控矿围岩岩性

矿区内沉积岩仅零星出露有下三叠统大冶群上部四至七段（T_1D^4—T_1D^7）的大理岩、白云质大理岩。矿区南部零星分布有中-上三叠统蒲圻群粉砂岩、粉砂质页岩。沿大理岩、白云质大理岩与火成岩接触带广泛发育矽卡岩化，伴有大规模的铜、铁矿体产出。特别是由白云质大理岩形成的钙镁质矽卡岩对成矿最为有利，当大理岩的接触带形成钙矽卡岩时，矿化规模往往较小。

3. 有关岩浆岩

矿区岩浆岩广泛分布，燕山期早期角闪石英二长闪长岩构成铜绿山矿区侵入岩主体，随研究工作的进展，岩石几易其名，如花岗闪长岩、石英闪长岩、角闪石英二长闪长岩等，但依据岩石中矿物成分的定量统计，在国际地质深成岩分类命名的 Q-A-P 三角图中，位于石英二长闪长岩区。它产于阳新岩体的西北端，在平面上由东南向西北方向发生规律的岩相变化，由角闪二长闪长岩→角闪石英二长闪长岩→斑状角闪石英二长闪长岩→角闪石英二长闪长斑岩（原定花岗闪长斑岩）过渡。在铜绿山矿区范围内，岩浆岩由北至南可划分上、中、下三个岩相带：上带（浅成相）为角闪石英闪长斑岩，中带（中-浅成相）斑状角闪石英二长闪长岩，下带（中深成相）为角闪石英二长闪长岩（图 6-7）。铜绿山矿区的铁铜矿化与岩浆岩深度相关性甚为密切，浅成相的岩石与碳酸盐类岩石接触带发生广泛接触交代作用，随着向中深成相的岩石过渡，交代作用减弱，同化作用增强。由图 6-7 可见，铜绿山矿区所有工业矿体都局限于岩体的上部和中部带中，与角闪石英二长闪长岩的中浅-浅成相具有密切的空间关系。

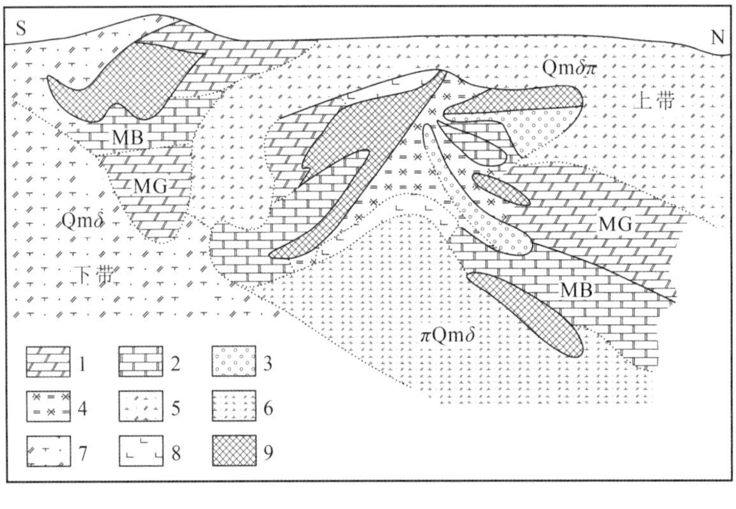

图 6-7 铜绿山矿区岩浆岩分带与矿化位置纵剖面示意图

（据湖北省第一地质队，1973）

1—（MG）紫红色白云质大理岩；2—（MB）白色大理岩；3—石榴子石矽卡岩；4—金云母透辉石矽卡岩；5—（Qm δπ）角闪石英二长闪长斑岩；6—（πQm δ）斑状角闪石英二长闪长岩；7—（Qmδ）角闪石英二长闪长岩；8—斜长石岩；9—矿体

出露于矿区附近的角闪石英二长闪长斑岩具斑状结构，斑晶为斜长石、角闪石，基质为石英、正长石，少量斜长石。斜长石以中长石为主（$An_{32\sim35}$），常发育有环带构造，正长石多呈斑晶产出，粒径 5~20 mm。岩体与大理岩接触带发生强烈的接触交代作用，形成透辉石-斜长石交代岩。斜长石由中-更长石变为培-拉长石，角闪石被透辉石交代，与此同时也造成榍石、磷灰石的局部富集。

4. 侵入接触构造

在铜绿山矿区，由于岩浆岩广泛发育，其与围岩接触处发育多种类型的接触构造，控制着矿体的产状、形态和规模。主要包括以下几种：①楔状接触：大理岩呈楔状被岩浆岩包围，形成上宽下窄的楔形矿体。②叠瓦状接触：大理岩的悬垂体在岩浆岩中呈叠瓦状排布，大理岩捕虏体上、下接触带形成一系列相互平行叠瓦状排布的矿体。③岛链状接触：大理岩的捕虏体在火成岩中呈岛链状排布，于此捕虏体的上、下接触带形成链状或边幕状的矿体群，大理岩下接触带矿体规模最大，尤其是在接触面由缓倾变为陡倾斜处，矿化更为有利（图6-8）。④捕虏体：产于岩浆岩中单个大理岩捕虏体，在其上、下接触带形成交代型矿体，其规模与捕虏体的形态、大小有关，一般规模较小。⑤平缓接触：岩体与大理岩接触面平缓，此种接触形式多以接触变质为主，交代作用不发育，矿体规模通常较小。⑥穿插构造：岩浆岩岩枝沿裂隙或大理岩的层间侵入，形成交错穿插的接触构造形式，控制着矿质的聚集。矿区内以上各种接触构造均很发育，矿体产于不同形态的上下接触带内，但以大理岩下接触带对成矿更为有利。

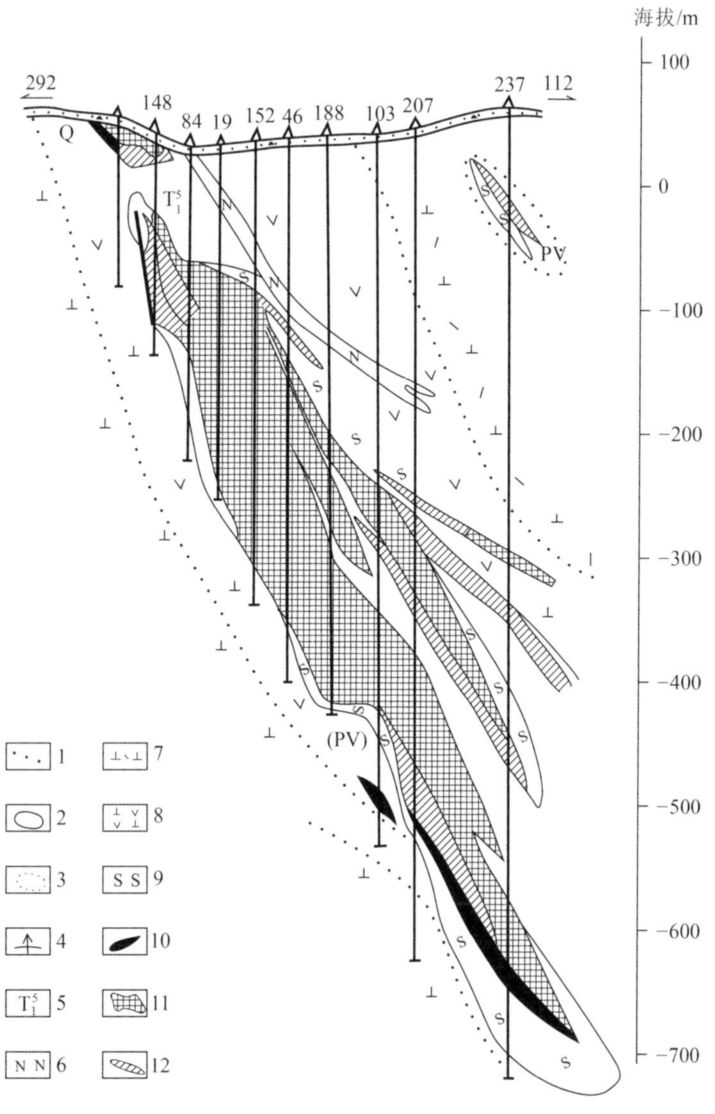

图6-8　铜绿山铜铁矿床3号矿体7线剖面图

（据王成辉等，2013）

1—第四系黏土、砂土、砂砾堆积（Q）；2—地质界线；3—蚀变岩相带界线；4—钻孔；5—下三叠统大冶群大理岩；6—钠长斑岩脉；7—石英正长闪长玢岩；8—斜长石化石英正长闪长玢岩；9—矽卡岩；10—铁矿体；11—铜铁矿体；12—铜矿体

5. 矿带和矿体

铜绿山矿床由大小不等的12个矿体组成，分布于南北长约200 m，东西宽600 m的范围内，矿体在空间上总体受NE向的构造控制，呈两个方向展布（图6-6）。一为NNE向矿带，沿N20°E方向延伸，长2100 m，宽300~350 m，矿带由北东方向斜列的矿体群组成，构成铜绿山矿床之主体。矿体最

大厚度为 140 m，长 800 m。二为 NE 向矿带，沿 N68°E 方向延伸，长约 1850 m，宽 100 m，矿体多呈似层状、透镜状，规模小，分布零星。

矿床中Ⅰ、Ⅲ、Ⅳ号矿体规模较大，Ⅱ、Ⅴ号矿体次之，它们在平面上呈 N20°E 方向延伸，在剖面上矿体沿大理岩接触带斜列分布，其中，Ⅲ号矿体规模最大，呈透镜状，长 370 余米，倾向 SE，倾角 50°~70°，探明的铜储量占矿床的 44%。

6. 矿石类型和矿物组成

矿区内矿石可分为铁矿石、铁铜矿石和铜金矿石三类，依矿石的氧化程度可分为氧化矿石和原生硫化物型矿石。原生铁矿石由磁铁矿、赤铁矿和少量菱铁矿组成，脉石矿物为方解石、石英、玉髓、蛇纹石等，分布于Ⅰ号矿体的下部，$Ⅱ_2$ 号矿体的顶部和Ⅹ号矿体的个别地段。氧化矿石多分布于Ⅳ、Ⅴ、Ⅺ号矿体的近地表部分。铜铁型矿石构成本区矿石之主体，铁、铜矿物主要交代金云母透辉石矽卡岩。原生硫化矿石由黄铜矿、斑铜矿组成，其次为磁铁矿、白铁矿、闪锌矿，非金属矿物为透辉石、石榴子石、方解石、白云石、金云母、石英等。此类矿石广泛分布于Ⅱ、Ⅳ、Ⅴ、Ⅵ、Ⅶ号矿体中。铜矿石主要分布于铁铜矿体的边缘，沿走向或倾斜与铜铁型矿石呈过渡渐变关系，矿体与围岩无明显界线。按含矿岩石的种类不同分为①含铜大理岩：矿石由辉铜矿、黄铁矿、黄铜矿、斑铜矿组成，呈浸染状、细脉状分布于硅化大理岩中，主要见于Ⅹ、Ⅵ号矿体；②含铜矽卡岩：矿石由黄铜矿、斑铜矿、磁铁矿组成，呈浸染状、细脉状交代透辉石石榴子石矽卡岩，主要分布于$Ⅲ_2$号矿体之南部；③含铜闪长岩：见于铜铁矿体及矽卡岩之外缘，由黄铜矿、黄铁矿、闪锌矿、辉铜矿组成，呈浸染状、条带状产出，见于Ⅺ和Ⅲ号矿体内。

矿石中除 Fe、Cu 外，尚伴有 Co、Au、Ag、In 等有益组分，Co 主要以类质同象状态赋存于黄铜矿、黄铁矿、斑铜矿内，一般含 Co 0.03%~0.10%，黄铁矿中 Co 含量最高达 0.84%。Au、Ag 在各矿体中均有分布，但含量不均。常在矿体中心部位较富。在铁铜型矿体中有 Au、Ag 富集，部分赋存于铜矿体中。In 在矿石中含量低，铜精矿中 In 的含量较高，可达工业要求。矿石平均品位为 Cu 1.98%，TFe 46.16%，Au 1.15 g/t。

矿区中氧化带十分发育，在地表形成铁帽及次生铜矿物（孔雀石、蓝铜矿等），氧化带深一般 40~60 m，最深 233 m。在垂直方向上形成淋滤亚带、淋滤过渡亚带、次生富集亚带，次生富集亚带具有辉铜矿、赤铜矿、自然铜。铜的含量是淋失亚带的几十倍至百倍。

组成各类矿石的矿物组成较为复杂，多达 130 余种。矿石矿物主要为黄铜矿、斑铜矿、磁铁矿、赤铁矿、孔雀石，其次为辉铜矿、蓝铜矿、赤铜矿、辉铜矿、辉钼矿、闪锌矿、硬锰矿、黝铜矿、褐铁矿、镜铁矿、针铁矿、自然金等。脉石矿物主要为方解石、白云石、石英、玉髓、金云母、透辉石、石榴子石、蛇纹石、透闪-阳起石、斜长石，其次为高岭石、蒙脱石、绿泥石、绢云母、角闪石、菱铁矿、铁白云石等。

矿石结构可分为五种主要类型：晶粒状结构、固熔体分解结构、交代熔蚀结构、压碎结构和胶状结构。矿石具致密块状、角砾状、浸染状、细脉浸染状、砾状、土状、毛发状、皮壳状构造。近地表部分胶状构造、皮壳状构造、毛发状构造十分发育。

7. 矽卡岩及有关交代岩、矿物成分和分带性

铜绿山矿区广泛发育有各类交代作用，矽卡岩化尤为显著，其次为硅化、钾长石化、高岭石化、蒙脱石化、碳酸盐化。绝大多数矿体赋存于矽卡岩中，金属矿物广泛交代矽卡岩矿物而富集成矿。

（1）交代矿物特征

组成矽卡岩的主要矿物为透辉石、钙铝石榴子石、透闪-阳起石、金云母、韭闪石等，尖晶石、符山石、方柱石等矿物少见。

矿区内的单斜辉石属透辉石-钙铁辉石系列的辉石，含钙铁辉石分子 4%~38%，多数钙铁辉石分子少于 22%，随辉石产出的地质部位的不同，辉石的成分发生规律性变化，总的看来，由内带向外带过渡，辉石中钙铁辉石分子含量依次增高。产于内接触带的透辉石为淡绿色，含钙铁辉石分子 2%~7%。产于内接触带，部分产于外接触带无矿或轻矿化透辉石矽卡岩中的透辉石，以淡绿色为主，有时为黄绿色，含钙铁辉石分子多为 7%~15%。铜铁矿体中石榴子石透辉石矽卡岩中的透辉石，含钙铁辉石分子 18%~22%，此类辉石含 FeO 一般为 1.5%~2.5%，伴有磁铁矿、黄铁矿、金云母、碳酸盐矿物等。产于外接触带与金云母、韭闪石、碳酸盐矿物等共存的辉石为绿色-深绿色，辉石中含钙铁辉石分子为 30%~38%。

石榴子石是本区广泛分布的矿物，经单矿物化学分析获知属钙铝-钙铁石榴子石系列。$(Mn, Mg, Fe)_3Al_2Si_3O_{12}$ 分子不超过 13%，一般为 1%~4%。钙铁石榴子石分子为 27%~60%，沿交代剖面由内带向外带过渡，钙铁石榴子石分子含量增高。内带以钙铝榴石为主，含钙铁榴石分子通常为 30%~40%，而外带多为钙铁榴石（$Ad_{60\sim70}$）。

金云母的大量出现是本区矽卡岩的重要特征，尤其见于外带交代白云质大理岩、白云岩而成的矽卡岩中，金云母呈绿色，自形片状，片径多为 2~4 mm，大者达 5~6 cm，其镁度［Mg/(Mg+Fe+Mn+Ti)］介于 0.92~0.95 之间。金云母主要产于外带及铜铁矿体中，与透辉石、韭闪石、碳酸盐矿物、蛇纹石共存。有时在接触带附近见到金云母单矿物岩。金云母形成于矽卡岩之后，常见交代透辉石，但本身又被磁铁矿、黄铜矿交代。矽卡岩及矿体中金云母脉发育，脉宽数厘米至十几厘米不等，此种金云母形成于金属矿物之后。

矿区内，在铜矿物中，黄铜矿多被斑铜矿所交代，后者又被赤铁矿或胶黄铁矿交代。辉铜矿呈粉末状分布于铁帽中的铁染的碳酸盐矿物或褐铁矿内。

（2）交代分带

视围岩性质不同，铜绿山矿区基本存在两种矽卡岩分带形式。

1）中酸性火成岩与大理岩接触带的交代分带：

中酸性火成岩	石榴子石化透辉石斜长岩	透辉石石榴子石矽卡岩	石榴子石矽卡岩	石榴子石透辉石矽卡岩或透辉石矽卡岩	大理岩

2）中酸性火成岩与白云质大理岩接触带的交代分带，由内带至外带如下。

00 角闪石英二长闪长岩：主要矿物为斜长石、钾长石、角闪石、石英，斜长石为中长石（$An_{30\sim35}$）。

Ⅰ. 石榴子石化透辉石斜长岩：斜长石为培长石（An_{80}），辉石中含钙铁辉石分子 13%~15%，石榴子石中含钙铁榴石分子 30%~35%。

Ⅱ. 透辉石石榴子石矽卡岩：辉石含钙铁辉石分子 13%~15%，石榴子石含钙铁榴石分子 30%~35%。

Ⅲ. 石榴子石矽卡岩：辉石为透辉石（$Hd_{13\sim15}$），石榴子石以含钙铁榴石分子 30%~35% 为主，部分含钙铁榴石为 40%~75%。

外带。

Ⅳ. 石榴子石矽卡岩、辉石含钙铁辉石分子 13%~15%，石榴子石为钙铁榴石（$Ad_{40\sim75}$），部分为含钙铁榴石 30%~35%。

Ⅴ. 金云母透辉石矽卡岩：以金云母、透辉石（$Hd_{18\sim25}$）为主，含少量石榴子石、碳酸盐矿物及闪石族矿物。

Ⅵ. 金云母透辉石白云质大理岩：交代矿物为金云母、透辉石及闪石族矿物。

0 白云质大理岩。

自内带到外带，岩石化学成分发生明显的变化，由角闪石英二长闪长岩形成透辉石石榴子石矽卡岩，SiO_2、Al_2O_3、Na_2O、K_2O 被带出，而 Fe_2O_3、FeO、MnO、MgO、CaO 等大量带入，从而形成富 Ca、Mg、Fe 的硅酸盐矿物组合。外带由白云质大理岩形成透辉石矽卡岩及金云母单矿物岩，SiO_2 被大量带入。透辉石带和金云母带的显著不同在于前者相对富钙，而后者富镁，当形成金云母岩时，有大量的 MgO 带入，Na_2O、K_2O 于外带矽卡岩中有较少带入。

纵观本区矽卡岩交代剖面各化学元素的变化（结合 CK64 孔交代柱的情况）特别突出地表现出下述特征：①SiO_2、Al_2O_3 均由内带向外带迁移，但 SiO_2 迁移范围较 Al_2O_3 为大，在内、外带的矽卡岩

间有较大的 Al_2O_3 梯度；②MgO、CaO 自外带向内带迁移，但 MgO 更多的赋存于金云母带或金云母、透辉石带中，CaO 相对集中于透辉石矽卡岩、透辉石石榴子石矽卡岩中，CaO 的迁移范围大于 MgO 的迁移范围，这种组分差异活动规律是矽卡岩带形成的重要因素；③形成矽卡岩及磁铁矿的铁质可能部分来源自岩浆热液。

不同矽卡岩带有其特征的矿物共生组合，自内矽卡岩带向外矽卡岩带过渡，Ca 的活度增强，Al 的活度较小，乃至外带可形成白云石、方解石、石榴子石的组合。Fe、Mg 的组分由蚀变的火成岩向石榴子石透辉石斜长岩方向增高，而在透辉石金云母矽卡岩中，则主要表现镁的含量增加。

8. 矿化分带及蚀变

矿化分带与矽卡岩分带有一定的依存关系，自内接触带向外，金属矿化与矽卡岩化的综合分带总的表现：①钾长石化（石榴子石矽卡岩化、硅化）角闪石英二长闪长岩铜钼矿化带；②钾化、硅化斜长岩辉钼矿化带；③斜长岩辉钼矿化带（黄铜矿、黄铁矿）；④矽卡岩化斜长岩铜矿化带（黄铜矿、黄铁矿）；⑤金云母（或方柱石）透辉石矽卡岩铜、铁矿化带（黄铜矿、斑铜矿、磁铁矿），是铜铁矿体之主体；⑥矽卡岩化白云质大理岩铜矿化带（黄铜矿、斑铜矿、辉铜矿等）。铜主要寓存于透辉石矽卡岩中，其次为白云质大理岩及钾长石化角闪石英二长闪长岩中。铁主要交代金云母透辉石矽卡岩。

上述金属矿化与蚀变分带的相互关系仅能反映出总体趋势。实际上，就每个矿体而言，矿体各部位的不同类型矿化的空间分布与矽卡岩的分带不尽完全吻合，常有交代重叠现象。

继矽卡岩阶段之后，叠加有强烈的后期蚀变，主要为钾化、钠化、硅化、透闪-阳起石化、碳酸盐化、沸石化、绿帘石化。角闪石英二长闪长岩中高岭石化、蒙脱石化普遍。伴随热液蚀变有铁、铜、钼等矿化活动，其蚀变矿化序列为钠长石、镁铁闪石化（基性斜长石发生钠长石化）→钠长石、绿帘石、磁铁矿化→石英、钾长石、辉钼矿化→石英、钾长石化（伴有碳酸盐矿物、绿泥石）→黄铁矿、黄铜矿化→绢云母、碳酸盐化（伴有硬石膏）。近接触带蚀变种类增多，强度增大，一般矽卡岩带愈宽，后期蚀变范围也大，当蚀变范围大且有多种蚀变叠加时，则可出现规模较大的铜、铁矿体。

上述交代作用特征、蚀变矿化序列，说明本区的内生成矿作用包括了矽卡岩阶段、磁铁矿化阶段、石英硫化物阶段和碳酸盐阶段。

（四）矿床地球化学特征

矽卡岩阶段形成温度为 426~740℃，透辉石形成温度主要为 500~600℃，石榴子石为多阶段的产物，早期形成富铝的钙铝榴石，其温度高于 550℃，稍后，形成外带富铁石榴子石其温度为 450~600℃，晚期脉状石榴子石形成温度为 356~400℃。磁铁矿之爆裂温度为 340~506℃，金属硫化物的爆裂温度为 240~360℃，其中黄铁矿可能经历了两期成矿作用。碳酸盐矿物之均一温度介于 150~250℃之间。

矿床中金属硫化物 $\delta^{34}S$ 值介于 4.9‰~8.7‰之间，呈塔式分布，平均值为 2.51‰。通过氧同位素研究认为，早期成矿溶液主要是岩浆水，而晚期成矿溶液中有大气降水加入。

经 K-Ar、Rb-Sr 同位素年龄测定获知，不同产状的金云母有不同的同位素年龄值，铁矿体附近的团块状金云母年龄值为 151 Ma（K-Ar 法），铁铜矿体中金云母年龄为 142 Ma、131 Ma（Rb-Sr 法），晚期脉状金云母的年龄为 115 Ma（Rb-Sr 法）、117 Ma（K-Ar 法）。可见矽卡岩化及金属矿化的年龄与阳新角闪石英二长闪长岩的年龄值（137~150 Ma）十分接近，从而佐证了成矿作用与本区中酸性侵入岩的侵入活动具成因联系，并且反映出矿化的多阶段性与长期性。

迄今为止，铜绿山矿床公认为典型的岩浆期后接触交代矿床。近年有人在承认上述成因为主导的情况下，提出了少部分板状富矿体存在有岩浆型矿体之可能（鄂东南地质大队）。

七、中国江西九江城门山铜矿床

（一）地理位置

城门山铜矿床位于江西省九江县（今柴桑区）境内。产于长江中下游铁铜成矿带大冶-九江成矿亚带之东南部，是九江-瑞昌地区一个大型“三位一体”的铜（钼）矿床。围绕燕山期城门山侵入杂岩，有规律地排布着互有密切成因联系的不同类型的矿体：斑岩型铜（钼）矿体→矽卡岩型铜矿体→含铜层状黄铁矿矿体，组成了与中、酸性浅成-超浅成岩侵入活动有关的Cu、Mo、S（Fe）成矿系列。矿床中伴生有益组分为金、银、硒、碲、铊、镓等。

（二）区域地质背景

城门山矿床所属的大冶-九江成矿亚带北抵湖北大冶一带，南至江西省九江、瑞昌地区。区内出露主要地层为奥陶系—三叠系。矽卡岩型铜矿主要与二叠系、三叠系碳酸盐类岩石有关，中石炭统黄龙组为形成似层状热液型铜矿之有利层位，志留系砂页岩中则有脉状铜矿及斑岩型矿化。

区内NW向、NNE向及NE向构造均较发育，但NW向构造较为隐蔽，于地表显示零星。NNE向构造是由一系列长条状褶皱构成，褶皱翼部常发育有NEE向冲断层，总体上控制着本区内生金属矿化的空间展布，从而组成五个主要的金属矿带：东雷湾矿带、宝山矿带、武山矿带、丁家湾矿带和城门山矿带。NW向与NEE向构造的交汇部位限定了中生代岩浆岩体及铜矿床的空间定位。

燕山期岩浆活动与区域成矿作用息息相关，此期多形成浅成-超浅成小侵入体，每一个侵入体几乎都是由多种岩石类型构成，出露面积常为0.1~0.8 km^2，岩性以花岗闪长斑岩为主，其次为石英斑岩、石英闪长斑岩。岩石主要由中长石（$An_{30\sim40}$）、钾长石（高正长石、中正长石）、石英、角闪石、黑云母等组成，其中，斜长石有序度多在0.45~0.80之间，钾长石三斜度介于0.25~0.70之间，石英斑晶广泛见到碎裂及熔蚀现象，表现了岩体浅成相的特点。岩石化学特征表现出钙碱质岩浆系列的特点。江西地质局（1977）等单位认为它属于玄武质或安山质熔浆的演化产物。伴随浅成侵入活动，形成广泛的侵入或爆发角砾岩，构成成矿杂岩体的重要组成部分，可视为本区成矿作用之重要特征。

在中酸性侵入岩与碳酸盐岩的接触带，常发育广泛的矽卡岩化，形成各种形态的矽卡岩及矿体，而在浅成斑岩中，常见到细脉状、浸染状的斑岩型矿化。

区内主要铜矿床有五处，著名的有武山铜、硫（金）矿床及城门山铜、硫、钼矿床。

（三）矿床地质特征

1. 控矿地层和构造

矿床产于长山-城门湖背斜倾伏端之北部，矿区自南至北依次展布有志留系—三叠系。地层走向NE 65°~80°，倾向NWW，倾角60°~70°。矿区南部由中志留统构成背斜核部，翼部出露有上志留统、上泥盆统及石炭系—三叠系碳酸盐类岩石，其中二叠系栖霞组、茅口组为重要的矿化层位。矿区内断裂构造发育，以NE、NW向断裂为主体，其中以位于矿区南部的F_1断层和矿区西南部F_2断层最为重要，F_1断层全长1500余米，呈NEE向伸延，断层面倾向SE，倾角60°~80°，南盘逆冲，致使志留系—泥盆系砂页岩局部超覆于黄龙组、栖霞组灰岩之上，最大断距可达350 m，沿主断裂面和劈理面有强烈的硅化和矿化活动，并在断裂下盘层间破碎带的基础上派生F_2“入”字形断裂和“入”字形褶皱（图6-9）。

2. 有关侵入岩

矿区内侵入岩形成于燕山期，同位素年龄为153~118 Ma，是同源岩浆多期脉动侵入的产物，杂岩侵入于志留系—三叠系中，受NNW及NEE向的断裂控制，呈岩株状产出，出露面积约0.8 km^2，平面上近于等轴状，剖面上呈筒状，岩筒向NW向倾伏，倾角70°~80°，由花岗闪长斑岩、长石石英斑岩、霏细石英斑岩、晶屑石英斑岩、英云闪长岩、石英安山玢岩六种不同岩性的岩石组成，为同源二期（燕山期早期的晚期阶段、燕山期晚期的早期阶段）、六次的侵入杂岩，伴随石英斑岩的侵入，

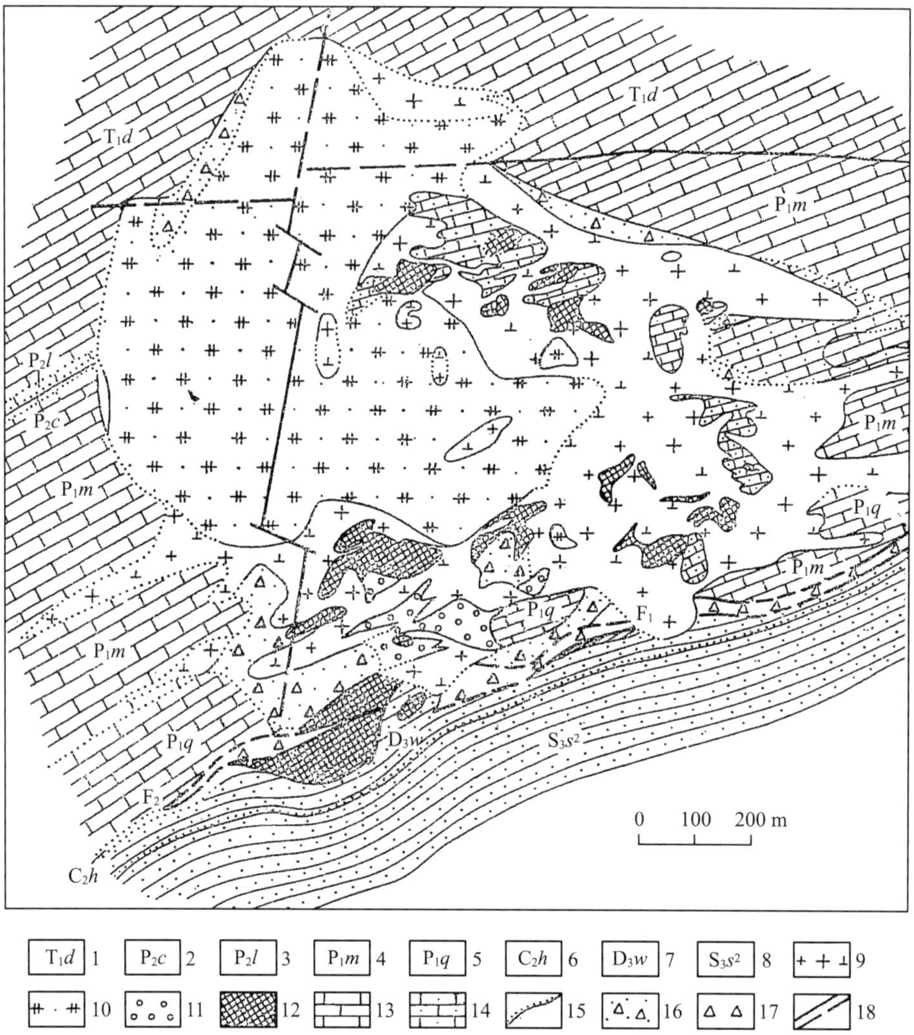

图 6-9　城门山矿区地质图

（据黄恩邦等 1980 年资料编绘）

1—下三叠统大冶组；2—上二叠统长兴组；3—上二叠统龙潭组；4—下二叠统茅口组；5—下二叠统栖霞组；6—石炭系黄龙组；7—上泥盆统五通组；8—上志留统纱帽组；9—花岗闪长斑岩；10—石英斑岩类；11—矽卡岩；12—铁帽；13—石灰岩；14—矽卡岩化灰岩；15—不整合；16—内生角砾岩；17—构造角砾岩；18—断层

有较强的侵入爆破作用，产生了各种类型的内生角砾岩，角砾岩中广泛育有钾、硅质蚀变及泥化、绢云母（水云母）化等，局部地段可构成铜矿体。

花岗闪长斑岩呈断续的环形分布于杂岩体之外围，环的最大宽度约 500 m，与围岩常呈犬齿状接触，在各接触带上均产生了不同程度的蚀变、矿化及同化混染作用。石英闪长岩主要由霏细石英斑岩、晶屑石英斑岩组成，岩石中碎斑结构、角砾-似角砾状构造发育。岩体中或其边部有广泛的爆发活动及斑岩型铜、钼矿化。

岩石以富含碱质特别是富含钾质为特征，花岗闪长斑岩中 K_2O/Na_2O 值平均为 10.71，晶屑石英斑岩为 16.10，爆发角砾岩中 K_2O/Na_2O 值可高达 17.10。

随岩浆活动由早及晚，所形成的各类岩石存在着化学成分的规律性变异，岩石中（Fe_2O_3+FeO）、CaO、MgO、Na_2O 由高至低，K_2O 增多，与此相应岩石中斜长石和暗色矿物含量减少，钾长石显著增多，黑云母的镁度也有增高的趋势。

3. 矿化类型和矿石矿物组成

城门山矿床以侵入杂岩体为中心自下而上（岩体内）、由内而外、从岩体到围岩依次出现斑岩型铜钼矿、矽卡岩型铜硫矿及含铜层状黄铁矿矿体，形成蚀变、矿化的环形分布。

斑岩型铜钼矿体赋存于花岗闪长斑岩内接触带，分布于矽卡岩型矿体之内侧，产于花岗闪长岩及石英斑岩中（图6-10），矿石以细脉状、浸染状为主。金属矿物主要为黄铁矿、黄铜矿、辉铜矿，其次为辉钼矿。以黄铁矿、黄铜矿矿石为主，含铜多为0.37%~0.87%，于石英斑岩体之中心，其深部尚见到第二成矿期之辉钼矿矿体，并伴随微弱的黄铜矿化。

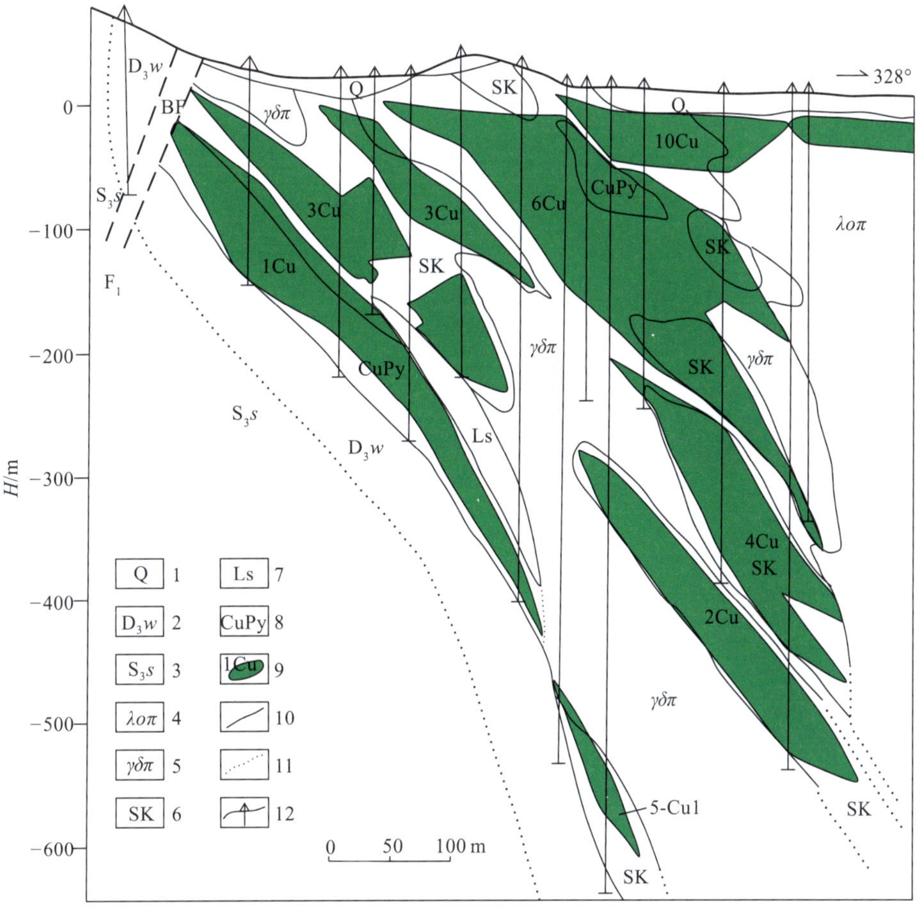

图6-10　江西省九江市城门山铜硫铁矿矿区5线剖面图

（据熊先孝等，2022）

1—第四系；2—上泥盆统五通组；3—上志留统纱帽组；4—石英斑岩；5—花岗闪长斑岩；6—矽卡岩；7—灰岩；8—含铜黄铁矿；9—铜矿体及编号；10—实测地质界线；11—推测地质界线；12—钻孔

矽卡岩型铜矿体位于花岗闪长斑岩与碳酸盐岩围岩接触带，单个矿体呈透镜状，延伸较小，在平面上各矿体环形排布，剖面上呈多字形斜列，产状与围岩基本一致。金属矿物为黄铁矿、黄铜矿、赤铁矿、闪锌矿，少量辉钼矿、穆磁铁矿、蓝辉铜矿，偶见方铅矿、白铁矿、斑铜矿；非金属矿物为石英及钙铁榴石。矿石构造以脉状、块状为主，含铜较富，伴有Au、Ag、Se、Te等多种有益组分，多以类质同象状态寓存于金属硫化物中。该类型矿体占总储量的50%。

层状含铜黄铁矿矿体产于外接触带，主要赋存于五通组石英砂岩不整合面之上，相当于黄龙群层位之中（图6-10左下部），与F_2层间破碎带吻合。矿体呈厚大的板状，形态简单，与地层一致。金属矿物以黄铁矿、黄铜矿为主，少量磁铁矿、闪锌矿；非金属矿物为方解石、石英。此类矿体以富硫为特征，伴生组分为Au、Ag、Se、Te、Ti、Ga、Co等，该类型矿体占总储量的27%。

矿床内矿石矿物、脉石矿物可达70余种，但主要为磁铁矿、黄铁矿、黄铜矿、闪锌矿、辉铜矿、辉钼矿、褐铁矿、石英、石榴子石、透辉石、方解石、菱铁矿等。矿石多为浸染状、细脉状以及松散状和块状等构造，其次为团块状构造、角砾状构造、土状构造及胶状构造，其中浸染状构造、细脉状构造为最主要的矿石构造类型。黄铜矿、黄铁矿、方铅矿、闪锌矿、辉钼矿呈不规则的细脉状、星点状散布于矽卡岩、花岗闪长斑岩、石英斑岩、大理岩及各类内生角砾岩中。矿石具晶粒结构、交代溶蚀、交代残余、胶状结构或隐晶偏胶结构、碎裂结构等多种结构形式。

依据矿石的氧化程度可划分为原生矿石、混合矿石及氧化矿石三类。原生矿石中依其矿石的矿物组合和化学成分划分黄铜黄铁磁铁矿矿石（铜硫、铁矿石）、黄铜黄铁矿矿石（铜硫矿石）、黄铁矿矿石（硫矿石）、黄铜闪锌黄铁矿矿石（铜、硫、锌矿石）、黄铜黄铁磁黄铁矿矿石（铜硫矿石）等五类矿石。矿石铜的平均品位为0.76%。

矿床地表氧化带比较发育，在氧化带的下部有次生硫化物的富集，代表性矿物有辉铜矿、蓝辉铜矿及少量斑铜矿等。

4. 矿床中的交代现象

城门山矿床为与浅成-超浅成中酸性岩浆岩侵入作用有成因联系的“三位一体”矿床，伴随多次的岩浆-矿化活动，形成各类有序的交代矿化组合，并伴有特征的交代分带。以城门山杂岩体为中心，由内向外比较清晰地显示出下述总体的分带规律：

Ⅰ. 钾长石-硅化带（岩体内的中心带）；

Ⅱ. 黑云母-钾长石化带（岩体内过渡带）；

Ⅲ. 黏土矿物-绢云母化带（岩体内的边缘带）；

Ⅲ-1. 黏土矿物-绢云母化带；

Ⅲ-2. 弱硅化、钾长石化-绿泥石带；

Ⅳ. 矽卡岩化带（接触带）；

Ⅴ. 硅化大理岩带（外接触带）；

Ⅵ. 硅化绢云母化带（硅质围岩中）。

上述蚀变分带，分别以花岗闪长斑岩及石英斑岩为中心，形成环形蚀变分带，前者主要发育矽卡岩化，而石英斑岩中则以斑岩型蚀变为主。

矽卡岩带主要分布于矿区中、东部，产于花岗闪长斑岩、二长花岗斑岩与灰岩接触带，特别是在灰岩的悬垂体内及岩枝穿插部位。蚀变带最大宽度断续可达700 m，主要矿物为钙铁榴石、透辉石、硅灰石、透闪石等。晚期叠加有金云母、绿帘石、石英、玉髓、碳酸盐矿物、绢云母、水云母等中低温热液矿物，蚀变分带：

00 花岗闪长斑岩；

Ⅰ. 钾长石化花岗闪长斑岩；

Ⅱ. 斜长石矽卡岩；

Ⅲ. 透辉石、石榴子石矽卡岩；

Ⅳ. 钙铁榴石矽卡岩；

Ⅴ. 硅灰石化大理岩。

其中Ⅰ、Ⅱ、Ⅲ带常发育不全或很窄。

石英斑岩、二长花岗斑岩中普遍遭受了钾、硅质交代作用，表现出较清楚的面型蚀变分带：

Ⅰ. 钾长石-石英带（中心带）：新生矿物主要为钾长石、石英、黑云母，斜长石被钾长石交代，暗色矿物分解，此带中叠加有呈面型分布的高岭土化、绢云母化、水云母化，此带是工业钼矿体主要产出部位。

Ⅱ. 黑云母-钾长石化带（过渡带）：围绕岩体中心呈环形分布，原岩为二长花岗斑岩和花岗闪长斑岩。此带寓存有本区主要斑岩型铜矿。

Ⅲ. 泥化-绢云母化带（边缘带）：分布于岩体边缘或外侧。随原岩岩性的不同，而又产生不同的矿物组合，在石英斑岩中主要为绢云母、水云母、水白云母，高岭石和石英。而于花岗斑岩及二长花岗斑岩中则可见到绿脱石、珍珠陶土、蒙脱石、多水高岭石。此带一般含铜较低。

在矿区南部，岩体与五通组砂岩及志留系砂岩的外接触带，在含铜黄铁矿矿体下盘尚广泛分布有硅化、绢云母化。热液蚀变矿物含量10%~60%不等，蚀变带中有黄铁矿矿体赋存。

城门山矿床内矽卡岩带不发育，但外矽卡岩带可宽达数百米，矽卡岩形成时要求 SiO_2、Al_2O_3、Fe_2O_3、FeO 等组分的大量带入，鉴于本区内矽卡岩带不发育的事实，南京大学等单位认为这些组分一部分可能来自深部岩浆，另一部分可能来自附近的沉积岩本身。本区斑岩型蚀变的显著特色在于钾长石化、黑云母化的广泛发育，泥质蚀变的普遍叠加，石英绢云母化带和青磐岩化带一般很窄。

伴随蚀变在空间上的环形分带，金属元素在空间上分异富集，在岩体中心强烈钾长石蚀变带中，富集有辉钼矿，含铜较低。向外，在过渡带中则有铜的大量富集，形成主要的工业矿体。

通过岩浆侵入期次的研究和蚀变、矿化阶段的划分，可以追溯本区成矿作用的主要过程：伴随花岗闪长斑岩、二长花岗斑岩的侵入活动，出现了强烈的矽卡岩化和铜矿化，之后，在石英斑岩的侵入阶段，则形成较为广泛的钾、硅质蚀变作用，进入了以斑岩型蚀变、矿化为特征的成矿作用时期。在燕山期晚期阶段伴随英云闪长玢岩出现了微弱的铅、锌（铜）矿化。

5. 成矿期和成矿阶段

纵观本区成矿作用的全部历程，可划分如下成矿期和成矿作用阶段。

（1）矽卡岩成矿亚期

1）无水矽卡岩阶段，温度高于475℃；

2）含水矽卡岩及早期铜、锌硫化物阶段，温度为350~475℃；

3）磁铁矿阶段，温度在310℃左右；

4）中期硫化物阶段，温度在160~330℃之间（主要为200~270℃）；

5）早期石英脉阶段，温度低于270℃。

（2）斑岩型成矿亚期

1）含辉钼矿石英脉阶段，温度为300~370℃；

2）晚期硫化物阶段，温度为200~320℃（主要为200~280℃）；

3）末期硫化物、石英、碳酸盐阶段，温度低于260℃。

（3）多金属矿化亚期

方铅矿、闪锌矿、黄铁矿阶段，此阶段尚未形成工业矿化。

上述各成矿阶段在时间上依次发展，各类蚀变、矿化在空间上的有机结合，形成了以岩体为中心的斑岩型和以接触带为中心的矽卡岩型矿化，这两者间存在相互重叠现象。在五通组砂岩不整合面之上形成了低温的层状含铜黄铁矿矿体，这三者构成了城门山矿床与燕山期浅成-超浅成相中酸性岩浆侵入活动有关的斑岩型-矽卡岩型含铜层状黄铁矿型的成矿系列。

由上可见，城门山矿床可能是以矽卡岩矿床为主体的多种类型的复合矿床。吴良士等（1997）测得矿区石英斑岩中辉钼矿的 Re-Os 等时线年龄为140±2 Ma，基本上代表了城门山矿区铜钼矿化的成矿时代。

八、中国河北兴隆寿王坟铜矿床❶

（一）概述

河北省兴隆县寿王坟矿床以产于镁矽卡岩中的铜矿而驰名，在112 km^2 的范围内，围绕燕山期寿王坟中-酸性侵入杂岩体分布有不同类型的铁、铜、钼、铅、锌矿化，主要分布于北湾子-小北沟、三岔口、朝梁子、碾盘沟-下店子、富将沟等地，构成广义的寿王坟矿区。其中位于侵入杂岩西南部之北湾子-小北沟地段，产于镁矽卡岩中的铁、铜矿化尤为主要。由西向东包括北湾子、火神庙、半截沟、龙潭沟、古洞沟及小北沟等矿段，全长3.5 km，称为狭义的寿王坟矿区（图6-11）。

❶ 主要依据下述资料撰写：冶金部华北地质勘探公司514队，1965，河北省兴隆县寿王玟矿区成矿地质条件及矿床远景研究报告；河北省冶金厅地质勘探公司514队，1963，河北省隆县寿王坟矿区北湾子区地质勘探报告书。

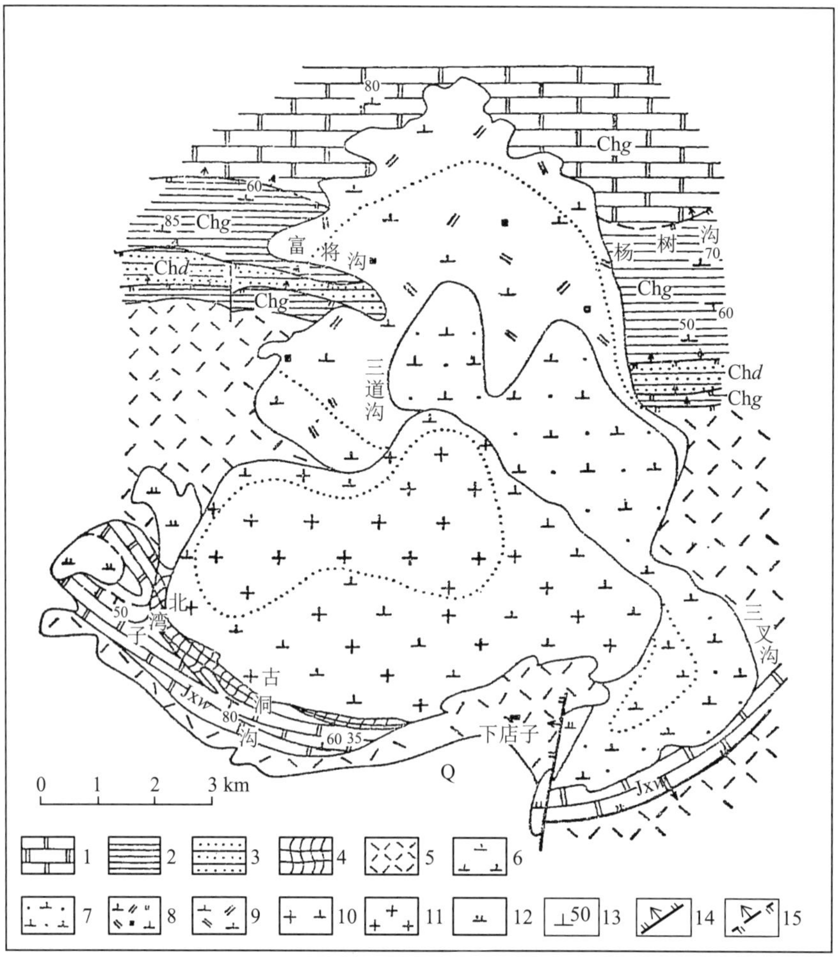

图 6-11 寿王坟矿区地质略图

（据冶金514队资料缩编，1965）

1—燧石白云岩；2—页岩；3—石英岩；4—角岩；5—侏罗纪火山岩、火山碎屑岩；6—闪长岩；7—石英闪长岩；8—石英二长闪长岩；9—二长闪长岩；10—花岗闪长岩；11—花岗岩；12—石英粗面岩、粗面岩；13—产状；14—实测正断层；15—推测逆断层

Ch*g*—长城系高于庄组；Ch*d*—长城系大红峪组；Jx*w*—蓟县系雾迷山组；Q—第四系

（二）区域地质背景

寿王坟矿区位于燕山沉降带中段北部的兴隆台凹内，区域南、北两部均以大断裂为界，北部以张家口-北票深大断裂濒临于内蒙古地轴，南部经喜峰口-凌源深断裂与遵化台凸接壤，西抵密怀隆起，东临北票内陆断陷。

区内太古宙中深变质-深变质富角闪质的片岩、片麻岩构成结晶基底，上覆有元古宇—中生界的沉积盖层。中新元古界出露有长城系、蓟县系和青白口系，下部以碎屑岩为主体，上部为碳酸盐类沉积，大部近东西向分布，出露面积达670 km^2，为本区主要的赋矿层位。长城系底部为石英岩、石英砂岩、长石石英砂岩，中部为页岩、板岩、石英岩、燧石白云岩，上部以燧石白云岩、硅质片岩为主，分黄崖关组、串岭沟组、大洪峪组，高于庄组。蓟县系以雾迷山组最为主要，为一套燧石白云岩地层，一般含MgO可达20%，局部夹泥灰岩、页岩，矽卡岩型铜矿即赋存于本组与燕山期中-酸性侵入杂岩接触带及其附近。青白口系仅出露于区域北部，呈E—W向带状展布，岩性为页岩、碳质页岩及薄层灰岩。区内寒武系—二叠系主要分布于寿王坟矿区的南部。中生界分布广泛，但主要集中于矿区之南部的中生代凹陷地带内，中侏罗统以凝灰岩、火山碎屑岩及内陆湖泊相的砂页岩为主，上侏罗统主要是安山岩、安山集块岩。

区内褶皱构造十分发育，褶皱轴多呈 E—W 向或 NEE 向展布，这些褶皱构造控制着本区沉积盖层的空间分布及在一定程度上制约着侵入岩体的形态特征。

本区中生代岩浆活动比较强烈，形成闪长岩-花岗闪长岩-花岗岩的侵入杂岩，而以寿王坟岩体规模最大，岩相变化显著、岩性多样，在其周边部形成铜、铁、铅、锌、钼等金属矿化。

（三）矿床地质特征

1. 矿区地层

矿区内大部分地段为寿王坟侵入杂岩所占据，岩体周围分布有中、新元古界—中生界。寿王坟铜矿（狭义的寿王坟矿区）即产于杂岩体西南部与元古宇雾迷山组燧石白云岩接触带中，其他各矿点分别赋存于岩体与周围的下古生界或中生界的接触带或围岩中。

中、新元古界包括长城系大红峪组石英岩、高于庄组燧石质及硅泥质板状白云岩、蓟县系雾迷山组燧石白云岩、洪水庄组页岩、铁岭组白云质灰岩等。雾迷山组是本区重要含矿围岩，分布于矿区南部寿王坟、三岔口一带，岩性为厚层含燧石条带白云岩、白云岩夹大小不等的页岩或泥质白云岩透镜体，近岩体部分经热力变质，由泥质白云岩、泥岩、泥质灰岩形成各类角岩，包括黑云母角岩、黑云母红柱石角岩、绢云母角岩及红柱石角岩。在与侵入岩的接触带发生强烈的矽卡岩化，形成岩浆期及岩浆期后镁矽卡岩，赋存有铁、铜矿体。

中生界以侏罗系最为发育，岩性为碎屑岩、火山岩、火山碎屑岩，局部见有裂隙型铜矿化。

2. 矿区构造

矿区位于兴隆台凹寿王坟断折凹陷之西南部，寿王坟复式倒转背斜奠定了矿区构造的总体轮廓，背斜轴向近于 E—W，轴面北倾，倾角 60°~70°，背斜轴部出露有大红峪组石英岩，南、北两翼分布有高于庄组下部的硅质白云岩和泥质白云岩，其北翼经高于庄组上部的燧石白云岩与潘家店复向斜相衔接，向斜内展布有洪水庄组、铁岭组及寒武系。复背斜之南翼大部为中生界所覆盖，在寿王坟、三岔口等地则出露有雾迷山组白云岩（图 6-11）。

矿区内断裂构造甚为发育，其走向多为 E—W 或 NEE 向，而于矿区东北部之李家店-六道沟一带之断层则呈 NW 向延伸。在寿王坟本区的复式倒转背斜轴部断裂往往成群出现，规模较大，逆断层尤为发育，断层面均向北倾，倾角多在 30°~60°之间，中部被寿王坟侵入杂岩所吞食，此组断裂对本区的成岩成矿具有重要意义。

3. 有关岩浆岩

寿王坟矿区出露的岩浆岩为燕山期闪长岩→二长闪长岩、石英二长闪长岩→花岗闪长岩三度侵入的复合岩体，岩体长轴长约 11 km，S—N 向延伸，短轴长 4~9 km，出露面积约 72 km^2，呈岩株状产出，该侵入杂岩侵入到上侏罗统的安山集块岩中，形成时代应为晚侏罗世—早白垩世，依据各岩体的接触关系，可以判明其侵入顺序为闪长岩→二长闪长岩、石英二长闪长岩→花岗闪长岩，这三类岩石依其产出地质条件、结构构造特征可分别划分出内部相及边缘相，各岩相的空间分布见于图 6-11。

应当说明，二长闪长岩、石英二长闪长岩原名为二长岩，但岩石中碱性长石含量不仅不与斜长石含量相仿，而且也低于标准二长岩中碱性长石含量，在国际岩石分类命名 Q-A-P 图解中，位于二长闪长岩、石英二长闪长岩区。寿王坟杂岩体在岩石化学上突出地反映出相对富碱特点，尤其是早期、中期侵入的闪长岩体和石英二长闪长岩体，并且由早期岩体至晚期岩体岩石酸度依次增高。

4. 围岩蚀变

寿王坟矿区沿燕山期侵入杂岩的周边部发生强烈的蚀变和矿化现象，蚀变种类主要有矽卡岩化、绿泥石化、绢云母化、硅化、滑石化、蛇纹石化，而以矽卡岩化最为发育，并伴有 Fe、Cu、Mo 等金属矿化。矽卡岩中以镁矽卡岩矿物镁橄榄石、透辉石、粒硅镁石广泛发育为特征。镁矽卡岩的形成经历了岩浆期镁矽卡岩阶段，此时主要形成镁橄榄石、尖晶石等。在岩浆期后镁矽卡岩阶段，镁橄榄石多蚀变为粒硅镁石并有金云母、磁铁矿的生成，构成粒硅镁石磁铁矿矿体。在内接触带的花岗闪长岩及部分外接触带中形成方柱石、透辉石、石榴子石、符山石、绿帘石等钙矽卡岩矿物组合。在热液阶段透辉石广泛被阳起石、透闪石等矿物交代，嗣后叠加有绿泥石化、绢云母化，伴有大规模金属硫化物沉积，多形成于磁铁矿体的边缘，组成绿泥石化、绢云母化含磁铁矿、黄铜矿的透闪石-阳起石透辉石矽卡岩和含磁铁矿、黄铜矿的粒硅镁石、镁橄榄石矽卡岩。

透辉石、硅镁石族矿物是本区普遍的矽卡岩矿物，透辉石以高度富镁为特征，透辉石端员含量均在90%以上，硅镁石族矿物多为粒硅镁石和斜硅镁石。

5. 矽卡岩分带

本区的矽卡岩自花岗闪长岩至白云岩具明显的交代分带现象，但由于矽卡岩产出部位、地质环境不同其分带也不尽相同。其综合分带如下：

00 花岗闪长岩

Ⅰ. 碱性长石化、方柱石化花岗闪长岩。

Ⅱ. 透辉石矽卡岩，宽2~15 m，主要由透辉石组成，叠加有透闪-阳起石化、绢云母化、绿泥石化、滑石化、硅化及金属矿化。

Ⅲ. 透辉石镁橄榄石矽卡岩，宽5~20 m，镁橄榄石大部蚀变为粒硅镁石、金云母，并有透闪石-阳起石化、绿泥石化、蛇纹石化、滑石化叠加。此带中往往出现粒硅镁石磁铁矿含铜矿带、蛇纹石磁铁矿带和含铜透闪石阳起石粒硅镁石带。

Ⅵ. 粒硅镁石镁橄榄石白云质大理岩带，宽2~7 m，此带中蛇纹石化强烈。

0 白云质大理岩带

中低温热液蚀变有绿泥石化、绢云母化、硅化、蛇纹石化、碳酸盐化。绿泥石化、绢云母化主要发生于外接触带，多交代透辉石，蛇纹石主要交代粒硅镁石和金云母，硅化则主要见于外接触带之大理岩中。

岩浆期镁矽卡岩叠加岩浆期后镁矽卡岩热液蚀变的强度、广度是本区铁、铜矿化直接找矿标志。

6. 矿化特征和矿物组成

寿王坟铜矿床主要矿体均为隐伏矿体，寓存于花岗闪长岩与白云岩接触带，大小矿体达40余个，都集中产于寿王坟杂岩体西南部花岗闪长岩的凹入部位，在此凹部尚有更小的凸凹现象，凹入部位往往具有强烈的矽卡岩化，赋存有较大的矿体，在岩体凸部及接触面平直部位矽卡岩化轻微，矿体规模亦小。单一矿体走向延长300~500 m，垂直延深100~500 m，厚度5~10 m，最大厚度可达40 m，此外尚有规模更小长仅30~50 m之矿体，此类矿体虽数目众多，但储量甚微。矿体多呈不规则透镜状、扁豆状。产状与接触面产状基本一致，走向250°~300°，南西倾斜，倾角60°~70°（图6-12）。矿体主要由磁铁矿矿体和黄铜矿矿体构成，黄铜矿矿体常呈不完整的外壳状包围于磁铁矿矿体外部，尤其在矿体两端更为富集，或以大小不同的扁豆状赋存于磁铁矿矿体内部或切穿磁铁矿矿体。

矿石中金属矿物主要为黄铜矿、辉钼矿、黄铁矿、磁黄铁矿、磁铁矿、赤铁矿，非金属矿物主要有透辉石、镁橄榄石、粒硅镁石、金云母、透闪-阳起石、绢云母、绿泥石、石英、蛇纹石、方解石、石榴子石、绿帘石等。黄铜矿常呈条带状、浸染状、脉状产于磁铁矿矿体及矽卡岩中并交代磁铁矿、黄铁矿和磁黄铁矿。辉钼矿主要以星点状分布于蚀变花岗闪长岩、透辉石矽卡岩中，或沿白云岩层面展布。磁铁矿是分布广泛的矿物，常呈致密块状、条带状、脉状、斑点状产出，与黄铜矿、黄铁矿、磁黄铁矿相伴生，与磁铁矿伴生的脉石矿物为粒硅镁石、透闪-阳起石、透辉石、镁橄榄石、蛇纹石。矿石中发育有自形-半自形粒状结构、他形粒状结构、骸晶结构、乳滴状结构、胶状结构及碎裂结构等，而以交代结构最为发育。矽卡岩中常见白云岩残留，晚期矽卡岩矿物交代早期矽卡岩矿物普遍，金属矿物除交代矽卡岩矿物外，金属矿物之间也广存各种交代现象，由此佐证了交代作用对金属矿物的形成具有重要意义。矿石中多见块状构造、浸染状构造、斑点状构造，块状构造发育于磁铁矿、黄铁矿、黄铜矿矿石、黄铁矿-黄铜矿矿石中。矽卡岩及矽卡岩化白云岩中有的磁铁矿、黄铁矿、黄铜矿呈浸染状构造产出。脉状构造系指黄铜矿、磁铁矿在矽卡岩化白云岩中呈脉状产出以及磁铁矿体中的黄铜矿矿脉。在粒硅镁石磁铁矿矿体中，磁铁矿与粒硅镁石相间排列组成特征的条带构造，条带构造尚见于黄铁矿、黄铜矿矿石、黄铜矿磁铁矿矿石中。矿石中铜的平均品位为0.64%。

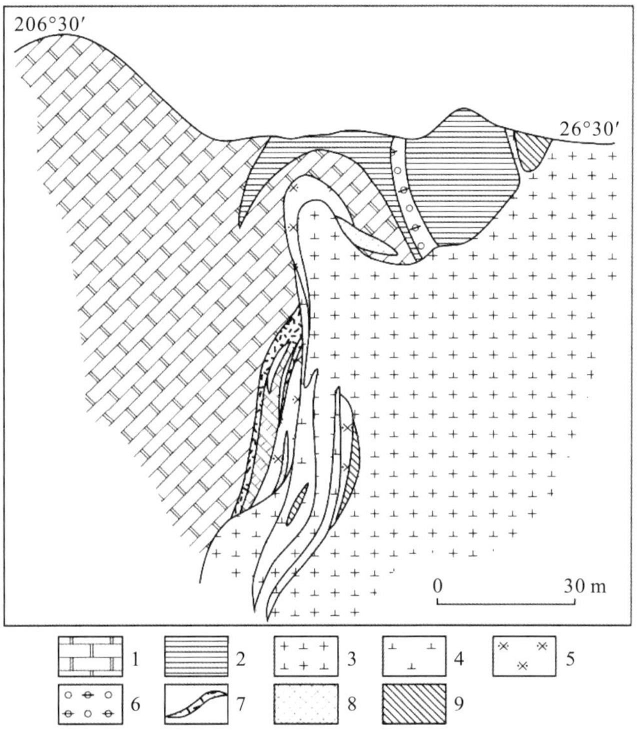

图 6-12　寿王坟矿床 46 线地质剖面图

1—白云母质大理岩；2—角岩；3—花岗闪长岩；4—细晶闪长岩；5—透辉石矽卡岩；6—石榴子石绿帘石矽卡岩；7—铁矿石；8—铜矿体；9—钼矿体

依据矿石矿物的不同组合和矿石的结构构造特征，将本区原生矿石划分为磁铁矿矿石、含铜铁矿石、含铁铜矿石、含黄铁矿铜矿石、脉状铜矿石等。

7. 矿床成因

寿王坟铜矿为典型的矽卡岩型矿床早为地质界所熟知，矿床产于花岗闪长岩与白云岩接触带，受接触构造的控制，绝大多数矿体寓存于矽卡岩中，成矿作用经历了岩浆期镁矽卡岩阶段→岩浆期后镁矽卡岩阶段、钙矽卡岩阶段→金属硫化物阶段→碳酸盐阶段。矽卡岩化与矿化具循序演化特点，磁铁矿开始形成于岩浆期镁矽卡岩阶段，并且都分布于透辉石镁橄榄石矽卡岩中，磁铁矿的大量沉积发生于岩浆期后镁矽卡岩阶段中，具有稳定的硅镁石磁铁矿组合；黄铜矿等金属硫化物形成于中低温热液阶段，广泛交代磁铁矿和矽卡岩矿物，特别是透辉石矽卡岩。矿床内各类交代结构非常发育，具有镁矽卡岩矿床典型共生组合和各交代建造的时空演化关系，交代分带明显，这些都佐证了寿王玟铜矿是与燕山期中-酸性岩浆侵入活动有关的镁矽卡岩型铜矿床。

九、中国西藏墨竹工卡甲玛铜多金属矿床❶

（一）地理位置和勘查开发概况

甲玛铜多金属矿床位于西藏拉萨市东部的墨竹工卡县境内，距拉萨市仅 67 km。该矿早在 20 世纪 50 年代初就已被发现，但由于长期勘查工作投入较少和找矿方向不明，致使找矿工作没有取得重大进展。2007 年底以来，中国地质科学院矿产资源研究所在中国黄金集团的支持下，在前人地质工作的基础上，根据矿体产出的基本特征，结合冈底斯成矿带的成矿特点，以斑岩-矽卡岩型成矿系列理论指导找矿勘查，对该矿床进行了较全面的地质勘探和较系统的研究，取得了重大的找矿突破，在

❶ 主要参考下述文献撰写：唐菊兴等（2010）；冯孝良等（2001）；应立娟等（2009，2010）；姚鹏等（2002）；杜光树等（1998）和唐菊兴等（2009）的未出版的矿区勘查报告。

构造控矿、矿体特征、矿床成因研究等方面取得了重要进展，该矿床目前已经成为冈底斯中东段最重要的矽卡岩型矿床之一，铜、钼、铅锌、伴生金、伴生银均达到大型规模（唐菊兴等，2010）。

（二）成矿地质背景

矿区位于西藏特提斯构造域冈底斯-念青唐古拉地块中南部，与位于西部约 30 km 的驱龙大型斑岩铜钼矿床一起，同属冈底斯成矿带。

矿区及外围出露地层主要为上侏罗统多底沟组（J_3d）结晶灰岩、大理岩和下白垩统林布宗组（K_1l）砂板岩、角岩（图 6-13）。多底沟组（J_3d）结晶灰岩和大理岩厚达 1315 m，岩石的化学成分主要是 SiO_2 3.30%～8.22%，Al_2O_3 0.72%～3.70%，Fe_2O_3 0.07%～0.97%，FeO 0.05%～0.11%，MgO 0.04%～2.68%，CaO 47.57%～53.80%，CO_2 37.38%～41.22%（杜光树等，1998）。较高的 CaO

图 6-13　甲玛铜多金属矿床地质略图

（据唐菊兴等，2010，有修改）

1—第四系沉积物；2—上侏罗统多底沟组灰岩、大理岩；3—下白垩统林布宗组砂、板岩、角岩；4—花岗闪长斑岩脉；5—花岗斑岩脉；6—细晶岩脉；7—矽卡岩；8—矽卡岩型矿体；9—滑覆构造断裂；10—隐伏岩体范围含量为矿区钙矽卡岩提供了物质来源。林布宗组（K_1l）厚达2000余米，分两个岩性段，下段主要由绢云母板岩夹泥质粉砂岩、变质石英砂岩组成，上段为石英砂岩夹斑点板岩、泥质板岩及粉砂岩。在矿区内，林布宗组多已受接触热变质成为角岩。

矿区内断裂构造以NWW向和NEE向两组为主，前者规模较大，后者则规模较小，其中充填有中酸性小岩脉。甲玛矽卡岩型主矿体主要受多底沟组与林布宗组的层间构造及甲玛-卡军果推覆构造体系的控制。矿区内的褶皱发育，规模宏大，褶皱轴面大都NWW向。

矿区的岩浆岩主要呈岩枝、岩脉产出，岩石类型有花岗斑岩、黑云母二长花岗斑岩、花岗闪长斑岩、石英闪长玢岩、闪长玢岩、闪长岩、闪斜煌斑岩、角闪辉绿（玢）岩、石英辉长岩等。目前研究表明，岩浆岩含矿性较好的为偏中性斑岩。含矿岩浆岩SiO_2变化于59.58%~73.16%之间，表现为富K_2O过铝低Mg，并富F、Cl的特点，为过铝质高钾钙碱性岩和钙碱性岩，稀土元素总量变化在70.35×10^{-6}~175.01×10^{-6}之间，平均116.47×10^{-6}，高Sr、低Y和Yb，具明显的正Sr异常。

（三）矿床地质特征

1. 矿体特征

甲玛铜多金属矿床是一个以Cu为主，共生Mo、Pb、Zn，伴生Au、Ag的大型矿床。

矿体主要呈似层状、厚板状、透镜状、囊状和脉状等形态产出，主要受角岩和大理岩之间的层间构造接触面和斑岩中构造裂隙所控制。矽卡岩是矿体的主要容矿围岩，次为斑岩。主矿体长3400 m，最厚257 m，NWW走向，倾向NE，浅部矿体陡倾，受角岩和大理岩之间的构造接触面控制（图6-14）。主矿体的铜、钼、铅锌和伴生金、银均达到大型以上。产于主矿体上部斑岩中的矿体，在剖面上呈塔松状、透镜状，规模也较大，铜、钼达到大型以上规模（图6-14）。

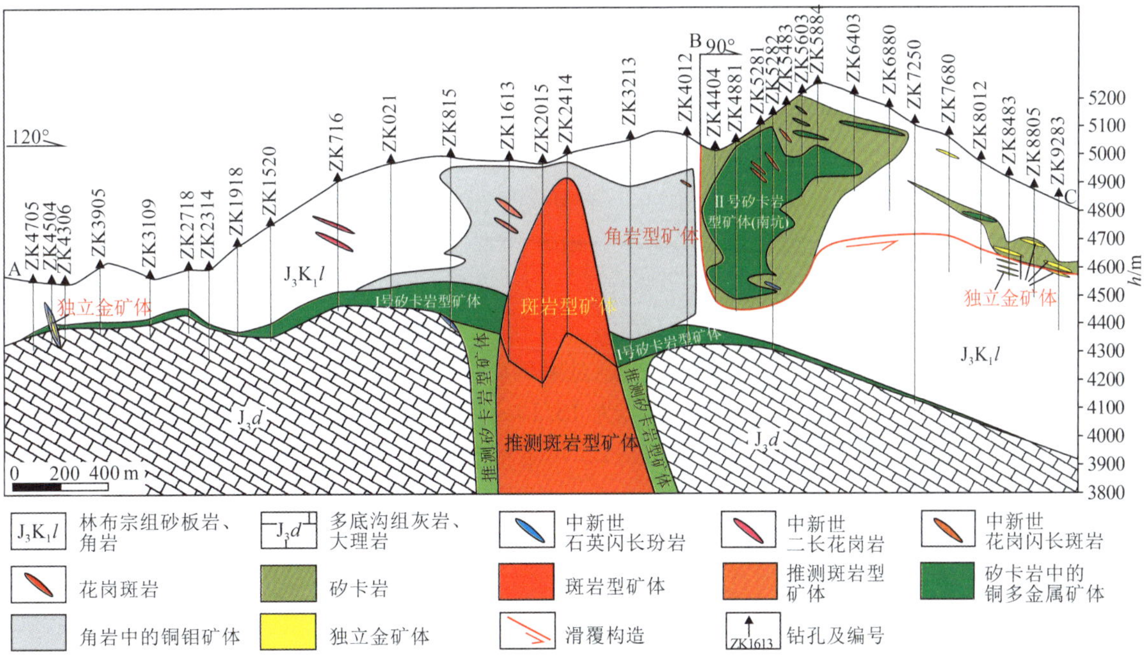

图6-14　甲玛铜多金属矿床地质剖面图

（据郎兴海等，2022）

2. 矿石类型和矿物组成

根据主要有用矿物的共生组合特征，可划分为黄铜矿矿石、黄铜矿-斑铜矿-黝铜矿矿石、黄铜矿-辉钼矿矿石、辉钼矿矿石、方铅矿-闪锌矿矿石和黄铜矿-方铅矿-闪锌矿矿石六类。

矿石的主要金属矿物包括黄铜矿、黄铁矿、斑铜矿、黝铜矿、辉铜矿、辉钼矿、方铅矿、闪锌矿、硫钴矿、毒砂、蓝铜矿等，非金属矿物主要有石榴子石、透辉石、中基性斜长石、硅灰石、绿帘石、钾长石、石英、绢云母、绿泥石、方解石和萤石等。矿石的有益金属平均品位为 Cu 1.003%，Mo 0.063%，Pb 1.004%，Zn 0.74%，Au 0.37 g/t，Ag 17.14 g/t（唐菊兴等，2009）。矿石构造主要有浸染状和细脉浸染状，约占总体储量的95%以上，次为稠密浸染状和块状。

3. 矿化分带

矿区内成矿元素的平面分带由 NE 向 SW，总体表现为 Mo→Cu+Mo+(Au+Ag)→Cu(Mo+Au+Ag)→Pb+Zn(Cu+Au+Ag)→Pb+Zn(Au+Ag)（图 6-14）。从深部到浅部至地表，矿化由钼矿化、铜钼矿化向铅锌矿化变化规律明显，构成了一个完整的与岩浆作用有关的成矿元素分带和矿石矿物分带，反映了从矿化中心至远离成矿中心形成高温的元素组合和矿物组合至中低温组合演化的规律。成矿中心应在则古朗一带，热流体的流向推断从北东部向南部演化（唐菊兴等，2010）。

4. 矽卡岩及有关交代岩和分带性

矿区的交代岩主要有两大类：早期的钙矽卡岩和稍晚的退化蚀变阶段的热液交代岩。

钙矽卡岩是最重要的赋矿交代岩，按其结构构造特征又可分为块状矽卡岩和层纹条带状矽卡岩两类，而以前者为主。块状矽卡岩主要由各种粒状结构的粗晶石榴子石、透辉石、硅灰石组成，次要矿物为石英、方解石、透闪石、阳起石、绿帘石、钾长石、萤石和硅灰石膏。钾长石主要呈微晶分布于石榴子石颗粒间或石榴子石矿物颗粒的内核。硅灰石产于块状矽卡岩的下部，即矽卡岩向大理岩过渡部位，并以单矿物脉的形式穿插大理岩，其矿物形状主要呈针状、丝状、鳞片状或纤维状产出。层纹条带状透辉石-斜长石矽卡岩主要由微晶中-基性斜长石和微晶透辉石的互层条带组成，其主要矿物为斜长石和透辉石，次为绿帘石、石英。斜长石的成分为 $An_{29.9\sim84.6}$，属中-拉长石。

退化热液交代岩为在岩浆岩、角岩、矽卡岩和大理岩中普遍叠加有退化热液蚀变的产物，表现为钾长石化、黑云母化、硅化、绢化母化、绿帘石化、绿泥石化、碳酸盐化和泥化等，特别是在岩浆岩中，构成钾质交代岩、绢英岩、青磐岩和泥化岩等，和典型的斑岩铜矿化有关的蚀变岩组合十分相似。与成矿密切相关的是硅化和黄铁绢英岩化。

对矿区的蚀变岩类进行填图结果，可划分出若干个蚀变带，其分布有一定规律性，从北向南分别是硅化绢云母化带→硅化-绢云母化角岩带→硅化-绢云母化-绿泥石化角岩带→硅化-矽卡岩（透辉石-石榴子石-硅灰石）化带→硅化-矽卡岩化大理岩带→弱硅化-矽卡岩化大理岩带（唐菊兴等，2009）。围岩蚀变的垂直分带情况和水平分带十分相近。

（四）成岩成矿时代

根据李光明等（2005）和应立娟等（2009）对甲玛矿区辉钼矿的 Re-Os 同位素定年结果，矿区内不同矿石类型中辉钼矿的 Re-Os 等时线年龄为 15.18±0.98 Ma。应立娟等（2011）对含矿花岗斑岩和含矿花岗闪长斑岩进行锆石的 SHRIMP U-Pb 年龄测定，获得谐和年龄分布为 14.2±0.2 Ma 和 14.1±0.3 Ma。

因此，成矿时代应在 15 Ma 左右，主成矿期应为中新世 Langhian 期，与冈底斯成矿带上其他主要大中型斑岩-矽卡岩型铜矿的成矿时代基本一致。

（五）成矿模式

区内在中新世 Langhian 期（约 15 Ma），有规模较大的浅成岩浆侵入活动。岩浆的侵位最先导致多底沟组灰岩大理岩化和林布宗组砂板岩的规模宏大的角岩化。当高温热流体沿着大理岩和角岩之间的接触构造面（推覆构造面）运移时，产生两类不同岩性之间的接触渗滤交代作用，形成似层状钙矽卡岩体。随着热流体的进一步演化，在石英-硫化物阶段，在矽卡岩以及部分角岩和大理岩的构造破裂带形成大规模的铜、钼、铅、锌等硫化物矿化。根据前述矿化、蚀变分带特征，推断与成矿有关的主要浅成侵入体可能隐伏在矿区东北的深部。

第七章　矽卡岩铅锌（银）矿床

矽卡岩铅锌（银）矿床多产于大陆边缘褶皱带、岛弧带。矿体一般赋存于距侵入体接触带有一定距离的碳酸盐岩围岩中，沿断裂裂隙或碳酸盐岩和碎屑岩之间，不同岩性的层间破碎带产出，也有产于岩墙、岩脉和碳酸盐岩接触带的（图 1-1）。

与成矿有关的侵入岩可以从闪长岩、花岗闪长岩、石英二长岩到花岗岩及它们的浅成相。

伴生的矽卡岩主要属于温度较低的锰质矽卡岩，其组成矿物有锰钙铁辉石、锰钙辉石、蔷薇辉石、钙蔷薇辉石、锰三斜辉石、锰质阳起石、锰黑柱石和锰铝榴石等，成为找矿勘探的重要标志之一（赵一鸣等，1990）。

矿床常与 Fe、Cu、W、Sn、Mo 等金属伴生，并显示一定的分带性。一般 Fe、Cu 靠近侵入岩接触带，而 Pb、Zn、Ag 则产于距接触带有一定距离的碳酸盐岩围岩中（表 7-1）。

一、美国新墨西哥州 Groundhog 铅锌银矿床

（一）地理位置

Groundhog 铅锌银矿床位于美国新墨西哥州银城东部约 25 km 的森特勒尔。该锌矿床是美国规模最大的矽卡岩锌矿床，也是出露地表最好的矿床之一。1920~1980 年，共开采出 3Mt 高品位矿石，矿石品位 Pb 1.60%~6.69%、Zn 12.60%~14.17%、Cu 0.47%~0.64%、Ag 30 g/t，属于大型矿床。

（二）矿区地质特征

矿区有三种矿化类型：①斑岩铜矿及有关的矽卡岩铜矿化；②汉诺威-菲雅罗深成岩周围及北东向岩墙群周围的矽卡岩铁、锌矿化；③铅锌银矿脉和交代矿体。

根据野外地质关系，矿区有三次岩浆活动，从早到晚依次为花岗闪长岩和石英二长岩岩床→其侵入体→花岗闪长斑岩和石英二长斑岩岩墙群。花岗闪长斑岩岩墙群空间上与矽卡岩相伴生，宽度 1~50 m 不等，向北东方向，矽卡岩规模变大，岩墙数量也越多；石英二长斑岩岩墙没有伴生任何矽卡岩化蚀变，在与灰岩接触处有冷凝带，可见，石英二长斑岩岩墙没有带来大量流体，在矿区范围内，都晚于矿化。

Groundhog 矽卡岩矿床产于古生代沉积岩地层中，与 NE 走向、近直立的一组岩墙相邻。后者与 Groundhog 断裂系近于平行。大部分矽卡岩产于中-上石炭统 Oswaldo 组和下石炭统 Lake Valley 组之间，岩性主要为灰岩、碳质灰岩、粉砂质灰岩和很纯的海百合灰岩。有经济价值的矽卡岩矿化全部产在汉勒威纯海百合灰岩中。这可能部分由于这类灰岩之上覆盖了一层 3~6 m 厚的页岩，把矿化热液封闭在此灰岩中。矿区内沉积岩层几乎水平，倾向 SW，平均倾角 3°，矿区内没有更老的地层出露。

矿区南侧出现的 Theta-Beta 断层系为成矿后断裂，总位移约 600 m，使东南盘向下。这些断裂切穿了矽卡岩和岩墙。断层带的断裂泥中有大量绿泥石和黄铁矿，但在断层接触带，没有矽卡岩和其他蚀变，这表明目前出露的 Theta-Beta 断层并不是形成矽卡岩流体的主要通道。

表 7-1　世界主要矽卡岩铅锌矿床一览表

序号	矿床名称	地理位置	矿床简要地质特征	储量和品位	成矿时代	参考文献
98	加拿大苏立文（Sulvan）铅锌银矿床	British Columbia 省	硫化物矿体产于花岗岩类（闪长岩、花岗斑岩）和前寒武纪石英岩、泥质板岩接触带；矿体呈透镜状，长 1800 m，厚 81 m。矽卡岩矿物有石榴子石、阳起石、电气石、绿泥石等，还发育钠长石化；金属矿物有黄铁矿、磁黄铁矿、方铅矿、闪锌矿、黄铜矿、毒砂、硫锑铅矿和锡石	Pb 8%～10%；Zn 4.5%～6%；Ag 大于 50 g/t；Sn 0.06%	新近纪	
99	美国格朗德霍格（Groundhog）铅锌银矿床	新墨西哥州西南部 W109°、N33°	矿体产于花岗闪长斑岩和石炭纪灰岩的接触带。锰质矽卡岩发育，由锰钙辉石、锰黑柱石、蔷薇辉石、锰钙铁辉石等组成；金属矿物有黄铁矿、闪锌矿、方铅矿、黄铜矿等	Zn 12.6%～14.17%；Pb 1.6%～6.69%；Cu 0.47%～0.64%；Ag 30 g/t 大型	新生代（10 Ma）	Meinert et al.，1987；McDowell，1971
100	美国达尔文（Darwin）铅锌银矿床	加州南部	矿体呈脉状产于所有二长岩和晚古生代灰岩接触带。矽卡岩由透辉石、钙铁榴石、硅灰石、符山石、绿帘石等组成；金属矿物有闪锌矿、方铅矿、磁铁矿、黄铁矿、磁黄铁矿、毒砂、白钨矿等	Pb 6%；Zn 6%；Cu 0.2%；Ag 180 g/t	中生代（174 Ma）	Newberry et al.，1991
101	美国 Linchburg 铅锌矿床	新墨西哥州 Magdalena 地区	矿体产于花岗岩、二长岩与早石炭世灰岩外接触带（距花岗岩约 1.5 km），呈似层状和透镜状；矿化带明显受断裂构造控制。矽卡岩矿物有钙铁榴石、钙铁辉石、锰质钙铁辉石、镁铁闪石等；金属矿物主要为闪锌矿、方铅矿，少量黄铜矿、赤铁矿和黄铁矿；矿化有明显分带：石榴子石-闪锌矿-钙铁辉石-方铅矿-赤铁矿		古近纪、新近纪	Titley，1961
102	墨西哥 Zacatepec 锌铅银矿床	位于 Oaxaca 东北 E96°00′、N17°10′	矿体产于古近纪、新近纪英安岩与白垩纪灰岩接触带。矽卡岩矿物主要有透辉石、钙铁榴石和绿帘石；金属矿物为闪锌矿、黄铜矿、方铅矿、黄铁矿，少量白钨矿	Zn 3.2%；Pb 9.94%；Ag 545 g/t	古近纪、新近纪	Canet et al.，2011
103	墨西哥 Chihuahua Naica 锌铅银矿床		矿体产于流纹质岩墙与白垩纪灰岩的接触带；从近处到远处，金属矿化组合有如下分带：Cu（Au、W、Mo）→Cu-Zn-（Ag）→Pb-Ag→Mn-Ag→Mn→Hg。矽卡岩矿物主要有钙铁辉石、石榴子石和萤石	Cu 0.1%；$Ag>70\times10^{-6}$		Grant et al.，1988；Erwood et al.，1979
104	洪都拉斯墨赤套（ElMochito）锌（铅银）矿床	W87°30′、N14°30′	矿体产于流纹岩、英安岩、辉长岩和白垩纪灰岩夹页岩接触带矽卡岩中。矽卡岩矿物主要有锰钙铁辉石、钙铁榴石、钙蔷薇辉石等，金属矿物有闪锌矿、含 Ag 方铅矿、磁铁矿、磁黄铁矿、黄铁矿、毒砂、自然铋			Willians Jans et al.，2010
105	秘鲁 Alpamina 锌铜矿床	胡宁省	矿体呈不规则状产于白垩纪灰岩、砂页岩中	Zn 150×10^4 t，1.0%；Cu 702×10^4 t，1.35%	白垩纪	杜汉忠等，1987

续表

序号	矿床名称	地理位置	矿床简要地质特征	储量和品位	成矿时代	参考文献
106	智利 Maria Crstina 锌铅矿床	位于科索沃北部 E20°50′、N42°50′	矿体呈似层状、透镜状产于粗面岩、火山角砾岩和灰岩接触带。矽卡岩主要由钙铁辉石、锰钙铁辉石、石榴子石、黑柱石组成；金属矿物有磁铁矿、黄铁矿、磁黄铁矿、闪锌矿、方铅矿、毒砂等	Pb 167×10^4 t，3.45%；Zn 2.3%；Ag 80 g/t	新生代（26~23 Ma）	Palinkas et al.，2013
107	俄罗斯维尔克铅锌矿床	位于远东锡霍特阿林山脉	矿体产于石英斑岩与灰岩之间的构造接触带中，由三个树枝状矿筒组成，往下它们合并成一个巨大的有两个向外伸展的大枝杈的筒状矿体。矽卡岩矿物有锰钙铁辉石、石榴子石、黑柱石、绿帘石、黝帘石等；金属矿物有闪锌矿、方铅矿、磁黄铁矿、黄铜矿，次有毒砂、黄铁矿、白铁矿和磁铁矿		古新世	Smirnov，1983
108	哈萨克斯坦 Алтын-Топкан 铅锌矿床	位于哈萨克斯坦西南部	矿体位于花岗闪长岩与泥盆纪—石炭纪灰岩、火山沉积岩接触带矽卡岩中，呈透镜状、脉状。矽卡岩由钙铝-钙铁榴石-辉石、硅灰岩、蔷薇辉石、钙蔷薇辉石、绿帘石等组成；金属矿物有闪锌矿、方铅矿、黄铜矿、黄铁矿、磁铁矿、白钨矿、辉钼矿等			Царев，1990
109	韩国 Yeonhwa - Ulchin 铅锌矿床	E129°10′、N37°	矿体产于石英斑岩、石英二长岩与寒武纪灰岩的外接触带，呈管状和脉状。矽卡岩矿物有锰钙铁辉石、石榴子石、钙蔷薇辉石、蔷薇辉石等；金属矿物为闪锌矿、方铅矿、黄铁矿和黄铜矿		新生代（72.6±2.2 Ma 和 49.3±2 Ma）	Yan et al.，1982
110	日本 Nakatatsu 铜铅锌矿床	E136°45′、N36°30′	矿体呈透镜状产于古近纪、新近纪花岗斑岩和石炭纪灰岩的外接触带。矽卡岩矿物主要为锰钙铁辉石，次有硅灰石、钙蔷薇辉石、透辉石、石榴子石、绿帘石、符山石等；金属矿物有方铅矿、闪锌矿、黄铜矿、磁黄铁矿、磁铁矿、辉铁矿、辉钼矿、毒砂等		新生代（64.9±4.7 Ma）	Shimizu et al.，1982
111	日本铁父（Chichibu）锌铁多金属矿床	E139°、N36°	矿体产于石英闪长岩、石英闪长斑岩与石炭纪—二叠纪板岩、灰岩、砂岩、辉绿凝灰岩的接触带。矽卡岩矿物有钙铁辉石、透辉石、石榴子石、硅灰石、绿帘石等；金属矿物为磁铁矿、黄铁矿、闪锌矿、黄铜矿等	TFe 55%		Kitamura，1973；桂林冶金地质所，1974
112	泰国帕达内（Pa Saeny）锌矿床	夜税东南 12 km	矿体产于花岗岩与灰岩接触带，呈似层状、巢状；长 600 m、宽 200 m，平均厚 25 m，最厚 80 m	Zn 378×10^4 t，20.6%	奥陶纪	杜汉忠等，1987

续表

序号	矿床名称	地理位置	矿床简要地质特征	储量和品位	成矿时代	参考文献
113	澳大利亚 Ban Ban 锌矿床	昆士兰州 E150°10′、S25°	矿体南北走向，产于石英二长岩与火山碎屑岩、灰岩的接触带，呈似层状；最长达 1320 m，宽 8~12 m，延深 220 m。矽卡岩矿物主要有锰钙铁辉石、钙铁榴石、绿泥石等；金属矿物有闪锌矿、黄铁矿、菱锌矿、磁黄铁矿、方铅矿，少量磁铁矿、自然铋、辉铋矿	富矿，局部：Zn 高 32%；Pb 3.2%（大型）		Ashley，1980
114	澳大利亚 Attutra 铅锌铜（银）矿床	E136°、S22°20′	有七个近垂直的板状矿体，赋存于石英磁铁矿、云母片岩和矽卡岩中；整个矿带总长 8km，矽卡岩中还含白钨矿	Cu 6.4×10^4 t，3.07%	元古宙	杜汉忠等，1987
115	中国水口山铅锌（金）矿床	湖南衡阳	矿体呈透镜状产于石英斑岩、花岗斑岩和早石炭世灰岩的接触带。矽卡岩矿物组合有钙铁辉石、石榴子石、符山石、绿泥石、萤石等；金属矿物为闪锌矿、方铅矿、黄铁矿、黄铜矿、磁铁矿、铁闪锌矿、白钨矿、锰菱铁矿、毒砂、自然金等	Pb 2.43%；Zn 2.85%；Au 6.12 g/t；大型	晚中生代（154.8±1.9~125.2 Ma）	赵一鸣等，1990
116	中国白音诺铅锌矿床	内蒙古赤峰市巴林左旗	矿体产于花岗闪长斑岩与早二叠世灰岩、凝灰质碎屑岩的外接触带矽卡岩中，呈透镜状、鞍状、脉状。矽卡岩矿物由透辉石、石榴子石、硅灰石、符山石、钙蔷薇辉石等组成；金属矿物有闪锌矿、方铅矿、磁黄铁矿、黄铁矿、黄铜矿、磁铁矿、辉银矿、自然银和硫盐矿物	Pb 2.02%；Zn 5.44%；（Pb+Zn）244×10^4 t；Ag 1164 t；31.36 g/t	晚中生代	赵一鸣等，1997b
117	中国浩布高铅锌矿床	内蒙古赤峰市巴林左旗	矿体产于花岗岩体外接触带早二叠世大理岩中，呈透镜状和似层状。矽卡岩矿物和金属矿物和白音诺矿区相似	Pb 2.18%；Zn 4.90%；大型	早白垩世（132.2 Ma）	赵一鸣等，1997b
118	中国八家子银铅锌矿床	辽宁葫芦岛市建昌县	矿体产于石英二长闪长岩和元古宙白云质大理岩接触带及围岩中，呈透镜状、脉状；铁矿体直接产于接触带，Ag-Pb-Zn 矿体主要沿外接触带北西向断裂分布，断续延长达 4 km。与铁矿体伴生的是镁矽卡岩，而与 Ag-Pb-Zn 矿体伴生的则是镁质锰矽卡岩；后者的矿物组合很特殊，有锰透辉石、锰铁橄榄石、锰直闪石、锰铝榴石、蔷薇辉石、锰热石等；金属矿物有磁铁矿、黄铁矿、磁黄铁矿、黄铜矿、闪锌矿、方铅矿、辉钼矿、硫锰矿、辉银矿、自然银、脆银矿、金银矿等	Ag>1000 t，186 g/t；Pb 1.79%；Zn 2.32%；Cu 0.3%；S 25%	晚中生代	赵一鸣等，2012

续表

序号	矿床名称	地理位置	矿床简要地质特征	储量和品位	成矿时代	参考文献
119	中国焦里铅锌银钨矿床	江西赣州市上犹县 E114°18′、N25°53′	矿体呈似层状、透镜状产于花岗闪长岩外接触带寒武纪变质碎屑岩夹结晶灰岩；矽卡岩矿物有透辉石、钙铝榴石、钙铁辉石、硅灰石、锰钙铁辉石、钙蔷薇辉石、锰质符山石、锰质阳起石等；金属矿物有闪锌矿、方铅矿、白钨矿、磁黄铁矿、黄铁矿、辉银矿、螺状硫银矿、碲银矿、自然银等	(Pb+Zn)>30×10^4 t；Pb 2.02%；Zn 1.19%；Ag>1000 t，154 g/t；WO_3>5×10^4 t，0.296%	中晚侏罗世（173.7~171.6 Ma）	赵一鸣等，2012
120	中国亚贵拉铅锌银矿床	西藏工布江达县 E92°41′、S30°13′	矿体产于石英斑岩与石炭纪—二叠纪灰岩接触带，由多个似层状矿体组成。矽卡岩矿物有石榴子石、透辉石、绿帘石、绿泥石等；金属矿物为黄铁矿、闪锌矿、方铅矿、磁黄铁矿，次有黄铜矿、白铁矿、毒砂、辉钼矿等	(Pb+Zn) 278×10^4 t；Pb 8.27%；Zn 2.95%；Ag 294 t；Ag 294 g/t（大型）	新生代（62.4±0.6 Ma）	黄克贤等，2012
121	中国黄沙坪铅锌钨多金属矿床	湖南郴州市桂阳县	矿体呈透镜状产于花岗斑岩、石英斑岩与泥盆纪—石炭纪白云质灰岩、灰岩的接触带，具明显的分带：W、Mo矿体主要分布在石英斑岩与灰岩接触带；Cu矿体产于石英斑岩中；Cu、Pb、Zn矿体则产于石英斑岩与围岩接触的破碎带中	(Pb+Zn) 150×10^4 t；Pb 4.52%；Zn 7.77%；WO_3 9.1×10^4 t，0.254%	晚侏罗世（154.8~150.1 Ma）	姚军明等，2007；艾昊，2013
122	中国二股铅锌多金属矿床	黑龙江铁少市东南 E128°20′、N47°	矿体呈似层状、透镜状产于花岗闪长岩与二叠纪大理岩接触带。矽卡岩由石榴子石、透辉石、绿帘石组成；金属矿物以磁铁矿、磁黄铁矿、闪锌矿、方铅矿为主	Pb-Zn为大型；Pb 1.93%；Zn 2.69%；TFe 34.66%	早侏罗世（191.4~182.2 Ma）	赵一鸣等，2007
123	中国小西林铅锌矿床	黑龙江伊春市东南40 km	矿体产于二长花岗岩和早寒武世白云质大理岩接触带，呈透镜状	大型 Pb 3.79%；Zn 4.11%	晚奥陶世（451±5 Ma）	赵一鸣等，2007

续表

序号	矿床名称	地理位置	矿床简要地质特征	储量和品位	成矿时代	参考文献
124	中国二道河铅锌银矿床	内蒙古扎兰屯 E128°02′、N47°45′	矿体产于石英斑岩与志留纪砂页岩夹灰岩断层接触带矽卡岩中；呈大透镜体，厚 70 m 左右	大型，Zn 122×10^4 t，5.57%；Pb 31.05×10^4 t，1.44%；Ag 133 g/t	早白垩世（126.7±0.7 Ma）	李进文等，2011
125	中国佛子冲铅锌矿床	广西梧州岑溪市	矿体呈似层状、筒状产于花岗闪长岩体与早志留世变质砂岩、粉砂岩夹灰岩、火山岩外接触带中	大型，（Pb+Zn）>100 $\times10^4$ t；Pb 2.48%；Zn 3.01%	晚二叠世（258.2±3.2 Ma）	程顺波等，2012
126	中国虎头崖铅锌铜多金属矿床	青海格尔木市乌图美仁乡，祁漫塔格山 E91°40′、N37°04′	矿体产于印支期二长花岗岩、花岗闪长岩、钾长花岗岩与中元古代—晚石炭世大理岩、灰岩、火山凝灰岩等接触带矽卡岩中，兼具正接触带和外接触带矽卡岩亚型，铅锌铁铜锡钼金属成矿元素组合复杂，共圈出 7 个主矿带、51 条矿体。矽卡岩矿物有石榴子石、透辉石、绿帘石、绿泥石、透闪石、阳起石等，金属矿物有磁铁矿、黄铜矿、闪锌矿、方铅矿、黄铁矿、磁黄铁矿等	Pb+Zn+Cu 资源量 100 余万吨，达大型规模；Sn、Fe 达中型规模	晚三叠世（229.9~224.1 Ma）	丰成友等，2011a，b；瞿泓滢等，2015
127	中国维宝铅锌（铜）矿床	新疆若羌县，新疆、青海交界处 E91°07′、N37°07′	矿体主要呈不规则层状产于新元古代条带状大理岩与泥质粉砂岩互层的外接触带矽卡岩中，成矿与石英闪长岩、辉石闪长岩有关。矽卡岩矿物有透辉石、绿帘石、石榴子石、角闪石、绿泥石等；金属矿物有方铅矿、闪锌矿、黄铜矿、黄铁矿、磁黄铁矿、磁铁矿等	大型，平均品位 Pb 1.01%；Zn 1.22%；Cu 0.15%；Ag 9.01 g/t	晚三叠世 相关侵入岩体年龄为 223.3±1.5 Ma 和 224.6±2.9 Ma	钟世华等，2017

（三）矿床地质特征

1. 热液蚀变和矽卡岩

（1）内矽卡岩

在与碳酸盐岩接触带附近，花岗闪长斑岩和石英二长斑岩岩墙都不同程度上遭到热液蚀变。石英二长斑岩岩墙中通常含有1%~2%的浸染状黄铁矿和出现在斜长石斑晶中的微小绢云母片；但是，靠近与碳酸盐岩接触处，蚀变仅限于基质中，绿泥石逐渐增加。这种蚀变带厚度通常小于1 cm，但有时可达1 m。与此相反，花岗闪长斑岩岩墙中通常含5%的浸染状黄铁矿，并且在靠近碳酸盐岩接触带，有发育完好的带状矽卡岩。内矽卡岩由交代长石和角闪石斑晶的粉色绿帘石及交代镁质矿物和长石基质形成的绿泥石、绿帘石、石英和方解石组合组成。

（2）外矽卡岩

在整个矿山内，矽卡岩都是在花岗闪长斑岩岩墙边缘呈较薄的外壳产出，只是厚度和几何形态局部都有很大变化。厚度变化的部分原因是原岩的透水性、粒度和组分不同。由粗粒灰岩形成的矽卡岩厚度一般为5 m或更厚，而由细粒含碳灰岩形成的矽卡岩，尽管具有类似的分带，厚度一般小于5 m，甚至只有几厘米。

北段的矽卡岩一般可分为大理岩边缘带、块状辉石矽卡岩带和岩墙接触带。①在大理岩边缘带中，矽卡岩和灰岩总是被褪色带隔开，该带由重结晶的方解石和少量石英组成，方解石单晶直径可达2 cm，并且常呈长条状平行于矽卡岩接触面。这个褪色带通常构成矽卡岩的外壳。在褪色大理岩或矽卡岩内的残余碳酸盐斑块中，局部出现浸染状闪锌矿、黄铁矿和微量方铅矿，在矽卡岩内以及在褪色灰岩和块状矽卡岩间含少量富锰蔷薇辉石晶体。②块状矽卡岩带由粗粒辉石组成，含闪锌矿、微量黄铁矿、磁铁矿或赤铁矿，这些辉石构成多重交代条带，条带中的晶体垂直大理岩边缘带，各条带之间有毡状结构的无定向辉石条带隔开。③岩墙接触带是流体运移的主要场所。块状辉石-闪锌矿外矽卡岩和绿帘石-绿泥石内矽卡岩都形成在岩墙接触带附近，并与之平行。此接触带还含石榴子石-黄铁矿脉，因此也是绿泥石-硫化物退化蚀变的叠加场所。在Groundhog矿山，石榴子石脉只限于东北段，这种石榴子石呈层状和脉状穿插块状辉石-闪锌矿矽卡岩，有些石榴子石和黄铜矿伴生。这些富石榴子石矽卡岩局部含铜达2%~3%，其中黄铁矿和磁铁矿也特别多。

在Groundhog矿山，通常认为是矽卡岩退化产物的含水矿物如绿泥石和闪石产状很特殊。几乎所有矽卡岩中，都有一个块状绿泥石-黄铁矿带，将内矽卡岩带和外矽卡岩带分开。此带含矿品位高，硫化物可达50%，大多为黄铁矿，宽度5~10 m。其他矿物还有闪石、黑柱石、石英、方解石、赤铁矿、闪锌矿、黝铜矿、方铅矿和黄铜矿。在此种黄铜矿和方铅矿中，分别有方黄铜矿和硫锑铜银矿的圆形包裹体。

除了石榴子石仅仅出现在东北段以外，所有上述矿物和矽卡岩分带现象，出现于矿山的各段。各段的主要区别是矿物含量、比例及粒度不同。与东北段相比，中段矽卡岩的蔷薇辉石含量高得多，矽卡岩之外的灰岩褪色、角砾化和矿化程度也要大得多，但黄铜矿很少作为单独的矿物相，较多的是在闪锌矿中呈包裹体。在中段矽卡岩中，有些大理岩边缘带内，蔷薇辉石条带厚几厘米到几十厘米。在一些地方，交代脉或灰岩褪色前缘的组合，造成了斑块状角砾岩。褪色灰岩所含的硫化物-石英-碳酸盐-绿泥石交代体也比东北段大得多；交代体含有石英、富锰碳酸盐矿物、黄铁矿和闪锌矿。

在矽卡岩西南段，块状辉石矽卡岩和退化蚀变现象都很少见。在Groundhog矿山的矽卡岩中，向西南方向的最大变化是常见硫化物-石英-碳酸盐矿物±绿泥石脉、晶洞和灰岩中的块状交代体，而没有矽卡岩。在西南段的某些地方，矿化流体看来封闭在页岩之下的海百合灰岩中，从而形成平卧的块状硫化物矿体。这些平卧矿体也含有石英、富锰碳酸盐矿物和硫化物，但不含钙硅酸盐矿物。

（3）矿物组成与分带

大多数矽卡岩矿物富锰是这类矽卡岩的一个特点，但石榴子石、黑柱石、闪石、绿泥石、碳酸盐矿物和闪锌矿也局部富锰。在矿区内，就像整个矽卡岩在矿物学上分带一样，这种锰的富集也呈带状分布。除了明显的沿矽卡岩走向分带和垂直于花岗闪长斑岩岩墙（或横切矽卡岩方向）的狭窄分带外，还有随标高和围岩成分而出现的明显但不规则的成分变化。此外，温度和氧逸度对矽卡岩矿物的成分也有很重要的影响。

辉石产于整个矽卡岩系统中，其主要元素（Fe、Mg、Mn）的固溶体具有易变性，故通过辉石可以最好地研究这些变量的复杂相互作用。为了查明它们各自对成分的影响，对 200 多个样品的辉石单晶进行了电子探针分析，结果表明既有透辉石，也有锰钙铁辉石，又有锰钙辉石，而且辉石在成分上没有间断。Groundhog 矿区的矽卡岩在整体上表现出具有预测价值和勘探意义的共同格局，即辉石成分反映了系统的分带。在下列情况下，辉石越来越富锰而贫镁：①沿走向向西南方向；②向大理岩边缘带；③岩体的高处。

相反，原岩则具有明显的缓冲效应：由碳质灰岩形成的辉石比由纯净灰岩形成的辉石粒度细、镁铁比值高，并且贫锰。由于典型灰岩氧化锰含量平均仅 0.2%，比矽卡岩矿物（可达 40%）低得多，故辉石向西南段和较高位富锰，不可能是原岩成分变化的结果。

2. 流体包裹体

对 500 多个具有原生成因的流体包裹体（大多数在辉石中）进行分析。大多数为两相的并且均一化为液体，少数为气体并且均一化为气相。矽卡岩东北段的一些石榴子石和辉石的包裹体中，含有可见的子矿物石盐和钾盐。

所有原生流体包裹体的均一温度介于 230~415℃之间，但随矽卡岩走向上的部位和矿物特点不同，存在系统上的差异。一般来说，东北段的液体包裹体均一温度和盐度最高，平均值分别为 337℃和 8.5%；中段次之，平均均一温度为 320℃，盐度为 7.3%；西南段则较低，均一温度和盐度平均值分别为 293℃和 6.2%。

采自东北段的两个辉石样品，各含有空间上相互联系的两套同成因包裹体组，或均一为液相，或均一为气相，且均一温度都是 410℃，是发生过沸腾作用的证据。

3. 金属矿化分带

矿区具有贱金属的系统分带。从东北段到西南段，Zn/Cu 和 Pb/Cu 值增加，铅的品位增加了三倍多；相反，铜的品位则以东北段最高。其矿物学特征也随之变化，在东北段铜主要呈独立的块状黄铜矿与石榴子石伴生；而在中、西段，黄铁矿仅呈包裹体产于闪锌矿中。

和许多铅锌矿床一样，在矿区从岩墙到大理岩，钙硅酸盐矽卡岩矿物具有石榴子石-辉石-蔷薇辉石分带序列。例如，东北段的分带：近岩墙接触带为石榴子石-黄铁矿-磁铁矿-黄铜矿-闪锌矿，中间矽卡岩带为辉石-闪锌矿-黄铁矿-磁铁矿-赤铁矿，大理岩边缘带为辉石-蔷薇辉石-闪锌矿-方铅矿±黄铁矿-赤铁矿。矽卡岩矿物的流体包裹体测定结果也显示，均一温度和盐度也从东北向西南方向有所下降。

总体上，Groundhog 矽卡岩铅锌银矿床成矿在空间上与近于直立的古近纪—新近纪花岗闪长斑岩岩墙群有关。与其他许多矽卡岩一样，矿区矽卡岩也按金属含量和矿物学特征分带，其特殊性在于分带的走向长度大于 3 km。所有上述规律综述于表 7-2。

表 7-2 矽卡岩、流体包裹体和金属比值分带对比

特征	远端	中间	近处
石榴子石/辉石	不含石榴子石	1：20	1：1
辉石中的锰钙辉石	>50%	25%~50%	<25%
铁的氧化态	赤铁矿>磁铁矿	赤铁矿=磁铁矿	磁铁矿>赤铁矿
金属矿物含量	闪锌矿=方铅矿>黄铜矿	闪锌矿>方铅矿>黄铜矿	闪锌矿>方铅矿=黄铜矿
矽卡岩/筒状矿体	<1	1~10	>10
均一温度	<320℃	320~400℃	>400℃

续表

特征	远端	中间	近处
盐度/%	<7.5	7.5~15	>15
Zn/Cu 值/%	>20	10~20	<10
Zn/Pb 值/%	<2	2~5	>5
Zn/Ag 值/%	<5	5~10	>10

二、美国犹他州 Bingham 铅锌矿床❶

（一）沉积岩

Oquirrh 盆地位于犹他州中北部，面积约 60000 km^2，是一个独特的盆地，与北美其他地区同一时期的盆地相比，其沉积岩厚度无与伦比。盆地沉积了从晚密西西比亚纪到早二叠世大约 8000 m 厚的细粒砂岩、粉砂岩和浅至中等深度的海相沉积石灰岩。盆地内部沉积构造表明沉积岩源区位于盆地北部、西北部和东北部。大陆架边缘位于盆地中心以东约 80 km 处，大陆架的等时地层厚度仅 900 m。

Oquirrh 群的中部，在当地被称为 Bingham Mine 组，属于下密苏里阶，位于 Butterfield 组的 Des Moinesian 中段之上。Bingham Mine 组主要由细粒石英砂岩组成，由石英胶结物到正石英岩，夹少量深灰色含碳石灰岩和钙质含碳粉砂岩。灰岩在 600 m 深度以下含量更大，约占岩体总体积的 12%。Highland Boy 和 Yampa 这两个基底灰岩段是厚度最大、分布最广的碳酸盐岩单元，组成了西部接触带中唯一的主要含矿层位。

Bingham Mine 组的薄至中层石灰岩，由细至中粒生物碎屑方解石颗粒组成，细晶方解石胶结。少量的含碳物质，通常为质量占比小于 1%的有机碳，广泛分布在整个基质中，使新鲜的石灰岩由灰色变为黑色。石灰岩层中常见化石碎屑分布。层状和球状的燧石存在于一些灰岩层中，是 Highland Boy 和 Yampa 段的特征。大多数燧石是交代形成的，保留了被交代的方解石的生物碎屑结构。交代形成的燧石球状颗粒，从初期只有围绕灰岩聚集成壳状的细粒石英，到完全交代灰岩形成球状燧石。大多数燧石形态介于这两种类型之间。几乎所有的灰岩层都含有大量的碎屑石英，并且在整个地层中都存在从细砂质或粉砂质灰岩到石灰质砂岩或粉砂岩的递变。石英粒度和石英的百分含量之间存在相关性：碎屑石英含量小于 15%的岩层主要含有泥质至细砂质砂石英颗粒，而石英含量较高的地层通常含有 0.2~0.5 mm 粒径的石英颗粒。单个岩层中石英含量和粒度的快速变化在 Highland Boy 和 Yampa 灰岩段的上三分之一部分中很常见。石英砂岩透镜体或薄层砂岩与靠近灰岩段顶部的纯灰岩层交替出现，导致上盘接触带中岩性呈现渐变关系，与下盘接触带中岩性突然变化相反。对 Highland Boy、Middle Quartzite 和 Yampa 段的地层等厚线研究表明，地层从 Middle Canyon（位于 Carr Fork 西南 5.5 km 处）到 Bingham 地区，沿着北东—东方向变薄。在 Rood 和 Apex 褶皱轴向部分观察到的 Yampa 和 Highland Boy 灰岩厚度是正常地层厚度的 2~3 倍。造成岩层增厚的原因可能是河流向褶皱的枢纽部分泛滥或者可能受 Yampa 段灰岩中低角度断裂的影响。

Bingham Mine 组中的粉砂岩与灰岩密切相关，但也与石英岩互层产出。粉砂岩层呈薄至中层状构造，20 cm 至数米厚，硬度为中等至非常坚硬。这些粉砂岩通常含有少量的碳质，局部含有燧石和化石。众所周知粉砂岩可以横向分为石灰岩和砂岩，因此代表两种端员类型之间的过渡相。粉砂岩占 Bingham Mine 地层的 5%~10%。

露头处呈浅褐色-浅灰色的石英岩或砂岩是 Bingham Mine 组的主要岩性，含量约占整个地层的

❶ W W Atkinson, J R Marco, T. Einaudi. 1978. Skarn formation and mineralization in the Contact Aureole at Carr Fork, Bingham, Utah. Economic Geology, 73: 1326-1365.

83%。石英岩呈薄至中层状，平行于交错层理，通常为交错叠层，局部包含褶皱层理。石英岩粒度为双峰型，分选性良好，一部分为粉砂质，另一部分为细粒至中粒砂质，并且非常纯净，石英颗粒平均含量通常大于60%，含有少量长石（微斜长石和钠长石）及重矿物颗粒。其余部分由浑圆状碎屑方解石颗粒组成。在个别薄层中发现碎屑微斜长石含量高达20%。胶结物由石英、方解石和少量玉髓组成。在相同的样品中常发现石英和方解石混合的胶结物。大多数交错叠层状砂岩和石英岩的前积层向南倾斜，表明沉积物来源为北部地区。固结的滑塌构造也表明南侧为盆地区域或者地势较低。

整个剖面都有薄至2 cm的页岩碎片。页岩常见于灰岩和粉砂岩层的底部和顶部，与石英岩一同出现，含量多变。页岩碎片的数量从25个/m到1个/5 m不等。页岩碎片通常表明真实的层理状态，并且有助于解释石英岩为何呈厚层状交错层理产出。页岩由伊利石、蒙脱石和细粒石英组成，含少量碳质物质和黄铁矿。

（二）矿区构造

该地区的沉积岩提供了多期构造变形作用的证据，尽管主要的构造模式是在白垩纪的Sevier造山运动期间获得的。矿区的断层模式主要由一组走向为NW向、略微向SW倾的断层和一组走向NE、急剧倾斜的断层组成（图7-1）。这些断层和它们切割的NWW走向的褶皱形成于Midas逆冲断层的上层板块，该断层被认为是基底Charleston-Nebo逆冲断层中发育的众多叠瓦状构造之一。第三纪（古近纪、新近纪）侵入事件期间后续发生的断层错动和盆地及山脉断裂似乎沿着白垩纪构造发生。现将主要构造特征按形成顺序描述如下。

褶皱：Oquirrh山南部的宾夕法尼亚系地层整体发育为长的、弧形的、NW向的背斜和向斜，轴面倒转向NE向，这些褶皱被认为是由来自南方的逆冲作用引起的变形的初期阶段。Bingham向斜穿过该区的北部，褶皱北翼倾向W—SW25°~35°，而南翼倾向N—NW15°~50°。褶皱南翼倾向相对均一的岩层在穿过该区域中心的一个NW向陡峭至倒转层理时突然被干扰（图7-1）。这个陡峭岩层的北部和南部界限分别界定了向斜（Rood褶皱）和背斜（Apex褶皱），轴面向N急剧倒转。Rood褶皱向W—NW20°方向倾伏，而Apex褶皱基本上是水平的。因此直立层理的振幅从W向E减少，并在该地区的东部，Bingham岩株的东南部尖灭。Binhan向斜的褶皱振幅也显示从W向E逐渐减小的特征，并且在Carr Fork-Bingham峡谷的东侧变得宽阔且界限不清。褶皱的轴面通常是石英岩中拉伸断裂痕迹和石灰岩层过度增厚的位置。

层面断层：在褶皱期间可能变得活跃的层面断层主要形成于灰岩层的底部，岩性在此处通常会发生突变。这些断层普遍发育在矿区东部倾向为NW向的地层中，以及Giant Chief断层和Copper Cente断层的NE方向。这些断层可能形成于Midas逆冲断层的运动期间（Smith，1961）。向N倾的层面断层发育于Carr Fork地区南部的Yampa灰岩下盘，向N的倾向滑距为150~450 m。再往北，层理断层在Lark和Highland Boy石灰岩体的底部也很常见。第三纪（古近纪、新近纪）热液活动期间发育的层面断裂的重要性体现在断层中硫化物浓度的异常。矿区东侧的Lark铅锌矿脉和西侧的Yampa岩体下盘铜矿脉就是突出的例子。

NW向断层系统：一系列明显的NW向断层穿过矿区，褶皱轴接近平行。在Carr Fork-Bingham峡谷以西，接近地表的区域，这些断层倾向为NW向50°~60°。在向SE方向延伸的过程中，这些断层向S摆动并入NE向断层系统，或者变平缓，与层面断层合并。所有NW向的断层都错断了褶皱，并且都在早期发生倒转或者右旋，可能发生于白垩纪。大部分还发育第三纪（古近纪、新近纪）的盆地和山脉。这些现象在Occidental断层尤为明显。

NW向断层系统从北到南主要包括Midas断层、Bear断层、Markham断层、Copper Center断层、Giant Chief断层、Petro断层和Occidental断层（图7-1）。Midas断层是一个主要的逆冲断层，在Lark矿床倾向为正西，倾角20°，在Bingham峡谷西侧的倾向为SW，倾角40°~60°。根据James et al.（1961）的研究，下盘的沉积岩全部发育褶皱，而且褶皱产状与上盘中的几乎没有相似之处。由于褶皱的产状变化复杂，地层断距从0~1.6 km不等；净断距尚未确定。Robert et al.（1965）认为Midas

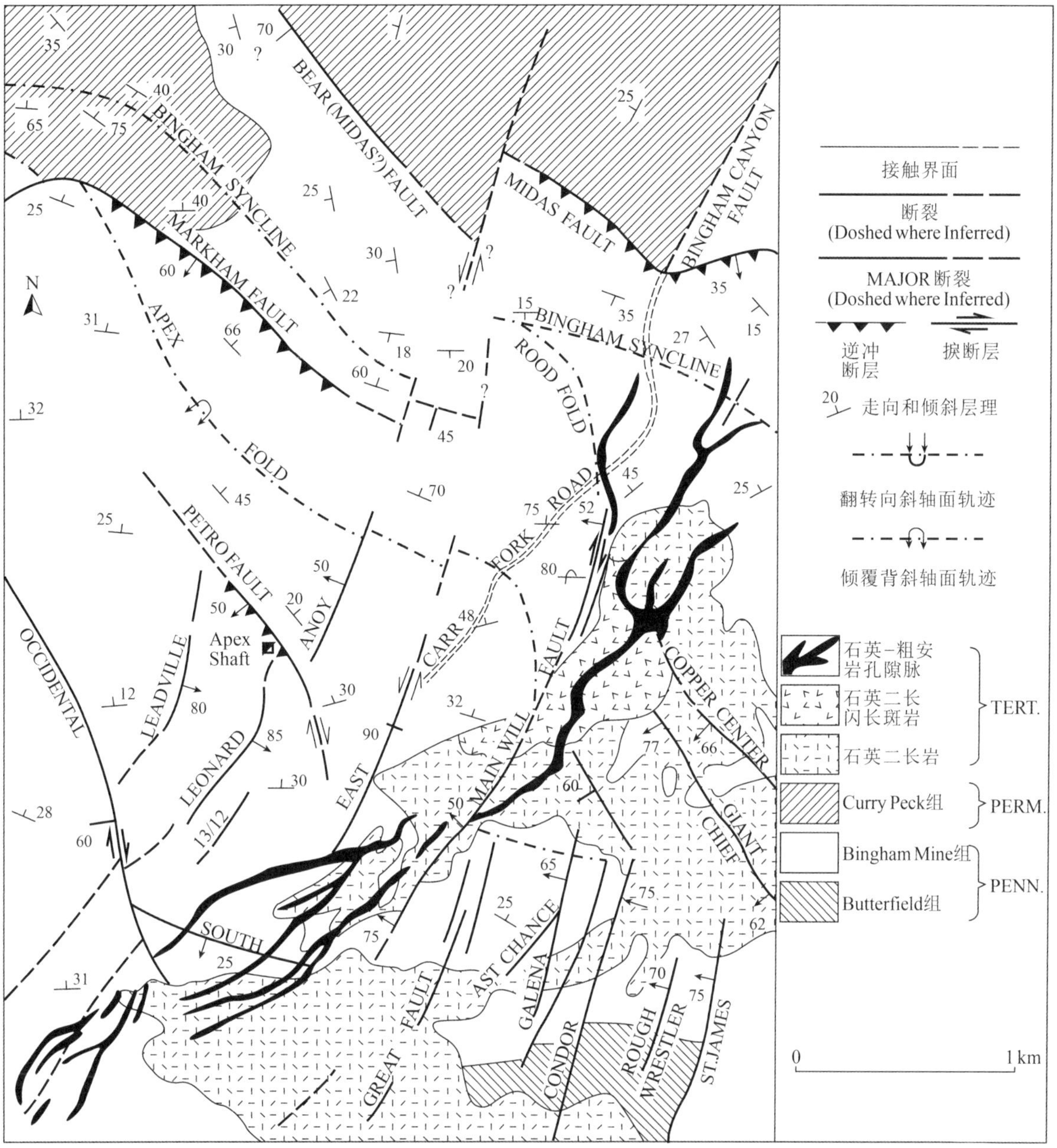

图 7-1 美国 Bingham 铅锌矿床中西部地质简图

（据 Cordilleran G. S. A. Meeting，1970；Guide Book to the Bingham Mining District，1975）

断层是一个区域性的重要断层，而 Smith（1975）认为 Midas 断层只在矿区内发育，向东侧延伸的过程中向 S 摆动，走向呈 SW 向，最后于层面断层合并。Bear 断层是矿区北部一条陡倾逆断层，可能是 Midas 断层在西侧的延伸（James et al.，1961）。

Markham 断层在 1970 年首次由深钻探明。它在 Midas 断层 SW 侧 1000 m 处出露，走向为 N 偏 W70°，向 SW 倾，倾角 55°~65°。在 1000 m 深处倾角变缓为 45°。根据钻探结果，断距在自 W 向 E 600 m 长的范围内从 500 m 减小为 180 m，表明为逆冲断层。在 Bingham 岩株的东侧尚未发现 Markham 断层出露，尽管走向上略有变化，Markham 断层合并入 Giant Chief 断层（图 7-1）。Smith（1975）将 Giant Chief 断层描述为一条右旋的走滑断层，分隔了北部平缓的 NW 倾地层和南部陡峭的 N 倾地层。Great-Main Hill 断层中可见一些与 Markham 逆冲断层相关的右旋构造（图 7-1）。

其他断层与 Bear-Midas 和 Markham-Giant Chief 断层具有相似的产状，并且可能具有相似的起源，包括 Petro 断层和 Occidental 断层。Petro 断层在 Apex 矿体中走向为 N 偏 W45°，倾向为 SW 向，倾角 45°~60°，在 Apex 矿井附近的地表产状也基本相同。Occidental 断层位于矿区的西南部，走向为 N 偏 W25°，倾向为 SW 向，倾角 55°~70°。对 Utah Delaware 和 Utah Metals 两个矿体地质图的研究表明 Occidental 断层是在白垩纪逆冲运动中形成的右旋走滑断层，随后的正常运动发生在盆地和山脉断裂运动期间。

尽管从断距和连续性来看，NW 向断层是矿区内最典型的断层，但是在与灰岩地层接触的地方只发生弱矿化。缺乏沿层面断层和 NE 向断层分布的主要矿体，表明 NW 向断层系统由于其压型断层的特点渗透性较差。

NE 向断层系统：矿区内最重要的控矿构造由几乎垂直的 NE 向断层组成，这些断层通常没有或者只有轻微的错断。这些断层的产状和空间分布表明它们起源于褶皱和逆冲运动时期，并被后期的侵入作用激活。NE 向断层表现出一套与 NW 向右旋走滑断层有关的共轭剪切构造，证据是 Apex 矿体中发育在 Yampa 石灰岩体上的 Andy 断层和 Yampa 断层表现出明显的左旋滑移和拖曳作用（Hunt，1924，图 7-2）。然而，由于大多数 NE 向断层的滑移非常轻微，这些构造可能主要由拉张作用形成的。

NE 向的断层主要发育在 Apex 褶皱的转折端和南翼，Tooker（1970）用弧形褶皱运动期间的张力

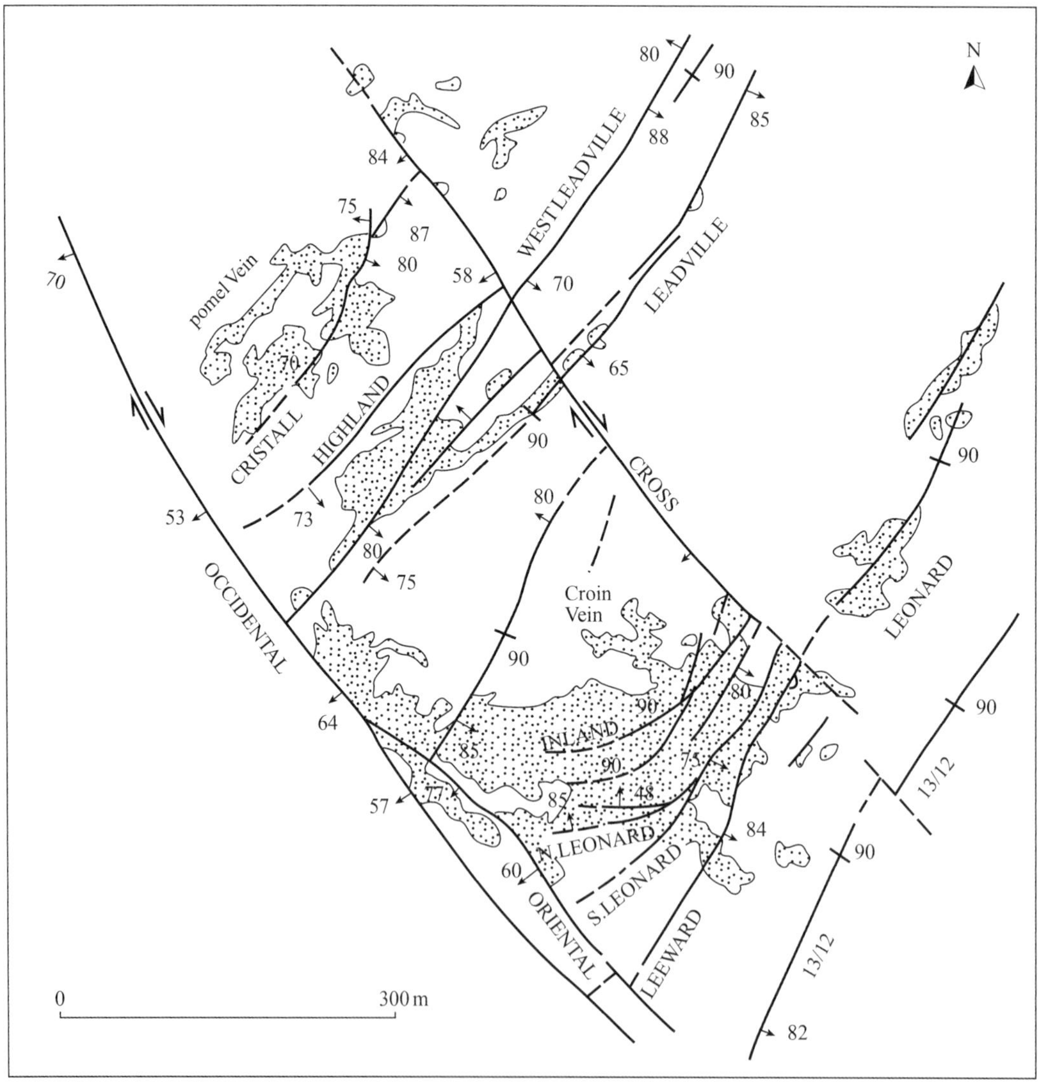

图 7-2 Highland Boy 矿床西部 Yampa 灰岩的断层、裂缝和 Pb-Zn-Ag 采场图

（据 W. W. Atkinson et al.，1978，原图无图注）

释放作用来解释其成因。Highland Boy 矿体中断层（图 7-2）的关系提供了另一种解释：NE 向断层中的拉张断裂与 NW 向断层中的旋扭构造有关，区域应力方向大致为 S—N 向。如图 7-2 所示，这种机制可以解释为何 NE 向断层穿过 NW 向断层时缺乏连续性以及产状为何突然变化。

NE 向断裂系统控制着岩株南部和西部的裂隙，是交代铅锌银矿床的主要控矿构造（图 7-2）。在蚀变和矿化作用晚期，这个断层系统是热液循环的主要场所，不仅引导了未蚀变的石灰岩中晚硫化物阶段矿化蚀变作用，还引导了早期矽卡岩和角岩的晚硫化物阶段矿化蚀变作用和退蚀变作用。由于早期硅化作用普遍存在，NE 向断层对矽卡岩早期发育的影响尚不清楚。

概括起来，通过采矿作业暴露和深钻工作研究 Bingham 地区的构造概况，显示许多岩体在陡峭的呈槽状的逆冲断层上发生错断，这些逆冲断层可以解释为较平坦的逆冲断层在深部呈叠瓦状的末端。正如 Tooker（1970）就整个 Cordilleran 逆掩断层带提出的，走滑作用，叠瓦状用和倒转褶皱作用促进了差异运动。这些错断只发育在 Bingham 矿区范围内，走向为 NE 向，不同于整个逆冲带向 E 的走向。在中生代造山运动期间，Bingham 矿区位于 Cortez-Uinta 轴上，一条 E—W 向的带状区域，在早奥陶世和晚泥盆世经历了抬升和断层作用，在宾夕法尼亚纪和二叠纪沉积时期作为高地存在（Roberts et al.，1965）。这个 E—W 向高地的不规则可能已经在中生代转化为逆冲断层面上的局部偏转。并导致 Cortez-Uinta 轴区域相对于其南侧或北侧区域有更加复杂、数量更多的断层和裂隙。Cortez-Uinta 轴代表了第三纪（古近纪、新近纪）期间一个地壳薄弱区和岩浆活动区。

（三）岩浆岩

Bingham 岩株大部分位于 Great-Main Hill 断裂带的东部，该区域 NE 向断裂异常多地发育。James et al.（1961）提出，这些 NE 向的裂隙和 NW 向的断层（尤其是 Bear 断层和 Occidental 断层）的交汇带是 Bingham 岩株分布基本的控制因素，并且也说明了岩浆岩侵入体和沉积岩层之间的接触关系。然而，最近获得的数据提供了不同的解释：岩株似乎被 NE 向的裂隙和区域内产状陡峭的地层所局限。侵入岩和沉积岩层理之间呈现总体上的一致性，这种现象在岩株南部和西部接触带的地表附近特别明显，在这些区域石英安山岩是沿着 Apex 褶皱北翼的陡峭层理分布的。在 Apex 竖井的南部，侵入体沿着产状陡峭的 Yampa 灰岩体下盘延伸，垂向距离达 1000 m。在比西侧接触带更深的地方，钻探显示侵入接触面形态接近一个平面，走向为 N 偏 E40°，倾向为 NW 向，倾角为 58°。这个接触面平行于 Great-Main Hill 断裂带，表明断裂带在侵入作用期间可能处于活动状态。侵入体和深部沉积岩只显示轻微的不整合接触，这种小角度相交可能是矽卡岩面积不同寻常的部分原因。Bingham 岩株北侧和东侧的接触带受到 Midas 逆冲断层下盘陡峭倾斜的石灰岩层控制。岩株穿过逆冲断层，并在东侧保持陡峭的产状，横向穿切逆冲断层上盘平缓的岩层。NW 向断层如 Bear-Midas 断层和 Occidental 断层相对于岩体的位置显然是由于受到了岩株影响，占据主导地位的岩株穿切了相对平坦的构造。NW 向的断层以致密为特征，不存在岩浆或热液流体的迁移通道。陡峭的 NE 向断层系统提供了流体迁移的通道，这个断层系统不仅引导了早期的侵入岩，还引导了晚期的石英二长安山玢岩岩墙群（图 7-1）。

石英二长花岗岩是 Bingham 岩株最早期的侵入相，以小岩体的形式在 Apex 竖井的北侧，沿着岩株的西北边缘分布。在许多情况下，在钻孔中石英斑岩的上方可见数米厚的石英二长花岗岩，以岩脉和小型岩墙的形式产出，特别是在邻近岩株石灰岩层底部，或者在 Apex 竖井的南侧以大量岩体的形式出现。石英二长花岗岩为等粒结构，平均粒度为 1～2 mm。在一些样品中，新鲜的钾长石呈淡粉色，斜长石解理面上可见聚片双晶。然而长石通常因为蚀变难以辨别，并且无法通过手标本估算蚀变比例。极细粒的黑云母呈不规则状集合体，颜色为中到深褐色。在一些裂隙中可以观察到稀疏的粒径达 1 cm 的粉红色钾长石晶体。

石英二长斑岩为第二期侵入相，是深部 Carr Fork 矽卡岩体附近岩株的主要组成部分。斑岩体呈大规模岩墙状产出，长 1000 m，宽约 300 m，走向 45°，倾向 NW，倾角 50°。通过钻孔确定了岩墙的厚度，该钻孔下部发现了一条石英岩脉。在岩株深部的接触带附近，石英二长斑岩也以大量小型岩墙的形式产出。斑岩中浑圆状石英含量为5%，斜长石斑晶含量为20%~30%，斑晶大小1~2 cm。黑云母含量约5%，呈不规则集合体及粒径1 mm的半自形状。基质为等粒的石英和钾长石，粒径0.1 mm。这些石英和长石呈镶嵌结构，比例大约为2∶3。

在侵入晚期，石英二长安山玢岩以狭窄岩墙的形式产出于岩株的西侧接触带中。然而它们的矿物组成有所不同，可能代表不止一次的岩浆喷发。斑晶含量：斜长石含量10%~25%，石英含量约5%，黑云母含量为5%，还有少量的钾长石。斑晶大小与石英二长花岗岩类似，但石英斑晶不同，粒径为2~5 mm。样品中斑晶含量较高，与石英二长花岗岩类似。由于富含细粒黑云母，基质通常为中至深褐色。

蚀变与矿化：Bingham岩株西侧靠近地表部分的蚀变和矿化组合包括次生黑云母+正长石伴生黄铜矿+黄铁矿。岩株西侧接触带的东北方向发育弱绢云母化蚀变，在其他部分，黑云母-正长石的组合向外渐变为青磐岩化蚀变。

Apex竖井北侧深部的岩浆岩仅发育微弱矿化。石英二长花岗岩和石英二长斑岩中含有浸染状黄铜矿，铜平均品位为0.1%~0.2%，分布位置邻近主灰岩层中的矽卡岩，深度为1200~1500 m。深度小于1200 m的斑岩中几乎不含铜，平均品位为0.01%~0.05%。石英二长岩和斑岩均发生钾长石化蚀变，岩石中常见角闪石和辉石，在斑岩中斜长石斑晶部分被细脉状钾长石交代。在一些样品中，斑岩的结构几乎消失，岩浆黑云母大部分被钾长石交代。金红石通常分布在钾长石交代的区域，显然是黑云母被破坏的产物。除了钾长石化蚀变，钻孔中大部分岩浆岩中的斜长石都部分或全部被蒙脱石和绢云母浅蓝色细粒的混合物所交代，钾长石和黑云母都保持稳定。

三、墨西哥San Martín铅锌银矿床

墨西哥San Martín矽卡岩型矿床是世界级的铜铅锌银多金属矿床（Camprubí et al.，2015）。目前针对该矿床已经开展了矿物学和地球化学（Aranda-Gómez，1978；Rubin et al.，1988），矿区构造（Starling et al.，1997），流体包裹体（González-Partida et al.，2006），以及成矿年代学（Camprubí et al.，2015）等研究。

（一）地理位置

墨西哥San Martín矽卡岩型铜铅锌银多金属矿床位于萨卡特卡斯州（Zacatecas）中西部（N23°39′19″，W103°44′14″，图7-3a），距离松布雷雷特市（Sombrerete）不到20 km。

（二）矿床发现和勘查开发利用概况

1548年西班牙人发现了San Martín矿床的地表矿化露头，随后开展了进一步的调查，拓展了矿区范围。1548~1821年，共开采约25×10^4 t氧化物型矿石，平均品位Ag为450 g/t，Au为0.5 g/t。19世纪末期，又开采了约5×10^4 t氧化物型矿石。1938~1943年，开始开采硫化物型矿石（Rubin et al.，1988）。从1988年起，San Martín矿床主要分为San Martín矿区和Sabinas矿区，开采金属为Cu-Zn-Ag-Pb；另有几个小规模采区，如Noria de San Panteleon主要开采Au矿，而Pachuca和Refugio主要开采高品位Ag矿（图7-3b，Rubin et al.，1988）。

截至2006年底，San Martín矿床主要的大脉状矿体已开采完（González-Partida et al.，2006；Camprubí et al.，2015），平均品位约为Zn 5%、Cu 1%、Pb 0.5%、Ag 150 g/t（González-Partida et al.，2006）。整个矿区估算的总矿石储量（包括已经开采的）超过了100Mt，属于世界级矿床（Camprubí et al.，2015）。

（三）区域地质背景

San Martín矿床产于Mesa Central地块中，Mesa Central地块位于两个主要地层单元之间，其西部为Sierra Madre Occidental地层，其东部为Sierra Madre Oriental地层（McDowell et al.，1979）。Sierra

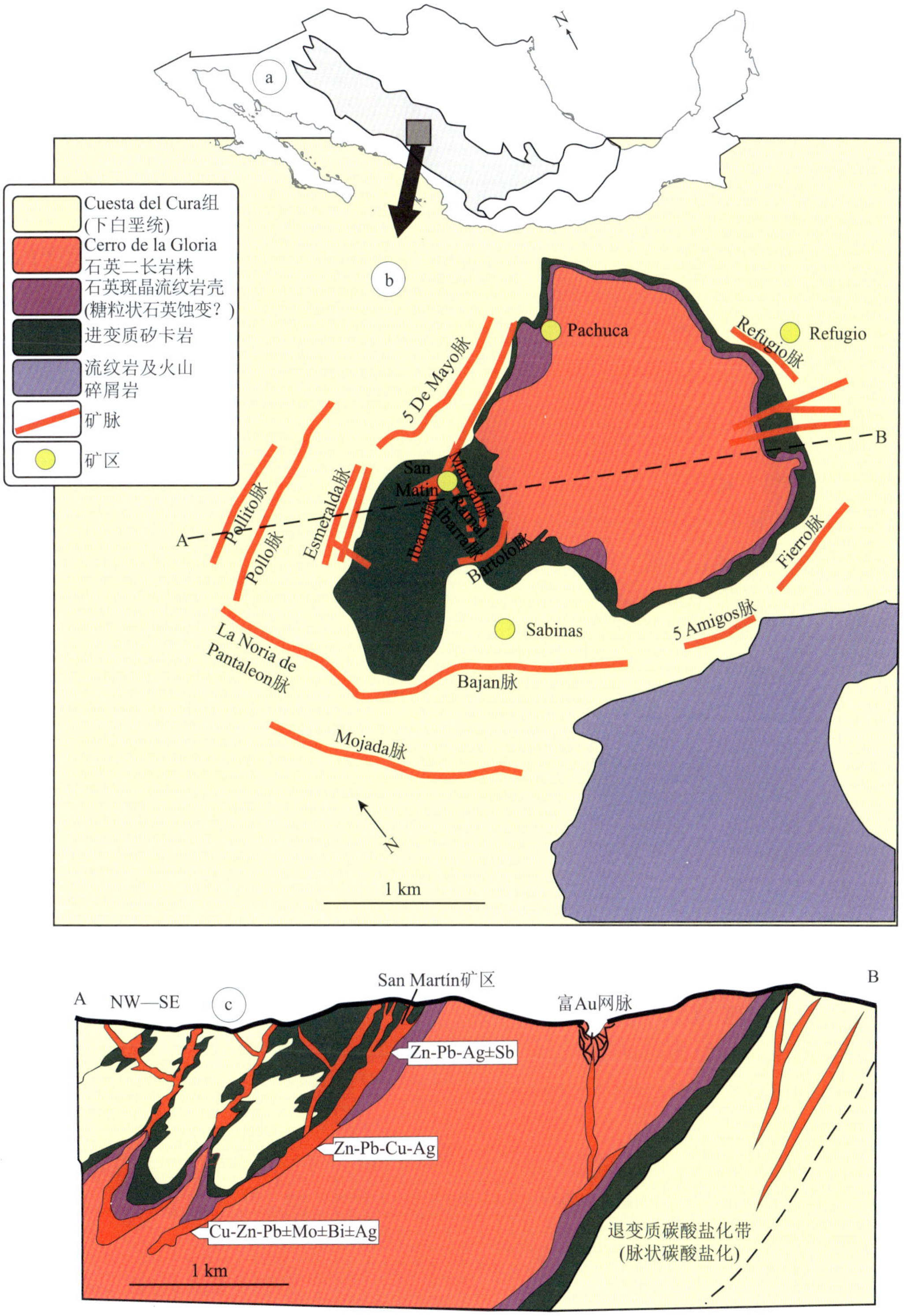

图 7-3 墨西哥 San Martín 矿床地理位置图（a）、平面地质图（b）及典型剖面图（c）

（据 Rubin et al.，1988；Starling et al.，1997；Camprubí et al.，2015 修编）

Madre Occidental 地层由广阔的呈水平或弱倾斜的火山岩构成，主要是两组侏罗纪以来的复式岩浆岩，下组复式岩浆岩形成年龄为 100~45 Ma，上组复式岩浆岩形成年龄介于 34~23 Ma 之间。下组复式岩浆岩大部分属于钙碱性侵入岩、安山质熔岩和流纹质凝灰岩；而上组复式岩浆岩以流纹质凝灰岩为主（Mcdowell et al.，1977；McDowell et al.，1979）。Sierra Madre Oriental 地层由侏罗纪和白垩纪的碳酸盐岩和硅质碎屑岩组成，这些岩石地层呈平行褶皱，并被少量新生代沉积物所覆盖。Mesa Central 地块与 Sierra Madre Occidental 和 Sierra Madre Oriental 地层单元之间呈渐变式过渡。

Mesa Central 地块由厚的白垩纪碳酸盐岩沉积系列构成，其间含有燧石和页岩夹层。这些岩石地层呈高原或山谷状，其西缘常常被 Sierra Madre Occidental 构造地层单元的年轻火山岩所覆盖。区域上第三纪（古近纪、新近纪）钙碱性侵入岩（成分从花岗岩到闪长岩）分布相当广泛。这些侵入岩及其相关的热液系统使得 Mesa Central 地块成为墨西哥最重要的金属生产基地之一。在 Mesa Central 地块中，不同矿区的矿产元素组合为 Pb-Zn-Ag、Sn（±W）、Cu、Ag-Au 和 CaF_2（Clark et al., 1982）。

Mesa Central 地块在晚白垩世到第三纪（古近纪、新近纪）中期的拉勒米造山作用（Laramide orogeny）过程中经历了强烈的褶皱作用和较弱的断裂作用。在 San Martín 矿区中，褶皱构造在许多露头都可以明显看到，但是断裂构造较少见。区域上主要挤压方向为 NE—SW，由此产生的褶皱走向一般为 NW—SE。

（四）矿床地质特征

1. 控矿围岩岩性、时代

San Martín 矿床主要控矿围岩为 Cuesta del Cura 组，绝大部分矿体均赋存于该地层中。Cuesta del Cura 组主要由深灰色大理岩构成，但大理岩层间普遍存在薄层（≤50 cm）页岩和燧石岩夹层。该地层在 San Martín 地区的最大厚度为 770 m。根据地层中有孔虫特征，形成时代介于早白垩世阿尔布期（Albian）到晚白垩世塞诺曼期（Cenomanian）之间（Rubin et al., 1988）。

Cuesta del Cura 组围岩地层的控矿特征体现在由于岩性不同而导致其渗透性和化学反应活泼性的差异。相比于燧石岩和页岩（这两者通常是不渗透的和化学反应不活泼的），由于大理岩更容易遭受热液流体反应，因此大理岩中常含有大量的钙硅酸盐蚀变和硫化物矿化。而在燧石岩和页岩中，只有在靠近大理岩的断裂构造中才产出有脉状的钙硅酸盐和硫化物矿化（Rubin et al., 1988）。

2. 有关侵入岩

在 San Martín 矿区分布有一些侵入体，统一称之为 Cerro de la Gloria 岩株。该岩株在平面上的露头大致呈椭圆形，最大直径约为 2 km（图 7-3b）。该岩株与 Cuesta del Cura 组的接触界面在地表的不少地方都清晰可见。在地下，可以看到接触界面局部是不规则的，岩株中有许多小岩枝侵入到碳酸盐岩之中。Cerro de la Gloria 岩株主要由石英二长岩构成，这些石英二长岩含有少量成分为花岗质-花岗闪长质的包裹体以及一个薄层的流纹岩壳。石英二长岩为全晶质，尽管在地表露头中常呈似斑状结构，但往深部渐变成等粒结构。石英二长岩基质主要为细粒到中粒的斜长石，斑晶主要为石英、钾长石、斜长石以及少量单斜辉石、角闪石和黑云母，镁铁质矿物常形成聚晶。副矿物主要有尖晶石、磁铁矿、锆石、褐帘石等。

在石英二长岩地表露头中，特别是在靠近侵入接触带时，可见许多花岗质和花岗闪长质包裹体，宽度在几毫米到几米之间变化。这些包裹体的矿物组成与主体石英二长岩基本类似，只是石英含量以及斜长石/钾长石的值略微较高，可能属于同源包裹体。

在石英二长岩的周缘形成了一个不连续的含石英斑晶流纹岩壳，厚度从 20 cm 到几米。流纹岩壳的新鲜面为白色，但在露头上常风化为锈红色。流纹岩壳为全晶质似斑状结构，基质颗粒细小，在大部分样品中含量超过 60%。斑晶主要是石英，次为钾长石和少量斜长石。大部分流纹岩壳的铁镁质矿物（一般是不规则状的黑云母）含量小于 5%。这个流纹岩壳可能代表了上侵岩浆房的早期侵入相，而石英二长岩为主体侵入相，在时间和成因上可能密切相关（Rubin et al., 1988）。近年来，有研究将石英二长岩周缘的含石英斑晶流纹岩壳称为糖粒状石英蚀变带，并在这些糖粒状石英中发现了沸腾条件下捕获的流体包裹体组合（González Partida et al., 2006; Camprubí et al., 2015）。

3. 控矿构造

Cuesta del Cura 组呈现出复杂的变形特征，可能与区域运动和局部的岩浆侵入事件有关。拉勒米造山运动的挤压作用产生了一系列的褶皱（大多属于紧闭褶皱）。这些褶皱大多呈 NW—SE 走向，翼部倾角≥50°。在 Cuesta del Cura 组中的燧石夹层是脆性的，可看到其大致垂直于褶皱轴面方向强烈破裂。这些断裂构造显著地提升了围岩地层的渗透性。

除了与拉勒米造山运动有关的褶皱和断裂作用以外，Cerro de la Gloria 岩株的侵入也引起 Cuesta del Cura 组地层的局部变形，产生穹状构造和断裂构造，例如在 Cerro de la Gloria 岩株的西缘，在侵入接触带附近，大理岩发生陡倾呈穹窿状，在大理岩层内部也产生了一些大致垂直于侵入接触面的断裂构造。这些断裂构造是脉状矿体的主要容矿空间，脉宽可达 3 m，富矿体常常在此赋存。

根据 Starling et al.（1997）的研究，San Martín 矿床与拉勒米造山挤压运动之后、盆-岭拉张作用之前（predated the Basin-和-Range extension）的近乎南北向的拉张事件有关。与 San Martín 矿床密切相关的 Cerro de la Gloria 岩株受到两个 NWW—SEE 走向的左旋张性断裂带控制，这两个断裂带产于拉勒米造山运动之前的基底之中，在拉勒米造山运动中这两个断裂带重新活化。因此，这两个断裂带控制着成矿侵入体（Cerro de la Gloria 岩株）的侵入。

4. 矿体特征

San Martín 矿区以大脉状矿体为主，代表性矿体如 Marcial 矿体、Ramal Ibarra 矿体和 Ibarra 矿体（图 7-3b）。

Marcial 矿体是 San Martín 矿区最有经济价值的矿体，也是离侵入接触界面最近的矿体。该矿体局部延伸到侵入体内部，但延伸不超过几米。该矿体北端与 Ibarra 矿体相连，南端与 Sabinas 矿区的 San Expedito 矿体相连。该矿体平均宽度约为 2 m，长约 850 m，走向大致为 30°，倾角与侵入接触面的角度有关。Marcial 矿体中大部分有经济价值的矿化都产于交代矽卡岩中，但脉体本身也含有黄铜矿、斑铜矿、毒砂和一些次要硫化物以及大量的方解石和萤石。交代矽卡岩为板状，宽度为 2~100 m（图 7-3c）。

Ramal Ibarra 矿体未出露地表，在投影平面图上位于 Marcial 矿体和 Ibarra 矿体之间，拥有 San Martín 矿区第二高的 Cu 和 Zn 品位。该矿体平均宽度为 1.5 m，总长度约为 450 m。与 Marcial 矿体类似，Ramal Ibarra 走向约为 30°，倾角约为 60°。

Ibarra 矿体是距离侵入接触带最远的矿体，拥有 San Martín 矿区最高的 Zn 品位。与 Marcial 类似，Ibarra 出露地表并且在其北部与 Marcial 矿体相连。但 Ibarra 矿体的走向比 Marcial 矿体和 Ramal Ibarra 矿体变化大得多，走向范围大致为 30°~60°，倾角约为 60°。

San Expedito 矿体是 Sabinas 矿区的代表矿体，以 Pb、Zn、Ag 为主，地表未见，在开采平台中出露长度约为 400 m。在侵入接触带附近，该脉体走向从 300°到 270°变化，倾角从 45°到 85°变化。

5. 矿石类型和矿物组成

Marcial 矿体的矿石主要赋存在石榴子石-单斜辉石矽卡岩中，石榴子石主要是钙铁榴石，单斜辉石基本为纯的钙铁辉石。Marcial 矿体有着 San Martín 矿区最富的 Cu 矿石，Cu 主要以斑铜矿和黄铜矿形式存在，普遍存在毒砂，闪锌矿和方铅矿含量次之，另外还含有一些其他硫化物，如辉铜矿、铜蓝、蓝辉铜矿等铜硫二元化合物（$Cu_{2-x}S$）、磁黄铁矿、辉锑矿、辉钼矿、硫锑银矿、硫砷银矿等。在斑铜矿中含有较多的自然银包裹体，黝铜矿-砷黝铜矿中也含有较高的银元素，使得 Marcial 矿体也有高的 Ag 品位。除了石榴子石和单斜辉石外，矿石中也含有一些退变质矿物，如绿帘石、透闪石-阳起石、方解石、萤石、石英等。

Ramal Ibarra 矿体的矿石也主要赋存在石榴子石-单斜辉石矽卡岩中，但比 Marcial 矿体有更多的单斜辉石和退变质作用钙硅酸盐矿物。主要硫化物为黄铜矿和闪锌矿，次为毒砂。

Ibarra 矿体矿物组合主要是闪锌矿和少量的方铅矿、黄铜矿、黄铁矿、辉锑矿、磁黄铁矿以及大量的方解石。Ibarra 矿体的 Pb 品位在 San Martín 矿区中最高（≈0.5%Pb）。

Sabinas 采区的 San Expedito 矿脉中观察到雄黄、磁黄、自然砷和毒砂。而 Pachuca 高品位 Ag 采区中，可在手标本上观察到硫锑银矿（pyrargyrite）。

6. 矽卡岩类型、矿物成分和分带性

San Martín 矿床的钙硅酸盐矿物主要是钙铁榴石和单斜辉石，还有少量退蚀变矿物如硅灰石、透闪石-阳起石、符山石、绿帘石和绿泥石。方解石、萤石和少量石英也存在。

钙铁榴石是矿区最丰富的钙硅酸盐矿物，一般以结晶完好的十二面体晶形产出，粒度可达 1 cm，手标本上颜色从淡绿到暗绿色变化。薄片中，双折射特征显著，具有环带和双晶结构，颜色从无色到深绿色。电子探针分析显示石榴子石的 Fe_2O_3 和 Al_2O_3 呈线性关系。计算的端员分子（Ad 钙铁榴石，Gr 钙铝榴石）从 $Ad_{100}Gr_0$ 到 $Ad_{25}Gr_{75}$ 变化。

单斜辉石是另一个进变质过程中的钙硅酸盐矿物。一般与石榴子石共同产出，但有时也不与其他钙硅酸盐矿物一起产出。与石榴子石不同，单斜辉石虽然也产于内矽卡岩网脉中，但更广泛地分布在外矽卡岩中。一般呈淡绿色到中等绿色，但由于粒度太小，手标本上一般难以确定。薄片上呈深绿色，并具有三级双折射率和高的消光角，与钙铁辉石的光性特征基本一致。单斜辉石未观察到环带。对内矽卡岩和外矽卡岩中的单斜辉石进行了电子探针分析，结果显示 Mn 含量基本不变，Fe 和 Mg 含量在百分之几的程度变化，计算的端员分子（Hd 钙铁辉石，Di 透辉石，Jo 钙锰辉石）从 $Hd_{93}Di_5Jo_2$ 到 $Hd_{89}Di_8Jo_3$ 变化。

透闪石-阳起石在进变质作用和退变质作用中都产出。在进变质作用中产出时，常常位于侵入接触带的未矿化部分，比石榴子石和单斜辉石更接近未蚀变的大理岩。当在退变质作用中产出时，零星地分布在石榴子石-单斜辉石带中。

硅灰石一般产于侵入接触界面附近，特别是在内矽卡岩中，而绿帘石和绿泥石则零星产出。对与内矽卡岩中钙铁辉石一同产出的硅灰石的能谱分析显示，Fe 含量很低，未达到检出线。绿帘石和绿泥石都富 Fe，在薄片中呈绿色，并具有多色性。符山石具有环带特征，但出现频率低。

根据 Aranda-Gómez（1978）的研究，从花岗质岩株往地层可划分为 4 个进变质蚀变带：（P1）石榴子石-单斜辉石（±钙铁辉石）带；（P2）透闪石-石榴子石-硅灰石带；（P3）透闪石-阳起石-大理岩带；（P4）糖粒状石英-钾长石-网脉状石英带。而退变质蚀变可划分为：（R1）青磐岩化蚀变，主要有绿帘石、绿泥石、符山石、方解石和少量石英；（R2）浅层低温热液型的硅化蚀变；（R3）方解石细脉和面状碳酸盐化蚀变，同时伴生少量玉髓。

7. 矿床成矿系列、分带特征

根据 González-Partida et al.（2006）和 Camprubí et al.（2015）的最新研究，San Martín 矿床以矽卡岩型成矿系统为主，但也兼有浅成低温热液成矿系统特征（在矿床浅部产出富 Au 石英脉和次生氧化富集带），两者由同一套岩浆侵入体系构成（González-Partida et al., 2006）。矿石矿物沉淀是从退变质作用开始一直延续到浅层低温热液脉形成（如 Noria de San Pantaleon 富 Au 石英脉，Camprubí et al., 2015）。

Aranda-Gómez（1978）研究认为 San Martín 矿床产于接触带附近的似层状矿体从底部到顶部具有强烈的金属分带性：①在深部富集 Cu±Zn±Bi，②在中部富集 Ag-Au-Pb-Zn，③在浅部富集 Hg-Sb。在晚期还有一些富 Au 石英脉以及 Fe-Mn 氧化物（González-Partida et al., 2006）。

Rubin et al.（1988）研究也认为 San Martín 矿区成矿元素在垂向上和平面上都呈现出强烈的分带特征。在垂向上，Fe、Cu、Zn 和 Pb 在矿体中的含量总体随深度增加呈升高趋势，而 Ag 呈降低趋势。在平面上，Cu 含量随着与侵入接触带的距离越远而急剧降低；Zn 元素在靠近侵入接触带时含量相对较低，但在靠近 Ramal Ibarra 和 Ibarra 脉体时急剧增加。

8. 成岩成矿时代

Damon et al.（1983）获得 San Martín 矿区 Cerro de la Gloria 花岗质岩株岩浆结晶黑云母的 K-Ar 年龄为 46.2±1 Ma，属于始新世。Camprubí et al.（2015）获得晚期退蚀变矿化期（矿化组合为 Cu-Zn-Pb±Mo±Bi±Ag）的两件辉钼矿 Re-Os 年龄为 43.7±0.3 Ma 和 44.0±0.2 Ma，比岩浆结晶年龄晚 1～3 Ma，但早期进变质期的时间可能与岩浆结晶年龄更为接近，说明成岩成矿时代比较一致。

9. 流体包裹体地球化学特征

Rubin et al.（1988）在与内矽卡岩单斜辉石共生的石英中，观察到沸腾条件下捕获的流体包裹体组合：含石盐子晶包裹体与气液两相包裹体。他们结合矽卡岩矿物演变过程，认为 San Martín 矿床矽卡岩成矿流体中 CO_2 浓度很低，早期矽卡岩化过程中氧逸度f_{O_2} 和硫逸度f_{S_2} 相对较高，而晚期成矿流体具有较低的氧逸度f_{O_2} 和硫逸度f_{S_2}，氧逸度和/或硫逸度的降低可能有利于成矿物质的沉淀。

González-Partida et al.（2006）对 San Martín 矿床不同期次矿物组合开展了详细研究以及流体包裹体测温。进蚀变作用具有三个不同的矿物组合：①石榴子石+钙铁辉石带，②透闪石±石榴子石带，③石榴子石带内晚期网脉状糖粒状石英-闪锌矿-方解石-萤石。进蚀变期矿物的流体包裹体普遍含有石盐子晶，有时也还含有钾盐子晶，流体包裹体大小多为 10～30μm。

在石榴子石+钙铁辉石带中，流体包裹体类型主要是气相+液相+石盐子晶（$L+V+S_{NaCl}$），石榴子石中的流体包裹体均一温度为 570～645℃，盐度为 34%～36%，估算的静岩压力为～$1052×10^5$ Pa。闪锌矿中流体包裹体均一温度为 410～415℃，盐度约为 46%。方解石中流体包裹体均一温度为 310～479℃，盐度为 37%～50%。萤石中流体包裹体盐度为 28%～33%（NaCl）和 22%～24%（KCl）。萤石中流体包裹体在超过 350℃时都爆裂了，未获得均一温度。石英中流体包裹体均一温度为 346～455℃，盐度为 42%～50%。

在透闪石±石榴子石±方解石带中，流体包裹体类型为液相+气相+石盐子晶（$L+V+S_{NaCl}$），透闪石中流体包裹体均一温度为 354～438℃，盐度为 45%～46%。

只有在糖粒状石英（saccharoidal quartz）中存在流体沸腾的证据（González-Partida et al.，2006），在同一流体包裹体群（fluid inclusion assemblages，FIA）中，同时含有三类流体包裹体类型：液相+气相+石盐子晶（$L+V+S_{NaCl}$），液相±气相（L±V）和液相+气相（L+V）。均一温度约为 479℃，最大盐度为 37%～50%。该带可能是进变质作用和退变质作用的过渡带，沸腾作用在静岩压力向静水压力发生转变的情况下产生。由于沸腾作用，石英中流体包裹体的均一温度和盐度呈双峰式分布：相对高的温度和相对低的盐度与相对低的温度和相对高的盐度。

在退蚀变硫化物矿化过程中（主要是在开采平台 22 和 34 之间），闪锌矿和石英流体包裹体的均一温度在 300℃左右，盐度范围为 3%～8%，对应的静水压力约为 $94×10^5$ Pa。在近源浅层低温热液矿脉中流体包裹体的均一温度为 200～275℃，盐度为 3%～5%。而远源的浅层低温热液矿脉中的均一温度为 112～160℃，盐度 1%～2%。

四、科索沃 Trepča 铅锌银矿床

（一）地理位置

Trepča 铅锌银矽卡岩矿床位于 Kosovska Mitrovica 镇附近，距离科索沃 Priština 西北约 40 km，地理坐标为 E20.9°、W42.9°（图 7-4）。该矿床位于 Dinarides 最东端的 Vardar 带西部的 Kopaonik 板块内。除了 Trepča 矿床，Vardar 地区还包括许多具有重要经济价值的铅锌银、锑、铋和钼矿床，以及较小的铜、铁、锡、钨和金矿床。Pb-Zn-Ag 矿床从科索沃和塞尔维亚南部（Trepča 矿带）向北延伸，经过塞尔维亚西部（Kiževak，Sastavci，Rudnik，Veliki Majdan）到达最东部的 Bosnia（Srebrenica）。

（二）勘查和开发利用概况

该地区的采矿开始于中世纪，而工业生产开始于 1927 年成立的 Trepča 矿山有限公司。在第二次世界大战期间一直维持生产，直到 1999 年一直处于国家所有状态。2000～2008 年，Trepča 矿床是由联合国科索沃临时行政当局特派团（UNMIK）管理。2008 年，在科索沃私有化局（PAK）的管理下，该矿床重新开始开采。该矿床目前的矿石量为 $2900×10^4$ t，Pb 品位为 3.45%，Zn 品位为 2.30%，Ag 品位为 80 g/t（ITT/UNMIK 2001 年报告），以及过去已生产的大约 $3400×10^4$ t 的矿石产量，是欧洲东南部的一个重要金属来源。

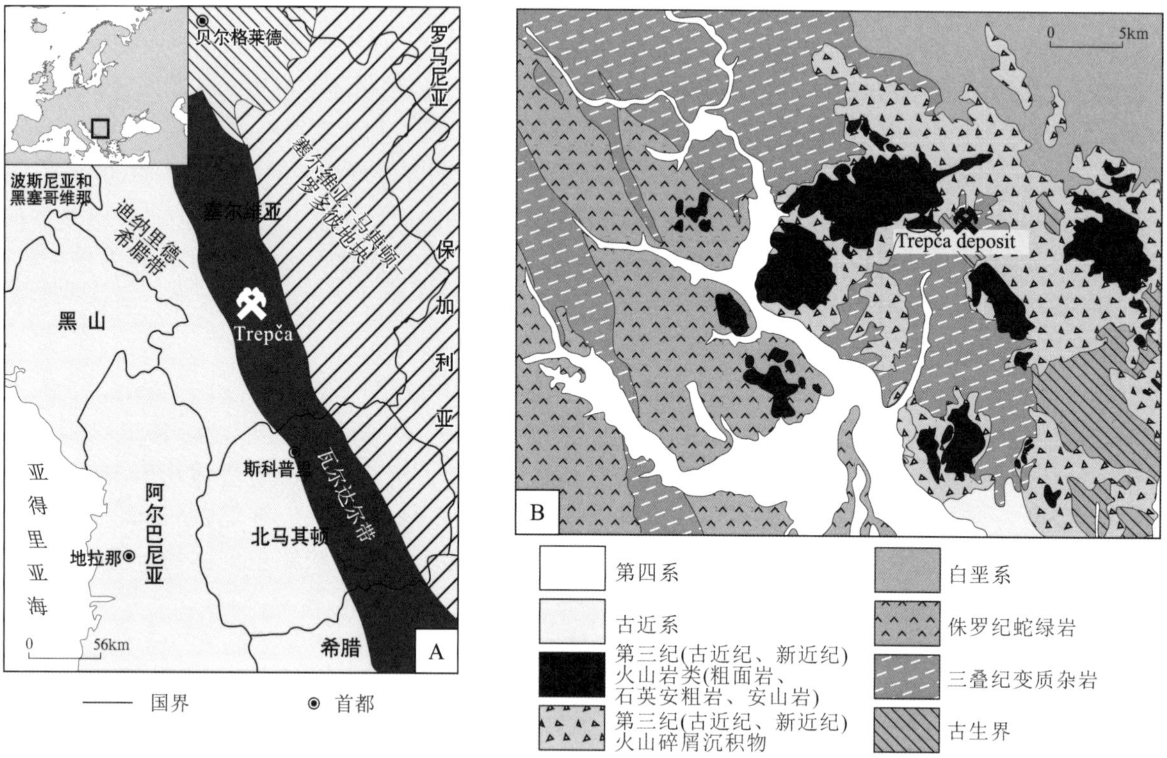

图 7-4　Trepča 铅锌银矽卡岩矿床区域地质图（A）和矿区地质图（B）
（据 Palinkas et al.，2013）

Trepča 矿带中有几个矽卡岩型、热液交代型和脉状铅锌银矿床（Janković，1995）。产量最高的是 Trepča（Stari Trg）、Crnac、Belo Brdo、Kišnica、Avajlija 和 Novo Brdo 矿山，过去矿石总产量为 6050×10^4 t，其中含有约 8%的铅锌和超过 4500 t 的银。这些矿床的形成与 Vardar 带西部第三纪（古近纪、新近纪）后碰撞岩浆作用有关（Cvetković et al.，2004；Borojević Šoštarić et al.，2011）。

（三）区域地质背景

Vardar 带延伸穿过了整个巴尔干半岛的中部，西侧是 Dinarides 和 Hellenides，东侧是 Serbo-Macedonian 地块。Vardar 带被认为是 Adriatic 板块和 Euroasian 板块之间的主缝合带，并保留了大洋和大陆成因的构造单元。Dimitrijević（1995）将 Vardar 带划分为三个亚区：①最外部 Vardar 亚区，包括 Srem、Jadar 和 Kopaonik 地块；②中部 Vardar 亚区；③最东边的内部 Vardar 亚区。

Kopaonik 地块由古生代和三叠纪变质岩组成，并被蛇绿混杂岩覆盖（图 7-4）。蛇绿混杂岩是由各种岩石碎屑和滑动岩块在砂质到粉质黏土基质中形成的混合物，包括沉积岩（灰岩、燧石、砂岩、发育良好的浊积岩块）和岩浆岩（辉绿岩、辉长岩、超镁铁质岩）。Kopaonik 地块东缘发育侏罗纪弱变质混杂岩，主要为玄武质碎片。相比之下，该地块西缘的侏罗纪—白垩纪混杂岩的特征是砂岩多于其他沉积岩和岩浆岩。在渐新世—中新世期间，Kopaonik 地块火山活动频繁，其特征是发育大量的熔岩流和火山碎屑岩。岩浆岩以粗面岩为主（K/Ar 和 Ar/Ar 年龄为 26~23 Ma；Strmić Palinkaš，2009），以及石英-安粗岩、安山岩和火山喷发碎屑沉积物。火山活动与湖泊沉积物是同时期形成的。

（四）矿床地质特征

1. 控矿围岩的岩性、时代

Trepča 矿床的剖面图（图 7-5A）反映了构造和岩性对成矿过程的控制。成矿母岩主要为岩溶系统发育的上三叠统重结晶灰岩。方解石颗粒的大小不同，在离矿化部位较远的位置，其大小为几毫米，在与矿体接触的位置，其大小可达几厘米。灰岩主体位于背斜的核部，顶部为片岩。灰岩与片岩接触带主要特征是发育一个岩浆热液角砾岩筒。角砾岩筒核部为热液蚀变的粗面岩（K/Ar 和 Ar/Ar 年龄为 23~24 Ma；Strmić Palinkaš，2009），向两侧被角砾岩所包裹。尽管角砾岩不存在矿化作用，可能其的形成是成矿的主要诱因。

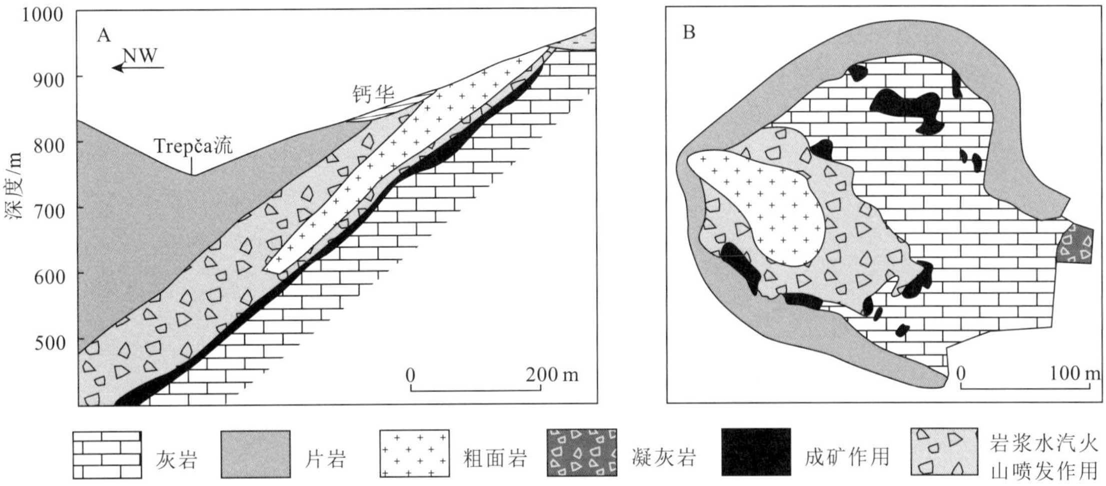

图 7-5　Trepča 铅锌银矽卡岩矿床 NW—SE 向地质剖面图（A）和矿床地质图（B）

围岩（片岩、贫矿的重结晶碳酸盐岩和与矿化相关的接触带碳酸盐岩）和碳酸盐岩脉体的主、微量元素地球化学组成表明，贫矿的重结晶灰岩的 $CaCO_3$ 含量高，而其他二价阳离子含量可以忽略不计。接触带成矿相关的碳酸盐岩，特别是与矽卡岩型矿化接触的碳酸盐岩，富含 Mn 元素。与硫化物同期的碳酸盐岩脉除含有 Ca 和 Mn 外，还含有 Mg 和 Fe。Fe、Mn、Mg 含量在矿化后期呈下降趋势。成矿后的碳酸盐岩脉中 $CaCO_3$ 的含量可高达 95 mol%。

片岩的稀土元素含量高，具有平缓的 REE_N 模式，并呈弱 Eu_N 负异常。贫矿的重结晶灰岩稀土含量低，具有负 Ce_N 异常，为海相碳酸盐岩的典型特征。重结晶作用对先前沉积物（三叠纪海相灰岩）原生稀土元素配分模式无明显影响，并指示了相同化学条件下发生的重结晶作用。同时与矽卡岩和矿石接触的重结晶灰岩，连同所有同期和成矿后形成的碳酸盐岩具有向上凸的 REE_N 模式，带有微弱的负 Ce_N 异常和明显正 Eu_N 异常。热液碳酸盐岩的 REE_N 特征受成矿流体的组成和沉淀过程中的物理化学条件控制。Eu 正异常反映了高温酸性流体的影响（$T>230℃$，pH 值<5；Michard，1989）。不同世代碳酸盐岩脉的主要区别在于总稀土元素丰度。矿石同期的碳酸盐岩稀土总量明显增加，而成矿后碳酸盐岩稀土元素浓度较低。

2. 角砾岩

Trepča 铅锌银矿床为远端矽卡岩型矿床，矿区内未见与成矿直接相关的中酸性侵入岩类。这里重点对矿体上部岩浆热液角砾岩的特征进行描述。

Trepča 矿床的角砾岩与岩浆热液作用产生的小火山口的特征类似（Strmić Palinkaš et al.，2007；Strmić Palinkaš，2009）。角砾岩呈倒圆锥形产出，垂向延长达 800 m，直径最大 150 m（图 7-5B），与其他地方的岩浆热液角砾岩的形状和尺寸非常吻合。火山口上部（岩浆热液角砾岩的下部）存在热液蚀变粗面岩脉，侵入到角砾岩筒的核部。尽管受到了蚀变作用的影响，岩脉仍保存有斑状结构，白色细粒基质由白云母、石英和钾长石组成，透长石斑晶部分蚀变为白云母和石英。蚀变粗面岩脉被碎屑角砾岩包裹，证实了岩浆与地下水相互作用产生的岩浆热液活动。

角砾状-圆状的岩块大小从几厘米到几米不等，占角砾岩的 90%左右。围岩、灰岩、片岩以及含磁铁矿和硫化物的碎屑代表了碎屑岩的主要类型，偶见粗面岩（早期）碎屑。重结晶灰岩岩块通常有新鲜的白色核部和棕色的反应边，核部由大小几厘米的聚合双晶方解石晶体组成；反应边由细粒富锰菱铁矿和黄铁矿组成。灰岩碎屑偶尔被富含 Ca 和 Mn 的菱铁矿所强烈交代，并与浸染状黄铁矿及微晶石英相伴生。以单矿物集合体形式产出的迪开石和自形石英充填矿物空洞（Strmić Palinkaš et al.，2009）。

磁铁矿和硫化物的碎屑有以下几种类型：①有磁铁矿伴生的放射纤维状毒砂集合体被发现镶嵌在重结晶的灰岩碎屑中，毒砂形成晚于磁铁矿。②角砾岩筒地表常出现由磁铁矿核和黄铁矿边缘组成的碎屑。磁铁矿形成放射纤维状至球晶状的集合体，在磁铁矿颗粒之间有少量黄铁矿，黄铁矿常呈碎裂结构，并被石榴子石交代。根据电子探针分析资料，石榴子石在成分上为钙铁榴石。碎屑边缘以新鲜黄铁矿为主，伴生方解石和石英。③黄铁矿-磁黄铁矿碎屑主要由碎裂黄铁矿和磁黄铁矿组成，晶粒之间被细晶方解石和石英所充填。

角砾岩基质由微小细粒矿物组成。角砾岩与围岩的接触带较截然，但局部被侧向裂隙切割，裂隙中充填有岩石粉末（"粉碎的基质流动状角砾"）或棱角状角砾（"破碎的角砾岩"）。根据 Corbett et al.（1998）的观点，粉碎的基质流动状角砾代表了主岩浆热液流体的一个分支。部分保存的小火山口构造由凝灰质和火山碎屑沉积物组成，常见残存的植物叶片和根部物质。

3. 矽卡岩类型、矿物成分和分带性

（1）矽卡岩与矿石矿物共生组合

Trepča 矿床主要矽卡岩矿物为 Ca-Fe-Mn 硅酸盐类，包括辉石、黑柱石和少量石榴子石，伴生矿物为 Ca-Fe-Mn±Mg 碳酸盐矿物和石英。基于宏观和微观构造的矿物共生组合研究表明，该矿床的矽卡岩组合与其他典型矽卡岩相类似，均经历了多个演化阶段。进变质阶段矽卡岩以无水的钙铁辉石为主，钙铁辉石呈棱柱状产出，长 0.5 cm 至几厘米不等，通常形成纤维状-球状的集合体。钙铁榴石很少出现，仅仅位于矿床最上部。退变质阶段发育含水矽卡岩矿物，以黑柱石为主，黑柱石呈黑色、棱柱状，长可达 10 cm，具玻璃体光泽。纤维状构造中有颜色的位置，由碳酸盐矿物和石英的混合物组成，灰色区域还含有黄铁矿。

热液矿石矿物普遍叠加于富含辉石的钙质矽卡岩之上，尽管矽卡岩本身缺少矿石矿物组合。矿石矿物包括氧化物和硫化物，其中磁铁矿多交代钙铁辉石，呈假象结构产出。偶见团簇状磁黄铁矿交代辉石，有的辉石局部完全被交代为磁黄铁矿和/或黄铁矿，可见原生的纤维状结构，硫化物常见与方解石、石英混合物共生。

黑色闪锌矿、方铅矿和黄铁矿是该矿床最主要的硫化物。相对于方铅矿和闪锌矿，黄铁矿的形成最早，在整个成矿阶段都有少量黄铁矿出现；方铅矿形成早于闪锌矿，黄铁矿局部被黄铜矿交代；闪锌矿中含有细小的黄铜矿包裹体；白铁矿、毒砂、磁黄铁矿和胶状黄铁矿仅发现于部分矽卡岩原岩矿石中。

（2）矽卡岩和矿石矿物的化学组成

与矽卡岩成矿作用有关的辉石的电子探针化学成分分析结果表明，辉石含 54%~100%的钙铁辉石，透辉石和锰钙辉石含量分别为 45%和 10%。侵入体远端铅锌矿化矽卡岩具有典型的富锰矽卡岩矿物学特征（Vassileva et al.，2005；Canet et al.，2009）。

主要矿石矿物电子探针特定元素分析表明，闪锌矿富集铁（12%）、锰（0.65%±0.19%）和镉（0.23%±0.08%）。方铅矿成分分析表明，铋和银是最重要的微量元素。黄铁矿的砷含量可达 1.3%，磁黄铁矿含 46.2%~46.8%的铁，贫砷（27%~31%），而富硫（36%~40%）。

毒砂是常见硫化物中最难熔的矿物，其 As/S 值变化范围较大，是一种指示形成条件的有潜力的地球化学工具。由于与黄铁矿伴生的毒砂中含有 As 30.8%，限定其形成温度在 350~380℃之间。矿床中也发现了砷含量较低（27.3%）的毒砂。由于毒砂是一种难熔矿物，外界条件的变化不太可能改变已经形成毒砂的主要元素组成。这些贫 As 的毒砂可能代表了更低温度、更晚世代形成的金属硫化物。

根据 Hutchison et al.（1981）的研究，闪锌矿与黄铁矿平衡时的 CuS 含量是温度的函数。在 Trepča 矿床，闪锌矿的 CuS 含量介于 0.015%~0.035%之间，指示其形成温度在 347~387℃之间，与毒砂地温计估算的温度一致。

4. 矿床地球化学特征

（1）流体包裹体特征

流体包裹体研究揭示了成矿前、成矿期和成矿后成矿流体的演化过程。矽卡岩矿物的显微测温研究的样品，采集自矿床 X 中段（平均海平面 75 m 以上）。矿石矿物样品来自矿床的不同中段（V~XI 中段，位于海平面以上 15~375 m）。因此，这就有可能讨论成矿流体的物理化学特征在时间和空间（水平和垂直）方面的演化。

矽卡岩阶段：

钙铁辉石所含的流体包裹体反映了矽卡岩进变质阶段含矿流体的物理化学性质。根据 Roedder（1984）提出的分类标准，流体包裹体根据成因可分为原生或次生的。原生流体包裹体最大可达 15 mm，大小不一，孤立状分布，呈圆形。次生流体包裹体通常成群簇状排列，个体通常小于 2 mm，不利于相变温度的观察。在室温下，原生流体包裹体由气、液两相组成，少量包裹体具有三相（液相、气相和固相），其中的固相为石盐子晶。两类原生包裹体的初熔温度约为-52℃，表明 $CaCl_2$ 和 NaCl 是主要的溶解盐类组分。两相包裹体的最终冰点温度 T_m(ice) 介于-17.5~-11.0℃之间，相应的盐度为 15.0%~20.8%，均一温度 T_h 集中在 390~425℃之间。少量的多相（L+V+S）包裹体的冰点温度在-11.7~-10.5℃之间。加热后，子晶先溶解，随后气泡消失。子晶熔化温度 T_s 分别为 180℃、195℃和 220℃，完全均一温度 T_h 在 380~390℃范围内，相应的盐度在 31.1%~32.9%之间，表明矿床具有较高的总盐度，相应的 NaCl/(NaCl+$CaCl_2$) 值在 0.47~0.54 之间。

矿石矿物阶段：

对主要矿石矿物（闪锌矿）、成矿期矿物（石英、碳酸盐矿物）和成矿后矿物（石英、碳酸盐矿物）中的流体包裹体的研究表明，闪锌矿与矽卡岩和热液矿物组合共生，具有中等盐度（7.6%~13.8%）和两相（L+V）的原生包裹体，大多数包裹体均一温度范围在 238~315℃之间，而矽卡岩中的闪锌矿和热液矿物组合之间没有显著差异。另一方面，热液矿物组合中闪锌矿内流体包裹体的均一温度随深度下降，温度也下降。

从成矿期石英和碳酸盐矿物获得的显微测温数据与闪锌矿（7.2%~14.0%；T_h=295~365℃）中记录的部分重叠。初熔温度表明成矿流体为 $CaCl_2$-NaCl-H_2O 体系。在-23.5~-22.3℃之间的冰点温度 T_m(ice) 揭示了石英样品中 NaCl 含量高于 $CaCl_2$。相反，碳酸盐矿物中 T_m(ice) 值的降低（-28.5~-26℃）表明溶液中 $CaCl_2$ 的影响增加。在碳酸盐矿物中记录了一些富含 CO_2 的包裹体。根据笼形物的最终熔化温度 T_m（笼形物）= 4.7~5.9℃，计算获得相应的盐度范围为 7.6%~9.5%。由于在约 275℃条件下 CO_2 包裹体的破裂，未记录到最终的均一温度。在第Ⅶ中段的矿石伴生的碳酸盐矿物中观察到了流体包裹体的沸腾现象（高于平均海平面 255 m）。在 295~315℃温度区间记录了同时存在富液和富气的包裹体的均一化。根据最终晶体融化温度估算的富液包裹体的盐度在相对狭窄的范围内，介于 8.0%~9.9%之间，T_m(ice) = -6.5~-5.1℃。激光拉曼探针成分分析显示，富气相包裹体偶尔会含有少量 CO_2。

成矿后脉石矿物的流体包裹体盐度变化于 0.9%~14.0%之间，均一温度 T_h 值为 245~325℃，初熔温度表明 $CaCl_2$ 和 NaCl 为主要溶解盐类。

（2）同位素地球化学特征

矽卡岩和矿石矿物流体包裹体的氧、氢同位素，采用 Zheng（1993）的钙铁辉石-水分馏方程计算流体与钙铁辉石平衡时的 $\delta^{18}O$ 值，闪锌矿可以直接测定矿物中封闭流体的 $\delta^{18}O$ 值。结果显示，钙铁辉石中所含水的同位素组成为 δD=-130‰~-108‰，$\delta^{18}O$=8.7‰~9.4‰，表明成矿流体为岩浆热液。δD 值的降低表明原生岩浆水在从固结岩浆向矿化点运移的过程中发生了轻微的变化。低 δD 值可能也反映了大量的岩浆脱气作用（Giggenbach，2003；Seghedi et al.，2007）。闪锌矿中流体包裹体具有高的 δD 值（δD=-74‰~-55‰）、亏损 ^{18}O（$\delta^{18}O$=-13.6‰~-9.6‰），均略高于当今全球大气降水线。

矽卡岩中硫化物和热液矿物组合的硫同位素比值分析结果表明，硫化物的 $\delta^{34}S$ 值由小到大依次为方铅矿（0.9±2.3‰）≤黄铜矿（2.9‰）≤磁黄铁矿（3.1±0.8‰）≤闪锌矿（3.7±1.6‰）≤黄铁矿（4.2±2.8‰）。在硫同位素组成直方图上未见垂向分布的显著变化，与矽卡岩和热液矿物相关的硫化物硫同位素不存在显著差异，但与矽卡岩矿化共生的硫化物硫同位素组成变化明显，方铅矿和闪锌矿的 $\delta^{34}S$ 值分别可高达 9.9‰和 7.2‰。

5. 矿床成因

Trepča 铅锌银矿床具有全球典型远端钙质矽卡岩型 Pb-Zn 矿床的主要特征（Meinert et al.，2005），成矿作用在时空上与渐新世（26~23 Ma）后碰撞岩浆活动有关。矿体与岩浆岩没有直接的接触关系，其形成与岩浆流体与碳酸盐岩围岩的相互作用有关。成矿流体不仅仅来自侵入于角砾岩筒中的小规模岩脉，也来自深部岩浆房，这与全球典型矽卡岩型矿床特征相似。

矽卡岩型矿化以发育 Ca-Fe-Mg-Mn 硅酸盐为主要特征，发育早期封闭体系进变质阶段和晚期开放体系的退变质阶段两个阶段。进变质阶段发育富 Mn 的钙铁辉石，具有典型岩浆来源、远端矽卡岩型 Pb-Zn 矿床的典型特征，并且反映了围岩中 Mn 的活化。大量辉石的形成反映了低氧逸度（$<10^{-26}$ Pa）和无水环境，流体包裹体显微测温和矿物组合指示进变质阶段温度在 390~475℃之间，形成压力估算在 900×10^5 Pa 以下。钙铁辉石中流体包裹体氢、氧同位素组成（$\delta D=-130‰\sim-108‰$；$\delta^{18}O=7.5‰\sim8.0‰$）、矽卡岩矿化接触部位富锰矿物特征以及碳酸盐岩中较高的稀土元素含量，表明岩浆流体在侵入围岩过程中成分发生了改变。因此，Trepča 矿床的成矿流来源于正在固结的岩浆房，沿着围岩裂隙和接触带与上三叠统灰岩接触交代反应过程中，Mn、Fe、Pb、Zn、Ag 等成矿元素活化迁移。

从进变质到退变质阶段氧逸度和硫逸度的增加指示成矿体系的开放过程，这个过程中可能伴随着热液角砾岩形成。主要矿石矿物为方铅矿、闪锌矿、黄铁矿和少量黄铜矿，系在 350℃左右从中等盐度的钙-钠氯化物溶液中沉淀形成，退变质矿物组合包括黑柱石、磁铁矿、毒砂、磁黄铁矿、白铁矿、黄铁矿、石英、碳酸盐矿物等。毒砂地质温度计将退变质阶段温度限制在 350~380℃之间，硫逸度在 $10^{-3.8}\sim10^{-2.2}$ Pa 之间，闪锌矿中流体包裹体的同位素组成（$\delta D=-74‰\sim-55‰$；$\delta^{18}O=-13.6‰\sim-9.6‰$）表明成矿流体主要来源于大气降水；硫化物的 $\delta^{34}S$ 值介于-5.5‰~10‰之间，表明硫来源于岩浆，硫化物沉淀大致与矽卡岩退蚀变阶段同时发生。粗面岩脉侵入热液角砾岩的核部，代表了深部来源侵入体的一部分，粗面质的岩浆向沿着灰岩和上覆渗透性较差的片岩接触带向地表运移。热的岩浆流体和冷的地下水混合产生了热液角砾岩，角砾含有围岩碎块、新生的碎块以及先前形成的矽卡岩碎块，角砾岩中磨碎的基质是围岩发生液压破碎的结果。岩浆的再侵入触发了另外一次的岩浆热液循环。

成矿后阶段伴随着大量碳酸盐矿物的沉淀，包括在矿床地表形成的钙华沉积。钙华的矿物组成从方解石到菱铁矿，所有的碳酸盐矿物都含有大量的锰。形成温度的降低和稀土元素的亏损显示了中等 pH 值、冷的地下水和终期岩浆系统的影响。其成矿模式概括于图 7-6（Strmić Palinkaš et al.，2013）。

五、俄罗斯 Dalnegorsk 铅锌矿床

Dalnegorsk 矿床位于俄罗斯远东 Sikhote-Alin 山脉东坡，是一个含硼的矽卡岩铅锌矿矿床。矿体主要产于三叠纪灰岩以及三叠纪至早白垩世含灰岩地层中。该地层走向 NE，延长 5~20 km。

在 Dalnegorsk 矿区，岩浆岩主要为高钛粗玄岩岩脉和岩床，北东向展布，有些岩体长达 5~15 km，岩体的 K-Ar 同位素年龄为 160~90 Ma；其次是流纹岩和流纹英安岩，年龄属于白垩纪—第三纪（古近纪、新近纪）（80~60 Ma），在东 Sikhote-Alin，火山岩带厚度可达 3000 m；再其次是安山岩，年龄为 70~60 Ma；最晚形成的是斜长斑岩质酸性熔岩，其年龄为 55~50 Ma。安山岩岩席被闪长岩-花岗闪长岩-花岗斑岩岩体所侵入，这些岩体的年龄为 60~55 Ma，与铅锌矿化有成因关系。

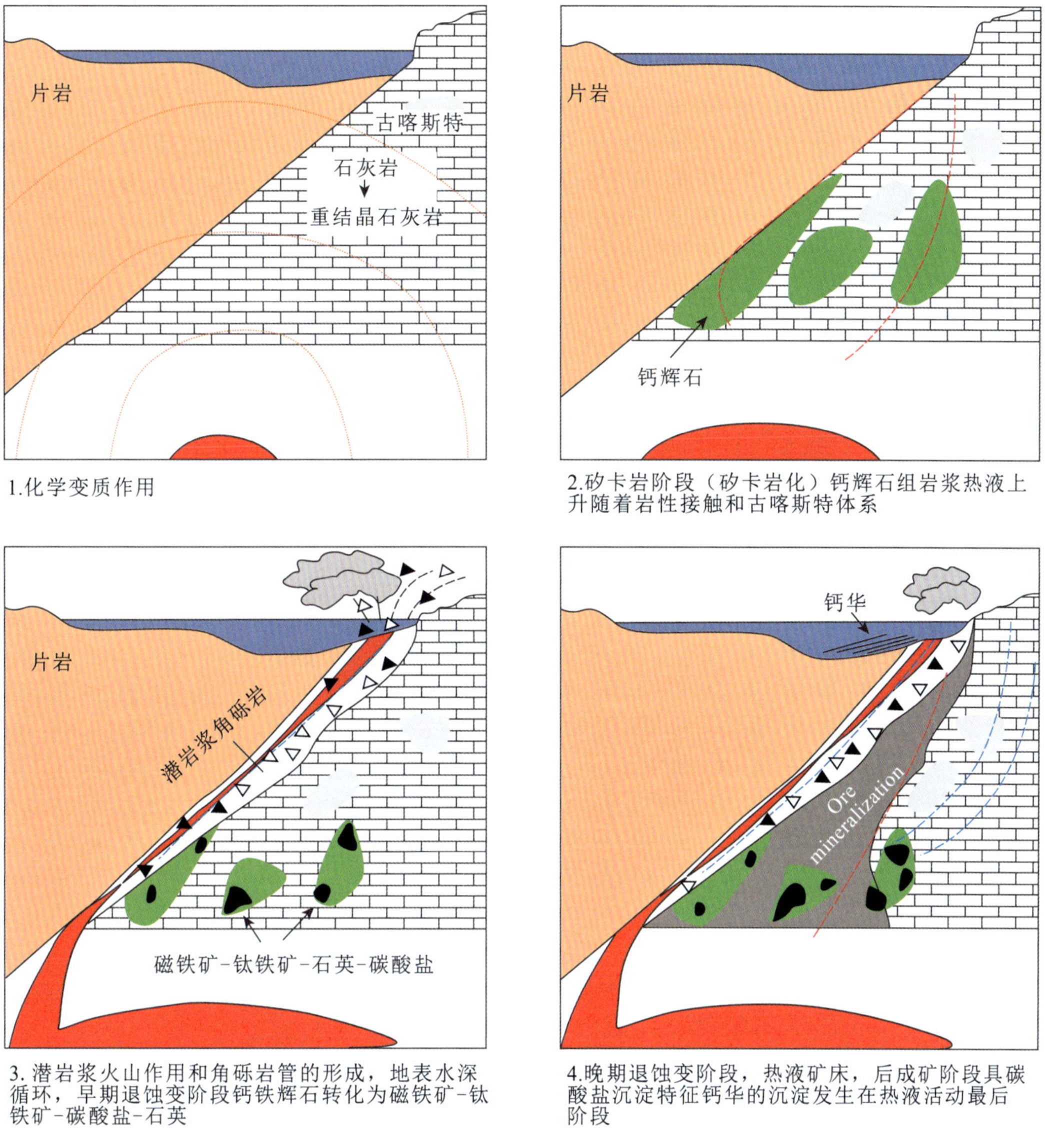

图 7-6 Trepča 铅锌银矽卡岩矿床成矿模式图

（据 Strmić Palinkaš et al，2013）

E—W 走向的断裂裂隙控制着一些主要矿床，包括 Nikolaevsk、Partizan 和 Berhny 等。矽卡岩 Pb-Zn 矿床受中生代褶皱的背斜翼部控制，在翼部有碳酸盐岩层。

下面以 Nikolaevsk 矿床为例介绍其基本地质特征。

该矿床位于 Nikolaevsk 火山-构造凹陷，在其背斜地堑结合部。沉积岩为三叠系和侏罗系砂岩、粉砂岩及灰岩。火山岩为白垩纪酸性火山岩和安山岩。灰岩产于火山岩系列之下，在深部 700～1300 m 之间。侵入岩为二长辉长闪长岩小岩体和花岗斑岩小岩体，其年龄属于晚白垩世。矿体分为两类：含硫化物的矽卡岩，以及石英-硫化物脉、透镜体、网脉和细脉浸染状带，产于火山成因的和侵入岩的热液交代岩中（图 7-7）。矿体矿石由钙铁辉石、硅铁石、方解石、石英和硫化物组成。矿区的交代矿物可分为三期：①石榴子石-硅灰石-钙铁辉石；②石英-方解石-闪锌矿-方铅矿；③石英-菱铁矿-方解石。

上述矿物组合反映了矽卡岩和硫化物矿物形成的不同期次。在第一个矿化期，有钙铁辉石和石榴子石，局部有硅灰石。钙铁辉石是主要矿物，常呈长柱状、球粒状产出。闪锌矿在该期矿物组合中含铁较高（Fe>10%），而局部还有毒砂包裹体。第二期矿物不仅出现在矽卡岩中，还在它的旁侧产出。

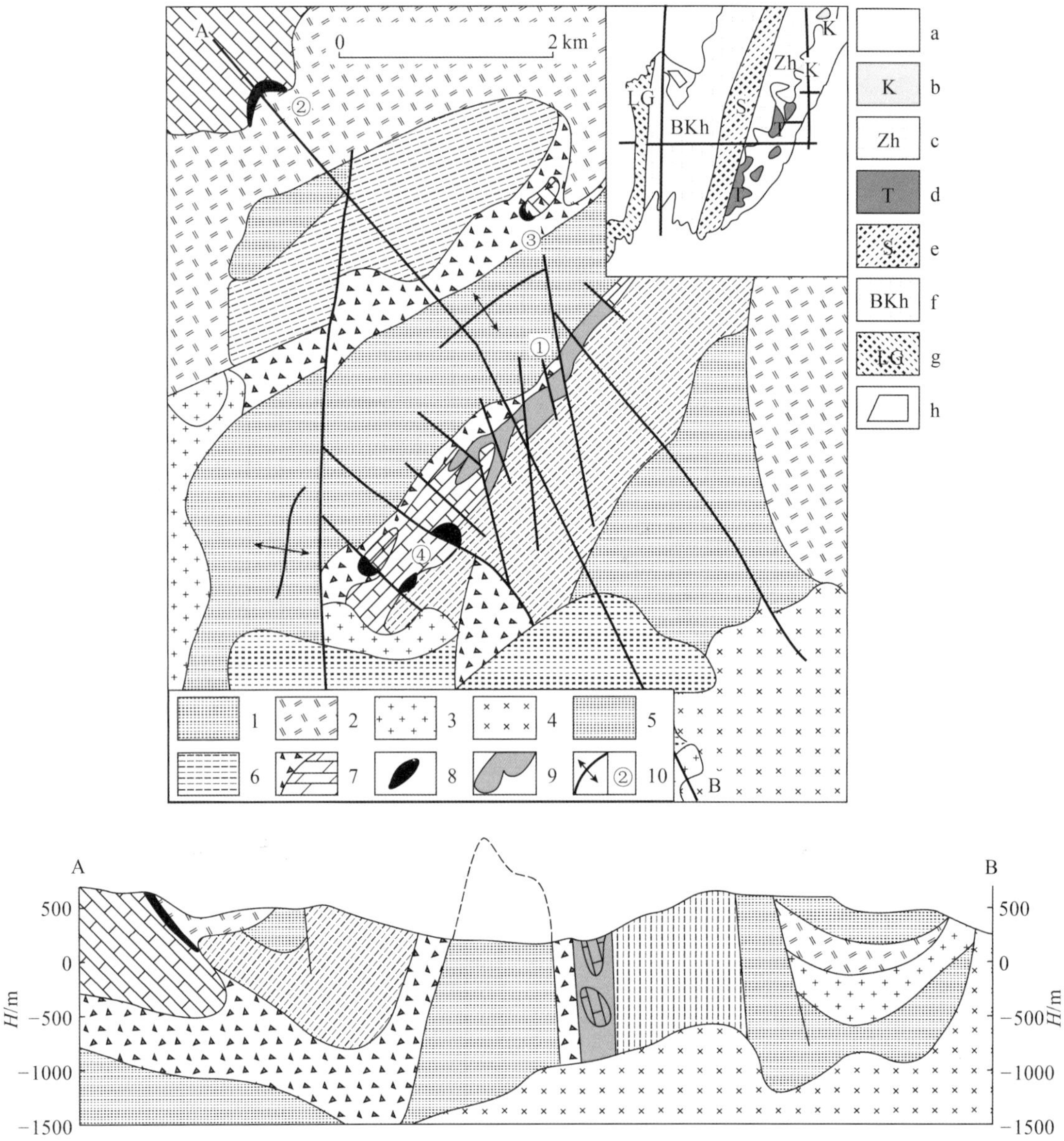

图 7-7　俄罗斯 Dalnegorsk 铅锌矿区西部地质构造图和相应的地质横截面图

（据 V. V. Ratkin et al.，2018）

1~3—晚白垩世—古近纪 ESAVPB 喷出岩和凝灰岩：1—安山岩，2—流纹英安岩，3—流纹岩；4—晚古近世花岗闪长岩-花岗岩侵入体；5~7—Taukhe 地体（早白垩世增生楔）沉积岩：5—早白垩世砂岩和复理石，6—三叠纪—侏罗纪硅质-黏土岩，7—早白垩世—三叠纪石灰岩的混合岩和橄榄岩；8—含铅锌矿矽卡岩；9—硼硅酸盐矽卡岩；10—背斜褶皱轴（箭头）和矽卡岩矿床。圆圈中的数字：①Dalnegorsk（硼硅酸盐岩）；②Verkhnee（Pb-Zn）；③第一苏联（Pb-Zn）；④Partizanskoe（铅锌）。插图，Dalnegorsk 矿区位于俄罗斯远东南部：a—东 Sikhote-Alin 火山深成带（白垩纪晚期—古近纪）；b—早白垩世岛弧 Kem'（K）地体；c—早白垩世 Zhuravlevo（Zh）地体浊积盆地；d—早白垩世增生楔体 Taukhe（T）地体；e—侏罗纪增生的 Samarka（S）地体楔子；f—Bureya-Khanka（BKh）造山带的地体（早古生代）；g—Laoeling-Grodekovo（LG）地体晚古生代晚期索伦克造山带构造中的古生代岛弧；h—矿区边界

块状磁黄铁矿-闪锌矿-方铅矿矿石和石英、方解石一起主要见于接触带矽卡岩和灰岩中，还伴生钙铁辉石、硅铁石、绿泥石、磁铁矿、毒砂、锰三斜辉石、符山石等矿物。第三期矿物组合中，除了石英、菱铁矿、方解石外，还有玉髓、蛋白石和萤石。最早沉淀的属于萤石-方解石组合，其次是蛋白石-磁铁矿-菱铁矿组合，也包括浸染状黄铁矿和硅铁石。

六、中国辽宁葫芦岛八家子银铅锌矿床❶

（一）地理位置和勘查开发概况

八家子银铅锌多金属矿床位于辽宁省葫芦岛市建昌县八家子镇。该矿历史悠久，据说早在清朝光绪年间就已发现，并开采银。1954~1985 年，先后有原重工业部东北分局 103 队、辽宁有色金属公司、辽宁省冶金地勘公司 105 地质队和辽宁省地质局三队等对矿区进行有关地质勘探工作。现已探明 Ag 储量超过 1000 t，属大型；黄铁矿储量达 630×10^4 t，属中型。此外，还伴生 Fe、Mo 和 Mn 矿，可综合利用。矿石的平均品位：Ag 186 g/t，Pb 1.79%，Zn 2.32%，Cu 0.3%，S 25%。矿床的特点是矿化矽卡岩分带非常明显且特殊。

（二）区域地质背景

矿区位于华北地台北部燕辽沉降带的南缘，出露地层自老到新：①中元古界高于庄组厚层白云岩，下部为粉砂岩、页岩和砂岩，上部为含锰页岩、灰岩夹锰矿扁豆体；②寒武系灰岩，下寒武统为页岩和白云质灰岩互层；③奥陶系灰岩和白云质灰岩；④石炭系—二叠系砂页岩；⑤侏罗系—白垩系火山-沉积岩。其中高于庄组厚层白云岩是矿区的主要成矿围岩，其厚度超过 1000 m，由白云质大理岩、燧石条带、含锰白云质大理岩、含锰细粒变质砂岩和粉砂岩组成。白云质大理岩的 MgO 含量为 17.06%~21.62%。

本区主要构造线方向呈近 S—N 向展布。中元古界白云质大理岩在矿区构成一个向斜构造。向斜中部由侏罗纪—白垩纪火山岩类组成，两翼为元古界和寒武系。矿区内的元古宙地层东、南、西三面均与侵入岩接触。

区内岩浆岩分布广泛，岩性包括片麻状花岗岩、黑云母花岗岩、花岗闪长岩和石英二长闪长岩等。与成矿关系密切的是燕山期石英二长闪长岩，其 K-Ar 法同位素年龄值为 177.4~170.0 Ma，呈岩枝状侵入于矿区东部和北部的中元古界大理岩中（图 7-8）。石英二长闪长岩具浅灰至灰色，中粒结构，主要组成矿物有斜长石 $An_{25\sim40}$（40%~50%）、钾长石（10%左右）、石英（5%~15%）、黑云母（10%~15%），以及少量的普通角闪石和微量磁铁矿、榍石、磷灰石等副矿物，代表性岩石化学分析结果表明其为钙碱性和富碱性，SiO_2 55.04%~63.07%，$Na_2O+K_2O=7.28\%\sim8.82\%$，$K_2O>Na_2O$。

矿区内的脉岩有煌斑岩、闪长玢岩、长石斑岩和石英斑岩，主要受 NW 向和 E—W 向断裂控制，属于成矿后的产物。

与成矿密切相关的石英二长闪长岩在和含矿镁矽卡岩接触带发育较强的钾长石化，而产于南部的斑状花岗岩则未发现矽卡岩化和钾长石化。

（三）矿床地质特征

1. 矿段和矿体

八家子银铅锌矿床产于燕山期石英二长闪长岩与中元古界白云质大理岩的接触带及白云质大理岩中 NW 向和 S—N 向的断裂带中。从接触带向 NW 方向，依次有 5 个矿段分布，包括北山、红旗、炉沟、东风和冰沟（图 7-8），这 5 个矿段的地质地球化学特征见表 7-3。全矿区已探明 Ag-Pb-Zn、Cu 和铁矿体 50 余个，呈透镜状、脉状和不规则囊状产出。

NW 向成矿断裂带是矿区内的主要控矿构造，从东南部的北山矿段沿 NW 向断裂延伸 4 km 以上直到冰沟矿段（图 7-8），总走向 310°~330°，向 NE 倾斜，倾角 35°~60°。赋存于这组断裂系中的矿体，其产状与断层基本一致。例如，在北山矿段，断裂和石英二长闪长岩体的接触带重合，矿体产于

❶ 主要根据辽宁冶金地质 103 队（1958）的储量计算报告，辽宁地质局地质三队（1983）的地质勘探报告，董永观（1986）、Zhao Yiming et al.（2003）和赵一鸣、毕承思、董永观（1984，1989）年的野外调查及有关室内研究。

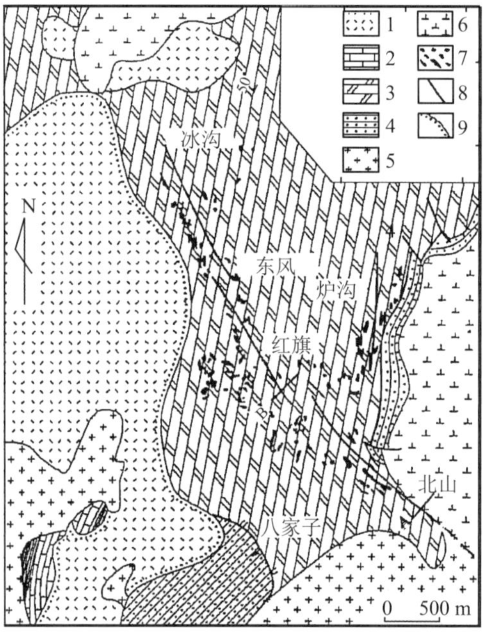

图 7-8 八家子银铅锌矿区地质略图
（据董永观，1986，修改）
1—侏罗纪—白垩纪火山岩和火山碎屑岩；2—寒武纪灰岩和页岩；3—中元古代白云质大理岩；
4—中元古代砂岩；5—燕山期花岗岩；6—燕山期石英二长闪长岩；7—矿体；8—断层；9—不整合面

接触带，大多呈似层状、透镜状产出；红旗、东风等矿段的矿体主要沿 NW 向断裂带交代高于庄组白云岩，有时由于逆断层的侧部发育次一级羽毛状裂隙，使赋存在这种断裂中的矿体大多为透镜状、脉状，并呈现分支现象（图 7-9、图 7-10）。炉沟矿段位于 NW 向成矿断裂带东侧，矿体产于高于庄组白云石大理岩中近 SN 向的断裂带中，向西倾斜，倾角 70°~85°，严格受断层产状控制，多呈透镜状、脉状或囊状产出。

矿体沿走向大多延长不大，一般仅几十米，少数达百米以上，仅个别北山矿段的磁铁矿矿体走向长达 500 m 以上。但大部分矿体延伸深度相对较大，往往都超过百米，少数矿体可达 400~500 m。矿体厚度一般 2~8 m，在两组断层的交汇处，矿体规模较大，厚度也随之增加，如红旗矿段的个别矿体最大厚度可达 40 m 以上。

表 7-3 八家子银铅锌矿床不同矿段的地质地球化学特征

矿段	北山	红旗	炉沟	东风	冰沟
矿体与接触带的关系	矿体产于侵入体和白云质大理岩的接触带	矿体产于距接触带 0.3~2 km 的北西向断裂中	矿体产于距接触带 1~2 km 的南北向断裂带中	矿体产于距接触带 2~3.5 km 的北西向断裂带中	矿体产于距接触 3.5~4 km 的北西向断裂带中
矿体形态	透镜状	透镜状、囊状	脉状、透镜状	脉状、透镜状	脉状、囊状
矿石品位（平均）					
TFe/%	33.83				
Mo/%	0.22				
Pb+Zn/%		5.41	1.88	3.59	0.74
Cu/%	0.18	0.33	0.37	0.15	0.02
Zn/Pb		1.03	2.0	1.09	1.06
Ag/($g \cdot t^{-1}$)	10	265	165	255	

矿段	北山	红旗	炉沟	东风	冰沟
矽卡岩带	镁矽卡岩带	锰质镁矽卡岩带	锰质矽卡岩带	锰质矽卡岩带	锰质矽卡岩带
矽卡岩矿物	For、Di、Tr、Phl、Serp、Ad	Mn-Di、Mn-Tr、Mn-Ant、Mn-Cum、Fe-Phl、Sp、Mn-Pyr、Rho、Pyrx、Kn	Rho、Pyrx、Sp、Mn-Cum、Fe-Phl	Pyrx、Rho、Sp、Mn-Cum、Fe-Phl、Kn	Rho、Sp、Mn-Pyr、Fe-Phl
金属矿物	Mt、Py、Mol、Po、Cp	Py、Po、Cp、Gn、Sph、Arg、Mt	Sph、Gn、Py、Po、Cp、Arg、Ag	Sph、Gn、Py、Po、Cp、Arg、Ag	Sph、Gn、Py、Arg、Ag
黄铁矿的 $\delta^{34}S/‰$	2.9~5.3	2.0~3.8	2.0~4.0	-7.4~1.6	-6.9~2.3
包裹体均一温度	375~550℃	320~475℃	270~411℃	250~380℃	212~272℃

注：Ad—钙铁榴石，Ag—自然银，Arg—辉银矿，Cp—黄铜矿，Di—透辉石，Fe-Phl—含铁金云母，For—镁橄榄石，Gn—方铅矿，Kn—锰铁橄榄石，Mn-Ant—锰直闪石，Mn-Di—锰透辉石，Mn-Pyr—锰热臭石，Mn-Tr—锰质透闪石，Mn-Cum—锰质镁铁闪石，Mol—辉钼矿，Mt—磁铁矿，Phl—金云母，Po—磁黄铁矿，Py—黄铁矿，Pyrx—锰三斜辉石，Rho—蔷薇辉石，Serp—蛇纹石，Sp—锰铝榴石，Sph—闪锌矿。

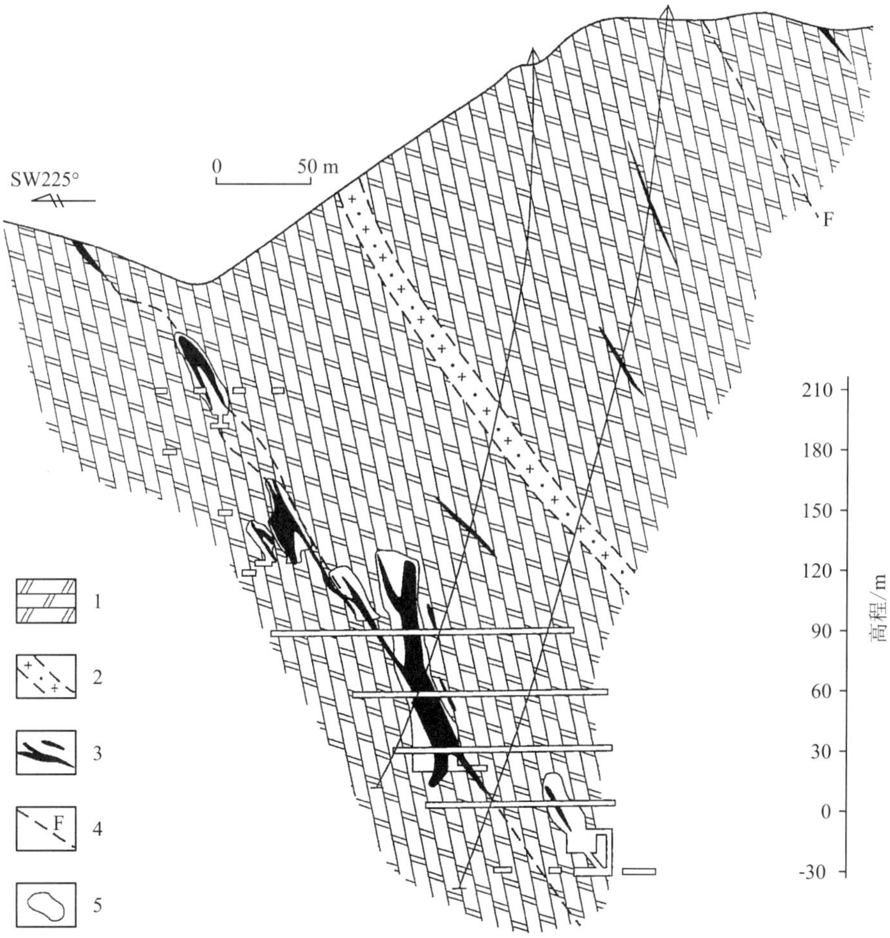

图 7-9　八家子矿区红旗矿段地质剖面

（据八家子矿山地质科的资料修改）

1—白云质大理岩；2—长石斑岩；3—矽卡岩矿体；4—断层；5—采空区

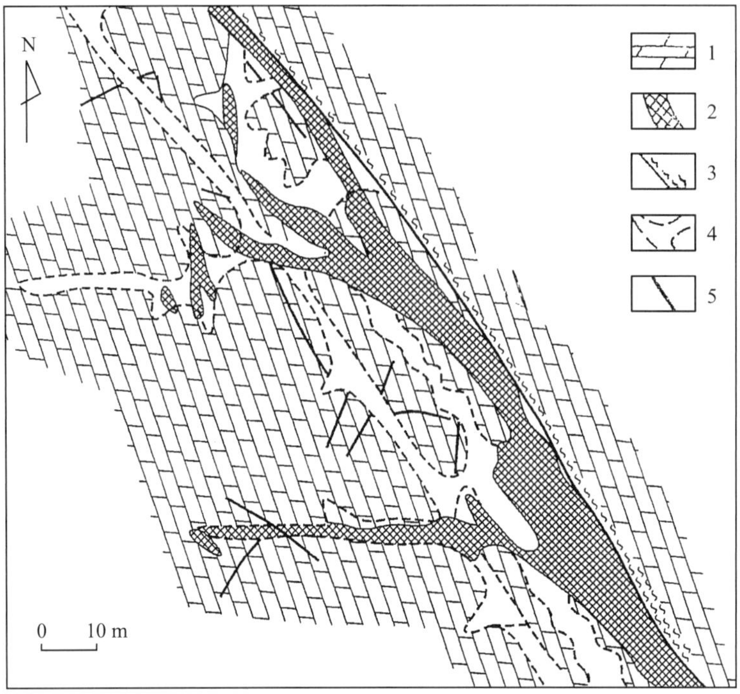

图 7-10　八家子矿区东风矿段 155 m 中段 309 矿体略图

（据八家子矿山资料修改）

1—中元古代白云质大理岩；2—银铅锌矿体；3—破碎带；4—坑道；5—断层

2. 矿石类型和矿物组成

从接触带向北西方向依次可分为以下 5 种矿石类型：①磁铁矿（±辉钼矿）矿石；②磁铁矿-黄铁矿矿石；③含铜黄铁矿矿石；④含银黄铁矿-方铅矿矿石；⑤含银闪锌矿-方铅矿矿石。

矿区内矿石中已发现 20 余种金属矿物，其中含量最多、分布最广的是闪锌矿、方铅矿、黄铁矿、磁铁矿、磁黄铁矿和黄铜矿，次为辉钼矿、斑铜矿，含少量硫锰矿、辉铋矿、孔雀石、铜蓝、针铁矿、软锰矿和微量黑硫银锡矿、辉银矿、自然银、脆银矿、金银矿和锰钛铁矿等。在空间上，随着离接触带距离的增加，金属矿物组合呈现从高温组合向中温、低温组合变化的带状分布特点。矿石的交代结构构造十分普遍，常见的有交代残余结构、交代斑状结构、交代假象结构、似海绵陨铁结构、交代溶蚀结构和块状构造、浸染状构造、残留状构造、条带状构造以及角砾状构造等。

3. 含矿矽卡岩及其分带

在八家子矿区，可划分出三种含矿矽卡岩类型，即含 Fe（Mo）镁矽卡岩、含 Cu-S 锰质镁矽卡岩和含 Ag-Pb-Zn 锰质矽卡岩。这三类含矿矽卡岩围绕石英二长闪长岩的接触带向白云岩大理岩方向呈带状分布。它们沿着 NW 向断裂带依次做如下分布：含 Fe（Mo）镁矽卡岩带（北山矿段）→含 Cu-S 锰质镁矽卡岩带（红旗矿段东南部）→含 Pb-Zn-Ag 锰质矽卡岩（红旗矿段西北部、炉沟、东风和冰沟矿段）（图 7-11）。

（1）含 Fe（Mo）镁矽卡岩带

产于石英二长闪长岩和白云岩大理岩的接触带，镁矽卡岩的组成矿物有镁橄榄石、透辉石、透闪石、金云母、粒硅镁石、蛇纹石、镁绿泥石，局部有锌尖晶石。蛇纹石和镁绿泥石属于退化热液交代矿物，其中，蛇纹石常交代镁橄榄石和粒硅镁石，而镁绿泥石则通常交代金云母而呈其假象。镁矽卡岩伴生的金属矿物主要为磁铁矿，次为黄铁矿和辉钼矿。含磁铁矿（辉钼矿）镁矽卡岩的宽度大致为 10~50 m。

镁矽卡岩本身也有较明显的分带，从石英二长闪长岩到白云质大理岩的分带如下：

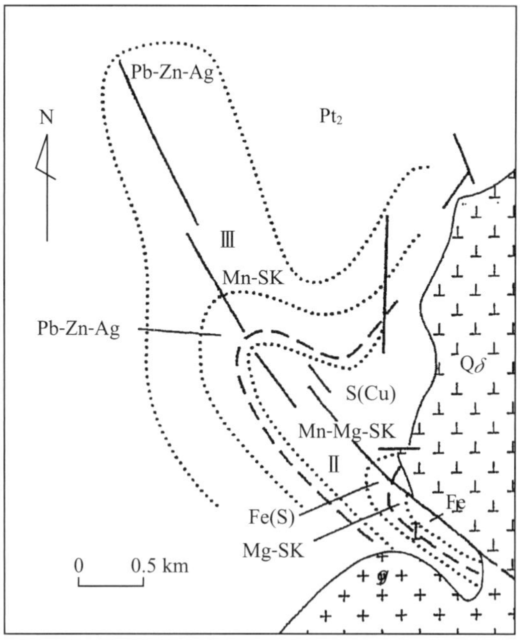

图 7-11 八家子矿区含矿矽卡岩分带略图

（据 Zhao et al.，2003）

Pt_2—中元古代白云质大理岩；$Q\delta$—石英二长闪长岩；Mg-SK—镁矽卡岩带；Mn-Mg-SK—锰镁质矽卡岩带；Mn-SK—锰质矽卡岩带；Fe—磁铁矿带；Fe（S）—磁铁矿-黄铁矿-磁黄铁矿带；S（Cu）—黄铜矿-黄铁矿（铅锌）矿带；Pb-Zn-Ag—铅锌银矿带；虚线—矿化带界线；断线—矽卡岩带界线

0 石英二长闪长岩

Ⅰ. 透辉石化钾长石化闪长岩

Ⅱ. 透辉石-条纹长石交代岩

Ⅲ. 镁橄榄石-透辉石矽卡岩（±金云母、透闪石、粒硅镁石），伴有磁铁矿、黄铁矿和辉钼矿

Ⅵ. 蛇纹石化镁橄榄石斑花大理岩

00 白云岩大理岩

在有些交代带中，镁矽卡岩主要由透辉石、透闪石（±金云母）组成，伴有磁铁矿。

（2）含 Cu-S 锰质镁矽卡岩带

这类含矿矽卡岩位于红旗矿段东南部，距接触带稍近。锰质镁矽卡岩的组成矿物：锰质透辉石、锰质透闪石、锰直闪石、锰镁铁闪石、锰铝榴石和镁质锰三斜辉石。伴生的金属矿物主要为黄铁矿、磁黄铁矿和黄铜矿，次为磁铁矿、闪锌矿和方铅矿。根据矿石的矿物共生组合分析，矿物间的先后晶出（交代）程序：矽卡岩矿物→磁铁矿→磁黄铁矿→黄铁矿→黄铜矿→闪锌矿→方铅矿→银矿物→硫盐矿物。

实际上，红旗矿段是镁矽卡岩锰质矽卡岩的过渡带。

（3）含 Pb-Zn-Ag 锰质矽卡岩带

该含矿矽卡岩带位于距接触带有一定距离的东风炉沟和冰沟矿段（图 7-8）。锰质矽卡岩的组成矿物主要有锰三斜辉石、镁质蔷薇辉石、锰铝榴石和锰镁铁闪石，局部富集有含铁金云母、锰铁橄榄石和锰热臭石。它们可以组成锰三斜辉石、锰铝榴石-锰三斜辉石、镁质蔷薇辉石、锰铝榴石-含铁金云母、锰镁铁闪石-锰铝榴石、锰三斜辉石-锰铁橄榄石等交代相。伴生的金属矿物有闪锌矿、方铅矿、黄铁矿、黄铜矿、硫锰矿、辉银矿、脆银矿、自然银、金银矿和锰钛铁矿等。

4. 矽卡岩矿物成分在不同矽卡岩带的变化

在八家子矿区，矽卡岩矿物组合和矿物成分的带状分布十分明显。现把橄榄石、辉石、石榴子石、角闪石和云母类矿物成分在不同含矿矽卡岩带中的变化情况分述于下。

（1）橄榄石类

橄榄石类矿物在矿区内可分为三类，即镁橄榄石、镁质锰铁橄榄石和锰铁橄榄石（表 7-4）。前两类橄榄石产于镁矽卡岩带中，即北山矿段；而锰铁橄榄石则产于含 Pb-Zn-Ag 锰质矽卡岩带，并伴有锰三斜辉石、闪锌矿和方铅矿等。

表 7-4 橄榄石及其蚀变矿物蛇纹石的代表性探针分析

标本号	Bt18-t	BB-4-1	BB8-1	BB7-1	Bt8-3	BDW1-1	BB4-2
产地	北山	北山	北山	北山	北山	东风	北山
矽卡岩带	Ⅰ	Ⅰ	Ⅰ	Ⅰ	Ⅰ	Ⅲ	Ⅰ
化学组分/%							
SiO_2	40.16	41.09	41.78	41.20	32.81	30.94	43.93
TiO_2	0.47	0.03	0.00	0.00	0.01	0.13	0.03
Al_2O_3	0.05	0.01	0.00	0.00	1.00	0.01	0.18
FeO^*	0.64	0.68	1.15	6.64	15.12	32.15	0.43
MnO	0.13	0.02	0.18	3.67	38.14	34.93	0.03
MgO	57.29	56.46	56.34	47.35	12.31	1.31	43.23
CaO	0.97	0.04	0.16	0.01	0.10	0.06	0.04
Na_2O	0.03	0.00	0.01	0.01	0.06	0.00	0.00
K_2O	0.00	0.00	0.01	0.00	0.32	0.00	0.00
总和	99.74	98.33	99.63	98.88	99.87	99.53	87.87
按 4 个氧离子数计算							
Si	0.955	0.984	0.990	1.019	1.001	1.026	2.009①
Ti	0.008	0.001	0.000	0.000	0.000	0.003	0.001①
Al	0.001	0.000	0.000	0.000	0.036	0.000	0.010①
Fe	0.013	0.014	0.023	0.137	0.386	0.892	0.016①
Mn	0.003	0.001	0.004	0.077	0.986	0.981	0.001①
Mg	2.030	2.015	1.989	1.764	0.560	0.065	2.964①
Ca	0.025	0.001	0.004	0.000	0.003	0.002	0.002①
Na	0.001	0.000	0.001	0.001	0.004	0.000	0.000①
K	0.000	0.000	0.000	0.000	0.012	0.000	0.000①
总和	3.036	3.016	3.011	2.980	2.988	2.969	4.985①
矿物端员分子/%							
$Mg_2[SiO_4]$	99.25	99.31	98.69	89.07	28.98	3.34	
$Mn_2[SiO_4]$	0.13	0.02	0.18	7.01	51.04	50.64	
$Fe_2[SiO_4]$	0.62	0.67	1.13	3.92	19.98	46.02	
矿物名称	镁橄榄石	镁橄榄石	镁橄榄石	镁橄榄石	镁质锰铁橄榄石	锰铁橄榄石	蛇纹石

注：* 全铁按 FeO；①按 7 个氧离子数计算。

（2）辉石和似辉石类

辉石和似辉石在矿区分布很广，可分为四类，即透辉石、锰质透辉石、锰三斜辉石和镁质蔷薇辉石。前两种矿物属于单斜辉石，而后两种则属于三斜晶系的辉石，即似辉石。

不同的含矿矽卡岩带具有一定的辉石类型：在含磁铁矿镁矽卡岩带中，主要是透辉石（$Di_{75\sim99}Hd_{0.7\sim23}Jo_{0\sim2}$），其钙铁辉石和锰钙辉石端员分子含量较低；在含 Cu-S 锰质镁矽卡岩带中辉石为锰质透辉石（$Di_{42\sim91}Hd_{1.5\sim36}Jo_{7\sim29}$），锰钙辉石分子含量较高。该矽卡岩带中出现多量锰三斜辉石和镁质蔷薇辉石，并伴有锰铝榴石和锰镁铁闪石。辉石和似辉石的化学成分在不同矽卡岩带的变化见表 7-5 和表 7-6。

表 7-5 代表性单斜辉石的探针分析结果

样品号	BB2-1	Bt18-4	Bt18-8	Bt17-9	Bt12-38	Bt10-65	BHD5-2	BHD3-1	BHD-4	BHD4-1	BL21-6
产地	北山	北山	北山	北山	北山	北山	红旗	红旗	红旗	红旗	炉沟
矽卡岩带	Ⅰ	Ⅰ	Ⅰ	Ⅰ	Ⅰ	Ⅰ	Ⅱ	Ⅱ	Ⅱ	Ⅱ	Ⅲ
化学组分/%											
SiO_2	52.07	53.88	52.86	51.27	53.81	54.24	53.70	54.97	53.13	52.26	51.10
TiO_2	0.05	0.04	0.20	0.03	0.01	0.13	0.02	0.03	0.03	0.01	0.04
Al_2O_3	0.11	0.17	0.59	0.77	0.42	0.68	0.01	0.08	0.20	0.01	0.10
FeO^*	10.02	0.24	1.23	7.59	1.47	0.49	0.28	0.53	4.76	6.14	3.97
MnO	0.54	0.00	0.12	0.57	0.21	0.04	0.79	2.47	5.41	11.17	8.83
MgO	12.34	18.99	18.16	13.75	17.65	18.33	17.81	17.63	13.38	12.44	11.91
CaO	23.64	26.03	25.00	24.27	25.10	24.42	25.53	24.55	23.40	17.32	22.42
Na_2O	0.37	0.03	0.04	0.23	0.04	0.05	0.00	0.01	0.07	0.04	0.04
K_2O	0.00	0.06	0.01	0.00	0.03	0.00	0.00	0.00	0.00	0.00	0.00
总和	99.14	99.44	98.21	98.48	98.74	98.38	98.14	100.27	100.38	99.39	98.41
按 6 个氧离子数计算											
Si	1.986	1.964	1.956	1.964	1.980	2.001	1.993	1.996	1.989	2.006	1.978
Ti	0.001	0.001	0.006	0.001	0.000	0.004	0.001	0.001	0.001	0.000	0.001
Al	0.005	0.007	0.026	0.012	0.018	0.030	0.001	0.003	0.009	0.001	0.005
Fe	0.320	0.007	0.038	0.243	0.045	0.015	0.007	0.016	0.149	0.197	0.128
Mn	0.017	0.000	0.004	0.018	0.007	0.001	0.025	0.076	0.172	0.363	0.289
Mg	0.701	1.032	1.002	0.785	0.968	1.008	0.985	0.954	0.746	0.712	0.687
Ca	0.966	1.017	0.991	0.996	0.990	0.965	1.015	0.995	0.938	0.712	0.930
Na	0.027	0.002	0.003	0.009	0.003	0.004	0.000	0.001	0.005	0.003	0.003
K	0.000	0.003	0.001	0.000	0.000	0.000	0.000	0.000	0.000	0.000	0.000
总和	4.023	4.033	4.027	4.028	4.012	4.028	4.027	4.002	4.009	3.994	4.021
矿物端员分子/%											
$CaMgSi_2O_6$	67.54	99.30	95.99	75.01	94.90	98.40	67.86	91.20	69.96	55.94	62.23
$CaFeSi_2O_6$	30.78	0.70	3.65	23.23	4.45	1.47	30.49	1.54	13.96	15.50	11.60
$CaMnSi_2O_6$	1.68	0.00	0.36	1.76	0.65	0.13	1.65	7.26	16.08	28.56	26.17
光性常数											
$2V(+)$	-	56°	59°	60°	-	-	-	-	63°	66°	-
矿物名称	Di	Di	Di	Di	Di	Di	Di	Mn-Di	Mn-Di	Mn-Di	Mn-Di

注：Di 为透辉石；Mn-Di 为锰质透辉石；Ⅰ为镁矽卡岩带；Ⅱ为锰质镁矽卡岩带；Ⅲ为锰质矽卡岩带；FeO^* 为全铁。

长期以来，八家子矿区的暗玫瑰色似辉石一直被称为“蔷薇辉石”。Zhao et al.(2003) 对其进行了详细的光学、弗氏台和 X 光粉晶衍射测定，发现大多数似辉石属锰三斜辉石，$2V(+)=38°\sim45°$；而少数属于蔷薇辉石，$2V(+)=61°\sim70°$。锰三斜辉石与蔷薇辉石在空间上不共生，前者主要见于红旗、东风和炉沟南部，而后者则产于远离接触带的冰沟和炉沟北部，说明蔷薇辉石的生成温度较低。两类锰质似辉石的 MnO 含量都很高（34.57%~42.27%），不同的是锰三斜辉石的 CaO 含量较低（0.22%~1.57%），而 FeO 含量稍高（9.83%~14.07%），而蔷薇辉石的 CaO 含量稍高（2.99%~7.55%），FeO 则偏低（3.78%~5.38%）。由于蔷薇辉石的 MgO 含量相对较高（1.36%~3.33%），相应的 Mg 的系数 0.25（0.26~0.62）；锰三斜辉石的 MgO 含量也偏高，其 Mg 系数也大于 0.25（0.31~0.93），因此，这两个矿物可进一步命名为镁质蔷薇辉石和镁质锰三斜辉石（表 7-6）。

表 7-6　代表性似辉石的探针分析

样品号	BD16-1	BD17-2	BD-19	Bp1-1	BL8-8-1	BL15-6	Bn5-6	BL8-21
产地	东风	东风	东风	冰沟	炉沟	炉沟	冰沟	炉沟
矽卡岩带	Ⅲ	Ⅲ	Ⅲ	Ⅲ	Ⅲ	Ⅲ	Ⅲ	Ⅲ
化学组分/%								
SiO_2	47.12	48.33	47.31	49.28	46.80	46.79	46.74	48.96
TiO_2	0.01	0.00	0.02	0.01	0.00	0.00	0.04	0.00
Al_2O_3	0.00	0.01	0.00	0.00	0.02	0.02	0.00	0.01
FeO^*	10.90	10.02	14.07	9.83	4.04	5.10	4.36	5.38
MnO	39.88	34.57	35.47	35.35	42.27	38.80	40.61	34.84
MgO	0.84	4.98	1.01	3.68	2.27	3.17	1.36	2.45
CaO	0.77	1.87	0.83	0.70	2.99	6.33	6.69	7.55
Na_2O	0.01	0.02	0.00	0.05	0.03	0.08	0.01	0.02
K_2O	0.00	0.00	0.00	0.00	0.00	0.00	0.00	0.00
总和	99.52	99.79	98.69	98.90	98.42	100.28	99.82	99.21
按 18 个氧离子计算								
Si	6.093	6.052	6.137	6.308	6.042	5.918	5.975	6.136
Ti	0.001	0.000	0.002	0.001	0.000	0.000	0.004	0.000
Al	0.000	0.002	0.000	0.000	0.003	0.003	0.000	0.002
Fe	1.179	1.050	1.526	1.035	0.436	0.540	0.466	0.564
Mn	4.368	3.667	3.897	3.769	4.623	4.156	4.397	3.698
Mg	0.162	0.929	0.195	0.691	0.437	0.597	0.259	0.458
Ca	0.106	0.251	0.116	0.095	0.413	0.858	0.916	1.014
Na	0.003	0.005	0.000	0.012	0.008	0.020	0.003	0.005
K	0.000	0.000	0.000	0.000	0.000	0.000	0.000	0.000
总和	11.912	11.956	11.873	11.911	11.962	12.092	12.021	11.877
矿物端员分子/%								
$MnSiO_3$	77.85	73.81	70.36	76.93	84.48	74.87	76.09	70.09
$FeSiO_3$	20.85	21.14	27.55	21.13	7.97	9.73	8.06	10.69
$CaSiO_3$	1.88	5.05	2.09	1.94	7.55	15.40	15.85	19.22
光性常数								
$2V(+)$	-	-	38°	43°	61°	-	70°	68.5°
矿物名称	锰三斜辉石	镁质锰三斜辉石	镁质锰三斜辉石	镁质锰三斜辉石	镁质蔷薇辉石	镁质蔷薇辉石	镁质蔷薇辉石	镁质蔷薇辉石

注：FeO^* 为全铁。

（3）石榴子石类

在八家子矿区，分布最广的石榴子石是锰铝榴石，主要在锰质镁矽卡岩带和锰质矽卡岩带，即红旗、炉沟、东风和冰沟矿段。在镁矽卡岩带中，有少量钙铁榴石产出，并与透辉石共生。石榴子石的探针分析结果见表 7-7。锰铝榴石不仅 MnO（22.18%~36.65%）和 Al_2O_3（18.33%~20.77%）的含量很高，而且 FeO 的含量也偏高（4.05%~9.14%）。野外观察表明，锰铝榴石常产于含变质粉砂岩的白云石大理岩中。这说明形成锰铝榴石的铝是就地取材的。

表 7-7　代表性石榴子石探针分析结果

样品号	Bt16-2	BHD-4	BH4-2	BH20-1	BL-4	BL8-5	BL15-62	Bj11-31	BD16-2	Ben-1	Bp-9
产地	北山	红旗	红旗	红旗	炉沟	炉沟	炉沟	东风	东风	冰沟	冰沟
矽卡岩带	Ⅰ	Ⅱ	Ⅱ	Ⅱ	Ⅱ	Ⅲ	Ⅲ	Ⅲ	Ⅲ	Ⅲ	Ⅲ
化学组分/%											
SiO_2	35.81	38.21	37.28	37.89	37.48	37.12	34.84	36.92	36.59	36.22	38.53
TiO_2	0.00	0.15	0.03	0.36	0.33	0.77	0.20	0.25	0.09	0.28	0.00
Al_2O_3	0.23	18.39	19.12	19.37	19.73	18.33	18.74	20.77	18.62	19.15	18.14
FeO^*	-	5.68	9.14	7.30	5.79	4.05	6.04	11.12	7.68	5.50	6.50
Fe_2O_3	31.90										
MnO	0.84	22.18	30.57	30.02	31.92	28.17	35.39	27.72	35.23	36.65	34.64
MgO	0.03	0.47	0.33	0.52	0.14	0.53	0.16	0.60	0.22	0.44	0.27
CaO	32.31	13.63	1.35	4.96	4.02	9.34	2.69	2.64	1.03	0.84	1.70
Na_2O	0.02	0.00	0.00	0.00	0.00	0.00	0.02	0.00	0.01	0.00	0.00
K_2O	0.00	0.00	0.00	0.00	0.00	0.01	0.00	0.00	0.00	0.00	0.00
总和	101.14	98.71	97.82	100.42	99.41	98.32	98.08	100.20	99.47	99.18	99.78
按24个氧离子数据计算											
Si	5.992	6.198	6.223	6.137	6.130	6.168	6.010	6.009	6.100	6.040	6.328
Ti	0.000	0.019	0.004	0.044	0.040	0.095	0.026	0.030	0.011	0.035	0.000
Al	0.046	3.517	3.763	3.698	3.804	3.556	3.811	3.985	3.660	3.766	3.511
Fe	-	0.771	1.276	0.989	0.792	0.558	0.499	1.514	1.071	0.767	0.893
(Fe^{3+})	4.016	-	-	-	-	-	-	-	-	-	-
Mn	0.118	3.048	4.322	4.118	4.222	3.927	5.172	3.822	4.975	5.176	4.818
Mg	0.007	0.114	0.082	0.126	0.034	0.130	0.041	0.146	0.055	0.109	0.066
Ca	5.793	2.368	0.242	0.860	0.705	1.646	0.498	0.461	0.184	0.150	0.299
Na	0.006	0.000	0.000	0.000	0.000	0.000	0.006	0.000	0.004	0.000	0.000
K	0.000	0.000	0.000	0.000	0.000	0.001	0.000	0.000	0.000	0.000	0.000
总和	15.978	16.035	15.912	15.972	15.927	16.081	16.063	15.967	16.060	16.043	15.916
矿物端员分子/%											
$Mn_3Al_2Si_3O_{12}$	1.01	54.65	74.52	70.12	75.65	66.40	83.35	64.33	87.64	88.70	86.11
$Fe_3Al_2Si_3O_{12}$	0.00	6.08	20.22	13.09	11.70	4.77	8.12	25.47	8.15	6.15	7.37
$Mg_3Al_2Si_3O_{12}$	0.13	2.04	1.42	2.14	0.59	2.19	0.66	2.45	0.97	1.87	1.18
$Ca_3Al_2Si_3O_{12}$	0.00	31.83	1.19	9.03	9.59	16.80	0.00	7.75	0.00	0.00	0.00
$Ca_3Fe_2Si_3O_{12}$	98.86	5.40	2.56	5.62	2.47	9.84	7.87	0.00	3.24	2.57	5.34

注：FeO^* 为全铁。

(4) 角闪石类和锰热臭石

角闪石类矿物在矿区内分布广泛，在所有矽卡岩带均有产出。角闪石类型甚多，包括透闪石、阳起石、锰质透闪石、锰直闪石和锰镁铁闪石，它们的代表性探针分析结果见表 7-8。角闪石类型在不同矽卡岩带是各异的，透闪石和阳起石产于镁矽卡岩带；锰质透闪石、锰直闪石和锰镁铁闪石主要产于锰质镁矽卡岩带；而在锰质矽卡岩带通常是锰镁铁闪石，局部有锰质透闪石。

角闪石的 MnO 在锰质镁矽卡岩和锰质矽卡岩中的含量：对于锰质透闪石为 1.38%～5.76%，锰直闪石为 2.25%～11.19%；而对于锰镁铁闪石则为 8.05%～13.74%。锰直闪石和锰镁铁闪石在国内是首次发现。

表 7-8　角闪石的代表性探针分析结果

样品号	BB-5	BB10-1	Bt12-67	BHD3-2	BHD-10	BHD1-1	BH8-18	BH2-1	BHD2-1	BH20-2	BD-14	BD-15	BP1-2	Bp-5
产地	北山	北山	北山	红旗	红旗	红旗	红旗	红旗	红旗	红旗	东风	东风	冰沟	冰沟
矽卡岩带	Ⅰ	Ⅰ	Ⅰ	Ⅱ	Ⅱ	Ⅱ	Ⅱ	Ⅱ	Ⅱ	Ⅱ	Ⅲ	Ⅲ	Ⅲ	Ⅲ
化学组分/%														
SiO_2	58.33	58.68	56.20	58.04	57.08	56.20	58.12	56.77	55.53	57.82	55.29	54.88	56.35	57.40
TiO_2	0.05	0.00	0.06	0.02	0.01	0.01	0.00	0.01	0.00	0.06	0.02	0.03	0.01	0.01
Al_2O_3	0.35	0.04	1.08	0.32	0.11	0.06	0.16	0.09	0.02	0.41	0.11	0.16	0.05	0.06
FeO^*	2.60	1.23	3.21	1.05	4.95	2.42	5.75	5.97	8.52	6.78	12.92	12.37	10.72	2.62
MnO	0.92	0.21	0.85	1.38	3.77	5.76	2.25	11.19	13.74	8.05	11.90	12.57	13.23	4.97
MgO	23.27	23.96	21.88	23.23	21.04	21.27	30.92	22.22	18.64	22.31	17.22	17.13	18.15	20.20
CaO	12.61	13.31	12.96	13.16	10.79	10.61	0.25	0.85	0.52	2.46	0.57	0.18	0.35	11.45
Na_2O	0.22	0.13	0.06	0.06	0.21	0.09	0.08	0.16	0.13	0.38	0.22	0.23	0.05	0.11
K_2O	0.02	0.08	0.10	0.02	0.05	0.03	0.00	0.00	0.01	0.02	0.00	0.00	0.00	0.03
总和	98.37	97.64	96.40	97.28	98.01	96.36	97.53	97.26	97.11	98.29	98.25	97.55	98.91	96.85
按23个氧离子数计算														
Si	7.952	7.996	7.846	7.969	7.962	7.953	7.876	8.041	8.067	8.049	8.039	8.040	8.078	8.059
Ti	0.005	0.000	0.007	0.002	0.001	0.001	0.000	0.001	0.000	0.007	0.003	0.004	0.001	0.001
Al	0.056	0.007	0.178	0.051	0.018	0.010	0.026	0.015	0.003	0.067	0.019	0.028	0.009	0.010
Fe	0.297	0.140	0.357	0.120	0.578	0.286	0.651	0.707	1.036	0.790	1.571	1.516	1.285	0.308
Mn	0.106	0.025	0.101	0.161	0.445	0.679	0.258	1.342	1.691	0.949	1.465	1.560	1.607	0.591
Mg	4.728	4.866	4.553	4.753	4.374	4.485	6.245	4.690	4.035	4.628	3.732	3.740	3.877	4.227
Ca	1.842	1.943	1.939	1.936	1.613	1.610	0.037	0.129	0.081	0.367	0.089	0.028	0.053	1.723
Na	0.057	0.034	0.017	0.017	0.057	0.025	0.021	0.039	0.037	0.102	0.061	0.065	0.014	0.030
K	0.003	0.013	0.018	0.003	0.008	0.005	0.000	0.000	0.002	0.003	0.000	0.000	0.000	0.005
总和	15.046	15.024	15.034	15.012	15.056	15.054	15.114	14.964	14.952	14.962	14.979	14.981	14.924	14.954
矿物端员分子/%														
Mg/(Mg+Fe+Mn)	92.1	96.7	90.5	94.4	81.0	82.3	87.3	69.6	59.7	73.7	55.1	54.9	57.3	82.7
Fe/(Mg+Fe+Mn)	5.8	2.8	7.5	2.4	10.7	5.2	9.1	10.5	15.3	12.4	23.2	22.2	19.0	6.0
Mn/(Mg+Fe+Mn)	2.1	0.5	2.0	3.2	8.3	12.5	3.6	19.9	25.0	14.9	21.7	22.9	23.7	11.5
矿物名称	Tr	Tr	Tr	Mn-Tr	Mn-Tr	Mn-Tr	Mn-Ant	Mnant	Mncum	Mn-Cum	Mncum	Mncum	Mncum	Mn-Tr

注：Tr 为透闪石；Mn-Tr 为锰质透闪石；Mn-Ant 为锰质直闪石；Mnant 为锰直闪石；Mn-Cum 为锰质镁铁闪石；Mncum 为锰镁铁闪石。FeO^* 为全铁。

锰热臭石也是一个罕见的交代矿物，仅产于锰质矽卡岩带。在东风矿段，与磁黄铁矿、黄铜矿和闪锌矿共生，呈细粒集合体产出（图7-12），但在冰沟矿段，和黄铁矿、闪锌矿、方铅矿共生，呈放射状集合体产于白云石大理岩与燧石条带之间。锰热臭石的代表性电子探针成分分析为 SiO_2 34.85% ~36.64%，Al_2O_3 0~0.01%，FeO 7.75%~8.45%，MnO 37.90%~38.49%，MgO 1.51%~1.60%，CaO 0.02%~0.57%，Cl 2.00%~4.78%。

图 7-12　锰热臭石显微照片

（5）云母类

云母类矿物在矿区内也呈现带状分布。在镁矽卡岩带中（北山矿段）主要为金云母，和镁橄榄石、透辉石、透闪石、磁铁矿等共生。金云母的 FeO 和 MnO 含量均较低，分别<3.34%和<0.29%，常被镁绿泥石所交代而呈其假象。

在锰质镁矽卡岩和锰质矽卡岩带，云母变为含铁金云母，FeO 的含量高达 9.88%~14.23%，并含一定量 MnO（0.24%~1.33%）。含铁金云母通常与锰铝榴石共生，在偏光显微镜下，具有浅棕色，显示多色性。

（6）金属矿物

金属氧化物在矿区内主要是磁铁矿，局部有锰钛铁矿。磁铁矿主要产于镁矽卡岩带，其次是在锰质镁矽卡岩带，只有少量见于锰质矽卡岩带。在镁矽卡岩中，磁铁矿与镁橄榄石、透辉石、透闪石、金云母等伴生，局部有锌尖晶石和锰铁橄榄石。磁铁矿在八家子矿区具有较特殊的化学成分，在镁矽卡岩中，具有较高的 MgO 含量（1.27%~1.33%）。无论是镁矽卡岩或锰质镁矽卡岩中，磁铁矿的 MnO 含量均较高，可达 5.64%~8.74%，属于锰质磁铁矿，这说明，部分 Fe^{2+} 被 Mg^{2+} 和 Mn^{2+} 所替换。

在金属硫化物矿物中，黄铁矿和黄铜矿在三个矽卡岩带均有产出，但在锰质镁矽卡岩带中尤为发育并多与磁黄铁矿伴生。在红旗矿段北部，闪锌矿、方铅矿、辉银矿等渐趋增多，而在锰质矽卡岩带中最为丰富，构成 Ag-Pb-Zn 矿的主体。

各类交代矿物在矿区各矽卡岩带中分布情况见表 7-9。

表 7-9　八家子银铅锌矿床交代矿物及其带状分布一览表

矿物	分子式	鉴定方法	交代带			
			内接触带	矽卡岩带Ⅰ	矽卡岩带Ⅱ	矽卡岩带Ⅲ
Ⅰ. 氧化物矿物						
石英	SiO_2	O	++	+	++	+
锌尖晶石	$(Zn,Fe,Mn)Al_2O_4$	O,M		+		
磁铁矿	$(Fe,Mn,Mg)_3O_4$	O,M		+++	+	
锰钛铁矿	$(Mn,Fe)TiO_3$	O,M				+

续表

矿物	分子式	鉴定方法	交代带			
			内接触带	矽卡岩带Ⅰ	矽卡岩带Ⅱ	矽卡岩带Ⅲ
Ⅱ. 硅酸盐矿物						
钾长石	$KAlSi_3O_8$	O	+++			
镁橄榄石	Mg_2SiO_4	O,M		++		
锰铁橄榄石	$(Mn,Fe)_2SiO_4$	O,M			+	+
钙铁榴石	$Ca_3Fe_2(SiO_4)_3$	O,M,C		+		
锰铝榴石	$(Mn,Fe)_3Al_2(SiO_4)_3$	O,M,C,X			++	+++
透辉石	$CaMgSi_2O_6$	O,M	+	+++		
锰质透辉石	$Ca(Mg,Mn,Fe)Si_2O_6$	O,M,X			++	
锰三斜辉石	$(Mn,Fe,Mg,Ca)SiO_3$	O,M,C,X			++	++
蔷薇辉石	$(Mn,Ca,Fe,Mg)SiO_3$	O,M,C,X			+	+++
透闪石	$Ca_2(Mg,Fe)_8Si_8O_{22}(OH)_2$	O,M,X		+++		
锰质透闪石	$Ca_2(Mg,Mn,Fe)_5Si_8O_{22}(OH)_2$	O,M,C			++	+
锰直闪石	$(Mg,Mn,Fe)_7Si_8O_{22}(OH)_2$	O,M,X			++	
锰镁铁闪石	$(Mg,Mn,Fe)_7Si_8O_{22}(OH)_2$	O,M,X			+++	++
绿帘石	$Ca_2(Al,Fe)_3(SiO_4)_3(OH)_2$	O	++			
粒硅镁石	$Mg5(SiO_4)_2(OH,F)_2$	O,M		+		
金云母	$KMg_3Si_3AlO_{10}(F,OH)_2$	O,M,X		++		
含铁金云母	$K(Mg,Fe,Mn)_3Si_3AlO_{10}(F,OH)_2$	O,M,C,X			+	++
白云母	$KAl_2(Si_3Al)O_{10}(OH,F)_2$	O,M	+			
蛇纹石	$Mg_6(Si_4O_{10})(OH)_8$	O,M		++		
镁绿泥石	$Mg_2Al(Si,Al)O_5(OH)_4$	O,M		+		
锰热臭石	$(Mn,Fe,Mg)gSiO_6O_{15}(OH,Cl)_{10}$	O,M				++
Ⅲ. 碳酸盐矿物						
方解石	$CaCO_3$	O,M	+	++	+	+
白云石	$CaMg(CO_3)_2$	O,M		++		
锰方解石	$(Ca,Mn,Mg)CO_3$	O,M			+	++
菱锰矿	$(Mn,Fe)CO_3$	O,M,X			++	++
锰白云石	$(Mn,Ca,Mg)CO_3$	O,M			++	++
孔雀石	$Cu_2(CO_3)(OH)_2$	O			+	++
Ⅳ. 硫化物、硫酸盐、硫盐矿物						
黄铁矿	FeS_2	O	+	++	+++	++
磁黄铁矿	$Fe_{(1-x)}S$	O			+++	+
闪锌矿	$(Zn,Fe,Mn)S$	O,M,C			+	+++
方铅矿	PbS	O,M,C			+	+++
黄铜矿	$CuFeS_2$	O		+	+++	+
辉钼矿	MoS_2	O	+	++		
毒砂	$FeAsS$	O,M			+	+
硫锰矿	MnS	O,M				+
辉银矿	Ag_2S	O,M			+	+++
脆银矿	Ag_5SbS_4	O,M				++

续表

矿物	分子式	鉴定方法	交代带			
			内接触带	矽卡岩带Ⅰ	矽卡岩带Ⅱ	矽卡岩带Ⅲ
重晶石	$BaSO_4$	O,M				++
Ⅴ. 其他矿物						
萤石	CaF_2	O		+		
硬锰矿	$nMn_2O_3 \cdot MnO_2 \cdot mH_2O$	O,M			+	+
针铁矿	FeO(OH)	O,M			+	+
银金矿	(Ag,Au)	O,M		+		+
自然银	Ag	O,M				+

注：O—光学的，M—电子探针，C—化学分析，X—X光粉晶衍射分析；+++—很丰富，++—中等，+—少量；矽卡岩带：Ⅰ—镁矽卡岩带，Ⅱ—锰质镁矽卡岩带，Ⅲ—锰质矽卡岩带。

5. 流体包裹体特征

八家子矿区矽卡岩矿物及其伴生的石英中的流体包裹体较少，个体细小，大多为3~23 μm。在早期镁矽卡岩矿物镁橄榄石和透辉石中的流体包裹体十分细小，主要属于多相包裹体（流体相+气相+子晶矿物）；在稍晚期的透闪石、锰质透辉石、蔷薇辉石、石英、闪锌矿和重晶石等矿物中，多为气、液两相组成，气/液比为10%~30%。

流体包裹体的均一温度研究表明，不同矽卡岩带矿物的包裹体均一温度有系统的变化。早期镁矽卡岩中镁橄榄石和透辉石的包裹体均一温度大于550℃；透闪石次之，为360°~507℃；而较晚期的锰质矽卡岩矿物——锰质透辉石、蔷薇辉石及其伴生的石英、闪锌矿的包裹体均一温度则为200~475℃，平均是341℃。后者的盐度为7.17%~16.15%，平均10.26%。流体的密度在锰质镁矽卡岩带中为0.60~0.83 g/cm^3，而在锰质矽卡岩带则为0.85~0.92 g/cm^3。

包裹体的均一温度测定结果表明，从石英二长闪长岩接触带向北西方向均一温度有逐渐降低的趋势（图7-13）。

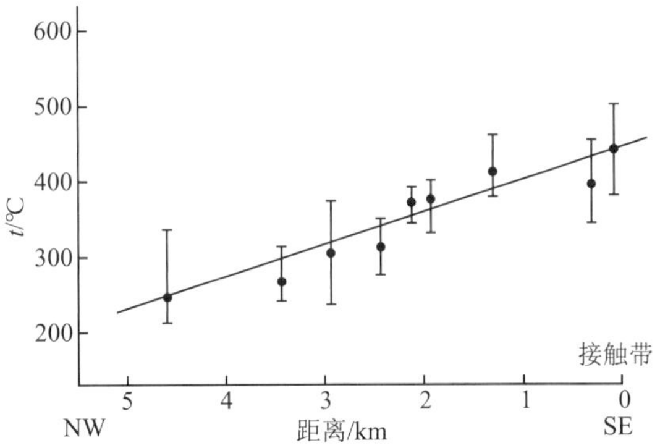

图7-13　八家子矿区接触带向远离接触带的不同矿段包裹体均一温度变化图

七、中国湖南常宁水口山铅锌矿床❶

（一）地理位置和勘查开发概况

水口山铅锌矿床位于湘南常宁市松柏镇南部，该矿床是一个开采历史悠久、驰名中外的大型铅锌

❶ 本节依据1958第一届全国矿产会议水口山矿资料和湖南冶金217队及湖南省地质矿产局、长沙有色金属设计院《铅锌矿储量规范》中关于该矿的资料编写。

矿床，伴生有金、银等贵金属及稀散元素可综合利用，具有“千年铅都”的美誉。矿山于 1917 年即已开采，自 1927 年开始就有不少地质学家在此著有报告，大量的地质普查勘探工作是在中华人民共和国成立后进行的，1961 年湖南省有色地质勘查局 217 队提交了《湖南省水口山铅锌矿地质勘探第一期储量报告》。目前矿区主要由老鸦巢、鸭公塘、康家湾、中区等矿床构成（图 7-14）。矿区周围及深部仍有一定找矿远景。

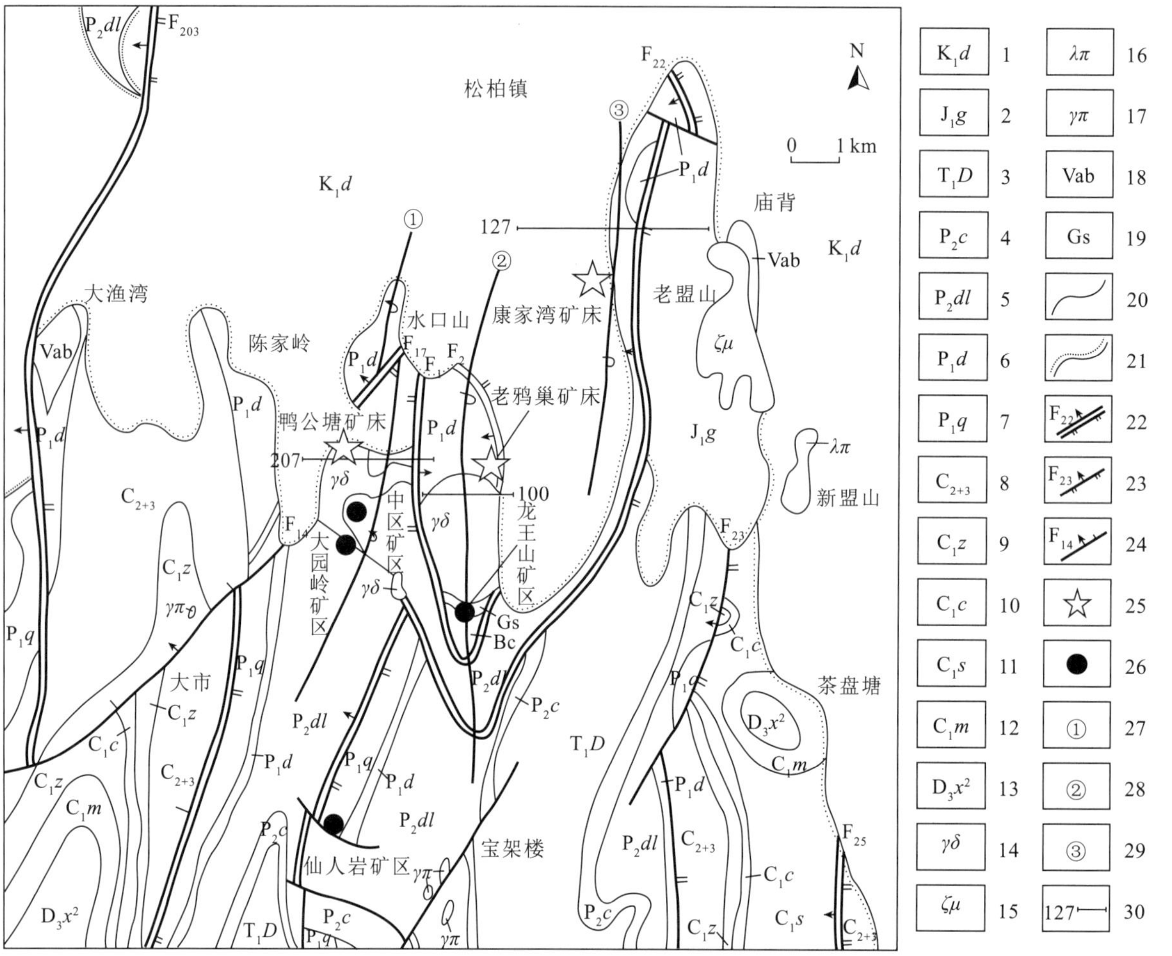

图 7-14 湖南水口山铅锌矿田地质图

（据欧阳志强等，2021）

1—白垩系东井组；2—侏罗系高家田组；3—三叠系大冶群；4—二叠系长兴组；5—二叠系斗岭组；6—二叠系当冲组；7—二叠系栖霞组；8—石炭系壶天群；9—石炭系梓门桥组；10—石炭系测水组；11—石炭系石磴子组；12—石炭系孟公坳组；13—泥盆系锡矿山组；14—燕山期早中期花岗闪长岩；15—燕山期中晚期英安玢岩；16—燕山期中晚期流纹斑岩；17—燕山期中晚期花岗斑岩；18—英安质熔火山角砾岩；19—铁帽；20—地质界线；21—不整合地质界线；22—推覆断层及编号；23—逆断层及编号；24—正断层及编号；25—典型矿床；26—矿区；27—鸭公塘倒转背斜；28—老鸦巢倒转背斜；29—康家湾隐伏倒转背斜；30—勘探线及编号

（二）区域地质背景

矿床位于华南褶皱系湘中南加里东印支褶皱带中的 S—N 向郴（州）-耒（阳）拗陷带的北端，或称耒（阳）-临（武）S—N 构造带复合部位。

区域上自上泥盆统至第三系（古近系、新近系）出露较为完整，中-下泥盆统与前泥盆系仅在区域外之西南塔山附近出露。区域构造北部因属衡阳盆地南缘部分，全由第三系（古近系、新近系）红色砂砾岩页岩组成，岩层倾斜平缓；南部为由古生界、中生界组成的轴向 NNE 向的大义山背斜等的褶皱区。区域断裂总体也以 NNE 向为主。区域岩浆岩为燕山期酸-中酸性花岗岩类，除水口山花岗闪长岩外，距矿区 50 余千米有大义山花岗岩体，其南北长 35 km，呈岩基状，与碳酸盐岩地层接触带产有大顺孔、白面城等铅锌矿床。此外，在雷打祖等处还有零星分布呈岩床状的岩体。

（三）矿床地质特征

1. 控矿地层和构造

矿区出露地层有下二叠统栖霞组灰岩、茅口组硅质岩夹泥灰岩、上二叠统乐平组砂页岩夹煤层、下三叠统大冶组薄层泥灰岩夹灰岩和白垩系红色砂砾岩。下二叠统栖霞组已变质，上部为条带状大理岩，中部为含燧石结核的灰色大理岩，下部为白色大理岩。

矿区构造主要为一系列轴向近南北向的倒转背斜和向斜。断层以走向近 S—N 和 E—W 向两组为主，控制着岩体的侵入。断层性质以逆断层为主，还有正断层。矿区除南端掩盖外，其余三面均被白垩系红色砂砾岩所包围掩盖，二叠系组成核心。

2. 有关侵入岩

燕山期花岗闪长岩（同位素地质年龄为 149.9~106 Ma）呈东西向不规则蘑菇状岩株侵入，与成矿关系密切，控制着矿床的空间分布和产出特点。矿区以东、西两个花岗闪长岩体为界划分为北、西、中、南、东五个区。矿体呈筒状、囊状、扁豆状、脉状等不规则形态，产于超伏状花岗闪长岩与栖霞组灰岩的接触带及其附近断裂带和层间破碎带中，总的形态变化较大，老鸦巢、鸭公塘两个主要矿段分布在北区，即岩体北部东、西两侧接触带内。

3. 矿带、矿体和矿石

老鸦巢矿段矿化带长 1000 m，宽 50~100 m，延深至-415 m，探明有 17 个矿体。矿体形态、产状随接触带产状而变，西部矿体走向为 N70°E，倾向 SE，倾角 40°~80°；中部矿体走向近 SN，倾向 SSW，倾角 60°左右；东部矿体走向 N50°~60°W，倾向 SW，倾角一般是上陡下缓。

鸭公塘矿段矿带长约 1500 m，宽 150~250 m，延深至-600 m，已揭露有 10 个矿体，其走向有南北、北西、北东三组，总的向南西倾斜，倾伏角 40°~50°。矿体倾角除 4、5 号矿体在 30°左右外，其他均为 70°~85°，矿体延深大于走向长度，且多为筒状盲矿体。

康家湾矿段呈 NNE 向延伸约 3000 m，已发现大小矿体 56 个，其中主矿体群 7 个，矿体呈似层状、脉状、透镜状、囊状等（图 7-15），总体产状平缓。矿体埋深沿倒转背斜延伸，南低北高，南端距地表 590 m，北段距地表 159 m。主矿体产于康家湾隐伏倒转背斜与区域 F_{22} 推覆断层相切割的二叠系当冲组下段泥岩与栖霞组碳酸盐岩的层间硅化破碎带中。含燧石硅化灰岩角砾岩带是最重要的赋矿层位。另外，碳酸盐角砾岩带中也可见铅锌矿化和微弱的黄铁矿化。

在南区龙王山带，已揭露有 4 个矿体，矿带长 300 m、宽 20 m，延深小，变化大。

组成矿石的金属矿物有黄铁矿、闪锌矿、方铅矿、黄铜矿，其次有磁铁矿、辉铋矿、辉铜矿，少量赤铁矿、斑铜矿、硫砷铜矿、黝铜矿、辉银矿、硫镉矿等；非金属矿物有方解石、石英，其次有石榴子石、透辉石、符山石、硅灰石、透闪石、绿帘石、萤石、滑石等。次生矿物很少见，有褐铁矿、白铅矿、铅矾、孔雀石、蓝铜矿、菱锌矿、软锰矿、硬锰矿、异极矿及石膏等。矿石中还伴生贵金属、稀散元素，如金、银、锗、镓、镉、硒、碲、钴、铟、铊、铀等，大多具综合回收价值。矿石品位平均为 Pb 2.43%、Zn 2.85%、Ag 83.8 g/t。

黄铁矿分布十分普遍，各个矿体均有，含量甚富，形成时间较长。呈半自形或自形，晶形以五角十二面体为主，立方体次之。在黄铁矿矿体中多呈致密块状，在铅锌矿体中多呈浸染状，具压碎结构等。闪锌矿多呈棕黄色，少量灰黑色，常为半自形粗晶之块状集合体，也有呈细脉及浸染状者。常与方铅矿、黄铁矿相间呈条带状构造，还有角砾状构造，矿石结构有溶蚀、交代、交代残余结构等。方铅矿略少于闪锌矿，早期生成者为粗粒自形-半自形立方体的块状或浸染状集合体；晚期生成者呈细粒他形脉状集合体，由于受挤压产生揉皱结构。石榴子石属钙铁-钙铝榴石系列。在内带者多呈肉红色致密块状的钙铝榴石；在外接触带中，以钙铁榴石为主多呈棕红色致密块状或淡绿色十二面体之粒

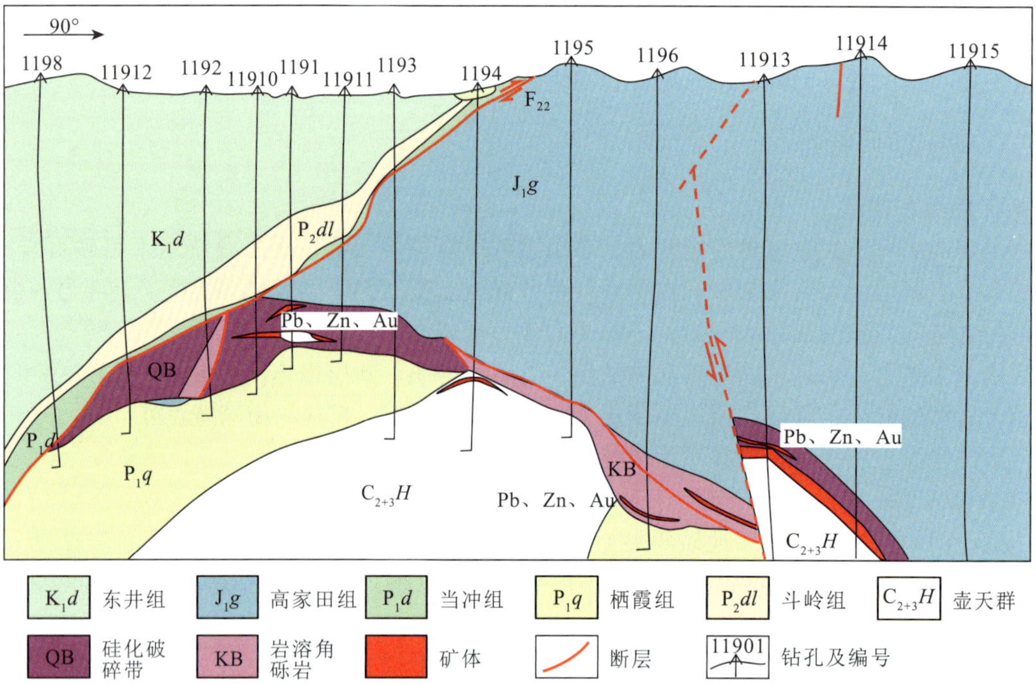

图 7-15　康家湾矿段 119 勘探线剖面图

（据湖南省有色地质勘查局 217 队内部资料）

状集合体。透辉石呈淡绿或深绿，一般为短柱状或粒状。

4. 围岩蚀变

矿区围岩蚀变发育，与成矿有关的围岩蚀变有矽卡岩化、硅化、绿泥石化，此外还有绢云母化、碳酸盐化。矽卡岩主要分布在花岗闪长岩与灰岩接触带上，形态呈似层状、脉状、扁豆状和囊状，宽数厘米至数米（很少达 10 m），长数米至数十米。矽卡岩属简单型，呈暗褐及深绿黄色，其矿物组成主要为石榴子石及透辉石，一般占 85%～95%，次为硅灰石，晚期酸性淋滤阶段的交代矿物有石英、方解石、绿泥石、透闪石、直闪石、绿帘石、长石、绢云母、滑石、石棉、蛇纹石、文石及黄铁矿等，但量很少。具体到各矿段，比例可能各异，如鸭公塘矿段可见近 10 m 厚的矽卡岩，其产状受岩体接触面控制，可分石榴子石矽卡岩和辉石矽卡岩两类。石榴子石矽卡岩由钙铁榴石及碳酸盐矿物、绢云母、石英、黄铁矿、黄铜矿等组成，其中石榴子石占 35%～40%，方解石 30%，并有少量的绿泥石、符山石和白云母等。透辉石矽卡岩中透辉石一般 30%～40%（最多达 82%），其他为石榴子石 24%，方解石 20%，还有绢云母、滑石及石英等。岩体南北两端矽卡岩厚达 1～20 m，硅化亦普遍和强烈，几乎发育在所有岩层中。矿区内硅化带宽 10 米至 200 余米，多呈北北西向，分布与断层破碎带及岩体接触带有密切关系，可形成热液石英交代岩、硅化大理岩等。绢云母化也常为富矿体的重要热液蚀变标志之一。碳酸盐化很普遍，一般不含矿，属晚期蚀变。

5. 矿化分带

老鸦巢矿段矿体沿接触带东端锌较铅多，中部铅锌最富集，西部铅锌甚少，黄铁矿增多，甚至构成单独的黄铁矿体。从南到北变化大致为黄铁矿体→铅锌黄铁矿体→铅锌矿体，但中部铅锌矿体的品位中等。有的矿体含铜、硫较普遍，局部含铜品位高。南端以黄铁矿为主，中部以铜硫为主，北端铅锌铜硫较富。

矿床显示一定的水平交代矿化分带，自花岗闪长岩至大理岩大致可分为 4 个带：

00 花岗闪长岩

Ⅰ. 钾长石化矽卡岩化花岗闪长岩，有弱黄铁矿化

Ⅱ. 透辉石矽卡岩伴有黄铁矿化和黄铜矿化，局部有铅锌矿化

Ⅲ. 钙铁榴石矽卡岩

Ⅵ. 黄铁矿化铅锌矿化石英-碳酸盐交代岩

0 大理岩

矿区花岗闪长岩体中的铅、锌、铜成矿元素丰度高，而含钨、锡、铍、氟较低，但含氯较高，平均含量：Pb 152 g/t，Zn 292 g/t，Cu 187 g/t，Sn 26 g/t，W 10 g/t，F 932 g/t，Cl 1340 g/t。铅锌矿石含 F 为 100~790 g/t，平均 360 g/t；含 Cl 为 130~2900 g/t，平均 1343 g/t，这可能表明成矿元素主要是以氯配合物迁移。岩体造岩矿物单矿物微量元素分析，表明长石、黑云母中主要富集铅锌元素，反映其与成矿的亲缘关系。围岩岩性与构造对成矿均有一定控制作用。条带状含碳质大理岩中矿化比较富集，有利于硫化矿物的还原而促使矿质沉淀。接触破碎带的发育，两组断裂裂隙的交汇处，往往是富矿储存的有利地段。矿体延深可达 500 m 以上。

水口山矿区为高-中温热液交代矽卡岩铅锌矿床，在其外围康家湾又发现一大型中温热液交代型铅锌金矿床，组成一个与中酸性花岗岩有关的 Pb、Zn 多金属统一成矿系列，总称水口山矿田。

八、中国湖南郴州黄沙坪铅锌矿床❶

（一）地理位置和勘查开发概况

黄沙坪铅锌矿床位于湖南省桂阳县南西约 9 km 处，为开采历史悠久之老矿山。开采起于唐，明末清初极盛，民国初停采。系统开展地质工作自 1954 年开始，1959 年探明属大型铅锌矿床，钨也属大型，铁小型，锡达中型，钨、钼、铋具一定工业远景。1967 年正式投产，是湖南省有色金属矿产生产主要基地之一。

（二）区域地质背景

区域上，坪（黄沙坪）-宝（宝山）地区成矿地质条件有利，处于区域构造线方向发生变化地段，即上古生界组成的褶皱由 S—N 走向折转为 NE 走向，重磁异常研究后指出本区是 NE 向基底断裂与 E—W 向构造交汇部位。矿区大地构造位置位于南岭纬向构造带东段北缘，耒（阳）-临（武）经向构造带中段的坪宝复式向斜中。按任纪舜等（1980）的观点，本区位于扬子准地台、湘南粤华力西—印支拗陷区，湘南地背斜耒宜 S—N 向褶皱束的桂阳复式背斜之宝岭背斜中段。区域地层出露有泥盆系、石炭系、二叠系，尤其石炭系碳酸盐岩构造上受印支运动挤压，形成一系列 S—N 向褶皱，燕山运动的强烈影响，产生一系列向 E 倾斜的逆掩式压性断裂的叠瓦状构造和 NWW 向张扭性断裂，中酸性及酸性岩浆岩沿后者侵入，燕山期小岩体出露 100 多个，隐伏岩体 10 余个，构成近 E—W 向 3 个岩带。

（三）矿床地质特征

1. 控矿地层和构造

矿区出露地层除第四系外，主要为下石炭统大塘阶，自下至上可分石磴子组（泥晶灰岩、含生物碎屑灰岩，厚约 120 m）、测水组（砂岩夹碳质、泥质、砂质页岩，厚约 37 m）、梓门桥组（白云岩，厚 150 m 左右），其中石磴子组灰岩是矿床各类矿体主要围岩，测水组砂页岩是隔挡盖层，故梓门桥组以上地层未遭受矿化影响。矿区 E—SE 部边缘，出露少量上泥盆统锡矿山组及佘田桥组。

矿区构造十分发育，印支运动形成了轴向近于 S—N 向的宝岭背斜，后被燕山运动所肢解改造，形成一些不完整的倒转背向斜，其轴向大致平行，呈 NE 向，倾向 SE。背斜核部为石磴子组，两翼为测水组和梓门桥组，倾角 40°~50°，向斜核部为梓门桥组，两翼断续分布测水组，倾角 35°~80°。

---

❶ 本节依据 1985 年第一届全国矿产会议有关黄沙坪矿床的资料，童潜明等（1986）和胡永嘉等（1984）“湘南两个内生金属成矿系列的铅锌矿床”资料编写。

褶皱构造以背斜控岩控矿最明显，如宝岭倒转背斜，核部为花岗斑岩侵入，发育有磁铁矿、钨钼铋-铅锌矿体；观音打坐倒转背斜核部为矿床主要铅锌矿体位置，其铅锌储量占总储量的53%。断裂具多期次活动特征，在印支期E—W向挤压应力下，形成了S—N向逆断层和伴之出现的E—W向正断层。燕山运动作用影响，形成了一系列NNE向、NWW向和NEE向断裂，其中以NNE向F_{3a}、F_{3b}控矿最为重要，二者走向10°~40°，倾向SE，倾角40°~75°。

2. 有关侵入岩

矿区岩浆岩有花岗斑岩、石英斑岩、花斑岩、英安斑岩、煌斑岩，后二者呈岩脉产出。花岗斑岩分布在矿区东南隅，由多个岩体组成隐伏岩体群，南北长约1000 m，东西宽200~500 m，向北倾伏，倾伏角约50°。以301岩体可为代表，其侵位最高，顶面约在315 m标高。矿物组成斑晶中石英占8.71%、斜长石2.00%、钾长石15.55%、云母0.41%，基质中石英占28.38%、钾长石39.75%、斜长石1.54%，此外其他占3.66%。石英斑岩分布在矿区中部，出露面积约0.6 km^2，有两个岩体，皆成漏斗状岩盘，基质为霏细结构，斑晶中石英、钾长石、斜长石分别只占4.44%、5.04%、0.86%。花岗岩分布在矿区中部偏西，隐伏在F_1下盘。英安斑岩分布在矿区南、北两端，构成矿区南、北边界，充填于断层中，呈近于直立之岩墙。

K-Ar法同位素年龄测定（童潜明等，1986）表明，石英斑岩为146.1~125.2 Ma，花岗斑岩为118.4 Ma，二者同属燕山期产物，且前者形成早于后者。

3. 矿体和矿石

铅锌矿体形态比较复杂，有似层状、透镜状、扁豆状、囊状、管状等。一般矿体走向延长数十米至数百米，沿倾斜方向延深100余米。

按矿种组合及所处位置划出四种矿体类型。第一类产在花岗斑岩旁侧，矿体围岩为矽卡岩或矽卡岩与灰岩、花岗斑岩，依矿石类型可分为矽卡岩磁铁矿体、钨锡钼铋矿体。第二类有三种型式：①产于花岗斑岩旁侧矽卡岩中的铅锌矿体，主要金属矿物为铁闪锌矿，次为毒砂；②距花岗斑岩150~500 m以外产于灰岩中的铅锌银矿体；③距花岗斑岩接触带500~1200 m范围灰岩中的铅锌银矿体，顶板围岩为渗透性差的石英斑岩或砂质页岩，故矿体规模大且富。主要金属矿物有方铅矿、铁闪锌矿、白铁矿、黄铁矿、胶状黄铁矿、锰菱铁矿，次有黄铜矿、闪锌矿；主要非金属矿物为萤石、铁白云石，次有方解石、石英、白云石。第三类为产于花岗斑岩周围的矽卡岩铅锌铜钨钼矿体和靠近花岗斑岩并产于矽卡岩中的铜铅锌矿体。第四类为产于石英斑岩中的黄铜矿体。这四类矿体以第二类最重要，次为第三类和第一类，第四类除个别够品位，一般品位较低。

矿石物质组分十分复杂，包括表生矿物在内共达一百余种。矿石构造有条纹-浸染状、块状、角砾状构造等。有益元素银主要赋存在方铅矿中，锡主要在闪锌矿、磁铁矿和石榴子石中，镉在闪锌矿中，铊主要赋存于黄铁矿和黄铜矿内。矿石品位为Pb 4.52%、Zn 7.77%、WO_3 0.254%。

4. 围岩蚀变和矽卡岩分带

围岩蚀变十分发育，有矽卡岩化、硅化、钾长石化、绢云母化、萤石化、锰菱铁矿化、铁白云石化、方解石化、绿泥石化等。其中矽卡岩化、锰菱铁矿化、铁白云石化、硅化、萤石化、方解石化与成矿关系较为密切。

矽卡岩化主要发育于外接触带石磴子组含生物碎屑泥晶灰岩、泥晶生物灰岩、砂屑泥晶灰岩中（图7-16），早期形成以钙铁榴石、透辉石为主的矽卡岩，晚期形成钙铁辉石矽卡岩（含磁铁矿）。在平面上自花岗斑岩向围岩依次有一定分带现象：钙铁辉石矽卡岩（具磁铁矿化）→透辉石→符山石→石榴子石矽卡岩→透辉石矽卡岩。萤石化广泛发育，在岩体、矽卡岩和各类矿体中均有。在岩体中萤石选择交代石英斑晶，在矽卡岩中交代充填石榴子石和辉石晶隙间或呈脉状，与硫化矿物共沉淀，成为重要的脉石矿物。硅化在花岗斑岩体边缘及接触带矽卡岩中呈密集石英脉充填，向外逐渐变稀，穿插于附近石英斑岩中。另外，在近矿灰岩和硫化物矿体中有厚度0.2~1 m的锰菱铁矿交代岩。

矿床的垂直分带较明显：上部为磁铁矿、铅锌矿，下部钨钼矿（图7-17），与此相应的花岗斑岩自下而上铜、铅、锌含量逐渐增高，钨、锡、铋、钼、铍、锂、稀土逐渐降低。矿床的水平分带可以

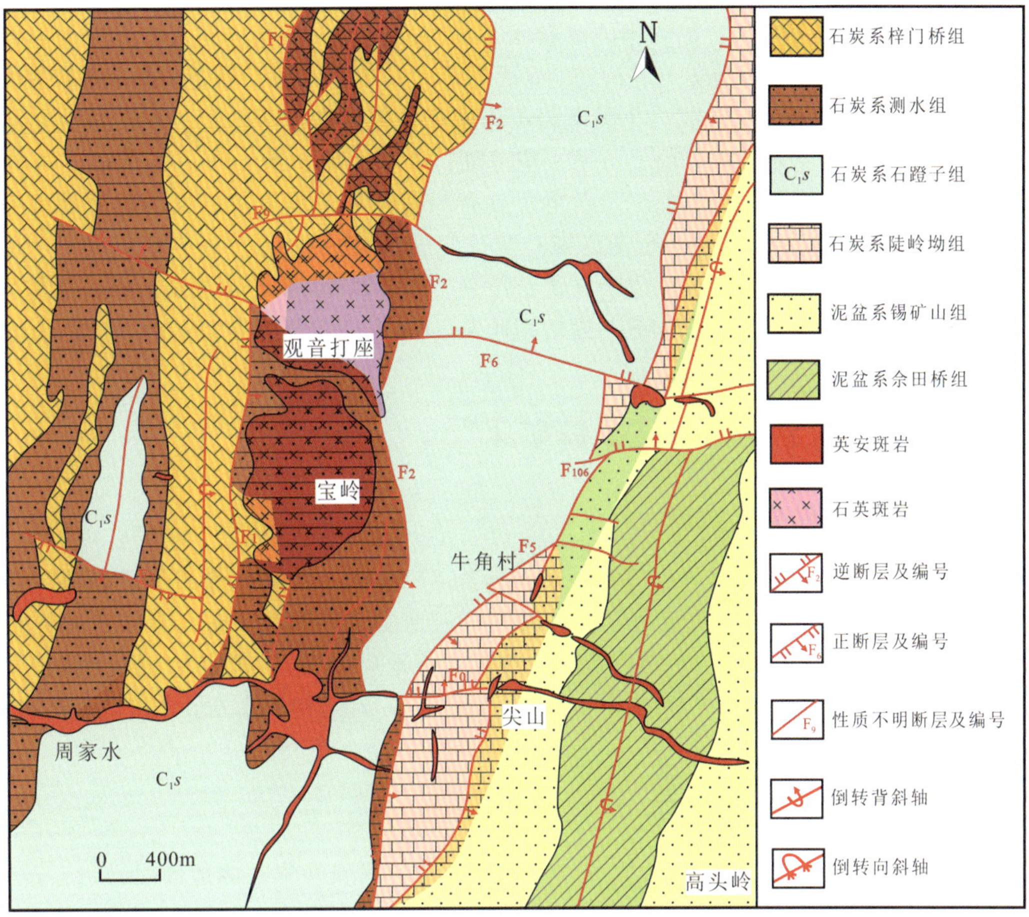

图 7-16　湖南桂阳黄沙坪铅锌矿地质略图

（据雷泽恒等，2010，有修改）

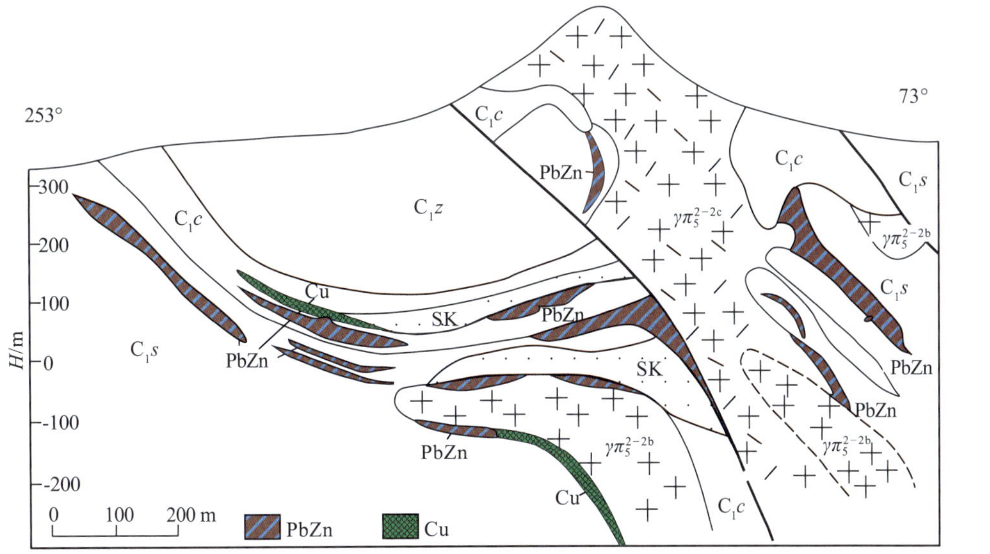

图 7-17　湖南桂阳黄沙坪铅锌矿 9 线地质剖面图

（据王登红等，2022）

C_1z—梓门桥组；C_1c—测水组；C_1s—石磴子组；$\gamma\pi_5^{2-2c}$—花岗斑岩质隐爆角砾岩；$\gamma\pi_5^{2-2b}$—花岗斑岩；SK—矽卡岩

从 273 m 中段为例说明，从花岗斑岩向北、向北西和向南西方向，在矿体类型、矿石类型结构构造、主要硫化物的微量元素和 $\delta^{34}S$ 值、锡和银的赋存状态、围岩蚀变、硫化物期成矿温度等温线等，均呈弧形带状分布特征。矿床垂直分带与花岗斑岩矿元素原生晕变化一致。稳定同位素研究表明，主要金属成矿物质及硫来源于岩浆，特别与花岗斑岩更为密切，部分来源于地层，成矿热液属原生岩浆水，只是在晚期有少量地下水混入。由上可见，花岗斑岩是 W、Mo、Bi、Pb、Zn 的成矿母岩。

自矽卡岩期至石英-硫化物期，成矿元素组合具有相似性和继承性的特征，铅锌元素主要在石英-硫化物期富集，锡元素主要在矽卡岩期富集，至石英-硫化物期还具有较高的丰度，反映出成矿溶液具有同源演化的特点，部分铅锌矿体产自矽卡岩中。锡元素贯穿两个主要成矿期，可作为同源演化的特征元素。姚军明等（2007）获得矿区内辉钼矿 Re-Os 等时线年龄为 154.8±1.9 Ma，表明矿床为燕山期中期产物。

九、中国内蒙古赤峰白音诺铅锌矿床❶

（一）地理位置和勘查开发概况

白音诺铅锌矿床位于内蒙古赤峰市巴林左旗北西约 87 km 处，是原辽宁省地质局第二区测队在 20 世纪 70 年代发现的。1979～1989 年内蒙古自治区第三地质大队对该矿进行了普查和详查地质工作，于 1989 年提交了《内蒙古巴林左旗白音诺铅锌矿详查地质报告》，确定为一大型铅锌矿床，获铅锌储量 244×10^4 t，伴生银 1164 t，共生硅灰石 181.2×10^4 t。这是我国北方最大的矽卡岩铅锌矿床，银和硅灰石也均达到大型规模。

（二）矿区地质概况

矿区的大地构造位置处于内蒙古-大兴安岭褶皱系苏尼特右旗晚华力西地槽褶皱带，黄岗梁-甘珠尔庙背斜中段。矿床产于中生代火山断陷区中局部隆起环境。

矿区出露地层主要为下二叠统黄岗梁组和上侏罗统满克头鄂博组。前者是一套浅海相沉积建造，岩性由下而上为凝灰质砂质板岩、结晶灰岩（或大理岩）、泥质板岩，其中结晶灰岩（或大理岩）是含矿矽卡岩的主要围岩。上侏罗统主要由酸性凝灰熔岩和熔结凝灰岩夹安山岩组成。早二叠世地层构成轴向 NE，向 SW 倾状的背斜构造（图 7-18）。目前所发现的铅锌工业矿体大多赋存于背斜两翼的层间滑脱带和褶曲顶部虚脱带（图 7-19），少数矿体见于次级断裂裂隙带中。

矿区内外发育燕山期中酸性火山岩、超浅成-浅成小侵入体及中深成侵入体，在空间上密切相伴，时间上有先后，但相隔时距不大，构成很有特色的火山-侵入杂岩。矿区西南部有一中生代火山机构，发育有完好的火山-潜火山/浅成-深成岩杂岩套。与成矿关系密切的超浅成-浅成相的花岗闪长斑岩和石英正长斑岩，呈岩枝状、岩墙状侵入于黄岗梁组层间破碎带。花岗闪长斑岩和矿区内酸性凝灰熔岩的 Rb-Sr 等时线年龄分别为 171 Ma 和 160 Ma，$^{87}Sr/^{86}Sr$ 初始值分别为 0.7065 和 0.7077（张德全等，1991）。石英正长斑岩既侵入于花岗闪长斑岩，也侵入于火山岩中，说明其生成时间相对较晚。花岗闪长斑岩的化学成分（据 12 个样平均）：SiO_2 65.51%，TiO_2 0.60%，Al_2O_3 15.66%，Fe_2O_3 0.93%，FeO 2.48%，MnO 0.12%，MgO 2.16%，CaO 3.63%，Na_2O 3.87%，K_2O 3.64%，P_2O_5 0.15%，灼失 1.20%（张德全等，1991）。

（三）矿床地质特征

1. 矿带和矿体

白音诺铅锌矿床已探明矿体 170 余个。主要工业矿体多呈 NE 向展布，单个矿体常呈透镜状、鞍状、脉状，空间上多个矿体常组成和层面近于协调或斜交的似层状矿化体，产于层间破碎带中的矽卡

❶ 主要根据张德全等（1991，1992）、赵一鸣等（1997a）的论文和赵一鸣等 1989、1990、1991 年的实地考察及有关研究。

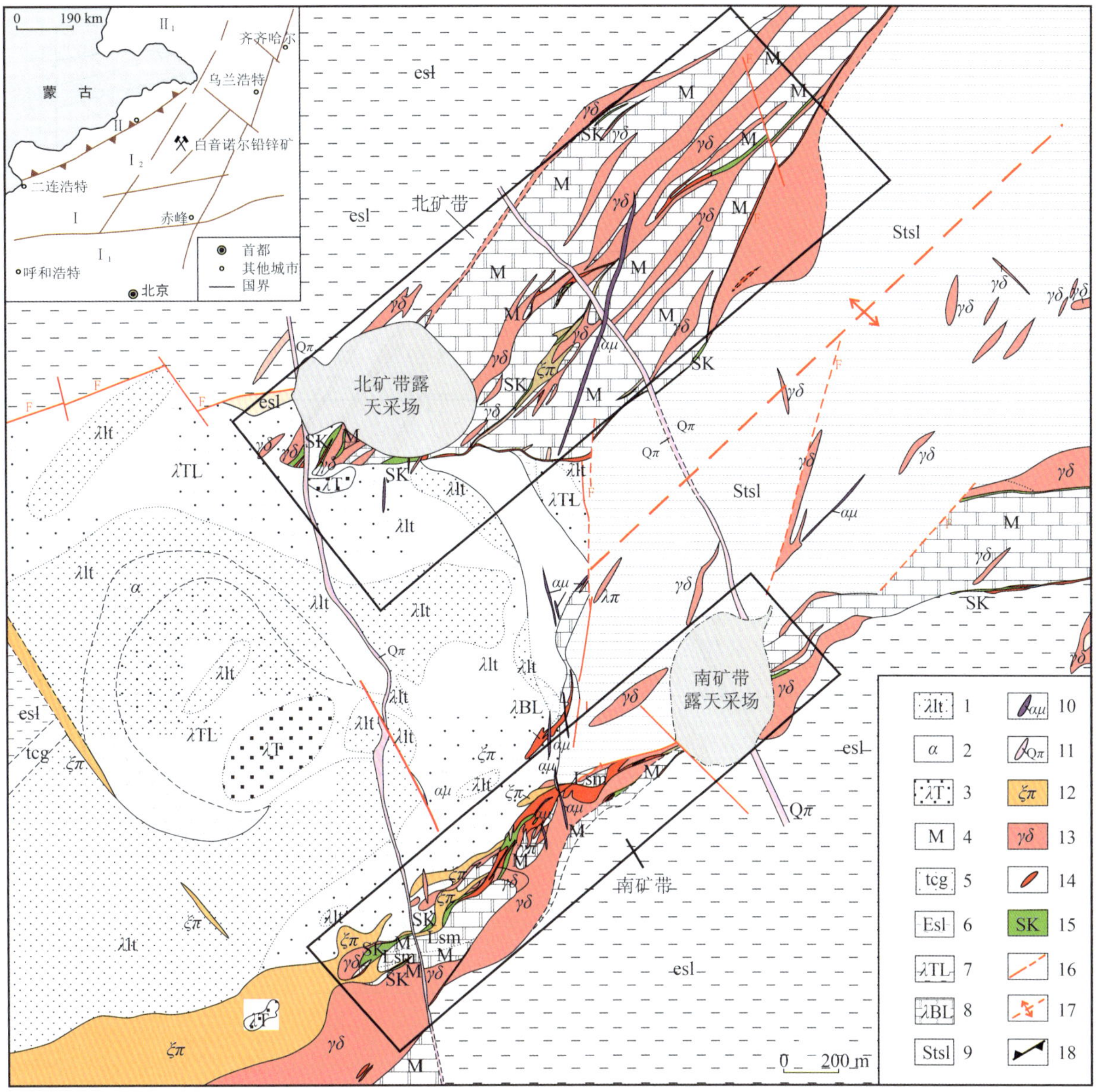

图 7-18　白音诺铅锌矿床地质略图

（江思宏等，2011a、2011b）

上侏罗统满克头鄂博组：1—英安质岩屑晶屑凝灰岩；2—安山岩；3—英安质凝灰岩；4—凝灰质砾岩；下二叠统黄岗梁组：5—泥质板岩；6—大理岩；7—粉砂泥质板岩；燕山期火山岩：8—粗面质凝灰岩；9—粗面质角砾熔岩；10—安山玢岩；11—长石石英斑岩；12—正长斑岩（长石斑岩）；13—花岗闪长（斑）岩；14—铅锌矿体；15—矽卡岩；16—实测/推测断层；17—背斜轴；18—缝合带。图中左上方小插图：Ⅰ—华北板块；$Ⅰ_1$—华北地台；$Ⅰ_2$—华北地台北缘古生代增生带；Ⅱ—西伯利亚板块；$Ⅱ_1$—西伯利亚地台南缘古生代增生带

岩内（图 7-18）。以矿床中部 NE 向背斜轴为界，将矿床分割为两个矿带：北矿带长 1800 m，主要由 4~8 号矿体组成，东段的矿体出露地表，西段的矿体隐伏于晚侏罗世火山岩之下；南矿带长约 2800 m，由南西往北东依次有 14、铜锌、3、2、9、1 号矿体。

矿床的主要矿体都产于矽卡岩中（图 7-18）。单个矿体呈 NE 向延长，走向 N20°~40°E，倾向 SE 或 NW，倾角较陡，一般在 60°左右。矿体长 100~450 m 不等，延深约 250 m，最大延深超过 400 m。矿体厚一般 3~10 m。在空间上，矿体向 SW 侧伏，侧伏角 25°左右。

2. 矽卡岩和矿石

矿区内矽卡岩常沿燕山期花岗闪长斑岩与下二叠统大理岩或结晶灰岩接触带产出，部分矽卡岩见

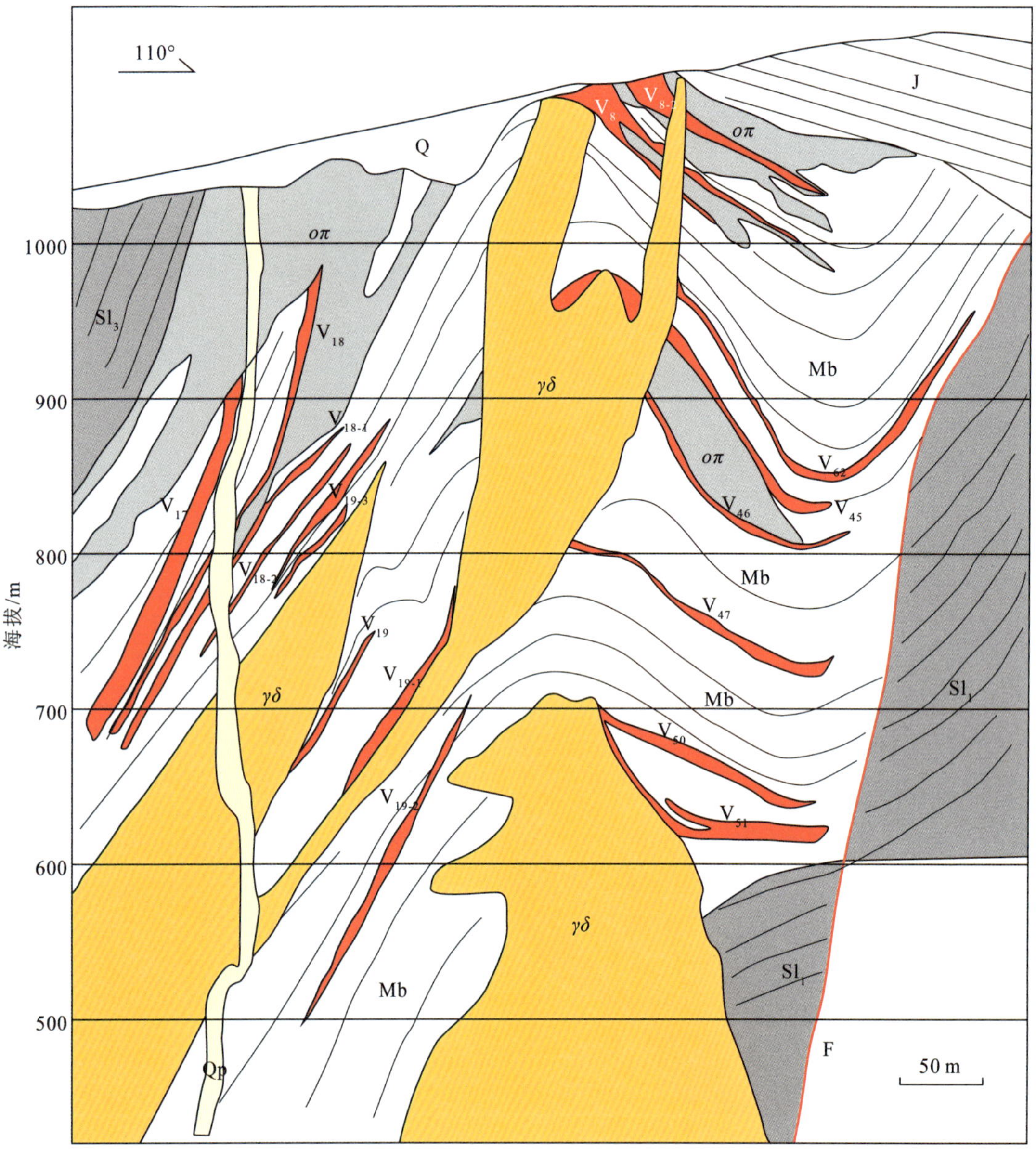

图 7-19　白音诺铅锌矿床 109 线地质剖面图

（据贾长顺等，2008；内蒙古赤峰地质矿产勘查开发院，2015）

Q—第四系坡积物；J—侏罗系砾岩、砂岩、火山碎屑岩；Sl_3—下二叠统黄岗梁组第 3 岩性段板岩；Mb—下二叠统黄岗梁组第 2 岩性段结晶灰岩、大理岩；Sl_1—下二叠统黄岗梁组第 1 岩性段板岩；$o\pi$—长石石英斑岩；$\gamma\delta$—花岗闪长岩；F—断裂；V_{51}—矿体编号

于石英正长斑岩与大理岩接触带，少量矽卡岩则分布于侏罗纪火山岩或二叠纪变质砂岩与大理岩接触带。由于中酸性小侵入体常顺地层层间贯入，因此矽卡岩亦呈似层状体，沿层间破碎带展布。矽卡岩在走向上比较稳定，厚度数米至数十米不等。

矽卡岩按其共生矿物组合的不同可分为两个交代建造，即钙矽卡岩和锰（钙）质矽卡岩，前者与 Cu、Zn、（Sn）矿化有关，后者则与 Pb、Zn、（Ag）矿化有密切联系。

钙矽卡岩大多分布于矿区西部，在矿区中东部和北部虽也有产出，但数量较少。矿物组成主要为钙铝榴石-钙铁榴石系列石榴子石和透辉石-钙铁辉石系列的辉石，次为硅灰石、绿帘石、符山石和斜长石等。按矿物组合的不同，钙矽卡岩还可以进一步划分出辉石矽卡岩、石榴子石-辉石矽卡岩、硅灰石矽卡岩、硅灰石-透辉石矽卡岩、辉石-石榴子石矽卡岩、符山石-辉石-石榴子石矽卡岩、辉石-长石矽卡岩和符山石矽卡岩等不同矿物相。局部地段因硅灰石富集，形成厚大的硅灰石矽卡岩。

锰（钙）质矽卡岩集中分布于矿区的中、东部和北部，与铅锌（银）矿化紧密相伴，主要矿物为锰质钙铁辉石，次为钙铁榴石，局部有少量钙蔷薇辉石和铁质锰钙辉石等。与铅锌（银）矿化有关的锰质矽卡岩大多为外矽卡岩，内矽卡岩一般不发育。钙蔷薇辉石的形成比锰质钙铁辉石和钙铁榴石要晚，常呈网脉状交代前者。

白音诺矿区的矿石类型按主要金属矿物组成的不同，可分为铅锌矿石、锌矿石、铅矿石、铜锌矿石、含锡闪锌矿磁黄铁矿矿石和含铜磁铁矿矿石，其中，铅锌矿石、锌矿石和铅矿石是工业矿体的主要矿石类型。矿石结构主要有自形-半自形-他形粒状结构、交代结构和固溶体分解结构等。矿石的主要构造有浸染状和细脉浸染状，次有脉状、斑杂状、角砾状和块状。主要金属矿物为闪锌矿、方铅矿、磁黄铁矿、黄铜矿，其次有黄铁矿、毒砂、磁铁矿，另有少量及微量的黝铜矿、斑铜矿、辉银矿、浓红银矿、硫锡铁铜矿、自然铋、硫铋银铅矿、含银硫铋铅矿、哈硫铋铜铅矿、硫锑铜银矿、硫锑银铅矿、自然银、银金矿和红砷镍矿等。脉石矿物除了上述常见的矽卡岩矿物——透辉石、锰质钙铁辉石、钙铁榴石、钙铝榴石、钙蔷薇辉石、硅灰石、绿帘石、符山石等外，还有石英、方解石、绿泥石、角闪石、黑柱石、萤石等。全矿区矿石铅的平均品位 2.02%，锌 5.44%，银 31.36 g/t。研究表明，银有两种赋存状态：一为独立银矿物；二呈分散状态存在。闪锌矿含银 0.4~39.6 g/t，方铅矿中银的含量为 13.4~860 g/t，说明银主要呈分散状态赋存于方铅矿中。但矿石中银的局部富集是银的独立矿物集中造成的。

3. 成矿期和成矿阶段

矿床成矿过程大体分为两期。早期为与花岗闪长斑岩有关，分布于花岗闪长斑岩和大理岩接触带中的矽卡岩铅锌矿；晚期成矿主要是与石英正长斑岩有关，分布于它和大理岩接触带的矽卡岩中，其中，早期是主要的。上述每期成矿作用又大致有 3 个不同成矿阶段。

（1）矽卡岩阶段

岩浆期后水热流体，流经化学性质截然不同的两种岩石接触带，主要以渗滤交代的方式形成一系列矽卡岩。该阶段主要生成钙铝、钙铁榴石系列石榴子石和透辉石-锰质钙铁辉石-锰钙辉石系列辉石，部分地段有较多硅灰石的富集。在矽卡岩晚期，有较多深色闪锌矿析出，局部伴有钙蔷薇辉石。

（2）石英-硫化物阶段

这是铅锌的主要成矿阶段，根据矿物生成先后顺序，又可分为三个亚阶段，即①方铅矿-闪锌矿亚阶段：由早世代的方铅矿、闪锌矿及少量黄铜矿组成浸染状集合体，常见于 14、3 号和铜锌矿体，另外，尚有闪锌矿-磁黄铁矿和黄铜矿-闪锌矿-毒砂组合，分别见于 14 号矿体和铜锌矿体；②闪锌矿-方铅矿-黄铜矿亚阶段：以闪锌矿为主，方铅矿和黄铜矿次之，常叠加于第一亚阶段的方铅矿-闪锌矿之上，主要见于 1、2、3、4-8 号矿体；③方铅矿-闪锌矿亚阶段：常以脉状穿插早期矿集合体。

（3）硫化物-硫盐阶段

铅锌矿化较微弱，是银的主要成矿阶段。脉石矿物主要是方解石和石英，金属矿物含量低，但种属多。硫盐矿物主要有含铋硫盐和含锑硫盐两个系列，前者常出现在矿区西南部，后者主要见于东北部。

4. 矿化矽卡岩分带

前已提及，在白音诺矿区的西南部存在一个中生代晚侏罗世火山机构，发育一套完好的火山-潜火山/浅成-深成岩杂岩。它可能为热源中心和深部的流体活动中心，由于流体的侧向活动，使从西南向北东方向形成三个不同的含矿矽卡岩带，即锡锌矿化钙矽卡岩带、铜锌（砷）矿化钙矽卡岩带和铅锌（银）矿化锰（钙）质矽卡岩带。上述三个含矿矽卡岩带的矽卡岩类型、矿物组成、辉石成分、金属矿化组合、矿石中 Zn/(Zn+Pb) 值和 Sn、Ag 含量、闪锌矿的含铁性、氧、硫同位素组成以及成岩成矿温度等，均有明显的差异，呈现出规律性的变化（表 7-10）。

（1）矽卡岩类型和矿物成分的变化

与 Sn-Zn 矿体和 Cu-Zn 矿体有关的矽卡岩均为钙矽卡岩，石榴子石含量相对较多；与 Pb-Zn（Ag）矿体有关的矽卡岩则为锰（钙）质矽卡岩，石榴子石含量明显减少。钙矽卡岩的矿物组成为石榴子石、透辉石和硅灰石，而锰（钙）质矽卡岩则主要由锰质钙铁辉石和钙铁榴石组成，局部有锰钙辉石和钙蔷薇辉石。矽卡岩矿物成分变化最明显的是辉石，从第一含矿矽卡岩带至第三含矿矽卡岩带，单斜辉石中的锰钙辉石分子（Jo）和钙铁辉石分子（Hd）逐渐增高，透辉石分子（Di）相应减少，即由透辉石变为锰质钙铁辉石，甚至出现锰钙辉石。三斜辉石的成分也由硅灰石变为钙蔷薇辉石。这不仅反映了矿物成分的变化，也说明其形成温度的降低。

（2）金属矿化组合的变化

金属矿化组合的变化自南西向北东方向依次为 Sn、Zn→Cu-Zn（As）→Zn（Pb）→Pb-Zn（Ag）。含 Sn、Zn 钙矽卡岩带的金属矿物组成为闪锌矿、磁黄铁矿和硫铁锡铜矿，含少量黄铜矿、磁铁矿；Cu-Zn 矿化钙矽卡岩带的金属矿物组成主要为黄铜矿、闪锌矿和毒砂；而 Pb-Zn 矿化锰（钙）质矽卡岩带的金属矿物则主要为闪锌矿和方铅矿，含微量银矿物。

矿床中的硫盐矿物在空间分布上也有一定规律，南西部的 Sn-Zn 矿体和 Cu-Zn 矿体中，主要为含铋硫盐，如硫铋铜矿、硫铋铜铅矿和辉铋银铅矿等，常和黄铜矿、方铅矿、自然铋伴生；而在矿床北东部则主要为含锑硫盐矿物，如浓红银矿、柱硫锑铅银矿和脆银矿等，常与方铅矿、辉银矿相伴。相应地银的品位从第 1 含矿矽卡岩带至 2、3 含矽卡岩带也随着明显增高。

表 7-10　白音诺铅锌矿床不同含矿矽卡岩带地质地球化学特征

矿化矽卡岩带	锡锌矿化钙矽卡岩带	铜锌矿化钙矽卡岩带	铅锌矿化锰（钙）质矽卡岩带
矿体	14 号矿体	铜锌矿化	1、2、3、4~8 号矿体
主要金属矿物及其成分	透辉石（$Di_{84.8\sim97.3}Hd_{1.6\sim15.2}Jo_{0\sim1.1}$）；钙铁榴石（$Ad_{86.9\sim98.6}Gr_{1\sim11.3}Sp_{0.4\sim1.8}$）；硅灰石	透辉石（$Di_{68.1\sim95.3}Hd_{1.3\sim27.5}Jo_{1\sim6}$）；钙铝榴石（$Ad_{15.8}Gr_{82.7}Sp_{1.5}$）；硅灰石	锰钙铁辉石-铁质锰钙辉石（$Di_{0.8\sim32.8}Hd_{47.1\sim75.2}Jo_{13.4\sim52.1}$）；钙铁榴石-钙铝榴石（$Ad_{17.1\sim98.4}Gr_{0.1\sim78.9}Sp_{1.2\sim4}$）；钙蔷薇辉石
主要金属矿物组合	磁黄铁矿、闪锌矿、硫铁锡铜矿、黄铜矿、磁铁矿	闪锌矿、黄铜矿、毒砂	闪锌矿、方铅矿
闪锌矿中 FeS 的含量/%	16.6	4.6~11	3.8~10.9
闪锌矿的 $\delta^{34}S$ 值/‰	1.7	-2.2~0.3	-5.0~-6.6
单斜辉石的 $\delta^{18}O_{SMOW}$ 值/‰	5.4	-3.5	-5.9~-12.4
矿石中锡的含量/10^{-6}	760	45	3~5
矿石中铁的含量/10^{-6}	1~64	0~221	0~385
成岩成矿温度/℃	450~340	425~327	400~300

（3）硫、氧同位素组成和流体包裹体特征变化

对各含矿矽卡岩带中的闪锌矿和单斜辉石分别进行了 $\delta^{34}S$ 和 $\delta^{18}O$ 值测定（赵一鸣等，1997a），发现它们和矿化交代分带关系密切，变化规律十分明显，即闪锌矿的 $\delta^{34}S$ 值和单斜辉石的 $\delta^{18}O$ 值自西南向东北方向逐渐降低。在 Sn-Zn 矿体中，闪锌矿的 $\delta^{34}S$ 值和辉石的 $\delta^{18}O$ 值相对较高，均为正值，分别为 1.7‰和 5.4‰；在 Cu-Zn 矿体中，这两种同位素组成开始降低，分别为 0.3‰~2.2‰和-3.5‰；在 Pb-Zn（Ag）矿体中，二者均降为负值，其中又以辉石的 $\delta^{18}O$ 值降低更多，达-5.9‰~-12.4‰，平均为-9.15‰。上述结果说明，随着离热源中心距离的增大，含矿流体中有较多大气降水加入，并混入了部分沉积地层中的硫源。

张德全等（1992）对白音诺矿床的成矿流体演化进行了研究，其结果和矿化矽卡岩带的分布规律是一致的。成矿流体从矿床南西深部逐渐向北东部浅处运移过程中，由于其和围岩不断发生能量和物质交换，流体的温度、盐度和氧逸度逐渐降低。成岩成矿温度从450～340℃→425～327℃→400～300℃；盐度的变化是15%～47.5%→2.5%～15%→2.5%；f_{O_2} 为 10^{-22}→10^{-27} Pa，由氧化转为相对还原环境；硫逸度从早期至晚期增高（f_{S_2}-10^{-7} Pa→-10^{-5} Pa）。

以上说明，白音诺矿区的成矿热源中心应在矿区的西南部，大致相当于白音诺山附近的晚侏罗世火山机构。成矿流体由南西深部向北东方向浅部运移，导致温度、盐度、氧逸度的逐渐降低，硫逸度的增高，流体成分也发生较大变化，并在后期有较多大气加入。矽卡岩类型由钙矽卡岩变为锰（钙）质矽卡岩。金属矿化组合也相应发生变化，由Sn-Zn→Cu-Zn（As）→Pb-Zn（Ag）。根据上述分带趋势，推测在Pb-Zn矿化锰（钙）质矽卡岩的东北部，有可能出现温度较低的以Pb-Ag矿化为主的交代带。这是今后普查工作中值得注意的问题（赵一鸣，1997b）。

十、中国江西上犹焦里银铅锌钨矿床❶

（一）地理位置和勘查开发概况

焦里矽卡岩银铅锌钨多金属矿床位于江西赣州上犹县营前镇南约5 km处，地理坐标E114°18′40″、N25°53′27″，是江西省地质局908地质队于1958年发现的。该队（1958～1961年）和江西省地矿局赣南地质调查大队（1984～1989年）曾先后对矿区进行过勘查工作，并分别提交了有关普查和详查报告，确定为一中型矽卡岩银铅锌钨矿床，还伴生一定量Bi、Cd和萤石。目前已探获Ag>1000 t、Pb+Zn>30×10^4 t、WO_3>5×10^4 t，矿石的Ag平均品位154 g/t、Pb 2.02%、Zn 1.19%、WO_3 0.296%。李赞春和唐尚熹（1990）对该矿区的矿床地质特征做过阐述，但对矿区的矽卡岩矿物学、岩石学和流体包裹体方面未做深入研究。笔者等于2001年秋对该矿区进行了野外调研，通过有关室内研究工作，着重对岩浆岩特征、矿化矽卡岩分带、矽卡岩矿物成分和流体演化等进行了较系统的深入研究和探讨。

（二）区域地质背景

焦里矿床位于华南造山带赣州地体之上犹断隆带西侧，南岭成矿带的东端。矿区主要出露地层是上寒武统水石群，为一套浅变质的碎屑岩夹碳酸盐岩岩系，分两个岩组（图7-20）。下岩组分布于矿区中心部位，主要岩性为变质细粒石英砂岩、变质粉砂岩夹四层结晶灰岩，局部见砂质板岩。该岩性段厚度大于246 m。结晶灰岩呈似层状、透镜状，厚度变化较大，一般1～30 m，为主要赋矿层位。灰岩含CaO 45.25%～50.8%，MgO 2.05%～3.96%，SiO_2 5.19%～10.47%，Al_2O_3 1.03%～2.52%，Fe_2O_3 0.66%～1.37%。上岩组为一套变质中细粒长石石英砂岩、变质粉砂岩、砂质板岩和云母板岩，厚352 m，分布于矿区东南部和西南角。

区内发育一组线型紧密同斜倒转褶皱，轴线方向NW 340°～353°，轴面倾向E，倾角约70°，是控制区内地层分布及矿体产状、形态和分布的主要构造。复式背斜轴位于石灰窑一带，轴部出露上寒武统水石群第一岩性段，两翼出露第二岩性段地层。东翼地层倾向E，倾角60°～70°，轴面近直立，整体平缓向南倾伏。NNW向压性断裂是区内规模最大的一组断裂，多为层间破碎带，尤以结晶灰岩与变质（粉）砂岩的接触部位最发育，具多次活动特征，在成矿期起导矿作用，成矿后继续，对矿体有破坏作用。

在矿区的西北部出露营前岩体之南缘部分。该岩体侵入于焦里复背斜的轴部，出露面积约50 km²，呈不规则椭圆形岩株状产出，东、西、南三面向外倾斜，倾角45°～60°。岩体中心部分为花

---

❶ 主要根据李大新和赵一鸣（2004）、李赞春和唐尚熹（1990）和江西地矿局赣南地质大队（1989）的《江西省上犹县焦里银多金属矿区详查地质报告》撰写。

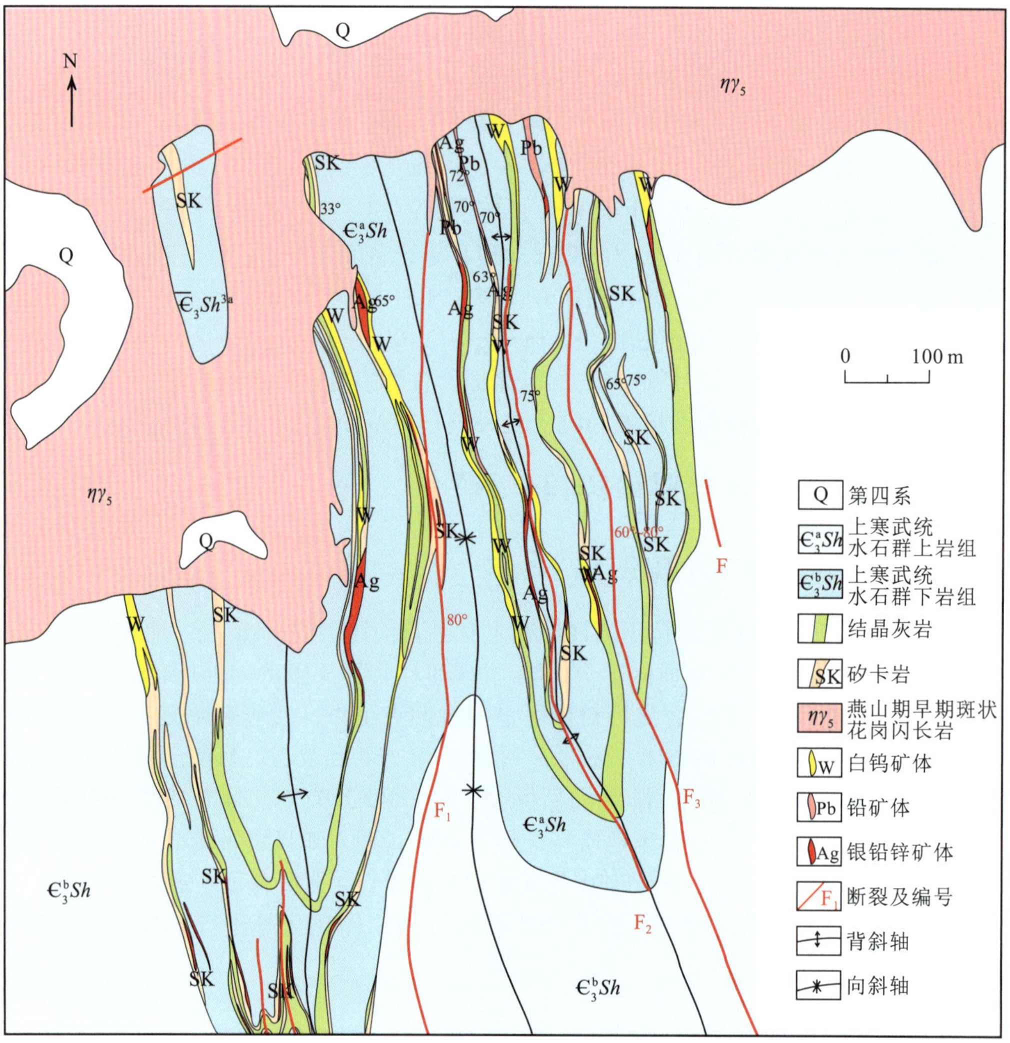

图 7-20　焦里银铅锌钨多金属矿床地质简图

（据丰成友等，2012）

岗闪长岩，边缘为似斑状花岗闪长岩，斑晶主要为中长石和钾长石，一般大小为 2~5 cm，基质由斜长石、钾长石、石英和黑云母组成，粒径 0.5~3 mm。副矿物有磁铁矿、磷灰石、榍石和锆石。花岗闪长岩的 K-Ar 同位素年龄为 173.3~171.6 Ma（李赞春等，1990）。丰成友等（2012）获得矿区斑状花岗闪长岩 SHRIMP 锆石 U-Pb 年龄为 164.4±1.1 Ma，辉钼矿 Re-Os 等时线年龄为 170.6±4.6 Ma，表明成岩成矿时代为中-晚侏罗世。在 340 m 中段坑道中花岗闪长岩的边缘，还可见钾化细粒二长花岗岩的侵入，其宽度 5~15 m 不等。花岗闪长岩、似斑状花岗闪长岩和钾化细粒二长花岗岩的主、微量元素化学成分分析结果表明，钾化二长花岗岩的 Pb、Mo 和 W 等金属元素含量明显比花岗闪长岩要高一个数量级以上，而 REE 含量普遍比花岗闪长岩要低，但 REE 配分模式则和花岗闪长岩相似，即呈右倾的曲线，均有一个小的 Eu 负异常，反映了 S 型花岗岩和 I 型花岗岩的过渡特征。

（三）矽卡岩类型、矿物成分及其分带

在焦里矿区存在两类矽卡岩，即钙矽卡岩和锰质矽卡岩，前者主要伴生白钨矿矿化，后者则主要伴生银铅锌矿化。

含白钨矿钙矽卡岩产于靠近花岗闪长岩岩体的接触带，包括 1、2、3 号矿体。矽卡岩的组成矿物

主要为透辉石（$Di_{79.8\sim86.0}Hd_{13.3\sim23.3}Jo_{0.6\sim1.1}$）和钙铝榴石（$Gr_{74.3\sim86.3}Ad_{11.2\sim23.3}Sp_{0.7\sim0.9}$），次有钙铁辉石（$Di_{48.1}Hd_{49.5}Jo_{2.4}$）、钙铁榴石（$Gr_{35.2}Ad_{58.5}Sp_{3.3}$）和硅灰石（图 7-21、图 7-22）。白钨矿的生成比上述矽卡岩矿物要晚，形成于退化热液交代阶段，并与萤石、石英等矿物紧密共生。

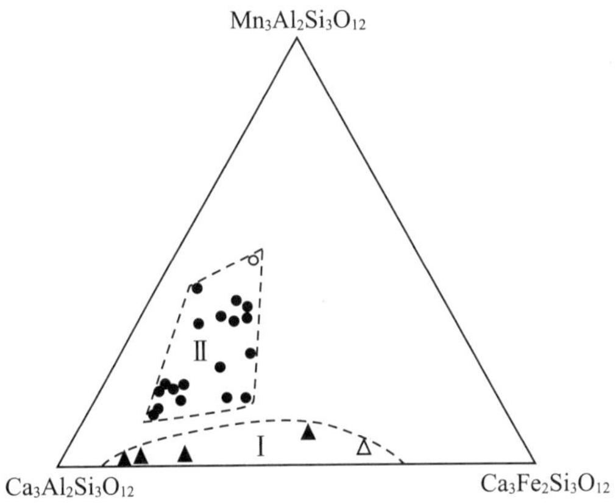

图 7-21　焦里矽卡岩银多金属矿床石榴子石成分三角图

Ⅰ—钙矽卡岩带；Ⅱ—锰质矽卡岩带。▲ 钙铝榴石；△ 钙铁榴石；● 锰质钙铝榴石；○ 锰铝榴石

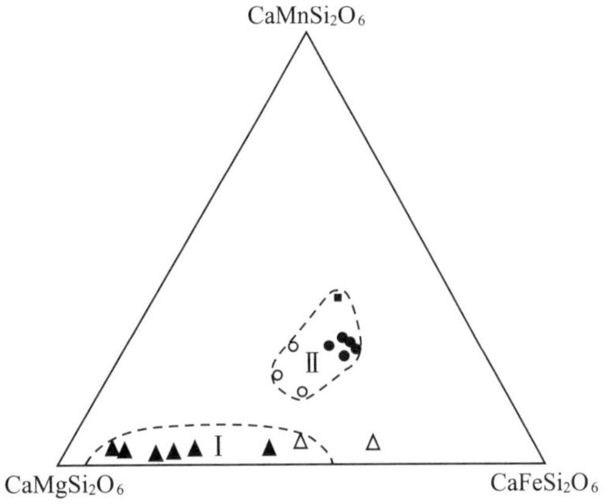

图 7-22　焦里矽卡岩银多金属矿床单斜辉石成分三角图

Ⅰ—钙矽卡岩带；Ⅱ—锰质矽卡岩带。● 锰质钙铁辉石；○ 锰质透辉石；▲ 透辉石；△ 钙铁辉石；▪ 锰钙辉石

含银铅锌矿锰质矽卡岩（4～17 号矿体）产于离花岗闪长岩体有一定距离的外接触带。其组成矿物主要为锰质钙铁辉石（$Di_{25\sim31.3}Hd_{41.0\sim46.3}Jo_{26.3\sim29.3}$）、锰质透辉石（$Di_{39.1\sim45.5}Hd_{34.0\sim40.9}Jo_{26.3\sim29.3}$）、锰质钙铝榴石（$Gr_{46.6\sim50.2}Ad_{8.4\sim16.4}Sp_{11.1\sim37.4}$），局部有锰铝榴石（$Gr_{41.0}Ad_{6.5}Sp_{46.5}$）、钙蔷薇辉石和锰质符山石。与其伴生的铅、锌、银矿物也形成于退化热液交代阶段，共生矿物为锰质阳起石、石英、萤石和方解石。野外观察表明，锰质矽卡岩的形成明显晚于钙矽卡岩，前者常呈脉状穿切早期的钙矽卡岩。

（四）矿体、矿石及矿化分带

矽卡岩白钨矿体和银-铅-锌矿体呈似层状或透镜状产于上寒武统水石群第一岩性段的灰岩透镜体中，沿结晶灰岩与变质石英细砂岩（粉砂岩）接触面产出，并交代灰岩。矿区共有 17 条矿体，分布于营前岩体东南缘的外接触带，距岩体 0～500 m 范围内。钙矽卡岩白钨矿矿体（1、2、3 号）产于距花岗闪长岩体较近的外接触带，而锰质矽卡岩银铅锌矿体（4～17 号）则产于距岩体接触带相对较远的围岩中，构成了明显的矿化分带（图 7-23）。矿体产状与地层产状一致，即走向 NNW350°～355°，在平面上呈近于平行的透镜体。受同斜倒转褶皱的制约，倾向 E 或 NNE，倾角 60°～85°。矿体走向延长一般 200～300 m，最长 480 m，延深 100～200 m，最大倾斜延深 400 m，厚度一般 1～3 m，局部可达 10～13 m。

与上述钨和银铅锌矿体相对应，矿石类型明显分为两种：一种是白钨矿矿石，其组成矿物为白钨矿，伴有少量闪锌矿、方铅矿、磁黄铁矿和黄铁矿及微量银矿物（辉银矿、螺状硫银矿、自然银等）；脉石矿物主要为透辉石、钙铝榴石、萤石、石英等。另一种是银铅锌矿石，组成矿物主要有方铅矿、闪锌矿、磁黄铁矿和黄铁矿，伴有少量白钨矿和微量辉银矿、螺状硫银矿、碲银矿、自然银、自然铋、硫铋铅矿和斜方辉铋铅矿等；脉石矿物主要为锰质钙铁辉石、锰质透辉石、锰质钙铝榴石、锰质阳起石、方解石、萤石和石英，局部有钙蔷薇辉石和锰质符山石。

在空间分布上，白钨矿矿石（体）产于靠近花岗闪长岩的外接触带约 100 m 范围内，而银铅锌矿矿石（体）则产于距花岗岩闪长岩接触带有一定距离（100～500 m）的上寒武统围岩中，构成一

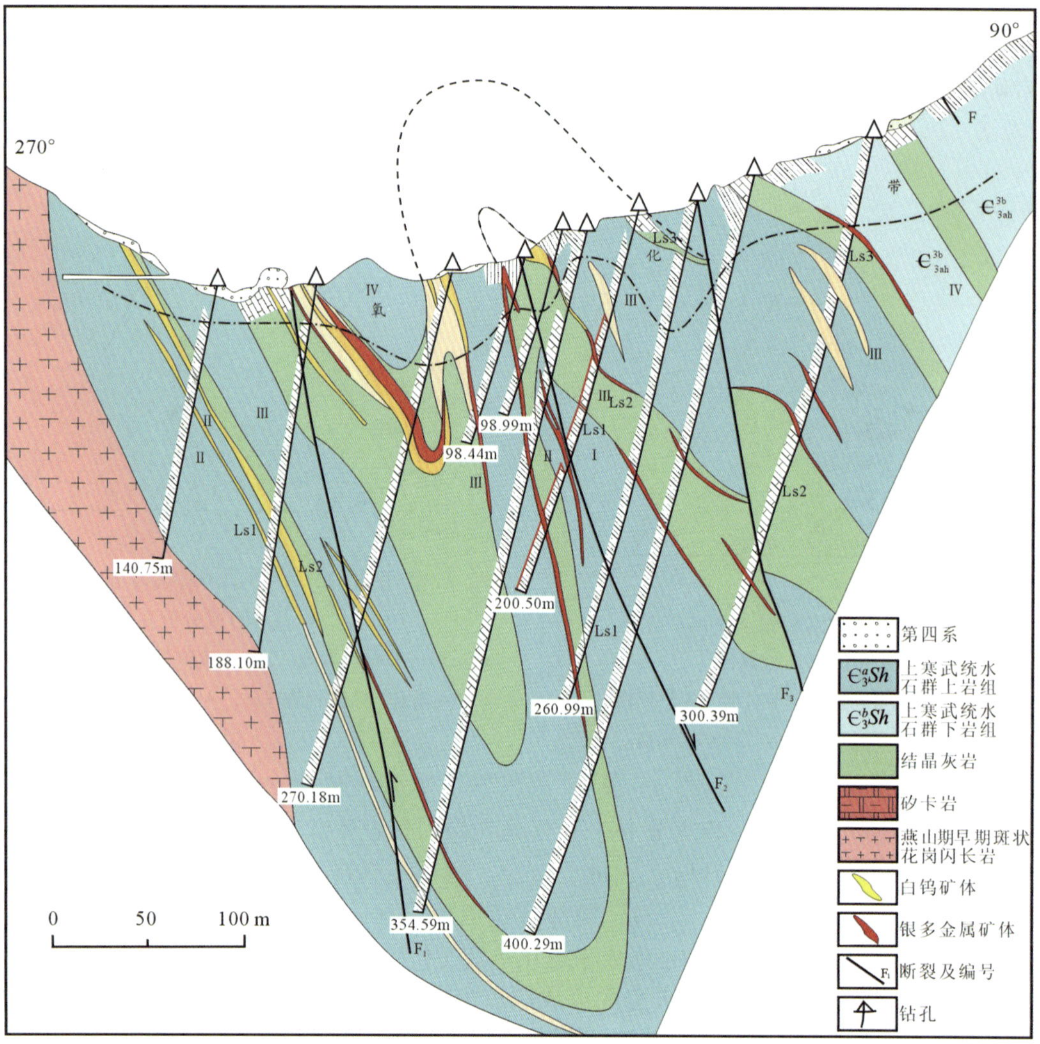

图 7-23 焦里银铅锌钨多金属矿床 24 线地质剖面图

（据丰成友等，2012）

定分带。但其中 6 号矿体西部由白钨矿组成，而东部则为银铅锌矿体，似乎是两类矿石（体）之间的过渡带。

（五）成岩成矿阶段

焦里矿床经历了一个较复杂的成岩成矿过程，具有多阶段的成岩成矿特点。根据野外和室内显微镜观察所获得的矿物共生组合关系，可大致划分为三个成矿阶段，即早期钙矽卡岩阶段、晚期锰质矽卡岩阶段和矽卡岩期后的退化热交代阶段（酸性淋滤交代阶段）。

1）早期钙矽卡岩阶段：本阶段主要形成不含锰的无水矽卡岩矿物，如透辉石、钙铁辉石、钙铝榴石和硅灰石。

2）晚期锰质矽卡岩阶段：该阶段形成的矽卡岩矿物普遍含 Mn 较高但大多不含水，如锰质透辉石、锰质钙铁辉石、锰质钙铝榴石、锰铝榴石，局部有钙蔷薇辉石和锰质符山石。

3）矽卡岩期后的退化热液阶段：退化热液交代阶段是矿区最主要的成矿阶段，形成大量萤石、石英、方解石和含水硅酸盐矿物：锰质阳起石、绿帘石、葡萄石和绿泥石等，明显地叠加在早阶段的钙矽卡岩和锰质矽卡岩之上，并交代这两类矽卡岩，伴生钨、铅、锌、银等矿化。该成矿阶段又可进一步划分为三个亚阶段，即萤石-白钨矿亚阶段、锰阳起石-闪锌矿-磁黄铁矿亚阶段和碳酸盐-方铅矿-银矿物-硫盐矿物亚阶段。石英是这三个亚阶段的贯通矿物，在矽卡岩阶段已有少量生成。

（六）流体包裹体地球化学

1. 包裹体类型和分布

焦里矿区中流体包裹体分为四类，即 A 类（液体包裹体）：由气、液两相组成，气相百分数<50%，是最常见的类型，分布于各类矽卡岩和矿石中；B 类（气体包裹体）：由气、液两相组成，气相百分数>50%，加热时，多数气泡扩大，均一为气相，个别气泡初期不变，而在某一温度点突然消失，这是临界状态下捕获的包裹体特征，主要分布于钙矽卡岩带内 1、2 号钨矿体中；C 类（多相包裹体）：由气相、液相和一种以上固相子矿物组成，气相百分数通常小于 50%，见到的子矿物有磁铁矿（Fe_3O_4）和赤铁矿（Fe_2O_3）等，但很少见，局部分布于近岩体的钙矽卡岩接触带中；D 类（含液相 CO_2 包裹体）：由液相 CO_2、气相 CO_2 和水溶液组成，较小体积的液相 CO_2 常呈“双眼皮”结构包于气泡外，加热时，先是液相 CO_2 和气相 CO_2 均一为液相 CO_2 或气相 CO_2，直至液相 CO_2 和气相 CO_2 与水溶液相均一为液相或气相，少量见于锰质矽卡岩带或银铅锌矿化带中。

2. 包裹体特征

含钨钙矽卡岩带的钙铝榴石和透辉石中，A 类和 B 类包裹体均发育，C 类次之，且个体直径一般在 15~40 μm 之间，最大可达 80 μm，分布形态通常以孤立状长条形、不规则形居多，气相百分数变化悬殊（15%~80%）。石英和萤石中的包裹体一般呈群状、线状分布的不规则形、负晶形和多边形，个体大小 8~30 μm，气相百分数较低（10%~30%）。

含银铅锌锰质矽卡岩带的锰铝榴石、锰质钙铝榴石、锰质透辉石和锰质钙铁辉石中，A 类包裹体发育，B 类和 D 类较少。其个体大小在 10~35 μm 之间，气相百分数 10%~40%，形态多样，部分还含 CO_2 和子晶多相包裹体。石英和萤石包裹体常呈线状或串珠状分布的长条形、菱形和不规则形，个体普遍小（8~25 μm），气相比例低（10%~20%）。

3. 均一温度、盐度和密度

由于矽卡岩矿物的透明度低，且包裹体少而小，难以获取较多的数据。对 17 件样品，共测得均一温度点 200 多个。图 7-24 分别展示了钙矽卡岩带和锰质矽卡岩带包裹体均一温度数据，其温度范围较宽，并显示出复杂的多峰态直方图，反映了该矿床具有多阶段的成岩成矿特点。

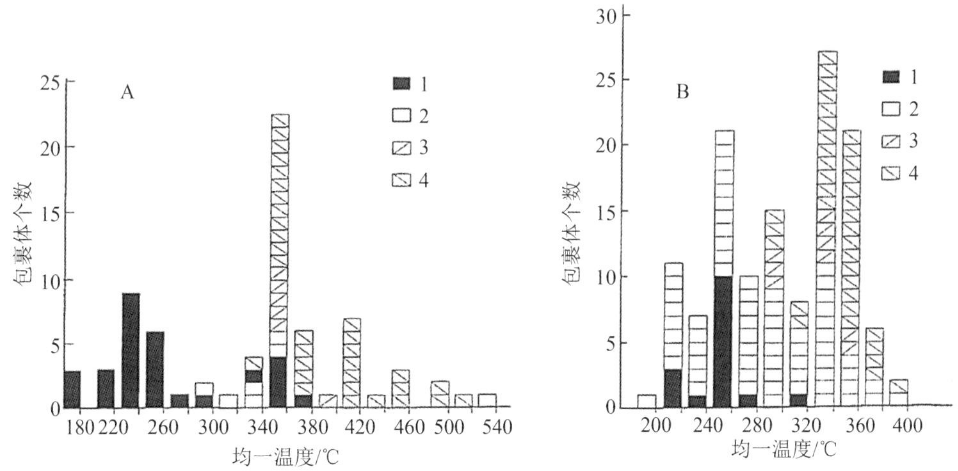

图 7-24　焦里矿区包裹体均一温度直方图

A—含钨钙矽卡岩带；B—含银铅锌锰质矽卡岩

钙矽卡岩带中包裹体的均一温度在 540~160℃之间变化，其中，420~340℃峰值区代表的是早期钙矽卡岩蚀变流体的温度，主要发育于钙铝榴石和透辉石中；380~160℃则反映的是矽卡岩期后的退化热液对早期钙矽卡岩的多次叠加和改造，应属石英、萤石等及其伴生的钨、铅、锌、银矿化形成的温度，其主要集中在360~340℃和260~220℃峰值区。锰质矽卡岩带包裹体的均一温度变化于400~180℃之间，基本上可分为360~320℃和260~240℃两组峰值区，前者代表的是晚期锰质矽卡岩蚀变流体的温度区间，主要发育于锰质钙铁辉石和锰质钙铝榴石中；后者显然也反映了矽卡岩期后的退化热液对晚期锰质矽卡岩的叠加和改造的主要温度范围。

根据所获得的77个冰点数据（-8.8~-2.0℃之间）表明，矿区流体包裹体的盐度较低，为3.0%~12.7%（图7-25），密度变化于0.65~0.93 g/m^{3}之间。钙矽卡岩带钙铝榴石和透辉石中的流体包裹体盐度集中在8%~12.7%之间，密度为0.65~0.8 g/cm^3；锰质矽卡岩带锰质钙铁辉石和锰质钙铝榴石中的流体包裹体盐度集中在5.3%~11%之间，密度为0.77~0.85 g/cm^3；石英、萤石中的流体包裹体盐度范围很宽，为3%~11.5%，密度为0.77~0.92 g/cm^3。

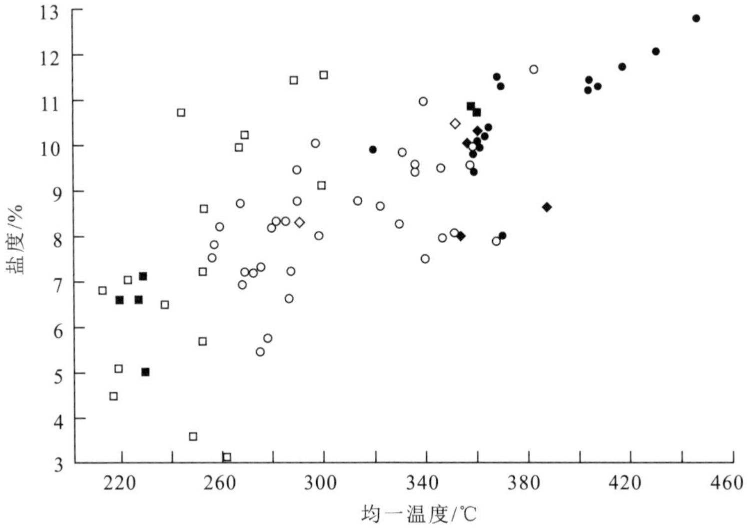

图7-25 焦里矿区流体包裹体均一温度和盐度的关系

■ 钙矽卡岩带（Ⅰ）的萤石内包裹体；□ 锰质矽卡岩带（Ⅱ）中萤石内的包裹体；○ 锰质矽卡岩带的石英内包裹体；◆ 钙矽卡岩带的透辉石内包裹体；◇ 锰质矽卡岩带的锰质钙铁辉石包裹体；● 钙矽卡岩带中钙铝榴石内的包裹体

综上所述，焦里矿区流体包裹体均一温度和盐度及其与花岗闪长岩体接触带的关系显示：自岩体接触带往围岩方向（由西往东），流体总体呈现温度逐渐降低、盐度逐渐减小的演化趋势（图7-26），即由早期较高温度和盐度的钙矽卡岩，向晚期相对较低温和盐度的锰质矽卡岩及更低温、低盐度的矽卡岩期后退化热液阶段呈规律性演化。

通过与我国主要类型矽卡岩矿床的流体包裹体资料（赵一鸣等，1990）进行对比，焦里矽卡岩银铅锌钨矿床流体包裹体以较低的均一温度和盐度为特点，明显区别于国内铁、铜、钼、钨、锡、金矽卡岩矿床（包括钙矽卡岩和镁矽卡岩），后者的矽卡岩矿物中的流体包裹体均一温度一般为450~700℃、盐度一般为30%~50%，与辽宁八家子矽卡岩银铅锌矿床基本相类似，但不同于国内斑岩铜（钼）矿床的高温、高盐度的流体包裹体（芮宗瑶等，1984；张绮玲等，2003）。

（七）成因认识

由于焦里矿区的围岩是上寒武统变质砂岩和结晶灰岩，因此，含Ag、Pb、Zn锰质矽卡岩的矿物组成主要为锰质钙铁辉石、锰质透辉石、锰质钙铝榴石、锰质符山石、钙蔷薇辉石和锰质阳起石等。与福建马坑矿区的含Pb、Zn锰质矽卡岩较为相似，但与白云质大理岩为围岩的辽宁八家子Ag、Pb、Zn矿床的锰质矽卡岩有一定差别。焦里矿区的矽卡岩矿化分带十分明显，从靠近花岗闪长岩体向围岩方向分带序列依次为含白钨矿钙矽卡岩→含Ag、Pb、Zn锰质矽卡岩带，这是评价矽卡岩银多金属

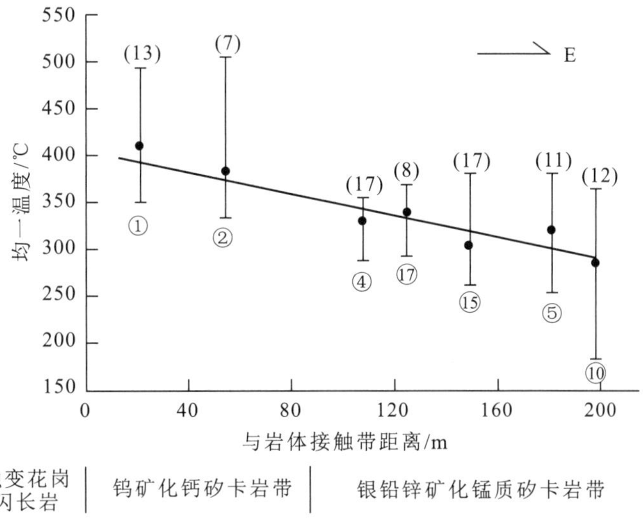

图 7-26　焦里矿区流体包裹体均一温度与岩体接触带的关系

• 为矽卡岩矿物包裹体温度平均值。括号内数字为矽卡岩矿物包裹体温度点数；圆圈内数字为矿体编号

矿床的重要标志之一。

矽卡岩矿化作用经历了三个阶段：早期钙矽卡岩阶段、晚期锰质矽卡岩阶段和矽卡岩期后退化热液交代阶段。钨、铅、锌、银矿化主要形成于退化热液交代阶段。

流体包裹体研究表明，自岩体接触带自西向东往围岩方向，流体的温度呈现逐渐降低、盐度逐渐减小、密度值逐渐变高的演化趋势，成岩成矿作用是在温度 160~540℃和盐度为 3%~12.7%条件下进行的。综上所述，成矿流体是从岩体东南部接触带向更东部的围岩方向流动演化的，而不是从北向南。

第八章　矽卡岩钨矿床

矽卡岩钨矿床主要产于大陆边缘及内部的重要造山带中，大多与钙碱性侵入体相伴，且主要是中粗粒的岩基或较大岩株。侵入岩岩性为花岗闪长岩、石英二长岩、二长花岗岩、花岗岩等。成矿时代可以从前寒武纪、古生代、中生代一直到新生代，而以中生代燕山期为主。

金属矿化常与铜、锌、钼、锡等共生。白钨矿一般呈浸染状或细脉-浸染状交代矽卡岩或其附近的交代岩。WO_3 品位分布不均，一般为 0.30%~0.72%，部分富矿可达 1.28%~2.0%。

Newberry et al.（1981）把含钨矽卡岩分为两组：还原型和氧化型。还原型含钨矽卡岩主要由钙铁辉石和少量钙铝榴石组成，伴有富钼的白钨矿（钨钼钙矿）；氧化型含钨矽卡岩中钙铁榴石较丰富，辉石相对较少，白钨矿是贫钼的（表 8-1）。

一、西班牙 Los Santos 钨矿床

（一）地理位置和勘查开发概况

Los Santos 矽卡岩型钨矿位于西班牙西北部萨拉曼卡市以南 50 km 处的 Los Santos Fuenterroble de Salvatierra 小镇。尽管 Los Santos 钨矿早在 20 世纪 70 年代就已为人所知，但直到 1980 年，西班牙必拓公司才预见到了它的采矿潜力，并与 Promotora de Recursos Naturales 公司合作，进行了初步的勘探。他们对超过 10000 m 的探槽和 18000 m 的钻孔进行了编录和分析，初步对 Los Santos 钨矿进行了可行性研究。随后，在“Los Santos Sur”采矿区挖掘了 825 m 的地下坑道和一个小的露天采坑。尽管 Los Santos 储量大、品位高，是世界上最重要的矽卡岩矿床之一，但在 1985 年底由于钨价的下跌致使该矿床开采终止。现在，随着钨价格的上涨，对该矿床的开采又重新开始。

（二）区域地质背景

Los Santos 矽卡岩型白钨矿床位于华力西带（Variscan belt）的伊比利亚中部（Central Iberian）地区，总体上属于片岩-杂砂岩地体。变质地层由厚的硅质碎屑岩组成，中间夹有砂岩和砾岩，时代属于晚文德世至早寒武世。两个主要的地层单元记录了该地区寒武纪前后的转换：上部地层单元和由页岩、砂层组成的下部地层单元（Timón-Sánchez et al.，2019）。上部地层单元主要为泥质地层，包含两个亚组：Monterrubio 组和 Aldeatejada 组。Monterrubio 组由约 2000 m 厚的板岩以及少量的砾岩、砂岩和火山碎屑岩组成。与 Monterrubio 组整合接触的 Aldeatejada 组厚约 1600 m，主要由板岩组成，砾岩含量与 Monterrubio 组相比更少。该套地层上面被下寒武统 Areniscas de Tamames 组、Calizas de Tamames 组以及 Pizarras de Endrinal 组覆盖。奥陶系只出现在 NW 向向斜构造的核部，这一构造由华力西期造山运动形成。出露的花岗质岩石属于 Ávila 岩基的西端，是伊比利亚华力西带分布范围最广、出露最多的花岗岩类之一，由一套连续侵位、成分不同的花岗岩相组成，年龄为 330~270 Ma。该岩基主要由花岗闪长岩和二长花岗岩组成。

在伊比利亚中部地区，华力西期的造山作用形成了大量的构造、变形以及热变质作用（Timón-Sánchez et al.，2009，2019）。三个时期的区域变质作用对应三个变形阶段。第一个变形阶段（D_1）发育千米级褶皱，具有水平轴、垂直轴面和轴面节理（S_1）。在 D_1 期地壳增厚过程中，中压进变质作用产生绿泥石、黑云母、铝锰矿、金银石和矽线石组合。第二阶段（D_2）与先前增厚的地壳的伸展塌陷有关，并在 Guijuelo 地区发育狭窄的剪切带。该变形阶段年龄为 332±13 Ma（锆石 U-Pb）。这

表 8-1　世界主要矽卡岩钨矿床一览表

序号	矿床名称	地理位置	矿床简要地质特征	储量和品位	成矿时代	参考文献
128	加拿大马克通（Mactung）钨铜（锌）矿床	西北区与育空地区交界处 W129°、N61°30′	矿体产于二长花岗岩体与寒武纪碳酸盐岩层的接触带附近，分为上、下两个含矿层。矽卡岩主要由辉石、石榴子石、角闪石和斜黝帘石等组成；金属矿物有白钨矿、磁黄铁矿、黄铜矿、黑钨矿和黄铜矿等	WO_3 48.38×10^4 t，0.768%	中生代	Dick et al.，1982
129	加拿大 Cantung 钨铜矿床	W128°、N61°	包括两个矿体，分布在平卧背斜两翼；上翼矿体出露地表，下翼矿体在地表下 300 多米；矿体长 2800 m，平均厚 13 m，延深 600 m，向南倾，倾角 20°	WO_3 7.68×10^4 t，1.28% Cu 0.22%	晚白垩世	Achibald et al.，1978
130	美国 Upper Salcha River 钨矿床	阿拉斯加州东部	矿体产于花岗岩和围岩（碎屑岩、碳酸盐岩、火山岩）接触带。矽卡岩矿物有方柱石、辉石、符山石、绿柱石、珍珠云母、透闪石、阳起石等；金属矿物主要有白钨矿、磁黄铁矿、黄铁矿等			Lowell，1991
131	美国 Emerson 钨（锌）矿床	内华达州卡特以西	花岗岩株侵入到古生代灰岩，形成含钨矽卡岩；主接触带延伸 2000 m，厚 5~30 m。矿体在接触带断续分布；单个矿体长 18~19 m，平均厚 12 m，斜深 120 m	WO_3 1.76×10^4 t，0.32%~0.40% Zn 1.25%	中生代	杜汉忠等，1987
132	美国 Black Tock 钨矿床	加州中部	花岗岩体侵入硅质岩夹大理岩层中，含白钨矿矽卡岩产于背斜脊部及平缓倾斜的两翼	WO_3 3×10^4 t，0.4%	侏罗纪	杜汉忠等，1987
133	美国 Strauberry 钨（钼）矿床	加州佛雷斯诺东北	矿体产于古生代褶皱的沉积变质岩残留层中；1、2 号矿体位于褶皱的两翼，含矿层有 20 多个，单层长 90 m，厚 1~7.5 m，斜深 120 m；4 号矿体产于东翼，为石英-白钨矿矿体，厚 0.5 m，倾角 30°~40°	WO_3 0.8×10^4 t，0.72%	晚白垩世（95 Ma）	杜汉忠等，1987
134	美国 Pine Creek 钨（钼、铜）矿床	加州中东部	矿体产于石英二长岩与古生代沉积变质岩层（残留盖层）接触带的西部边缘；含白钨矿矽卡岩走向近南北，长 1500 m，厚 1.5~30 m，延深 1200 m	WO_3 0.8×10^4 t，0.72%	晚白垩世（92 Ma）	Laznicka，1983
135	美国 Springer 钨矿床	内华达州西北部米尔城	花岗岩侵入三叠纪砂页岩、灰岩地层，在 600 m 长的弓形接触带中，矿体断续产出；单个矿体长 30~35 m，厚 1~6 m，延深 540 m	WO_3 0.8×10^4 t，0.72%	中生代	杜汉忠等，1987
136	阿根廷 Argentin Zone 钨矿床	圣路易斯省-科尔多瓦省	花岗岩侵入于前寒武纪千枚岩，形成众多钨矿点，主要由白钨矿、黑钨矿等矿物组成	WO_3 1.56×10^4 t，0.48%	古生代	杜汉忠等，1987

续表

序号	矿床名称	地理位置	矿床简要地质特征	储量和品位	成矿时代	参考文献
137	阿根廷 Los Arestruces	圣路易斯省	在 3 km 内出露 5 个透镜状白钨矿矽卡岩矿体，断续延长 1100 m，延深 100 m	WO_3 0.96×10^4 t，0.4%~0.48%	古生代	杜汉忠等，1987
138	巴西 Northeast Brazilian 钨矿田	巴西东北部	矿层呈 U 形在 2×10^4 km^2 范围内出露有 700 多个白钨矿矽卡岩矿床（点），其中 30 个左右已进行小规模开采	WO_3 1.48×10^4 t，0.3%左右	白垩纪	杜汉忠等，1987
139	巴西布雷瑞（Brejni）钨矿床	巴西东北部	含矿层厚约 200 m，由石英、石榴子石、云母片岩及大理岩组成；单个矿体长 100 余米，宽约 30 m，厚 0~12 m；矿区附近有花岗岩体侵入	WO_3 1.28×10^4 t，0.29%	白垩纪	杜汉忠等，1987
140	挪威 Tyxjo 钨（铜）矿床	奥斯陆以北 50 km E12°、N60°20′	矿体产于花岗岩体与前寒武纪灰岩接触带，含矿矽卡岩由白钨矿、黑钨矿、石榴子石、辉石等组成	WO_3 小型，0.28%；Cu 0.18%	太古宙（28 亿年）	Philip Crowson，1986
141	瑞典 Yxsjöberg 钨（萤石、铜）矿床	卢德维卡附近	矿体产于花岗岩和前寒武纪灰岩接触带；白钨矿和少量黑钨矿产于辉石矽卡岩中	WO_3 0.24×10^4 t，0.38%，其中富矿 WO_3 0.56%~0.8%	古元古代（18.0~17.8 亿年）	Romerand Öhlander，1994
142	西班牙 Los Santos 钨矿床	位于西班牙中部 Salamanee 镇附近	含矿矽卡岩产于花岗闪长岩、二长花岗岩中的灰岩捕虏体接触带，呈透镜状。矽卡岩矿物有钙铁辉石、符山石、透辉石、石榴子石、符山石、硅灰石；还有镁矽卡岩矿物-镁橄榄石、块硅镁石、粒硅镁石、斜硅镁石、韭闪石、透闪石、蛇纹石、金云母、绿脆云母等；矿石矿物有白钨矿、黄铜矿、磁黄铁矿、磁铁矿、毒砂等	WO_3 资源量 309×10^4 t，0.54%	早二叠世（300~281 Ma）	Timón et al.，2007，2019
143	法国 Salau 和 Costabonne 钨钼矿床	比利牛斯山脉中部 E2°10′、N42°30′	含钨矽卡岩主要产于花岗闪长岩体与古生代灰岩、钙质页岩接触带，呈透镜状。矽卡岩矿物有钙铝榴石、钙铁辉石、硅灰石、绿帘石、角闪石等；金属矿物为白钨矿、辉钼矿、磁黄铁矿，少量黄铜矿、闪锌矿、毒砂	Salau WO_3 192×10^4 t，1.6%；Costabonne WO_3 42×10^4 t，0.3%~0.4%	早-中二叠世（280~270 Ma）	Fonteilles，1989；Meinert，1998 a，b
144	法国 Sallow 钨矿床	阿里埃日省，近法西两国边境	花岗闪长岩岩株侵入于晚奥陶世灰岩，在接触带形成含白钨矿（少量黑钨矿）的矽卡岩（辉石+石榴子石+绿柱石）；矿化区长 220 m，宽 50 m；矿体不连续、不规则	WO_3 0.56×10^4 t，1.16%	晚古生代	Tleplazo，1983

续表

序号	矿床名称	地理位置	矿床简要地质特征	储量和品位	成矿时代	参考文献
145	奥地利 Mitterdill 钨矿床	E12°30′、N47°20′	矿化有一定层位，容矿围岩由角闪岩、钠长片岩、石英片麻岩组成；富矿体在变质石英岩层中呈透镜体、扁豆体状，走向近东西，倾向北西	WO_3 1.7×10^4 t，0.56%~0.8%	早古生代	Wolf，1981
146	土耳其 Susurluk 钨-铜矿床		含钨矽卡岩矿体产于花岗岩和中生代灰岩、砂岩接触带，接触带长 900 m。矽卡岩由钙铁辉石、石榴子石、硅灰石、符山石等组成；金属矿物有白钨矿、黄铜矿、斑铜矿等			Arsel et al.，2011
147	俄罗斯东方二号（Восток-2）钨矿床	远东滨海边区	矿体产于花岗斑岩与晚二叠世灰岩、角岩接触带；有 5 个矿体，厚 1.4~53.6 m。矽卡岩矿物主要由透辉石、角闪石、绿泥石等组成，伴生金属矿物有白钨矿、黑钨矿、辉钼矿、磁黄铁矿、辉铋矿等	大型 WO_3 14×10^4 t，0.2%~0.3%	中生代	Smirnov，1983
148	俄罗斯 Лермонтск 钨矿床	E135°30′、N47°远东地区	花岗岩岩体侵入其顶板灰岩岩层，产生一系列构造破碎及含钨矽卡岩化	大型 WO_3 局部可达 12%~16%	中生代	Первого，1983 Smirnov，1978
149	格鲁吉亚特尔内奥兹(Тырнауз)钨（钼、铜）矿床	北高加索	矿体产于侵入岩体与早石炭世灰岩的接触带，矿化厚 10~50 m。金属矿物有白钨矿、辉钼矿、黄铜矿、黄铁矿、闪锌矿、方铅矿、辉铋矿、磁铁矿、磁黄铁矿和毒砂	大型 WO_3 12.5×10^4 t，0.2%~0.4%		Перваго，1983
150	俄罗斯因吉可克（Ингичка）钨（钼）矿床	撒马尔罕州	花岗岩与晚志留世灰岩接触，形成含白钨矿矽卡岩；矿体形态不规则，呈层状者产状较平缓，厚度一般 0.9~2 m，其中较厚者 10~15 m	中型	古生代	Перваго，1983 Smirnov，1978
151	俄罗斯 Койташ Узат 钨矿床	撒马尔罕州	花岗闪长岩体侵入于早古生代碎屑岩和灰岩，形成含白钨矿的透辉石矽卡岩	中型	晚古生代	杜汉忠等，1987
152	塔吉克斯坦 Майхура 钨（锡）矿床	塔吉克斯坦东北部	花岗岩体与古生代灰岩侵入接触，形成含白钨矿的辉石、石榴子石矽卡岩，伴有锡石矿化，矿层厚 1.5~4.5 m	中型 WO_3 0.2%~0.25%	晚古生代	Повилайтис，1981
153	塔吉克斯坦 Чорух-Дайрон 钨（钼、铜）矿床		白钨矿矿床包括 3 个矿段、14 个矿体，呈雁行排列；主矿体长 2 km，其中工业矿体长 1.3 km，厚度 2~3 m	中型	晚古生代	Soloviev et al.，2017

续表

序号	矿床名称	地理位置	矿床简要地质特征	储量和品位	成矿时代	参考文献
154	乌兹别克斯坦 Майхора 钨（锡）矿床	杜尚别以北 E69°、N39°50′	矿体产于花岗岩体与古生代灰岩接触带；透辉石-石榴子石矽卡岩含有白钨矿	中型 WO_3 0.2%~0.25%	晚古生代	杜汉忠等，1987
155	乌兹别克斯坦 Лангар 钨（钼）矿床		矿体产于石英二长岩和灰岩、页岩接触带矽卡岩中	中型	晚古生代	杜汉忠等，1987
156	土耳其 Uludag 钨钼矿床	土耳其西部 Bursa	矿体产于花岗岩、花岗闪长岩和古生代大理岩接触带矽卡岩中。矽卡岩主要由钙铁榴石、透辉石、钙铁辉石组成；金属矿物有白钨矿、黄铜矿、辉钼矿、黄铁矿、磁铁矿等	WO_3 3.6×10^4 t，0.44%	新生代（27~25 Ma）	Orhan，2017
157	土耳其 Susurluk 钨铜矿床	土耳其西部 Balikeser 地区	矿体产于花岗岩和中生代灰岩、砂岩接触带矽卡岩中。矽卡岩由钙铁辉石、石榴子石、硅灰石、符山石等组成；金属矿物有白钨矿、黄铜矿、斑铜矿等	WO_3 7.48×10^4 t	新生代（21 Ma）	Orhan，2017
158	土耳其 Kozbudaklar 钨钼矿床	土耳其西部 Bursa 地区	矿体产于花岗岩与三叠纪大理岩接触带矽卡岩中。矽卡岩由透辉石、钙铁榴石、硅灰岩、符山石、白钨矿和辉钼矿等组成	WO_3 737.8×10^4 t，0.31%	新生代（50~43 Ma）	Orhan，2017
159	韩国桑洞（Sangdong）钨（钼）矿床	韩国南部江原道 E128°50′、N37°08′	含白钨矿矽卡岩产于花岗岩与寒武纪灰岩、片岩的接触带；有 6 个似层状矿体，主矿体长 1500 m，厚 4.5 m；其他矿体长 150~700 m，厚 0.4~7 m。金属矿物有白钨矿、磁黄铁矿、辉钼矿、黄铜矿、黄铁矿、辉铋矿等	WO_3 20×10^4 t，0.6%~2%	中侏罗世—晚白垩世	John，1963；Klepper，1947；Park，2017
160	日本 Fujigatani 钨矿床	位于日本山口县，距离广岛西南约 50 km E133°40′、N34°20′	矿体呈透镜状产于二长花岗岩与三叠纪灰岩、泥质岩的接触带，长 100~300 m。矽卡岩矿物有辉石、石榴子石、硅灰石、绿帘石、钙蔷薇辉石、鱼眼石等；金属矿物有白钨矿、磁黄铁矿、闪锌矿、黄铜矿，少量辉铋矿、自然铋	大型，WO_3 0.95%	晚白垩世（94.2 Ma）	Toyohara，1976 Sato，1982；Imoto，1998
161	日本山口（Yamaguchi）钨铜铁（钼）矿床	石卷东北约 10 km	矿体产于花岗闪长岩体与古生代灰岩接触带矽卡岩中，在 1.5 km 范围内有 3 个矿床产出	小型	中生代	Jakeyuki et al.，1998
162	日本玫珂钨铜（锡）矿床	山口东南 20 km	三叠纪泥灰岩夹灰岩透镜状体与花岗岩接触，形成含钨铜（锡）矽卡岩。矿体数量不少，但单个矿体储量较少；其中有 5 个矿体具有经济价值	WO_3 0.48×10^4 t，0.44%	白垩纪	Лербазо，1983
163	泰国沙蒙（Samoeng）钨锡矿床	清迈西北 80 km	花岗岩体侵入到古生代沉积变质岩中，形成白钨矿-锡石矿化辉石矽卡岩	大型	中生代	杜汉忠等，1987

续表

序号	矿床名称	地理位置	矿床简要地质特征	储量和品位	成矿时代	参考文献
164	泰国莫克山（Doi Mork）钨矿床	清莱府永巴附近	矿体产于花岗岩体与灰岩接触带矽卡岩中，白钨矿和硫化物呈细脉浸染状交代矽卡岩。金属矿物有黄铁矿、黄铜矿、磁黄铁矿、方铅矿、毒砂等	大型	中生代	杜汉忠等，1987
165	马来西亚 Kramat Pulai 钨矿床	怡保南东 10 km	花岗岩侵入于古生代灰岩和黑云母、角闪石、辉石片岩，在接触带有含钨矽卡岩产出；最大矿体露头长 33m，产于灰岩中的矿体形态不规则，多为透镜体，一般厚 0.3~3 m，为萤石-白钨矿矿石	WO_3 0.96×10^4 t	晚三叠世	杜汉忠等，1987
166	澳大利亚 King 岛钨矿床	位于澳洲大陆和塔斯马尼亚之间 E144°、S40°	含白钨矿矿体产于花岗闪长岩和大理岩接触带矽卡岩中，主矿体长 450 m，厚 7~27 m，呈透镜状	WO_3 6.58×10^4 t，0.75%	早石炭世	Evans，1980
167	澳大利亚 Kara 钨矿床	塔斯马尼亚岛西北部 E145°45′、S41°40′	矿体呈槽状产于环斑花岗岩体之上的矽卡岩中；白钨矿与晚期磁铁矿矽卡岩有关；锡产于钨矿带的上部，钼则富集在矿体的下部。矽卡岩矿物由石榴子石、符山石、角闪石和磁铁矿组成	WO_3 0.67×10^4 t，0.58%	晚古生代	杜汉忠等，1987
168	印度 Sargipali 钨矿床	印度东部 E83°55′、S22°	含白钨矿矽卡岩产于花岗岩体与白云石大理岩接触带。矽卡岩矿物有辉石、石榴子石、角闪石、绿钠闪石-钙镁闪石、阳起石、硅灰石、绿帘石、斜黝帘石等		中-新元古代（9.8~9.5 亿年）	Chowdhury et al.，2011
169	中国新田岭钨矿床	湖南郴州市 E112°56′、N25°40′	矿体呈似层状、透镜状产于斑状黑云母花岗岩与早石炭世灰岩接触带；区内共有大小 100 多个矿体，较大矿体长 600~800 m，厚度 10~40 m。矽卡岩矿物为石榴子石、透辉石、阳起石、符山石、硅化石、绿帘石等；金属矿物有白钨矿、辉钼矿、铁闪锌矿、黄铜矿、磁黄铁矿、黄铁矿、毒砂等	WO_3 24×10^4 t，0.37%	晚侏罗世（149.4 Ma）	赵一鸣等，1990
170	中国柿竹园钨矿床	湖南郴州市	矿体呈似层状产于花岗岩与中-晚泥盆世灰岩接触带。矽卡岩矿物有辉石、石榴子石、符山石和硅灰石等，也有镁矽卡岩矿物；金属矿物主要有白钨矿、黑钨矿、辉钼矿、辉铋矿、铝石、黄铁矿等	超大型 55.65×10^4 t，WO_3 0.344%；Sn 0.126%；Mo 0.064%；Bi 0.107%	晚侏罗世（157~150 Ma）	赵一鸣等，1990 毛景文等，1998
171	中国朱溪钨（铜）矿床	江西景德镇东南 12 km	多为隐伏矿体，主矿体呈大的透镜状产于花岗闪长岩外接触带与石炭纪灰岩的接触部位。主矿体埋深在-1300~-600 m 之间，大致顺层产出。矽卡岩矿物以透辉石、石榴子石、透闪石、阳起石为主；金属矿物有黄铁矿、黄铜矿、闪锌矿、白钨矿，次有磁黄铁矿、斑铜矿、砷黝铜矿、辉铜矿、毒砂等	WO_3>100×10^4 t，0.316%；Cu 平均 1.25%	晚侏罗世（160~146 Ma）	陈国华等，2012

续表

序号	矿床名称	地理位置	矿床简要地质特征	储量和品位	成矿时代	参考文献
172	中国瑶岗仙钨矿床	湖南宜章县	这是一个矽卡岩型和石英脉型相结合的复合矿床；白钨矿矿体呈似层状产于花岗岩外接触带泥盆纪灰岩矽卡岩中；石英大脉型钨锡矿产于花岗岩外接触带泥盆纪变质砂岩中	大型 WO_3 21.17×10^4 t, 0.28%~1.36%	晚侏罗世 (155 Ma 前后)	赵一鸣等，2007b
173	中国塔儿沟钨矿床	甘肃肃北	这也是矽卡岩型白钨矿矿体和黑钨矿石英脉型矿体共存的矿床。矽卡岩矿物为透辉石、符山石、石榴子石、阳起石、萤石等；金属矿物有白钨矿、黑钨矿、黄铁矿、磁黄铁矿、辉铋矿、辉钼矿、绿柱石、黄铜矿、毒砂等	大型 WO_3 0.34%~6.63%, 平均 1.26%； BeO 平均 0.71%	晚奥陶世 (459.6~ 445.9 Ma)	毛景文等，2003； 张作衡等，2002
174	中国羊鼻子山钨矿床	黑龙江双鸭山市	矽卡岩型白钨矿矿体和沉积变质型矿体共存于一个矿区内。钨矿体呈透镜状产于混合花岗岩和透辉石大理岩接触带；矽卡岩矿物有透辉石、石榴子石、符山石、方柱石、萤石等	中型 WO_3 0.737%	元古宙	赵一鸣等，1990
175	中国白干湖钨锡矿床（田）	新疆若羌县 E88°35′、N37°40′	该钨锡矿田包括白干湖、柯可卡尔德、巴什尔希和阿瓦尔四个矿床，其中以柯可卡尔德规模最大。矿区是矽卡岩型、云英岩型和石英脉型三个类型的复合矿床。矽卡岩矿物有透辉石、阳起石、透闪石、黝帘石、斜黝帘石等；金属矿物由白钨矿、黑钨矿、锡石、黄铜矿、黄铁矿、磁黄铁矿等组成	WO_3>25×10^4 t, 0.39%； Sn>7.16×10^4 t, 0.3%； Cu 4.15×10^4 t	晚志留世—早泥盆世 (412.8~ 411.7 Ma)	丰成友等，2013； 李大新等，2013
176	中国翠宏山钨金多金属矿床	黑龙江逊克县 E128°40′、N48°20′	矿体呈透镜状产于花岗岩与早泥盆世结晶灰岩接触带矽卡岩中，除钨外还伴有 Pb、Zn 和 Fe、Sn 矿化	WO_3 12.16×10^4 t, 0.36%； Pb+Zn 为大型, Pb 3.3%、Zn 2.43%； Fe 矿为中型, TFe 34.7%	晚三叠世— 早侏罗世 (199~ 192.8 Ma)	邵军等，2011
177	中国泽当钨铜钼矿床	拉萨市东南 120 km	为斑岩-矽卡岩矿床。矿体产于石英闪长岩、石英闪长斑岩和早白垩世灰岩、粉砂岩接触带。矽卡岩矿物由石榴子石、透辉石、硅灰石、透闪石、绿帘石等组成；金属矿物有黄铜矿、斑铜矿、白钨矿、辉钼矿、硫铋铜矿等	WO_3 大型, 品位 0.23%； Cu 0.66%； Mo 0.07%~0.102%； Au 1.4 g/t	新生代 (66±10 Ma)	闫学义等，2010

一阶段对应低压变质事件，以红柱石和堇青石生长为特征。第三变形阶段（D_3）与 D_1 共轴，但出露较少，形成的开阔褶皱具有垂直的轴面和水平轴（S_3）。该阶段伴随着由黑云母、绿泥石转化为白云母的退变质事件，指示了接近低级-中级绿片岩相的形成条件。华力西期花岗岩岩浆的上升和侵位发生在 D_1 和 D_2 之后，因为它们横切了这两个阶段所发育的构造。从花岗岩和围岩中观察到的固相变形可以看出，花岗岩就位可能发生在 D_3 期间。除了区域变质作用外，华力西期花岗岩的侵位还使晚文德世—早寒武世的变质岩发生了接触变质作用，在 Los Santos 矿床范围内，这一接触变质作用导致了强烈的交代作用和矽卡岩的出现。

（三）矿床地质特征

1. 控矿围岩岩性、时代

Los Santos 矽卡岩白钨矿床位于 Tamames 向斜北翼花岗质岩石与下文德统—下寒武统沉积岩的接触部位（图 8-1），矿区内出露地层主要为 Aldeatejada 组页岩，中间夹有黑色页岩、砾岩和灰岩。Aldeatejada 组向上逐渐变为下寒武统 Areniscas de Tamames 组，后者由暗色细粒杂砂岩（0.06~0.1 mm）组成。Areniscas de Tamames 组与上覆的 Calizas de Tamames 组之间以绿色板岩和粉红色的薄碳酸盐岩纹层为区分标志。从 Calizas de Tamames 组块状灰岩和白云岩层之下 500 m 开始，碳酸盐岩由结节状、数分米至数米厚逐渐过渡为数米至数十米厚的透镜体。Calizas de Tamames 组主剖面厚度在 50~200 m 之间，含矿化的矽卡岩出现在该组以及其与 Areniscas de Tamames 组的过渡位置。碳酸盐岩地层底部是砂质页岩夹层，厚达数米，属 Pizarras de Endrinal 组。

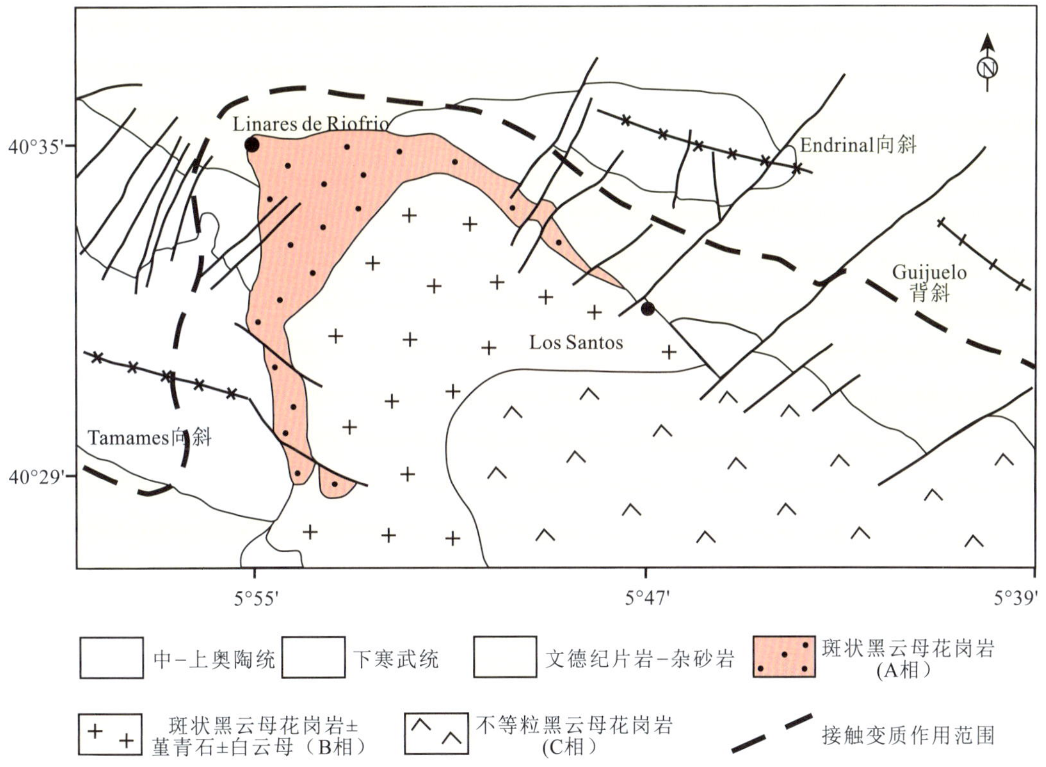

图 8-1　Los Santos 钨矿床地质图

（据 Timón-Sánchez et al.，2007）

2. 有关侵入岩

在 Los Santos 矿区，识别出两阶段华力西期岩浆活动（Timón-Sánchez et al.，2019）。第一期岩浆岩（Ⅰ）由不等粒黑云母花岗岩（C 相）和细晶花岗岩（D 相）组成，年龄为 281~(280±6) Ma。第二期花岗岩（Ⅱ）由斑状黑云母花岗岩（B 相）和含有堇青石、白云母的斑状黑云母岩（A 相）

组成，年龄为270～(269±6) Ma（黑云母 K-Ar 法）。不含堇青石、白云母的斑状黑云母花岗岩被含堇青石、白云母的花岗岩包裹。第二期的两种类型花岗岩中常含有不等粒黑云母花岗岩的包裹体，且不等粒黑云母花岗岩和细晶花岗岩与周围的花岗岩类岩石之间具有明显的接触带。细晶花岗岩出现在采坑和地表露头，规模很小，呈岩脉状产出（图8-2），可能是由不等粒黑云母花岗岩分异形成。

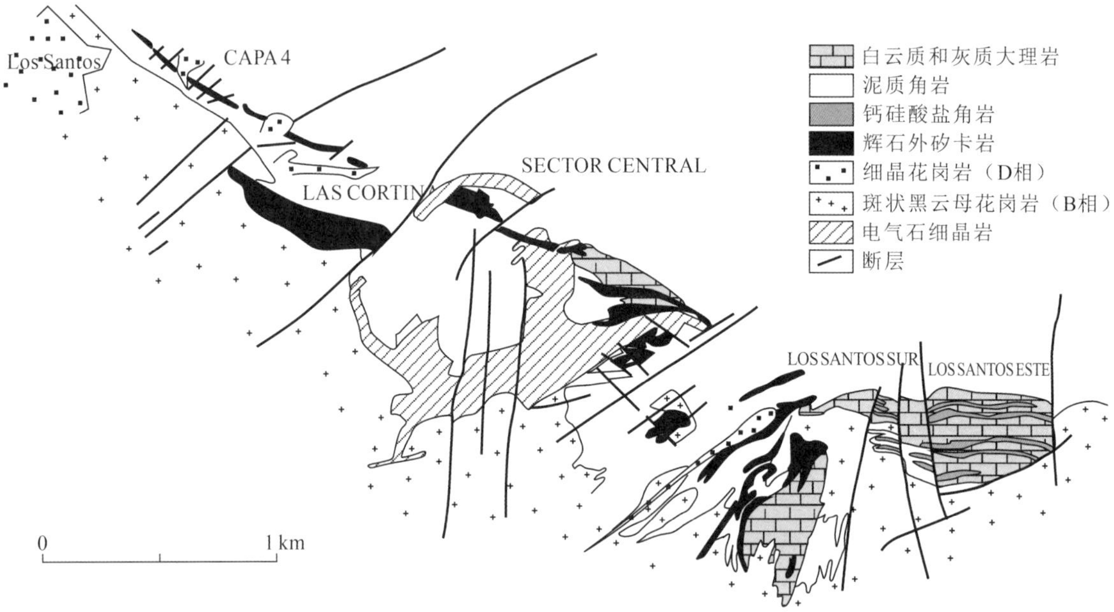

图8-2　Los Santos 钨矿床地质剖面图
（据 Timón-Sánchez et al.，2009）

具体而言，第一期花岗岩（包括 C 相和 D 相）均属于黑云母二长花岗岩。C 相花岗岩发育长度小于3 cm 的碱长石巨晶。对 D 相花岗岩，石英、钾长石和斜长石是其主要造岩矿物，此外还含有不等比例的白云母、黑云母、堇青石、红柱石和矽线石。副矿物有磷灰石、电气石、锆石、钛铁矿和晶质铀矿。在岩石化学组成上，第一期花岗岩具有过铝质特征，并且 D 相花岗岩的过铝质特征更加明显（A/CNK=1.14～1.13 vs. 1.11～1.13），成分上也更加偏酸性（SiO_2=69.92%～74.66% vs. 69.95%～70.27%）。此外，在稀土元素球粒陨石标准化图解上这一期花岗岩轻稀土弱富集，重稀土分异，并且具有 Eu 负异常。同时，这一期花岗岩普遍富集 P_2O_5 和 Rb，而且 D 相花岗岩比常见的花岗岩成分含有更低的 Ca（<1%）、MgO（<1%）、Zr、Nb 和 W。

第二期花岗岩（A 相、B 相）属于黑云母花岗闪长岩-二长花岗岩。A 相含长10 cm 的碱长石巨晶和中粗粒石英、黑云母、斜长石等。B 相中石英含量较高，斜长石和黑云母含量较低，堇青石含量较高，偶有白云母。在这种花岗岩中，典型的副矿物有磷灰石、锆石、独居石、钛铁矿和电气石。两种类型的斑状岩石均具有过铝质花岗岩的特征，这在 B 相花岗岩中尤其明显（A/CNK=1.24 vs. 1.14），其也更加偏酸性（SiO_2=70% vs. 68%）。化学成分表明第二期花岗岩具有轻稀土富集的特征，具有中等到明显的 Eu 负异常（Eu/Eu^*=0.57～0.23 vs. 0.24～0.54），稀土总含量较低（135×10^{-6}～151×10^{-6} vs. 153×10^{-6}～194×10^{-6}），重稀土分馏程度较高（平均的球粒陨石标准化的 Gd/Yb=2.29 vs. 1.89）。

第一期花岗岩可以被认为是高度分异的 S 型花岗岩，其化学成分和已知的与 W 矿化矽卡岩有关的花岗岩的成分类似。此外，在 Los Santos 矿区至少第一期花岗岩在时空上与进矽卡岩的形成有关，因为在野外观察到 D 相花岗岩逐渐转变为内矽卡岩，其中发育钙质斜长石和单斜辉石。与第一期花岗岩不同，在第二期花岗岩中未见蚀变交代现象。

在这两期主要的岩浆活动之后，挥发分的就位和快速逃逸代表还有一期更晚的构造事件，形成伟晶岩、角砾岩筒、岩脉以及大量的裂隙。伟晶岩带由大量的棱柱状和立方体状的斜长石晶体组成，基质为黑云母且大量存在于斜长石晶体之间，局部聚集为数厘米厚的韵律状的层。这些云母的堆积体类似于一些花岗岩所显示的层状构造。发育的爆破角砾岩由细晶花岗岩、角岩以及钙铁辉石矽卡岩的碎片组成。

3. 控矿构造

矿床呈非常复杂的几何形状，受 NE 向断裂和岩脉控制。最重要的断层被称为“Pena del Hierro”，它将 Los Santos 矽卡岩矿床一分为二。在断裂的最东侧，碳酸盐地层形成一个穹窿状的褶皱，轴部倾向 SE，倾角 70°~90°，两翼分别称为“Los Santos Sur”和“Los Santos Este”。Pena del Hierro 断层的西侧被称为“Los Santos Oeste”，地层的产状近于垂直，走向为 NW—SE 向。这一区域又被一条 NE 向（60°）的断层分为三部分：“Las Cortinas”“Sector Central”和“Peña del Hierro”。在 Las Cortinas 北部大约 100 m 的位置，存在一个矽卡岩化的碳酸盐层，被称为“Capa 4”。

4. 矿体特征

Los Santos 矿床矿体总体呈 NWW 走向，由一系列透镜状的矿化辉石矽卡岩组成，厚数米至数十米，长度超过 1 km，最远可从 Los Santos 村庄最东侧延伸 3 km。这些透镜体形成后被 NE 向、近 SN 向和 NW 向的断裂以及淡色花岗岩岩脉破坏，导致矿体形态十分复杂。矿区的西侧由数个相邻的向北倾斜的矽卡岩矿体组成。矿区的东北矿体形态更为复杂，矿化通常出现在一个向 SW 倾斜的褶皱的南翼。

5. 矿石类型和矿物组成

尽管白钨矿可以出现在退变质矽卡岩中，但是 80%以上的钨矿化出现在辉石矽卡岩中。通常而言，矽卡岩贫硫，硫化物分布在厚度可达 8~10 m 的透镜体中，透镜体长度最高可达 50 m，这些硫化物交代早期形成的大理岩、钙硅酸盐角岩以及进变质矽卡岩矿物。这些透镜体由块状的磁黄铁矿、黄铁矿以及少量的黄铜矿、方铅矿、毒砂、含铁的闪锌矿、辉铋矿（或自然铋）、Bi-Ag-Te 硫化物及少量的钨铁矿组成。钨含量很高（1%~2% WO_3），局部金含量可以达到工业品位。锡含量变化很大，但通常较低（$<100\times10^{-6}$）。Los Santos 矽卡岩矿床硫化物不发育，仅在 Las Cortinas 深部见到数米厚的硫化物矿体。

6. 矽卡岩类型、矿物成分和分带性

Los Santos 外矽卡岩交代白云岩、方解石大理岩和泥质、钙质的角岩包裹体等一系列复杂的岩石组合而形成。大理岩在 Calizas de Tamames 组碳酸盐地层中广泛发育，也见于 Areniscas de Tamames 组和 Calizas de Tamames 组过渡带中的角岩包裹体中。基于这些接触变质岩中的矿物学和地球化学特征，Timón et al.（2007）指出接触交代变质作用不形成白钨矿化。接触变质作用和双交代作用之后，发生了渗滤交代作用，最终形成了白钨矿矽卡岩。根据所观察到的结构关系，Los Santos 矿床的矽卡岩形成过程可以划分为两个阶段：高温进变质矽卡岩阶段和退变质矽卡岩阶段。前者形成垂向上块状的钙铁辉石外矽卡岩和少量的内矽卡岩，后者形成过程中不同程度地交代早期形成的内矽卡岩和外矽卡岩。伴随着成矿系统的冷却，矿物成分变化十分复杂，形成了大量的含水硅酸盐矿物。白钨矿出现在钙铁辉石外矽卡岩中，也出现在上覆的退变质矽卡岩中，这些退变质矽卡岩常叠加在早期形成的矽卡岩之上。

（1）外矽卡岩

受变沉积岩原岩成分的控制，外矽卡岩呈现蚀变分带现象。在钙质大理岩中，早期的进变质矿物组合局部是由电气石以及随后形成的条带状-块状钙铝榴石组成（$Gr_{73\sim76}Ad_{18\sim22}Sp_{5\sim6}$），也可见大量的萤石和少量的硅灰石。辉石矽卡岩由含 Mn 的钙铁辉石组成（$Hd_{64\sim83}Di_{6\sim31}Jo_{4\sim14}$），与富石榴子石的矽卡岩呈现复杂的成因关系。一些证据显示它们发生了相互替代，然而，在靠近内矽卡岩的位置辉石矽卡岩更加广泛分布，这表明辉石矽卡岩主要取代早期富石榴子石矽卡岩带形成。此外，还存在另一期石榴子石，其成分为 $Gr_{43\sim71}Adr_{24\sim29}Sp_{4\sim27}$，呈脉状形式产出或大规模替代早期形成的辉石矽卡岩和石榴子石矽卡岩。外矽卡岩在钙硅酸盐矿物和泥质角岩中发育，具有一致的矿物形成序列。早期形成的单斜辉石呈细粒状，随后被粗粒的富 Mn 的钙铁辉石、石榴子石以及硅灰石替代。钙质外矽卡岩广泛发育粗粒的、贫钼的（MoO_3 0.1%～0.2%）白钨矿、磷灰石以及榍石。在白云质大理岩中，接触变质作用首先形成成分复杂的、细粒的镁质矽卡岩，矿物组合为铁橄榄石（$Fo_{85\sim98}$）、透辉石、粒硅镁石族矿物、金云母、尖晶石-铁尖晶石以及磁铁矿。这些矿物随后被细粒的透辉石、富铁铝榴石的石榴子石以及辉石矽卡岩替代。在镁矽卡岩中，未见白钨矿矿化。

相对于进变质矽卡岩，退变质矽卡岩在 Los Santos 矿床出露很少，呈不规则状分布。退变质矽卡岩通常沿着不同岩性界面和断裂带交代早期形成的内矽卡岩和外矽卡岩。矿物组合主要为角闪石、钾长石、石英、方解石、白钨矿和绿帘石；局部可以发育大量的方柱石。通常而言，角闪石交代钙铁辉石和早期的钙铝榴石，而较晚形成的石榴子石能够保持稳定。富黑云母的矽卡岩局部替代泥质角岩。

（2）内矽卡岩

根据副矿物成分特点，可以将内矽卡岩和外矽卡岩区分开来。内矽卡岩主要发育在细晶花岗岩中（D 相）。在 Los Santos 矿区，可以观察到 D 相花岗岩从明显的新鲜花岗岩逐渐过渡到由钙质斜长石和单斜辉石组成的内矽卡岩，并且越靠近变沉积岩，单斜辉石的含量越多。在一些内矽卡岩样品中，原始的花岗岩的结构和矿物成分被保留下来，可以观察到斜长石发生明显的钾化。内矽卡岩主要由斜长石（$An_{76\sim88}$）、单斜辉石（$Hd_{41\sim79}Di_{17\sim51}Jo_{2\sim7}$）和石英组成。

内矽卡岩形成后又发生了退变质作用，斜长石从培长石变为钙长石（$An_{93\sim96}$），并伴随出现黝帘石、榍石和磷灰石。钙长石大量发育形成了细粒的钙长石岩。榍石常在黝帘石之后形成，交代早期的金红石和钛铁矿。这一过程形成绿泥石，而绿泥石可能是角闪石蚀变形成。除了钙长石岩，内矽卡岩的退变质作用还形成了角闪石矽卡岩，角闪石的 $Mg/(Mg+Fe^{2+})$ 值为 0.52～0.70。这种镁角闪石随后蚀变为金云母（X_{Fe} 为 0.26～0.32；Al^{IV} 为 0.18～0.44cfu）。这种矽卡岩类型代表交代的最前端，通常含有较高的白钨矿。与 Mg 角闪石和金云母共生的矿物有石英、磷灰石、榍石、硫化物和白钨矿。内矽卡岩中的白钨矿通常含有磷灰石、斜长石和黑钨矿包裹体。

随后，绿帘石族矿物出现，伴随形成方解石、石英、绿泥石以及白云母。绿帘石族矿物属于绿帘石-斜黝帘石系列，X_{Ep} 为 026～0.66，$Fe/(Fe+Al)$ 为 0.09～0.29。内矽卡岩中的绿泥石的 Si 含量为 2.8～3.0cfu，$Fe/(Fe+Mg)$ 为 0.48～0.51。白云母的 $Fe/(Fe+Mg)$ 为 0.05～0.39。除此之外，在硫化物大量出现的位置通常可见沸石交代钾长石和斜长石。

7. 矿床品位、储量

该矿床估算的总资源量为 309×10^4 t，其中，WO_3 的平均品位为 0.54%，边界品位为 0.1%，这使 Los Santos 矿床成为伊比利亚半岛最大的白钨矿矽卡岩矿床。

8. 成岩成矿时代

在 Los Santos 矿区，第一期岩浆岩的年龄为 281～(280±6) Ma，代表不等粒黑云母花岗岩（C 相）和细晶花岗岩（D 相）的就位时代（Timón-Sánchez et al.，2009）；第二期花岗岩年龄为 270～(269±6) Ma，代表斑状黑云母花岗岩（B 相）和含有堇青石、白云母的斑状黑云母（A 相）的就位时代（Timón-Sánchez et al.，2009）。Timón-Sánchez et al.（2009）认为两期花岗岩均与矽卡岩矿化作用有关，因此与成矿有关的岩浆就位时代为华力西期晚期。最近，Timón-Sánchez et al.（2019）在该矿床识别出两种类型的沥青铀矿。第一种沥青铀矿呈八面体，出现在与白钨矿矿化形成有关的淡色花岗岩中，被钾长石包裹，其 U-Th-Pb 年龄为 300±4 Ma，该年龄与 Los Santos 矿床周围的花岗岩的年龄范围基本一致（309～303 Ma）（Bea et al.，2004；Valle Aguado et al.，2005；Zeck et al.，2007；Gutiérrez-Alonso et al.，2011；Díaz Alvarado et al.，2013），代表与成矿有关的花岗岩就位时代为 300 Ma 左右；第二种沥青铀矿与富 U 的白云母共生，出现在内矽卡岩和外矽卡岩中，其年龄为 287±4 Ma，这一年龄被认为是该矿床钨矿化沉淀时代。

9. 矿床地球化学特征

（1）流体包裹体

来自进变质作用外矽卡岩中的钙铁辉石、钙铝榴石和白钨矿均发育流体包裹体，但是这些包裹体通常很小，难以进行流体包裹体分析测试。来自矽卡岩化之前的热液矿物和退变质矽卡岩阶段的矿物通常发育较好的流体包裹体，可以进行显微测温分析。在 Los Santos 矿床，根据室温条件下流体包裹体特征和它们的共生关系，共识别出 4 种类型的包裹体。

Ⅰ型包裹体由液相、气相和非石盐子晶构成，子晶数目最高可达 5 个。这些流体包裹体常见于在来自方解石大理岩中的电气石矿物，也见于来自钙硅酸盐角岩中的电气石矿物。捕获的流体属于 $H_2O-(\pm CO_2)-(\pm NaCl\pm CaCl_2\pm MgCl_2)$ 体系，为富水流体，$X(H_2O)=0.72\sim0.95$（通常 0.91），$X(CO_2)=0\sim0.16$；$X(NaCl)=0.04\sim0.07$。包裹体的均一温度为 473～519℃（平均为 484.5℃），包裹体盐度为 13.3%～19.7%（平均为 16.8%）。

Ⅱ型包裹体也由固相、气相和液相组成。与Ⅰ型包裹体不同，Ⅱ型包裹体的固相矿物为石盐子晶。这种类型的包裹体仅出现在退变质阶段内矽卡岩中的石英矿物。该种类型的包裹体由过饱和流体形成，盐度在 34.76%附近。石盐子晶的溶解发生在 249.5～254℃之间，最终均一至液相，均一温度为 397～405℃。

Ⅲ型包裹体由气、液两相组成，并且气相大于液相。根据其捕获流体的成分可以分为$Ⅲ_A$和$Ⅲ_B$两种类型。$Ⅲ_A$型包裹体出现在退变质外矽卡岩形成的第一个阶段，寄主矿物包括石榴子石、石英、钙铁辉石、白钨矿等，该类型包裹体属于 $H_2O-CO_2-(\pm CH_4)-(\pm NaCl\pm CaCl_2\pm MgCl_2)$ 体系，$X(H_2O)=0.93$，$X(CO_2)=0.036$，$X(CH_4)=0.013$，$X(NaCl)=0.02$，密度为 0.58～0.79 g/cm^3（平均为 0.64 g/cm^3），盐度为 0.53%～13.62%。$Ⅲ_B$型包裹体也出现在外矽卡岩中的白钨矿，同时也在伟晶岩中的石英和镁角闪石中，流体属于 $H_2O-CH_4-(\pm N_2\pm C_3H_8)$ 体系，$X(H_2O)=0.87\sim0.99$，$X(CH_4)=0.124\sim0.087$，$X(N_2)=0.00\sim0.008$，$X(C_3H_8)=0.00\sim0.001$，平均密度为 0.44 g/cm^3，均一温度为 382.5～510℃，一些$Ⅲ_B$型包裹体均一至液相，一些均一至气相。

Ⅳ型包裹体为气液两相包裹体，液相体积大于气相。它们常见于退变质外矽卡岩形成的第二个阶段，寄主矿物包括绿泥石、萤石、金云母和石英等。这类包裹体最终均一至液相，均一温度为 216～270℃。包裹体成分为 $X(H_2O)=0.98$，$X(NaCl)=0.02$。平均的流体密度为 0.87 g/cm^3，盐度为 4.65%。

（2）同位素特征

Timón-Sánchez et al.（2007）指出来自寒武纪未蚀变大理岩的白云石的平均 $\delta^{13}C_{PDB}$ 和 $\delta^{18}O_{SMOW}$ 分别为-1.52‰和 20.79‰，该特征与典型的寒武纪海相碳酸盐岩的成分类似（Veizer et al.，1976）。来自方解石大理岩和白云石大理岩的方解石的 $\delta^{18}O$ 值为 11.68‰～14.41‰，$\delta^{13}C$ 值为-6.42‰～-3.10‰。相对于未蚀变的白云岩，来自大理岩的方解石强烈亏损 ^{13}C 和 ^{18}O。这种亏损特征在世界上矽卡岩矿床中十分普遍（Valley，1986），是由大理岩和矽卡岩中的去碳酸盐化作用引起（Shieh et al.，1969）。变质流体导致的石墨的氧化能够带来轻的碳同位素，因此也可以揭示亏损的 ^{13}C（Abart，1995）。Tornos et al.（2008）报道进变质矽卡岩阶段形成的石榴子石和斜辉石的 $\delta^{18}O$ 值接近 9.5‰～10.9‰，与退矽卡岩阶段形成的角闪石和黑云母的 $\delta^{18}O$ 值大致相等（9.1‰～12.0‰）。这些一致的 $\delta^{18}O$ 值表明，成矿流体在演化过程中与深部地壳岩石平衡，没有明显的地表水输入。白钨矿的 $^{87}Sr/^{86}Sr$ 值为 0.7117～0.7119，ε_{Nd} 值为-9.4～-8.5，石榴子石-辉石矽卡岩的 $^{87}Sr/^{86}Sr$ 值为 0.7119～0.7128，ε_{Nd} 值为-8.5～-8.7，富斜长石矽卡岩的 $^{87}Sr/^{86}Sr$ 值为 0.7124～0.7129，ε_{Nd} 值为-9.7～-7.0。这些同位素特征表明赋矿的变沉积岩与一种外部流体处于平和状态。区域地质和 Nd 同位素表明热液流体和钨、氟的最终来源既不是附近的不含矿花岗闪长岩-英云闪长岩，也不是赋矿的变沉积岩，而是来源于一种隐伏的花岗岩岩体，地球化学成分上相当于在矿区附近产出的含黑云母±电气石的细粒淡色花岗岩脉。这些花岗岩脉具有高 ^{87}Sr 值（$^{87}Sr/^{86}Sr>0.7112\sim0.7149$），中等的 ε_{Nd} 值（范围在-5.6～-4.6），类似于华力西成矿带其他成矿岩体的特征。在 Los Santos 矿床，岩浆流体与赋矿的铝硅酸盐矿物发生了强烈的水-岩相互作用，但是这种作用尚不足以形成白钨矿和萤石。当岩浆流体与碳酸盐地层开始交代反应后，矿化才开始形成。

二、法国 Salau 钨矿床

（一）地理位置及勘查开发概况

法国 Salau 矽卡岩型白钨矿矿床位于法国比利牛斯山脉中部，靠近萨拉特河泉水，图卢兹以南 130 km，圣吉隆斯以南 30 km，西班牙边境以北 4 km。该矿床于 1961 年在法国地质与矿产局（BRGM）的区域战略勘探活动中发现。1971 年 4 月至 1986 年 11 月，英国兴业银行对钨矿进行了开采。在此期间，Salau 矿床一直为法国主要的钨矿供应，共有近 930000 t 矿石，矿石主要产出在标高 1230~1850 m 之间，矿石 WO_3 品位 1.50%（即约 13950 t WO_3）。由于钨价格下跌，采矿作业于 1986 年 11 月停止。停时，已探明和可能的可采储量超过 160000 t 矿石，矿石 WO_3 品位近 1.75%（即约 2800 t WO_3）。

（二）矿区地质特征

Salau 白钨矿矿床位于 Pallaresa 背斜的北侧（图 8-3），该背斜由早古生代地体构成。沉积岩呈东西走向，垂直倾斜。矿区内最古老的岩层出现在南部，最年轻的岩层出现在北部。从南到北，地层被划分为①Mont Rouch 泥砂-砂岩地层，推测其为下奥陶统至中奥陶统（Palau et al.，1989）；②Salau 地层，包括碎屑岩和碳酸盐岩基底黑色单元，该地层未在当地确定年代，但该组在马里亚纳区域同层位发现牙形石，其年龄范围为上志留统到下泥盆统；③埃菲利亚（Efelian）时代的 Blue Shales 地层（Moret et al.，1986）；④下至中德沃尼亚时代的 Carboire 组（Dommanget，1977）。现将各组地层分述如下。

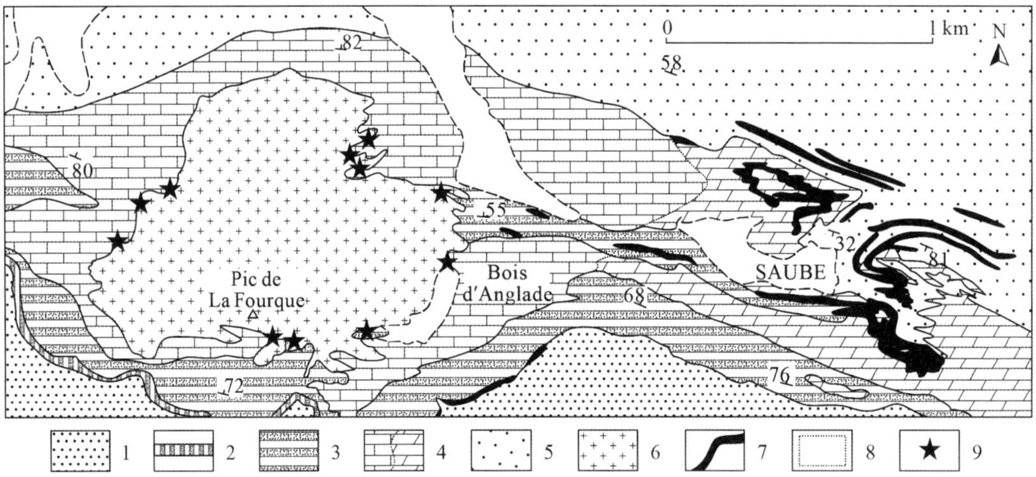

图 8-3　Salau 地区地质图以及 La Fourque 岩体周围含白钨矿矽卡岩位置

（据 Derr，1982）

1—泥砂质 Mont Rouch 组（下-中奥陶统）；Salau 组（上志留统—Emsian）；2—黑色单元；3—Barrgiennes 单元；4—碳酸盐岩单元；5—Blue Shales 组（Efelian）；6—La Fourche 花岗闪长岩体；7—微粒花岗质或微粒闪长质岩席或岩脉；8—第四纪矿床；9—含白钨矿矽卡岩

Mont Rouch 组：该组地层出露于 Pallaresa 背斜核部，为巨厚下古生界地层的顶部。在矿床以东约 2 km 的 Cruzous 山口处，可区分三个单元：下部灰色层状泥质岩单元；石英岩和绿色泥质岩单元，夹杂一些砂质白云岩和砾岩（400~500 m）；条带状砂质页岩单元（位于矿床以南 120 m，Cruzous 山口 30 m 处），发育钙质层和一些含硫化物（黄铁矿、磁黄铁矿、闪锌矿、黄铜矿）的页岩。沉积学、岩石学和地球化学特征指示该地层为地台环境（Fontelilles et al.，1989）。

Salau 组：其基底黑色单元为碳酸盐岩和碎屑岩地层，横向上变化明显，但均富含有机质，部分富含磷酸盐。该地层从纵向和横向上均可构成岩相的变化：纵向上表现为从底部的碎屑岩到顶部的生物化学岩相（碳质碳酸盐岩）；横向上向东为近海浅水相（粗碎屑岩和白云石），向西为远海深水相（含硫化物的黑色页岩和石灰岩），形成于具有强生物化学活动性的静水环境中（Fontelilles et al.，1989）。

Blue Shales 组：该组覆盖于 Salau 组之上，厚度为 200~250 m，构成该单元主体的页岩中含有石英、白云母、绿泥石、石墨和硫化物。绿泥石类常见，局部地区较为丰富，珍珠云母和/或绿帘石常出现在下部。该组下部为约 10 m 厚的钙质片岩单元，常见海百合类化石。碳酸盐岩单元在矿区附近向西消失，向东逐渐变为白云石。该组与 Salau 组之间界限截然，表明了完全不同的沉积环境和机制（Fontelilles et al.，1989）。

Carboire 组：该地层以构造接触形式整合覆盖于 Blue Shales 组之上。其基底由灰色至黑色石灰岩和一些钙质砂质页岩（50 m）组成，上覆黑色石墨质页岩，再往上为厘米级至分米级石灰岩和页岩互层交替出现。这些石灰岩在 Salau 以东的 Carboire、Saubé 和 Hoque Rabé 以及西班牙的 Bonabé 与发育了锌、铅矿化（Dommanget，1977）。

除了大量的近深熔花岗岩和伟晶岩外，比利牛斯山的大多数华力西期深成岩都是在地壳中较浅部水平侵位的岩基（Autran et al.，1970），顶部经历了绿泥石相区域变质作用（通常为志留纪和泥盆纪地体）。Rb-Sr 定年的结果显示其形成时代介于 290~270 Ma（Vitrac-Michard et al.，1975）。这些复合岩基主要由花岗闪长岩和二长花岗岩组成，但镁铁质岩石（英云闪长岩、闪长岩、辉长岩和钾长石）和长英质岩石（白云母或含电气石的花岗岩）含量较高（Autran et al.，1970），并发育了一套从辉长岩到高演化程度花岗岩的典型的连续的钙碱性系列。

比利牛斯山脉的钨矿床几乎完全是矽卡岩型，在空间上与这些侵入体相关（Autran et al.，1980），不存在锡或钽铌矿化。较为典型的 La Fourque 花岗闪长岩是一个复式岩体（Raimbault et al.，1987），主体部分为中粒（0.5~2 mm）花岗闪长岩，局部显示斑状结构，其顶部显示出一种非常特殊的结构，由斜长石和黑云母周围环绕着大型异晶和多晶石英晶体构成。

（三）矿床地质特征

1. 矿体和矿石

Salau 矿床包括两个主要部分：东部露出地表的 Bois d'Anglade 矿床和西部的隐伏的 Veronique 矿床。矿床的两部分被花岗闪长岩突起隔开。两矿段均发育丰富的矿体、矿石类型。通过地质背景和矿石矿物学之间的关系，可以确定三种主要的矿石类型（Fonteilles et al.，1988）。

类型 1（石英-白钨矿-硫化物矿石）：是该矿已知的最古老的具经济价值的矿石，由石英+白钨矿（0.7%~2.5% WO_3，平均品位 1%）和毒砂±磁黄铁矿组成。此类矿石仅在 Veronique 东南矿体中发现，位于 Veronique 断层以南，在标高 1430~1486 m 范围内开采。

类型 2（块状硫化物矿石）：矿石由大量磁黄铁矿+石英组成，矿石中富含白钨矿，矿石通常含有变形的含石墨石灰岩和矽卡岩透镜体，不发育碎裂结构。该类型矿石产于 F_1 断层与侵入接触带交叉处的石墨大理岩中，部分沿断层分布于花岗闪长岩内部，形成了 Bois d'Anglade 港湾南部和 Veronique 东南部地层中的矿体。该类矿石也被 F_2 断层错移和活化，其被 F_2 断层横切的部分，形状非常不规则，经济价值相对较低。在 F_2 断层发育之前，Veronique 东南矿体是一个高度超过 300 m、向西倾斜、倾角为 70°的均匀的柱体，横向延伸近 50 m，向东在 F_1 断层进入 A 隆起处突然关闭，向西矿体则变得不连续且品位逐渐降低。

类型 3（矽卡岩型矿石）：矿石由磁黄铁矿±白钨矿±矽卡岩残留体组成，沿港湾结构的侧面和底部，矽卡岩逐渐消耗，垂直于接触面呈梳状分布。Bois d'Anglade 港湾是被花岗闪长岩包围的钙硅酸盐角岩形成的向斜，开口朝向东部。类型 3 矿石主要分布在北部接触带（Formation Nord 矿体）和西部深源位置（Golfe 矿体）。往南，在类似港湾结构中发育 S. C. 矿体。在矿区西部，Veronique West 上部矿体似乎是一个与 Bois d'Anglade 矿区相似且对称的结构，但较小且开口向西。Veronique West 下部矿体发育在与 Bois d'Anglade 港湾结构相似且对称的构造中，该矿体延伸情况位置，钻孔揭露最深矿体为 1080 m 标高。

2. 矽卡岩

在 Salau 组，矽卡岩发育在大理岩和钙硅酸盐角岩（外矽卡岩）以及侵入岩（内矽卡岩）中。外矽卡岩局限于与花岗闪长岩接触的最厚 30 m 厚的碳酸盐岩主岩带，内矽卡岩局限于花岗闪长岩边缘和切割碳酸盐岩的花岗闪长岩脉中。矽卡岩形成过程中可分为三个阶段：第一阶段为交代阶段，主要发育外矽卡岩和内矽卡岩；第二阶段，主要发生原生矽卡岩矿物部分水化；第三阶段，以发育晚期石榴子石为特征，破坏了主要矽卡岩和其他硅酸盐岩。

（1）第一阶段交代阶段（原生矽卡岩形成）

在此交代阶段会形成两种矽卡岩，一种是外矽卡岩，另一种是内矽卡岩。

外矽卡岩：主要包括发育在大理岩和钙质硅酸盐角岩之上的两类外矽卡岩。前者约占 10%或更少，大多 0.5~1 cm，脉状，与石墨大理岩的条带有明显的横切关系。大理岩中从内向外主要发育钙铝榴石-钙铁辉石（±硅灰石），继续向外为褪色大理岩、含石墨大理岩，其中，钙铝榴石少见，以钙铁辉石为主，白钨矿往往与钙铁辉石共生，白钨矿呈 0.5 mm 或更小的粒状。钙质硅酸盐角岩型矽卡岩占大多数，通常呈巨大团块状或细脉状，形状不规则，往往横切钙质硅酸盐角岩的原始条带。在矽卡岩内部，石榴子石和辉石条带交替发育。

内矽卡岩：内矽卡岩发育程度远低于外矽卡岩发育，且不连续，仅在花岗闪长岩和碳酸盐主岩接触的少数地方能观察到。通常，切割主岩体的薄层状花岗闪长岩脉被蚀变形成内矽卡岩，垂直于接触面的内矽卡岩厚度不超过几分米。内矽卡岩的特征矿物组合为绿帘石+角闪石+榍石。研究表明，内矽卡岩的原生矿物组合应当为岩浆阶段岩体与碳酸盐岩围岩接触形成的钙斜长石+辉石，后期次生蚀变为角闪石和绿帘石。

（2）第二阶段退变质阶段

在矿区的许多地方，原生的矿物组合会转变为含水钙-硅矿物，在此阶段，早期形成的石榴子石会被绿帘石+方解石+石英岩所取代。同时这一阶段，有时可见一部分辉长岩转变为阳起石-透闪石系列的富铁角闪石。该阶段蚀变作用发育不规则，通常出现在矽卡岩细脉中，局部团块状发育。原生石榴子石与蚀变的绿帘石表明，该阶段的发生仅需要水和 CO_2 的补偿，不需要其他化学成分的输入。

（3）第三阶段晚期石榴子石矽卡岩

这一阶段主要表现为大量红色石榴子石发育，薄片上可以观察到明显的颜色和各向同性。这种石榴子石通常伴随着大量的黑色石英，此外还伴生有部分蓝绿色角闪石。相比 Bois d'Anglade 矿体，此阶段晚期石榴子石矽卡岩在 Veronique 矿体中更为丰富。晚期石榴子石矽卡岩呈脉状、团块状发育。该阶段石榴子石与早期外矽卡岩中石榴子石成分相比，钙铝榴石（45%~70%）和钙铁榴石（3%~10%）含量降低。

3. 晚期热液蚀变和矿化作用

（1）云英岩化和毒砂阶段

云英岩化主要在花岗闪长岩中呈细脉状发育，主要矿物为石英+白云母±电气石。毒砂在某些脉中出现，黑钨矿偶见。岩体中长石局部发生钠长石化，该蚀变作用会造成石英消失以及钠长石的发育。

（2）磁黄铁矿和白钨矿阶段

该阶段广泛发育磁黄铁矿和毒砂，并交代早期形成的矽卡岩或花岗闪长岩。矿物组合主要取决于交代岩石，矽卡岩中典型矿物组合为磁黄锑矿+白钨矿±角闪石（可见钙铁辉石残留体）+绿帘石（可见石榴子石残留体）+石英+方解石。该阶段形成的白钨矿分布广泛且与磁黄铁矿密切共生，矿石的 WO_3 含量从 0~40%不等，在 Bois d'Anglade 矿床平均矿石品位为 1.4%，在 Veronique 矿床矿石平均品位为 1.9%。

在花岗闪长岩中，矿物组合主要为磁黄铁矿+白钨矿+石英+方解石+绿泥石+钠长石±白云母±黑云母±淡黄色电气石±磷灰石±榍石，该阶段白钨矿含量相对较少，大部分出现在 F_0 断层位置，且通常不与硫化物共生。

（3）晚期不含矿脉

一系列不发育矿化的晚期脉切穿矿体和临近区域，主要有三种类型：石英+粗粒磁黄铁矿，闪锌矿-绿泥石-方解石脉（含有金矿化）以及葡萄石、浊沸石脉。围岩边缘不发育明显蚀变作用。

（四）流体包裹体地球化学

对矿床花岗闪长岩、矽卡岩及硫化物中包裹体观察，识别出三种类型包裹体（Fontelilles et al.，1989）。

Type Ⅰ：高盐度水溶液包裹体，包含5%气相，部分包裹体中可见子晶，该类型包裹体盐度为23%～30%，均一温度455～570℃。

Type Ⅱ：含C包裹体，包裹体固相熔融温度为-80～-57℃，表明 CO_2 和 CH_4 具有较大含量变化。该类包裹体完全均一温度为280～360℃。

Type Ⅲ：过渡型包裹体，具有前两种包裹体的特征，部分含C包裹体中包含石盐晶体，部分高盐度包裹体表现出最终熔融温度与笼合物熔融一致。

La Fourque 花岗闪长岩及其围岩中发育的 H_2O-NaCl 型 Type Ⅰ包裹体，是对初始流体的记录，流体温度约为500℃，流体盐度很高（约25%），具有低氧逸度特征。流体盐度在岩体深部位置被缓冲，控制流体运移的通道主要是 F_1 断层。随着流体持续演化，温度和氧逸度降低，盐度保持不变。H_2O-CO_2-CH_4 型 Type Ⅱ流体随后在矿床局部侵入，该流体成分变化大，氧逸度低，温度主要介于350～450℃之间。

（五）矿床成因

Salau 的矽卡岩和矿石主要形成于两阶段。

第一阶段主要与形成于含石墨大理岩中的钙铁辉石矽卡岩有关。钙质硅酸盐角岩中也形成了类似的矽卡岩，然而该带中在钙铁辉石与未变质的角岩之间出现了富Mg带。早期矽卡岩中的石榴子石成分几乎为钙铝榴石，在钙铁辉石颗粒见与其平衡发育石英-方解石-磁黄铁矿-白钨矿共生组合，沉淀于稍晚的次生阶段。WO_3 品位最高可达0.4%。该阶段形成于450～540℃之间。流体主要为岩浆成因的高盐度流体（Fontelilles et al.，1989）。

第二阶段主要与早阶段矽卡岩和花岗岩蚀变作用相关。该阶段的流体与碳酸盐岩围岩平衡，温度范围主要为350～450℃。岩浆流体与大气降水混合，可能是W矿形成的重要机制。该阶段在石灰岩中没有新生的矽卡岩发育，可以划分为三个子阶段（Fontelilles et al.，1989）。

1）内矽卡岩中钙铝榴石和长石的绿帘石化。

2）在与石灰岩接触的位置，红色石榴子石（钙铝榴石-铁铝榴石-锰铝榴石）呈脉状或沿着早期矽卡岩边缘发育。

3）白钨矿形成的主要阶段，该阶段主要形成白钨矿、硫化物（主要是磁黄铁矿和毒砂）、含水硅酸盐矿物（绿帘石、角闪石、绿泥石）、石英、碳酸盐矿物。WO_3 品位在该阶段可以超过1%，Au在该阶段可达10 g/t。

三、韩国 Sangdong 钨矿床

（一）地理位置和勘查开发概况

桑洞（Sangdong）钨矿位于韩国南部江原道（图8-4），是世界上最大的钨矿床之一，主巷道入口地理坐标为E128°50′17″、N37°08′41″。区内钨矿开采最早可追溯到1916年，当时主要开采石英脉中的黑钨矿以及少量接触变质岩中的白钨矿，到1939年逐渐加大了对接触变质岩中的白钨矿的开采。

随着1939~1940年矿产勘查投入加大，发现了该大型白钨矿矿床，估算的白钨矿资源储量超过6×10^4 t。该矿床由韩国钨业公司开发，自1951年起不仅是世界上最大的钨生产矿山之一，也是当时少有的几个钨生产矿山之一。除了钨矿石外，还生产大量铋、钼矿石。1955~1959年，建成了白钨矿选矿厂；1961年9月建成铋选矿厂；1962年5月起开始筹建钨金属加工厂。

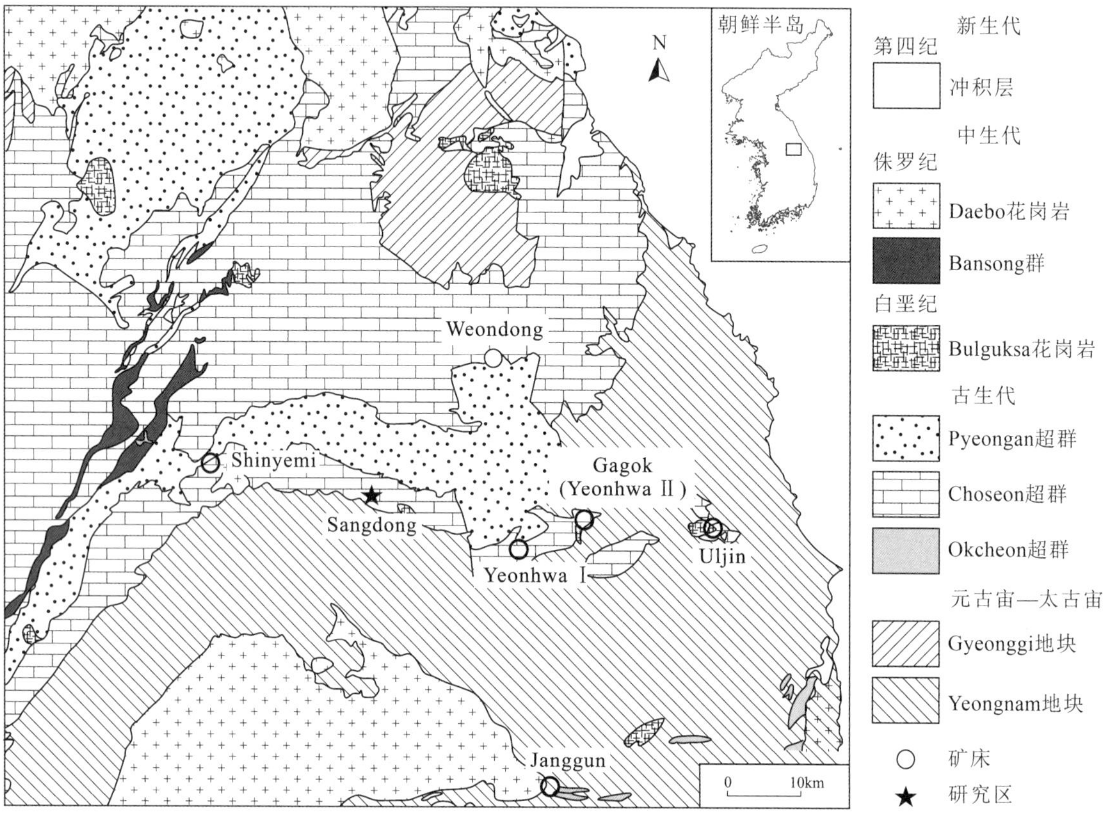

图8-4　Sangdong钨矿区域地质图
（据Park C Y，2017）

（二）矿区地质特征

区域上出露前寒武系—三叠系地层，它们构成一个东西走向的不对称向斜，向斜南翼呈缓倾斜状，桑洞钨矿就位于向斜缓倾斜南翼的中部。区域出露岩浆岩有花岗斑岩、细晶花岗岩、霏细岩，既有与层状地层岩石产状一致的，也有不一致的。

矿区内出露地层主要为前寒武系—奥陶系层状岩石。前寒武系太白山组由一套层间黑云母片岩、绢云母片岩、石英岩、结晶灰岩、角岩和角闪片岩组成。寒武系不整合覆盖于前寒武系太白山组之上，又可分为上、下两段，之间呈整合接触，下寒武统岩性为乳白色-粉红色、硬的、胶结良好的石英岩，厚约200 m；中-上寒武统为薄夹层-厚层泥灰岩、砂岩、千枚岩、页岩，局部角岩化，总出露厚度约200 m。奥陶系主要由薄-厚层状白色-深灰色灰岩组成，局部夹有薄-中等厚度页岩、石英岩、泥灰岩和砂岩，估计厚度大约1000 m。

区内出露规模最大的侵入岩为距离矿区以东约4 km的白垩纪花岗斑岩，该花岗斑岩沿中-上寒武统沉积岩和奥陶系灰岩地层界面侵入，并形成接触交代变质成因铁铜矿床，此外，在侵入体的北部和东北部还分别产有高品位的AuBi矿床和硫铁矿矿化。花岗斑岩被后期霏细岩脉穿插，霏细岩较为坚硬，呈浅灰色。在矿区西南2 km处，几条含锡石白云母伟晶岩脉穿切前寒武系围岩片理，伟晶岩的矿物组成包括酸性长石、石英、白云母和少量的锡石。

构造作用使矿区附近寒武系—奥陶系层状岩层产状变为280°~285°∠15°~30°，前寒武系地层片理产状为 330°~340°∠35°~40°。E—W 走向不对称向斜的北翼倾角（>50°）大于南翼（<30°），向斜轴向延伸大约 25 km。一条 S—N 走向大断层切穿向斜的东端，在大断层以东发育一些小的断裂，而且受岩浆侵入活动影响更加强烈。

（三）矿床地质特征

1. 矿体特征

Sangdong 钨矿床矿体主要产于寒武系—奥陶系钙质页岩层中，目前共勘查发现 6 个矿体，呈层状、似层状、透镜状，其中以主矿层最重要。主矿层位于中-上寒武统顶部之下约 40 m 处，产状 280°~285°∠15°~30°，平均厚度 4.5 m，矿体沿倾向延伸大于 1 km，其中可供开采的工业矿体长度大约 700 m，矿体两端品位较低。常见主矿层被后期断层所切穿，大部分为正断层，倾向 NE，倾角 50°~70°，也有一些为逆断层，倾向 NW，倾角 20°~30°。

矿区内石英脉发育，大部分石英脉宽从 1 cm 到几厘米，极少数可达 30 cm，不同方向石英脉相互交织形成网状构造，从产状上可大致分为两组，一组平行矿层，另一组与矿层斜交，以后者为主。前者主要表现为几条较宽的石英脉沿走向和倾向顺层产出，斜交矿层石英脉的倾向、倾角均变化较大，产状常见有 365°∠75°和 65°∠40°两组。不同方向矿化石英脉均产于主矿层，未延伸到围岩地层，地层围岩中仅可见少量后期热液充填的石英脉。在垂向上，矿层上部的石英脉较发育，向下变少且变细。一些矿化石英脉中常见白钨矿化、辉钼矿化以及黄铁矿、方解石、萤石等，另在后期无 W、Mo 矿化低温热液石英脉中见有辉铋矿、辉碲铋矿、黄铜矿、闪锌矿、毒砂、黄铁矿等，还有一些不含矿石矿物的石英脉，由此可见，石英脉对矿化富集程度和矿石品位变化至关重要。

2. 矿石类型、矿物组成

矿石类型包括石榴子石-透辉石矽卡岩、硅质角岩矿石、石英脉和角岩化板岩，其中，石榴子石-透辉石矽卡岩位于矿层边缘，呈薄层状大致平行产于矿层围岩，W、Mo、Bi 等金属元素含量较低，WO_3 含量介于 0.2%~0.3%之间。硅质角岩矿石、石英脉是最重要的矿石类型且品位高；硅质角岩矿石构成矿体的核部，被矽卡岩带包围，外边缘带的 WO_3 含量介于 1%~2%之间；镁铁质脉石矿物主要为角闪石以及少量的黑云母、透辉石，在矿体内部 WO_3 含量大于 2%；脉石矿物主要为黑云母、绢云母、绿泥石及少量的角闪石；石英脉主要分布于矿层中部，向两端数量变少，石英脉的厚度均不大，产状不一，常构成相互交叉的网状。角岩化板岩系变质的围岩，呈深绿色、深灰色、黑色，细粒、致密，劈理不发育，向外变化为黏土板岩。

矿石矿物主要有白钨矿、黑钨矿、辉钼矿、辉铋矿、辉碲铋矿，其他金属矿物按照含量多少依次为黄铁矿、磁黄铁矿、黄铜矿、闪锌矿、毒砂、磁铁矿，伴有少量锡石和自然金。脉石矿物有石英、角闪石、绿泥石、透辉石、黑云母、绢云母、钙铁榴石、绿帘石、萤石、方解石和磷灰石。主要矿物特征如下。

白钨矿：该矿床最重要的矿石矿物，主要产于石英脉和硅质角岩矿石中，在石榴子石-透辉石矽卡岩中较少见，它通常以细粒真面体和次面体的形式赋存于等粒自形石英中，也常见于角闪石、绿泥石、黑云母、绢云母中，矿石显微镜下研究表明白钨矿与石英密切共生。大多数白钨矿呈细粒浸染状，一些仅能通过紫外灯照射才能辨别，白钨矿粒径变化较大，在石英脉中直径可达 5 mm，最小的还不到 300 目。在紫外灯下荧光从蓝白色到金黄色变化，前者表明白钨矿比较纯，主要为钨酸钙，后者反映受到钼钨钙矿交代。矿物化学成分分析结果表明，金黄色荧光白钨矿的 MoO_3=3.75%、WO_3=78.5%，而蓝白色荧光白钨矿的 MoO_3、WO_3 含量分别为 0.075%和 79.87%，非常接近白钨矿的钨含量的理论值（WO_3=80.5%）。上述两种不同荧光的白钨矿在矿石中混合产出，在矿体中的分布和成分变化也没有规律性。

黑钨矿：含量较少，主要呈薄片状或针状产于石英中，通常与白钨矿、辉钼矿、黄铁矿共生。

辉钼矿：呈细鳞片浸染状产于硅质角岩矿石和石榴子石-透辉石矽卡岩中，但主要与石英脉共生沿脉壁和呈片状形成对称鳞片状聚集带，辉钼矿-石英脉中含有浸染状白钨矿及少量黄铁矿。

辉铋矿：常产于石英脉中，与辉碲铋矿、黄铁矿、毒砂、黄铜矿、闪锌矿密切共生，其晶体非常小，仅能在显微镜下观察到，闪锌矿、黄铜矿交代黄铁矿、毒砂，而辉铋矿交代闪锌矿、黄铜矿，在石榴子石-透辉石矽卡岩和硅质角岩矿石中未发现有辉铋矿存在。

其他矿石矿物：辉碲铋矿与辉铋矿的产出特征类似，也仅能通过光薄片显微镜下鉴定识别，且含量非常少，均为成矿最晚期形成的金属矿物。矿体中的黄铁矿普遍存在，主要产于石榴子石-透辉石矽卡岩、硅质角岩矿石和石英脉中，一些为自形晶，大部分为他形粒状；磁黄铁矿见于石榴子石-透辉石矽卡岩、硅质角岩矿石中；毒砂主要产于石英脉中；闪锌矿与石英脉中的黄铜矿密切共生，形成乳状结构，主要为铁闪锌矿，黑色，具红褐色条纹；磁铁矿常与磁黄铁矿、黄铁矿一起产于矽卡岩化带中。

石英：以自形等粒状集合体产于矽卡岩和角岩矿石中，硅质角岩矿石中的石英含量可达60%左右，石英脉中的石英结晶颗粒较大，在矽卡岩和角岩矿石中可见石英重结晶现象。

3. 矿物生成顺序

Sangdong 钨矿成矿过程经历了高温热液交代和热液石英脉充填两个不同成矿期，热液石英脉又可分为早期和晚期两种，早期石英脉常见白钨矿化、辉钼矿化及少量黄铁矿化等，晚期石英脉中金属矿物有黄铁矿、毒砂、闪锌矿、辉铋矿、辉碲铋矿等。在高温热液交代期最早形成的钙硅酸盐矿物包括钙铁榴石、透辉石、绿帘石和角闪石，钙铁榴石又略早于透辉石，常见绿泥石交代透辉石和角闪石，该成矿期白钨矿和辉钼矿几乎同时结晶形成，大部分白钨矿呈自形-半自形晶，但一些也被热液石英交代。由于热液流体中硫含量不足，与该成矿期矽卡岩化有关的磁黄铁矿可能形成略早于黄铁矿。在热液石英脉成矿期，角闪石、黑云母和副矿物磷灰石最早生成，之后为绿泥石，绢云母又交代绿泥石。黄铁矿是最早形成的硫化物矿物，其次是毒砂，常见黄铜矿和闪锌矿交代黄铁矿，闪锌矿和黄铜矿的乳滴状结构表明它们几乎同时形成，晚期石英脉中辉铋矿和辉碲铋矿是形成最晚的矿石矿物，它们通常交代黄铜矿和闪锌矿。石英作为一种贯通性矿物在矿床中的分布变化较大。

4. 矽卡岩类型、矿物成分和分带性

透辉石和钙铁榴石、绿帘石均是矽卡岩带中典型的矽卡岩矿物，它们密切共生，钙铁榴石常与透辉石、绿帘石形成集合体，手标本上呈褐色、红褐色，在一些矽卡岩带中为斑状变晶。角闪石是角岩矿石中最重要、最典型的镁铁质矿物，也产于矽卡岩化带、中心矿带和围岩中，在角岩矿石中常产于石英粒间，在矽卡岩矿带中常与绿泥石形成细脉。黑云母是中心矿层的主要矿物，也常与石英、角闪石、绿泥石产于角岩围岩中，呈片状或片状集合体，也有以碎屑形式产在石英粒间。绿泥石以细鳞片状广泛分布于矿层和围岩中，在硅质角岩矿石中的含量多于矽卡岩化带。绢云母仅见于中心矿带硅质角岩矿石和石英脉中，常以细鳞片带状沿石英脉壁分布和以细小片状或放射状集合体产在硅质角岩矿石中。萤石主要与白钨矿、辉钼矿、方解石、黄铁矿一起产于石英脉中，颜色为蓝绿色、紫色、无色。方解石既有产于角岩矿石石英粒间空隙中，也有呈细脉切穿石英脉、与矽卡岩矿物共生，在含有白钨矿、萤石、绢云母、辉钼矿的石英脉中常可见粉红色荧光方解石。磷灰石呈细小自形晶与石英、黑云母，以及辉钼矿、白钨矿、黄铁矿等高温矿物共生。

Moon（1983）对 Sangdong（桑洞）钨矿的矿物组合和分带进行了详细研究。主矿化带（早期矽卡岩）为辉石-石榴子石矽卡岩（图 8-5），位于该矽卡岩矿床的外部、与灰岩过渡地带，WO_3 含量不高，介于 0.25%~0.50%之间。该期矽卡岩又可划分为 4 个带：①硅灰石-石榴子石带由硅灰石、方解石、辉石（透辉石）、石榴子石组成，以低的氧化铁或硫化物矿物含量为特征；②石榴子石带主要由环带状石榴子石组成，还有一些方解石和辉石（透辉石）；③辉石-石榴子石带由辉石（钙铁辉石）、石榴子石（钙铁榴石-钙铝榴石）、萤石、绿泥石、符山石、石英、方解石、黄铁矿、磁黄铁矿、角闪石、天然铋和白钨矿组成；④辉石带主要由辉石（钙铁辉石）、石英、绿帘石（斜黝帘石）、绿泥石、石榴子石（钙铝榴石-钙铁榴石）、角闪石、硫化物和白钨矿组成。辉石-石榴子石带和辉石带属于晚期进变质矽卡岩，石榴子石呈褐色新鲜粒状，无蚀变，白钨矿主要产于石英中，少量产于辉石附近，白钨矿含量相对较高（WO_3 可达 1.5%）。晚期热液矿化形成石英-云母矽卡岩核和富角闪石矽卡岩边（图 8-5），白钨矿丰富，WO_3 含量从核到边可由 6%~15%下降到 1.5%。富角闪石矽卡岩又可划分为两个亚带，即辉石-角闪石带和角闪石带。辉石-角闪石带是富辉石和富角闪石的过渡带，主要矽卡岩矿物是辉石，通常被石英和角闪石交代，而绿泥石和萤石又交代角闪石。角闪石带主要由角闪石（高级角闪石）、石英、绿泥石以及少量磷灰石、萤石、辉石、硫化物、磁铁矿和白钨矿组成，白钨矿通常与石英、角闪石共生，并沿着角闪石、绿泥石的裂缝分布。富云母矽卡岩带也可分为两个小亚带，即黑云母带和白云母带。前者通常由黑云母、石英、绿泥石、白钨矿组成，黑云母主要沿着黑云母带和富角闪石矽卡岩带边界产出；后者被黑云母矽卡岩包围，多与矿体相伴产出。最晚期热液流体常在板岩围岩中形成石英脉。

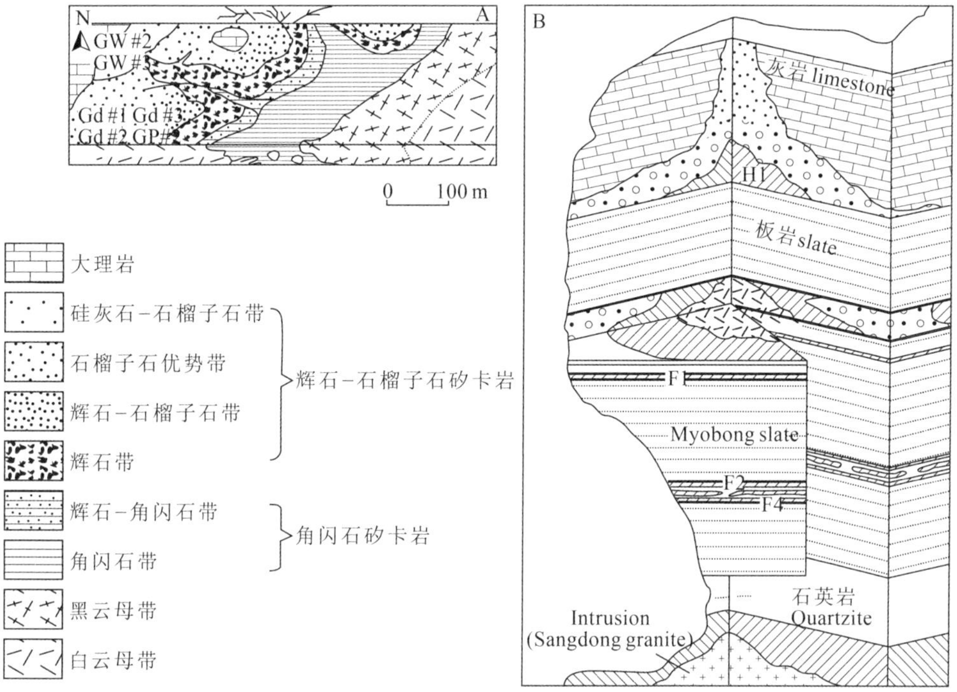

图 8-5 Sangdong 钨矿床矿区地质图及矽卡岩分带（A）；Sangdong 钨矿床矽卡岩矿体分带剖面图（B）
（据 Park，2017）

Park et al.（2017）利用背散射（BSE）电子成像、电子探针微区分析（EPMA）、X 射线分析、激光剥蚀电感耦合等离子体质谱分析（LA-ICP-MS）等多种手段对矿区外矽卡岩带脉状矽卡岩中的石榴子石环带进行了系统研究，结果表明，石榴子石主要为钙铝榴石和钙铁榴石组成的复合体，其化学成分随着振荡分带而变化，钙铝榴石富集重稀土，而钙铁榴石富集轻稀土，成矿元素 W 主要富集在钙铁榴石中（平均含量 618×10^{-6}），环带边缘的钙铝榴石 W 平均含量仅为 19×10^{-6}。此外，Mo、Sn、U 等其他微量元素组成也与 W、REE 组成密切相关。研究认为，钙铁榴石是流体体系不均衡条件下渗透交代作用使其快速生长形成，在此过程中成矿流体中的 W、Mo、Sn、U 等微量元素进入到石榴子石晶体结构之中，同时也表明钙铁榴石是钨矿勘查的一种有用的指示矿物。

5. 矿床分带特征

根据脉石矿物含量和矿石品位，Sangdong 矿床主矿层在纵向上由内而外又可分为 3 个水平矿带，即①中心富矿带（富矿体），主要脉石矿物有石英、黑云母、绢云母和绿泥石；②中间矿带，主要脉石矿物为角闪石和石英；③边缘贫矿带，主要矿物为石榴子石、透辉石等矽卡岩矿物。

主矿层中部的中心富矿带：为一条相对窄的条带状矿带，沿主矿层倾斜方向向西约 80°延伸，矿体厚度自地表向下变化不大，从地表厚 100 m 到向下垂深 190 m 主运输巷道处，矿体厚度增厚为 250 m，再向下垂深达到约 300 m 时矿体厚度逐渐变小为 180 m。主要脉石矿物包括石英、黑云母、绢云母、绿泥石、角闪石以及少量的萤石、方解石、磷灰石。石英是最主要的脉石矿物，在矿石中占比约60%，石英脉十分发育且大多数发生矿化。该富矿带 WO_3 含量普遍大于 2%，Mo、Bi 含量也较高。事实上，中心富矿带和中间矿带之间没有明显界限。

中间矿带：介于中心富矿带和边缘贫矿带之间，平均厚度大约 400 m，薄片显微镜下观察发现角闪石明显增多，而黑云母、绢云母、石英减少，石英在矿石中的占比大约 40%，角闪石占 30%~40%，沿矿层上盘的钙硅酸盐矿物条带比富矿体的变厚。该矿带中 WO_3 品位介于1%~2%之间，石英脉及 Mo、Bi 金属含量均减少。

边缘贫矿带：位于中间矿带和外部地层围岩之间，主要脉石矿物是透辉石，约占 40%，其次为绿泥石、角闪石、石英、石榴子石、绿帘石、磁黄铁矿、黄铁矿、方解石、萤石、磁铁矿，WO_3 含量小于 1%，大部分介于 0.2%~0.3%之间，石英脉数量减少，基本不含 Mo、Bi。

6. 围岩蚀变

因受交代变质作用和大量热液石英脉穿插活动影响，矿区围岩蚀变强烈，主要包括硅化、绢云母化、绿泥石化和黑云母化四种。热液流体携带大量的硅质沉淀后形成矿化石英脉，石英脉附近的角岩矿石和中心矿带发育强烈硅化，向外则减弱；绢云母化主要沿石英脉壁出现，显微镜下鉴定表明在中心矿带大部分硅质角岩矿石中均有强烈绢云母化，可能主要由绿泥石、黑云母交代蚀变形成；绿泥石化主要表现为角岩矿石中绿泥石交代角闪石和黑云母，矽卡岩中细片状绿泥石主要由透辉石、角闪石、绿帘石蚀变而来；黑云母化主要产于中心矿带，与热液活动强度有关，主要为热液活动的产物，也可见成矿热液期之前围岩交代变质作用或重结晶作用形成的黑云母。

7. 成岩成矿时代

矿床勘查和研究之初受定年方法所限未获得定量年代学数据，但绝大多数学者认为该矿床的形成与中生代侵入体有关。Klepper（1947），John（1963）认为主要的顺层产出矿体是由上升的构造热液对沉积层高温热液交代的结果，之后又有矿化石英脉充填叠加；Gabert et al.（1965）提出早期形成于矽卡岩硅酸岩-气化期，之后为气化-深成高温热液成矿期和热液成矿期；Kim（1971）基于主矿体的产出与围岩地层不一致，认为矿体呈脉状穿过层理。Farrar et al.（1978）对其开展了 K-Ar 法成岩成矿年龄测试，获得主矿体矿石中与白钨矿共生的白云母、黑云母、角闪石的年龄分别为 81.2±2.4 Ma、83.6±2.6 Ma、83.9±2.8 Ma，2 件围岩全岩样品年龄为 83.0±2.6 Ma、84.0±2.6 Ma，含有不同剩余氩的矿物和岩石样品的年龄高度一致，表明矿体和直接围岩的主要矿物结晶或重结晶于 83~82 Ma，代表矿床形成年龄。

（四）矿床成因

通常认为，距离矿区以东约 4 km 的较大花岗斑岩体很可能与该矿床的形成密切相关，很可能为该钨矿床成矿提供热源和金属成矿物质，因为花岗斑岩侵入体界面及附近产有磁铁矿-黄铜矿矿床、含辉铋矿的高品位金矿床和铁硫化物矿化，表明侵入体富含金属成矿元素。矿区西南方向约 2 km 处产出的含锡石白云母伟晶岩与该矿床成因关系密切，含有大量钙硅酸盐矿物的矽卡岩带的形成也表明该矿床为典型的接触交代变质成因。在高温热液交代期，主矿层矽卡岩带和边缘围岩矿带矿石的钨品位并不高（WO_3=0.2%~0.3%），可能会因为成矿流体相对贫金属元素、硫和硅质，大部分 Ca、Si、Al 主要来源于地层围岩。高温热液交代成矿期之后，随着矿体冷却形成大量小的密集断裂裂隙，然后富含金属元素的成矿热液流体沿着主矿层下盘附近的裂隙向上运移，并冷凝结晶充填，从而形成了大量矿化石英脉，在这期间热液流体交代蚀变透辉石、绿帘石、角闪石等钙硅酸盐矿物形成黑云母、绿泥石、绢云母和石英等矿物，中心富矿层的蚀变最强，向外逐渐减弱，石英脉的数量和主矿层金属含量与热液蚀变强度大致成正比。从热液蚀变强度和矿物共生组合特征可见，石英脉的形成介于高温热液和中温热液成矿作用之间，形成石英脉的高温热液流体相对于高温交代变质热液流体来说更加富含 W、Mo、Bi、Zn、Cu、S、F、Si 等物质，因此，热液叠加形成富含金属元素的高品位钨钼工业矿体。

四、日本 Fujigatani 钨矿床

（一）地理位置

Fujigatani 钨矿床位于 Kuga 地区 Yamaguchi 县，距离 Hiroshima 西南约 50 km。有关该矿床的报道最早见于 Takimoto（1939）。

（二）区域地质背景

该矿床所处的大地构造位置处于日本西南部的内区（Inner Zone of southwest Japan）南缘，产于三叠系 Kuga 组。Kuga 组与上覆白垩系酸性火山岩呈断层接触，西北部出露上古生界，南部为 Ryoke 变质带，出露变质程度较高的沉积岩和花岗片麻岩。上述地层均被晚白垩世花岗岩所侵入，该地区的钨矿床即为此次岩浆活动的产物。

（三）矿床地质特征

针对该矽卡岩型矿床的研究工作虽然开展较早，但暂未发现矿床有关岩体的年龄和地球化学数据，根据产状和侵位构造接触关系判断为晚白垩世侵入岩（Toyohara，1976）。矿区内各类型白钨矿 Fe^{3+} 含量普遍较低，推测成矿流体处于相对还原的环境，也可能与侵入岩地球化学成分有关（图 8-6）。

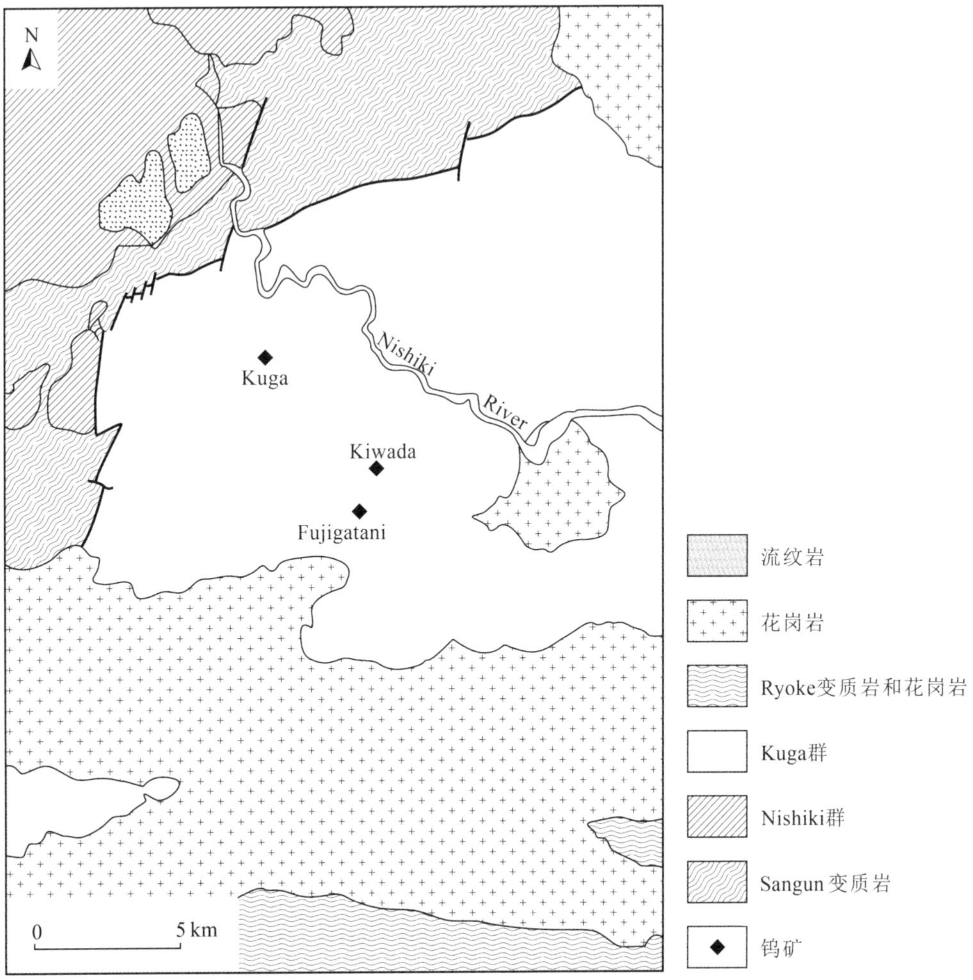

图 8-6　Fujigatani、Kiwada 和 Kuga 矿床地质简图
（据 Sato K，1980）

1. 矿体特征

矿床由多个彼此独立的透镜体状矿体组成，从南向北依次被命名为 Mominoki、Akemindani、Gosento、Ikenotani 和 Gunrin，其中，Akemindani 和 Gosento 是主要生产矿段，Akemindani 是截至 1980 年底发现的最大矿体。矿体主要产于泥质角岩中，在至少三个水平面上，沿褶皱主轴向平行延伸 20~250 m，沿次轴向延伸 20~100 m，厚度为 5~50 m。

矿体内包含有一块灰岩残留体，灰岩呈白色或灰色，块状和粗粒状构造，大部分由方解石构成，成分基本为 $CaCO_3$。符山石和透辉石偶见于基岩一侧的灰岩透镜体中。基岩褶皱较为发育，可见由黑云母和阳起石构成的透镜体。阳起石主要发育于矽卡岩接触带中，化学成分中 SiO_2 含量为 37.2%，原岩可能为玄武质凝灰岩。

矿石产于灰岩透镜体边缘或穿切灰岩透镜体。以 Akemindani 为例，西侧富矿段较厚，由很多矿脉组成，东部较薄。

2. 交代岩及其分带

根据矿物组合，矿石从灰岩端向角岩端可分为 5 种类型（带）。

（1）硅灰石矽卡岩带（~4 cm）

产于灰岩和单斜辉石-石榴子石矽卡岩之间，宽度为 2~4 cm，与灰岩的接触面较清晰，与单斜辉石-石榴子石矽卡岩的接触面大多数情况下不可见，主要被一条较窄的方解石-石英脉分隔。硅灰石矽卡岩主要由大量硅灰石和少量符山石、透辉石（单斜辉石）、萤石、白钨矿、方解石、石英组成，铁硅灰石和钙铁榴石仅少量见于两种矽卡岩的接触带或者穿切至灰岩中的硅灰石脉中。硅灰石晶体呈纤维状产出（长度约 3 cm），产状基本与灰岩边界垂直。偶见硅灰石被鱼眼石、石英和方解石交代。硅灰石的化学成分主要为 $CaSiO_3$（>99%）。

（2）石英-方解石带脉（~50 cm）

该类型主要产于硅灰石矽卡岩与灰岩和单斜辉石-石榴子石矽卡岩的接触部位。石英-方解石脉常产于厚度较大矿段，目前尚未在较窄的矽卡岩脉中发现该类型。宽度为 5~50 cm。在接触界限较平滑时厚度略增，有时呈不规则状延伸至灰岩中，主要矿物组成包括石英、方解石、萤石、黑硬绿泥石、富铁绿泥石（FeO 含量约 38%）。黑硬绿泥石和绿泥石常呈单矿物集合体的形式产出。除此之外，还包括小部分钙铝榴石、绿帘石、白钨矿、铍榴石、斧石、方铅矿、闪锌矿、磁黄铁矿、黄铜矿、砷黄铁矿、黄铁矿、自然铋（或者有辉铋矿产出）。

（3）单斜辉石-石榴子石矽卡岩带（~10 m）

该带是 Fujigatani 矿床中矿石的重要组成部分，主要由单斜辉石和石榴子石组成，另含少量石英、方解石、铁阳起石（Fe/(Fe+Mn+Mg)>0.9）、黑硬绿泥石、白钨矿、磁黄铁矿、黄铜矿和闪锌矿。磁黄铁矿为主要的硫化物。在镜下常见自然铋，有时和辉铋矿伴生。

两种主要矽卡岩矿物的组成比例在单元内的不同部位是变化的。通常情况下，富石榴子石条纹与单元边界呈整合接触并和石英脉邻接。单斜辉石、石榴子石和白钨矿呈自形、半自形产出，单斜辉石偶呈交代结构产出。石英、方解石和硫化物呈集合体的形式产出，表明该类矿物在矽卡岩期的晚阶段结晶。

单斜辉石常呈棱晶状，长度约 5 mm，部分单斜辉石呈粗晶状产出（长度约 10 cm），分布在矽卡岩脉的中部特别是矽卡岩脉中的石英脉中。单斜辉石主要端员组分为钙铁辉石（摩尔百分比约 90%），锰质含量变化较小。石榴子石呈红棕色，直径通常小于 5 mm，弱偏光性。石榴子石中锰质含量较低，铝榴石几乎由铁铝榴石和锰铝榴石组成。榴石端员组分占比同样较低（<20%），钙铝榴石端员组分一般较高，通常为 50%~80%。石榴子石成分具有明显的环带特征，边缘主要为铁铝榴石（约 30%）和锰铝榴石（约 25%）。

（4）斜长石-白云母-绿泥石交代岩带（~10 m）

该带白钨矿含量较高，常见于 Akemidani 1#矿体西部，发育于厚层状单斜辉石-石榴子石矽卡岩内，边界通常与石英脉和其他类型矽卡岩接触。岩性主要由斜长石、白云母、绿泥石、石英、方解石、白钨矿和少量磷灰石、榍石、褐帘石、磁黄铁矿、黄铜矿、闪锌矿、自然铋、辉铋矿组成。典型的矽卡岩矿物在该带内并未发现，偶见因成分不同而产生的韵律条带。斜长石中钙长石端员变化较大，占比为10%~37%。但在晕长石带内降至10%~15%。白云母主要为多硅白云母，含1.3%~3.3%的FeO和1.8%~3.6%的MgO。绿泥石的Fe/(Fe+Mg)值为0.5~0.6，低于石英-方解石单元中绿泥石（约0.8%）。

该带与单斜辉石-石榴子石矽卡岩带中发育一条小于50 cm的转换带。转换带主要矿物组合为单斜辉石-斜长石（An 20%~35%）-绿帘石（Pi 18%~21%）。

（5）绿帘石-单斜辉石矽卡岩带（~50 cm）

该带主要发育在角岩和（3）、（4）带的边界部位。偶然也产出于角岩内靠近矿体方向的石英脉旁。该带宽度通常为2~50 cm，同两侧边界较为截然。与角岩的边界偶呈不规则状，表明接触关系是矽卡岩侵入角岩内。矽卡岩为灰绿色，由绿帘石（Pi 8%~16%）、单斜辉石（Hd 50%~60%）、斜长石、石英、榍石和普通角闪石组成。长石常呈单矿物条带产于矽卡岩和角岩边界，或在矽卡岩中呈脉体产出，该带不含白钨矿或硫化物。

白钨矿主要产于（1）~（4）带，第（5）带较为贫瘠，（3）、（4）带虽然为矿体的主要部分，但厚度变化较大。其他较薄的单元产于矿体的边缘，常呈自形晶产出（直径<2 mm），在（2）和（4）带有时呈粗晶产出。富白钨矿条带常和脉石矿物整合接触。矿物结构表明白钨矿结晶早于脉石矿物。

五、中国湖南郴州新田岭钨矿床

新田岭矿区是由湖南省地矿局408地质队发现的一个钙矽卡岩白钨矿矿床，伴有钼、铋、多金属矿化，产于骑田岭花岗岩体的东北部接触带，作者曾对矿区的矽卡岩和有关交代岩作了较详细的研究。

（一）区域地质概况

大地构造上，新田岭矿区位于华南褶皱系北缘、南岭纬向构造带的中段。区内出露地层主要为石炭系，包括下石炭统岩关阶灰岩、大塘阶石磴子组灰岩、测水组砂页岩夹灰岩透镜体、梓门桥组白云质灰岩以及中-上石炭统壶天群白云质灰岩。上述地层中，下石炭统石磴子组灰岩是矿床最主要的围岩，该层总厚度大于200 m，下部为厚层灰岩夹薄层炭泥质灰岩；中部为中厚层灰岩；上部为含碳质薄层灰岩夹厚层灰岩。

本区的褶皱构造表现为一平缓开阔的复式背斜，属区域挂板山复式背斜东翼的一部分，轴向NNE—SSW。组成背斜的主要地层为下石炭统石磴子组灰岩和测水组砂页岩。地层产状较平缓，倾角为20°~40°之间。矿区中所见的次级褶皱大致沿南北方向平行伸展，断裂构造较为发育（图8-7）。

与成矿有密切关系的骑田岭花岗岩呈中深成相岩基状产出，出露面积约530 km^2，与围岩接触面产状较平缓，倾角小于30°~50°。该岩体为多期侵入的复式岩体。根据中国科学院贵阳地化所、湖南省地研所和区测队的K-Ar法和U-Pb法同位素年龄资料，属印支期到燕山期早期产物（223~158 Ma）。作者也对矿区内边缘相黑云母花岗岩和钾化褪色花岗岩中的钾长石做了2件样品的K-Ar法同位素年龄测定，其年龄值分别为42.57 Ma和149.38 Ma，属燕山期产物，因此，推测与成矿有关的花岗岩为燕山期。岩体分相较清楚，中心相为含黑色电气石的粗粒斑状黑云母花岗岩，过渡相为中-细粒斑状黑云母花岗岩，边缘相为细-中细粒似斑状黑云母花岗岩。

骑田岭岩体主岩体面积较大，可能是由于研究程度不够，各期岩体之间的关系还搞得不很清楚。在岩体边缘和外围有较多的岩枝、岩脉产出，如巨斑状细粒黑云母花岗岩、花岗斑岩、石英斑岩和细晶岩等。我们曾在矿区个别钻孔中发现有花岗闪长岩小岩枝产出，岩石化学成分：SiO_2 69.62%~73.92%；TiO_2 0.24%~0.51%；Al_2O_3 12.94%~13.54%；Fe_2O_3 0.81%~2.56%；FeO 1.25%~2.86%；MnO 0.05%~0.11%；MgO 0.25%~0.74%；CaO 1.30%~3.17%；Na_2O 2.85%~3.26%；K_2O 4.87%~5.22%；H_2O 0.48%。蚀变类型和稀土元素含量及其分布模式等方面和黑云母花岗岩都

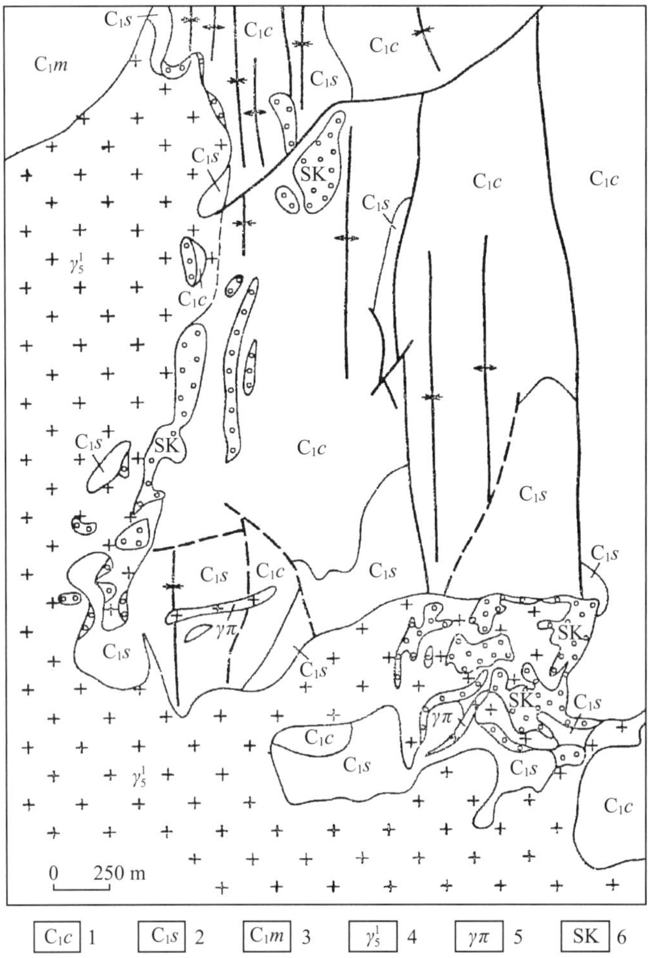

图 8-7 新田岭钨矿床地质略图

（据湖南省地质局 408 地质队，有修改）

1—砂页岩夹灰岩透镜体；2—灰岩；3—砂、页岩；4—花岗岩；5—花岗斑岩；6—矽卡岩

有明显的差别。

接触带附近未蚀变的黑云母花岗岩一般为似斑状中细粒结构，基质矿物主要有钾长石、石英、斜长石和黑云母，斑晶由斜长石和条纹长石组成，粒径 5 mm 左右；副矿物为磷灰石、磁铁矿、锆石等。花岗闪长岩则为等粒结构，组成矿物有斜长石、钾长石和角闪石，副矿物为磷灰石、榍石和褐帘石。黑云母花岗岩的稀土总量 $REE=229.8\times10^{-6}\sim230.2\times10^{-6}$，和一般花岗岩接近，Eu 异常较高；花岗闪长岩的稀土总量可高达 633.5×10^{-6}，其中轻稀土含量尤高，但 Eu 负值则稍低。

（二）矿床地质特征

矿床产于新田岭花岗岩体北东部接触带。矿体围岩主要为下石炭统石磴子组灰岩，在接触带附近均变质成为结晶灰岩或大理岩。矿化主要集中在矽卡岩中。含矿钙矽卡岩一般呈似层状、透镜状产于花岗岩与结晶灰岩的接触带，产状较平缓（图 8-8）；部分矿体呈扁豆状、脉状、囊状产于接触带附近测水组砂页岩和石磴子组灰岩的层间构造面或灰岩的层面裂隙中；有的含矿矽卡岩体交代了花岗岩中的灰岩捕虏体，呈大小不等的透镜体产出，有时在其中还可以见到未被完全交代的大理岩残留体。

区内共有大小矿体 100 多个。矿体走向大部分为南北向，倾向东，较大的矿体延长可达 600～800 m，宽 1000 余米，厚度 10～40 m。矿石的金属矿物主要为白钨矿，其次为辉钼矿、辉铋矿、铁闪

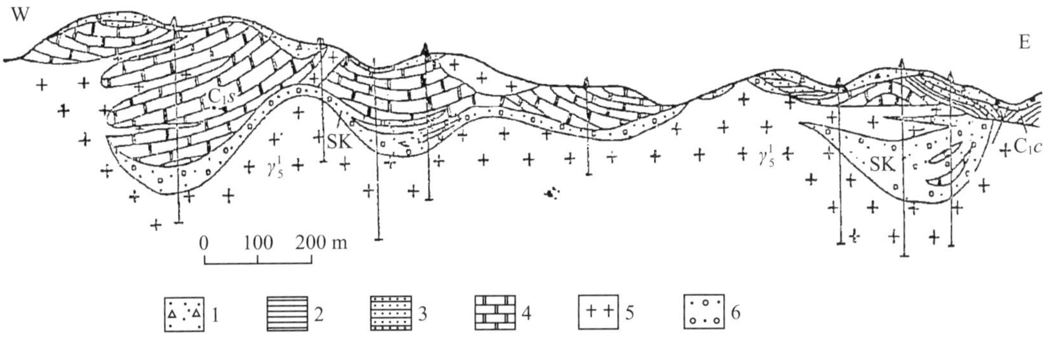

图 8-8 新田岭钨矿床第 17 地质剖面
（据湖南省地质局 408 地质队，略做修改）
1—浮土；2—页岩；3—砂岩；4—大理岩；5—花岗岩；6—含白钨矿矽卡岩

锌矿、黄铜矿、方铅矿、磁黄铁矿、黄铁矿、毒砂等；脉石矿物主要有石榴子石、次透辉石、阳起石、石英和方解石，次为符山石、硅灰石、绿帘石、金云母和绿泥石等。矿石品位为 WO_3 0.37%。

白钨矿在新田岭矿区是分布最广的工业矿物，一般呈自形-半自形粒状体星散地分布于矽卡岩中，粒径 0.2~1 mm 不等，个别颗粒可达 2 mm。电子探针成分分析结果显示，含少量钼、锰和铁（表 8-2）。靠近岩体的矽卡岩中两个白钨矿样含钼稍高，在荧光灯下显示淡黄色，和日本 Yamaguchi 以及澳大利亚金岛矿床中的白钨矿较相似；而靠近大理岩的矽卡岩中的两个白钨矿样，则含钼甚少，在荧光灯下显示淡蓝色，和瑶岗仙矿区外带矽卡岩中的白钨矿以及日本 Fujigatani 矿床中的白钨矿类似。上述分布规律，看来一方面与钼的地球化学性质有关。由于钼钙矿的喜酸性比白钨矿要强，因此，它常出现蚀变花岗岩、内矽卡岩带或靠近岩体的矽卡岩中。另一方面，可能反映了形成温度的不同。一般白钨矿中钼钙矿分子愈高，说明其形成温度较高。新田岭矿区几个含钼钙矿分子稍高的白钨矿都是产于靠近花岗岩接触带的矽卡岩中。而靠近大理岩一侧矽卡岩中和瑶岗仙矿区离花岗岩接触带有一定距离的外矽卡岩中的白钨矿均只含极少量的钼钙矿分子等事实，进一步证实上述推理的合理性。白钨矿的生成时间较矽卡岩矿物稍晚，但略早于含水硅酸盐交代矿物，大致相当于矽卡岩形成之后酸性阶段的早期，是高温含矿气液沿矽卡岩微细裂隙渗滤并交代早期石榴子石、透辉石等矽卡岩矿物的结果。

表 8-2 白钨矿的化学成分

矿区		新田岭			瑶岗仙			柿竹园	日本 Fujigatani	日本 Yamaguchi	澳大利亚金岛矿床
样品号		17-4-3	17-4-9	17-4-11	JH-1	JH-3	JH-7	20-3-45	2209	YG-17	—
化学组分/%	CaO	19.11	19.38	18.92	18.82	18.74	19.01	19.19	19.25	19.90	18.34
	WO_3	80.03	77.05	77.29	79.49	79.61	79.05	79.27	80.03	78.00	78.60
	MoO_3	0.05	1.25	1.26	0.34	0.07	0.08	0.20	0.00	1.22	1.58
	MnO	0.06	0.02	0.00	0.00	0.00	0.03	0.00	—	—	—
	FeO	0.15	0.00	0.18	0.00	0.01	0.00	0.07	—	—	—
	总计	99.40	97.70	97.65	98.65	98.43	98.17	98.73	99.70	99.71	98.52
100Mo/（W+Mo）值		0.1	2.55	2.56	0.68	0.14	0.16	0.41	0.00	2.46	3.14
荧光色		淡蓝	淡黄	淡黄	淡蓝为主次为淡黄	淡蓝	淡蓝	淡黄为主次为淡蓝	蓝	黄	黄
资料来源		探针分析者：周科子							Sato（1982）		Edwards et al.（1955）

金属硫化物的形成比白钨矿晚，呈浸染状、细脉状或团块状产于矽卡岩或蚀变矽卡岩中。总的看，虽然金属硫化物在矽卡岩中分布较普遍，但含量不高，仅局部集中，例如，黄铁矿-黄铜矿-闪锌矿矿石常产于靠近结晶灰岩一侧的矽卡岩中（A13-13 孔）。钼、铋矿化主要产于内接触带钾化褪色蚀变花岗岩内，和云英岩化、硅化关系密切。辉钼矿一般呈鳞片状集合体，而辉铋矿则为纤维状、针状集合体，二者均呈浸染状、斑点状、细脉状产出。含 Mo、Bi 矿化的石英脉也可以叠加于钙矽卡岩之上，有时在矽卡岩中的石英脉壁，出现致密状辉钼矿或辉铋矿脉。

由此可见，在新田岭矿区可以大致划分出 4 个含矿交代岩建造，即：伴有白钨矿化的钙矽卡岩建造；伴有铅锌矿化的钙矽卡岩建造；伴有钼、铋矿化的云英岩建造；伴有钼、铋矿化的硅质岩建造。上述四个含矿交代建造，在空间分布上显示一定分带现象，有的则是叠加关系，共同组成一个与花岗岩类有关的 W（Mo、Bi、Cu、Pb、Zn）交代系列。

（三）矽卡岩类型和分带特征

新田岭矿区的矽卡岩属钙矽卡岩，主要由石榴子石和透辉石组成，次有硅灰石、符山石、阳起石和绿帘石等。根据矿物组合的不同，分别组成透辉石-石榴子石矽卡岩、透辉石矽卡岩、石榴子石矽卡岩、硅灰石矽卡岩、石榴子石-绿帘石矽卡岩和阳起石-石榴子石矽卡岩等。

矽卡岩显示一定的分带性。根据侵入体岩性的不同，划分出两类交代柱。

（1）花岗闪长岩和大理岩接触处的矽卡岩分带

00 花岗闪长岩（262.3 m 为钻孔深度，下同）。

组成矿物有斜长石、石英、蓝绿色角闪石和钾长石，含一定量榍石和磷灰石。

Ⅰ. 透辉石-斜长石交代岩（259～263.3 m）：组成矿物主要为中长石（$An_{42\sim45}$）和次透辉石（$Hd_{33.9}Jo_{7.9}$，$2V=61.5°$），含一定量蓝绿色角闪石和少量石英、钾长石、榍石、磷灰石、萤石、黄铁矿以及微量绿帘石、褐帘石和锆石等。蓝绿色角闪石交代透辉石的现象十分明显。

Ⅱ. 白钨矿化透辉石-石榴子石矽卡岩（226～259 m）：主要组成矿物为石榴子石（65%～70%），次为透辉石（20%左右），含一定量磁黄铁矿（5%左右），少量石英、白钨矿和方解石。石榴子石在单偏光下呈浅棕色，均质，含 53%～67%钙铁榴石分子和 4%～7%锰铝榴石分子。透辉石为淡绿色，短柱状或粒状集合体。含 20.3%～58.9%钙铁辉石分子和 6.9%～10.4%锰钙辉石分子，$C\wedge N_g 45°\sim46°$，（+）$2V=62°$。白钨矿在矽卡岩中星散状分布。在该矽卡岩带中局部（251～254.4 m）-夹透辉石矽卡岩。

Ⅲ. 白钨矿化次透辉石矽卡岩（225.1～226 m）：主要由次透辉石组成（80%左右），含一定量的萤石（10%）、方解石（2%）和少量石榴子石、磁黄铁矿、黄铁矿、黄铜矿和白钨矿。次透辉石含 43%钙铁辉石分子和 9%锰钙辉石分子。

0 大理岩（225.1 m）。

（2）花岗岩和大理岩接触处的矽卡岩分带（17-7 孔）

00 似斑状细粒黑云母花岗岩（64 m）。

斑晶为斜长石和条纹长石，粒径 2～3 mm；基质主要由石英、钾长石和黑云母组成，粒径 0.2～1.0 mm；副矿物有磷灰石、榍石和锆石。黑云母局部已遭绿泥石化。

Ⅰ. 弱钾长石化绢云母化花岗岩（61.45～64 m）：似斑状结构不甚明显，岩石主要由石英、钾长石和斜长石组成，黑云母大部消失，仅留下个别鳞片，且常被绿泥石和方解石交代。斜长石中心往往有多量细小的绢云母出现。钾长石属条纹长石，常交代斜长石和石英。副矿物和新鲜花岗岩中的相同。

Ⅱ. 云英岩化花岗岩（57.5～61.45 m）：组成矿物有石英、钾长石、斜长石、白云母和绢云母，含微量磷灰石。黑云母已全部消失。绢云母呈细小鳞片状集合体交代斜长石。白云母（0.5～2 mm）为放射状集合体和新生的石英共生，在花岗岩中呈团块状交代产出。

Ⅲ. 含白钨矿次透辉石-石榴子石矽卡岩（54.6～57.5 m）：主要组成矿物为石榴子石（75%）和次透辉石（20%～25%），含少量白钨矿和后期蚀变矿物——阳起石、绿泥石、方解石、石英、萤石等。此外，还伴生少量黄铁矿化、辉钼矿化和辉铋矿化。阳起石一般交代透辉石，而白钨矿总是呈自形-半自形散晶分布于矽卡岩中。

Ⅳ. 强云英岩化花岗岩（52.3~54.6 m）：主要组成矿物有石英、白云母和钠长石，粒径一般为2~4 mm，含少量电气石、方解石和黄铁矿。较特殊的是石英和钠长石相互组成显微文象结构。

Ⅴ. 白钨矿化透辉石-石榴子石矽卡岩（46~52.3 m）：岩性特征同Ⅲ带。石榴子石的成分为 $Ad_{37.68}Sp_{7.47}$。

Ⅵ. 透辉石矽卡岩（45.2~46 m）：主要由透辉石（$Hd_{32.05}Jo_{8.85}$）组成，含少量石英、萤石、阳起石和白钨矿。

0 大理岩（45.2 m）。

上述两类交代柱中的矽卡岩类型、矿物成分和伴生金属矿化等方面有许多共同点，但也有一些差别，主要表现在：①侵入体岩性不同，相应内接触带交代产物也不一样。矽卡岩旁侧黑云母花岗岩的蚀变主要为钾长石化、云英岩化和绢云母化、硅化等，局部还发育内带石榴子石-绿帘石矽卡岩，而在花岗闪长岩中则主要是透辉石化和斜长石化。②在第二类矽卡岩交代柱中阳起石化较普遍，局部还十分强烈（如440坑道）；但在第一类矽卡岩交代柱中阳起石化不发育，仅叠加一定量石英、萤石等晚期热液交代矿物。

对矽卡岩交代柱中的辉石和石榴子石的成分化学分析和电子探针分析进行了较系统的研究（表8-3、表8-4），结果表明：辉石成分中含26.43%~58.88%钙铁辉石分子、7.87%~10.39%锰钙辉石分子和30.82%~66.76%透辉石分子，属含锰透辉石；石榴子石含52%~68%钙铁榴石分子、17%~43%钙铝榴石分子和3.5%~8.0%锰铝榴石分子；石榴子石中锰铝榴石分子偏高可能是含钨矽卡岩的特点之一。区域内的柿竹园矿区的石榴子石含锰铝榴石分子为3.18%~7.56%，而本区另一个矽卡岩白钨矿床——瑶岗仙的石榴子石含锰铝榴石分子更高（12%~22%）。这和钙矽卡岩铁矿床中的石榴子石有明显的差别，后者的锰铝榴石分子含量均较低，一般为1.5%~3.0%，仅个别样品达5%。

表8-3　新田岭、瑶岗仙钨矿辉石化学成分　　单位：%

No.	1	2	3	4	5	6	7	8	9	10
样品号	17-7-3	17-4-10	17-4-12	17-4-5	17-4-6	17-4-8	17-4-9	17-4-11	JH-1	JH-3
化学组分										
SiO_2	49.86	51.23	51.67	51.46	51.57	51.32	50.20	51.09	50.95	51.67
TiO_2	0.11	0.06	0.04	0.00	0.00	0.01	0.00	0.00	0.01	0.00
Al_2O_3	2.78	1.20	1.20	0.55	0.54	0.52	0.16	0.18	0.28	0.51
Fe_2O_3	2.02	2.39	2.21							
FeO	9.16	7.78	10.04	13.10	11.81	13.17	17.50	11.92	12.20	10.25
MnO	2.50	1.98	2.30	2.69	2.77	3.09	3.02	2.82	3.15	2.21
MgO	9.48	11.03	9.67	8.12	9.11	7.77	5.14	9.13	8.97	10.78
CaO	20.35	23.00	21.50	23.94	23.99	24.04	24.05	24.67	24.22	24.61
Na_2O	0.18	0.14	0.18	0.06	0.12	0.08	0.02	0.05	0.09	0.04
K_2O	0.38	0.01	0.11	0.00	0.00	0.00	0.00	0.00	0.00	0.00
H_2O^+	1.18	0.52	0.49							
CO_2	1.72	0.56	0.10							
总和	99.72	99.90	99.51	99.92	99.91	100.00	100.04	99.86	99.87	100.07
矿物端员分子										
$CaMgSi_2O_6$	59.10	66.77	58522	47.77	53.42	45.94	31.43	55.59	54.19	63.86
$CaFeSi_2O_6$	32.04	26.42	33.91	43.24	37.35	43.68	58.03	34.65	35.00	28.70
$CaMnSi_2O_6$	8.86	6.81	7.87	8.99	9.23	10.38	10.49	9.76	10.81	7.44

注：1~3为化学分析，分析者为吴曼君、夏月莲；4~10为电子探针分析，分析者为周科子；9~10为瑶岗仙矿区样品。

表 8-4 新田岭、瑶岗仙钨矿床石榴子石化学成分 单位：%

No.	1	2	3	4	5	6	7	8	9	10
样品号	440-14	17-7-5	17-4-4	17-4-5	17-4-6	17-4-7	17-4-8	17-4-9	17-4-11	JH-3
化学组分										
SiO_2	36.40	37.24	36.11	36.52	35.65	32.18	37.01	35.34	35.57	38.38
TiO_2	0.11	0.13	0.00	0.01	0.05	0.02	0.28	0.03	0.09	0.29
Al_2O_3	9.28	13.23	7.77	9.55	8.24	8.84	9.95	6.29	9.42	20.03
Fe_2O_3	17.09	11.46	22.39	19.48	22.06	19.03	17.55	25.85	19.89	5.29
FeO	1.38	1.19								
MnO	2.13	3.16	2.16	1.48	1.63	1.96	1.76	3.10	1.62	6.46
MgO	0.17	0.31	0.00	0.01	0.06	0.08	0.08	0.01	0.00	0.06
CaO	31.94	31.92	30.89	32.44	31.02	32.11	33.47	28.93	32.77	28.62
Na_2O	0.02	0.02	0.01	0.02	0.50	0.04	0.00	0.00	0.04	0.02
K_2O	0.02	0.01	0.00	0.00	0.00	0.00	0.00	0.00	0.00	0.00
H_2O^+	0.18	0.22								
CO_2	1.01	0.50								
总和	99.73	99.94	99.33	99.51	99.21	99.26	100.10	99.55	99.40	99.15
矿物端员分子										
$Ca_3Fe_2Si_3O_{12}$	56.17	37.68	67.43	59.28	71.93	56.55	53.12	79.05	62.93	6.97
$Ca_3Al_2Si_3O_{12}$	38.58	54.85	27.33	37.24	24.08	38.80	42.84	13.14	33.21	77.88
$Mn_3Al_2Si_3O_{12}$	5.25	7.47	5.24	3.48	3.99	4.65	4.04	7.82	3.86	15.15

注：1~2 为化学分析，分析者为刘兰芬；3~9 为电子探针分析，分析者为周科子；10 为瑶岗仙矿区。

（四）矽卡岩和有关交代岩矿物成分和元素地球化学变化规律

为了进一步阐明交代作用过程中各交代带岩石矿物成分变化和元素地球化学迁移富集规律，我们着重对 17-4 孔的矽卡岩交代柱和 440 坑道中黑云母花岗岩、褪色（钾化）花岗岩的常量元素、某些微量元素进行了化学分析，用求积仪测定了各交代岩带的矿物含量，对矽卡岩带中的辉石和石榴子石进行了系统的成分分析，其结果见表 8-3、表 8-4 和图 8-9、图 8-10。从中可以看出：

1）在 17-4 孔的矽卡岩带中，辉石和石榴子石的成分总的变化不大，个别样品稍高，说明矽卡岩主要是以渗滤交代的方式生成的，扩散作用占次要地位。因为通过扩散交代（双交代）形成的矽卡岩带，从内带向外带大理岩方向应显示辉石和石榴子石含铁性的逐渐增高。

2）组分平衡计算结果（表 8-5）表明，形成矽卡岩所需的大量 Fe、Si、Mn、F、S、W、Mo、Bi、Pb、Zn、Cu、Sn 和 Be 等元素主要是从深部岩浆期后气液中带入的，而不是通过双交代方式从邻近岩浆岩或灰岩中获得。但 Ca、Mg 和 Al 等组分则是分别从灰岩和岩浆岩中就地取材的。

3）与原岩黑云母花岗岩对比，褪色绢云母化钾长石化花岗岩的 Fe、Mg、Si 含量略有减少，而 K 和 S 相对增高。这和黑云母花岗岩遭到褪色蚀变后，黑云母、磁铁矿等铁镁矿物消失，出现绢云母、钾长石、黄铁矿等新生交代矿物可以大致对应。

（五）接触交代作用过程中稀土元素的活动性

利用稀土元素的丰度与分配，来探讨岩石形成的条件、物质来源以及岩浆演化等问题，在近几年来国内外已蓬勃开展，但大多侧重于岩浆岩、变质岩和矿石等方面。有关稀土元素在交代作用中活动性的文章甚少，在矽卡岩方面则未见报道。我们通过对新田岭矿区内花岗岩、花岗闪长岩、蚀变花岗岩；矽卡岩以及某些重要交代矿物稀土元素丰度的测定，试图探讨接触交代作用过程中稀土元素的迁

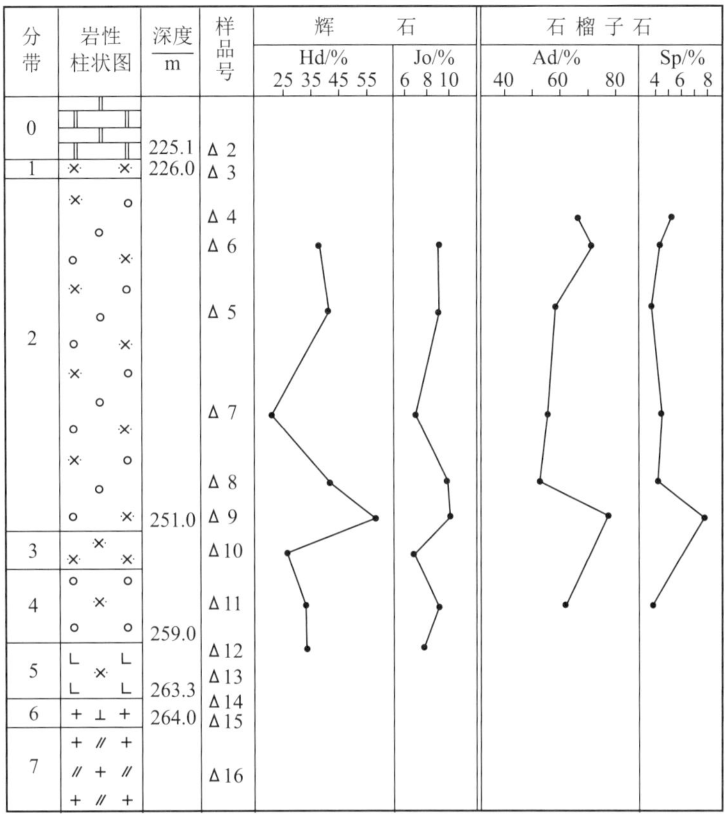

图 8-9 新田岭矿区 17-4 孔矽卡岩分带辉石和石榴子石成分变化

0—大理岩；1—次透辉石矽卡岩；2，4—透辉石-石榴子石矽卡岩；3—透辉石矽卡岩；
5—透辉石-斜长石交代岩；6—花岗闪长岩；7—绢云母化花岗岩

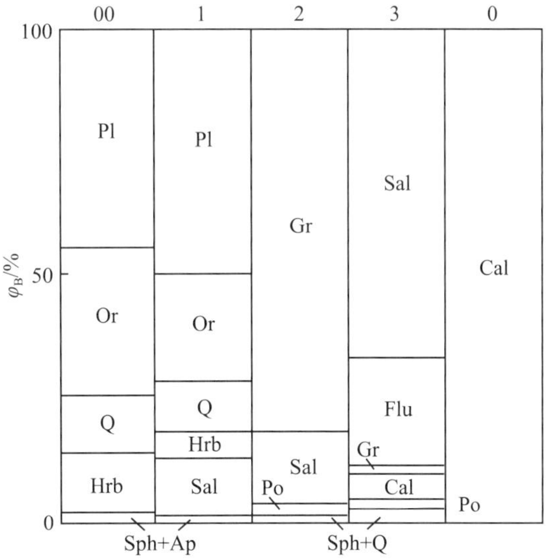

图 8-10 新田岭 17-4 孔接触带矽卡岩带矿物组合含量（体积分数）变化

00—花岗闪长岩；1—透辉石化花岗闪长岩；2—透辉石石榴子石矽卡岩；3—萤石透辉石矽卡岩；0—大理岩。
Pl—斜长石；Or—钾长石；Q—石英；Hrb—角闪石；Gr—石榴子石；Sal—透辉石；Cal—方解石；
Flu—萤石；Ap—磷灰石；Po—磁黄铁矿；Sph—榍石

表 8-5　矽卡岩化过程中组分迁移的平衡计算

岩石名称	花岗闪长岩		次透辉石化花岗闪长岩		辉石石榴子石矽卡岩		萤石次透辉石矽卡岩		大理岩		组分带进（+）和带出（-）量		
编号	1		2		3		4		5		2-1	2-5	4-5
组分	含量/%	g/100 cm^3	含量/%	g/100 cm^3	含量/%	g/100 cm^3	含量/%	g/100 cm^3	含量/%	g/100 cm^3	g/100 cm^3	g/100 cm^3	g/100 cm^3
SiO_2	65. 16	176. 58	70. 53	212. 29	33. 40	124. 92	29. 40	91. 73	0. 90	2. 44	+35. 71	+122. 48	+89. 29
TiO_2	1. 10	2. 98	0. 22	0. 66	0. 21	0. 79	0. 04	0. 12	0. 03	0. 08	-2. 32	+0. 71	+0. 04
Al_2O_3	12. 46	33. 76	4. 56	13. 72	6. 56	24. 53	0. 77	2. 40	0. 66	1. 79	-20. 04	+22. 74	+0. 61
Fe_2O_3	1. 49	4. 03	1. 25	3. 76	11. 43	42. 75	1. 36	4. 24	0. 12	0. 33	-0. 27	+42. 42	+3. 91
FeO	3. 17	8. 59	5. 16	15. 53	13. 47	60. 38	6. 24	16. 35	0. 22	0. 60	+6. 94	+49. 78	+15. 75
MnO	0. 27	0. 73	1. 12	3. 37	3. 39	12. 68	1. 12	3. 49	0. 07	0. 19	+2. 64	+12. 49	+3. 3
MgO	1. 63	4. 41	3. 30	9. 93	1. 05	3. 93	3. 28	10. 23	1. 29	3. 50	+5. 52	+0. 43	+6. 73
CaO	5. 30	14. 36	9. 85	29. 64	26. 33	98. 47	39. 81	124. 21	52. 24	141. 57	+15. 28	-43. 1	-17. 36
Na_2O	2. 50	6. 77	1. 05	3. 16	0. 06	0. 22	0. 05	0. 16	0. 02	0. 05	-3. 61	+0. 17	+0. 11
K_2O	4. 25	11. 51	0. 95	2. 85	0. 02	0. 08	0. 02	0. 06	0. 15	0. 41	-8. 66	-0. 33	-0. 35
H_2O^+	0. 72	1. 95	0. 54	1. 62	0. 40	1. 50	1. 64	5. 12	0. 78	2. 11	-0. 33	-0. 61	+3. 01
H_2O^-	0. 00	0. 00	0. 00	0. 00	0. 04	0. 15	1. 12	3. 49	0. 00	0. 00	0. 00	+0. 15	+3. 49
F	0. 49	1. 35	0. 62	1. 86	0. 62	2. 32	20. 50	63. 96	0. 05	0. 14	+0. 51	+2. 18	+63. 82
P_2O_5	0. 62	1. 68	0. 45	1. 35	0. 08	0. 30	0. 06	0. 19	0. 05	0. 14	-0. 33	+0. 16	+0. 05
CO_2	0. 49	1. 32	0. 18	0. 54	0. 60	2. 24	1. 69	5. 27	43. 13	116. 88	-0. 78	-114. 64	111. 61
WO_3	0. 01		0. 01		1. 46		1. 31		0. 00				
-O=2F	99. 67		99. 79		99. 12		107. 41		99. 71				
	-0. 21		-0. 26		-0. 26		-8. 61		-0. 02				
总和	99. 46		99. 53		98. 86		98. 80		99. 71				
密度/(g·cm^{-3})	2. 71		3. 01		3. 74		3. 12		2. 71				

注：分析者为原中国地质科学院岩矿测试技术研究所苗新生。

移富集规律。对所获得的全部稀土数据，按赫尔曼（1971）22个球粒陨石稀土含量平均值进行了标准化计算和作图（图8-11），其结果如下：

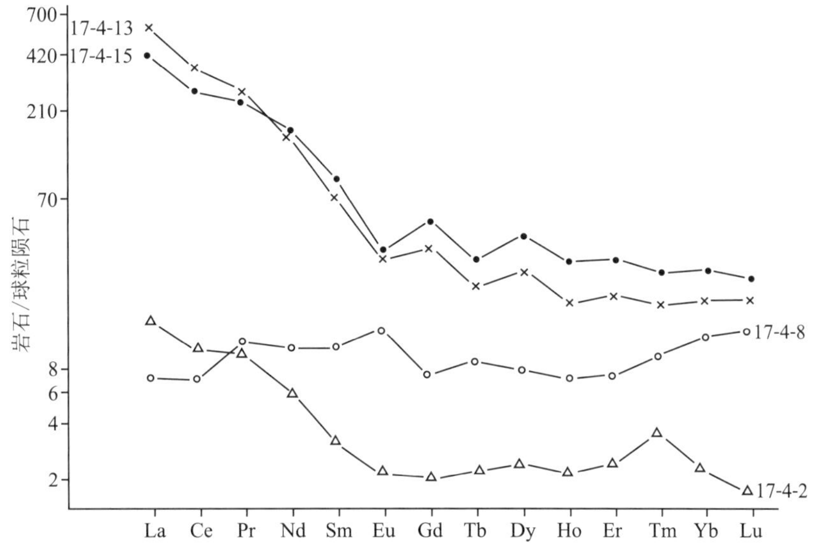

图8-11　新田岭花岗闪长岩和大理岩接触带矽卡岩交代柱REE球粒陨石标准化模式

17-4-15—花岗闪长岩；17-4-13—透辉石化花岗闪长岩；17-4-8—含白钨矿透辉石-石榴子石矽卡岩；17-4-2—大理岩

1）花岗闪长岩总的稀土元素丰度很高，总量达690×10^{-6}，而花岗岩的稀土元素丰度则相对较低（$196 \times 10^{-6} \sim 230 \times 10^{-6}$）。

2）花岗闪长岩和矽卡岩化花岗闪长岩中的轻稀土与重稀土相比，前者有较大的富集，这可能和两类岩石中均含一定量褐帘石有关。花岗闪长岩和矽卡岩化花岗闪长岩中轻稀土的富集，还从La/Yb具有较高的比值（26.6和54.3）显示出来。因此，稀土分布曲线具有明显向右倾斜的特点。

3）无论是花岗闪长岩或花岗岩中，Eu都呈负异常（$\delta Eu<1$），而花岗岩的Eu负异常更大，二者分别为0.33和0.50。

4）黑云母花岗岩遭到褪色蚀变（绢云母化、钾长石化）和云英岩化后，稀土元素有较大的流失。花岗闪长岩遭到矽卡岩化后，轻稀土的变化不大，但重稀土则明显减少。

5）石榴子石矽卡岩的$\sum$REE较高（230×10^{-6}），其中重稀土有明显的富集；透辉石-石榴子石矽卡岩的$\sum$REE值较低，为49×10^{-6}，但高于大理岩（27×10^{-6}）；而辉石矽卡岩则更低，仅8×10^{-6}。上述情况看来和稀土元素的地球化学特征有关，因为在自然界中稀土元素主要以三价状态存在（Ce和Eu是例外，Ce能分别以Ce^{3+}和Ce^{4+}，Eu能分别以Eu^{2+}和Eu^{3+}等两种价态出现）。石榴子石中的Fe^{3+}和Al^{3+}都是以三价状态存在，所以稀土元素较容易以类质同象的方式交代石榴子石而富集。在辉石矽卡岩中，辉石的重要组成元素Ca、Mg、Fe等都是二价状态，因而三价的稀土元素就不易在辉石中富集。

六、中国湖南郴州柿竹园钨（锡、铋、钼）多金属矿床❶

（一）地理位置和勘查开发概况

柿竹园钨（锡、铋、钼）矿床位于湖南省郴县东南16 km处，处于新华夏系构造与南北向构造复合控制的东坡多金属矿田北东部，千里山花岗岩体东南缘内湾部位的接触带上（图8-12）。不仅钨

❶ 本节依据作者1982年对该矿床实地考察和室内研究工作及以下参考资料：尹汉辉（1978），杨超群等（1980），王昌烈等（1984），王书凤等（1985），南岭项目矿床专题组（1985，湖南柿竹园钨锡多金属矿床）。

矿储量居世界钨矿床之首，还伴有储量相当可观的铋、钼、锡、铍等多金属矿。因此，该矿床以规模巨大、矿体集中、形态简单、物质组分复杂、有用组分多样等为特征，独具一格而闻名中外。矿床系20世纪50年代末由原湖南省地质局408队发现，后经该队详查、勘探，于60年代中期以特大型钨锡钼铋矿床被肯定。70年代末，柿竹园多金属矿山开始预采，进行坑道工程建设。矿石的平均品位：WO_3 0.344%，Sn 0.126%，Mo 0.064%，Bi 0.107%。

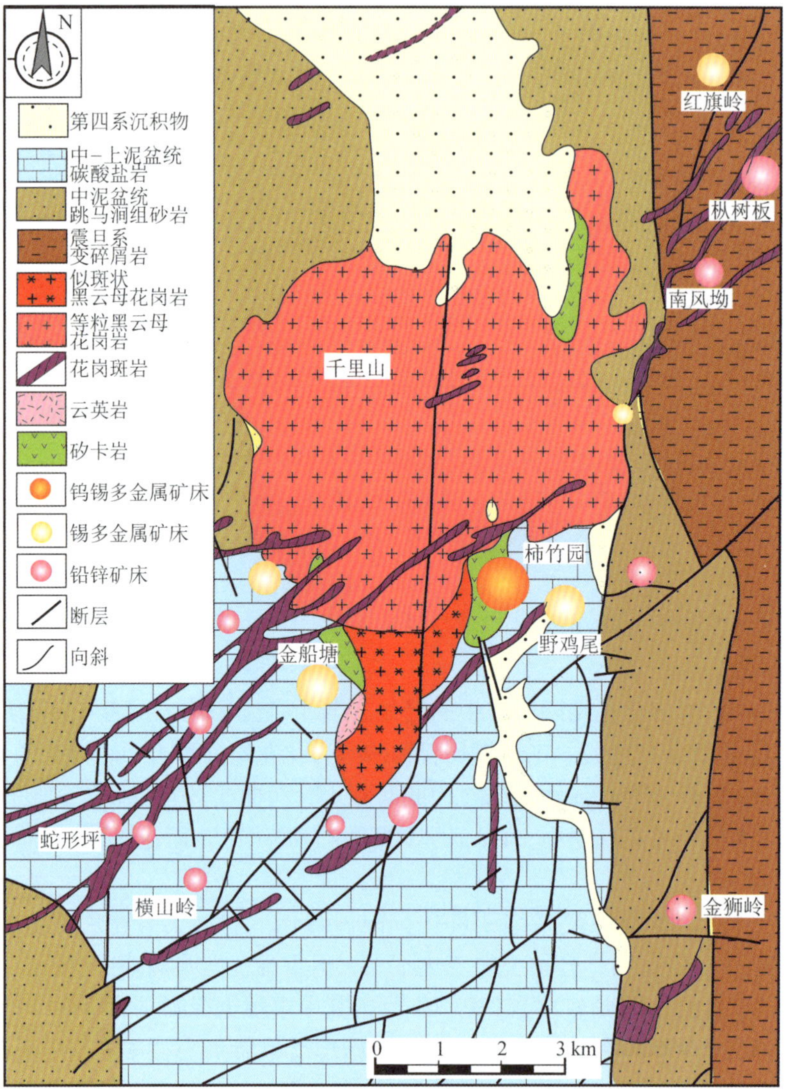

图 8-12　柿竹园钨多金属矿田地质简图

（据袁顺达等，2012）

（二）区域地质背景

矿床在大地构造位置上属华南褶皱系赣湘桂粤褶皱带，湘东南加里东褶皱带与耒阳-宜章南北向印支褶皱带两构造单元交接处。

湘南地区地层较全，除志留系外自震旦系至第四系均有出露，分别构成加里东、印支、燕山三个不同的构造层。区域地层出露以中-上泥盆统碳酸盐岩及碎屑岩为主，次为震旦系碎屑岩和第四系，泥盆系出露面积约占60%。

区内褶皱、断裂构造均较发育，东坡-月枚复式向斜为矿田内的一级构造，其东西两侧各以一条断面外倾的高度角逆冲断层与五盖山背斜和西山背斜相邻。向斜轴向为 NE10°~15°，轴面近直立，两翼地层倾角一般为 40°~50°。向斜内次级褶皱发育，自东向西依次为中山向斜、柴山背斜和金船塘向斜。矿床即产于中山向斜中次一级褶皱柿竹园-太平里向斜的北仰起端和千里山花岗岩体相截的外接触带上。区内断裂构造以 S—N 向、NE 向、MW 向、近 E—W 向四组构造最发育。近 S—N 向（包括 NNE 向）断裂多属高角度逆冲断层，是千里山岩体的导岩与控岩构造。NE 向断裂多为断面近于直立的正断层，对矿床的富矿分布及矿田内的铅锌矿床形成起明显的控制作用。NW 向断裂不甚发育，多见其切割花岗斑岩。近 E—W 向断裂规模较小，矿田东坡山、野鸡尾、横山岭等铅锌矿床的部分矿体受其控制。

区域岩浆活动频繁，同源间歇性特征明显，有花岗岩、花岗斑岩、辉绿玢岩及各种花岗质岩脉。王仙岭、千里山、黄沙坪等一系列小岩体呈东西向的带状分布，前二者为花岗岩体。东坡矿田中最主要的花岗岩体为千里山岩体。

（三）矿区地质概况

矿区出露地层比较简单，从下至上：震旦系（Z_1）浅变质海相碎屑岩；中泥盆统棋梓桥组（D_2q）白云质灰岩、泥晶灰岩和跳马涧组（D_2t）砂砾岩；上泥盆统佘田桥组（D_2s）泥质条带灰岩、泥灰岩和灰岩；第四系坡积物、洪积物。与成矿有关地层为佘田桥组和棋梓桥组，其中佘田桥组赋存了本矿田的大部分矿体。化学分析结果表明佘田桥组泥灰岩和泥质条带灰岩具有富 SiO_2（16.83%~31.11%）、富 Al_2O_3（2.07%~3.08%）和低 MgO（1.04%~1.22%）的特点，SiO_2、Al_2O_3 是形成矽卡岩的必须组分。佘田桥组地层结构和岩性复杂，在构造应力的作用下易产生节理、裂隙和层间滑动，这些均有利于矿液的渗流及交代作用和成矿作用的进行。微量元素分析结果表明与成矿直接有关的佘田桥组中，W、Sn、Mo 的含量都很低，但 Pb、Zn 的含量较高，这说明柿竹园矿床成矿物质不是来自地层，仅外围一些铅锌矿床的成矿物质可能有部分来自周围的地层。

矿区构造比较复杂，褶皱、断裂、节理等都很发育，它们在时间上显示多期性，在空间上纵横交错，组成一呈 NE 向为主的构造裂隙网络地质体。与矿床密切相关的构造有柿竹园-太平里向斜和柿竹园-野鸡尾背斜，该区巨大矿体即产出于向斜北端核部。断裂主要为高角度的近 S—N 向的逆冲断层与 NE 向的正断层，矿床即处于这两组断裂构造的交汇处。接触带两侧网络状构造裂隙的发育是形成本区矽卡岩矿体的有利条件。

与成矿有关的岩浆岩是千里山花岗岩，沿东坡矿田北部 S—N 向、NNE 向断裂交汇处侵入，呈 S—N 向倒葫芦状，出露面积 9.57 km^2。岩体侵位的最新地层为上泥盆统佘田桥组。千里山花岗岩主要是由三次岩浆侵入组成的复式岩体：第一次侵入的是主体期花岗岩（γ_5^{2-1}），构成了该岩体的主体，出露面积为 8.7 km^2，中心相为中-粗粒黑云母花岗岩，边缘相为细粒斑状黑云母花岗岩，同位素年龄为 162 Ma（Rb-Sr 法）和 172 Ma（K-Ar 法）；第二次侵入的是补充期中粗粒黑云母花岗岩（γ_5^{2-2}），呈岩株、岩脉或岩枝侵入，同位素年龄为 141 Ma（Rb-Sr 法）和 139 Ma（K-Ar 法）；第三次侵入的是细粒（少斑）二云母花岗岩（γ_5^{2-3}），呈小岩株和岩脉穿插；最后侵入的是花岗斑岩和辉绿岩，花岗斑岩脉的同位素年龄为 146 Ma（Rb-Sr 法）。根据同位素年龄，该岩体形成于燕山期早期第二阶段。

千里山花岗岩的各期、相，可从结构上识别，而在矿物成分上几乎完全一样，主要由钾长石、斜长石、石英、黑云母组成，副矿物有磁铁矿、独居石、锆石、钛铁矿、金红石、板钛矿、锐钛矿、辉钼矿、辉铋矿、黄铁矿、毒砂、方铅矿、闪锌矿、锡石、黑钨矿、白钨矿、磷灰石、磷钇矿、铌铁金红石、钇易解石、钍石、电气石、黄玉、萤石、石榴子石、尖晶石、刚玉、硅铍钇矿及绿帘石。从副矿物特征看，含独居石、锆石较多，榍石很少，应属锆石-独居石型。以上副矿物特征可与华南燕山期含钨锡花岗岩特征对比。

千里山花岗岩的岩石化学特征属铝过饱和、富钾贫钠的弱碱性-钙碱性岩，按 SiO_2 含量划分属酸性-超酸性岩石。花岗岩富含 F、Cl、B 挥发性组分，其含量依次为 $260\times10^{-6}\sim3440\times10^{-6}$，$390\times10^{-6}\sim420\times10^{-6}$，$100\times10^{-6}\sim130\times10^{-6}$。岩体中成矿元素的背景含量显著偏高，W、Sn、Bi、Mo 等元素含量大大高于酸性岩的平均含量，也明显高于华南同期花岗岩的背景值，Pb 和 Be 也略高于华南同期花岗岩的背景值，明显高于酸性岩的平均含量，这为柿竹园巨型钨、锡多金属矿床的形成准备了很有利的物质条件。

千里山花岗岩初始锶同位素比值为 0.71077～0.73280，说明该复式岩体是由地壳重熔产生的岩浆多次侵入而形成的。

（四）矿床地质特征

柿竹园钨锡铋钼矿床是东坡矿田中最大的多金属矿床。矿体形态简单，矿体底板与花岗岩的顶面吻合，在岩体凹陷处，形成巨大近水平透镜状矿体。其钨、锡、铋、钼矿化在空间上与矽卡岩分布基本一致，仅部分锡矿化发育在大理岩和一部分矽卡岩化大理岩之中。矽卡岩矿体为 NE 走向，倾向 SEE，倾角 10°～15°，长 1000 余米，东西宽 600～800 m，厚一般 200～300 m，最厚近 500 m，矿体集中，常相互重叠分布，整个矿床具明显的分带性。这在矽卡岩、矿石类型和主要成矿元素等方面沿水平和垂直方向上，都可反映出来。

矿床自花岗岩向大理岩方向显示带状分布，即从花岗岩开始，向上（外）依次出现面状云英岩-网脉状云英岩脉+矽卡岩-矽卡岩化大理岩→网脉状大理岩。矿床的分带性还表现在，纵向上自上而下或横向上自围岩向岩体可划分四种不同的矿石类型：①大理岩锡石类型；②矽卡岩钨铋矿石类型；③云英岩网脉-矽卡岩钨锡钼铋混合矿石类型；④云英岩钨钼铋矿石类型（图 8-13）。各类型矿石主要由浸染状和细脉-网脉状矿石构成。主要成矿元素也具分带观象，从花岗岩顶部的云英岩到大理岩，成矿元素组合依次为 W、MO→W、Mo、Bi、Sn→W、Bi、Sn→Sn；主要成矿元素依次为 Mo—W—Bi—Sn。

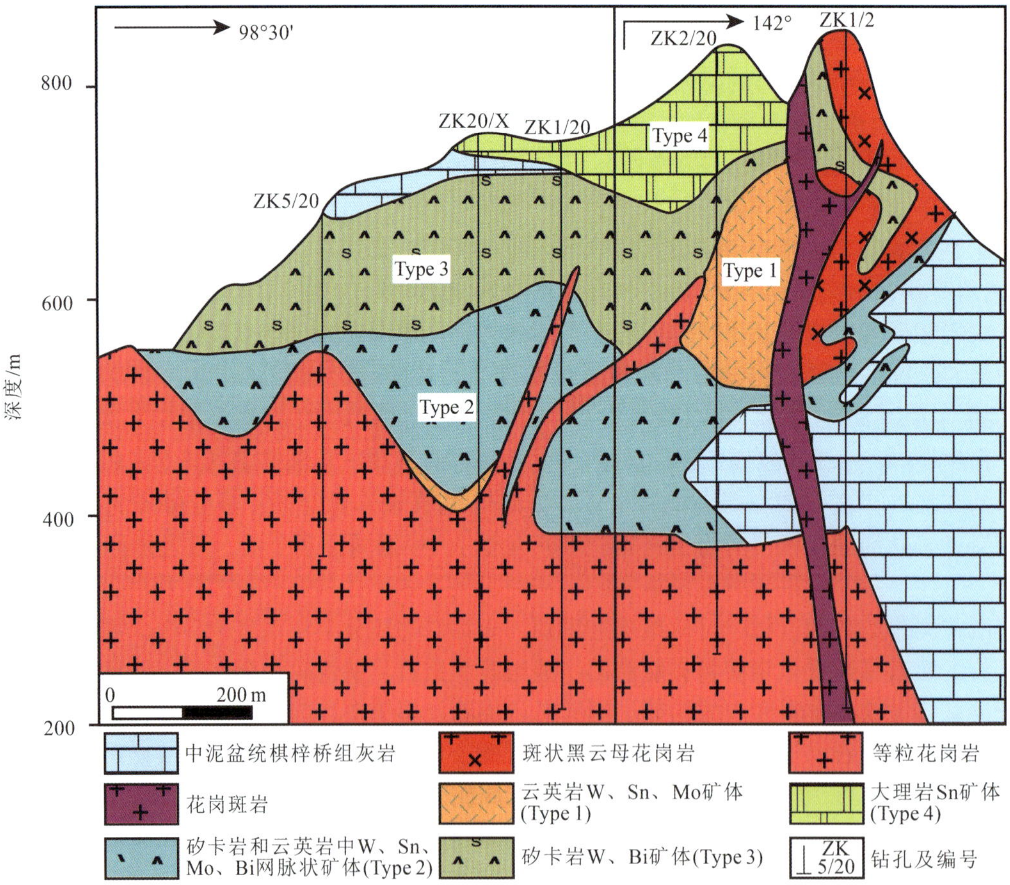

图 8-13　柿竹园矿床钻孔剖面图

（据 Lu et al.，2003）

矿区出现的矿物种类繁多，目前已见到的有96种。主要金属矿物是白钨矿、黑钨矿、辉钼矿、辉铋矿、锡石和黄铁矿等。此外，还有磁铁矿、磁黄铁矿、硫锰矿、毒砂、闪锌矿、黄铜矿、方铅矿、自然铋、辉铅铋矿、黄锡矿、赤铁矿、白铁矿、假象赤铁矿、斑铜矿、硫碲铋矿、斜方辉铅铋矿、针硫铋铅矿、辉碲铋矿等。矿床主要成矿元素为W、Mo、Bi、Sn、Be、Fe、Cu、Pb、Zn；伴生元素为Nb、Ta、Sc、Au、Ag、V、Hg、Sb、Se、Te、Cd等。铌钽未发现独立矿物，主要以类质同象赋存于黑钨矿之中。含铍矿物已发现有绿柱石、日光榴石、金绿宝石、塔菲石、硅铍石、硬羟钙铍石、铍镁晶石等，此外，Be还呈分散状态赋存于符山石、长石、石榴子石、萤石等矿物中。Re、Sc分别以分散状态赋存于辉钼矿和黑钨矿之中。

矿石结构常见有自形晶、半自形晶、它形晶、交代残余结构等。此外还可见到溶蚀结构、文象结构和乳浊状结构。矿石构造主要为浸染状构造、网脉状构造及条带状构造，局部黄铁矿呈致密块状构造。

矿化具多期次、多阶段特点，千里山花岗岩体三次岩浆活动均伴随有不同程度的矿化作用。成矿作用主要与主体期花岗岩（γ_5^{2-1}）有关。根据矿物共生组合及交代关系将与主体期花岗岩有关的成矿作用划分为五个阶段：①矽卡岩阶段：在接触带或其附近形成矽卡岩，主要矿物为石榴子石、辉石、符山石和硅灰石，伴生金属矿物为白钨矿（少量）；②含水硅酸盐阶段：早期矽卡岩矿物被韭角闪石、富铁钠闪石、阳起石、透闪石、绿帘石、金云母等含水硅酸盐矿物所交代，伴有白钨矿、黑钨矿、锡石、磁铁矿、黄铜矿、磁黄铁矿等金属矿物的沉淀；③云英岩阶段：在内接触带，石英、白云母、萤石、黄玉、电气石、黑磷云母等交代花岗岩，伴有白钨矿、辉钼矿、辉铋矿、黑钨矿、锡石等金属矿物的沉淀；④石英-氧化物阶段：主要形成一些黑钨矿-石英脉和锡石-石英脉，脉中还含少量辉钼矿、辉铋矿；⑤石英-硫化物阶段：主要形成石英-硫化物矿脉，主要脉石矿物为石英、萤石、绿泥石等，矿石矿物为方铅矿、闪锌矿、黄铁矿等。

与第二次岩浆侵入活动有关的成矿作用比较薄弱，大体可分为两个阶段：第一为萤石-白钨矿阶段，伴有云英岩化；第二为石英-氧化物阶段，形成少量黑钨矿-石英脉和锡石-石英脉。与第三次侵入岩及脉岩有关的成矿作用更加微弱，仅在少数伟晶岩脉中见有绿柱石矿化和白钨矿矿化。

由于本区构造、岩浆活动强烈，围绕着千里山花岗岩形成了一系列矿床，其中，柿竹园矽卡岩钨锡钼铋矿床是该矿田的重要组成部分，此外还有大吉岭云英岩钨锡矿床、野鸡尾等地高中温热液锡石-硫化物矿床和横山岭等地中低温热液铅锌矿床。云英岩矿床、矽卡岩矿床、高中温热液交代型矿床和中低温热液矿床在空间上围绕千里山花岗岩呈现出一定的带状分布规律，在生成时间上有一定的先后顺序，在成因上都与千里山花岗岩有关，它们共同构成了一个与花岗岩类有关的云英岩-矽卡岩复合型钨、锡、钼、铋、铅、锌（铍）矿床成矿系列。

（五）矽卡岩及有关交代岩

与成矿有关的交代作用主要有矽卡岩化作用、云英岩化作用和碱质交代作用，其中前二者最发育，且与矿化有着直接的联系。

1. 矽卡岩

矿床中矽卡岩十分发育，几乎遍及泥盆系碳酸盐岩与黑云母花岗岩、花岗斑岩、辉绿玢岩、煌斑岩的接触带。规模较大的矽卡岩局限于碳酸盐岩与黑云母花岗岩、花岗斑岩接触带的构造有利部位，规模最大的矽卡岩体则只形成在第一期花岗岩与泥盆系碳酸盐岩接触带裂隙密集的地段，矿区所见矽卡岩主要发育于花岗岩体东南缘内湾部位及岩体顶面呈锅底状的凹斗中，大体呈北北东方向分布，范围较广，向东、南、北三面逐渐尖灭，西部因受侵蚀而露于地表。

矽卡岩包括规模很大的面型矽卡岩和数量众多的脉状矽卡岩，前者基本上受接触带构造控制。长数百米至千米左右，宽数十米至数百米；后者受控于接触面外侧的裂隙构造，宽数厘米至数十厘米，长约数米乃至数十米或百米左右。

矿区内的矽卡岩类型主要为钙矽卡岩，组成矿物有辉石、石榴子石、符山石和硅灰石等。局部地段见规模较小的镁矽卡岩，其中既有岩浆期镁矽卡岩，又有岩浆期后镁矽卡岩，前者由深绿辉石、镁橄榄石和镁尖晶石组成，后者由粒硅镁石、金云母、韭角闪石、水镁石和氟硼镁石组成。镁矽卡岩往往都遭受了钙矽卡岩的改造。辉石的成分属透辉石-钙铁辉石系列，主要为透辉石，锰钙辉石分子含量（$Jo_{2.73-11.76}$）不高。石榴子石属钙铝-钙铁榴石系列，主要为过渡系列的石榴子石（$Gr_{24.32-57.53}Ad_{38.61-70.27}$），锰铝榴石分子含量（$Jo_{3.81-7.56}$）较低。

2. 云英岩

矿区云英岩化强烈，根据其产出形态可划分为面状云英岩和网脉状云英岩。前者发育在岩体顶部及平缓接触面部位，主要在岩体一侧呈面型分布，多为黄玉-石英云英岩、黑鳞云母-黄玉云英岩等；后者则主要发育于近接触带的矽卡岩中，呈脉状或网脉状分布，有富石英云英岩脉，含黑钨矿黄玉-黑鳞云母云英岩脉和含辉钼矿白钨矿萤石-黑鳞云母云英岩脉等。在面状云英岩中一般伴生黑钨矿、辉钼矿和辉铋矿矿化，而在网脉状云英岩中主要是黑钨矿、白钨矿、辉钼矿、锡石和辉铋矿矿化。

3. 碱质交代岩

在花岗岩内接触带普遍发育钠长石化。钠长石一般呈自形晶，聚片双晶清晰。遭到钠长石化的花岗岩黑云母被浅色云母交代，当钠化强烈时云母消失，钾长石减少，变为石英-碱性长石交代岩或石英-钠长石交代岩。

钾长石交代岩呈脉状或细脉状较广泛地分布在矽卡岩和大理岩中，常交代花岗质岩脉和矽卡岩。钾长石交代岩普遍遭受了强烈的云英岩化，常在云英岩中呈残留体。

碱质交代岩、云英岩和矽卡岩围绕花岗岩显示出一定的分带性，构成了一个岩浆岩有关的交代系列。

七、中国江西浮梁朱溪钨（铜）矿床❶

（一）地理位置和勘查开发概况

朱溪钨（铜）矿床位于江西省景德镇东南约 12 km 处，这是近十余年来新发现的一个超大型矽卡岩钨矿床，已获得 WO_3 资源储量超过 100×10^4 t，品位 0.07%~7.73%，平均 0.316% ；伴生铜矿为小型，Cu 含量 0.50%~6.26%，平均 1.25%。2003 年赣西北地质大队提交了《江西省浮梁县朱溪铜钨矿区储量地质报告》；2010 年江西地质局 912 队施工了一些钻孔，在孔深 854.4~916.4 m 处见到了视厚度为 62 m（真厚度 41.22 m）的厚大钨矿体，为勘探这个超大型隐伏钨矿床奠定了良好的基础。关于该矿床的地质特征和成矿规律，何细荣等（2011）、陈国华等（2012）、王成辉等（2014）和刘善宝等（2017）曾做过较深入的研究。

（二）矿区地质

朱溪矿床位于塔前-赋春盆地之内，该盆地沿 NE—SW 构造展布，长达 60 km。

朱溪矿区内出露的地层由前寒武变质基底和古生代沉积岩盖层组成，变质基底主要为新元古界双桥山群的千枚岩、板岩和杂砂岩，而变质基底之上的盖层从下至上包括：①石炭系白云岩，主要由灰色白云岩和白云质灰岩组成；②石炭系灰岩，主要由灰色-浅灰色灰岩组成；③二叠系碳酸盐岩，主要由深灰色灰岩组成，并在其底部出现一层石英细砂岩作为与石炭系碳酸盐岩的分界标志；④二叠系碎屑岩，主要由泥岩和以砂岩为夹层的白云岩、硅质灰岩组成；⑤三叠系碎屑岩，主要由泥质碳酸盐岩、细砾岩、岩屑石英砂岩组成。地质勘探显示石炭系白云岩、灰岩和二叠系碳酸盐岩都发生了明显的钨矿化作用。

---

❶ 主要根据宋世伟博士学位论文《赣东北朱溪矽卡岩型钨矿区成岩成矿关键问题探讨》，2018，北京大学。

矿区内断裂构造十分复杂，分别为 NE 向、NW 向和 E—W 向，这三组断裂在塔前-赋春推覆构造带的基础上，伴随中酸性岩浆的贯入，控制了区内成矿带的分布。NE 向压扭性断裂，延长达数百千米，由挤压透镜体、片理碎裂岩组成，尽管朱溪矿床所在区域存在沿 NE—SW 展布，并穿切 NE—SW 构造的断裂构造，沿 NE—SW 向展布的断裂仍然是区域内的主要构造；规模较小的 NW 向断裂，延长数百米，具压扭性；深部发育有 E—W 向的隐伏断裂，往往与 NNE 向断裂复合控制和形成较厚的矿体。

朱溪矿区燕山期岩浆活动强烈，花岗岩种类繁多，属于浅成-超浅成相，为中酸性侵入岩，多呈脉状、岩株状侵入地层或层间破碎带中，地表出露的岩体很少。岩体类型主要为花岗岩、花岗斑岩、花岗闪长斑岩及煌斑岩等，但据钻孔岩心观察，深部有大量岩株岩脉产出。岩体中主要的成矿元素 Cu、Wu、Zn 等丰度较高，有的岩体本身已达到工业矿化（斑岩型矿体）。岩脉侵入顺序为中性-中酸性、酸性-碱性，推测岩浆期后热液移动方向应该是南西向北东，朱溪地区可能还存在较大的隐伏岩体。矿区地表出露的岩脉以煌斑岩脉为主，仅在地表见花岗斑岩小范围的出现（图 8-14），然而，地质勘探揭示朱溪矿床中主要出现三种类型的花岗质侵入体（图 8-15）：①黑云母二长花岗岩，主要出现于地表以下 2000 m 的深部，是朱溪矿区内最主要的花岗质侵入体，黑云母花岗岩主要由石英（~40%）、钾长石（~27%）、斜长石（~23%）、黑云母（~5%）、白云母（~3%），及锆石、磷灰石、钛铁矿等副矿物（~2%）组成，其中锆石和磷灰石通常呈矿物包裹体包裹于黑云母中，而钛铁矿则常呈粒状被石英和长石包裹；②细粒花岗岩，主要以岩脉形式出现于地表以下 400~2000 m 的深度，并且主要由石英（~43%）、钾长石（~20%）、斜长石（~28%）、黑云母（~2%）、白云母

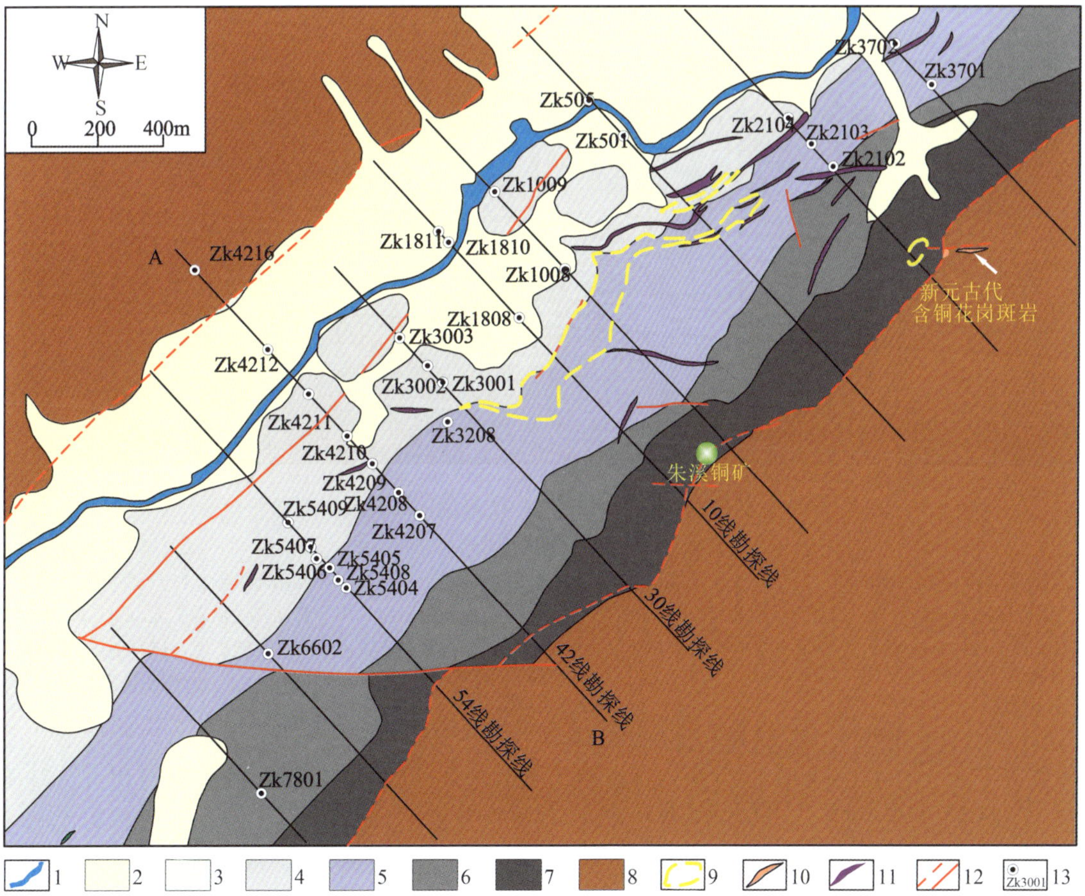

图 8-14　朱溪钨（铜）矿床地质图

（据陈国华等，2012，有修改）

1—河流；2—第四系沉积物；3—三叠系碎屑岩；4—二叠系碎屑岩；5—二叠系碳酸盐岩；6—石炭系灰岩；7—石炭系白云岩；8—新元古代片岩夹火山岩；9—透闪石化、阳起石化蚀变带；10—花岗斑岩；11—煌斑岩脉；12—断裂构造；13—钻孔及编号

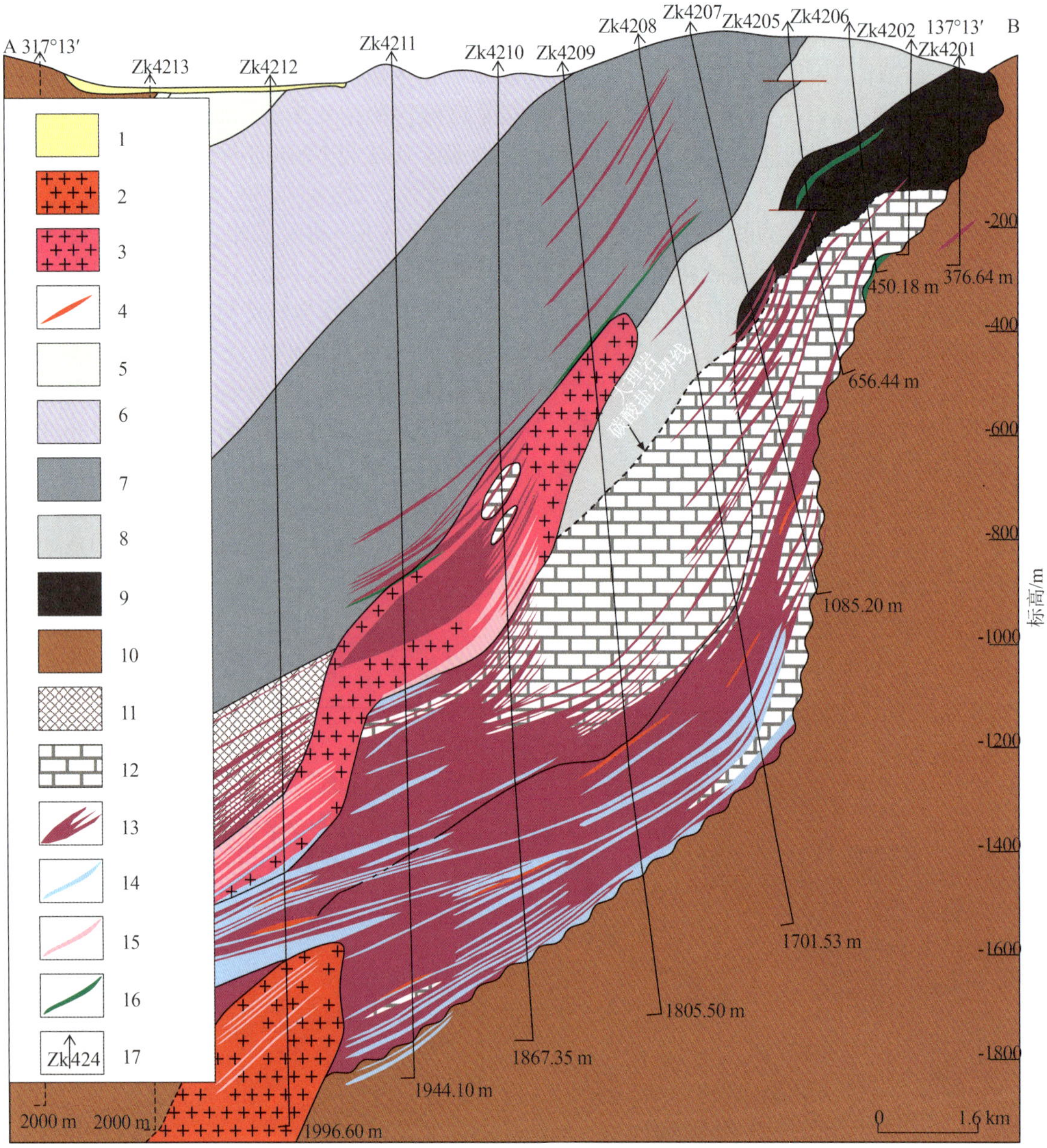

图 8-15　朱溪钨（铜）矿区 42 号勘探线地质剖面图

（据王先广，2014）

1—第四系；2—晚侏罗世黑云母二长花岗岩；3—晚侏罗世细粒花岗岩；4—晚侏罗世花岗斑岩；5—三叠纪碎屑岩；6—二叠纪碎屑岩；7—二叠纪碳酸盐岩；8—石炭纪灰岩；9—石炭纪白云岩；10—新元古代片岩夹火山岩；11—矽卡岩；12—大理岩；13—钨矿体；14—钨铜矿体；15—蚀变花岗岩内浸染状钨矿体；16—铜矿体；17—钻孔及编号

（~4%），及锆石、磷灰石、钛铁矿、金红石等副矿物（~3%）组成；③花岗斑岩以脉体形式主要出现于地表以下 800~1800 m 的深度，斑晶含量约为 15%，由~13%石英和~2%白云母组成，基质主要由石英（~45%）、白云母（~35%）、黄铁矿（~3%）及锆石、磷灰石（~2%）等副矿物组成。新鲜黑云母二长花岗岩中并未见有白钨矿化，但是当其遭受热液蚀变后则表现出星散浸染状的白钨矿矿化；部分细粒花岗岩显示出明显的白钨矿矿化作用，尤其当细粒花岗岩遭受一定程度的热液蚀变作用之后；从地质现象来看，花岗斑岩相对于黑云母二长花岗岩和细粒花岗岩，与白钨矿矿化作用的相关性较差；尽管部分花岗斑岩体内发生了明显的白钨矿矿化作用，但是大部分花岗斑岩体内并未发生明显的白钨矿矿化作用，仅在其与围岩接触部位发生微弱的白钨矿矿化作用。

（三）矿床地质特征

1. 矿体特征

朱溪矿区以钨、铜为主，伴生铅、锌、银，矿体数量较多，大部分为隐伏矿体，地表出露较少。矿体总走向为NE向，主要以层状矿体为主（最厚达到576.4 m；陈国华等，2015；图8-15），也有部分似层状或透镜状的矿体，并且这些矿体都主要出现在新元古代浅变质岩和石炭纪白云岩之间的不整合面及附近（图8-15），同时，一些浸染状矿化的矿体呈脉状赋存在蚀变花岗质侵入体之内（图8-15），此外，还有一些脉状矿体形成于石炭纪和二叠纪的碳酸盐岩中（图8-15）。按照矿体在空间的产出特征，可分为A、B两个大矿带和C零星矿体群。

A矿带：朱溪矿区的主要矿带，由32个矿体组成，走向为NE向。矿体主要产于上石炭统黄龙组和双桥山群的不整合面附近。矿体产状与地层几乎一致。多以似层状、透镜状的形态产出（图8-14，图8-15）。

B矿带：有26个矿体组成，主要矿体有两条。大部分矿体产于下二叠统茅口组和石炭系船山组与黄龙组。与A矿带相似，呈透镜状和似层状，产状与地层一致；另有产于花岗闪长岩中的矿脉。

C零星小矿体：有41个，主要赋存于黄龙组中上部、茅口组和珍珠山群中。由层位和层间断裂带及侵入岩联合控制，呈脉状。

矿石构造主要有细脉浸染状、团块状、致密块状、脉状、角砾状等。

2. 矿化分带

原生矿化具有分带特点，即自东北向南西水平方向上，依次出现铜矿体、铜钨矿体及钨矿体；沿倾斜方向上，由上而下，依次为铜、铜钨和钨矿体。垂直方向上，矿体最下部为白钨矿带；往上依次是白钨矿、黄铁黄铜矿；中部为黄铜矿、铁闪锌矿带；最上部是方铅矿、铁闪锌矿带。矿床金属元素分带，由上而下为Zn（Pb、Ag）-Cu、Zn-Cu、S、W，充填交代成矿作用过程中呈现垂向上的变化。从浅部的银铅锌到深部的钨，可以看出成矿温度随着深度的加深而增加，朱溪深部可能还有隐伏矿体存在。

3. 矿化类型

根据成矿元素组合，朱溪矿床的矿化类型可以分为钨矿化和铜矿化，并且以钨矿化为主（图8-15）。值得注意的是，黄铜矿通常和白钨矿共生（图8-15），即使是朱溪铜矿（地表小型铜矿床）中的块状铜矿石也见大量粒状白钨矿被黄铜包裹，此外，仅有少量不含或仅含少量白钨矿的铜矿体出现在浅部，但以白钨矿为主（几乎不含黄铜矿）的钨矿体却在朱溪矿床中广泛出现（图8-15），同时，根据矿石类型，朱溪矿床中可以识别出以下三种主要的钨矿化类型。

1）热液脉型矿化：该类型矿化主要呈以石英+白钨矿+白云母+萤石组合的细脉穿插在二叠系灰岩或钙质矽卡岩中，这些热液矿脉的宽度可以从0.2 cm变化到大于10 cm。

2）蚀变花岗岩型矿化：这些花岗岩主要侵位于石炭纪灰岩和二叠纪碳酸盐岩中（图8-15），蚀变花岗岩中的斜长石几乎完全被蚀变交代，仅保留了外形，并且白钨矿、黄铜矿呈浸染状分布在这些蚀变花岗岩中，可见白钨矿、黄铜矿与白云母、萤石紧密共生。

3）矽卡岩型矿化：该类型矿化是朱溪矿床中最重要的矿化类型，根据矿体形态可以进一步细分为层状矽卡岩矿体和脉状矽卡岩矿体。层状矽卡岩矿体中，几乎所有的碳酸盐岩都完全遭受交代作用而形成矽卡岩，这些矽卡岩中绝大部分发生以钨为主的矿化作用，并且白钨矿在石榴子石和辉石的粒间间隙中生长，并伴随着一些磁黄铁矿的结晶，同时，在层状矽卡岩和内矽卡岩中出现了一些透镜状的W（Cu）矿体（图8-15），在这些W（Cu）矿体中，白钨矿和黄铜矿、磁黄铁矿、闪锌矿、辉铋矿及自然铋共生。在脉状矽卡岩发育的地层中，碳酸盐岩部分或完全转变为大理岩，并且被矽卡岩脉所穿插，矽卡岩脉和大理岩之间有着十分清晰的界线，此外，脉状矽卡岩中，白钨矿通常和石榴子石一起在脉状矽卡岩的中部结晶。

4. 蚀变和矿化阶段

朱溪矿床中的矿化可以分为以下几个阶段。

1）高温矽卡岩阶段：该阶段形成了大量块状外矽卡岩和规模相对较小的内矽卡岩，并且在矽卡岩形成之前，石炭系和二叠系碳酸盐岩地层已经发生热变质作用而形成大理岩，其中，石炭系白云岩发生热变质作用形成了镁质大理岩，而石炭系及部分二叠系灰岩发生热变质作用形成了钙质大理岩。镁质大理岩和钙质大理岩具有明显不同的结构和构造，其中镁质大理岩主要呈致密块状，而钙质大理岩主要呈砂糖状。值得注意的是，矿物组合表明碳酸盐岩地层在发生热变质、形成大理岩的过程中并未发生白钨矿矿化作用。交代变质作用发生在热变质作用之后，并且伴随大规模矽卡岩型钨矿化体的形成。根据原岩类型，外矽卡岩可以进一步划分为镁质矽卡岩和钙质矽卡岩，这两种矽卡岩分别是叠加在镁质大理岩和钙质大理岩上的交代变质作用所形成。镁质矽卡岩呈暗绿色，并主要由镁橄榄石、辉石和石榴子石组成，并且在空间上随深度的增加，石榴子石含量逐渐降低而辉石含量逐渐升高。钙质矽卡岩呈红棕色，主要由石榴子石、符山石、硅灰石及少量辉石组成。在内矽卡岩中，浸染状的细粒白钨矿伴随早期的矽卡岩矿物共同结晶。外矽卡岩的形成伴随着萤石的结晶，即使在矽卡岩化的早阶段，在矽卡岩化的最前端——钙质大理岩和硅灰石的接触部位也有萤石结晶；同时，内矽卡岩仅在部分细粒花岗岩和碳酸盐岩接触带的内侧形成，并伴随着高品位的 W（Cu）矿化作用。在内矽卡岩型矿石中，从岩体向地层变化，黄铜矿含量逐渐降低而白钨矿含量逐渐升高。

2）矽卡岩退化蚀变阶段：该过程伴随着更加强烈的钨矿化作用叠加于矽卡岩矿化体之上或穿插镁质/钙质大理岩中；并且该阶段伴随着更加强烈的钨矿化作用，形成的含粗粒白钨矿的矿脉。此外，在一些辉石矽卡岩发生退化蚀变的早阶段，并未形成了明显的 W（Cu）矿化作用，但却伴随着大量热液榍石的结晶；并且随着退化蚀变作用越强烈，钨矿化作用越明显。在矽卡岩发生退化蚀变过程中，伴随热液系统冷却、早阶段矽卡岩矿物发生分解，形成了一系列含水矿物，如蛇纹石、绿泥石、透闪石、阳起石、角闪石、金云母和绿帘石等。在退化蚀变过程中，萤石通常也作为一种主要的脉石矿物出现。此外，该阶段还存在三种类型的矿化形式：①伴随镁质矽卡岩退化蚀变之后而形成的细脉状（1~3 cm）白钨矿+黄铜矿+磁黄铁矿+闪锌矿+萤石+白云母+方解石脉体，或以石英、白云母、白钨矿组成的脉体穿插石炭系灰岩和二叠系碳酸盐岩中；②穿插蚀变花岗岩的含白钨矿、黄铜矿的石英脉；③伴随花岗岩的云英岩化过程，形成了大量与白钨矿共生的热液榍石。此外，在热液矿化过程中，萤石通常和白钨矿紧密共生。

5. 围岩蚀变

矿区围岩蚀变主要是矽卡岩化及其退化蚀变作用，也有云英岩化。

矽卡岩以石榴子石和透辉石为主，次有透闪石、硅灰石、绿帘石、蛇纹石、绿泥石等，并显示一定分带性。一般靠近花岗岩脉处以透辉石、石榴子石组合为主，而向外侧则以透闪石-硅灰石-蛇纹石组合占优势。

（四）矿床地球化学特征

朱溪矽卡岩钨矿床是江南古陆钨矿带上最具代表性的钨矿床，在该矿床的热液矿化阶段普遍出现更加强烈的矿化作用叠加在矽卡岩阶段形成的浸染状矿石之上的现象，这与矽卡岩型钨矿的典型矿化特征相吻合（Newberry et al.，1981；Meinert et al.，2005）。朱溪矿床中的石英的 H、O 同位素显示其主要为岩浆流体所形成，并且矽卡岩阶段的成矿热液流体的盐度为 5.0%、均一温度为 318℃，而退化蚀变阶段的成矿热液流体的盐度为 4.0%、均一温度为 270℃（徐繁昌等，2016），这与矽卡岩钨矿床的成矿热液流体特征吻合，前人研究表明这种低盐度的特征可能受控于矽卡岩钨矿床所形成时的高压环境（Wood et al.，2000；Meinert et al.，2005）。高压环境抑制了原始流体的减压沸腾作用，从而阻碍了流体发生气液相分离，形成共存的高盐度卤水流体和低盐度的气相流体（Arnorsson et al.，2007）。此外，朱溪矿床成矿流体所具有的低温特征可能主要受控于成矿流体出溶特点，也就是矽卡岩钨矿的成矿相关的花岗质岩体通常在相对较深而且贫 H_2O 的环境下结晶，并且这些花岗质岩浆通常在其结晶分异的最晚阶段出溶岩浆热液流体（Newberry et al.，1986）。值得注意的是，萤石在朱溪矿床的整个矿化阶段都有结晶，并且形成于不同阶段的榍石都具有高含量的F，这表明成矿流体中富集F元素。F元素不仅能降低长英质岩浆的固相线，从而延长岩浆演化时限（Manning，1981；Chang et al.，2004），并且有利于W6+在成矿流体中的运移（Vigneresse，2009）。更为重要的是矽卡岩钨矿通常形成于较深的环境（Newberry et al.，1981；Meinert et al.，2005），朱溪矿床便形成于接近12～14 km的深度环境，这不仅促使朱溪矿床成矿流体具有低盐度的流体特征（徐繁昌等，2016），而且高压环境导致岩浆中的H_2O溶解度显著增大（Holtz et al.，1994），从而确保了岩浆热液流体在岩浆结晶演化的早阶段不会出溶，直到岩浆结晶的最晚阶段才会大规模的出溶岩浆热液流体。

第九章 矽卡岩锡矿床

矽卡岩锡矿床的分布很不均匀，除了加拿大西北部、阿拉斯加、俄罗斯远东、澳大利亚、泰国、阿富汗等地有零星分布外，大多数矿床集中在中国华南地区（见图 1-1）。

与成矿有关的侵入岩大多为高硅花岗岩，属于壳源重熔型花岗岩，以酸度高、K_2O/Na_2O 值大于 1、铝过饱和、富含挥发组分 F 为特征，成矿时代以中生代燕山期为主，少量为元古宙和古生代。矿床赋存的围岩地层有中新元古界、寒武系、泥盆系、石炭系—二叠系和三叠系等，其中泥盆系和三叠系是最重要的控矿地层。矿田、矿床一般位于两组或两组以上不同方向构造的复合部位，短轴背斜是控制含锡岩体的主要构造形式之一。

在矿床中，Sn 常和 Fe、Cu、W、Pb、Zn、Au 等金属矿化伴生。矽卡岩主要属于钙矽卡岩，少数矿床还有较特殊的富氟条纹岩。含锡矿物比较单一，主要为锡石，偶有马来亚石、黄锡矿和硼钙锡矿。Dobson（1982）曾报道在阿拉斯加 Lost River 含锡矽卡岩中，石榴子石含锡高达 6%；赵一鸣等（1990）也报道过在中国云南个旧锡多金属矿床中，石榴子石含锡高达 1.97%，石榴子石的含铁性和含锡率之间成正比（表 9-1）。

一、澳大利亚 Moina 锡矿床

（一）地理位置

Moina 锡矿床位于澳大利亚南部的塔斯马尼亚岛，这是一个较特殊的锡多金属矿床，矿化主要产于条纹岩中，除 Sn 以外，还伴生 W、F、Be 和 Zn。

（二）矿区地质概况

矿区出露的沉积岩主要由奥陶系 Moina 组砂岩和灰岩组成，Moina 组砂岩的岩性为石英砂岩和粉砂岩，含少量页岩。靠近花岗岩处，砂岩有重结晶现象，变为粗粒的石英岩。矽卡岩 10 m 以下的砂岩为灰色细粒石英岩，由石英±黑云母±绿泥石±磁铁矿±角闪石±萤石±辉石±方解石组成。辉石一般蚀变为角闪石。未蚀变的灰岩主要为细粒致密暗灰色泥岩和灰岩互层夹薄层白云质灰岩，一般灰岩含 MgO 不超过 3%。

与成矿有关的侵入岩为花岗岩。花岗岩含石英 35%左右，钾长石 40%左右，斜长石 20%左右，黑云母 5%左右；副矿物为萤石和锆石。花岗岩在 200 m 深处见云英岩，云英岩主要由石英、白云母、钾长石、萤石矿物组成，含黄铁矿、金红石和赤铁矿。覆盖于花岗岩之上的石英岩也遭到了云英岩化。

在靠近接触带的石英岩和矽卡岩中断裂破碎很发育，一般在石英岩中断裂破碎带常被角闪石-黑云母-白云母、萤石-冰长石-白钨矿、冰长石-萤石-黑云母和方解石-角闪石脉所充填。石英脉一般宽 0.5~1 m，主要为 NWW 走向；在石英岩和矽卡岩中也较发育，延深可达 145 m。这些石英脉含黑钨矿、锡石、辉铋矿、自然铋、闪锌矿、辉钼矿、黄铜矿、黄铁矿、白钨矿、毒砂、方铅矿、萤石、黄玉、绿柱石、金云母、绿泥石和浊沸石。锡石-黑钨矿-石英脉含氟很高。

（三）矿床地质特征

1. 矿体特征

矿体产于泥盆纪浅色花岗岩与奥陶纪灰岩、钙质粉砂岩的外接触带；最强的矿化见于断裂破碎带的矽卡岩中。

表 9-1　世界主要矽卡岩锡矿床一览表

序号	矿床名称	地理位置	矿床简要地质特征	储量和品位	成矿时代	参考文献
178	加拿大 JC 锡矿床	位于育空南部	矿体产于第三纪（古近纪、新近纪）花岗岩与早石炭世灰岩的接触带矽卡岩中。矽卡岩矿物有石榴子石、辉石、角闪石、绿帘石、斧石、绿柱石、电气石、萤石等；金属矿物有锡石、磁黄铁矿、黄铜矿、闪锌矿、白铁矿等	Sn 675×10^4 t，0.54%	白垩纪（100±1.4 Ma）	Layne et al.，1991
179	美国 Lost River 锡钨多金属矿床	阿拉斯加西部 W167°、N166°	矿体产于花岗岩和奥陶纪灰岩接触带，是一个矽卡岩型、云英岩型相结合的复合矿床。矽卡岩矿物由符山石、石榴子石、角闪石等组成；金属矿物有黄铜矿、锡石、白钨矿、黑钨矿、毒砂、磁黄铁矿、黄铁矿、闪锌矿、方铅矿等	Sn 最高品位可达 5.9%		Dobson，1982
180	英国 Red-a-Ven 锡矿床		矿体产于花岗岩与早石炭世灰岩接触带的石榴子石矽卡岩中。金属矿物有锡石、马来西亚石、黄铁矿、黄铜矿、磁黄铁矿、毒砂等，伴生硅硼钙石、赛黄晶和电气石	Sn 品位 0.2%，最高可达 6.82%		Sharkaui et al.，1966
181	俄罗斯基捷利（Кителя）锡（铜、锌）矿床		共有三个矿化带，南矿带长 1900 m，延深 700 m，厚 430 m，矿化岩石为碳酸盐岩，锡矿化叠加在磁铁矿化之上	Sn 1.0%~1.5%	元古宙—晚古生代	Онихимовский，1979
182	乌兹别克斯坦恰甘坎（Чаганкан）锡（铜、铅、锌）矿床	乌兹别克斯坦南部	华力西期花岗岩侵入于前寒武纪变质岩和石炭纪火山沉积岩中，矿体产于接触带矽卡岩中	中型	晚古生代	Mitrofanov，1982.
183	日本新木浦锡多金属矿床	位于九州岛大分县	矿体产于花岗岩和古生代灰岩接触矽卡岩中。矿床以锡为主，并含有铜、铅、锌、钨、砷的多金属矿。金属矿物有斜方砷铁矿（大量）、毒砂、白钨矿、锡石、闪锌矿、方铅矿、黄铜矿、自然金、自然铋、碲铋矿等；矽卡岩矿物有硅灰石、透辉石、符山石、萤石等			桂林冶金地质所，1974
184	泰国 Laboo 锡（铜、铅、锌）矿床	亚拉府 E101°05′、N6°16′	含矿矽卡岩带长 250~7501 m，宽 11~15 m，延深 200~300 m	Sn 2.48×10^4 t，1.7%	晚三叠世	杜汉忠等，1987
185	泰国坦塔卢（Tam Talu）锡（铜、铅、锌）矿床	亚拉府 E101°05′、N6°16′	为含毒砂、黄铁矿、锡石的矽卡岩带，产于花岗岩和石灰岩的接触带；含矽卡岩风化后形成了铁帽	Sn 2.0%	晚三叠世	Schclla et al.，1981
186	泰国约克（Pinyok）锡（铜、锡、锌）矿床	亚拉府 E101°05′、N6°16′	在花岗岩与变质沉积岩的接触带有含锡矽卡岩产出，矿物组合主要为锡石、阳起石、磁铁矿、黄铜矿、闪锌矿和方铅矿等	Sn 1.5%	晚三叠世	Schclla et al.，1981

续表

序号	矿床名称	地理位置	矿床简要地质特征	储量和品位	成矿时代	参考文献
187	阿富汗 Tourmaline 锡多金属矿床	法腊比西 80 km E62°06′、N33°49′	矿体产于花岗岩和酸性火山岩接触带。矿化沿接触带长 3.5 km，有 8 个矿体，主矿体长 600 m，宽 3~50 m；伴生金属矿化有 Cu、Pb、Zn、Bi	Sn 0.24%	新生代（渐新世）	杜汉忠等，1987
188	阿富汗 Misgare 锡多金属矿床	法腊比北西 80 km E62°06′、N33°49′	矿体产于花岗岩和白垩纪砂页岩、灰岩接触带。矿化带长 2.5 km，宽 50~300 m，矿体在矽卡岩中断续分布，长一般 60 m，厚 4 m；伴生矿化除锡石化，还有 Cu、Pb、Zn	Sn 0.1%~0.48%	新生代（渐新世）	杜汉忠等，1987
189	澳大利亚 Moina 锡氟钨（Be、Zn）矿床	塔斯马尼亚岛	矿体产于花岗岩和奥陶纪灰岩、钙质粉砂接触带矽卡岩中。矽卡岩主要为条纹岩，由萤石-磁铁矿、符山石-锡石-白钨矿-冰长石等组成，还有硅灰石矽卡岩。矿体长 1 km，厚 100 m。矽卡岩中含 F 25%、Sn 0.6%、WO_3 0.5%、Be 0.2%、Zn 27.5%、Au 4.5%	Sn 4.5×10^4 t，0.15%	晚古生代	Kuak et al.，1981
190	澳大利亚 Sunny mount 锡（钨）矿床	位于昆士兰州北部	矿体呈脉状和不规则状产于花岗岩和灰岩的接触带内	大型，Sn 5.22×10^4 t，1%~2%	二叠纪	Gerett，1980
191	澳大利亚 The Hole 16（Mt Garnet）FSnW 矿床	北昆士兰	矿体产于花岗岩与古生代大理岩接触带；矽卡岩类型有块状石榴子石矽卡岩和条纹岩两类，条纹岩由磁铁矿-氟符山石+萤石或枪晶石±萤石和磁铁矿±尖晶石组成	Sn 0.2%，富 Sn 钙铁榴石含 Sn 平均 0.81%	二叠纪	Brown et al.，1984
192	澳大利亚赫伯顿（Herberton）锡矿床	昆士兰州北部	矿化产于花岗岩和古生代火山-沉积岩接触带附近；主要金属矿物有黄铁矿、黄铜矿、锡石、辉钼矿和辉铋矿等		二叠纪	Meleod，1980
193	中国个旧锡多金属矿床（田）	云南个旧市	这是世界上已知最大的锡多金属矿田，包括老厂、松树脚、马拉格、卡房和打磨山等矿床。矿体呈透镜状、筒状产于花岗岩和中三叠世灰岩接触带；金属矿化有一定分带性，以马拉格矿区为例，自黑云花岗岩体向碳酸盐岩围岩方向显示以下水平分带：W-Cu-（Sn）-Sn（Cu）Pb-Zn。矽卡岩既有钙矽卡岩也有镁矽卡岩，矽卡岩矿物有石榴子石、辉石、金云母、粒硅镁石、蛇纹石等；金属矿物主要有锡石、黄铜矿、黄铁矿、磁黄铁矿、白钨矿、硼钙锡矿等	超大型，Sn 170×10^4 t，0.41%~0.74%；Cu 1.3%；WO_3 0.11%~0.22%；Pb 2.21%~4.84%；Zn 2.73%~3.74%	晚白垩世（83 Ma）	赵一鸣等，1990
194	中国大厂锡矿床	广西南丹县	含矿矽卡岩呈透镜状、似层状产于花岗岩和泥盆纪灰岩接触带；矽卡岩主要为钙矽卡岩，矿物组合有石榴子石、辉石、符山石、硅灰石、透闪石、阳起石、斧石、萤石等；金属矿物有锡石、黄铜矿、黄铁矿、磁黄铁矿、闪锌矿、毒砂、辉锑矿等	超大型，Sn 95.88×10^4 t，0.42%~0.62%；Sb 27.67×10^4 t	晚白垩世（94~91 Ma）	陈毓川等，1985 王登红等，2004

续表

序号	矿床名称	地理位置	矿床简要地质特征	储量和品位	成矿时代	参考文献
195	中国香花岭锡铍多金属矿床	湖南临武县	矿体产于花岗岩和泥盆纪白云岩接触带，呈似层状、透镜状、脉状。矽卡岩矿物主要由石榴子石、透辉石、符山石、粒硅镁石、块硅镁石、阳起石、金云母等组成；矿区白云石大理岩中有一种特殊的条纹状交代岩，由氟硼镁石、金绿宝石、塔菲石、硅铍石、铁锂云母、锂云母、锂霞石等矿物组成，还含香花石，是重要铍矿石。金属矿物有锡石、黄铁矿、磁黄铁矿、磁铁矿、闪锌矿、方铅矿、黄锡矿、白钨矿等	Sn 为中型，1.08%~1.31%；Be 0.08%~0.42%	晚侏罗世（160~156 Ma）	赵一鸣等，2017b
196	中国锡田锡钨矿床	湖南衡阳东	矿体产于花岗岩和中泥盆世灰岩接触带，已发现锡多金属矿脉 30 多条。矿化类型主要为矽卡岩型，次为破碎带蚀变岩型和云英岩型；金属矿物有锡石、白钨矿、黑钨矿、黄铁矿、黄铜矿、闪锌矿、方铅矿、磁铁矿、磁黄铁矿、毒砂等	大型，Sn 19×10^4 t，0.3%~1.08%；WO_3 0.12%~1.08%	晚侏罗世（157~150 Ma）	姚远等，2013 马丽艳等，2008
197	中国野鸡尾锡多金属矿床	湖南郴州市	矿体呈脉状产于花岗岩外接触带中泥盆世灰岩破碎带，伴生 Pb、Zn、W、Bi 矿体	大型，Sn 0.365%	晚侏罗世（152 Ma）	毛景文等，1998
198	中国都龙锡多金属矿床	云南马关县	矿体产于花岗岩和寒武纪大理岩、片岩接触带矽卡岩中，伴生 Cu、Ag、Fe 矿化	锡为大型，Sn 0.2%~0.76%；Zn 1.86%~11.71%	晚白垩世（93.6~79.8 Ma）	赵一鸣等，2007 李进文等，2013
199	中国曾家垅锡矿床	江西德安县	矿体产于花岗岩与震旦纪灰岩、砂页岩接触带矽卡岩中	中型 Sn 0.78%	早白垩世（129 Ma）	赵一鸣等，2007
200	中国旗山锡矿床	广东罗定市	矿体呈似层状产于花岗岩与寒武纪灰岩接触带矽卡岩中	中型 Sn 0.78%		赵一鸣等，2007
201	中国谢空山锡矿床	广东乳源县	矿体产于石英斑岩外接触带泥盆纪—石炭纪灰岩、砂页岩的空间破碎带	中型 Sn 0.37%		赵一鸣等，2007
202	中国钦甲锡矿床	广西德保县	矿体呈似层状、透镜状产于黑云母花岗岩和寒武纪大理岩、角页岩接触带矽卡岩中；矽卡岩矿物有石榴子石、透辉石、阳起石、绿帘石等；金属矿物有锡石、磁铁矿、黄铁矿、黄铜矿、磁黄铁矿、毒砂等	中型 Sn 0.246%	早古生代	铁铜矿产专辑，1975
203	中国岔河韩家坪锡矿床	四川	矿体产于花岗岩与会理群大理岩、砂板岩接触带矽卡岩中	中型 Sn 1.18%	新元古代（882~790 Ma）	赵一鸣等，2007
204	中国新寨锡矿床	云南麻粒坡	矿体产于花岗岩与寒武纪片岩、大理岩接触矽卡岩中	大型 Sn 0.56%		赵一鸣等，2007

2. 矽卡岩类型及特征

矽卡岩主要为钙矽卡岩，上部则为条纹岩（磁铁矿-萤石矽卡岩）。矽卡岩带总长可达1 km，宽100 m左右。上部的玄武岩不含磁铁矿，而是富含磁黄铁矿和闪锌矿。

矽卡岩分为三类：①浅绿色辉石矽卡岩；②石榴子石-符山石-萤石±磁铁矿矽卡岩；③硅灰石矽卡岩。在所有矽卡岩中，双交代带是缺失的。辉石矽卡岩主要由细粒（小于0.2 mm）透辉石、钙铁辉石组成，二者的比为40∶60，含少量萤石和石榴子石。第二类矽卡岩产于靠近结晶灰岩处，直接覆盖于条纹状矽卡岩之上，石榴子石占有较大比重，石榴子石中含锡可达0.7%，伴生的符山石相对富Fe和F，绿帘石交代辉石、符山石和石榴子石。这类矽卡岩中含萤石和冰长石，还含少量磁铁矿、白钨矿和黄铁矿。以硅灰石为主的矽卡岩中，硅灰石含量可大于80%，含少量石榴子石、辉石、符山石和萤石，硅灰石矽卡岩可能是交代了较纯的灰岩。与其他矽卡岩一样，它富含F、Sn、Fe、W和Cl。

主要矽卡岩为暗色，条纹状，条纹宽达0.5 mm；Askins（1975）称为条纹岩。条纹状矽卡岩常和辉石矽卡岩互层，也在灰岩裂隙中产出。条纹构造与裂隙平行。磁铁矿是在暗色条纹中，符山石+萤石则是在浅色条纹中。局部有冰长石+萤石和辉石+石榴子石+萤石，组成浅色条纹。微量锡石特定地产于磁铁矿条纹内，还有微量富锡榍石、白钨矿和辉铋矿晶体散布在条纹岩中。辉钼矿、闪锌矿、黄铁矿、白钨矿、锡石、角闪石、辉铋矿、冰长石、黄玉和浊沸石产于细脉中。符山石中的Fe大于Mg，并含大量F。辉石在条纹岩中较少见；当它存在时，其成分为钙铁辉石。冰长石-萤石条纹岩中含锡较高（Sn大于0.4%）。富锡榍石中含Sn可高达6.31%。条纹状矽卡岩常被角闪石交代，并伴有磁黄铁矿、黄铜矿、闪锌矿等金属硫化物。

3. 金属元素组合的分布

在勘探工作过程中，大约分析了5000多件样品的Pb、Bi、Sn、Mo、Cu、Zn、Be、Au、Ag含量。元素分为两大类，即：①Be、F、Sn和Ag；②Zn、Cd、In、Ge、Au、Bi。这两组元素中相对于条纹岩来说是第一组，蚀变改造的属于第二组。W的分布可能是在不规则细脉中。第一组元素，即Sn、F、Be的浓度随着深度的增加而逐渐减少；而第二组元素，即Mo、Cu和Zn等则不稳定地遍布各处。

在矽卡岩中，Sn主要以锡石、含锡石榴子石（可高达0.7%）和富锡榍石的形式存在，其中，以固溶体存在于石榴子石的锡占45%，作为独立的锡石则占55%。锡石一般呈细小的包裹体（1.5~5 μm）产于石榴子石中，也见于条纹岩中的富磁铁矿条纹内。

二、中国云南个旧锡多金属矿床

个旧锡矿具有悠久的开采历史，是世界上已知最大的锡矿床之一，还伴生大量铜、钨、多金属和稀有金属。长期以来，有色金属总公司308地质队、云南锡业公司所属各地质队和有关科研单位、大专院校的许多同志，在本区进行了大量基础地质研究工作，积累了丰富的地质资料。赵一鸣等曾于1984~1986年，结合马拉格锡矿找矿方向研究，对个旧马拉格、老厂和松树脚等矿区的花岗岩和围岩蚀变进行了较系统的工作，并编写了有关研究报告。

（一）矿区地质概况

个旧矿区位于南岭E—W向复杂构造带、川滇S—N向构造带和NNE向构造的复合部位。以S—N向个旧大断裂为界分为东、西两区。东区为一NNE向复式背斜，包括北部的次级NW向马松穹窿和南部的NNE向老卡背斜。它们控制了东区燕山期酸性岩浆活动和锡多金属矿化（图9-1）。与成矿有关的花岗岩体大多侵位于穹窿状背斜的核部。该背斜与一系列E—W向、NE向断裂控制了东区的一些大型矿床，由南向北分别有卡房、双竹、老厂、芦塘坝和松树脚矿床。在马拉格、松树脚一带，穹窿背斜的轴向转为NW向，由北西向南东分布有北炮台、尹家洞、荷叶坝等穹窿，并控制着斑状花岗岩体及有关矿化。西区则由NE向复式向斜和NE向、E—W向断层控制着花岗岩、基性岩和碱性

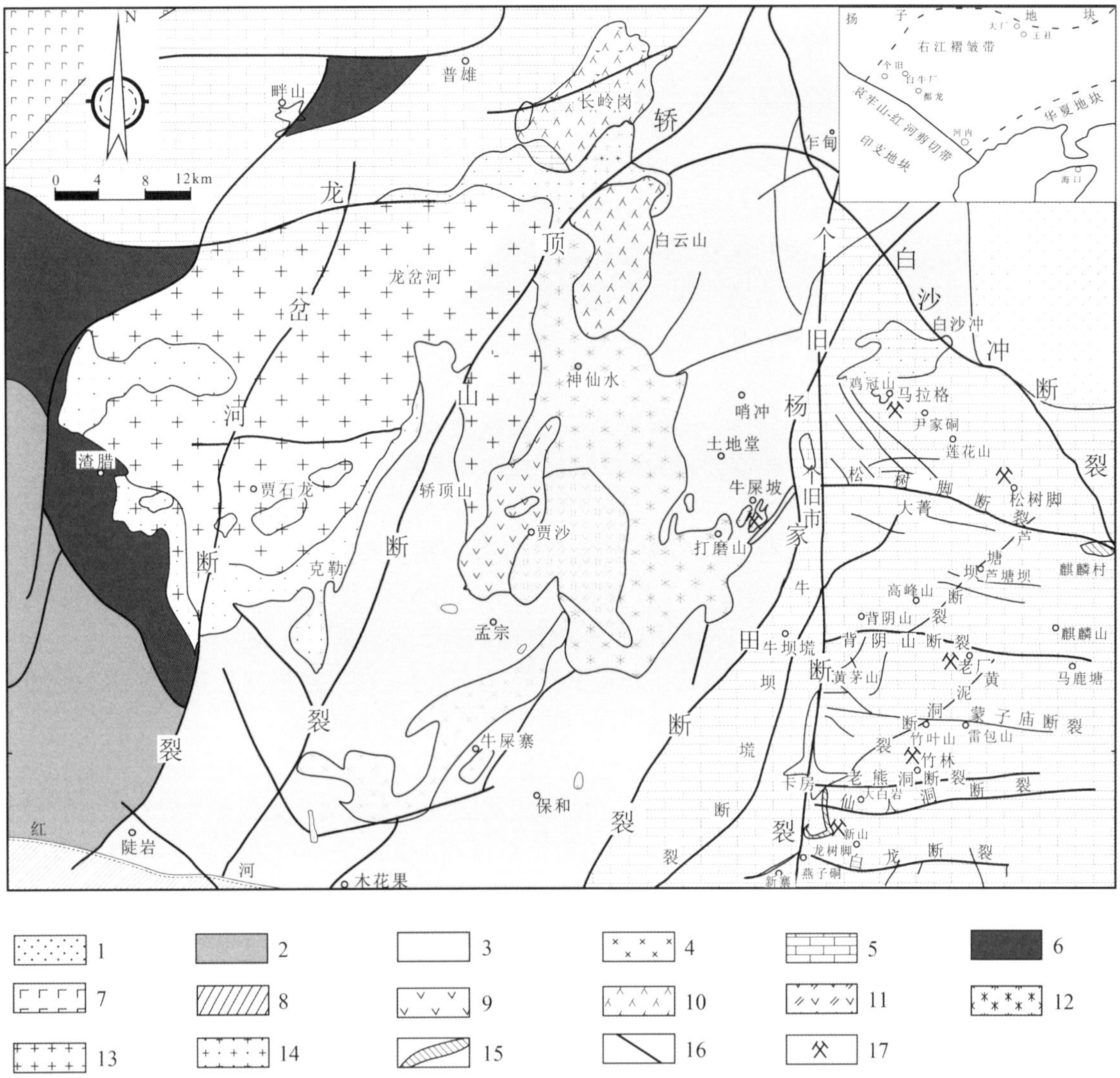

图 9-1 个旧地区地质简图及主要锡多金属矿床的分布图

（据毛景文等，2008，在 308 队 1984 年资料基础上修编而成）

1—第四系沉积物；2—上三叠统火把冲组板岩、砂岩、砂砾岩；3—中三叠统法郎组砂岩、页岩夹凝灰岩和玄武质熔岩；4—中三叠统法郎组玄武质熔岩；5—中三叠统个旧组碳酸盐岩；6—下三叠统紫红色砂岩夹绿色砂岩、泥灰岩；7—二叠纪峨眉山溢流玄武岩；8—哀牢山变质带；9—辉长岩；10—霞石正长岩；11—碱长花岗岩（原二长岩）；12—碱性花岗岩；13—斑状黑云母花岗岩；14—等粒黑云母花岗岩；15—辉绿岩墙；16—断层；17—主要矿床

岩体。花岗岩在西区出露面积较广，达 300 km^2 左右。在其接触带附近锡多金属矿化虽有广泛分布，但大多为小型或矿点。

矿田内出露地层主要是中三叠统个旧组（T_2g）碳酸盐岩和法郎组（T_2f）砂页岩夹泥质灰岩、白云岩等。个旧组为矿田的主要围岩地层，由灰岩、白云质灰岩、灰质白云岩和白云岩互层，局部夹薄层泥质灰岩，总厚度超过 1 km。在花岗岩接触带附近，上述碳酸盐岩围岩因受接触热变质作用，多重结晶变为各类大理岩或结晶灰岩（白云岩）。根据矿田内已有碳酸盐岩的化学分析资料，白云岩含 MgO 为 18.6%~20.98%，灰岩含 MgO 仅 0.04%~3.26%，白云质灰岩含 MgO 为 12.57%~17.33%。碳酸盐岩围岩含镁量的多少，对形成镁矽卡岩或钙矽卡岩提供了有利的围岩条件。

下三叠统飞仙关组（T_1f）和永宁镇组（T_1y）主要由泥岩、粉砂岩、砂质页岩和长石石英砂岩等组成，厚度达 581~846 m。在矿区西部和南部还有少量上三叠统零星出露，岩性为石英砂岩、砂质页岩、泥岩和粉砂岩等，夹 3~5 层透镜状烟煤（厚 0.1~3 m），该层总厚度可达 1000 余米。

广泛分布于矿区各地山间断陷盆地中的第四系，常赋存有重要工业意义的砂锡矿，尤其是在局部岩溶漏斗中，堆积厚度可达60~100 m，锡品位较富，矿床规模有中至大型。

（二）含锡花岗岩地质特征

本区中生代岩浆活动强烈，受断裂控制明显。以燕山期晚期的黑云母花岗岩侵入作用为主。按相对地理位置，人们习惯以个旧大断裂为界分成东西两区，西区岩体出露广泛，除大面积的黑云母花岗岩外，还有较早期侵入的基性岩和碱性岩伴生，大体沿 NNE 向或 NE 向侵位于中三叠统砂页岩及碳酸盐岩地层中。东区除白沙冲、北炮台和新山岩体零星出露外，均为隐伏岩体，沿 NNE 向的复式背斜核部侵位于中三叠统下部的灰岩及白云岩等碳酸盐岩地层中。

1. 岩石学特征

马拉格矿区内出露两个花岗岩体，南部为北炮台斑状黑云母花岗岩，出露面积为 0.065 km^2；北部为白沙冲等粒黑云母花岗岩，出露面积为 6.25 km^2。钻孔资料表明，它们在深部可能相连接，但二者的接触关系目前尚未查明。

根据花岗岩化学分析数据进行 C. I. P. W 标准矿物计算，其结果投影到国际地科联 1972 年推荐的火成岩分类图中，绝大多数样品皆落在二长花岗岩范围。其矿物上的特征是含有相近数量的石英（30%~38%）、斜长石（奥长石和钠长石共 26%~30%）、钾长石（32%~38%）和黑云母（<8%）。副矿物主要有磷灰石、榍石、锆石、磁铁矿和褐帘石等（<1%）。在接触带褪色花岗岩中普遍富集有大量的榍石和锡石，以及萤石和电气石，这可能与岩浆期后热液作用有关。

（1）斑状黑云母花岗岩

主要分布在马拉格和松树脚矿区内，此外，西区的龙岔河岩体也属此类。本类岩石以富含钾长石斑晶的似斑状结构为特征，其含量达 5%~20%不等，石英和斜长石斑晶次之，钾长石斑晶自形程度较高，大者达 1~4 cm，小者为 0.5 cm 以下，常见环带状、格状双晶和条纹结构。斑晶内往往包裹有长石（主要为斜长石）、石英和黑云母晶体，呈交代残留物出现，有时钾长石斑晶的不规则外缘与石英呈微文象结构，因此这种斑晶可能为交代成因的“变斑晶”。基质以全晶质中粒花岗结构为主，钾长石卡氏双晶常见，有时也具格子双晶和条纹结构，其成分为 $Or_{82.2\sim87.4}Ab_{12.3\sim17.2}An_{0.3\sim0.6}$；斜长石多呈长板状聚片双晶，有时具环带构造，经电子探针分析测定成分为奥中长石，核心部分 $An_{32\sim37}$，外环 $An_{26\sim29}$；黑云母呈浅黄-深褐色散布于整个基质中，其内常含有较多细小粒状的磷灰石、锆石、榍石和磁铁矿等包裹体。

深部资料证明，斑状黑云母花岗岩沿北西西向的马松穹窿轴部向下一直延续到松树脚一带，故前人把它称为马松岩体。尽管二者岩性变化不大，但由于岩体结构相上的变化和便于对比起见，下文称松树脚岩体为少斑黑云母花岗岩。

（2）等粒黑云母花岗岩

主要见于马拉格矿田北缘的白沙冲岩体和老厂矿田至卡房一带，以及西区的神仙水岩体。本类岩石发育有细粒和中粗粒两种岩石，但以中粗粒等粒花岗岩为主体，两者矿物成分和岩石化学特征近似，石英含量一般较高。岩石呈浅肉红色，钾长石为半自形-他形不规则状，具微细条纹和个别的环带构造，其 Or 端员分子较高，以富钾型微斜长石为主（$Or_{78.8\sim93.1}$）。斜长石较自形，经测定其成分主要为钠长石（$An_{1.3\sim8.3}$）。黑云母常呈零星碎片状分布，靠近接触带绿泥石化或白云母化强烈，并有大量的榍石和锡石等副矿物析出。岩石蚀变强烈，常见云英岩化、钾长石化、钠长石化和矽卡岩化。

2. 岩石地球化学特征

本区 4 个主要含锡花岗岩的化学成分：SiO_2 70.91%~76.34%，TiO_2 0.04%~0.27%，Al_2O_3 12.42%~14.79%，Fe_2O_3 0.19%~0.46%，FeO 0.59%~2.57%，MnO 0.03%~0.09%，MgO 0.12%~0.57%，CaO 0.45%~1.92%，Na_2O 2.76%~3.70%，K_2O 3.90%~5.40%，P_2O_5 0.04%~0.18%，H_2O 0.56%~0.74%。含锡花岗岩的分析数据和 C. L. P. W 标准矿物计算表明，这套岩石的绝大多数

样品中有标准刚玉分子，应属铝过饱和系列。岩石内含有几乎相等的 Q、Or 和 Ab。岩石化学成分与岩石类型的对比表明，等粒花岗岩的演化程度要高于少斑花岗岩和斑状花岗岩，而少斑花岗岩则介于斑状花岗岩之间，并稍微靠近斑状花岗岩一侧。等粒花岗岩不仅表现在富含硅质，CaO、MgO、（Fe_2O_3+FeO）相对贫化，而且富含碱质。

稀土元素特征分析资料表明，含锡花岗岩的 REE 含量是 134.6×10^{-6}~368×10^{-6}。稀土元素球粒陨石标准化分布模式从具负斜率的 LREE 模型弱 Eu 负异常和低而均一的 LREE 模型（斑状花岗岩）逐步分异演化为具极大的 Eu 负异常及平缓的模型（等粒花岗岩）。

3. 含锡花岗岩的演化

本区含锡花岗岩的岩石学和地球化学特征为讨论岩浆及演化提供了一定的依据。这些岩体侵位于中生界三叠系中，大量的岩石化学数据投在 Q-Or-Ab 图上绝大多数集中在同一岩石类型区，并显示出富碱的特点；副矿物种类大致相同，常见有磷灰石、榍石、锆石和褐帘石；稀土分布模式基本一致，均有明显的 Eu 负异常的“V”字形，痕量元素也是判别含锡花岗岩以及花岗岩起源的一种有益手段，据“个旧锡矿地质”研究表明，各类含锡花岗岩的 Sn、Pb、Li，Rb、Nb、Ta、U、F、Cl 含量均高于世界花岗岩的平均值，不同岩体锶同位素初始比值都较高；$(^{87}Sr/^{86}Sr)_i=0.7001\sim0.7142$（伍勤生等，1984），表明它们是同源岩浆。斑状和等粒花岗岩全岩和石英的氧同位素 $\delta^{18}O$ 值为 12%~15.28%，显示了 ^{18}O 含量高的特点，为含锡花岗岩的地壳重熔起源提供了又一佐证。因而，根据大量事实表明来自地壳较深部古老硅铝重熔岩浆可能是主要源区。

本区岩浆总的演化趋势是斑状花岗岩→少斑花岗岩→等粒花岗岩，其中前两者较接近。其化学成分显示出的岩浆分异作用的特征更为明显，并具有如下演化规律：

1）从岩体形成的同位素年龄值看，马拉格、松树脚斑状花岗岩体生成较早，为 103~100 Ma；而白沙冲和老厂的等粒状花岗岩体形成稍晚，为 96~81 Ma；反映了东区含锡花岗岩的多阶段演化特征。

2）造岩矿物石英含量由斑状花岗岩向等粒花岗岩逐渐增多；钾长石中的 Ab 分子逐渐减少，Or 分子不断增加，表明了分异程度的升高；斜长石由奥中长石变为钠长石。

3）分异指数（*DI*），从斑状花岗岩→少斑花岗岩→等粒花岗岩相应为 85→87→95，晚期等粒花岗岩分异程度更加彻底。SiO_2、Na_2O 随 *DI* 而增高，这与岩石中有较多的石英和斜长石，以钠长石为主相吻合。

4）成矿元素及挥发组分 Sn、Be、Nb、Ta、Li、Rb、U、F、Cl、B 逐渐增高，而 Zr、Th 则趋于减少。

5）稀土元素也显示连续性变化。REE 总量由高变低，∑Ce 趋于减少，向中-重稀土富集，而且 Eu 负异常也出现有规律的变大。

4. 花岗岩的含锡性及其与成矿关系

（1）花岗岩全岩的锡含量

奥尼什和桑德尔（1957）估算花岗岩中的锡平均丰度约 3×10^{-6}，哈古奇和库罗达图（1970）再次在这方面工作，总结出花岗岩的锡含量介于 2×10^{-6}~4×10^{-6} 之间。综合分析个旧东区花岗岩的含锡量及前人研究的大量花岗岩平均锡含量，结果表明，78 件全岩样品锡平均丰度为 19.7×10^{-6}，比克拉克值高出 5~6 倍。与塞恩斯伯里等（1968）报道的美国阿拉斯加西部西沃德半岛锡矿带的含锡花岗岩平均锡含量（$Sn=20\times10^{-6}$）和拉蒂根（1963）发现的澳大利亚东部和北部的含锡花岗岩中的平均锡含量（$Sn=20\times10^{-6}$）非常近似。

花岗岩中的氟一般为 0.08%，主要赋存在黑云母和磷灰石中。在岩浆结晶分异演化的晚期，氟替代云母中羟离子的数量是有限的，因此残余岩浆进一步富氟。由于锡与氟具有地球化学亲合性，含锡花岗岩中的氟通常大于 0.08%，大多数在 0.1%~0.3%之间。本区斑状花岗岩的氟含量为 0.16%~0.2%，等粒花岗岩的氟高达 0.39%，氟的增值显示了锡的富集，因此，在个旧矿区它作为含锡花岗岩的一种地球化学指示剂是可行的。

(2) 造岩矿物中的锡含量

大量薄片观察表明，在个旧东区含锡花岗岩中黑云母内确实存在着许多细小的锡石、榍石等副矿物包裹体，当黑云母遭到绿泥石或白云母化时，其程度越强烈，析出的含锡矿物就较多。为了进一步搞清这一问题，我们用电子探针对斑状和等粒花岗岩内蚀变的黑云母进行微区分析，结果未能测得锡的含量。但黑云母的单矿物化学分析表明，含 SnO_2 可达 0.002%~0.037%。因此，我们推测，黑云母单矿物化学分析的锡含量较高的原因，可能主要是由于黑云母解理中有一些细小的含锡副矿物包裹体所引起的，部分锡可能是以类质同象进入黑云母晶格内。

另外，花岗岩内的斜长石含有一定量的锡，SnO_2 含量平均可达 0.03%，而钾长石则完全不含锡。对于含锡花岗岩中斜长石作为锡元素的载体目前在国内外很少有过报道，我们对这方面的研究工作还做的不多，仅作为一个问题提出，值得今后注意。

（三）矿化特征

个旧的矿床类型较为复杂，包括花岗岩体顶部的云英岩型锡、铍（铌、钽）矿床，产于接触带的透镜状镁矽卡岩型或钙矽卡岩型铜锡矿、铜矿或锡矿、铜钨矿床，主要产于外接触带碳酸盐岩围岩中呈管状、柱状、透镜状、似层状和脉状出现的高中温热液交代型锡石-多金属硫化物矿床、含钨锡铍电气石细脉交代矿床以及含锡白云岩型矿床（图 9-2 至图 9-4）。上述不同类型矿床，在空间上大致围绕花岗岩侵入体隆起，从岩体向碳酸盐岩围岩方向呈现一定规律性的分布，构成了一个与燕山期含锡花岗岩侵入活动有成因联系的锡、钨多金属交代矿床类型组（成矿系列），各类矿化在空间上显示较明显的分带性，以马拉格矿区为例，自斑状黑云母花岗岩体向碳酸盐岩围岩方向显示以下水平交代矿化分带（图 9-2）：W→Cu（Sa）→Sn、Cu→Sn、Pb→Pb，Zn。其中，白钨矿化产于内接触带钾长石交代岩带或矽卡岩中，铜（锡）矿化主要产于接触带矽卡岩，而其他三个矿化分带则产在交代碳酸盐岩围岩的管筒状矿体中，反映了随着与接触带距离的增大，成矿温度逐渐递减的趋势。全矿区的矿石品位：Sn 0.41%~0.74%，Cu 1.3%，WO_3 0.11%~0.22%，Pb 2.21%~4.84%，Zn 2.73%~3.74%。

（四）含矿交代建造和交代系列

在个旧矿区已发现 6 个含矿交代建造，即：①钙矽卡岩建造；②镁矽卡岩建造；在这两个矽卡岩建造之上叠加有 Sn、Cu、W、（S、As、Bi，Fe、Au）矿化；③碱质交代岩建造，伴生 W、Sn、Be 矿化；④云英岩建造，伴生 Sn、W、（B、Li、Nb、Ta、TR）矿化；⑤氟硼质交代岩建造，伴生 Sn、W、（Be、Li）矿化；⑥碳酸盐-萤石-石英交代岩建造，伴生 Sn，W 和多金属硫化物矿化。每个交代建造包含有特定的交代相（交代矿物组合），所有上述含矿交代建造虽产于不同的地质环境，但在成因上、时间上和空间分布上相互有着密切的联系，显示了各种明显的交代分带性，共同构成一个较特殊的交代系列。

下面对这 6 个交代建造的地质特征作简单介绍。

(1) 钙矽卡岩建造

钙矽卡岩在个旧矿区一般见于花岗岩与大理岩的内、外接触带，呈透镜状、似层状、脉状和不规则团块状等产出。矽卡岩体的厚度大小和接触带的产状形态关系较密切。厚度较大的矽卡岩体多产于碳酸盐岩围岩向花岗岩凸入的部位，当接触带产状较平缓时，矽卡岩的厚度通常不大。

内、外带矽卡岩在矿物组成和化学成分等方面有较明显的差别，交代花岗岩的内矽卡岩包括方柱石相、基性斜长石（$An_{52\sim82}$）相、符山石-石榴子石相、绿帘石相等，其中常有可能找到榍石、磷灰石、锆石或褐帘石等副矿物，岩石化学成分以相对富铝为特点；交代灰岩（大理岩）的外矽卡岩有钙铁榴石相、透辉石-钙铁辉石相、硅灰石相、石榴子石-辉石相等，一般不存在榍石、磷灰石、锆石和帘石类矿物，化学成分相对贫铝富钙表明铝在钙矽卡岩形成过程中基本上是惰性的，没有发生显著的迁移。

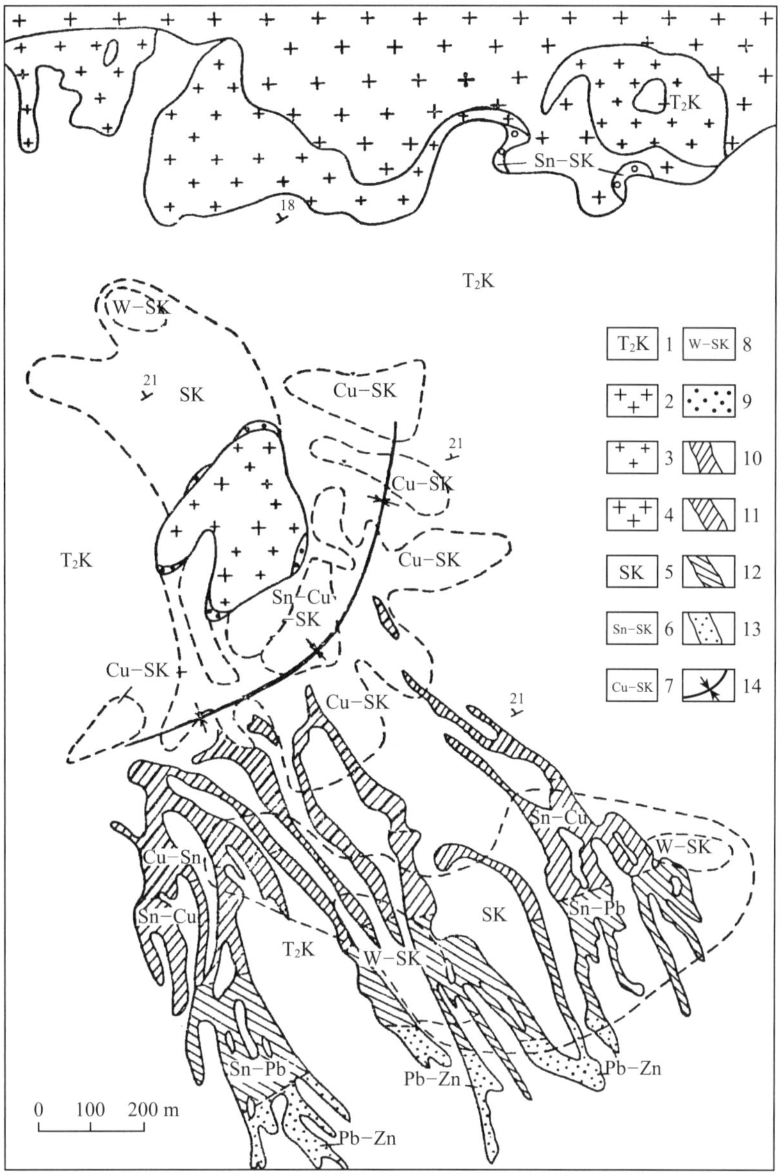

图 9-2　云南个旧马拉格锡矿地质略图

（据云锡公司地质队和冶金 308 地质队资料改编）

1—灰岩和白云质灰岩互层；2—中-粗粒花岗岩；3—细粒花岗岩；4—斑状黑云母花岗岩；5—隐伏矽卡岩体地表投影；6—锡矿化矽卡岩体地表投影；7—隐伏铜矿化矽卡岩体地表投影；8—隐伏钨矿化矽卡岩体地表投影；9—褐铁矿化矽卡岩；10~13—氧化的锡石-多金属硫化物交代矿体地表投影：其中 10—Cu-Sn 矿体，11—Sn-Cu 矿体，12—Sn-Pb 矿体，13—Pb-Zn 矿体；14—向斜轴

按形成温度，硅灰石相、基性斜长石相和方柱石相最高，符山石、石榴子石相、辉石-石榴子石相、辉石相和钙铁榴石相次之，阳起石相、硼角闪石相和帘石相等相对较低。

需要指出的是，在打磨山含锡钙矽卡岩中，还见有较特殊的条纹状萤石-符山石-磁铁矿交代岩，条纹系由磁铁矿和萤石-硼符山石相互层组成，其中磁铁矿条纹宽约 0.2 mm，萤石-硼符山石条纹宽 0.2~1 mm 不等。这类条纹状交代岩和福建马坑和湖南香花岭等矽卡岩矿床中的“条纹岩”，无论在矿物共生组合和结构构造特征方面均十分相似。它们是富含挥发分氟硼的含矿流体交代碳酸盐岩围岩的产物。另一个特点是这类条纹状交代岩含 Sn 偏高，可达千分之几。

（2）镁矽卡岩建造

镁矽卡岩主要见于花岗岩和镁质大理岩的接触带，也有在镁质大理岩中呈筒状（管状）体产出

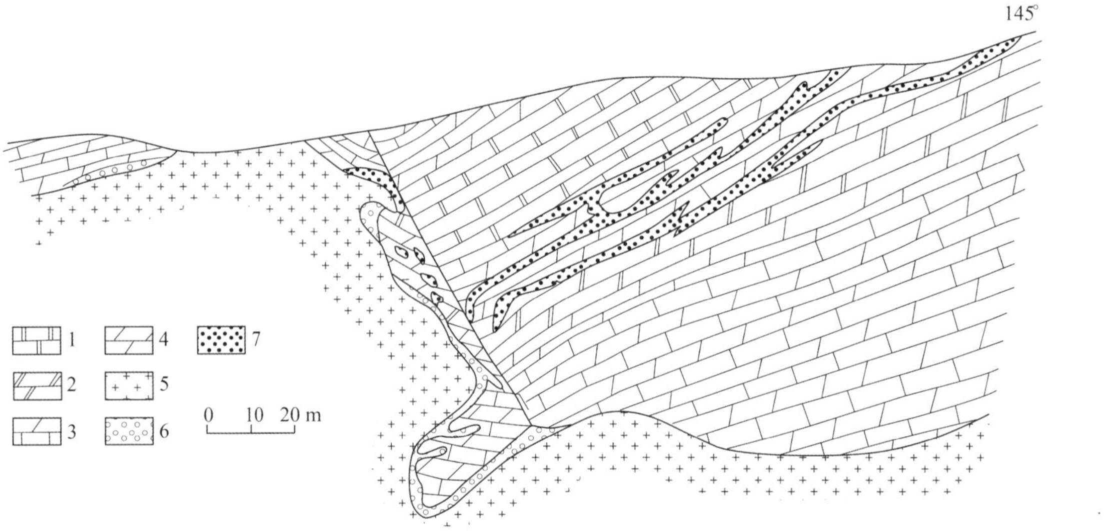

图 9-3 个旧马拉格锡-多金属矿床地质剖面

（据西南地勘公司 308 地质队资料）

1—灰岩，夹不规则灰质白云岩；2—白云岩；3—白云质灰岩、灰质白云岩互层；4—白云岩；5—斑状黑云母花岗岩；6—矽卡岩铜（锡、钨）矿体；7—锡多金属氧化矿体

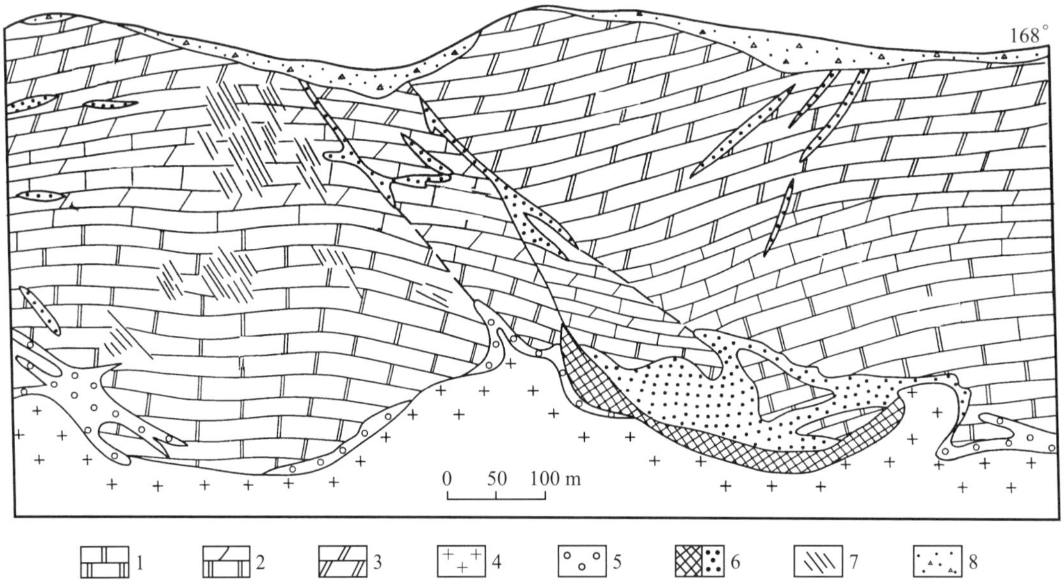

图 9-4 个旧老厂锡-多金属矿床地质剖面

（据西南地勘公司 308 地质队资料简化）

1—大理岩或灰岩；2—白云岩和灰岩互层；3—白云岩；4—中-细粒花岗岩；5—矽卡岩；6—锡石-硫化物矿体和氧化矿体；7—含矿电气石交代岩；8—浮土

的。其主要矿物相有透辉石相、透闪石相、金云母相、镁橄榄石相、粒硅镁石相和直闪石相等，从上述交代相中可以看出，本区的镁矽卡岩大多形成于岩浆期后阶段，但也存在少量岩浆期镁矽卡岩，其证据有二：其一，在一些岩浆期后镁矽卡岩的薄片中，还保留少量残余的尖晶石；其二，在部分变镁矽卡岩邻近的镁质大理岩中发现有镁橄榄石“斑花大理岩”，但本身镁矽卡岩带已被改造成为绿色云母-萤石-石英交代岩。镁矽卡岩带被氟硼质交代岩和其他含水硅酸盐矿物所交代，不同镁矽卡岩矿物的交代产物各异，一般规律是镁橄榄石和粒硅镁石→蛇纹石、透辉石+透闪石或韭闪石→滑石、金云母→镁绿泥石。矿化在不同镁矽卡岩中也不相同，在透闪石透辉石矽卡岩中，钨锡矿化和硫化物矿

化大多为浸染状；而在粒硅镁石矽卡岩中，一般形成块状硫化物或锡石-多金属硫化物矿石。

（3）碱质交代岩建造

与花岗岩类有关的碱质交代岩在个旧矿区较发育，大致可分为钾质交代岩和钠质交代岩两类（不包括西区与碱性岩有关的交代岩）。

钾质交代岩包括钾长石交代岩、绢云母化钾长石交代岩和绢云母化花岗岩等，主要见于马拉格和松树脚矿区矽卡岩旁侧的花岗岩中，宽度一般为数米到十余米。斑状黑云母花岗岩遭受钾质交代作用后，明显褪色，暗色矿物黑云母等消失，石英也大量减少，几乎变成单矿物钾长石交代岩，仅含少量石英、钠长石、萤石、方解石金属硫化物和微量磷灰石、锆石、榍石和褐帘石等副矿物。在新鲜花岗岩中，钾长石常有钠长石细纹，为条纹长石。新生的钾长石卡氏双晶发育，等粒状，粒度一般为1~2 mm。对钾长石的旋光性和成分研究表明，无论是花岗岩或钾长石交代岩中的钾长石均属单斜正长石，而不是微斜长石或透长石，但交代成因钾长石的有序度比岩浆成因的要小，Or分子含量也较低。绢云母化是明显叠加在钾长石交代岩或斑状花岗岩之上的，形成绢云母-钾长石交代岩，有时和碳酸盐化伴生，成为方解石-绢云母交代岩。钾质交代岩常伴有白钨矿化、锡石矿化，往往可达到工业开采的要求，这是今后在评价和开采利用时应注意的问题。在老厂矿区，钾长石交代岩有时呈脉状沿碳酸盐岩围岩裂隙产出，常含绿柱石、辉钼矿、萤石和电气石等交代矿物。

钠质交代岩的组成矿物有钠长石、石英和方解石，常叠加云英岩化或电气石化，因此，往往伴生白云母（绢云母）、萤石、电气石等交代矿物。这类交代岩在老厂矿区特别发育，在花岗岩突起附近宽度可达数十米之多。和钾质交代岩一样，岩石外表明显褪色，是由于暗色矿物分解的结果。钠质交代岩主要伴生锡石和铌钽矿化。

（4）云英岩建造

云英岩化是超酸性花岗岩的特征性高温热液交代产物，主要见于老厂、卡房和牛屎坡等地花岗岩顶部，常和钠长石化伴生。本区云英岩的组成矿物主要为白云母、石英、萤石，含少量钠长石、锡石、白钨矿、黑钨矿、辉钼矿等，伴生矿化有Sn、W、Be、Nb、Ta、Li等。被交代原岩不同，云英岩的矿物组合也有差别，交代花岗岩和碱质交代岩的云英岩一般由石英、白云母和萤石组成，而交代矽卡岩和碳酸盐岩围岩的云英岩主要由云母和萤石组成，云母的成分大致介于白云母和金云母之间。

（5）氟硼质交代岩建造

这是一套富含氟和硼等挥发组分作用下形成的高中温热液交代岩，大致可分为含电气石的和不含电气石的两类。前者主要见于老厂，呈细脉群产于花岗岩和碳酸盐岩围岩中，后者发育在打磨山地区的矽卡岩中。打磨山地区不含电气石的氟硼交代岩大多叠加在外带钙矽卡岩之上，呈不规则团块、网脉、细脉等产出，组成矿物有萤石、斧石、赛黄晶、硅硼钙石、鱼眼石、硼钙锡矿、水镁锡矿、水锡矿、白钨矿、自然铋等，如果进一步扩大，可考虑到把硼角闪石和灰枪晶石也包括进来。被交代的钙矽卡岩有方柱石矽卡岩、基性斜长石交代岩、含锡钙铁榴石矽卡岩、硅灰石矽卡岩、辉石-石榴子石矽卡岩和硼符山石矽卡岩等。

氟硼质交代岩的形成时间比云英岩稍晚，和云英岩一样，也属于酸性淋滤作用阶段的产物。

（6）碳酸盐-萤石-石英交代岩建造

这类交代岩产于马拉格、老厂、松树脚、卡房等矿区，主要呈筒状、管状、脉状、条状和不规则状产于花岗岩接触带附近的碳酸盐岩围岩中，受围岩的层面裂隙或两组不同方向裂隙的交汇处所控制。组成矿物有石英、萤石、方解石、白云石、菱铁矿、绿色云母（含铁金云母）、阳起石、镁绿泥石、锡石、白钨矿和多金属硫化物等。根据其矿物共生组合特征以及某些残留的矽卡岩矿物等可以看出，这类交代岩有相当一部分是改造矽卡岩的热液交代产物，当然也有是直接交代碳酸盐岩围岩的，含矿交代岩和碳酸盐岩围岩之间界面很截然，但形态很不规则，在邻近的碳酸盐岩围岩中，仅见少量硅化和铁锰碳酸盐化。在马拉格矿区，由于强烈的次生淋滤作用，含矿交代岩遭到氧化、淋滤和改造，成为氧化矿体，原生矿已保留很少，主要组成矿物为褐铁矿、针铁矿、水赤铁矿、赤铁矿，次为白铅矿、水锌矿、菱锌矿、硅锌矿、孔雀石、蓝铜矿、自然铜、锡石、高岭石、重晶石、方解石、白云石和石英，有少量异极矿、水铟石和锌日光榴石等少见矿物。

上述六个交代建造在成因上和生成时间上，均属于统一的花岗岩岩浆期后气成热液作用演化的产物，其中大部分碱质交代岩、钙矽卡岩和镁矽卡岩形成于岩浆期后的早期碱性阶段，矿化作用大多是叠加在这些交代岩之上的，云英岩、氟硼质交代岩和石英-萤石-碳酸盐交代岩则先后形成于酸性淋滤作用阶段，矿化作用属于伴生性质的。因此，我们把它们当作一个统一的交代系列，即与花岗岩类有关的锡、钨、铜、铅、锌（Be、Li、Au、Nb、Ta）交代系列来考虑（赵一鸣等，1985）。

（五）矽卡岩和有关交代岩的矿物成分

个旧锡多金属矿田的交代矿物十分丰富，并具有特色。我们通过对马拉格矿田的深入研究，发现了一批较罕见的交代矿物，包括赛黄晶、灰枪晶石、硼符山石、硅硼钙石、尖晶石、鱼眼石、韭闪石、葡萄石、直闪石和镁绿泥石等，其中灰枪晶石、赛黄晶、硼符山石在国内是首次发现，灰枪晶石是十分罕见的矽卡岩矿物，而硼角闪石则属于角闪石的一个新变种。此外，我们还在老厂矿区确定了氟硼镁石的存在。

下面我们选择几种较重要的交代矿物的特征和成分加以叙述。

（1）石榴子石

石榴子石是个旧矿区分布较广的一种钙矽卡岩矿物。在马拉格矿田，石榴子石主要分布于打磨山和外围矿段的某些花岗岩接触带。石榴子石可以单独组成矽卡岩带，也常和辉石、硼符山石、硅灰石等矽卡岩矿物共生，并可叠加各种晚期的氟硼质交代矿物，如萤石、赛黄晶、石英等。

通过对打磨山、松树脚和老厂等地石榴子石大量的电子探针分析，确定了它们的基本成分和含锡性，分析结果表明本区矽卡岩中的石榴子石属于钙铝-钙铁石榴子石系列（$Ad_{19.6\sim98.3}Gr_{0.01\sim72.3}$）锰铝榴石分子含量不高（$Sp_{0.4\sim5.5}$）。在石榴子石中普遍含 Sn，Sn 主要富集在打磨山矿段的钙铁榴石中，含 SnO_2 最高可达 1.97%，最低为 0.66%，平均 1.03%；松树脚和老厂的石榴子石大多属钙铝榴石，SnO_2 平均含量只有 0.24%。

对比石榴子石的含铁率和含锡性可以看出，总的趋势是石榴子石中钙铁榴石分子含量愈高，其含锡量也相应增高，这一特点和我们所收集的国外部分含锡石榴子石的资料是大体一致的。对含锡石榴子石进行电子探针扫描结果表明，锡在石榴子石中呈均匀的分散状质点，未发现有含锡的富集区。

（2）辉石

辉石也是个旧矿区分布最广的矽卡岩矿物之一，不仅广泛发育于镁矽卡岩中，而且还在钙矽卡岩建造大量产出。镁矽卡岩中的辉石主要是透辉石，见于马拉格和松树脚等矿区，一般组成单矿物透辉石，但常被透闪石所交代，见于马拉格和松树脚等矿区，钙矽卡岩中的辉石主要为钙铁辉石，见于马拉格矿区外围、打磨山和老厂等地，石榴子石是经常共生的主要矿物，有时还有符山石等。可见，个旧矿区矽卡岩中的辉石主要属于透辉石-钙铁辉石系列（$Hd_{5.6\sim82.5}Di_{11.4\sim93.6}$），钙锰辉石分子的含量不高（$Jo_{0.7\sim14.7}$）。

（3）硅灰石

硅灰石在个旧矿区分布不广，主要见于打磨山白沙冲花岗岩体南接触带的局部地段。它属于岩浆期后早期高温的钙矽卡岩矿物，与其共生的矿物有石榴子石、辉石和符山石等，常被较晚期的枪晶石、硅硼钙石、萤石、白钨矿和鱼眼石等矿物所交代。硅灰石外表灰白色，呈放射状集合体，$2V(-)=39°$。

（4）方柱石

方柱石在个旧的几个主要矿区均能见及，主要产于花岗岩内接触带，形成方柱石矽卡岩、透辉石-方柱石矽卡岩或斜长石-方柱石矽卡岩。

（5）硼符山石

硼符山石产于个旧打磨山矿段花岗岩接触带的钙矽卡岩中，共生矿物有含锡石榴子石、辉石、萤石，还伴生磁铁矿和硼钙锡矿等。硼符山石外表呈放射状集合体，晶体为四方柱，具鲜绿色至黄绿色。单矿物化学分析结果表明，硼符山石化学成分的特点是富含硼和氟，B_2O_3 的含量可高达 2.75%，F 达 1.99%，此外，还含少量 Cl、Sn 和 Be。折光率 $N_o=1.708$，$N_e=1.704$。

关于符山石的含硼问题，在矿物学文献中已有过报道，例如 Oftedal（1964）曾报道挪威的符山石含 B_2O_3 0.04%～2.5%，柯基挪（1968）报道过苏联诺里斯克地区的符山石含 $B_2O_3$1.10%～1.22%。但硼符山石在我国还属首次发现。

有关硼在符山石结构中的占位问题，有人认为 B 替代了 OH^-、F^-，也有人认为 B 能替代 A1，但不能进入 SiO_4 四面体。达钦柯（1968）认为在 Si—O 四面体中有少量结构空位。从个旧打磨山的硼符山石化学成分及换算后的结晶化学式情况看，硼似乎不大可能替代 OH^-，F^-，而是替代了 SiO_4 四面体或 A1，因为 OH^-，F^-未见有亏损现象，当然，要进一步确定硼在符山石结构中的占位问题，还有待进一步进行单晶衍射分析才有可能。

（6）硼角闪石

硼角闪石产于个旧打磨山含锡钙矽卡岩旁侧内接触带的氟硼质交代岩中，与斧石共生。矿物外表为长柱状，横切面为菱形，暗绿至绿黑色。在单偏光下具有鲜艳的蓝绿色，多色性明显：N_g—深蓝绿色，N_m—蓝绿色，N_p—淡黄绿色，吸收异向性强；$N_g>N_m>N_p$；干涉色为二级蓝绿。消光角 $C\wedge N_g=20°$，折光率：$N_g=1.695$，$N_m=1.689$，$N_p=1.673$；（-）$2V=63°$（计算值）。

根据国际矿物学会新矿物及矿物命名委员会通过的闪石分类方案（Leake，1978），该角闪石的成分落在亚铁-钙镁闪石（ferrotschermakite）区内，因此，进一步命名为硼亚铁-钙镁闪石。我们查阅了大量国内外地质文献，未见有角闪石含硼的报道，而且在个旧发现的硼角闪石含硼又如此之高。初步认为该硼角闪石应属于角闪石的一个新变种，至于是否为新矿物，有待进一步工作才能确定。

（7）灰枪晶石

灰枪晶石发现于马拉格矿田白沙冲花岗岩体南部接触带的钙矽卡岩中。这里的矽卡岩主要由钙铁榴石、辉石、符山石和萤石组成，含少量硼钙锡矿、磁铁矿，局部还有赛黄晶。在矽卡岩的尖灭部分矿物组合有很大变化，除为钙铁榴石、符山石、透辉石和萤石外，还有较多的硅灰石、硅硼钙石和少量白钨矿、鱼眼石等，枪晶石就产在这类矽卡岩中。

肉眼观察，灰枪晶石为浅肉色-浅棕色。单偏光下无色透明，可见近似菱形的切面。其最大的特点是正交偏光下发育与酸性斜长石相似的聚片双晶，干涉色一级黄，垂直聚片双晶的切面上测得对称消光角为 6.5°，即 $C\wedge N_p=6.5°$，二轴晶，正旋光性。

用油浸法测得灰枪晶石的折光率为 $N_g=1.604$，$N_m=1.595$，$N_p=1.592$，灰枪晶石的折光率色散十分明显 $\gamma>\nu$，和赛黄晶的折光率色散正好相反。用扭力天平在四氯化碳液体中所测的矿物比重为 2.87。其光轴角经在费氏台上测定，（+）$2V=62°$。光轴角有明显的色散。

在薄片中枪晶石常交代硅灰石，说明其生成比硅灰石要晚，但本身枪晶石又被硅硼钙石和方解石所交代。

灰枪晶石（custerite）是十分罕见的矿物，首次于 1913 年发现于美国爱达荷州的花岗斑岩和灰岩捕虏体的接触带，是由翁布来巴、夏莱尔和拉尔逊发现的。这些学者对矿物进行了化学分析以后，认为其分子式应为 $Ca_4Si_2O_7(F,OH)_2\cdot H_2O$。与灰枪晶石伴生的矿物有透辉石、石榴子石和磁铁矿。从个旧打磨山所发现的枪晶石的资料可以看出，矿物中 OH 的含量较高，结晶化学式和一般枪晶石有一定区别，应属灰枪晶石。灰枪晶石在我国是首次发现。

（8）赛黄晶

赛黄晶产于个旧白沙冲花岗岩体南部接触带打磨山地区的钙矽卡岩中，色散十分明显。矿物相对密度经测定 $D=2.99$。钙铁辉石和萤石等矿物伴生。在其旁侧的矽卡岩中还有硅灰石、符山石、硅硼钙石、硼钙锡矿、枪晶石等矿物产出，赛黄晶经常交代辉石和石榴子石。因此，它的生成时间比上述矽卡岩矿物要晚一些。

肉眼观察，矿物为酒黄色；镜下无色透明，无解理，干涉色较低，一级灰，平行消光，正延长，二轴晶正旋光性，光轴角很大，（+）$2V=88°$，光轴角色散明显。矿物折光率测定结果：$N_g=1.644$，

$N_m=1.638$，$N_p=1.634$。折光率油在应用时曾用阿贝折光仪作了检验。赛黄晶的折光率色散十分明显。

赛黄晶在国内地质文献中未见有公开详细的报道，因此，在我国是首次发现。但应该指出，在国外的一些含硼矽卡岩型锡矿床中，赛黄晶已有多次报道（Alcksandrov，1974）。由此推测，在我国的一些钙矽卡岩型锡矿床（如广西大厂等）也可能有赛黄晶产出，因为那里早已发现有硅硼钙石、电气石、斧石等含硼硅酸盐矿物。长期以来我国之所以未能发现赛黄晶的原因，可能是由于它在镜下和石英比较相似，因此，往往容易被人们所忽略。

（9）粒硅镁石

粒硅镁石是马拉格矿区镁矽卡岩的重要组成矿物之一，产于花岗岩和镁质大理岩的外接触带，或为筒状锡石-硫化物矿体根部的主要脉石矿物。其生成比透辉石矽卡岩要稍晚一些，可与透闪石共生。粒硅镁石矽卡岩经常伴生多量黄铜矿、黄铁矿、磁黄铁矿等金属硫化物，局部还有少量闪锌矿。

粒硅镁石在正交偏光下显示清晰的聚片双晶 $C \wedge N_p=30$，其化学成分的特点是含多量 F（6.58%），少量 B_2O_3（0.23%）和 SnO_2（0.18%）。

（10）透闪石

广泛发育于马拉格和松树脚等矿区的透辉石矽卡岩中，常呈放射状集合体，程度不等地交代透辉石矽卡岩，形成透闪石-透辉石矽卡岩。对马拉格矿区一个透闪石样品进行化学分析表明，含铁较低（FeO 2.29%），也含少量硼（B_2O_3 0.068%）。

（11）金云母

金云母也是镁矽卡岩的重要组成矿物之一，产于马拉格、老厂、松树脚等矿区内带镁矽卡岩中，或呈脉状产于白云岩裂隙带。与金云母伴生的矿物主要有萤石、白钨矿、白云石和方解石等。有时还有石英。

在单偏光下金云母具淡绿色至深绿色。单矿物化学分析结果表明，FeO 和 F 的含量偏高（FeO 8.66%~11.25%，F 3.46%~4.86%）。除马拉格的一个样品仍可考虑列为金云母外，老厂的两个样品应属于含铁金云母。

（12）斧石

斧石主要见于打磨山花岗岩内接触带交代岩中，常交代方柱石矽卡岩，而与硼角闪石、石英等矿物共生。在标本上斧石呈似板状集合体，切面呈楔形，外表为棕色，略带淡紫色，二轴晶，负光性，$2V(-)=74$，具异常干涉色并发育双晶。X 光粉晶衍射分析，求得斧石的晶胞参数：$a_0=8.987$ Å，$b_0=9.208$ Å，$c_0=7.169$ Å。

（13）硅硼钙石

硅硼钙石的产出地质位置和枪晶石相同，即见于打磨山花岗岩接触带的钙矽卡岩中，常呈细网脉交代硅灰石或符山石，在正交偏光下具有很高的干涉色（三级顶部）。用油浸法测得其折光率为$N_g=1.670$，$N_m=1.661$，$N_p=1.627$，$N_g-N_p=0.043$；在费氏台上测得 $2V(-)=74°\sim76°$。

（14）鱼眼石

鱼眼石和枪晶石、硅硼钙石产于同一地质部位，呈细脉状产于钙矽卡岩中，是较晚期形成的交代产物。单偏光下鱼眼石无色，等粒状，一轴晶，正光性，干涉色很低，为一级灰色。

（15）硼钙锡矿

硼钙锡矿是前人已发现的少见含硼锡矿物，也产于打磨山含锡钙矽卡岩中。伴生矿物有含锡石榴子石、辉石、硼符山石和萤石等。硼钙锡矿的生成时间较上述矽卡岩矿物稍晚。

（六）交代岩分带及其与矿化的关系

本区产于花岗岩和碳酸盐岩围岩接触带的矽卡岩和有关交代岩往往具有明显的分带性。交代分带类型多种多样，下面列举几个最有代表性的分带剖面。

例一：松树脚矿区（1889 m 水平）。

00 斑状黑云母花岗岩。

Ⅰ. 钾长石交代岩，伴有白钨矿化，宽 1 m；

Ⅱ. 方柱石矽卡岩，伴有白钨矿、锡石和硫化物矿化，宽 1.5 m；

Ⅲ. 透辉石矽卡岩，局部透闪石化，并伴有多量锡石和金属硫化物矿化宽 3 m；

0 白云质大理岩。

例二：莲花山 l/84-21 孔。

00 斑状黑云母花岗岩。

Ⅰ. 碱性长石交代岩：由钾长石和钠长石组成，伴有微量的白钨矿和锡石，宽 2 m；

Ⅱ. 方柱石-透辉石-钾长石交代岩，伴有微量白钨矿和锡石，宽 2.5 m；

Ⅲ. 方柱石-透辉石矽卡岩，局部为方柱石-透辉石-石榴子石矽卡岩、石榴子石-方柱石矽卡岩或方柱石矽卡岩，宽 2 m；

Ⅳ. 阳起石化透辉石矽卡岩，含少量石英和绿帘石，宽 6 m；

Ⅴ. 石英-绿色云母-阳起石交代岩，含直闪石，萤石化发育，伴有强烈的硫化物矿化，宽 18 m；

Ⅵ. 含金云母镁橄榄石大理岩；

0 镁质大理岩。

例三：打磨山矿段矽卡岩剖面（图 9-5）。

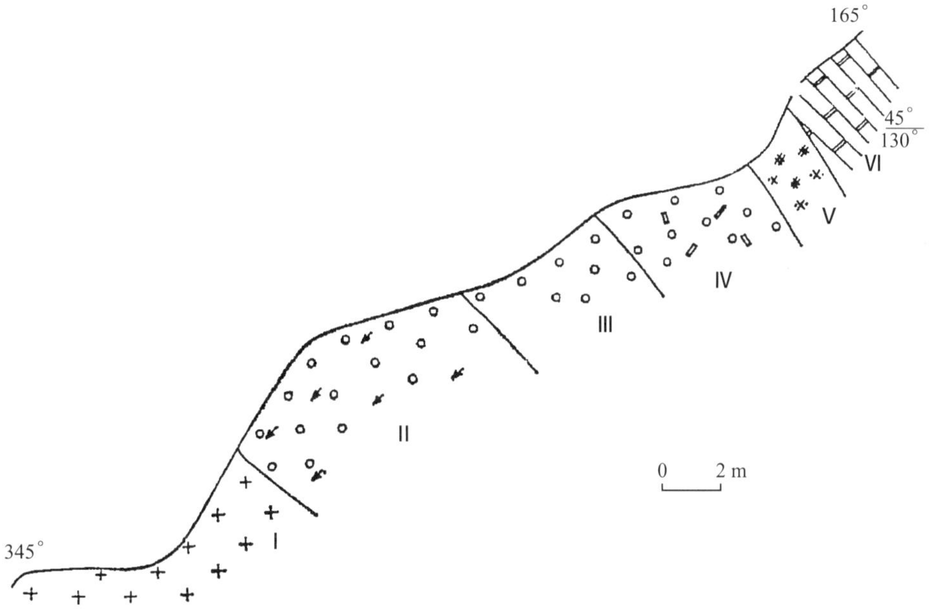

图 9-5 个旧打磨山含锡钙矽卡岩分带剖面

Ⅰ—弱蚀变细粒花岗岩；Ⅱ—萤石-辉石-石榴子石-符山石矽卡岩；Ⅲ—萤石-辉石-石榴子石矽卡岩，局部含赛黄晶；Ⅳ—含硼钙锡矿之萤石-石榴子石矽卡岩；Ⅴ—磁铁矿化透辉石矽卡岩，局部含少量硼符山石，石榴子石和硼钙锡矿；Ⅵ—大理岩

00 黑云母花岗岩。

Ⅰ. 弱钾长石化细粒花岗岩，含少量锡石。

Ⅱ. 透辉石（$Hd_{18\sim27}Jo_2$）-石榴子石（$Ad_{84}Sp_2$）-硼符山石矽卡岩，含大量萤石，宽 9 m。

Ⅲ. 辉石（$Hd_{80}Jo_9$）-石榴子石（$Ad_{58}Sp_4$）矽卡岩，含赛黄晶和萤石，宽 5 m。该带沿走向局部出现辉石（符山石）-萤石-粒硅镁石交代岩，中有条纹状石榴子石-萤石-磁铁矿产出。

Ⅳ. 含硼钙锡矿、萤石之石榴子石（$Ad_{31\sim94}Jo_{2\sim4}$）矽卡岩，宽 5.4 m。

Ⅴ. 磁铁矿化透辉石（$Hd_{10}Jo_{0.5}$）矽卡岩，含少量硼钙锡矿，宽 2 m。

Ⅵ. 磁铁矿化透辉石（$Hd_{10}Jo_{0.5}$）矽卡岩，含少量硼钙锡矿，宽 2 m。

0 大理岩。

例四：老厂矿区（2155 m 水平）。

00 弱绢云母化钠长石化中细粒黑云母花岗岩。

Ⅰ. 强绢云母化钠长石化花岗岩，岩石明显褪色，黑云母等暗色矿物全部消失，局部出现电气石细脉，宽 14 m。

Ⅱ. 基性斜长石（An_{52}）-方柱石-石榴子石（$Ad_{64}Sp_{5.5}$）矽卡岩，叠加有云英岩化，并伴有白钨矿化、黄铜矿化和磁黄铁矿化，宽 3.5 m。

Ⅲ. 云英岩（萤石+白云母），强黄铜矿、黄铁矿和磁黄铁矿化，伴有白钨矿化，宽 4 m。

Ⅳ. 阳起质透闪石-金云母矽卡岩，宽 2 cm。

0 白云质大理岩。

综合上述典型交代分带剖面，可以大致归纳出以下几点：

1）矽卡岩旁侧花岗岩中的褪色碱质（钾质或钠质）交代岩大多较发育，其宽度往往和接触带矽卡岩矿化的强弱和规模成正比，因此可作为重要的找矿标志之一。

2）不同的花岗岩原岩，其碱质交代岩类型也不一样。在斑状黑云母花岗岩中以钾质交代为主，表现为钾长石化和绢云母化；而在等粒状黑云母花岗岩中，当有云英岩化叠加时，则以钠交代作用占优势，表现为钠长石化和绢云母化，局部有钾长石化。

3）碳酸盐岩围岩的性质在很大程度上决定了外带矽卡岩的类型，当围岩为镁质大理岩时，形成镁矽卡岩，而当围岩为大理岩或结晶灰岩时，则形成钙矽卡岩。但在上述两种情况下，如果出现内矽卡岩，那么一般总是生成钙矽卡岩。

4）辉石或石榴子石的成分在交代柱的同一个交代带中基本上变化不大，而在不同的交代带中这两个矿物的成分变化较突然。这说明矽卡岩主要是属于渗滤交代成因。

5）云英岩化在空间上常叠加在内接触带的钠长石化花岗岩和内矽卡岩之上，而氟硼质交代岩则在内外接触带均有产出。

6）锡矿化在内外接触带的交代岩中均可能出现，但白钨矿化主要见于花岗岩内接触带的钾长石交代岩、基性斜长石-方柱石矽卡岩、符山石-石榴子石矽卡岩和云英岩中，外带矽卡岩次之。黄铜矿和磁黄铁矿化仅见于外带矽卡岩。

7）在个旧打磨山、老厂和松树脚等矿区矽卡岩旁侧花岗岩内接触带，常见有基性斜长石化现象。

基性斜长石交代岩外表灰白色，一般为单矿物岩，含少量透辉石、方柱石、萤石和石英等，常伴生白钨矿化。它和花岗岩的界线通常较截然，有时中间有一石英斜长石或透辉石斜长石过渡带。在后一种情况下，斜长石的成分在不同交代带有变化：从黑云母花岗岩中的更长石（An_{26}）、石英斜长石交代岩中的中长石（An_{32}）、透辉石斜长石交代岩（An_{46}），一直到主要由培长石（$An_{72\sim82}$）甚至钙长石（An_{95}）组成的基性斜长石交代岩。基性斜长石交代岩的晚期蚀变产物有蓝绿色角闪石化、萤石化和方解石化等。在生成时间上，基性斜长石交代岩大致相当于矽卡岩早期的交代产物，它和方柱石、透辉石是共生关系。

含钨锡（铍）电气石交代脉的分带：

这类交代脉发育于个旧老厂矿区弧形构造的顶部附近，E—W 向、NNE 向和 NE 向三个断层的交汇三角地段。细脉群总体呈 NEE 走向，它们主要沿碳酸盐岩围岩的裂隙交代形成。单脉的宽度由数毫米至数米不等。根据脉体组成矿物的不同，可大致分为石英-电气石脉、绿柱石-电气石脉、氟硼镁石-萤石-锂白云母-电气石脉、电气石-长石（钾长石或钠长石）脉及电气石长石钙矽卡岩脉等。脉群的分布从花岗岩隆起的内接触带起，向上部的碳酸盐岩围岩直至大斗山附近的地表，断续延深达 300 m 均有产出。

在垂直空间上，大致可分为三个交代脉群带，而每个带的交代脉本身又有其较特殊的对称交代分带现象。

1）花岗岩内接触带的电气石脉交代带：主要组成矿物有黑电气石、石英和钠长石，其次是白云母（绢云母）、萤石、方解石、锡石和黄铁矿等。

以电气石带为中心向两侧花岗岩显示以下对称交代分带：

黑云母花岗岩	石英+钠长+钾长石	石英+钠长石	电气石±石英	石英+钠长石	石英+钠长岩+钾长石	黑云母花岗岩

2）产于大理岩中的电气石-绿柱石-钾长石交代脉：其旁侧常伴有符山石-石榴子石矽卡岩带，伴生白钨矿和锡石矿化，这类交代脉一般有如下对称交代分带构造：

大理石	符山石+石榴子石	萤石+绿柱石+钾长石（似伟晶岩）	电气石	萤石+绿柱石+钾长石（似伟晶岩）	符山石+石榴子石	大理石

3）电气石-含锂云母-氟硼镁石交代脉带：伴生矿化有锡石、白钨矿和少量金属硫化物，交代脉也显示对称分带：

白云石大理岩	氟硼镁石+方解石	电气石+含锂云母	萤石+方解石+斜长石（An_{85}）+锡石+白钨矿	电气石+含锂云母	白云石大理岩

不同交代脉带中电气石的成分从下到上做如下有规律的变化：镁和铝离子以及锡含量增加，而三价铁离子相应减少，电气石的颜色也从黑色+蓝黑色变为蓝色。

综合上述三个交代脉带的矿物组合和分带构造特征，可以看出：交代脉分带的形成，经历了不同的阶段，即交代似伟晶阶段、矽卡岩（石英长石交代岩）阶段、云英岩阶段和氟硼质交代岩阶段。这些交代分带的形成，部分是由于不同阶段交代产物在同一个构造裂隙中叠加而成，如电气石交代脉叠加在绿柱石-钾长石似伟晶岩之上，钙矽卡岩的形成较似伟晶岩稍晚。它是长石质似伟晶岩和大理岩接触接口在上升高温气液作用下的接触反应交代产物。石英长石交代岩的形成时间大致和钙矽卡岩相当，而氟硼质交代岩则属于较晚的酸性淋滤阶段的产物，它可以叠加在上述交代岩之上。

（七）锡在交代矿物中的分布和地球化学演化

在岩浆结晶作用阶段，锡已开始在斜长石中有所显示，可能是以类质同象的形式进行置换。花岗岩中的斜长石含锡平均可达0.03%。锡还可以呈锡石和榍石等形式在花岗岩中呈副矿物出现。但大量的锡矿化主要与岩浆期后气液的交代演化作用有密切联系。

花岗岩遭到碱质交代作用后，含锡矿物被分解，锡和其他金属元素被活化重新富集。

在矽卡岩阶段，大部分锡富集在石榴子石中，特别是钙铁榴石，从矽卡岩矿物和交代矿物中 Sn 的含量可以看出，大部分交代矿物的含锡量均偏高，但比石榴子石要低。例如榍石、硼符山石、磁铁矿和粒硅镁石等矿物含锡量可达千分之几，其他交代矿物多在万分之几。

在云英岩阶段、氟硼质交代阶段和萤石-碳酸盐-石英交代阶段，由于大量 F、B、S、H_2O 等挥发组分的参与，酸性淋滤作用加强，溶液中锡和其他金属的含量进一步增高，在合适的构造和围岩条件下，就有大量锡矿物沉淀，锡的主要赋存形式是锡石，矿化时间延续较长，有少量黝锡矿，局部有硼钙锡矿产出。

三、中国广西大厂锡多金属矿床❶

（一）地理位置和勘查开发概况

大厂锡矿位于广西壮族自治区西北部，距南宁市北约300 km。矿田内蕴藏着丰富的锡、铜、锌、铅、锑、汞等矿产资源，其中锡矿储量仅次于云南个旧名列中国第二。矿田主要由长坡-铜坑矿床、

❶ 主要根据陈毓川、黄民智、徐珏、孟令库等1985年和1995年的研究成果和广西有色公司215地质队的勘查资料。

巴力-龙头山矿床、拉么矿床、茶山矿床和大福楼矿床等组成。

大厂矿田开采历史悠久，早在元末明初，古人曾在这里采矿炼银，龙箱盖区至今还可见古人冶炼残迹。1917~1949年断续以开采锡矿为主。中华人民共和国成立后，广西有色地质勘探公司215地质队、大厂矿务局、广西地矿局区调队、地质七队等单位进行了大量地质勘探工作。科研工作于1958年开始进行，尤其是近些年来，中国地质科学院矿床地质研究所、中国科学院地球化学研究所和有色总公司的科研人员对矿田进行了较全面深入的研究，取得了丰富的实际资料。

（二）区域地质背景

大厂矿田在地质构造上属于江南地轴边缘南丹-河池轴缘拗陷带（或称大厂拗陷带）中段中央隆起区。该拗陷带具有加里东褶皱基底；在印支期晚期至燕山期，此轴缘拗陷内发生强烈的构造运动，形成丹-池地区北西向的紧密线形褶皱带，并伴有以花岗岩为主的岩浆侵入，在其各有利地质部位产出与其有关的大量锡、多金属及钨、锑、砷、汞矿床，构成我国重要的以锡为主的有色金属带。该带是南岭成矿带的重要组成部分，亦是世界上少见的锡矿富集带。

本带褶皱、断裂构造十分发育，主体由一系列NW向延伸的线状褶皱构造所组成（图9-6），次为近S—N向、NE向。褶皱以复式形式出现，两翼不对称，东翼缓、西翼陡，局部倒转。其中丹-池大背斜是区内最大的褶皱构造，在这个构造带上发育了大厂、罗富、芒场、五圩四个次一级横向短轴背斜，并形成四个大型矿田。沿丹-池大背斜西翼的丹-池大断裂带内的主体断裂构造，岩浆活动最强烈。大厂矿田处于褶皱带的中部，总体构造线方向为NW向，褶皱、断裂发育，其NW向大厂倒转背斜和岩浆岩接触带控制了大厂矿田各类型矿床的分布，构成了一个较完整的成矿系列。

矿田出露地层以泥盆系、石炭系为主，其次为二叠系，属海相类复理石碳酸盐建造。泥盆系为一整套碳酸盐-硅质岩-细粒碎屑岩建造，上统以条带状和扁豆状灰岩为主，次为页岩、硅质岩；中统为板状灰岩和生物礁灰岩、页岩，因岩浆活动影响，岩石普遍变质，以轻变质各种角岩为主，局部变为矽卡岩；下统为砂岩、页岩、泥灰岩互层。上石炭统为厚层灰岩夹燧石结核灰岩；下石炭统以砂岩、页岩为主，次为砾状灰岩。上二叠统为石英砂岩、页岩、硅质岩和泥质灰岩，下二叠统为燧石灰岩、灰岩。

矿田内岩浆活动主要表现为燕山期中晚期花岗质岩浆的侵入。岩浆侵位的构造位置是在NW向褶断带与近S—N向的断块隆起带交汇部位，受断裂控制明显，以岩脉、岩床和岩株形式产出，属浅成-超浅成岩浆岩。其分布在矿田中部以黑云母花岗岩为主，西部有一些花岗斑岩和闪长玢岩出露。

黑云母花岗岩构成了矿田内最大的龙箱盖隐伏岩株，呈2条SN向延伸的脉状出露于地表，长约2500 m，在大厂矿区北部深处钻孔已见到黑云母花岗岩体。岩株由两种不同结构的花岗岩组成，其一为中-细粒黑云母花岗岩，也是岩株的主体；其二是斑状黑云母花岗岩。该两种花岗岩间呈不规则状塑性接触，未见到冷凝边、侵入角砾岩等现象，说明后期的侵入是在早期花岗岩并未冷却、时隔较短的情况下进行的。主体黑云母花岗岩同位素年龄为140 Ma（Rb-Sr等时线法，中国地质科学院地质研究所同位素实验室测定）和138.6 Ma（K-Ar法，李璞，1963），斑状黑云母花岗岩年龄为91 Ma（K-Ar法，李璞，1963）。黑云母花岗岩主体为中粒花岗结构，靠近侵入体顶部、近接触带和岩株边部粒度变细，局部具似斑状结构。斑状黑云母花岗岩以斑状为特征，与黑云母花岗岩比较，岩性略偏基性，分异指数（*DI*）平均值为95.3，凝固指数（*SI*）为3.47。这些特征说明两种不同结构的花岗岩浆是经过高度分异演化的产物。通过对皮科克钙碱指数作图统计得出，大厂矿田中酸性岩浆岩的钙碱指数为52.3，应属碱钙岩系（近碱性岩系），说明共形成于大陆构造环境中，为陆壳熔融的岩浆系列。花岗岩初始锶（$^{87}Sr/^{86}Sr$）$_i$值为0.711，属S型花岗岩，同样也反映其为大陆地壳熔融而来的。

矿田内黑云母花岗岩的主要成矿元素含量较高，超过了花岗岩平均量的数倍。锡、钨、铜、锑在斑状黑云母花岗岩则有所降低，这种趋向表明随着岩浆的演化、侵位后，部分成矿元素与水、氟、硼等高挥发组分已开始一起富集到流体相中。由于金属元素从含矿流体相中晶出受到多种因素的控制，

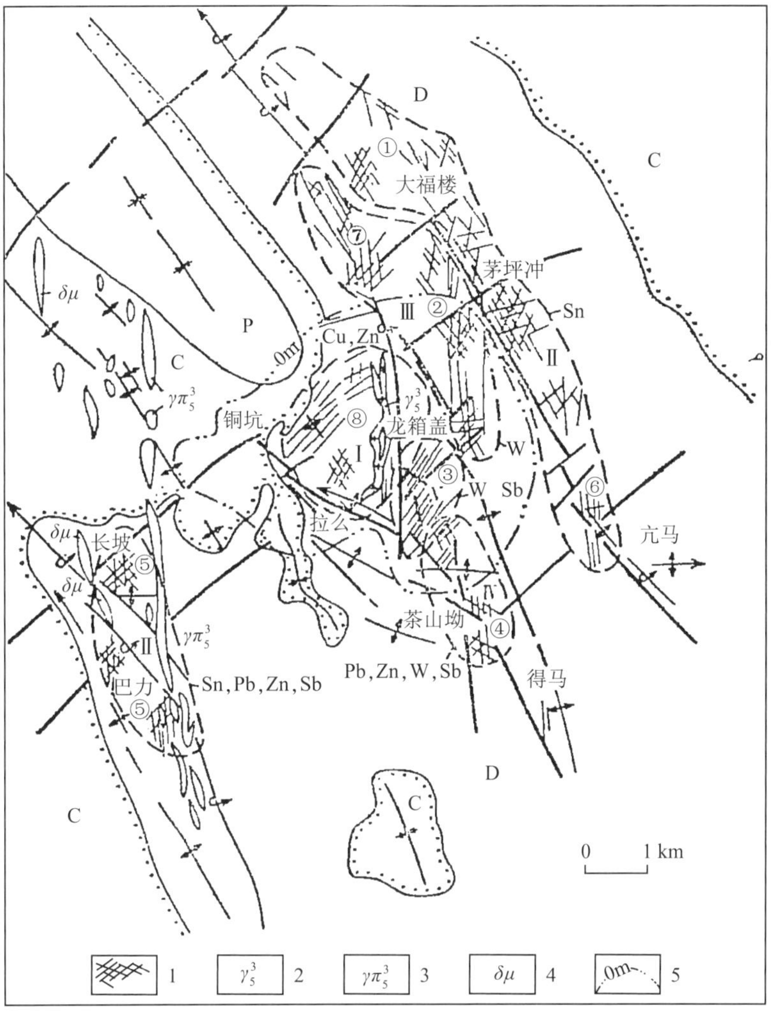

图 9-6　大厂矿田综合地质略图

（据陈毓川等，1985，有修改）

1—矿脉群；2—花岗岩；3—花岗斑岩；4—闪长玢岩；5—0m 标高岩体等深线。P—二叠系；C—石炭系；D—泥盆系灰岩、硅质岩、页岩和砂岩。Ⅰ—矽卡岩锌铜硫化物矿化带；Ⅱ—锡石-硫化物多金属矿化带；Ⅲ—白钨矿-萤石矿化带；Ⅳ—硫化物多金属和黑钨矿-辉锑矿矿化带；Ⅴ—黑钨矿-辉锑矿矿化带。①锡石-硫化物矿脉带；②白钨矿-萤石矿脉带；③辉锑矿-黑钨矿-石英-萤石矿脉带；④硫化物多金属矿脉和辉锑矿-黑钨矿-石英矿脉带；⑤大厂、巴黎锡石-硫化物多金属矿区；⑥锡石-石英-硫化物细脉带；⑦黑钨矿-白钨矿-萤石-石英脉带；⑧矽卡岩锌铜硫化物矿带

在不同的地质环境下，使流体相在迁移过程中不断分异，形成了多阶段的矿化，最终各自在构造、地层岩性有利部位沉淀，并构成本矿田的锡多金属矿床成矿系列。

（三）矽卡岩和有关交代岩特征

大厂矿田内矽卡岩比较发育，主要分布在岩体东西两侧内外接触带上，呈透镜状、似层状产出（图 9-7）。矽卡岩体的发育程度、厚度大小与围岩岩性和接触带的产状有关，当岩体与上泥盆统扁豆状灰岩、条带状灰岩接触时，矽卡岩发育最好，次为下泥盆统的泥灰岩和页岩互层。在岩体凸出部位，矽卡岩体垂直厚度增大，有时超出 68 m 以上，伴生矿化亦较强烈。矿田内的矽卡岩主要为钙矽卡岩，常见有石榴子石、辉石、符山石等矿物，其次为绿帘石、硅灰石、斧石、透闪石、阳起石、萤石等。石榴子石是矿田内分布最为广泛的矽卡岩矿物，在内矽卡岩带往往与符山石等矿物共生，富含钙铝榴石分子（$Ad_{11.3\sim48.8}Gr_{49.6\sim86.4}Sp_{1.0\sim3.9}$），在外矽卡岩带常与辉石、符山石、硅灰石等共生，富含钙铁榴石分子（$Ad_{58.7\sim75.2}Gr_{23.7\sim38.8}Sp_{1.0\sim2.5}$）。经电子探针分析，龙箱盖区石榴子石中含 Sn 较高，最

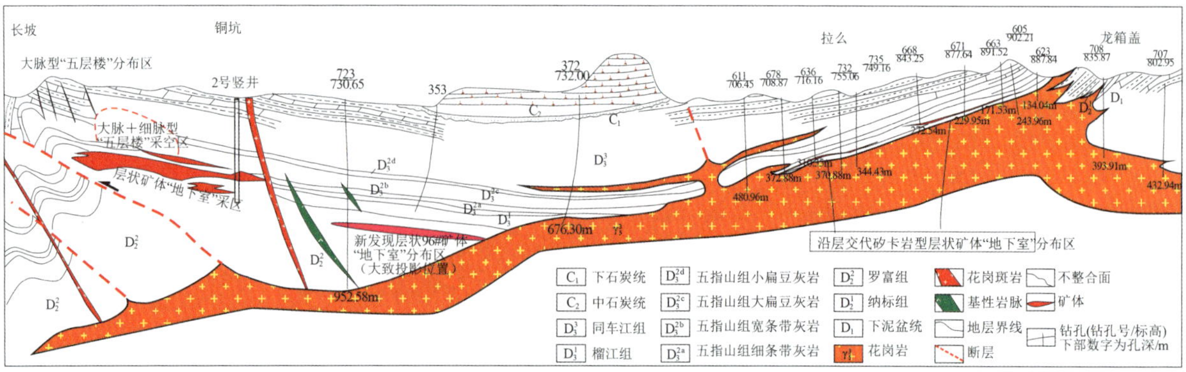

图 9-7　大厂五层楼+地下室剖面

（据王登红等，2014）

高可达 0.3%，石榴子石中锡与铁的含量呈正相关关系（孟令库等，1985）。据广西有色地质勘探公司 215 地质队资料，该区矿化矽卡岩含锡平均达 0.286%，最高可达 2.446%，这里的锡除以锡石独立出现外，有不少是以类质同象赋存于钙铁榴石中，形成含锡矽卡岩带。

辉石也是矿田内分布较为广泛的矽卡岩矿物之一，主要见于外矽卡岩带，一般与钙铁榴石共生，并常被后期硫化物所交代。本区辉石主要属于透辉石-钙铁辉石系列（$Di_{8.51\sim41.2}Hd_{2.82\sim41.07}Jo_{50.06\sim51.14}$）。

矽卡岩常具有明显的分带性，以拉么矿 530 m 中段一分带剖面为例：

00 云英岩化黑云母花岗岩。

Ⅰ. 矽卡岩化花岗岩，以钙铝榴石化为主。

Ⅱ. 钙铝榴石-符山石矽卡岩。

Ⅲ. 钙铝榴石矽卡岩。

Ⅳ. 符山石-钙铝榴石矽卡岩。

Ⅴ. 条带状透辉石-钙铁榴石矽卡岩，伴生含锡矽卡岩铜锌矿化。

0 大理岩化、角岩化条带状灰岩。

其中Ⅰ—Ⅳ为内矽卡岩带，Ⅴ为外矽卡岩带。

该剖面上各带的石榴子石端员组分以内带向外带方向其钙铝榴石分子逐渐减少，钙铁榴石分子逐渐增加。

除花岗岩侵入体与碳酸盐岩地层接触带上发育有大量矽卡岩外，岩体本身还受到广泛的钾长石化和云英岩化作用。钾长石化遍及整个岩株，尤以岩株上部强烈，钾长石主要交代斜长石和石英，暗色矿物黑云母逐渐消失。云英岩化常叠加在内接触带的钾长石化花岗岩和矽卡岩之上，总的看从下到上，从中心向边部逐渐增强，并伴有大量萤石、黄玉和电气石，但矿化不明显。当岩体与泥质、硅质岩层接触时，发生强烈角岩化，岩体边部有时出现巢状、团块状及含大量萤石、斧石、电气石等富挥发组分的氟硼质交代岩，其与黑云母花岗岩常呈渐变过渡关系。

（四）矿化类型和矿化分带

陈毓川等（1985）根据不同类型矿床在时间、空间和成因上的联系，提出了大厂锡石-硫化物多金属矿带的成矿系列和成矿模式。矿田内与花岗岩有关的矿化可分成三类：矽卡岩型锡、锌、铜矿床；热液交代（充填）型锡石-硫化物矿床；热液充填型钨锑矿床。

第一类矿床包括早期矿化的含锡矽卡岩矿床和后期叠加的以磁黄铁矿、铁闪锌矿、黄铜矿、毒砂为主伴有少量白钨矿的矽卡岩锌铜矿床，这两种矿床均呈似层状产于外接触带上泥盆纪地层中。第二类矿床是本矿田的主要矿床类型，包括三个矿化组合：锡石-石英-硫化物组合；含锡石的硫化物-硫盐-碳酸盐组合；辉锑矿-石英-碳酸盐组合。在锡石-石英-硫化物组合中，金属矿物主要为锡石、毒砂、磁黄铁矿、铁闪锌矿、黄铁矿，构成锡石-硫化物矿床，矿体往往呈似层状、脉状充填交代上、中、下泥盆统的各类岩性，围岩蚀变为石英-电气石-钾长石化、石英-电气石-白云母化、铁绿泥石-菱铁矿化。含锡石的硫化物-硫盐-碳酸盐组合的主要矿物有锡石、铁闪锌矿、黄铁矿、脆硫锑铅矿、方铅矿、辉锑锡铅矿、硫锑铅矿等，分别构成锡石-硫化物-硫盐-碳酸盐矿床和硫化物-硫盐-碳酸盐矿床，矿体呈大脉状充填于中-上泥盆统地层张性裂隙中，围岩蚀变为石英-电气石化、碳酸盐-电气石化、绢云母化和硅化。辉锑矿-石英-碳酸盐组合则以辉锑矿为主形成辉锑矿-石英-碳酸盐矿床，矿体呈似层状交代上泥盆统层间错动带，围岩蚀变仅为硅化。本类矿床以上三个矿化组合因控矿的各种因素差异，矿床产出形式、各成矿阶段相互叠加程度不同，但其成矿作用过程是一致的。第三类矿床主要形成白钨矿-萤石和黑钨矿-辉锑矿-石英组合，矿体呈脉状产于中-下泥盆统中的断裂、裂隙中，围岩蚀变为硅化。该类矿床仅见于拉么黑云母花岗岩岩株附近的围岩中，矿脉一般向下延伸有限，遇花岗岩而尖灭。

在空间上围绕岩浆活动中心，形成矿田的矿床环状分带是大厂矿田整个成矿作用过程最突出的宏观特征。在水平方向上（图9-6），岩体附近为早期矿化的含锡矽卡岩和矽卡岩锌铜硫化物矿化带，如拉么矿床；其次是岩体东西两侧的锡石-硫化物多金属矿化带，该带是在矽卡岩化后紧接进行的，如长坡-铜坑矿床和大福楼矿床等；中、晚期硫化物多金属矿化带出现于近岩体的茶山坳、拉么和大厂矿区，该带主要叠加于早期矿化之上；最晚的钨锑矿化带仅出现于龙箱盖岩体附近围岩中。矿化早期呈正向分带，晚期则形成逆向分带。在垂直方向上，以长坡-铜坑矿床为例：深部矿物组合为黑色锡石、磁黄铁矿、黑色铁闪锌矿、毒砂组合；中部为棕色锡石、黄铁矿、脆硫锑铅矿和棕色铁闪锌矿组合；上部为多种硫盐矿物组合。这类矿床的矿化阶段从早到晚依次为锡石-石英-硫化物组合、锡石-硫化物-硫盐-碳酸盐组合和辉锑矿-石英-碳酸盐组合，其中，早期矿化在矿床深部形成大矿体，中期矿化在上部形成主要矿体，晚期矿化在上部叠加于早期矿体之上。围岩蚀变类型同矿化分带也具有一致性，深部为矽卡岩化，下部是长英岩化，中部是石英-电气石化，上部是碳酸盐化。

总之，大厂矿田的成矿作用主要与燕山期岩浆活动有关，各类矿床虽产于不同的地质环境，但在成因上、时间上和空间分布上相互具有密切的联系，即从矽卡岩矿床到高温热液交代（充填）矿床直至中、低温热液充填型矿床，它们是由统一的成矿作用过程形成的，且表现出一定的空间分带，共同构成了一个与燕山期黑云母花岗岩有关的锡多金属矿床成矿系列。矿石中锡的品位为0.42%~0.62%。

关于大厂锡矿的成因，还有另一种观点，韩发等（1996）认为属海底热液系统形成的矿床。

四、中国湖南郴州香花岭锡多金属矿床❶

（一）地理位置和勘查开发及研究概况

香花岭锡多金属矿床地处南岭成矿带中段北缘的湘南临武县境内，郴州-临武断裂的西侧，是我国一个特殊的含稀有锡多金属矿床，发育多种矿化类型，包括热液充填-交代型锡铅锌矿化、矽卡岩型锡铅锌矿化、交代岩型Be矿化、伟晶岩型Nb、Ta矿化等。该矿床开采历史悠久，中华人民共和国成立后，许多地质工作者陆续对矿区进行不同程度的地质评价、勘探和研究工作。1958年中国地质科学院黄蕴慧研究员等在一种具独特的含铍条纹状交代岩中发现了第一个新矿物——香花石，此后，还相继发现了多种少见的含铍矿物；20世纪60年代末中国科学院地球化学研究所开始对本区铌钽和稀土元素进行研究；80年代，王立华等（1988）等对矿床地质和围岩蚀变进行了研究。

区内矿化元素丰富，主要有锡、铜、铅、锌、砷、铁、钨、钼、铍、锂、铌、钽等，这些元素在岩体内及其附近的围岩地层中呈有规律的带状产出，构成一个较完整的矿床成矿系列，并形成了规模大小不等的工业矿床。

---

❶ 主要根据黄蕴慧等（1979）、王立华、张德全（1984）年的资料和作者1983年的实地调查和有关研究。

（二）矿区地质特征

香花岭锡多金属矿床在大地构造位置上处于南岭纬向构造带与来临南北向构造带的复合部位，在通天庙穹窿背斜的北东翼倾伏端。该背斜轴向呈近南北向略偏东，地层均呈 NE 向缓倾斜的单斜构造，倾角 25°~35°。矿区断裂构造以 NE 向为主，是最主要的导矿和容矿构造，控制了本区矿体的空间分布、产状、形态和规模；其次是 NW 向断裂和 E—W 向断裂。

矿区内主要发育古生代地层，包括寒武系、泥盆系、石炭系（图 9-8）。下寒武统主要出露于南吉岭南部以及 F_1 断层下盘（塘官铺至新风矿段），为一套复理石建造浅变质岩系，包括浅变质石英砂岩、绢云母石英砂岩、长石石英砂岩以及砂质板岩、黑色碳质板岩、千枚岩等。泥盆系与下伏寒武系呈不整合接触关系，出露中统跳马涧组（D_2t）、棋梓桥组（D_2q）和上统佘田桥组（D_3s）、锡矿山组（D_3x），由砂页岩、灰岩、白云质灰岩和白云岩等组成，棋梓桥组中段钙质白云岩是矽卡岩型似层状锡石-硫化物矿体的有利控矿围岩，跳马涧组下段石英砂岩和泥质粉砂岩是石英-电气石-锡石型锡矿的有利控矿围岩。石炭系主要分布在矿区北东部猫仔冲、杨梅坳一带，总厚度约 950 m，包括下统孟公坳组（C_1m）、石磴子组（C_1sh）、测水组（C_1c）、梓门桥组（C_1z）和中-上统壶天群（$C_{2+3}Ht$）。

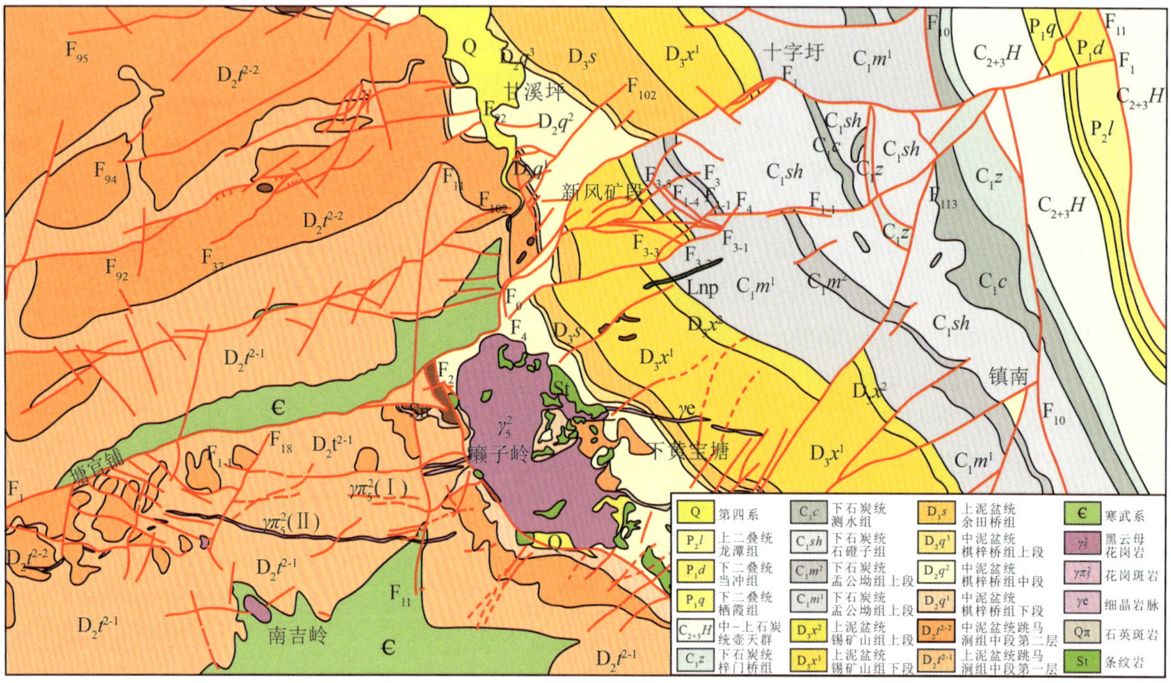

图 9-8　香花岭矿区地质简图

（据湖南省有色地质勘查局一总队，2015）

癞子岭和尖峰岭黑云母花岗岩体是区内与含稀有锡多金属矿化有关的主要侵入体，前者有两条石英斑岩和黄玉霏细斑岩脉向东伸出，侵入于花岗岩及其旁侧的围岩之中。癞子岭岩体是本区内较具代表性的黑云母花岗岩，该岩体呈小岩株状，地表呈椭圆形，出露面积约 1.88 km^2，长轴方向与地层走向一致。癞子岭岩体同位素年龄为 155 Ma（黑云母 K-Ar 法，全国同位素地质年代表）；吴琼（2020）获得癞子岭岩体黑云母花岗岩锆石 SHRIMP U-Pb 年龄为 156.4±1.5 Ma，钠长石花岗岩、蚀变花岗岩的独居石 LA-ICP-MS U-Pb 年龄分别为 155.5±0.7 Ma 和 155.3±0.5 Ma，属燕山期早期产物。岩体以中粒结构为主，边部具细粒结构，其顶部和边缘局部出现褪色现象。主要矿物成分为石英、钾长石、斜长石和黑云母，后者常被黑鳞云母所替代。副矿物有磁铁矿、磷灰石、锆石、金红石和黄玉等。黑云母花岗岩以富硅和碱，贫铁、镁和钙，$(K_2O+Na_2O)>8\%$，$K_2O>Na_2O$ 为特征，属碱性-钙碱性系列的铝过饱和岩石。

据区域花岗岩微量元素资料，癞子岭岩体的 Sn、W、F 丰度分别是克拉克值（维诺格拉多夫，1962）的 3 倍、36 倍、9 倍，这为本区的锡矿床提供了丰富的物质来源，同时 F 也为锡在成矿溶液中迁移和富集起到了矿化剂的作用。

值得一提的是位于癞子岭岩体北东侧有一条长 1700 多米、宽约 4 m 的黄玉霏细斑岩墙。该岩墙是矿区稀有金属（Nb、Ta）矿床的主要赋矿围岩，岩石具显微斑状结构，由钠长石、微斜长石、石英、铁锂云母及黄玉所组成。其岩石化学成分的最大特点是富含 F（3.40%～10.76%）、LiO_2（0.35%～1.33%）和 Al_2O_3（17.50%～35.75%），其蚀变以云英岩化为主。许多学者曾对这种岩墙做过研究和报道，各自命名为细晶岩（中南冶金地质研究所，1974）、黄玉霏细斑岩（陈德潜，1984）和香花岭岩（杜绍华等，1985），但迄今尚未获得一致认识。

（三）含矿交代岩及分带

由于本区与成矿有关的癞子岭花岗岩的侵入是处在一种封闭和较浅成环境下进行的，在岩浆演化过程中不断地分异富含多种矿质的气化热液，沿构造断裂上升聚集，在不同的围岩、构造物化条件下发生了各种交代作用，生成了各种不同的交代岩。它们在空间上表现了一定的分带性，自岩体向围岩大致分带：碱质交代岩带→云英岩带→碳酸盐→绿泥石交代岩带，共同构成了一个与酸性岩浆岩有关的交代系列。

1）碱质交代岩：主要发育在癞子岭岩体的上部和边部，其表现形式以钾长石化和钠长石化为主。前者分布在下部，仅在个别深钻孔岩心中可见，但矿化作用不明显。钠长石化在地表和浅部的花岗岩中占绝对优势，不仅分布广，而且在强烈钠质交代作用地段形成 Nb、Ta、Sn 矿化。在碱质交代作用的同时，大多数黑云母常伴随着不同程度的褪色现象，即由深褐色的黑云母蚀变为浅棕色的铁锂云母或无色白云母，在岩体的顶、边部形成褪色带。

2）云英岩：一般局限于癞子岭岩体的顶部，常与钠长石化伴生，是花岗岩酸性淋滤交代作用的产物。按其矿物组合大致可分两类：铁锂云母+萤石+石英组合和白云母+萤石+石英组合。后者通常叠加在前者之上，有时富含黄玉，偶尔有硅铍石和羟硅铍石。云英岩化除呈面型广泛分布于岩体顶部外，少数呈脉状产于接触带的矽卡岩和外侧围岩中。云英岩伴生的矿化为 Nb、Ta、Sn、W，常构成工业矿体。

3）矽卡岩：香花岭矿区矽卡岩较为发育，呈似层状、透镜状、脉状或不规则团块状产于花岗岩与碳酸盐岩围岩的内、外接触带（图 9-8、图 9-9），是最主要的赋矿岩石。根据其产出的围岩性质及共生矿物组合的不同，大体可分为以下两类：

镁矽卡岩：当花岗岩与中泥盆统棋梓桥组中段白云岩或白云质灰岩接触时，在接触带最早形成镁矽卡岩。其主要造岩矿物有镁尖晶石、镁橄榄石、透辉石和粒硅镁石等。镁矽卡岩具有一定的分带性，由内向外：钠长石化花岗岩→镁尖晶石透辉石矽卡岩→镁橄榄石镁尖晶石矽卡岩+镁尖晶石大理岩+白云岩。从特征矿物组合来看，本区镁矽卡岩应属岩浆期镁矽卡岩，但受到了岩浆期后交代作用的改造。总体上看，这类矽卡岩规模很小，其厚度一般只有几米。

钙矽卡岩：钙矽卡岩主要见于花岗岩与中泥盆统棋梓桥组上段灰岩和泥质灰岩的接触带，有时也叠加在早期镁矽卡岩的内带。主要矿物有石榴子石、辉石、硅灰石、符山石、方柱石和绿帘石等。本区钙矽卡岩分带不明显，接触带上多为绿帘石-符山石-石榴子石矽卡岩、硅灰石-石榴子石矽卡岩、石榴子石-辉石矽卡岩、符山石-透辉石矽卡岩等。与其伴生的矿化作用也不显著，仅局部出现浸染状细粒锡石和磁黄铁矿化。

4）氟硼质交代岩：这类交代岩大多呈似层状叠加于镁矽卡岩之上，是岩浆期后高温阶段富含氟和硼等挥发组分作用于岩浆期镁矽卡岩的交代产物。组成矿物有萤石、金云母、氟硼镁石等，伴有磁铁矿及少量锡石和黑硼锡铁矿等金属矿物。有意义的是，在这类交代岩中磁铁矿与粒硅镁石、金云

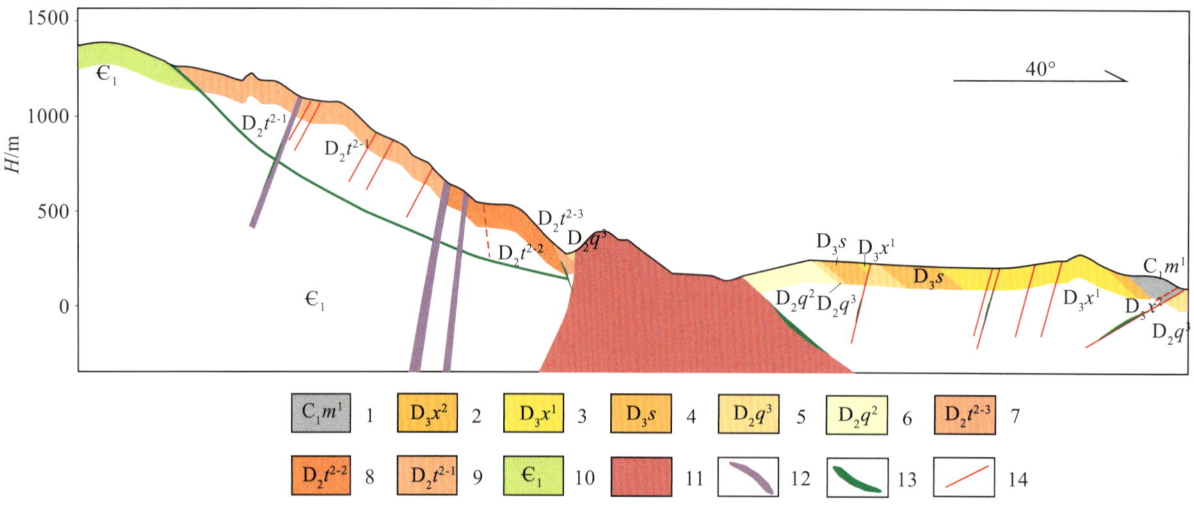

图 9-9 香花岭矿区地质剖面图

（据湖南省有色地质勘查局一总队，2015）

1—下石炭统孟公坳组；2，3—上泥盆统锡矿山组；4—上泥盆统佘田桥组；5~9—中泥盆统跳马涧组、棋梓桥组；10—寒武系；11—癞子岭花岗岩；12—花岗斑岩；13—Sn 矿体；14—断层

母、氟硼镁石、萤石等矿物共生，具有典型的交代条纹构造，前者与非金属矿物相间产出，并包裹着或在其边部稀疏散布有极细小的锡石。条纹的形态多呈皱纹状，也可见有同心圆环等。此外，当氟硼质溶液沿断裂上升与砂岩地层接触时，则形成由电气石、萤石、绢云母和石英组成的石英-电气石交代岩脉，局部还出现单矿物电气石交代岩脉。这类交代岩一般分布在断裂附近，常呈网脉状产于围岩中，但离断裂带 2~3 m 范围外却逐渐消失。在上述组合的矿物形成同时，伴有大量的锡石、磁黄铁矿、黄铁矿、毒砂等金属矿物析出，它们亦呈浸染状或网脉状散布于岩石中。

5）条纹状含铍交代岩：这类交代岩常叠加于镁矽卡岩带的外侧，与金云母氟硼镁石交代岩及金云母氟硼镁石大理岩叠生在一起，是本矿区极为特殊的一种具多量含铍矿物的交代岩。主要组成矿物有塔菲石、金绿宝石、含锌尖晶石及少量日光榴石等（黄蕴慧等，1979），与其他共生矿物一起，常构成规则的条纹状脉体，而在条纹中，各矿物亦有规律地排列在特定位置上，组成韵律式条带。按其矿物组成，大致可分为两种：尖晶石塔菲石交代岩和尖晶石金绿宝石交代岩，前者常见的矿物为金云母氟硼镁石、尖晶石（浅绿色）、塔菲石、萤石，后者由块硅镁石、萤石、尖晶石（无色）、金绿宝石、氟硼镁石、金云母等组成。一般尖晶石塔菲石交代岩产在内侧，尖晶石金绿宝石交代岩产于外侧。

赵一鸣等（2017b）对矿区的条纹岩和有关交代岩进行了较详细的研究，把条纹岩分为 5 类，即铁锂云母条纹岩、氟硼镁石条纹岩、金绿宝石条纹岩、粒硅镁石-磁铁矿条纹岩和金云母-绿泥石条纹岩；还把交代条纹岩的交代岩划分为 6 类，即香花石交代岩、金云母交代岩、粒硅镁石交代岩、符山石-磁铁矿交代岩、金云母-绿泥石交代岩和韭闪石交代岩。并和国外有关矽卡岩矿床中的条纹岩做了对比研究，认为条纹岩的形成是岩浆期后热液流体，在氟过饱和的条件下韵律性地交代白云质灰岩的产物。此外，在癞子岭半山腰花岗岩顶垂体内的一条走向 NE 裂隙中穿插有富锂、铍的黑鳞云母香花石交代岩脉，该脉可切穿前述的其他条纹状铍交代岩。

王立华等（1988）通过对本区典型矽卡岩剖面各交代带岩石化学成分和微量元素在空间上的变化对比研究表明，本区矽卡岩及其有关交代岩的形成方式以渗滤交代作用为主，与其伴生的 Sn、Pb、Zn、Be、B、Li 等成矿元素亦主要来自深部溶液。

6）碳酸盐-绿泥石交代岩：这类交代岩主要以脉状、条带状不均匀地分布于近花岗岩接触带的矽卡岩和碳酸盐岩围岩中。有时还波及远离接触带 1 km 外的白云岩和灰岩中，通常以方解石化、铁锰碳酸盐化、绿泥石化、硅化、蛇纹石化和滑石化为主。组成矿物有石英、萤石、氟镁石、方解石、白云石、绢云母、绿泥石、透闪石、蛇纹石、滑石、水镁石、锡石、白钨矿和多金属硫化物等。

（四）矿化分带及成矿系列

本矿床的金属矿化分带较为清楚，在空间上，围绕癞子岭尖峰岭黑云母花岗岩，在水平方向和垂直方向上，均表现出明显的分带特征，由岩体到围岩依次出现：Nb、Ta、Sn、W→Be、Sn、W→Sn、Pb、Zn→Pb、Zn、Sn→Pb、Zn、Sb 矿化带。矿床类型由岩体上部钠化带及边部晚期岩浆中的岩浆型 Nb、Ta 稀有矿床→岩体顶部的云英岩型 Sn（W）矿床（化）→接触带矽卡岩型的 Sn、Fe、Pb、Zn、Be 矿床→近接触带的高温热液交代似层状锡石-硫化物矿床→远接触带的中低温热液交代型 Pb、Zn 矿床。

这些不同的矿化组合和矿床类型不仅在空间上围绕岩体呈有规律地带状分布，表现出岩体-交代岩-矿化紧密相伴的密切关系，而且从时间上也反映出与岩体之间具有成因联系，即所有矿化都是属于癞子岭花岗岩体演化过程中所产生的含矿溶液在不同的物理化学条件的产物。在上侵岩浆结晶阶段，由于岩浆中富含 F 等挥发分，使稀有元素富集在岩体上部，形成岩浆期 Nb、Ta 矿床。随后残余熔融体又沿着已凝固的花岗岩所产生的收缩裂隙贯入，于顶部形成似伟晶岩壳。在这一过程中，因大量从岩浆分异出的富含挥发组分气液的富集，对花岗岩进行碱质交代（钾长石化和钠长石化），使伟晶岩化作用进一步加强，同时形成伟晶岩期稀有元素矿床。继伟晶岩形成之后，大量含矿挥发组分的气液不断地上升，沿接触带与碳酸盐岩围岩发生接触反应交代作用，形成矽卡岩 Sn、Fe、W、Be、Pb、Zn 矿床。气成热液对岩体本身也进行着强烈的改造，其顶部出现广泛的云英岩化，形成云英岩型 Sn（W）矿床。随着岩浆期后含矿热液的进一步演化，溶液中的成矿元素相对增高，它们在合适的构造和围岩条件下，于接触带和邻近的碳酸盐岩围岩中形成似层状、筒状或脉状高中温热液锡石-硫化物多金属主体矿床。它们构成了一个与燕山期早期花岗岩侵入活动有关的稀有、锡、铅、锌多金属矿床成矿系列。矿石锡的品位为 1.31%~1.80%。

五、中国云南都龙锡多金属矿床

（一）地理位置和勘查开发概况

都龙锡多金属矿床位于云南省东南部的马关县境内，是一个以锡、锌为主并伴生有铟、钨、镉、铅、银、铜、铁等元素的大型多金属矿床。区内地质勘查工作起步于 20 世纪 50 年代中期，采矿历史悠久，先后由原西南有色地质勘查局 308 队、317 队、物探队、云南华联矿产勘探有限责任公司等多个单位进行了不同程度、不同比例尺的地质勘查工作。资源储量已达到大型，锡的平均品位为 0.5%。

（二）区域地质背景

大地构造上，矿区位于华南褶皱系南岭锡钨成矿带的西南端；区域构造线呈南北转北东东乃至北西向，围绕越北地块呈弧形分布。区内自加里东至喜马拉雅历次构造运动均有反应，以加里东和印支-燕山运动最为强烈。

本区寒武纪时，发育一套 5000 m 以上的浅海相类复理石建造，经受浅至中等变质；矿床主要产于中寒武统田蓬组中段下层；该层上下部以白云质大理岩、含硅白云质大理岩为主；中部以二云母石英片岩为主，夹若干层矽卡岩透镜体，全层厚 230~873 m。

老君山岩体出露于矿区北部，岩体平面形态近似长轴方向为南北向的椭圆形，出露面积约 153 km^2，岩石主要为花岗岩类。该岩体向南延伸则主要隐伏于铜街矿段-曼家寨矿段深部。岩体侵入于寒武纪地层中，与地层大多为侵入接触关系，局部呈断层接触（图 9-10），其大部分地段向四周倾伏，且产状较平缓。野外调查和室内研究表明，该岩体为一由两期岩浆活动形成的复式岩体。

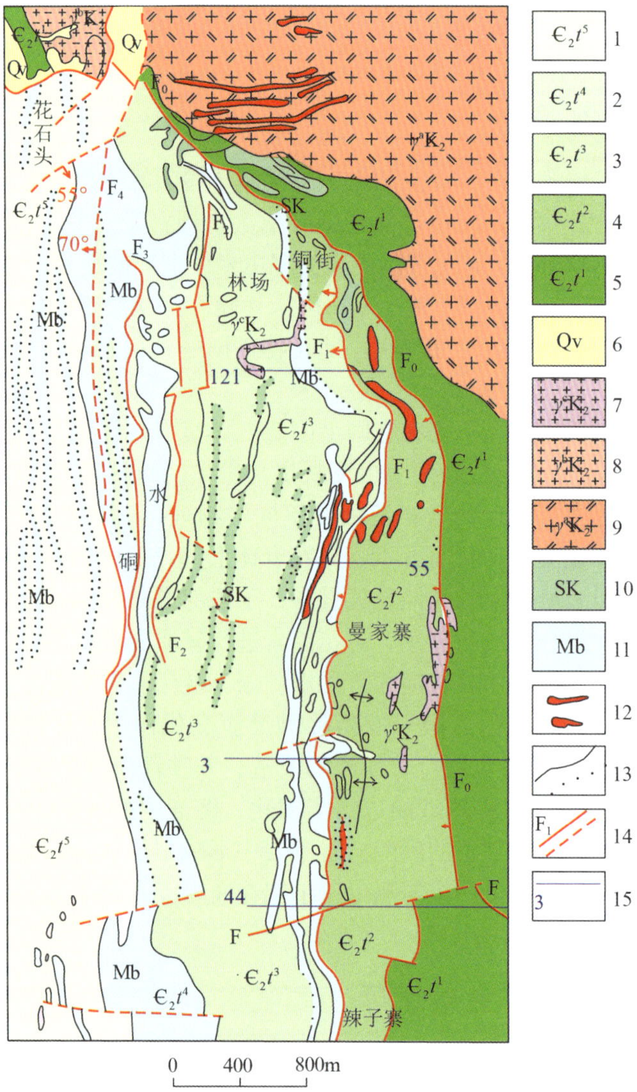

图 9-10 中国马关都龙锌锡矿区地质简图

（据云南华联矿产勘探有限责任公司，2010）

1—中寒武统田蓬组五段；2—中寒武统田蓬组四段；3—中寒武统田蓬组三段；4—中寒武统田蓬组二段；5—中寒武统田蓬组一段；6—长英岩；7—晚白垩世第三亚期花岗斑岩；8—晚白垩世第二亚期白云母花岗岩；9—晚白垩世第一亚期二云母花岗岩；10—矽卡岩；11—大理岩；12—地表锌锡矿体；13—实测地质界线/岩性界线；14—实测、推测断层及编号；15—勘探线位置及编号

早期侵入岩主要为白云母花岗岩，其次为花岗斑岩。白云母花岗岩主要出露于老君山岩体中部的老君山、花石头等地，被晚期侵入岩分隔为 2 个规模相差较大，出露面积分别为 50 km^2 和不足 3 km^2 的岩株；并在矿区内的铜街矿段-曼家寨矿段主要隐伏于地下深部呈隐伏岩体，浅部及出露于地表的部分则多呈岩枝、岩脉和岩瘤状侵入于寒武纪地层中。白云母花岗岩呈灰白色，主要矿物成分为石英（30%～40%）、钾长石（20%～30%）、斜长石（20%～25%），次要矿物主要为白云母（8%～12%），副矿物为锆石、磷灰石、榍石和独居石等，有少量钾长石斑晶，斜长石普遍具有绢云母化。花岗斑岩多呈岩脉、岩枝、岩瘤等产于铜街-曼家寨矿段隐伏白云母花岗岩体的边部，寒武纪地层以及老君山岩体二云母花岗岩中，岩石为灰色-灰白色，斑晶含量占全岩的 25%～40%，斑晶主要为石英（占斑晶 30%～35%）、钾长石（占斑晶 25%～40%）和斜长石（占斑晶 15%～25%），少量黑云母（占斑晶 3%～10%）和白云母；基质呈显微粒状结构，主要由长英质矿物和云母组成；副矿物有锆石、磁铁矿等。晚期侵入岩为二云母花岗岩，平面形态近椭圆形，出露面积 100 km^2 左右，局部见二云母花岗岩与白云母花岗岩呈突变接触，岩石为灰白色，主要矿物为石英（25%～35%）、钾长石（25%～

40%）、斜长石（20%~25%），次要矿物为白云母（5%~10%）和黑云母（5%~8%），副矿物为锆石、磷灰石和榍石等。

对老君山岩体的岩石地球化学研究表明，岩石铝过饱和、富钾、碱质含量较高、钛磷镁钙含量偏低、富集 Th 和 U 等元素；岩石化学成分以及稀土元素组成、配分型式与矿区附近的片麻岩十分接近；花岗岩中的斜长石、钾长石铅同位素组成暗示岩浆起源于上地壳。因此，地质地球化学特征均显示老君山花岗岩属造山环境地壳重熔作用形成。在常量元素 $SiO_2-Al_2O_3$ 图中投点位于后造山花岗岩区，在花岗岩类微量元素构造环境判别图 Rb-(Y+Nb) 上落于同碰撞及板内花岗岩范围，表明老君山花岗岩形成于后碰撞造山向板内环境的转换阶段。

（三）矿床地质特征

1. 矿体和矿石

该矿床产于老君山岩体外接触带的中寒武统田蓬组中，分布在南北向长约 5 km、东西向宽约 2.1 km 的范围内，由铜街、曼家寨、水硐场和辣子寨 4 个矿段组成（图 9-10、图 9-11），共探明矿体 400 余个。矿体形态以似层状、条带状、透镜状、扁豆体为主，走向南北，矿体随地层同步褶曲，沿走向倾向均具波状变化特征，倾角 10°~40°，部分地段趋于水平；产于断裂中矿体产状一般较陡，倾角可达 60°甚至更大。矿体走向长一般为 80~400 m，最小 40 m，最长 3244 m；主矿体厚一般为 8.65~20.03 m，最大厚度 69.28 m；矿体倾斜延伸一般几十至几百米，最大延伸 394 m。其中的 10 个主矿体规模较大，累计储量占全矿床的 80%以上，个别矿体已达大型矿床规模。平均含锡 0.2%~0.76%，含锌 1.86%~11.71%。

矿石中主要金属矿物有铁闪锌矿、磁黄铁矿、磁铁矿、锡石、黄铜矿、黄铁矿，其次为毒砂、铜蓝、辉铜矿、黝锡矿、菱铁矿等；非金属矿物主要为矽卡岩矿物，如钙铁辉石、透辉石、绿泥石、阳起石、石榴子石、透闪石、绿帘石、斜黝帘石、白云母、金云母、石英、萤石、白云石、方解石等。含锡矿物有锡石、水锡石、黝锡矿等，以锡石为主。锡石呈微细粒状，一般粒度 0.0016~0.48 mm，个别达 0.5 mm，其中，小于 74 mm 的占 88%。锡石粒度随成矿过程的进展而改变，从角岩-矽卡岩-硫化物形成期，粒度逐渐增大，由小于 10 mm 增至 74 mm 左右。锡石呈他形或柱状晶体组成条带状、辐射状、星散状的集合体，在其周围有含微细粒锡石的扩散圈。黝锡矿呈不规则粒状、条带状嵌布于磁黄铁矿中，一般粒度为 7~54 mm。水锡矿呈胶体状，或等轴状晶体，粒度为 6~79 mm，组成条带状集合体或嵌布于石英、云母和锡石中。矿石结构主要为自形-半自形结构、它形结构、环带状结构、放射状结构、变胶状-胶状结构、变斑状结构、细脉状结构、乳浊状结构等；主要构造为块状构造、浸染状构造、条带状-层纹状构造、角砾状构造等。围岩矽卡岩化发育，蚀变矿物主要为石榴子石、透辉石、阳起石、透闪石、绿帘石、黝帘石、绿泥石、金云母、萤石等，亦具有硅化、碳酸盐化等蚀变。其中，锡锌矿化与绿泥石化、阳起石化和金云母化关系最为密切，属典型的矽卡岩型矿化。

此外，在近矿床的二云母花岗岩中，稀疏分布有一些走向近东西的含锡石黑钨矿-石英脉，脉内矿石矿物主要为黑钨矿、锡石和黄铜矿。近矿脉的二云母花岗岩云英岩化强烈，且常含少量辉钼矿。含锡钨石英脉规模普遍较小，多不具工业意义。

2. 矽卡岩及分带

空间上，白云母花岗岩、花岗斑岩与田蓬组大理岩接触往往形成广泛的矽卡岩（化），并主要在其外接触带形成矽卡岩型锡锌矿体，亦有少量矿体产于花岗斑岩与大理岩的接触带。如在铜街矿段，常见花岗斑岩呈岩枝状侵入大理岩中，两者均普遍发生不同程度的矽卡岩化蚀变，形成厚大矽卡岩和矽卡岩型矿体，而且蚀变具有分带特征，由大理岩向花岗斑岩依次为矽卡岩化条带状大理岩→灰绿色绿泥石矽卡岩→黑绿色阳起石矽卡岩→矽卡岩化花岗斑岩，锡锌矿化则主要发育于绿泥石矽卡岩和阳起石矽卡岩中。在该矿段的矽卡岩型矿体中常清晰可见残留的白色大理岩团块，而绿泥石矽卡岩和阳起石矽卡岩中则常见残留有石榴子石矽卡岩团块。这些现象表明，矽卡岩（化）和锡锌矿化与花岗斑岩以及与其相连的白云母花岗岩关系密切，均为岩浆热液作用的产物，而矽卡岩化经历了典型的与

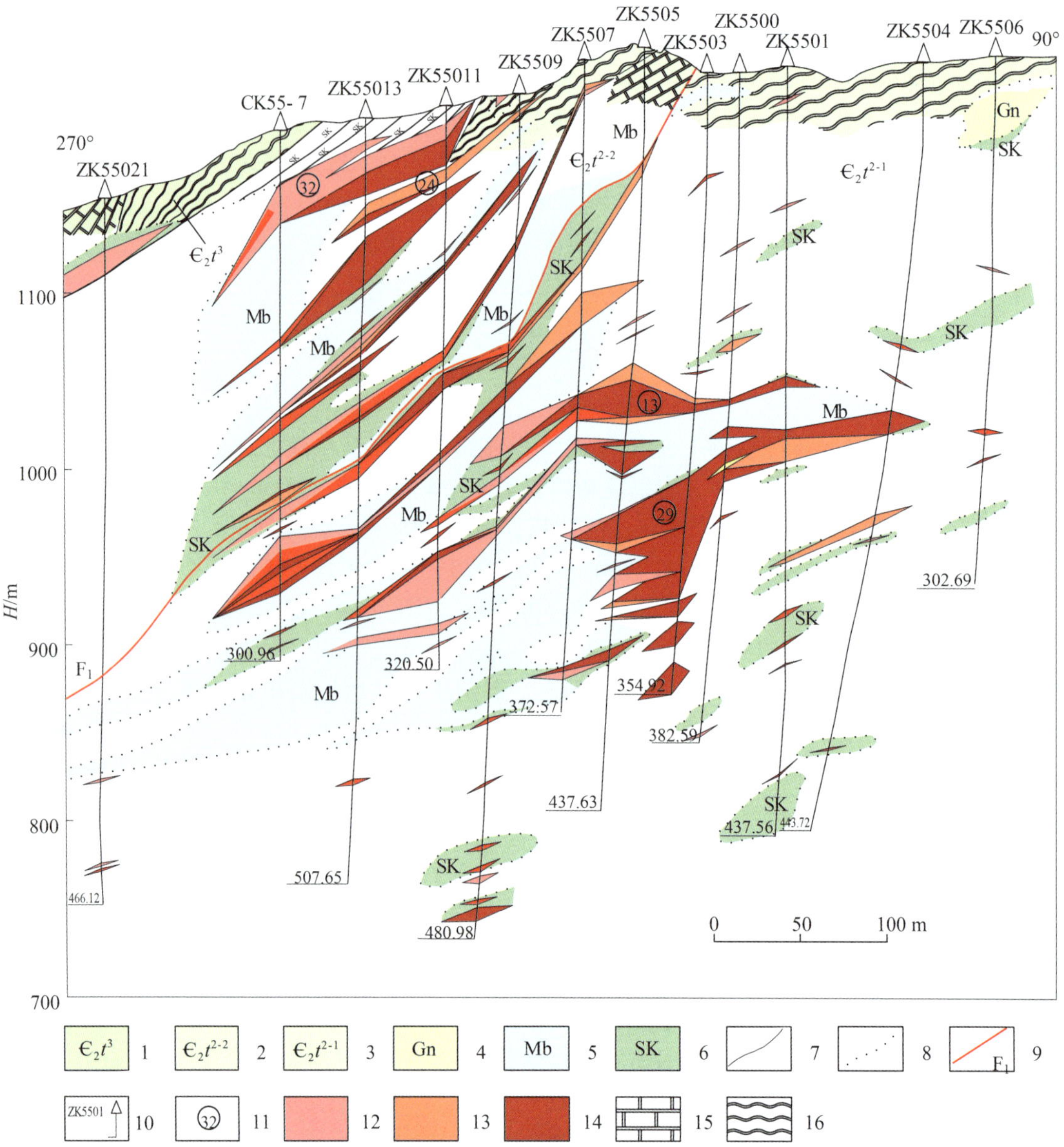

图 9-11　中国马关都龙锌锡矿区曼家寨矿段 55 号勘探线剖面图

（据云南华联矿产勘探有限责任公司，2010）

1—中寒武统田蓬组第三段；2—中寒武统田蓬组第二段第二亚段；3—中寒武统田蓬组第二段第一亚段；4—花岗片麻岩；5—大理岩；6—矽卡岩；7—实测地质界线；8—岩性界线；9—断层及编号；10—钻孔及编号；11—矿体编号；12—锌矿体；13—锡矿体；14—锌、锡矿体；15—大理岩；16—板岩

岩浆作用有关的由高温蚀变向低温蚀变发展的退化蚀变过程。研究表明，含锡石黑钨矿石英脉均产于老君山岩体内的二云母花岗岩中。而事实上，老君山岩体中的小规模钨锡采矿现象普遍，但采坑均分布于二云母花岗岩中，白云母花岗岩中则几乎未见。这一证据说明石英脉型钨锡矿的形成可能与二云母花岗岩有关。

3. 成岩成矿时代

李进文等（2013）利用 LA-ICP-MS 锆石 U-Pb 法测得白云母花岗岩的年龄为 87.6±1.4～91.7±1.8 Ma、花岗斑岩为 87.3±2.1 Ma、二云母花岗岩为 84.3±2.2～85.0±1.3 Ma；运用 $^{40}Ar/^{39}Ar$ 法和 Re-Os 法分别测得矽卡岩中金云母 $^{40}Ar/^{39}Ar$ 坪同位素加权平均年龄 WMPA 为 93.6±1.1 Ma、含锡钨石英脉云英岩化围岩中的辉钼矿模式年龄为 75.04±1.78～79.16±2.43 Ma。根据花岗岩产状和前人研究结果，将岩浆侵入活动分为 2 期：早期 87.3±2.1～92.9±1.9 Ma 形成白云母花岗岩及花岗斑岩，晚期于 83.3±1.5～85.0±1.3 Ma 形成二云母花岗岩。与岩浆作用对应的金属成矿亦分为 2 期：早期于 79.8±3.2～93.6±1.1 Ma 形成与白云母花岗岩及花岗斑岩有关的矽卡岩型锡锌矿；晚期于 75.04±1.78～79.16±2.43 Ma 形成的含锡钨石英脉与二云母花岗岩关系更密切。认为老君山花岗岩以及都龙矿区与之相关的锡锌钨矿是晚白垩世伸展构造环境中大规模花岗质岩浆-成矿作用的产物。

（四）矿床成因

都龙矿床的成因机制大约可分为：①沉积成矿期：深水泥质碎屑及海底火山沉积喷气作用形成寒武系，尔后部分变质成为角岩，是含锡的高值层；②变质-混合岩化期：区域变质和花岗岩化作用，促使矿质从角闪岩相或绿片岩相继混合花岗岩向外带转移，矿质初步富集形成矿化层；③花岗岩侵入期：燕山期晚期壳源重熔花岗岩浆携带锡等矿质，分异演化后选择交代和叠加富化了沉积-变质形成的层状矽卡岩，最终形成具有层控性质的锡石-硫化物矽卡岩型锡多金属矿床。

第十章　矽卡岩钼矿床

与其他矽卡岩矿床相比较，矽卡岩钼矿床的数量相对稀少。除在中国北方稍多外，其他地区都分布零星；在构造上，主要产于大陆边缘或内部的褶皱带，一些小型矿床也产于前寒武纪稳定地块（克拉通）。

与成矿有关的侵入岩主要为花岗岩，部分矿床伴生石英二长岩或花岗闪长岩。岩石相对富 SiO_2、K_2O，但 SiO_2 含量变化范围较大，较矽卡岩铜矿床富钾。依据成矿岩浆岩的特点可划分出花岗闪长岩和花岗岩两个系列，前者包括石英闪长岩、石英二长闪长岩、花岗闪长岩，后者为花岗岩、石英斑岩、花岗斑岩、流纹斑岩。其中花岗岩系列的岩石在成钼岩浆岩中占明显优势，岩体多为中浅成-浅成相-超浅成相，甚至伴有侵入或爆发角砾岩。成岩时代集中于印支期—燕山期，少量为前寒武纪、古生代和新生代。同一地区的钼矿化常发育在岩浆演化的晚期阶段。

矽卡岩钼矿床之围岩时代偏老，主要为中-新元古界和古生界，其中以蓟县系、寒武系、奥陶系最为主要，其次为二叠系（五道岭），广西矽卡岩钼矿床之围岩为泥盆系。同一地区乃至同一矿田中，矽卡岩钼矿床可与斑岩型、脉型以及角砾岩筒型钼矿化相伴产出，构成错综复杂的蚀变矿化。一般由下至上可出现矽卡岩型-斑岩型-脉型、网脉型及角砾岩筒型的空间分带。在平面上也可以见到斑岩型与矽卡岩型的过渡关系。围岩蚀变常以岩体为中心发育强烈的钾硅质交代作用，形成面型或线型蚀变带。在接触带广泛发育矽卡岩化。有相当数量矽卡岩钼矿床伴生钨（表 10-1）。

一、美国 Little Boulder Creek 钼矿床

Little Boulder Creek 钼矿床位于美国爱达荷州中部 Custer 县。钼矿石的品位为 0.15%。1976 年曾填制了 1∶1200 比例尺的地形地质图，并进行了钻探工作。

矿区东南部有前寒武系片岩出露，中部有古生界岩石分布，被晚白垩世侵入岩所侵入。古生界沉积岩由钙质泥岩、石英岩夹有石墨化煤层组成，其时代可能为泥盆纪。矿区的森林河建造（Wood River Formation）由石炭系—二叠系钙质砂岩、石英岩等组成，含有薄层灰岩。

晚白垩世侵入岩在本区属于爱达荷岩基和某些小岩株，岩性为石英闪长岩、石英二长岩，还有细晶岩和伟晶岩脉。侵入岩的时代为中生代（86 Ma）。区内还有第三纪（古近纪、新近纪）火山岩（49.2~43.8 Ma）分布。大量高角度断层形成于第三纪（古近纪、新近纪）。

有四种矿化类型：①高温热液 Mo-W 矿床，产于岩体或附近变质岩中的石英网脉中；②中低温 Pb-Zn-Ag 热液脉矿床，产于岩体附近古生代沉积岩中；③Pb-Zn-Ag 热液交代矿床；④砂金矿床。其中，高温热液（>300℃）接触交代钼矿床在区内是最具经济价值的矿床。Little Boulder Creek 钼矿资源量超过 100×10^4 t。钼矿床在成因上与白垩纪和第三纪（古近纪、新近纪）侵入岩有关。钨（白钨矿）一般与钼（辉钼矿）紧密伴生。锌、铅、银交代型矿床产于白雾（White Cloud）岩株附近，交代森林河建造的泥质沉积岩。

该钼矿床分为两个矿段，即北矿段和南矿段。

接触带的交代岩主要有以下四类：

1）条带状接触交代岩：其特征是富含绿色辉石条带，被白色石英脉切穿，暗色矿物有辉石、绿泥石、角闪石、绿帘石、钙铁榴石和榍石。这些暗色矿物占到条带的 20%~60%，条带宽 0.1~1 cm。浅色矿物主要由石英、钾长石、方解石、透闪石和斜长石组成。

2）含铁角砾岩：主要由石英岩角砾组成，被硅质所胶结，硅质胶结物含较多的赤铁矿和褐铁矿。

表 10-1　世界主要矽卡岩钼矿床一览表

序号	矿床名称	地理位置	矿床简要地质特征	储量和品位	成矿时代	参考文献
205	美国 Little Boulder Creek 钼矿床	位于爱达荷州中部	矿体产于斑状石英二长岩与古生代钙质砂岩、灰岩和石英岩的接触带。矽卡岩矿物由石榴子石、透辉石、硅灰岩、绿帘石、透闪石和钾长石等组成。金属矿物有辉钼矿、白钨矿、黄铁矿、黄铜矿、钼钙矿、毒砂、闪锌矿、方铅矿等。辉钼矿主要产于石英（+钾长石）细脉中；矿带中黄铁矿和白钨矿较丰富	钼矿石 167 Mt，MoS_2 0.15%；Pb 5%；Zn 2%；Ag 123 g/t	晚白垩世（83.6 Ma）	Caranaugh，1979
206	匈牙利赖奇克（Recsk）钼铜矿床		矿体产于直立的安山玢岩柱体与三叠纪灰岩的接触带矽卡岩中	Mo 4.2×10^4 t，0.006%	第三纪（古近纪、新近纪）	杜汉忠等，1987
207	摩洛哥 Azegoar 钼钨铜矿床	W8°、N30°	华力西期花岗岩与灰岩、页岩接触形成石榴子石矽卡岩，其中有含辉钼矿石英脉；在离接触带稍远处，出现白钨矿矿化带，含少量 Mo	Mo 1.7×10^4 t	晚古生代	United Nations of the first Commission for Africa，1981
208	俄罗斯吉达（Джида）钼钨矿床	贝加尔湖南德日达河上游	矿床包括两个矿山，成矿与中生代岩浆活动有关；矿化呈网脉状，宽 400~500 m，向下延深 450~600 m	Mo 2×10^4 t，0.5%	中生代	杜汉忠等，1987
209	朝鲜锦城（Keumsung）钼矿床	忠清北道提川邑南 10 km	矿体产于花岗岩和古生代碳酸盐岩接触带，钼矿化赋存于矽卡岩中	Mo 3.06×10^4 t，0.18%	中侏罗世（169 Ma）	杜汉忠等，1987
210	澳大利亚穆尔金山（Mt Mulgine）钼钨矿床	澳大利亚佩思东北（澳洲西南部）	矿化与中-粗粒浅色花岗岩有关，主要矿化产在平行页理的石英脉系中；共生矿物有辉钼矿、白钨矿（含钼）、钨锰矿和萤石，伴生 Au、Ag 矿化	超大型，Mo 122 $\times10^4$ t，0.033%	前寒武纪	Webr，1978
211	澳大利亚阿唐加（Attunga）钼钨矿床	新南威尔士州东北部	矿体赋存于花岗岩与碳酸盐岩接触带矽卡岩中，主要矿物为钼钙矿、白钨矿和铁钼华，次为黄铁矿、磁黄铁矿	Mo 0.46×10^4 t，0.337%	晚古生代	Webr，1987
212	俄罗斯特尔内奥兹（Тырнауз）钼钨矿床	北高加索	矿体赋存于华力西期浅色花岗岩与石炭纪灰岩接触带矽卡岩中；钼除与白钨矿共生构成钨钼矿体外，还有以钼为主的矿体	Mo 12.5×10^4 t，0.25%	晚古生代	Elevatorski，1980
213	乌兹别克斯坦 Самарканд 钼钨矿床	撒马尔罕附近	矿体赋存于华力西期浅色云母花岗岩与古生代地层接触带		晚古生代	
214	土耳其 Uludag 钼钨矿床	土耳其西部	华力西期花岗岩体与灰岩的接触带有钼锡矿体产出，主要矿物为辉钼矿、白钨矿和黑钨矿		晚古生代	杜汉忠等，1987
215	日本石田（Ishta）钼钨矿床	北九州市南西	矿体赋存于磁铁系列的花岗岩中，主要为氧化矿；矿石矿物有白钨矿的钼钨钙化			

续表

序号	矿床名称	地理位置	矿床简要地质特征	储量和品位	成矿时代	参考文献
216	中国三道庄钼钨矿床	河南洛阳西南	矿体呈层状、似层状产于斑状二长花岗岩、斑状黑云花岗闪长岩与新元古代硅质条带大理岩的外接触矽卡岩中；主矿体长 1800 m 以上，厚度 80~150 m；矽卡岩矿物有石榴子石、透辉石、符山石、硅灰石、阳起石，金属矿物主要为辉钼矿、磁黄铁矿、白钨矿、磁铁矿、黄铜矿、斑铜矿等	超大型 Mo 1.337×10^4 t，0.076%~0.115%；Wo_3 50×10^4 t，0.103%~0.117%	早白垩世（145~141.8 Ma）	李永峰等，2003
217	中国杨家杖子钼矿床	辽宁葫芦岛市西北 35km	矿体产于花岗岩外接触带早古生代灰岩中的矽卡岩带；含矿矽卡岩带最长可达 1500 m，宽 5~20 m，延深 150~300 m；矽卡岩矿物主要有石榴子石、透辉石、绿帘石、黝帘石、符山石、阳起石等，也有镁矽卡岩矿物，如粒硅镁石、金云母、蛇纹石、镁绿泥石等；金属矿物主要为辉钼矿、黄铁矿，其次为磁铁矿、闪锌矿、黄铜矿、辉银矿、自然银、黝铜矿等	大型 Mo 0.14%	晚中生代	赵一鸣等，1990
218	中国五道岭钼矿床	黑龙江阿城小岭镇	矿体产于碱长花岗岩与二叠纪火山岩、凝灰岩、大理岩、粉砂岩的接触带；矽卡岩矿物有石榴子石、辉石、阳起石、绿帘石等，内接触带花岗岩中钾长石化发育；金属矿物有辉钼矿、黄铁矿、赤铁矿、少量黄铜矿、闪锌矿、方铅矿、磁铁矿	大型 Mo 0.025%~3.95%	早侏罗世（186±2 Ma）	史鹏会等，2012
219	中国邢家山钼矿床	山东烟台市福山区	矿体产于花岗岩和前寒武纪大理岩接触带；矽卡岩矿物为透辉石、石榴子石、透闪石、符山石、绿帘石、黝帘石等；金属矿物主要有辉钼矿、闪锌矿、黄铁矿、白钨矿、磁黄铁矿等	特大型 Mo 74.3×10^4 t，0.03%~0.3%；WO_3 0.2%~0.4%	晚侏罗世（158.7~157.6 Ma）	刘善宝等，2011
220	中国肖家营子钼矿床	辽宁喀左县	矿体产于闪长岩和中元古代白云岩接触带，为斑岩-矽卡岩型矿床。在接触带有矽卡岩型 Mo-Cu-Fe 矿体，岩体内部有细脉浸染状钼矿化，而在外接触带围岩裂隙中则有 Ag-Pb-Zn 矿化	大型 Mo 10.5×10^4 t，0.23%；铁矿石 887×10^4 t，TFe 33.4%	中侏罗世（165.5±4.6 Ma）	代军治等，2007
221	中国火神庙钼矿床	河南栾川县 E111°20′、N33°55′	矿体产于花岗斑岩、石英闪长岩与新元古代大理岩接触带矽卡岩中，呈透镜状，产状近直立	中型 Mo >5×10^4 t，0.12%	晚侏罗世（145.7±3.9 Ma）	王赛等，2014
222	中国邦铺钼多金属矿床	西藏拉萨东部	矿体产于二长花岗斑岩与早二叠世大理岩、碎屑岩的接触带；是一个斑岩-矽卡岩型矿床。矽卡岩矿物有透辉石、石榴子石、阳起石、绿帘石等；金属矿物有黄铜矿、辉钼矿、斑铜矿、黄铁矿、闪锌矿、方铅矿、磁黄铁矿等；矿化有一定分带性，从岩体向围岩方向大致是 Mo（Cu）-Pb-Zn	Mo>20×10^4 t，0.079%（大型）；Cu（中型） 平均品位 0.278%	新生代（16.23±4.92 Ma）	王立强等，2011

3）富石英的接触交代岩：淡绿色，由细粒钙硅酸盐矿物组成，包括石英（40%~70%）、透辉石（10%~60%）、钾长石（0~10%）、角闪石（0~5%）、方解石（0~5%）及少量榍石、石榴子石、绿泥石、绿帘石、辉钼矿和白钨矿。

4）富透辉石接触交代岩：主要由中细粒透辉石组成。在接触带上，这类交代岩直接与侵入岩岩株、岩墙和岩脉接触。其矿物组成：透辉石（40%~100%）、石英（0~50%）、钾长石（0~40%）、角闪石（0~15%）、斜长石（0~10%）、黄铁矿（0~5%）、榍石（0~5%）、石榴子石（0~50%）、绿帘石（0~5%）、绿泥石（0~10%）及少量方解石、黑云母、透闪石、阳起石、辉钼矿、白钨矿和磷灰石。

由上可知，钼、钨矿化主要集中在含铁角砾岩和富透辉石接触交代岩中。

白雾岩株（White Cloud Stock）是位于矿区中部的侵入岩岩株，面积大约有78 km^2，黑云母的K-Ar同位素年龄为83.6 Ma，它和较大的Idaho岩基的年龄（85.9 Ma）相似。岩体的岩性主要为石英二长岩和花岗闪长岩，中心部分是斑状石英二长岩，钾长石斑晶大者达2~10 cm。岩石含钾长石（30%~45%）、斜长石（25%~50%）、石英（20%~40%）、黑云母（0~5%），少量矿物有榍石、黄铁矿、锆石、磷灰石、辉钼矿和白钨矿。所有斜长石均为奥长石（$An_{20\sim30}$），其粒度为1~10 mm。岩体的边缘相也是斑状石英二长岩，但其中的斜长石数量明显增多（35%~60%），黑云母也略有增加（5%~10%），而石英和钾长石则相应减少。总之，白雾岩株可能是Idaho岩基的晚期分异产物，它的结晶凝固深达5 km左右，与围岩发生过强烈的接触交代作用。

白雾岩株伴有细晶岩、伟晶岩和花岗岩墙。大多数岩墙和岩床具有伟晶结构，其矿物组成有钾长石、石英、斜长石和少量黑云母或白云母。矿物的粒度为0.5~3 cm。

细晶岩的数量比伟晶岩少，主要由石英、钾长石或微斜长石组成。花岗岩岩墙由中细粒石英（30%~60%）、钾长石（25%~40%）、微斜长石（15%~40%）、斜长石（5%~30%）、黑云母（0~5%）组成，含少量黄铁矿、石榴子石、榍石、透辉石、角闪石等。

上述岩石的形成是残余岩浆流体在富含挥发组分的情况下结晶的产物。

晚期石英脉常含有辉钼矿，局部黄铁矿、毒砂较富集；它们常切穿透辉石接触交代岩，大多数含辉钼矿的石英细脉含有钾长石，少量透辉石、方解石和奥长石。

含白钨矿的细脉在北矿段接触交代岩带十分发育，特别是在透辉石接触交代岩中。白钨矿在接触交代岩中常交代石榴子石、绿帘石和透辉石。含白钨矿的细脉常被含辉钼矿的细脉切穿，但未见相反的情况。

铅、锌、银矿化主要受石英角砾岩所控制。大的石英-玉髓角砾岩脉含毒砂和黄铁矿可以高达90%，并含少量闪锌矿、方铅矿和辉钼矿。

在南部矿段，石英角砾岩脉含黄铁矿、黄铜矿和少量孔雀石，但在矿区的其他地方，含铜矿物却很难找到。

总之，含辉钼矿的细脉主要产于接触带的交代岩中。而接触交代岩则是受白雾岩株旁侧的断裂破碎带所控制。接触交代岩带富含Mo、W、Zn、Cu、Zr、Ba、Mn、Sr。早期Little Boulder Creek断裂带的存在可能是辉钼矿沉淀的重要因素。

二、中国辽宁葫芦岛杨家杖子钼矿床❶

（一）地理位置和勘查开发概况

辽西杨家杖子钼矿床是我国北方钼矿的重要产区。它以开采历史悠久、储量丰富而享誉中外，并以典型的矽卡岩矿床而引述于中外矿床学著述之中。辽宁西部杨家杖子-八家子地区，围绕中生代中-酸性侵入杂岩或于其内部发育强烈的Mo、Pb、Zn、Fe等多金属矿化，构成著名的杨家杖子-八

❶ 主要根据林文蔚，1987；赵一鸣等，1990。

家子成矿带。组成了与酸性中浅成岩浆侵入活动有关的矽卡岩-斑岩矿床成矿系列。

（二）区域地质背景

1. 区域地层和构造

本区处于华北地台北缘的燕山台褶带内，区内北西部以女儿河大断裂与北票内陆断陷接壤，南东部以锦西-青龙大断裂为界濒临于山海关-北镇古隆起。此两断裂之间宽约 20 km 的狭长地带称之为过渡带。过渡带内断裂构造复杂、岩浆喷溢强烈，侵入作用频繁，伴随燕山期岩浆活动和同源岩浆的顺序演化，酿成广泛的 Mo、Pb、Zn 等多金属矿化（图 10-1）。

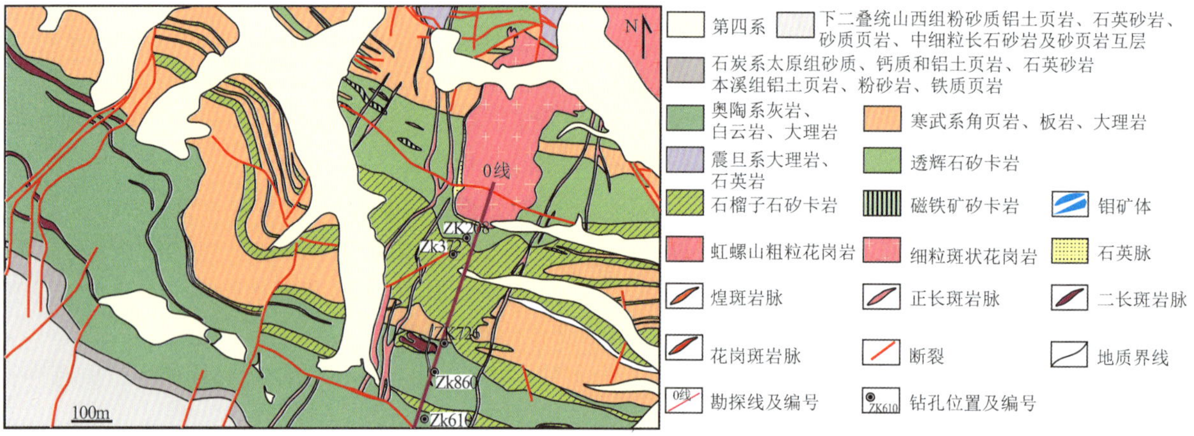

图 10-1　杨家杖子-八家子钼多金属矿带区域地质略图

（据王登红等，2018）

太古界建平群混合花岗岩、混合质黑云斜长片麻岩、角闪斜长片麻岩、角闪片麻岩、榴闪黑云片麻岩等构成该区的结晶基底，主要沿锦西-青龙深断裂呈 NE 向展布，其中混合花岗岩于锦西-绥中一带呈大面积分布，岩石化学组成为（%）：SiO_2 70.27，TiO_2 0.485，Al_2O_3 14.32，Fe_2O_3 1.75，FeO 1.44，MnO 0.045，MgO 1.36，CaO 1.82，Na_2O 3.32，K_2O 4.91，P_2O_5 0.19，Mo 6×10^{-6}（肖垂斌，1983）。中、新元古界不整合于太古界之上，分布于虹螺山花岗岩两侧，特别是杨家杖子矿田东部之张家沟-兰家沟-业屯一带，下部长城系（常州村组、串岭沟组、大红峪组）为碎屑岩、石英岩、石英砂岩、粉砂岩、粉砂质页岩、长石石英砂岩、含砾长石砂岩，上部蓟县系以碳酸盐岩为主，主要为燧石条带状白云岩夹石英砂岩透镜体以及含锰白云岩、含锰粉砂质白云岩。下古生界为中厚层状石灰岩、含燧石结核灰岩夹紫色页岩、粉砂岩。上古生界为中厚层粗砂岩、黑色页岩、陆相沉积碎屑岩夹薄煤层。古生界主要分布于杨家杖子矿田内的笔架山向斜、哑鹿沟向斜内，为本区主要矿化围岩。中生界中-基性火山岩、火山碎屑岩及陆相碎屑岩主要分布于女儿河断裂以北的中生代拗陷盆地内，特别是侏罗世火山活动频繁，可划分早侏罗世（189.4 Ma）兴隆沟旋回，中侏罗世（156.3 Ma）兰旗旋回和晚侏罗世（139.2 Ma）义县旋回。火山喷发以安山质熔岩、粗面安山岩为主体，玄武岩类较少。各火山活动旋回都表现出早期基性-中期酸性-晚期碱性的特点，即由玄武岩向着玄武安山岩-安山岩-粗面安山岩方向变化。早侏罗世安山岩（$^{87}Sr/^{86}Sr$）$_i$ 初始值为 0.70546，晚侏罗世碱性玄武安山岩（$^{87}Sr/^{86}Sr$）$_i$ 初始值为 0.70594，从而显示出本区火山岩类具有深源成因的特点。

区内断裂构造占主导地位，很大程度上控制着火山喷发、岩浆侵位和金属矿化。区域南北两侧分别有女儿河及锦西-青龙大断裂通过，两断裂之间略呈等距展布一系列东西向断裂。这些断裂及与之交衔的北东向断裂在空间上组成斜梯状构造格局，金属矿化多沿这些断裂展布，构成杨家杖子-八家子地区钼成矿带，钼矿床往往产于这些断裂相交的“结点”上。

区内沉积岩层多表现为单斜构造，较为完整的褶皱为笔架山向斜及哑鹿沟向斜，这两个向斜的层间断裂和层间剥离构造十分发育，对矿体的形成和空间分布具有重要意义。

2. 区域中生代岩浆建造

过渡带中，中生代岩浆活动广泛而强烈，形成辽西著名的红色花岗岩。岩浆侵入明显受断裂控制，大、小虹螺山花岗岩即沿女儿河断裂产出。区内岩浆活动可划分为花岗闪长岩、黑云母花岗岩、粗粒似斑状花岗岩、细粒似斑状花岗岩、花岗斑岩、石英斑岩等侵入阶段，花岗斑岩、石英斑岩于细粒似斑状花岗岩中呈岩株、岩脉状产出。中生代岩浆岩清楚地表现出由中酸性向酸性、超酸性的演化特点，岩体的规模愈来愈小，侵位深度由中深-浅成-超浅成变化。

燕山期侵入杂岩在国际岩石分类命名的 Q-A-P 三角图中属石英二长闪长岩、花岗闪长岩、二长花岗岩，部分花岗斑岩的投影点落于正长花岗岩区。在 A. L. 斯特列凯森的 Or-Ab-An 分类图中，粗粒及细粒花岗岩为碱性长石花岗岩和钾长花岗岩，花岗闪长岩相当于 A. L 斯特列凯森花岗闪长岩及二长花岗岩，花岗斑岩的投影点很靠近 Or 端员。这反映出本区由早期侵入岩至晚期侵入岩长石组分的变化规律：An 减少，Ab 增多→An、Ab 减少，Or 增加，至岩浆活动的晚期，钾长石含量剧增，这种变异规律符合我国大多数与钼矿有关的岩浆岩特征。

燕山期岩浆岩产于辽西地壳厚度由西北至东南减薄的陡坡带，辽西莫氏面由东南向西北呈一深达 42 km 的地幔拗陷，这种南高北低的地幔形态有利于在地壳薄弱带发生深部物质及热流上涌，导致上部地壳物质的选择重熔，形成以“Ⅰ”型特征为主的混合岩浆，并捕获地壳中的成矿元素，形成辽西滨海大规模的酸性岩浆岩带。中生代岩浆建造受着地幔凸凹形态的控制：喷发岩多分布于幔隆带，如北票-建昌幔隆带，而侵入岩则分布于隆拗过渡带。侵入岩的岩相学、相岩石学、微量元素地球化学、同位素地质学能够为岩浆岩类型的判释提供佐证，特别是辽西燕山期喷发岩与侵入岩间具有密切的时空关系，生成于统一的大地构造环境，显示出两者间深切的成因联系，这种联系有助于辽西中生代岩浆建造成因类型的探索。

本区处于西伯利亚板块向南挤压，库拉板块向欧亚板块俯冲的应力带中，中生代区域南北向的挤压和东西向引张导致 NNE 和 S—N 向断裂带的剪切和拉张活动（张文佑等，1983），NNE 向、E—W 向构造的联合作用铸成了区内斜梯状构造格局，控制着中生代火山盆地的分布和岩浆侵位，中生代火山盆地及侵入岩带均呈北东向斜列分布。侏罗纪区域构造应力场经历了弱引张—相对挤压—强引张的应力转化，与此相应产生了特定的火山岩建造和侵入岩组合。

侵入岩与喷出岩具有密切的时空关系，侵入岩与喷发岩可以相伴产出，两者具有直接的侵入和上覆关系，甚至两者并存于同一火山机构中，侵入岩与喷发岩同位素地质年龄对比反映出它们是同一大地构造发展阶段的产物，并主要表现为三大火成活动旋回：早侏罗世（210~180 Ma）、中侏罗世（160~150 Ma）、晚侏罗世—早白垩世（130~108 Ma）。侵入岩与喷出岩具有演化趋势上的同一性（林文蔚，1987），所有这些都佐证了本区中酸性侵入岩与安山质熔岩具有深刻的成因联系。

杨家杖子地区岩浆岩具有相对富氟的地球化学属性，各类地质体 F、Cl 的平均含量（%）和 F/Cl 值：侵入岩 0.0541、0.00545 和 9.935；矽卡岩 0.242、0.0282 和 8.58；云英岩 0.187、0.0203 和 9.21。F、Cl 在交代岩中尤为富集。侵入岩中 Rb（%）为 0.012~0.028，Sr 0.008~0.032，Rb/Sr 0.38~3.41，Cr 0.0138。这些特征进一步说明在本区成岩熔浆中混熔有酸性壳源物质。

基于线性和非线性规划的数学模型，分别以安山岩、英安岩、混合花岗岩的成分作为初始熔浆进行岩石学混合计算，计算中考虑到了岩浆的混合作用和分离结晶作用，得出由安山质特别是英安质熔浆经一定的结晶分离作用，并混有相当于混合花岗岩成分的酸性物质可以形成本区有序的岩石组合。因此，我们认为杨家杖子地区含钼岩浆岩可能导源于安山质熔岩，并混有部分的壳源酸性物质。依据岩浆建造特征、岩浆建造与大地构造、深部构造的关系，我们把该区中生代岩浆建造划分两类岩带，一类为同熔-分异-高混染型花岗岩，如虹螺山岩体，它与 Mo、Zn（Cu、Fe）等矿化有关，主要矿床类型为矽卡岩型钼矿、斑岩型钼矿、热液型铅锌矿，交代作用显著，围岩蚀变有矽卡岩化、云英岩化、黄铁绢英岩化、碱性长石化、泥化、硅化，此类岩体构成杨家杖子-八家子矿带的成矿母岩；另一类为同熔-弱分异型花岗岩，沿锦西-青龙断裂分布，主要为花岗闪长岩、黑云母花岗岩，沿断裂分布有一系列次火山岩，与之有关的矿化为Cu、Pb、Zn、Au，多为热液型铅锌矿，火山角砾岩筒中也有Cu、Pb，Zn等矿化，线形构造控矿明显，成矿以裂隙充填为主，围岩蚀变主要为硅化、绢云母化、绿泥石化。

（三）矿床地质特征

杨家杖子钼矿田系指杨家杖子、北松树峁、新台门及钢屯等钼矿床，其中，以杨家杖子矽卡岩型钼矿床、北松树峁矽卡岩-斑岩型钼矿床、兰家沟石英脉-斑岩型钼矿床规模最大，蚀变种类繁多，矿化作用饶有特色，这三者构成了与燕山期酸性-超酸性侵入活动有关的矽卡岩-斑岩型矿床成矿系列，伴有特征的交代建造，形成统一的含矿交代系列。

1. 杨家杖子钼矿床

狭义的杨家杖子钼矿是指产于杨家杖子本区的矽卡岩型钼矿，该矿床产于笔架山向斜北翼与燕山期花岗岩接触带之外侧（图10-2）。

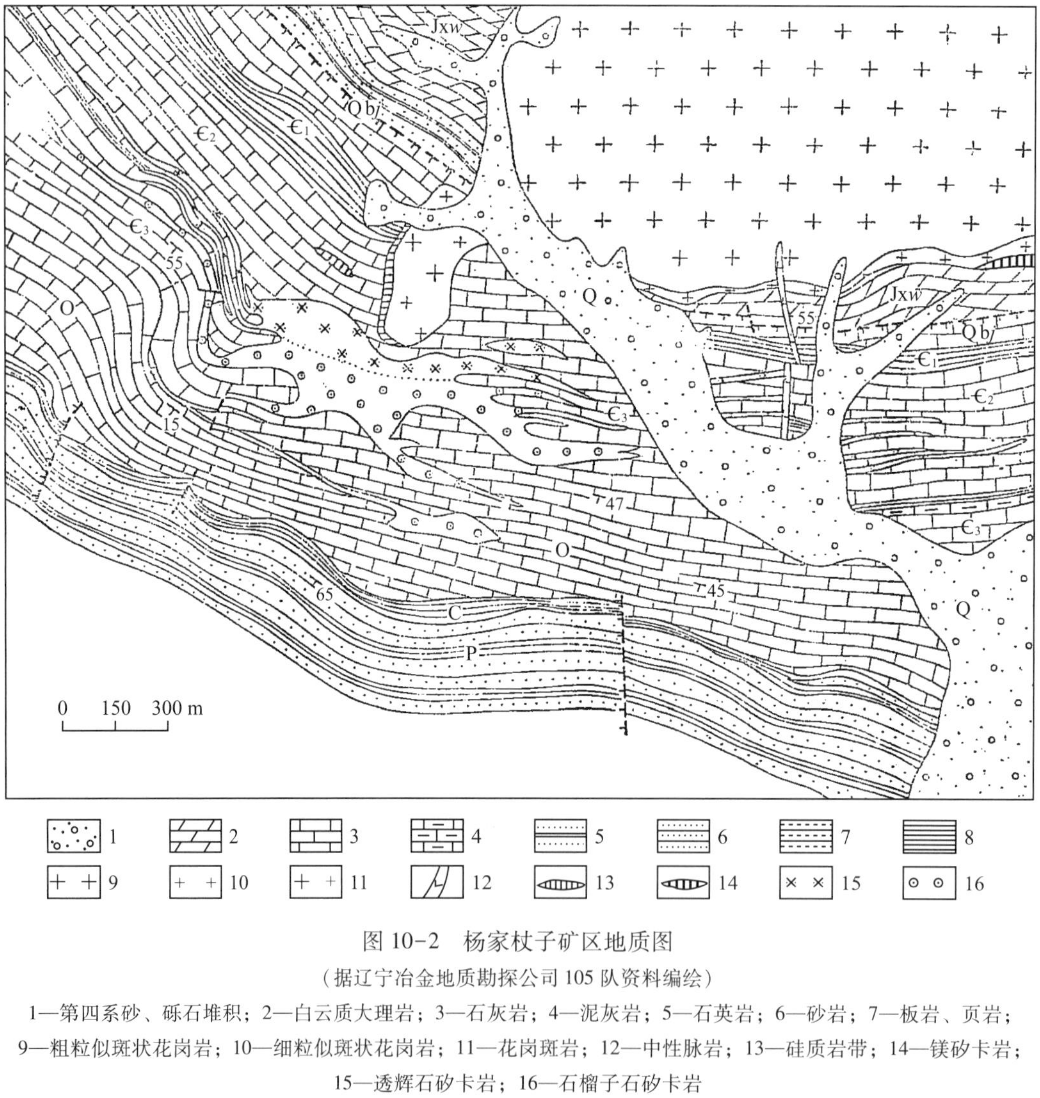

图10-2　杨家杖子矿区地质图

（据辽宁冶金地质勘探公司105队资料编绘）

1—第四系砂、砾石堆积；2—白云质大理岩；3—石灰岩；4—泥灰岩；5—石英岩；6—砂岩；7—板岩、页岩；9—粗粒似斑状花岗岩；10—细粒似斑状花岗岩；11—花岗斑岩；12—中性脉岩；13—硅质岩带；14—镁矽卡岩；15—透辉石矽卡岩；16—石榴子石矽卡岩

区内出露地层有前寒武系及古生界。早前寒武系蓟县系雾迷山组（Jx*w*）为燧石条带状白云质大理岩，分布于矿区之北部至西部，似斑状花岗岩南缘，在此两者接触带发育有镁矽卡岩交代建造，产有矽卡岩型铁矿。白云质大理岩以富镁为特征，通常含CaO 20%~50%，MgO 15%~21%。青白口系景儿峪组（Qb*j*）下部为石英岩，燧石质角砾岩，上部为灰岩、大理岩。寒武系—奥陶系为海相碳酸盐岩夹泥

砂质碎屑岩，其中，下寒武统（ϵ_1）为页岩夹透镜状灰岩、泥灰岩；中寒武统（ϵ_2）徐庄组为页岩夹硅质灰岩，张夏组以灰岩为主；上寒武统（ϵ_3）为灰岩、硅质灰岩、竹叶状灰岩，下部夹页岩。寒武系是本区最主要的矿化层位，中、下寒武统寓存本区规模最大的零号矿体群，上寒武统赋存有Ⅰ、Ⅱ、Ⅲ、Ⅳ、Ⅴ等矿体。奥陶系（O）为厚层状灰岩及薄层状泥质灰岩，产有Ⅵ，Ⅶ、Ⅸ等矿体。寒武系—奥陶系近岩体部分经热变质形成大理岩或角岩。石炭系（C）仅出露于矿区南、中部，厚度较小，岩性为砂岩、页岩、粉砂岩、钙质铝土页岩、铁质页岩夹煤系。二叠系（P）砂页岩、砾岩分布于矿区南部。纵观杨家杖子钼矿床的矿化围岩，以寒武系—奥陶系石灰岩最为有利，特别是矿化多集中在灰岩与泥质岩石的互层带，这些岩石经热变质已变为大理岩或角岩。雾迷山组白云质大理岩则是生成镁矽卡岩的重要条件，并对本区总体交代分带有着重要影响。

矿床位于笔架山向斜之翼部，由于花岗岩侵位时的挤压作用使矿区内岩层呈弧形弯曲，矿区东南部岩层走向近东西，其西北部则呈北西—南东向延展，地层倾向南或南西，倾角35°~50°。矿床内斑状花岗岩与围岩的接触构造及层间剥离构造是主要控矿构造，笔架山向斜及岩体的侵位挤压致使层间剥离、层间断裂十分发育，特别是岩体突出部分的前缘。在围岩的张裂带中发育有大规模的矽卡岩，层间剥离带中则寓存有一系列矽卡岩体。

矿床范围内出露的岩浆岩有粗粒似斑状花岗岩、细粒似斑状花岗岩、花岗斑岩及中基性脉岩（正长斑岩、石英正长斑岩、石英斑岩）等。粗粒似斑状花岗岩分布于矿区北部，为虹螺山花岗杂岩体的南西部分；细粒似斑状花岗岩呈镶边状产于粗粒花岗岩之外，沿与元古界接触线呈带状展布；花岗斑岩位于矿区中部，呈岩株状产出，侵位于寒武系内，岩株长600 m，宽150~200 m，其状如舌，故称为“舌状突出体”，意味着它是细粒似斑状花岗岩的南突部分，现已获知该花岗斑岩并非是细粒似斑状花岗岩的同期产物，而是形成于燕山期晚期。岩株产状陡立，岩石为淡色细粒具斑状结构的铝过饱和系列的小型侵入体，相变显著，其岩性包括花岗斑岩、细粒文象花岗岩、石英斑岩等各种岩石类型。斑晶由条纹长石、石英组成，其次为斜长石。石英斑晶具有强烈的熔蚀现象，斜长石斑晶已显著伊利石化。斑晶含量一般20%~50%，粒径1~3 mm。基质为细粒结构，有时为文象结构，钾长石与石英呈文象交生。

矿区内细粒似斑状花岗岩尤其是花岗斑岩遭受强烈蚀变，主要有伊利石化、铁锰碳酸盐化、绢云母化、硅化、钾长石化、钠长石化、矽卡岩化以及金属硫化物的矿化，围绕花岗岩岩株之北部及南西部发育有硅质岩带。

本区高温碱质交代、矽卡岩化及酸性淋滤阶段的各类蚀变均较强烈，成矿作用与矽卡岩化关系密切，主要矿体均赋存于矽卡岩中，随围岩性质、种类的不同，分别形成了镁矽卡岩交代建造及钙矽卡岩交代建造，前者分布于粗粒似斑状花岗岩与新元古界白云质大理岩接触带，沿此接触带复有晚期细粒似斑状花岗岩侵入，它与镁矽卡岩呈侵入接触。

伴随镁矽卡岩建造有磁铁矿矿化，但矿体规模很小，不具工业意义。钙矽卡岩出露于矿区中部，矽卡岩体多数沿层分布，于泥质岩石与石灰岩接触带尤为发育，达25条之多，平均长度400 m以上，宽10~15 m，它们于花岗斑岩之南缘一带辏集成“矽卡岩田”，该矽卡岩田长约550 m，宽220 m。矽卡岩田中矿物以石榴子石、透辉石为主，矿化强度较弱。

大型矿体都赋存于矽卡岩体内，此处矽卡岩矿物除透辉石、石榴子石外，尚见较多的符山石、透闪石、阳起石、黝帘石以及金云母、滑石、绿泥石、蛇纹石、石英、钾长石等，热液蚀变显著。金属矿化与矽卡岩中叠加的热液蚀变强度的紧密关系，不仅是本区而且也是矽卡岩矿床的重要特征，特别是硅化与辉钼矿化关系尤为密切。

矿床内已探明工业矿体达25条之多，均以似层状、透镜状产于矽卡岩及其附近的围岩内（图10-3），按其产出部位可分为赋存于矽卡岩中的矿体、产于矽卡岩顶盘或底盘与石灰岩接触带附近的矿体、位于矽卡岩化灰岩或石灰岩内之矿体以及产于东西走向的早期正长斑岩中的矿体。本区主矿体长度介于120~820 m之间，厚1.4~10.7 m，延深146~346 m。在剖面上各矿体均平行分布，矿体间距小于100 m，最大122 m，零号矿体群中矿体间距约34 m。

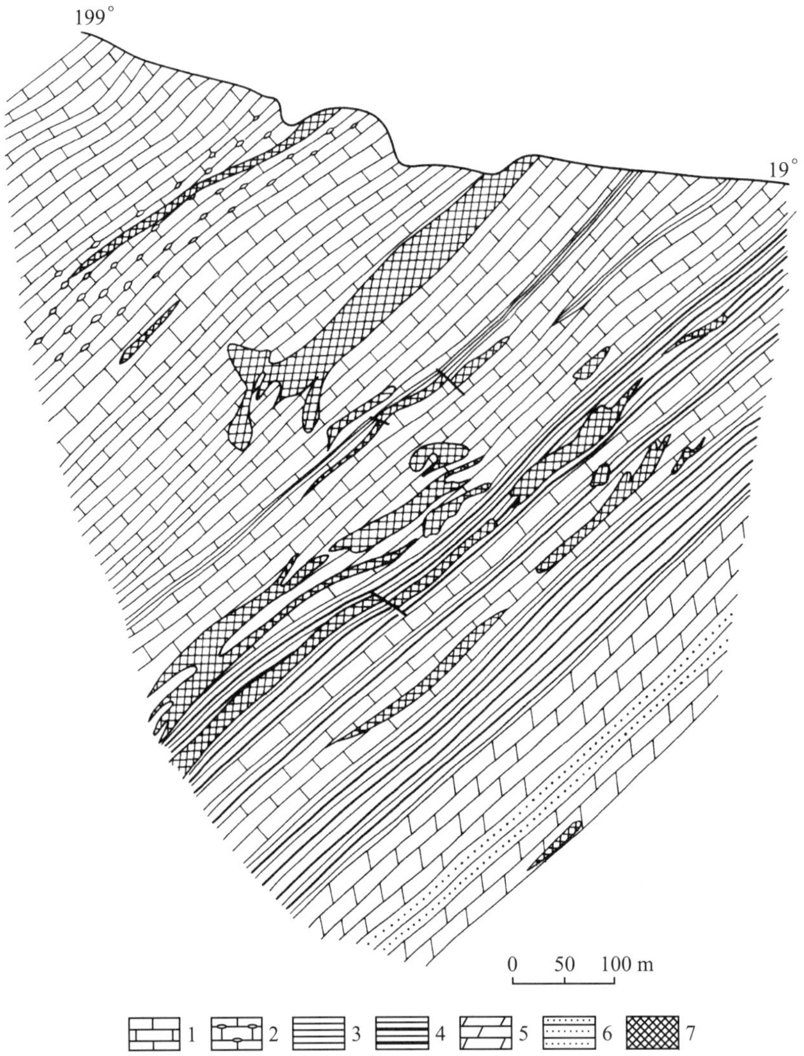

图 10-3　杨家杖子矿区 9 线剖面图

1—石灰岩；2—含燧石石灰岩；3—页岩；4—板岩、页岩；5—泥灰岩；6—石英岩；7—矽卡岩（矿体）

构成矿石的金属矿物为辉钼矿、黄铁矿、方铅矿、闪锌矿、黄铜矿，以辉钼矿为主，其他不具重要工业意义。辉钼矿多呈细鳞片浸染状分布于石榴子石、透辉石、符山石等矿物粒间或呈微细小脉产出，亦呈菊花状交代石榴子石、符山石、黝帘石、斜黝帘石，或与石英、阳起石、绿泥石、方解石伴随呈细脉浸染状叠置于矽卡岩之上，以及产于石英、方解石脉中。产于正长斑岩及其他围岩中的辉钼矿多受裂隙控制，呈细脉或薄膜状产出。辉钼矿中含 Mo 58.59%，S 40%。此外还伴有 Re、Se、Te 等组分，Re 约为 0.004%，Se 为 0.0027%，Te 为 0.003%。Mo-Re 间具有明显的正相关关系。经 X 光衍射测定，本区辉钼矿均属 2H 型。方铅矿、闪锌矿、黄铜矿多呈细粒浸染于矽卡岩中，唯其含量较少。矿床内另一种方铅矿闪锌矿矿石则多分布于矽卡岩旁侧的大理岩中，它的生成与碳酸盐化关系密切。

2. 北松树峁钼矿床

北松树峁钼矿床位于杨家杖钼矿床西南 10 km，产于哑鹿沟向斜东翼，笔架山向斜、哑鹿沟向斜、北松树峁—新台门南北向断裂的接触构造带上。矿区北西侧濒临女儿河大断裂。北松树峁-新台门断裂由向斜东翼通过，为一陡倾斜高角度逆断层，断层顶盘为寒武系—奥陶系灰岩，底盘是上二叠统厚层状砂岩。矿区西部中粒花岗岩呈分枝状伸入北松树峁-新台门断裂之南端，沿此断裂及断裂上盘发育有 2000 余米的矽卡岩带和十余条规模不等的分枝状矽卡岩体（图 10-4）。在矽卡岩形成之后，断裂沿矽卡岩底盘复活，致使断裂带中有较大的岩墙状花岗斑岩侵入，嗣后发生大规模的辉钼矿化，矿体主要寓存于矽卡岩及蚀变花岗斑岩内。矿带顶盘，在哑鹿沟向斜内主要出露有寒武系—二叠系，前寒武纪燧石灰岩仅零星出露于矿区西部，上二叠统长石石英砂岩出露于南北向断裂以东，构成矿床底板。

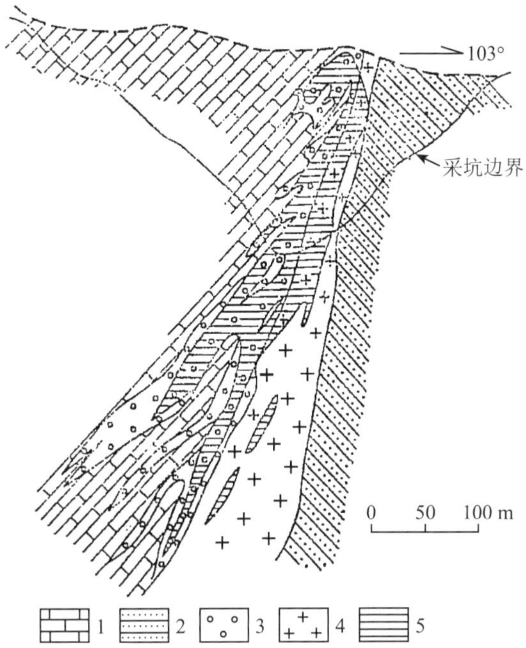

图 10-4　北松树峁钼矿床地质剖面图

1—石灰岩；2—长石英砂岩；3—矽卡岩；4—花岗斑岩；5—钼矿体

矿区内出露的岩浆岩主要为中-细粒花岗岩及花岗斑岩，前者主要分布于矿区南西部，岩石为不等粒结构，主要由酸性斜长石（$An_{24\sim28}$，含量 30%~35%）、钾长石（显微条纹长石，含量 20%~30%）、石英（20%~45%）组成，其次有少量黑云母。此岩体向北西部边缘渐变为斑状结构，形成细粒斑状花岗岩及花岗斑岩。花岗斑岩在矿床范围内最为发育，沿松树峁断裂呈岩墙状产出，南自北松树峁，北达新台门，总长 2400 m，平均宽 10~20 m，倾向延伸达 500 m 以上，北西倾斜，倾角 70°~85°。

矿床内带状矽卡岩沿南北向断裂展布，走向 10°~11°，北西倾斜，倾角约 75°，延长 2000 m，厚度多为 2~12 m。分支状矽卡岩有 15~20 条，规模大小不等，大者长 1500 m，小者仅 50~100 m，宽 5~20 m，倾斜延伸 150~300 m。上部与带状矽卡岩相连，致使矽卡岩体膨大，矽卡岩中主要矿物为石榴子石、透辉石、绿帘石、黝帘石、符山石、阳起石。此外还有少量硅灰石以及叠加有热液期矿物石英、铁锰碳酸盐矿物、方解石、钾长石、伊利石-水白云母等。依据主要矽卡岩矿物的种类可分为石榴子石矽卡岩、透辉石矽卡岩、符山石矽卡岩、透闪石矽卡岩、阳起石矽卡岩。

矿床系由南北走向的矿带和旁侧的一系列分支矿体所组成，分支矿体与矿带交汇处矿体肥厚。工业矿体多达 16 条。辉钼矿主要为浸染状、细脉状分布于矽卡岩及花岗斑岩中，花岗斑岩中的辉钼矿化常与硅化、伊利石-水白云母化相伴随，而在矽卡岩中多见碳酸盐化。闪锌矿见于矽卡岩中，呈细脉状产出，或分布于石英细脉、石英团块状聚集体中，方铅矿除产于矽卡岩中外，在矽卡岩上盘结晶灰岩中常见富集。

依据矿石产出的地质环境可将矿体划分三种主要类型：产于花岗斑岩及中-细粒花岗岩中的矿体；产于矽卡岩及矽卡岩化灰岩中的矿体；产于灰岩中的矿体。这三类矿体中，第一类占 40%，第二类约 60%，第三类很少，仅占千分之几。矿石品位 Mo 0. 14%。辉钼矿多呈细鳞片状，粒径 0. 02~

0.2 mm，最大 2 mm，集合体多呈斑团状产出，斑团多为 0.1~0.5 mm，最大达 3~4 mm。经单矿物分析辉钼矿中含 Mo 为 57%~58%，S 为 38%~40%，伴有 Re、Se、Te 等组分，Re 大致为 0.0047%，Se 0.0012%，Te 0.0008%。

3. 兰家沟钼矿床

矿床位于杨家杖子北东 10 km，是近年来发现的大型钼矿床，产于粗粒花岗斑岩中呈岩株状产出的细粒似斑状花岗岩内，矿化主要受岩体内不同方向的断裂带和它们之间的多组裂隙控制，矿石主要以辉钼矿-石英脉、辉钼矿-石英网脉及辉钼矿脉等形式产出，矿区范围内广泛发育有高温碱质交代作用和酸性淋滤阶段的一系列蚀变，显示石英脉-斑岩型矿化与蚀变特征。

矿床位于 NE 向女儿河断裂与近 E—W 向的老虎沟-下兰家沟断裂的交汇部位。中生代粗粒似斑状花岗岩沿女儿河断裂侵入，嗣后又有细粒似斑状花岗岩、花岗斑岩的侵入活动（图 10-1）。由于 E—W 向断裂的多次活动以及与女儿河断裂的联合作用，致使矿区内发育多期次多组方向的断裂与裂隙，它们彼此联通形成了不同方向的矿体群。从总体上看，矿床北部以 NE 向和 S—N 向含矿断裂为主，中部多呈 NNW—NW 向，矿区南部又复为 NE 向。

矿床内共圈定 6 个矿带，100 余条矿体，主矿体 13 条，延长 360~1280 m，多数大于 700 m，厚度一般 13~31 m，延伸 200~500 m。矿体呈脉状，树枝状、囊状及蟹足状等各种形态，剖面上呈似层状。矿石矿物为辉钼矿、黄铁矿，其次为闪锌矿、黄铜矿、黝铜矿、磁铁矿、自然银、辉银矿。脉石矿物为钾长石、斜长石、石英、伊利石-水白云母、方解石、菱铁矿、菱锰矿、绿泥石、萤石等。辉钼矿化主要与石英脉、石英网脉有关，沿石英脉壁呈细微小脉或浸染状分布，或沿节理裂隙充填浸染于钾化、硅化、伊利石-水白云母化、铁锰碳酸盐化的细粒花岗岩中。在强酸性淋滤带中辉钼矿往往富集。辉钼矿化也波及蚀变不明显的花岗岩和石英斑岩中，此时辉钼矿沿岩石节理呈薄膜状产出。产于破碎带中的辉钼矿多沿破碎角砾之砾间间隙充填交代。

本区钼矿体基本分两种主要类型：石英大脉型和石英细脉-网脉型。所谓石英大脉型系指宽度大于 10 cm 石英脉，通常脉宽 0.1~0.5 m，最宽 1~2 m，少数可达 3 m。辉钼矿多集中于脉体的边缘或浸染于石英脉旁侧的伊利石-水白云母化带中。石英细脉-网脉型矿体系由无数的含矿石英小脉组成，它们或相互平行或相互交织在空间上定向延伸，本区大部分辉钼矿矿石寓存在此种矿体之中，厚大的矿体往往是由许多近于平行排列的线状脉群组成。而无矿夹石的厚度小于剔除厚度。依据上述矿体、矿石的特征，本区矿石包括石英大脉型、石英网脉型、破碎带型和节理裂隙型等四种类型。

辉钼矿的形成是多期次多阶段的产物。高温碱性长石交代作用阶段及云英岩化时期未见显著的辉钼矿化，辉钼矿的形成主要发生于酸性淋滤阶段的晚期，与硅化、伊利石-水白云母化、铁锰碳酸盐化相伴随。构造断裂重复活动。早期的石英-辉钼矿脉形成角砾，复又为晚期形成的辉钼矿所胶结，形成角砾状富矿，或分布于岩石的节理裂隙中形成纯辉钼矿矿条。矿石品位 Mo 0.115%。矿石以细脉及网脉状构造为主，其次为浸染状及致密块状构造。

矿区内广泛发育有各类蚀变现象，它们在矿区普遍碱质交代的基础上叠加有高中温阶段的热液蚀变，这些蚀变以基性组分的顺序带出并最终导致形成高酸度矿物组合，晚期又叠加有铁锰碳酸盐化及成矿后的碳酸盐化。这些蚀变在时间上的总体演化规律：高温碱质交代作用（钾、钠长石化）→云英岩化→黄铁绢英岩化→硅化、伊利石-水白云母化→铁锰碳酸盐化→绿泥石化、碳酸盐化。

兰家沟钼矿床产出的构造环境、岩浆岩组合及蚀变特征是寻找此类矿床的重要标志。

（四）杨家杖子钼矿田的交代系列

伴随燕山期岩浆侵入和热液活动，在杨家杖子矿田形成了各种交代建造，由于它们产出的地质环境的不同，岩浆岩、围岩及含矿热流体物理化学条件的差异，形成了不同的交代矿化组合，构成了与酸性-超酸性岩浆侵入活动有关的交代成矿系列。各交代建造的特征如下：

1. 镁矽卡岩交代建造

镁矽卡岩交代建造仅见于杨家杖子矿区粗粒似斑状花岗岩与新元古界白云质大理岩的接触带，由渗滤交代作用形成了磁铁矿镁矽卡岩，其后（154 Ma）沿两者接触带又有细粒似斑状花岗岩的侵入活动，白云质大理岩分布于岩体南缘，这种高镁质（MgO 含量 15%~21%）碳酸盐岩不仅给本区镁矽卡岩的形成提供了物质基础，并且在很大程度上影响了本区钙矽卡岩的空间分带。镁矽卡岩中主要矿物为透辉石、粒硅镁石、金云母、镁绿泥石、滑石、水镁石、蛇纹石。金属矿物为磁铁矿，少量黄铁矿、闪锌矿。

透辉石呈深绿—浅绿色，以自形粗粒结构及更富透辉石端员而有别于钙矽卡岩中的透辉石，一般含钙铁辉石分子 2%~10%，近岩体一侧为浊绿-深绿色，相对富铁，靠近白云质大理岩一侧已接近纯透辉石，镁矽卡岩中的透辉石往往构成单矿物岩。

粒硅镁石为粒状、厚板状，粒径一般为 1~1.5 mm，$N_p \wedge C$：25°~26°，+2V：72°~80°，N_p=1.596，N_g=1.635，可见明显的简单双晶和聚片双晶。粒硅镁石生成晚于透辉石，与金云母共生，并被细脉状、网脉状蛇纹石穿切交代，磁铁矿交代粒硅镁石、透辉石，形成似海绵状陨铁结构。本区的粒硅镁石具富铁、硅、锰，贫钛的特征。金云母为绿色片状，有两个世代，其一产于磁铁矿矿体中，与粒硅镁石共生；另一种为脉状无矿金云母。依据金云母的化学成分可以判定这两类云母存在较明显的差异，前者以相对富镁、硅，贫铁、铝，高碱度为特征。

镁矽卡岩中低温矿物主要是镁绿泥石、滑石、蛇纹石、水镁石。镁绿泥石、蛇纹石广泛交代透辉石、粒硅镁石、金云母。濒临白云质大理岩一侧则出现斑团状绿泥石、蛇纹石。水镁石是低温水热蚀变矿物，临近白云质大理岩的地段，岩石几乎全由细小鳞片状水镁石构成，此外见少量镁绿泥石和蛇纹石。磁铁矿强烈交代透辉石及硅镁石，除磁铁矿外，金属矿物尚有少量闪锌矿、黄铁矿，矿石中全铁 TFe 可达 40%~50%，矿石化学成分集中反映出富 MgO、F，贫 CaO、SiO_2、Al_2O_3 之特征，显示出岩浆期后镁矽卡岩磁铁矿矿石之特点。

镁矽卡岩建造的交代剖面：

00 粗粒似斑状花岗岩。

Ⅰ. 深绿色粗粒透辉石带，透辉石含铁相对较高（$Di_{79\sim83}Hd_{8\sim10}Jo_{2.3\sim3.0}$）。

Ⅱ. 透辉石-金云母-粒（斜）硅镁石-磁铁矿交代带。

Ⅲ. 浅绿色长柱状透辉石带，此带中有粒硅镁石-磁铁矿细脉分布。

Ⅳ. 镁绿泥石-蛇纹石带，含少量透辉石、滑石。

Ⅴ. 镁绿泥石-水镁石带，镁绿泥石呈斑团状产出，水镁石含量高于 80%。

0 白云质大理岩。

镁矽卡岩剖面中岩石和矿物化学成分具有规律的变化：①由接触带至白云质大理岩 MgO、CaO 含量趋于增高，SiO_2 逐渐减少，外接触带贫 Na_2O、K_2O。与此相应，矿物成分也发生相应变化，辉石中 Hd 由 10%降至 2%，在白云质大理岩一侧广泛出现镁绿泥石、水镁石、蛇纹石等富镁富水矿物。②在透辉石-金云母-粒硅镁石-磁铁矿交代带中贫铁金云母、辉石与磁铁矿共存，反映出高氧逸度的成岩条件。镁矽卡岩中的金云母分两个世代，与粒硅镁石、磁铁矿共生者相对富镁富碱，晚期脉状不含矿金云母相对富铁。③由花岗岩与白云质大理岩形成这一套镁矽卡岩组合，需从溶液和火成岩中带来大量的 SiO_2、Al_2O_3、Fe_2O_3、FeO、MnO、Na_2O、K_2O、H_2O、F，无论是本区的火成岩或是白云质大理岩均不能满足形成金云母、粒硅镁石、磁铁矿组合所需的铁质，这些铁质、水分、氟只能来源于热液。

依据各带矿物组合、形成阶段和温度标志划分出了透辉石相、金云母-粒硅镁石-磁铁矿相、镁绿泥石-(滑石)-蛇纹石相和水镁石相。

2. 钙矽卡岩交代建造

钙矽卡岩交代建造广泛发育于杨家杖子矿区和北松树峁矿区，以杨家杖子矿区为例叙述如下：

杨家杖子钙矽卡岩产于花岗岩西南部外缘，在矿区中部岩层弯曲处的扭裂带中广泛发育矽卡岩化，形成大规模的矽卡岩田和与之相连的层状矽卡岩体。本区以石榴子石矽卡岩、石榴子石透辉石矽卡岩、透辉石矽卡岩为主体。符山石矽卡岩在矿床浅部及矽卡岩体中较为发育。钙矽卡岩中主要矿物为透辉石-钙铁辉石、钙铝榴石-钙铁榴石、符山石、绿帘石、黝帘石、斜黝帘石、透闪石、阳起石、硅灰石，叠加中低温热液期矿物有电气石、金云母、萤石、绿泥石、蛇纹石、低温钾长石、石英、方解石、石膏。在蚀变花岗岩中则有伊利石-水白云母、铁锰碳酸盐矿物。

辉石是本区遍在的矽卡岩矿物，属透辉石-钙铁辉石系列，其间锰钙辉石分子一般在0.58%～4.96%之间，具有发育的Mo、Cu矿化，辉石中钙铁辉石分子较高，而单一辉铜矿化简单的石榴子石透辉石矽卡岩则多为富镁的钙质辉石，辉石中钙锰辉石含量由镁矽卡岩至钙矽卡岩有所增加，当早期矽卡岩有晚期含水矿物（透闪石、阳起石等）叠加时，辉石中钙铁辉石及钙锰辉石端员大幅度增加，在透闪石石榴子石透辉石矽卡岩中，钙铁辉石分子可达33%～38%，钙锰辉石3.4%～5%。本区的辉石是多世代的产物，早期的辉石与硅灰石共生，较晚的辉石与石榴子石共存。

辉石、石榴子石的成分与原岩类型的依从关系，造成了含铁率不同的辉石与石榴子石的规律共生，一般交代纯质的大理岩往往形成富镁的透辉石与钙铁榴石组合，而交代角岩形成的矽卡岩则可见到含钙铁辉石分子较高的辉石与钙铝榴石共生，矽卡岩矿物化学成分及其共生特征不仅说明了矽卡岩的形成与原岩的洽合关系而且也反映出热液系统酸度、氧化还原电位的相应变化。

石榴子石矽卡岩中有较强的辉钼矿化，辉钼矿多呈细脉状产出，部分为浸染状、斑团状。

绿帘石、斜黝帘石呈灰绿—灰褐色，一般呈粗粒及放射状。绿帘石为细—中粒及放射状，含铁高的放射状绿帘石多是交代大理岩形成的，交代角岩的帘石族矿物中斜黝帘石、黝帘石较多。帘石族矿物中早期形成的多为黝帘石、斜黝帘石。斜黝帘石常具蓝灰色异常干涉色，颗粒往往粗大，而晚期多为脉状细粒绿帘石，帘石族矿物成分不同所伴随的矿化也有差异，辉钼矿多交代富铝的斜黝帘石或黝帘石，辉钼矿沿其解理发育形成片呈较大的自形晶体或呈斑团状产出，黝帘石、斜黝帘石中有较显著的Mo、Cu矿化，而产于大理岩中放射状绿帘石则未见明显矿化。

符山石多呈粗大晶体，其产出状态可分两种：一为交代原来的大理岩中残留的方解石；另一种呈脉状产出。符山石也为多世代产物，脉状符山石生成较晚，其形成时间与脉状黝帘石相近。符山石多交代石榴子石并被绿帘石所穿切，由矿床浅部至深部符山石有减少的趋势，这可能与在较大的CO_2分压下不利于符山石的形成有关。

硅灰石为早期高温矿物，常呈长柱状晶体与透辉石、钙铝榴石共生而被较晚的石榴子石、符山石、斜黝帘石穿切交代。晚期含水矿物有透闪石、阳起石、金云母、蛇纹石、蓝绿色角闪石、电气石、绿泥石、绢云母、水白云母、萤石及低温钾长石、石膏、碳酸盐矿物等，其中蓝绿色角闪石、绢云母、水白云母、金云母（富铁）、钾长石多交代角岩。矿区中普遍见到含氟矿物说明此区具有较高的氟的地球化学背景。

透闪石、阳起石是中低温热液阶段的主要矿物，交代透辉石、石榴子石，也见于透闪石化大理岩中。透闪石、阳起石的发育程度与辉钼矿化的强度相关密切，在强烈透闪石化、阳起石化的矽卡岩中往往有较多的辉钼矿赋存。

杨家杖子矿区矽卡岩大部分顺层产出，离岩体较远，是渗透溶液交代大理岩和角岩形成的，并辅以大理岩、角岩间所发生的双交代作用。杨家杖子由北至南形成了镁矽卡岩→钙矽卡岩交代建造，钙矽卡岩依序为透辉石矽卡岩→石榴子石透辉石矽卡岩→透辉石石榴子石矽卡岩→石榴子石矽卡岩。各种矽卡岩带状分布格局主要受到本区沉积地层岩性特征及其岩石化学成分所制约。由于本区钙矽卡岩往往发育于大理岩和角岩的频繁互层带中，因此形成了钙矽卡岩交代剖面的特有结构，一般交代大理岩形成透辉石、石榴子石，而交代角岩形成的矽卡岩中除这两种矿物外尚有黝帘石、斜黝帘石、符山石、金云母、钾长石、石英、电气石、蓝绿色角闪石等，这两类矿物组合在剖面上交替重复，在这两种岩性的接触带及其附近往往具有强烈的辉钼矿化。

本区钙矽卡岩可划分如下主要交代相：硅灰石相、透辉石-石榴子石相、符山石-黝帘石-斜黝帘石-绿帘石相。于蚀变角岩中有石英-电气石交代建造，但不发育。

3. 碱性长石交代建造

伴随中生代虹螺山花岗岩的侵入和不断演化，促成了碱质（特别是钾质）的高度富集，致使每一侵入阶段都伴有不同程度的碱性长石化，特别是花岗斑岩侵入阶段钾长石化规模最大。碱性长石化普遍见于杨家杖子、北松树峁、兰家沟等矿区，而以兰家沟矿区最显著。岩浆气液阶段新生钾长石大都以变斑晶状态产出，包裹交代斜长石，次生钾长石首先沿斜长石边缘、解理、裂隙交代，形成钾长石之镶边，进一步交代，斜长石被穿切成网脉状，最终斜长石解体形成钾长石变斑晶。钾长石交代石英多沿边部进行，往往形成显微文象结构，或交代基质形成文象状钾长石，这类钾长石主要为最大微斜长石或中微斜长石，矿物中钠长石分子较高（30%~39%），以此有别于酸性淋滤阶段及低温热液阶段的钾长石，后者 Or 分子显著增高。

4. 石英-碱性长石交代建造

石英-碱性长石交代建造发生于岩浆期后的早期阶段，接续于高温阶段的碱性长石交代建造，碱性长石以钾长石为主。此种交代建造往往是酸性淋滤阶段各种交代、矿化作用的先导。依其矿物组合可以划分为石英-钾长石相、石英-钾长石-角闪石相和石英-钾长石-黑云母相。该交代建造于兰家沟矿区也很发育，暗色矿物仅见黑云母，主要为石英-钾长石相、石英-黑云母相，由地表向深部碱性长石中钠长石分子的含量增多。石英-碱性长石交代建造可预示 Mo、(Cu)、Zn、Pb 的矿化活动。

5. 与岩浆期后酸性淋滤阶段所伴随的交代建造

岩浆期后酸性淋滤阶段的交代建造广泛发育于兰家沟矿区，部分建造见于杨家杖子和北松树峁的花岗岩中，包括云英岩建造、黄铁绢英岩建造、石英-绢云母（水白云母）交代建造及泥化岩建造。这些建造的形成决定于温度、溶液的酸度、碱金属及碱土金属的活动性和某些酸性组分的活度。云英岩建造发育于矿区东南部，主要受断裂构造的控制，沿粗粒花岗岩与细粒花岗岩边界分布。云英岩化强度不大，向深部渐变为黄铁绢英岩。

随交代作用的进行矿物种类发生规律变化：斜长石被钾长石交代→斜长石消失→钾长石被白云母、石英交代并伴有金红石、锆石生成，最后形成石英白云母交代带。第 5 带中石英、白云母开始分异，但尚未形成石英、白云母单矿物带。在云英岩建造中出现矿化剂元素的强烈活动。云英岩中除黄铁矿外尚有少量闪锌矿、辉钼矿。云英岩建造向深部渐变为黄铁绢英岩建造，并普遍出现较多的黄铁矿和碳酸盐矿物，两种交代建造这种空间分布格局意味着在矿床深部的黄铁绢英岩生成于相对较低的酸度条件，并且碱金属相对于碱土金属有更大的不饱和度。这两种交代建造包括石英-钾长石-白云母相和石英-白云母相和石英-绢云母-碳酸盐-黄铁矿相。

6. 碳酸盐交代建造

兰家沟矿区中低温热液阶段发育有碳酸盐交代建造，其产出有两种形式：早期的碳酸盐矿物呈细脉状、网脉状、浸染状叠置于酸性淋滤剖面之上；晚期的碳酸盐矿物多以脉状产出。早期碳酸盐矿物为棕红、黄褐色，风化后呈黑褐色土状，依据矿物种属分为菱锰矿、含铁白云石两类。晚期则几乎是纯方解石，为成矿期后的产物。碳酸盐的出现及碳酸盐矿物种类的变化反映出溶液酸度的依次降低。经爆裂测温早期碳酸盐化的爆裂温度为 327~350℃。菱锰矿、铁白云石化是 Pb、Zn、Mo 良好的找矿标志。

艾永富等（1983）对本区不同类型的碳酸盐矿物进行了 C、O 同位素组成的测定。菱锰矿 $\delta^{18}O$ 介于 6.36‰~9.07‰之间，$\delta^{13}C$ 为-4.08‰~5.51‰。说明成矿热液主要来源岩浆水，并在晚期不同程度地混入了天水。

7. 交代建造的形成时代

对本区主要交代建造进行了 K-Ar 法年龄测定，杨家杖子主要交代建造的形成始于燕山期早期，鉴于本区花岗斑岩、石英斑岩也被矿化的事实，说明杨家杖子钼矿田的蚀变矿化经历了长期的过程，在此地质历史中，岩浆不断演化，多阶段的侵入和长期分异，挥发性组分和矿质不断集中，最终导致了于杨家杖子钼矿田的形成。

兰家沟矿区的云英化不仅见于粗粒似斑状花岗岩中，也产于细粒似斑状花岗岩中，据此推测云英岩化的年龄应不高于 154 Ma，而年代表中的数据却为 188. 75 Ma，这一差异究属云英岩化是多期叠加的结果还是在于样品、测试等原因，尚无资料与之论证。

三、中国河南栾川三道庄钼钨矿床❶

河南省栾川县三道庄层状矽卡岩矿床是东秦岭钼多金属成矿带一大型钼钨矿床。它与毗邻的南泥湖矿床构成一特大型钼、钨矿田，矿田西部产有上房沟钼（铁）矿床及骆驼山矽卡岩型多金属硫、铁矿床。在此约 18 km^2 的范围内，富集了大量的钼、钨多金属矿产，构成了东秦岭地区重要的矿物原料基地。

（一）区域地质及矿田地质概况

三道庄层状矽卡岩型钼钨矿床位于中朝准地台豫陕断隆带内，三川-栾川陷褶断裂带北翼，E—W 向构造转向 NW 向的弧形转折处，处于 NW 向和 NNE 向构造的交汇部位，本区地层、岩浆岩体均呈 NW—NWW 向展布。

区内发育中元古界、新元古界栾川群，为一套浅海相碎屑岩、火山碎屑岩及碳酸盐类的沉积变质岩系，进一步划分上下两个亚群，矿床赋存于栾川群上亚群三川组内（三道庄矿床）及南泥湖组中、下段地层中（南泥湖矿床），而栾川群上亚群煤窑沟组富含有机质的海陆交互相的沉积变质岩系中，则有上房沟矽卡岩型-斑岩型钼矿床。栾川群下亚群自下而上分为巡检司组、杜关组、冯家湾组，以硅质条带状大理岩为主；中部为绢云母白云石千枚岩与大理岩互层，总厚度大于 1176 m；栾川群上亚群由白术沟组、三川组、南泥湖组、煤窑沟组、大红口组组成，其中三川组上段为不纯的石灰岩，经接触变质形成各种钙硅酸盐角岩，普遍遭受广泛的矽卡岩化，是三道庄矿床主要矿化层位。南泥湖组下段为石英岩夹黑云母长英角岩；中段为黑云变斑二云片岩、绢云片岩、钙质二云片岩，夹石英岩、大理岩，变质后形成黑云长英角岩及透辉长英角岩；上段为片状黑云大理岩，变质成钙硅酸盐角岩，南泥湖矿床主要赋存于中段下部的黑云长英角岩中。煤窑沟组下段为云母石英片岩及石英云母片岩；中段为白云质大理岩，发育有镁矽卡岩。上房沟钼矿床的工业矿体即赋存于镁矽卡岩中，其上段为白云质大理岩、云母石英片岩和碳质片岩。

矿田内以近 E—W 向及 NNE 向两组构造为主，矿田之南、北两个断裂构造发育，而矿田中部发育有青和堂-庄科倾伏背斜之次级构造，即南庄口-三道庄箱形背斜（图 10-5），此箱形背斜延长 2000 余米，轴向 280°~310°，核部宽 400~600 m，地层产状平缓，倾角多为 5°~10°，两翼倾角较陡，为 30°~80°。该箱形背斜在总体上控制着本区矿层的产状与分布。矿田内 E—W 向断裂以位于矿田北部的 F_1 断裂规模最大，断裂带宽数米至 70 余米，走向 275°~305°，延长 2 km 以上，倾向 SW，倾角 60°~70°，断距大于 500 m，致使三川组与南泥湖组中段直接接触。构成矿床之北界，逾越 F_1 断层之北，不复有工业矿体存在。NE 向断裂走向多为 N20°~30°E，倾向 NW，倾角 60°~80°，在平面上呈雁行排列。

矿田内前加里东期有变辉长岩（743 Ma）、正长斑岩。燕山期中酸性小侵入体分布于马圈、南泥湖、上房一带。三道庄矿床与南泥湖岩体关系至为密切，该岩体系由斑状黑云母二长花岗岩与斑状黑云母花岗闪长岩组成的复式岩体，呈不规则的岩株状产出，长轴 450 m，短轴 300 m，地表出露 0. 14 km^2，向深部至 900 m 标高则扩大至 1. 2 km^2，岩体外接触带东陡西缓，向 NW 方向倾伏。地表出露为细、中粒斑状黑云母二长花岗岩，中、深部为细粒斑状黑云母花岗闪长岩，前者黑云母 K-Ar 年龄数据为 162 Ma、138. 6 Ma 和 130. 9 Ma，后者为 255 Ma、136. 5 Ma 和 104. 3 Ma。经黑云母花岗闪长岩和斑状花岗岩全岩、单矿物 Rb-Sr 等时线测定为 173 Ma（马振东，1984）和 191±16 Ma（乔怀栋等，1986），其岩性特征见表 10-2。

---

❶ 本节参考下列文献撰写：刘永绰等，1981；吴澄宇，1984；罗铭玖等，1985；曾华杰等，1985。

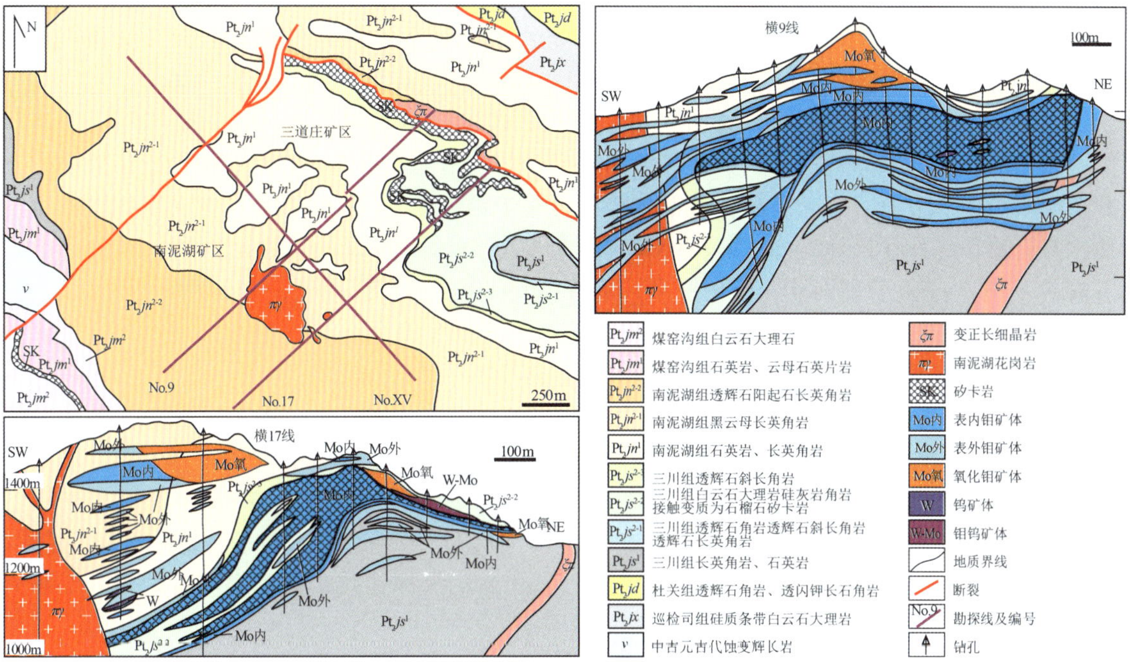

图 10-5　南泥湖-三道庄钼钨矿床地质略图

（据王登红等，2018）

表 10-2　南泥湖复式岩体基本特征

岩性特征	细—中粒斑状二长花岗岩	细粒斑状黑云母花岗闪长岩
斑晶组成及其含量	主要由石英、钾长石，部分斜长石构成，斑晶含量 20%～50%，钾长石-2V=60°～66°，斜长石为奥长石（$An_{20\sim25}$）	主要是钾长岩，其次为石英、斜长石。斑晶占岩石 5%～10%
矿物成分	斜长石（$An_{20\sim32}$）8%～24%，钾长石 30%～40%，石英 30%，黑云母 25%	斜长石（$An_{32\sim37}$）50%，钾长石 20%，石英 20%，黑云母 5%～10%
结构	似斑状结构，基质具细-中粒花岗岩结构	似斑状结构，基质具细粒自形、半自形结构
副矿物	磁铁矿、磷灰石、榍石、金红石、锆石	磁铁矿、榍石、磷灰石、锆石

斑状二长花岗岩 SiO_2 为 70.08%～76.06%，平均 73.4%，Na_2O+K_2O 介于 6.99%～10.0%之间，平均 8.87%，K_2O/Na_2O=1.21～11.26，平均 2.31，组合指数 1.48～3.40，平均 2.58。上述特征表征出本区与钼矿化具有成因联系的斑状花岗岩是富碱、富钾硅酸过饱和的钙碱质系列的岩石，其 SiO_2、(K_2O+Na_2O) 含量以及 K_2O/Na_2O、组合指数均高于我国同类岩石之平均值。斑状花岗岩具有显著的 Mo、W 正异常，Mo 含量一般 50×10^{-6}，最高达 460×10^{-6}，主要富存于斜长石和黑云母中，绝大多数研究者指出（曾华杰等，1985）南泥湖、上房沟等中生代侵入岩属同熔型花岗岩，其 $^{87}Sr/^{86}Sr$ 初始值为 0.707，全岩 $\delta^{18}O$ 介于 7.2‰～9.0‰，$\sum REE$ 约为 154×10^{-6}，$\sum Ce/\sum Y$=8.25，δEu=0.67，稀土配分曲线显示出轻稀土富集型，矿田中硫化物 $\delta^{34}S$ 值介于 1.84‰～6.27‰之间，多数为 1.84‰～3.9‰，具塔式分布特点，热液系统 $\delta^{34}S_{\Sigma S}$ 为 2.65‰（吴澄宇，1984）。

（二）矿床地质特征

南泥湖矿田钼钨矿床除部分赋存于岩体内外，大部分赋存于岩体外接触带的矽卡岩、钙硅酸盐角岩、黑云母长英角岩中。依据矿体的产出部位，可分出三种矿体类型：①岩体的外接触带（上房沟矿床），矿体呈倒杯状围绕花岗斑岩及钾化带分布；②矿体赋存于外接触带的钙硅酸盐角岩中（南泥湖矿床），矿体呈似层状、大透镜状；③位于远离接触带的矽卡岩中（三道庄矿床），矿体呈层状、似层状。

三道庄矿床主要产于南泥湖岩体外接触带三川组上段的矽卡岩中，为一形态简单厚度很大的层状、似层状矿床，其产状与地层产状一致，深部顺层延伸与南泥湖岩体呈高角度接触，矿体的上、下盘及其边部有分支、复合、膨缩现象，钨矿体普遍分布于钼矿体内，矿体顶底板常见单钼型矿体，中部为钨钼复合型矿体。主矿体走向 NW—NNW，倾向多为 SW，倾角平缓，在箱形背斜的轴部，矿体倾角一般 5°~10°，于此背斜两翼，倾角变大，可达 30°~80°，主矿体沿走向延伸达 1800 m 以上，垂直厚度可达 80~150 m，最大为 164 m。

钼、钨矿体在空间上的分布受构造、岩性及交代作用的强度、性质等多种因素制约，钼矿体不仅存在于三川组上段的矽卡岩中，而且其顶、底板的长英角岩也有矿化，但其品位明显低于矽卡岩中矿体，矿区内钼矿化表现出北强南弱、西弱东强的变化趋势，钨矿体多产于钼矿体下部，其形态基本与钼矿体一致，唯于矿床西部钨矿体超出钼矿体的范围之外，钨矿化强度在总体上显示出北强南弱、东弱西强之特点，在垂直方向上具有上贫下富的现象，矿化强度与矿石类型之间存在紧密的依存关系，钼矿化强度依矽卡岩-石榴子石硅灰石角岩→透辉石斜长岩的顺序递减，钨矿化则特别集中于矽卡岩中，特别是底部层状矽卡岩中。

依据矿石产出的岩性条件及矿物共生组合，本矿田划分四种主要矿石类型：矽卡岩型、长英角岩型、透辉石斜长石角岩型及花岗岩型，分别占全区金属储量的 51%、34%、8%、7%。三道庄矿床中矽卡岩型矿石尤为发育，此类矿石占该矿床储量 89.7%，矿体富厚，品位稳定，矿物成分较为复杂，矿石中各类交代结构发育。主要矿物为石榴子石、透辉石、符山石、硅灰石，次为阳起石、绿帘石、黝帘石、金云母、萤石、石英、沸石、葡萄石、胶蛋白石等。金属矿物为磁黄铁矿、白钨矿、磁铁矿、褐铁矿、黄铜矿、斑铜矿。进一步可分为①透辉石石榴子石矽卡岩矿石：此类矿石中石榴子石占 60%~70%，透辉石 20%~30%，有少量石英、绿帘石、萤石、符山石；②磁黄铁矿石榴子石、透辉石矽卡岩矿石：石榴子石含量为 30%~40%，透辉石 50%~60%，普遍具磁黄铁矿化，此类矿石多赋存于矽卡岩的底部；③沸石化、萤石化矽卡岩矿石：此类矿石中见有沸石、萤石、胶蛋白石、葡萄石等矿物，该种矿石主要产于矽卡岩底部的破碎带中；④石榴子石、钙铁辉石矽卡岩型矿石。上述四种矽卡岩中，以透辉石石榴子石矽卡岩为主体，构成本区最重要的矿石类型。

矿石中普遍发育有片状、放射状、蒿束状、自形-半自形粒状、交代残留及粒状镶嵌等多种结构。辉钼矿以鳞片状、蒿束状、放射状等形态产出，片径多小于 1 mm，集合体 2~5 mm，白钨矿则以自形-半自形粒状（粒径 0.2~0.48 mm）与萤石、石英、辉钼矿、黄铁矿伴生，或分布于石榴子石、透辉石粒间。矿石多为浸染状构造及细脉状构造，全区以浸染状矿石为主。矿石品位：Mo 0.076%，WO_3 0.103%~0.117%。

矿田内各类交代现象均很普遍，有矽卡岩化、钾长石化、白云母-绢云母化、云英岩化、黄铁长英岩化、金云母化及青磐岩化。随着含矿溶液多阶段的脉动，各类蚀变在空间上的有序分布，构成了以南泥湖岩体为中心，向北西、北东方向延伸的扇形蚀变带（图 10-5）。①钾长石化带：钾长石、石英细脉沿南泥湖岩体及角岩之节理裂隙充填交代，伴有辉钼矿、黄铁矿生成，围岩中的斜长石普遍遭到绢云母化；②硅化带：此带特别发育于矽卡岩及角岩中，与钼、钨矿化关系至为密切；③碳酸盐-沸石化带：形成晚于硅化带，此带中分布有含少量辉钼矿的沸石脉、碳酸盐岩脉或绿泥石碳酸盐岩脉；④青磐岩化带：以出现大量的碳酸盐矿物、绿帘石、绿泥石、阳起石为标志，系晚期蚀变产物，与矿化关系不大。

南泥湖矿田之东北部三川组广泛发育有矽卡岩化，伴有强烈的钼、钨矿化，矽卡岩矿物以石榴子石、透辉石为主，其次为硅灰石、符山石、斜长石，以及阳起石、绿帘石，叠加有绿泥石、水黑云母、方解石。金属矿物为磁铁矿、黄铁矿、白钨矿、辉钼矿。在三川组上段，地表可见两层矽卡岩，其间残余有钙硅酸盐角岩（原岩为不纯的大理岩），由东而西这两层矽卡岩逐渐合并，矽卡岩中以透辉石石榴子石矽卡岩为主，其次为石榴子石钙铁辉石矽卡岩，两者间无明显界线，矽卡岩分带现象不明显。计算表明，由钙硅酸盐角岩形成上述两类矽卡岩均需大量 Si、Fe 组分的带入。

依据各矿物生成的相对时序及矿物共生组合可将矿床的形成作用划分三期六个阶段，即矽卡岩期、热液期、表生期。在矿田侵入体热变质的基础上，矽卡岩阶段早期形成了透辉石、石榴子石、符山石、方柱石等矽卡岩矿物，其晚期伴有浸染状辉钼矿、白钨矿化。石英-钾长石-白钨矿-辉钼矿阶段，为钨、钼矿化的主要阶段，形成石英-白钨矿-辉钼矿细脉、辉钼矿-钾长石-石英脉、辉钼矿-黑云母脉。石英-硫化物阶段形成磁黄铁矿及黄铜矿，伴有辉钼矿化。石英-碳酸盐阶段为本区次要的成矿阶段，形成含辉钼矿的沸石脉或碳酸盐岩脉。依据各成矿阶段，石英中气液包裹体均一温度的测定，揭示各成矿阶段的温度范围：矽卡岩中石英硫化物矿化温度为 240~460℃，主要为 260~400℃；钾长石-石英-辉钼矿阶段为 220~420℃，集中于 250~370℃；石英硫化物阶段生成温度 200~390℃，多数为 240~350℃，沸石-碳酸盐-硫化物阶段多形成于 180~240℃之间。

各矿化阶段中硫化物同位素组成反映出 $\delta^{34}S$ 变化区间狭窄，均为正值，呈塔形分布，其变化范围介于 1.84‰~6.27‰之间；不同矿化阶段石英 $\delta^{18}O$ 值为 8.4‰~12.5‰，在成矿温度 220~410℃条件下，与石英处于平衡状态水的 $\delta^{18}H_2O$ 为-0.5‰~7.1‰（吴澄宇，1984）。

上述南泥湖-三道庄的各种地质地球化学特征，蚀变与矿化在时间上依序演替，在空间上带状展布的特点，特别是不同地质体中具有特征的蚀变矿化组合，组成了南泥湖矿田矽卡岩型-斑岩型钼钨复合矿床。成矿物质主要来自岩浆，而热流体为岩浆水与天水的混合产物。

四、中国山东烟台邢家山钼矿床

（一）地理位置和勘查开发概况

胶东地区是中国最重要的金矿集中区，但同样值得关注的是本区的钼矿资源。20 世纪 50~80 年代本地区相继发现了一系列大中型钼（钨）矿床，其中，位于烟台市福山区的邢家山钼矿是目前区内唯一达到大型规模的钼矿。钼金属储量已达到 22.89×10^4 t，Mo 品位为 0.11%~0.28%，伴生钨金属量（WO_3）1.24×10^4 t。

自 20 世纪 80 年代起，相继有学者对胶东钼矿开展多方面的研究。例如，赵伦华（1988）初步总结了胶东钼多金属矿床的成矿地质条件，认为燕山期中酸性岩浆岩为成矿母岩，并根据成因类型将钼矿分成接触交代型、斑岩型和岩浆热液型。孔庆友等（2005）全面总结了胶东地区钼矿的地质工作程度、开发利用状况及矿床类型，并阐述了邢家山钼矿床等地质特征。刘善宝等（2011）对邢家山钼矿的辉钼矿进行 Re-Os 同位素测年，获得该矿床的成矿时代为 157.6~158.7 Ma。孙丰月等（2011）认为邢家山钼矿应该属于斑岩成矿系统，区内分布的斑岩体为壳幔混熔岩浆演化产物。

（二）区域地质背景

研究区大地构造位置处于华北板块东缘胶北隆起区。区内出露地层主要为古元古界粉子山群和新元古界震旦系变质岩，其中，粉子山群在区内出露最为广泛，与矿化关系密切，为一套含铁变粒岩、高铝片岩、石墨透闪岩、大理岩、透闪透辉岩夹菱镁矿层的变质岩系。从下而上包括祝家夼组、张格庄组、巨屯组和岗嵛组等。祝家夼组由长石石英岩、黑云母变粒岩、黑云片岩和大理岩组成；张格庄组以白云石大理岩、大理岩、透闪岩和二云母片岩为主；巨屯组主要岩性为石墨透闪岩、石墨大理岩、石墨黑云母片岩、黑云母变粒岩和石英透闪透辉岩；岗嵛组由黑云母片岩、透闪岩、透闪大理岩、二云母片岩、黑云母变粒岩和长石石英岩组成。各组地层均为渐变过渡关系。

区内构造以 E—W 向和 NE 向最为发育，断裂叠加于早期褶皱之上，呈现出多期次活动的特征。褶皱构造主要发育河西背斜、张格庄向斜、马蹄夼背斜、车家向斜和巨屯-上夼复背斜，轴向近 E—W，向东倾没，其中上夼-巨屯复背斜最发育，可能为成矿热液的运移和交代作用提供通道。断裂构造中，近 E—W 向的吴阳泉断裂是区内主断裂，延伸长，活动时间长，是深源岩浆及流体活动的重要通道。大量 NE 向断裂多形成于中生代末期。

区内的岩浆活动主要表现为中生代燕山期幸福山岩体和王家庄岩体广泛发育，另外还有一些分布零散、规模较小的燕山期晚期脉岩出露，其中幸福山岩体、王家山岩体与金属矿产成矿关系密切。

（三）矿床地质特征

1. 矿区地质

矿区范围内主要出露地层为古元古界粉子山群张格庄组，岩性以大理岩、白云石大理岩和透闪岩为主，夹少量片岩。根据岩石组合特征，从老到新可分为三段：第一段为厚层白云石大理岩；第二段是透闪岩夹黑云片岩、黑云变粒岩和大理岩；第三段为白云石大理岩和大理岩，局部夹有片岩和透闪岩，其中，第二、三段是主要赋矿层位，同时第三段大理岩中发育白钨矿化。由于遭受接触交代作用，张格庄组第二段、第三段形成以符山石-透辉石-钙铁辉石为主的矽卡岩，局部发育长英质角岩，钼矿体主要赋存于外矽卡岩中。

矿区内侵入岩较发育，主要为中生代燕山期幸福山岩体及长英质脉岩和少量煌斑岩。幸福山岩体出露于矿区东南侧的幸福山-无角山一带（图 10-6），呈小岩株状，岩性为含斑中细粒二长花岗岩，主要由石英、钾长石和斜长石组成，粒度一般 2~3 mm。岩石普遍遭受碳酸盐化、绢云母化和硅化蚀变，偶见细脉状辉钼矿石英脉。长英质脉岩主要分布于矿区长西部，近南北向展布，主要岩性为石英闪长玢岩；另外还有花岗斑岩、煌斑岩等呈岩脉状，穿插于矽卡岩中。巨屯-上夼复背斜是矿区内主体骨架构造，由一系列东西走向的倒转背斜、向斜和次级小型背斜和向斜褶皱构成。另外，还发育北东向的褶皱，包括幸福山背斜、蟹子顶向斜顶，其中，蟹子顶向斜是邢家山钼矿的主要控矿构造之一。断裂构造主要为东西走向，属于一套以挤压为主的压扭性断裂为成矿前断裂，对钼矿床形成有一定控制作用；成矿后仍有活动，矿体遭到明显破坏，形成了邢家山钼矿南、北的自然分界线。

2. 矿体和矿石

邢家山矿床钼钨矿体产于幸福山岩体内部及其与粉子山群的内外接触带中，尤其是外接触带的矽卡岩中。矿体多为隐伏矿体，呈似层状、透镜状产出，产状与地层产状基本一致，部分矿体切穿地层。以钟家庄断裂为界分为南、北两个矿段（图 10-6）。

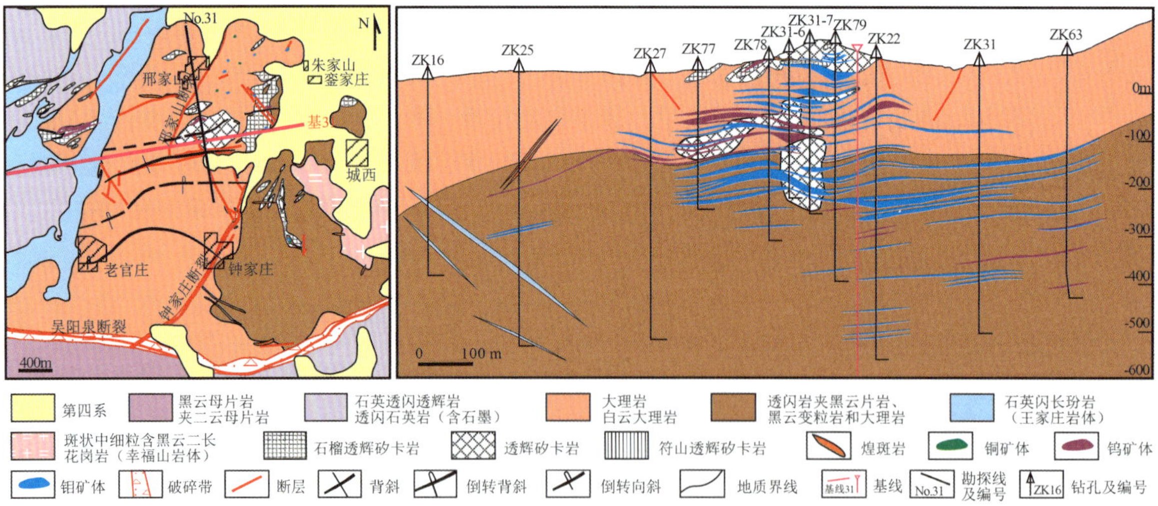

图 10-6 邢家山钼矿床地质图及勘探线剖面图

（据王登红等，2018）

矿区内具有代表性的主要钼矿体为北矿段的 9 号钼矿体，矿体呈似层状，赋存于张格庄组二段和三段地层中。矿体顶板为张格庄组三段第二岩性带之厚层白云石大理岩；底板为张格庄组二段的透闪透辉石岩。

矿石中金属矿物以辉钼矿、白钨矿和黄铁矿为主，其次有黄铜矿、磁黄铁矿、闪锌矿和方铅矿等；脉石矿物有石英、方解石、石榴子石、符山石和透辉石-钙铁辉石等。辉钼矿呈薄膜状、浸染状或星点状、细脉状赋存于透辉石矽卡岩、石榴子石透辉石矽卡岩、透闪透辉石岩、透辉石化白云石大理岩中，其中，星点状和细脉状辉钼矿为主要产出特征。黄铁矿主要发育于方解石脉中，呈自形的浸染状或脉状，矿石结构主要有半自形-自形粒状变晶结构和交代残余结构，其中变晶结构是矿石中的主要结构。矽卡岩矿物中常见方解石交代符山石、石榴子石，也可见晚期石英交代早期辉石矽卡岩。

根据矿物组合等特征将矿石分为以下 4 种自然类型：透辉石-符山石矽卡岩型、石榴子石-透辉石矽卡岩型、角岩型和花岗岩浸染型，其中，矽卡岩型矿石是主要的辉钼矿矿石类型，角岩型矿石中见多量铅锌矿化。

3. 围岩蚀变与矿化特征

矿区围岩蚀变作用强烈，种类繁多。在幸福山岩体内发育内矽卡岩化、钾化、硅化和绢云母化；接触带中则发育矽卡岩化，早期的进化蚀变为透辉石化、符山石化、硅灰石化和石榴子石化，退化蚀变则有绿帘石化、绿泥石化、碳酸盐化、硅化和石膏化。值得一提的是，硅化蚀变除了岩石中的硅化脉外，大理岩中尚发育团块状的石英。根据与岩体接触距离的远近，蚀变具分带性，但是各带之间的关系较为模糊，呈现出内矽卡岩化-矽卡岩化-碳酸盐化和硅化的规律。

由于位于蚀变与矿化同属于岩浆和大理岩相互作用的产物，二者紧密共生，因此可以依据矿化与围岩蚀变关系，将矿化分为两期 4 阶段：早期岩浆热液期和表生氧化期，其中，早期岩浆热液期又可以划分矽卡岩阶段、石英-硫化物阶段和碳酸盐阶段。早期岩浆热液阶段主要表现为矽卡岩矿物（如石榴子石、符山石）呈半自形-自形产出，同时伴有矿化；石英-矽卡岩硫化物阶段是邢家山钼矿的主要矿化期，该阶段中辉钼矿大量产出，同时也有白钨矿化；晚期碳酸盐化阶段的矿化主要为黄铁矿化、方铅矿化和闪锌矿化，其特征是矿化发育于方解石脉或者大理岩中。表生氧化期主要形成褐铁矿、孔雀石等氧化矿物。

第十一章　矽卡岩金矿床

近十几年来，含金矽卡岩矿床的勘查和研究工作在国内外均取得了很大的进展，发现了一批大型独立的或共生的金矿床，如美国内华达州的 McCoy，蒙大拿州的 Elkhom 和 Beal，华盛顿州的 Crown Jewel，印度尼西亚的 Big Gossan（Meinert，1997，1998a，b），中国湖北的鸡冠嘴、鸡笼山、桃花嘴和安徽的天马山等（见图 1-1，表 11-1），从而引起了人们的关注，成为国际地学研究的前沿和热点之一。

Theodore et al.（1991）总结了含金矽卡岩矿床的主要地质特征、分带规律、产出构造背景、共生矿床、矿石矿物组成和流体包裹体特征，并列出了世界上 33 个国家的 127 个含金矽卡岩矿床的产地名称、储量、品位和地质特征简表，但其中对中国的含金矽卡岩知之甚少。

Meinert et al.（1989，1998a，b）和 Ray et al.（1990）对美国、加拿大、澳大利亚等国的十余个重要含金矽卡岩矿床的主要地质特征做了总结，划分出还原型含金矽卡岩、氧化型含金矽卡岩、含金镁矽卡岩和产于区域变质地体中的含金矽卡岩四个类型。从其所举的矿床实例看，以还原型含金矽卡岩最为重要，金矿化大多产于离接触带有一定距离的钙铁辉石矽卡岩中。这类矿床包括加拿大的特大型 Hedley（Nickel Plate）金矿，美国内华达州的特大型 Fortitude 金矿、蒙大拿州的 Beal 和 Elkhom、华盛顿州的 Crown Jewel 和澳大利亚的 Junction Reefs 等。还原型矽卡岩金矿床具有富铁的单斜辉石（大于 Hd_{50}），但在近接触带含较丰富的石榴子石，有关侵入岩含有钛铁矿，$Fe_2O_3/(Fe_2O_3+FeO)$ 值小于 0.5。另一特点是该类金矿含金品位较高，含 Au 高达 5~15 g/t，硫化物含量也较高，以磁黄铁矿和毒砂为主。氧化型矽卡岩金矿的特点是石榴子石/辉石值较高，硫化物和含金品位相对较低，硫化物中黄铁矿含量多于磁黄铁矿。氧化型矽卡岩金矿的实例较多，有美国内华达州的 McCoy、厄瓜多尔的 Nambija 以及中国湖北的鸡龙山、云南北衙等。

赵一鸣等（1997c，1998，1999a，b）、Zhao et al.（1999）对我国含金矽卡岩矿床，特别是对长江中下游地区的含金矽卡岩矿床的分布、产出地构造环境、地质特征和地质地球化学评价标志以及典型矿床的分带和流体演化等进行较深入的研究，指出它们形成的有利构造环境为大陆边缘的拗陷和褶皱带及深大断裂附近，有关侵入岩为 I 型，主要为花岗闪长岩和石英二长闪长岩类的浅成相，矿床的综合交代矿化分带模式，自岩体向碳酸盐岩围岩方向依次为 Cu（Mo）→Cu（Fe）→Cu、Au→Au→Au-Pb-Zn。Cu、Au、As、Te、Bi、Pb、Zn、Ag、Se 等元素组合是评价化探异常的重要地球化学标志，含金矽卡岩均为氧化型，金的沉淀发生在矽卡岩期后的退化热液交代阶段，形成温度大致为 153~350℃，盐度为 2.5%~24%。

Pan et al.（1999）对长江下游地区重要 Cu-Fe、Au 矽卡岩矿床的地质特征和 S、O、H、Pb、Sr 等同位素组成进行了较系统的综合研究，以充分的证据论证了层控块状硫化物矿体并非沉积或火山喷气沉积成因，而是岩浆流体演化的交代产物，提出了一个由岩体中的斑岩型矿体、产于接触带的矽卡岩矿体和远离接触带碳酸盐岩为容矿围岩的层控块状硫化物矿体组成的交代成因模式。

一、加拿大 Nickel Plate 金矿床

Nickel Plate 金矿床位于加拿大不列颠哥伦比亚省南部。这是目前美洲最大的矽卡岩型金矿床，在世界上仅次于印度尼西亚 Ertsberg Cu-Au 矿床。Au 的资源量达 710t，平均品位 Au 5.3 g/t，Ag 1.3 g/t，Cu 0.02%（Ray et al.，1994），其中，有 3Mt 矿石的 Au 品位高达 14 g/t，是在地下开采的。

表 11-1 世界主要矽卡岩金矿床一览表

序号	矿床名称	地理位置	矿床简要地质特征	储量和品位	成矿时代	参考文献
223	加拿大 Nickel Plate 金矿床	不列颠哥伦比亚省南部 W120°、N49°	矿体产于闪长岩外接触带辉石矽卡岩中；矽卡岩矿物由石榴子石、辉石、方柱石、富氯角闪石、硅灰石、葡萄石等组成；金属矿物有磁黄铁矿、毒砂、黄铜矿、黄铁矿、自然金、自然铋、黑铋金矿、赫碲金矿、闪锌矿、方铅矿等	Au 710 t，5.3 g/t；Cu 0.02%；Ag 1.3 g/t	三叠纪（219~194 Ma）	Ray et al.，1994 Meinert，1998a，b
224	加拿大卢平（Lupin）金矿床	西北部康特沃依托湖地区 W111°15′、N65°48′	矿体呈似层状产于变质铁建造（由铁闪石、石英、磁铁矿组成，含铁铝榴石、角闪石和绿泥石）；矽卡岩由钙铝榴石、钙铁辉石组成；硫化物有磁黄铁矿、毒砂、斜方砷铁矿、黄铁矿等；Au 主要赋存于毒砂和斜方砷铁矿中	Au 117 t，9.11~10.63 g/t		Bullis et al.，1993 Meinert，1998a，b
225	加拿大 Tillicum 金矿床	W117°、N51°	矿体产于闪长玢岩、暗色闪长岩接触带以石榴子石为主的矽卡岩中	Au 107.8 t，7.7~33.4 g/t		Ray et al.，1985
226	加拿大 Phoenix 金矿床	不列颠哥伦比亚省 W118°20′、N49°30′	金矿化主要产于由石榴子石、辉石、绿帘石和角闪石组成的矽卡岩中；矿石中 Au 含量的高低主要决定于矽卡岩中硫化物（特别是黄铜矿）的多少；当硫化物增多时，金的品位就较高	大型，Au 1.1~3.02 g/t；Cu 0.6%~0.05%；7.7~33.4 g/t		Sinclair et al.，1969
227	美国 Fortitude 金矿床	内华达州 Battle Mountain 区	矿体产于花岗岩、花岗闪长岩与寒武纪—三叠纪灰岩、砂页岩接触带矽卡岩中；矽卡岩矿物有钙铁榴石、透辉石、阳起石、绿帘石等；金属矿物有磁黄铁矿、黄铁矿、黄铜矿、白铁矿、毒砂、自然金等	Au>77 t，7.1g/t	古近纪	Neinert，1998a，b
228	美国 Croasn Jewell	华盛顿州	矿体呈透镜状产于花岗闪长岩体和灰岩、砂页岩接触带；矽卡岩由辉石、石榴子石、绿帘石等组成；金属矿物为磁黄铁矿、黄铁矿、磁铁矿、毒砂、自然金等	Au 52 t，6 g/t	新生代（75.7±2.8 Ma）	Hickey，1992 Meinert，1998a，b
229	美国 Elkhorn 金矿床	蒙大拿州	矿体呈似层状产于闪长岩和钙质页岩的接触带；矽卡岩主要由辉石组成，少量石榴子石，属还原型金矿；硫化物呈浸染状产于矽卡岩中，包括黄铁矿、磁黄铁矿、黄铜矿、毒砂等	Au 4.5 t，4.8 g/t	新生代（75.7±2.8 Ma）	Meinert，1998a，b
230	美国 Beal 金矿床	蒙大拿州 Butle 西（南）26km	矿化产于花岗闪长岩、闪长岩与晚白垩世钙质碎屑岩接触带的矽卡岩、角页岩中；矽卡岩矿物有辉石、方柱石等；金属矿物为黄铁矿、黄铜矿、磁铁矿、钛铁矿；钛铁矿的存在，说明属还原型岩浆	Au 23.1 t，1.49 g/t	新生代（74.8~71.7 Ma）	Meinert，1998a，b

续表

序号	矿床名称	地理位置	矿床简要地质特征	储量和品位	成矿时代	参考文献
231	美国 Mclaren Au-Cu-Ag 矿床	蒙大拿州西南部 New World 地区	矿体产于闪长岩、二闪长岩与寒武纪灰岩、白云岩、钙质页岩的接触带。矽卡岩由钙铁榴石、透辉石、绿帘石、金云母等组成。金属矿物有磁铁矿、黄铜矿、辉铜矿、闪锌矿、自然金、银金矿、斑铜矿等	Au 6.24 t，3.12 g/t；Cu 0.7%；Ag 13.06 g/t	新生代（55.3~44.0 Ma）	Johnson，1994
232	厄瓜多尔 Nambija 金矿床	厄瓜多尔东南部 W78°45′、S 4°	矿体产于花岗闪长岩与三叠纪灰岩、页岩、火山岩接触带矽卡岩中，属氧化型金矿	Au 15.30 g/t，最高可达 84 g/t	中侏罗世（170 Ma）	Meinert，1998a，b
233	阿根廷 Gualilan 金-锌矿床	W68°58′、S30°44′	矿体呈透镜状产于英安斑岩和奥陶纪灰岩外接触带；大致沿灰岩层理产出；矽卡岩矿物有辉石、锰钙铁辉石、石榴子石、阳起石、绿帘石、黑柱石等；金属矿物有黄铁矿、磁铁矿、闪锌矿、方铅矿、磁黄铁矿、银金矿、辉银矿	Au 2.333 t，2.4~26 g/t；Zn 18×10^4 t，4.5%~12.6%		Logan，2000
234	巴西 MorroVelho 金矿床	W43°45′、S 20°25′	矿体产于辉绿岩和碳酸盐岩接触带；金属矿物有磁黄铁矿（丰富）、毒砂、黄铁矿、黄铜矿、白钨矿、黑钨矿、黝铜矿、斑铜矿、闪锌矿、方铅矿等	Au 8.5~27.1 g/t		
235	西班牙 Lalt Urgell 金矿床	西班牙北部与法国交界处	矿体产于花岗闪长岩与泥盆纪灰岩接触矽卡岩；矽卡岩矿物由钙铝榴石、钙铁辉石、透辉石、符山石和硅灰石组成；金属矿物有黄铁矿、黄铜矿、磁黄铁矿、磁铁矿、毒砂、闪锌矿、方铅矿、斜方砷铁矿、自然金、碲银矿、辉钼矿等	小型	晚古生代	Soler et al.，1991
236	西班牙 Ortosa 金铋碲矿床	西班牙南部	含矿矽卡岩产于二长花岗岩体与灰岩接触带；矽卡岩矿物主要由透辉石、石榴子石、阳起石、斜黝帘石、氟磷灰石等组成；金属矿物有磁黄铁矿，少量赫碲铋矿、自然铋、自然金、黑铋金矿、辉铋矿、闪锌矿	Au 3.56 t，7.11 g/t		Fuertes-Fuente，2000
237	印度 Kolar 金矿床	E78°15′、S13°	有两类金矿床：①层状硫化物型和角闪岩、条带状含铁石英岩伴生；②含金碳酸盐脉型与富轻稀土的科马提岩和拉斑玄武质角闪岩伴生。两类金矿都产于蚀变岩中，后者由黑云母、透辉石、石榴子石组成；金属矿物有磁黄铁矿、毒砂、黄铁矿、斜方砷铁矿、磁铁矿、自然金等	Au 2.6~9 g/t	新太古代有关花岗岩年龄（2630~2550 Ma）	Siddaiah 和 Rajamani，1989
238	西非 Kedougou-Kenieba-Inbier 金矿床	W11°45′、N14°5′	矿体产于石英斑岩外接触带大理岩和角页岩中，受断裂构造控制；矿化呈浸染状硫化物；金属矿物为磁铁矿、自然金、辉锑镍矿、辉锑铋矿、黄铁矿等；矽卡岩矿物由辉石、石榴子石、阳起石、绿帘石、电气石等组成	Au 337.9 t，3.58 g/t	古元古代（2083 Ma）	Masural et al.，2017

续表

序号	矿床名称	地理位置	矿床简要地质特征	储量品位	成矿时代	参考文献
239	俄罗斯 Novogodnee-Monto 金（铜）矿床	乌拉尔山北部 E66°、N66°40′	矿体呈透镜状产于花岗闪长岩、二长斑岩与志留纪—泥盆纪灰岩、火山岩接触带；围岩蚀变有矽卡岩化、绢英岩化、青磐岩化（与金矿化有关）和钾化；矽卡岩矿物有石榴子石、绿帘石、角闪石、透辉石、符山石和硅灰石等；金属矿物为磁铁矿、黄铁矿、黄铜矿、磁黄铁矿、自然金、辉砷钴矿、闪锌矿等	Au 14.8 t，4.9 g/t；铁矿石 530×10^4 t，TFe 41%	泥盆纪（382±11 Ma）	Soloviev et al.，2013
240	俄罗斯 Veselyi 金矿床	西伯利亚 E88°、N52°	含金矽卡岩矿体产于闪长玢岩与泥盆纪灰岩、火山凝灰岩、砂页岩的接触带，呈似层状、透镜状；矽卡岩矿物由透辉石、石榴子石、硅灰岩、绿帘石、阳起石等组成；金属矿物有黄铜矿、黄铁矿、闪锌矿、方铅矿、毒砂、辉碲铋矿、自然金、自然铋，微量碲镍矿、碲铅矿	Au 7.5 g/t；Cu 3.9%；Ag 37.7 g/t		Ettlinger et al.，1991
241	澳大利亚 Junction Reefs 金矿床	南威尔士州 E49°30′、S31°30′	矿体产于闪长岩与灰岩、钙质页岩的外接触带；矽卡岩矿物由石榴子石、辉石（<20%）组成；金属矿物为磁黄铁矿（较多）、黄铁矿、黄铜矿、白铁矿、毒砂、自然金等	Au>7.7 t，0.4 g/t	志留纪（430 Ma 和 440 Ma）	
242	澳大利亚 Lucky Draus 金矿床	位于 Burraga 地区，距 Sydney 150 km	矿体产于花岗岩、花岗闪长岩与古生代钙质变质绿色片岩接触带；矿体为 Au-As-Bi-Te 组合与石榴子石-绿泥石蚀变有关；金属矿物有钛铁矿、毒砂、辉钼矿、自然金、黑铋金矿、自然铋、辉铋矿、碲铋矿、硫碲铋矿、磁黄铁矿（较多）等			Sheppard et al.，1995
243	澳大利亚 Marvel Loch 金银矿床	澳大利亚西部	含金镁矽卡岩产于变科马提岩和变辉长岩的裂隙带，主要硫化物为磁黄铁矿-斜方砷铁矿-毒砂组合，次有黄铜矿、磁铁矿、闪锌矿、方铅矿、红砷镍矿、自然金等。镁矽卡岩矿物有橄榄石、尖晶石、透辉石、金云母、透闪石、蛇纹石、镁绿泥石、白钨矿等	到 1991 年已生产 Au 9.7 t，3.28 g/t	显生宙	Mueller，1991
244	澳大利亚 Nevoria 金矿床	澳洲西南部 E119°40′、S31°20′	含金矽卡岩产于花岗闪长岩与超镁质火山岩、条带状铁建造（BIF）的接触带，呈似层状；矽卡岩矿物为钙铝榴石、透辉石、阳起石、斜黝帘石、钙铁辉石等；金属矿物有黄铁矿、黄铜矿、毒砂、斜方砷铁矿、白钨矿、自然金	Au 平均品位 2.7 g/t，深部可达 6.3 g/t		Mueller Andress G et al.，2004

续表

序号	矿床名称	地理位置	矿床简要地质特征	储量品位	成矿时代	参考文献
245	中国北衙金多金属矿床	云南滇西	矿体产于石英正长斑岩与三叠纪长石砂岩、杂砂岩、泥质灰岩、白云质灰岩、白云岩接触带矽卡岩中；主要矿体长 400~1680 m，宽 570~1420 m，平均厚 4.27~13.27 m；矽卡岩矿物主要有石榴子石、透辉石、绿帘石、阳起石、硅灰石、方柱石、萤石等；旁侧的石英正长斑岩也遭到钾长石化、硅化和绢云母化；金属矿物有磁铁矿、黄铁矿、菱铁矿、赤铁矿、黄铜矿、磁黄铁矿、方铅矿、闪锌矿、辉钼矿、自然金、银金矿、自然铋等	Au 323 t，2.47 g/t； 铁矿石 1.7×10^8 t， TFe 33.24%； Cu 65×10^4 t，0.52%； Pb 155×10^4 t，2.01%； Zn 53×10^4 t，1.38%； Ag 7743 t	新生代 （37~35 Ma）	晏建国等，2002 和文言，2014 王建华和 李文昌，2014
246	中国鸡笼山金铜矿床	湖北阳新县	矿体呈透镜状产于花岗闪长斑岩与三叠纪灰岩接触带矽卡岩。矽卡岩矿物主要有石榴子石、透辉石、硅灰石、绿帘石、方柱石等；金属矿物有黄铁矿、黄铜矿、斑铜矿、辉铜矿、闪锌矿、方铅矿、自然金、银金矿、碲金矿、碲金银矿、辉铋矿、雄黄、雌黄等	大型 Au 32.6 t，3.82 g/t	早白垩世 （138.1±1.9 Ma）	赵一鸣等，2012
247	中国天鹅抱蛋山金矿床	安徽铜陵	矿体呈透镜状产于闪长岩外接触带石炭纪白云岩中的矽卡岩	中型 Au 2.40 g/t	中生代	赵一鸣等，1990
248	中国老榨山金矿床	黑龙江双鸭山市南 E131°30′、S46°10′	矿体产于花岗岩与变质岩层接触部位，受断裂构造控制，呈脉状，共有 118 条矿体；分西、中、东三个矿带；金属矿物有磁黄铁矿、黄铜矿、自然金，脉石矿物有透辉石、石榴子石、长石、石英等	大型 Au 21.5 t， 5~7.81 g/t， 平均 6.88%	早白垩世 （143~127 Ma）	李广慧等，1999
249	中国沂南金（铜）矿床	山东沂南县	矿体产于闪长玢岩和寒武纪—奥陶纪灰岩的接触带矽卡岩中；矽卡岩由钙镁橄榄石、尖晶石、符山石、透闪石、金云母、蛇纹石组成；金属矿物有黄铁矿、黄铜矿、斑铜矿、辉铜矿、自然金、银金矿、碲金矿等	大型，Au 1.26 g/t Cu 0.5%~0.6%	晚中生代	赵一鸣等，1990
250	中国三铺金（铜、铁）矿床	安徽北部淮北市	矿体产于石英二长闪长玢岩与寒武纪白云质大理岩接触带，呈透镜状赋存于矽卡岩中；矽卡岩主要为镁矽卡岩，组成矿物有透辉石、镁橄榄石、方镁石、金云母、蛇纹石、斜硅镁石、透闪石等；金属矿物有磁铁矿、镁磁铁矿、镁铁矿、黄铁矿、黄铜矿、斑铜矿，少量辉钼矿、磁黄铁矿、方黄铜矿、自然金、银金矿、碲银矿、自然铋、自然银等	中型 Au 2.38 g/t	早白垩世 （134.32± 1.95 Ma）	赵一鸣等，1990

（一）控矿围岩的岩性、时代

矿区在构造上处于加拿大雁列山脉（Canadian Cordillera）的山间带。容矿围岩由镁质海底火山岩和凝灰岩组成，夹钙质粉砂岩和灰岩。主要划分为三个岩组，自下而上分别是 Apex Mountain 岩组（古生界—三叠系）、Hedley 岩组（上三叠统）和 Whistle Creek 岩组（上三叠统和白垩系）。

Apex Mountain 岩组为厚达 1000~2000 m 高度变形的沉积岩和火山碎屑岩，主要由燧石、泥质岩、凝灰质粉砂岩、绿岩和少量灰岩组成，在矿区东南部有所出露，其地层属于上泥盆统和石炭系—三叠系。Hedley 岩组为厚达 400~600 m 的沉积岩和火山碎屑岩，主要由薄层钙质和含燧石粉砂岩、黑色泥岩和灰岩，局部为细粒火山碎屑岩；地层具有东西走向，反映受区域构造的控制，其地层为上三叠统，该组岩石是最有利于矽卡岩形成的层位。Whistle Creek 岩组厚达 1000 余米，又可分为 A、B、C 三个亚组：下部的 A 组主要由安山质和玄武质凝灰岩组成，其下部为沉积凝灰质粉砂岩夹凝灰岩，含斜长石和辉石，其地层也属于上三叠统；中部 B 组岩石的特征是致密英安质凝灰岩，含有流纹岩和石英斑岩；上部 C 组的岩性为安山质凝灰岩。B、C 两组的地层可能为白垩系。在矿区北部还有角砾岩分布。

（二）有关侵入岩

矿区的 Hedley 侵入岩有三个相：最老的是中侏罗世，由粗粒含角闪石的闪长岩、石英闪长岩和少量辉长岩组成，K-Ar 同位素年龄为 170 Ma 和 190 Ma；第二侵入岩相（Simikameen 侵入岩）为晚侏罗世花岗闪长岩（160~150 Ma），是岩脉群，它们遭到矽卡岩化；第三侵入岩相为细粒状含石英的斑岩，石英斑晶可达 4 cm，呈岩床和岩脉，厚度小于 3 m。

Hedley 岩体直径大于 1 km，岩性为花岗闪长岩、石英闪长岩和辉长岩，包括岩株、岩墙和岩床群在内。侵入岩的 U-Pb 同位素年龄值为 210~194 Ma。岩体属于含钛铁矿的还原型侵入体，Fe_2O_3/（Fe_2O_3+FeO）值为 0.15，是所有矽卡岩金矿床中比值最低的岩体（Ray et al.，1994）。

（三）矽卡岩和矿化

含金矽卡岩主要产于侵入岩与晚三叠世钙质碎屑岩、凝灰岩和灰岩的接触带矽卡岩中（图 11-1）。矽卡岩具有明显的分带性，从侵入体向沉积岩围岩方向的分带：闪长岩→石榴子石矽卡岩→辉石矽卡岩→碎屑岩围岩和角页岩，金矿体产于辉石矽卡岩的外侧。在石榴子石矽卡岩中，石榴子石和辉石的比值小于 0.1。石榴子石的成分属于贫铁榴石和富铁榴石的过渡产物（$Ad_{20\sim75}$），最富铁的石榴子石是产于远离接触带的矿带，其成分是钙铁榴石（$Ad_{73\sim82}$）（Everson et al.，1992）。这里的辉石也富铁，含锰稍高。

与矽卡岩有关的矿化形态上呈似层状，Hedley 岩组钙质和凝灰质粉砂岩和灰岩是有利成矿的岩层，被闪长岩岩床和某些岩脉侵入，在接触带形成矽卡岩，含 Au 的硫化物带常在外矽卡岩的边缘产出。与石榴子石、辉石伴生的硫化物主要为毒砂和磁黄铁矿，次为黄铁矿、黄铜矿、闪锌矿、辉钼矿、辉砷钴矿、赫碲铋矿（Bi_7Te_3）、自然金、方铅矿和黑铋金矿（Au_2Bi）。这组矿物与相对较低温的交代矿物伴生，包括角闪石、铁硅灰石、方柱石、斧石和葡萄石。方柱石和角闪石是属于富 Cl 的矿物。

（四）流体包裹体

在 Nickel Plate 金矿床，石榴子石-辉石矽卡岩估算形成于地下深处 5 km，其形成的平均温度为 460~480℃，但有些石榴子石和辉石流体包裹体的均一温度超过 600℃。石榴子石和辉石流体包裹体的盐度分别为 18.3%和 9.7%，而石英流体包裹体的盐度则为 37.9%。

概括起来，Nickel Plate 是美洲最大的矽卡岩金矿床，属于还原型矽卡岩金矿床，金的品位很高；金矿床在成因上主要与侏罗纪闪长岩体有关，闪长岩多呈岩床和岩脉产出；主要由粉砂岩、泥岩和灰

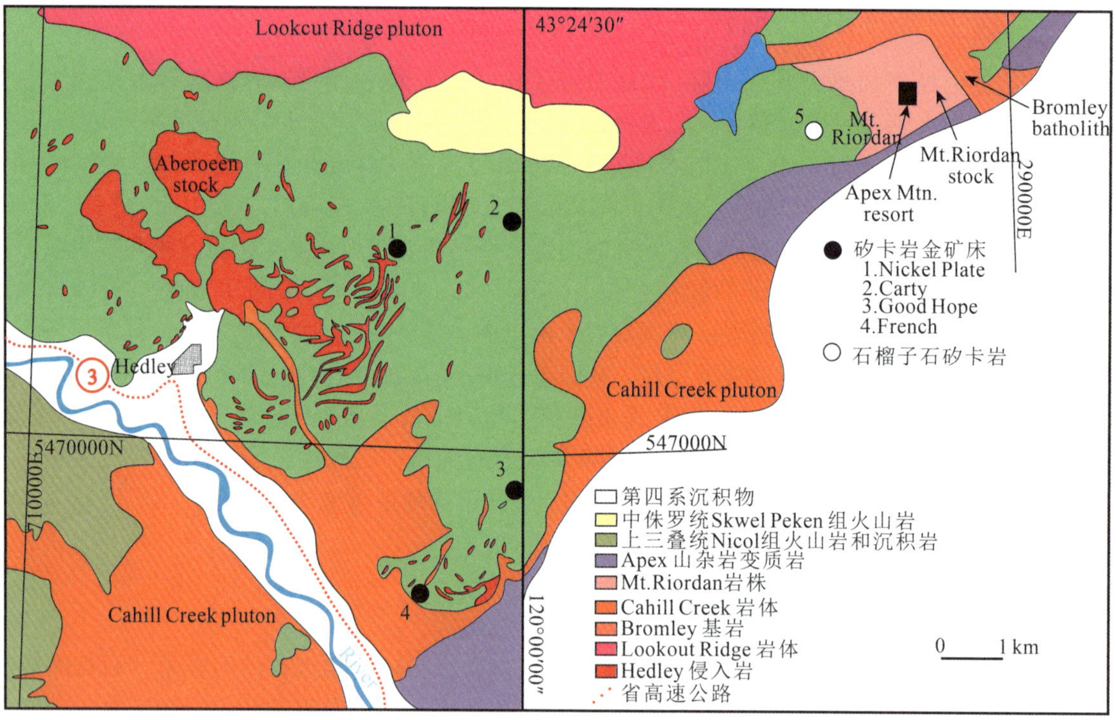

图 11-1 Hedley-Apex 山区域地质简图

（据 Ray et al.，1994，有修改）

岩组成的 Hedley 岩组地层是有利于成矿的围岩地层；金矿体集中富集在外矽卡岩带的钙铁辉石矽卡岩边缘。

二、加拿大 Lupin 金矿床

（一）地理位置

Lupin（卢平）金矿床位于北极圈以南约 80 km、加拿大西北部的康特沃依托湖（Contwoyto Lake）（地理坐标：N65°48′、W111°15′）沿岸。

（二）矿床发现和勘查开发利用概况

该矿床自 1982 年开始开采生产，当时由埃科湾矿山有限公司负责开发。截至 1993 年底，已从 666×10^4 t 矿石中提取 215 万盎司黄金（平均品位为 10.63 g/t），平均每年生产黄金约为 20 万盎司，探明的剩余金资源储量约 5.1 t，平均品位 9.11 g/t。根据矿区内矿带的展布特征，中部和西部矿带向深部继续延伸。

该矿山开发因采用高度的机械化采矿、现代化的选矿设施以及特殊的解决办法，不仅技术先进、采矿成本低，使该北极地区金矿开采取得成功，而且矿山开发所采用的高度机械化的大量崩矿采矿法以及现代化的破碎-磨矿-氰化液溶浸和两阶段洗涤工艺（第一阶段用清水洗涤，第二阶段用再循环液洗涤），在金矿开发方面产生巨大影响，也使卢平金矿成为加拿大当时的第三大矿山。

（三）区域地质背景

Lupin 金矿床产于 Henderson（1970）定义的太古宇 Yellowknife 超群 Contwoyto 组变质表壳岩地层中。在矿床所处的康特沃依托湖地区，可将 Yellowknife 超群划分为四个组（Bostock，1980）：Contwoyto 组主要由互层的灰岩与泥岩组成，厚度从几厘米至 2 m 不等，反映为海底扇上的浊流沉积特征，对应浊积岩鲍马序列的 AE 层序，发育透镜状及水平层状含铁建造，局部出露岩浆岩；PointLake 组岩性变化较大，由镁铁质火山岩、凝灰岩、长英质火山岩及少量规模较小的沉积岩组成；Keskarrah 组由砾岩和岩屑砂岩，以及花岗质、镁铁质火山岩和少量片麻岩碎屑组成；Itchen 组为层状泥岩及砂岩，通常呈粗粒、砂质、厚层状产出，不发育含铁建造。Henderson et al.（1977）对上述地层形成的先后关系进行了研究，认为它们属于同时期形成的产物，其中，Itchen 组上覆于 Contwoyto 组之上；Contwoyto 组覆盖于 PointLake 组之上，局部呈楔形夹层分布；Keskarrah 组可能为 PointLake 组的晚期沉积阶段产物。这些地层岩石经受了区域和接触变质作用以及多个阶段的变形作用改造。

详细的区域构造研究表明（King et al.，1989；Relf，1989），区域上从老到新受到 D_1、D_2 和 D_3 三期构造事件的影响。D_1 期构造在露头中很少见，可以根据地层走向的变化或层理和解理关系的变化来推断；该期形成的褶皱紧靠等斜面，轴面陡峭，呈近垂直倾伏，褶皱长度从数厘米到 100 m 不等，S_1 轴面的解理方向可见黑云母、白云母的定向排列现象，但局部与 S_2 平面上的定向排列方向保持一致。D_2 期褶皱（F_2）紧靠等倾面，具有轴面陡峭和近垂直倾伏的典型特征，两翼长度一般只有数米，S_1 通常近平行于主导该区域的轴面叶理 S_2。在 D_3 期形成的 F_3 褶皱，长一般小于 1 m，最长的可达 50 m，这些褶皱轴面较陡，接近垂直。

King et al.（1989）根据岩石成分和结构变化将区域岩浆活动划分为六期，其中，第一至三期为深成岩浆作用形成的辉长岩-花岗闪长岩组合，相伴有同期火山岩浆活动；第四、五期侵位于 D_2 构造期，岩浆成分差异较大，从辉长岩到花岗岩变化；第六期岩体岩性为花岗岩、正长花岗岩，局部为伟晶岩，形成于 D_2 构造期后期至 D_3 构造期早期（图 11-3）。

在康特沃依托湖地区，发育黑云母、堇青石和矽线石等变质带。在堇青石带，红柱石和/或十字石的出现表明与原始沉积物的总体组分有关，暗示存在低压高温区。堇青石等变质线横切 F_2 褶皱，表明变质作用峰期与 D_2 变形事件相吻合，或略晚于 D_2 变形期。

（四）矿床地质特征

1. 控矿围岩岩性

Lupin 金矿的所有矿带均赋存于太古宇 Contwoyto 组中，通过地质填图、地表勘探和地下钻探揭露，主要赋矿岩石为富含硫化物的角闪质铁质建造，另含少量千枚岩和石英岩夹层。从矿区勘探线地质剖面图中可以看出，赋矿围岩底部为块状的石英质杂砂岩以及泥质层和泥质透镜体，千枚岩通常覆盖在铁质建造上部，再向上过渡为变质灰岩。石榴子石-角闪石-绿泥石-黑云母片岩组合宽达数米，通常位于千枚岩与铁质建造接触带以上，距离铁质建造越远，石榴子石的含量越少。在远离角闪质铁质建造的上覆和下伏变质沉积岩的泥质带中，偶尔可见不连续的富硫化物或贫硫化物角闪石岩层，宽度可达 2 m，延伸可达数十米。

2. 控矿构造

Lupin 矿床的控矿构造为由角闪质铁质建造构成的褶皱，在地表延伸长度可达 3 km 以上，宽度大于 1.2 km。该控矿构造至少经历三期构造变形，均以陡倾的等斜褶皱为特征。可以根据渐变层理和火焰状构造来判别地层的新老关系，为从核部向外辐射，表明是一个改造的穹窿构造。前两期构造作用形成了带状铁质建造的主要褶皱，具有向东凹的弧形轴迹。

第一期构造变形作用发生于区域变质作用的峰期之前，形成轴向 NE 的等斜褶皱（F_1），长约 100 m，局部可见黑云母和白云母矿物定向排列，排列方向反映了轴面叶理的方向。这些褶皱在上层表现为等斜褶皱，但随着深度的增加宽度变宽，为穹窿结构。在区域变质作用峰期或稍早于区域变质作用峰期发育的第二期构造作用形成了等斜褶皱（F_2），其具有平行于层理的轴面叶理，并构成矿区的主要片理，轴迹为南北向。在第二构造期形成的，位于矿区以西区域南部的鼻状构造向南倾伏，通过钻探工程揭示，向下延深可达 250 m。矿区发育一组继承性第二期褶皱构造，长数米，褶皱轴线随着 F_2 褶皱鼻状构造的深度而变宽，该褶皱的轴面解理和断层活动控制了石英脉的形成以及含铁建造中金属硫化物和金的分布。在矿区西部产有断层活动带，发育一条石墨滑动剪切带，与断层下盘平行，滑擦面近水平。数个 NE 向近垂直断层切断了中部角闪岩带和西部断层，并在第三期构造事件之后形成。矿区西部断层滑距不超过 20 m，更晚期形成的断层滑距不超过 2~3 m。

3. 围岩蚀变

从地表向下约 550 m 范围内，发育绿片岩相变质的黑云母化蚀变带。沿第一期褶皱轴面定向排列产出大量云母类矿物，表明区域变质作用是伴随早期构造变形发生的。在早期的进变质作用之后发生了退变质作用，表现为黑云母和角闪石的绿泥石化。在矿区以北约 1 km 处的地表露头，出现堇青石化带，在地下采矿坑道内可见地表黑云母化蚀变带向下延伸至堇青石等变质面，堇青石等变质面在约 550 m 地下深处与竖井相交，表明等变质面略向南倾斜。等变质面穿切主褶皱构造，表明变质作用峰期晚于主褶皱构造变形期。

4. 矽卡岩类型、矿物成分和分带性

Lupin 金矿区发育角闪石铁质建造，其中铁质建造按照硫化物含量多少又可分为贫硫化物铁质建造和富硫化物铁质建造。

石榴子石角闪岩以薄层状或透镜状产出，长约 30 m，厚度一般小于 1 m，位于铁质建造的内部或边缘部位，在富含硫化物的铁质建造中可能变为片状的泥质岩。石榴子石含量一般约为 20%，最高可达 90%，在富硫化物铁质建造和贫硫化物铁质建造边缘形成的石榴子石角闪岩中石榴子石的含量随着铁含量的变化而变化。石榴子石矿物中的裂隙被绿泥石充填，而石榴子石变质碎屑有时又被绿泥石和石英包裹，表明石榴子石的形成早于第二构造变形期（D_2）。绿泥石的含量变化范围较大，最高可达 70%，但一般小于 20%，是第二构造期变质作用的主要产物，有时与重结晶的黑云母和石英相共生。角闪石的含量可达 80%左右，以放射状集合体或薄的带状产出，在石榴子石的裂缝和空隙中亦可见。角闪石矿物成分主要是铁闪石，可能含有钛铁矿包裹体，角闪石通常包裹着铁闪石晶体。石英的含量不等，平均约 15%，呈粒状，并以平行于 F_2 叶理方向的花岗质椭球状集合体产出。

贫硫化物铁质建造在整个矿区内均有产出，尤其是在矿区东部和中部的南翼 650 m 以下发育层状的贫硫化物铁质建造。贫硫化物铁质建造可转变为富硫化物铁质建造，有时可见少量呈互层状分布。岩层由铁闪石、变质燧石和角闪石互层以及少量的富含磁黄铁矿的薄层构成。整个建造主要由铁闪石组成，通常占 50%~60%，并被角闪石包裹。石英约占 35%，以花岗质岩块和薄层状变质燧石形式产出。石墨出现在与 S_2 平行的紧闭细褶皱薄层（0.1 mm）中。磁黄铁矿多充填在裂隙中或以细粒浸染状分布，毒砂少见。

富硫化物铁质建造呈良好的层状且褶皱变形强烈，发育有磁黄铁矿、毒砂、斜方砷铁矿和少量黄铁矿，它们在角闪石层中呈浸染状，以及与角闪石和变质燧石层呈条带状互层产出。磁黄铁矿的含量约为 20%，局部可达 80%，厚度在 2~3 m 之间。

Lupin 金矿中的金多以细粒浸染状分布于磁黄铁矿、砷化物和硅酸盐矿物中。毒砂见有以直径达 2 cm 的大棱柱状晶体产在切穿含铁建造的石英脉附近，并交代角闪石、石英、磁黄铁矿和绿泥石。变斑晶通常具有斜方砷铁矿核，与砷化物相关的大部分金出现在斜方砷铁矿-毒砂边界。岩相学研究表明，在角闪岩含铁建造中，磁黄铁矿通常会交代角闪石、绿泥石、其他硅酸盐和砷化物，并与之共生。磁黄铁矿和砷化物偶尔都会出现轻微变形，这表明在硫化物结晶后，铁的形成过程中有一定的构造应变。显微镜下薄片观察可见磁黄铁矿常出现在角闪岩含铁建造的叶理面内，表明磁黄铁矿的形成时间较晚，受构造活动控制。

角闪石由普通角闪石和铁闪石构成，其中，普通角闪石约占 35%，普通角闪石晶体反映了经历几个阶段的重结晶作用，并可能包裹来自地幔的残留物；铁闪石占 3%~30%，呈层状与普通角闪石和燧石层互层产出。石英的平均含量约占 35%，部分可达 60%，它以花岗变晶基质石英的形式存在和产于变燧石层中。绿泥石约占 15%，与 S_2 平行生长，在某些地方生长于角闪石晶隙间或由角闪石蚀变而来。辉石局部见于石英脉与角闪岩的接触部位。副矿物有方解石、绿帘石、石墨、钛铁矿、白钨矿等。银与金以固溶体形式存在，银/金值为 1∶6。

5. 石英脉与金矿化作用

在 Lupin 矿区，石英脉与金和硫化物之间的密切成因关系毋庸置疑，尤其是在矿化较弱的铁质建造分布区，石英脉-硫化物-金矿化的关系更加清晰可见。尽管不同地段石英脉的发育程度不同，但在整个矿区均有产出。单个石英脉的宽度从几毫米到 1 m 不等，走向主要为北东向，产状近直立，在脉体深部走向有向东和东南方向变化的趋势。在条带状角闪岩铁质建造矿化强烈地段，硫化物沿着层面连续分布，而在矿化较弱的地区硫化物条带是不连续的，明显与石英脉共生产出。

Bullis et al.（1994）对石英脉周围的硫化物和金的分布进行了系统取样分析研究，结果表明，富硫化物铁质建造中的硫化物含量可达 10%～30%，而贫硫化物铁质建造中的硫化物含量不到 5%。根据石英脉周围的硫化物矿物分布特征，可将富硫化物蚀变环带划分为 3 个硫化物带：第一个分带区域，通常紧邻石英脉的是粗棱柱状毒砂和含量 45%～65%的磁黄铁矿，分布范围离石英脉 20～40 cm，向外逐渐发展为贫砷带，仅含少量粗-中粒棱柱状毒砂，硫化物成分主要为中-粗粒磁黄铁矿；第二个分带区域与石英脉相距约 80 cm，硫化物含量介于 25%～45%之间，横向上，毒砂逐渐消失，块状-浸染状磁黄铁矿的含量从 25%降低至 10%～20%；第三个分带区域，当石英脉减少、间距大于 5 m 时，富含硫化物的蚀变环带横向上变为贫硫化物铁质建造，在石英脉相距 2～5 m 的地段，由于蚀变环带相互叠加，形成了大量富含硫化物的铁质建造矿化带。

大量研究结果证实了金与硫化物的密切成因关系，硫化物的含量越高，金品位也越高。野外调查表明通常硫化物的含量在靠近石英脉的地方最高，远离石英脉则降低，同样金品位也是在靠近石英脉的地方最高，而随着远离石英脉则金品位降低。此外，在一些贫硫化物和弱金矿化的石英脉中见有带状或裂纹状结构，含有围岩捕虏体和/或硫化物细脉，并与石英脉方向一致。而少量石英脉表现为硫化物含量向脉外逐渐降低，但金品位却没有相应地降低。这些现象表明存在多期热液活动石英脉控制着硫化物形成和/或金的沉淀。

等离子体质谱元素地球化学分析结果表明，越靠近石英脉，Cu、As、Fe、Al 和 Au 的含量越高，相反，Ba 和 Cr 的含量越靠近石英脉则减少。这些元素的变化表明，在蚀变环带中含金流体交代作用导致了 Cu、As、Fe、Al 的富集，却消耗了 Ba 和 Cr。此与其他相关研究认识一致，在硫化过程中，铁质建造中的 Au、As、Al、S、Ca 等元素被流体搬运至石英脉周围富集沉淀。

三、美国 Fortitude 金矿床

Fortitude 金矿床位于美国内华达州 Battle Mountain 地区。已从 10901×10^4 t 矿石中生产了 77 t Au，平均品位 7.1 g/t（Doebrich et al.，1996）。Battle Mountain 地区具有不同矽卡岩类型，包括典型的含低品位 Au 矽卡岩 Cu 矿床和含 Cu 较低的矽卡岩富 Au 矿床。西部矿体与邻近的 Copper Canyon 花岗闪长斑岩（38～38.5 Ma）较近。靠近侵入体的矽卡岩主要矽卡岩矿物是石榴子石，伴有少量辉石，含 Cu 高而含 Au 低。

（一）构造和地层

矿区发育复杂的逆冲断层，涉及许多岩石，使它们遭到热液蚀变。围岩从寒武纪直到二叠纪，由砂岩、页岩、长石砂岩、泥质板岩、灰岩和石英岩等组成。大多数矽卡岩产于上石炭统至二叠系灰岩中。

（二）有关侵入岩

矿区的侵入岩主要为花岗闪长岩和石英二长岩。未蚀变侵入岩的化学成分（%）：SiO_2 64.5～69.1，TiO_2 0.35～0.58，Al_2O_3 15.0～16.3，Fe_2O_3 0.43～1.3，FeO 1.7～3.0，MnO 0.03～0.6，MgO 1.5～3.0，CaO 2.7～4.7，Na_2O 2.1～3.9，K_2O 3～3.7，P_2O_5 0.07～0.17。把侵入岩的岩石化学分析结果投影到 Q-(Ab+An)-Or 三角图上，投影点主要落在花岗闪长岩和石英二长岩区内，个别点落在花岗岩区中。

Fortitude 矿床和许多高品位含金矽卡岩矿床一样，是一个还原型矽卡岩 Au 矿床，微量元素组合为 Au-Bi-Te-As。还原型矽卡岩矿物学反映了共生的 Copper Canyon 花岗闪长岩化学成分的特点，$Fe_2O_3/(Fe_2O_3+FeO)$ 值小于 0.5。

（三）矽卡岩和矿石

本区的矽卡岩主要为钙矽卡岩。离接触带较远的矽卡岩中含较多辉石，比石榴子石要多，并含高品位 Au。围绕主要矽卡岩带有广泛的黑云母-辉石-钾长石蚀变，蚀变带长达 3 km。矽卡岩矿物主要为石榴子石（$Ad_{39\sim99}$）、透辉石（$Hd_{20\sim50}$）；退化交代矿物为阳起石、绿帘石、钾长石。

主要金属矿物为磁黄铁矿、黄铁矿、黄铜矿和白铁矿。Fortitude 矿体矿石的脉石矿物包括进化矽卡岩矿物组合——钙铁辉石（$Hd_{20\sim95}$ $Jo_{0\sim10}$）、钙铁榴石，伴有少量退化蚀变矿物——绿帘石、阳起石、绿泥石。辉石一般随着靠近灰岩，含铁量逐渐增加，在侵入岩体接触带附近，主要是透辉石（Hd30），而靠近灰岩时，则变为钙铁辉石（Hd 大于 90），Jo 从 3%增加到 8%。

（四）矽卡岩和矿化分带

富含石榴子石的矽卡岩产于靠近侵入体接触带，辉石矽卡岩远离接触带，而 Au 则在以辉石为主的矽卡岩中富集，特别当辉石含铁量增多时（Hd 大于 50）。Ag 的富集则远离接触带，和 Au 的富集带在一起。矽卡岩中的硫化物，从侵入岩接触带到灰岩方向依次为磁黄铁矿、毒砂、白铁矿、闪锌矿和方铅矿。在毒砂富集处，局部伴生自然铋。Au 一般与自然铋、碲铋矿、砷硫银矿、黄锡矿共生。痕量金属元素 Co、Mo、Cr、Ni 在靠近接触带显示异常，而 As、Bi、Cd、Mn、Pb、Zn、Sb 和 Hg 则在远离接触带处有异常。

（五）流体包裹体和稳定同位素

矿物流体包裹体的研究显示，矽卡岩形成温度相对较高（300~550℃），靠近花岗闪长岩岩枝的矽卡岩中石榴子石形成温度为 360~590℃，远离接触带的石榴子石和辉石的流体包裹体均一温度分别为 380~440℃和 320~430℃。

类似分带在氧同位素 $\delta^{18}O$ 值和碳同位素 $\delta^{13}C$ 值上也有反映。近接触带石榴子石的 $\delta^{18}O$ 值为 6.9‰，远离接触带的为 8.2‰，而未蚀变的灰岩则为 24‰。与矽卡岩矿物共生的方解石的碳同位素值 $\delta^{13}C=-10.3‰\sim1.7‰$；矽卡岩中的灰岩残留体的 $\delta^{13}C=-4.5‰\sim1.7‰$；围岩灰岩则为 $\delta^{13}C=2‰\sim4‰$。

四、澳大利亚 Marvel Loch 金银矿床

（一）地理位置和勘查开发概况

Marvel Loch 金银矿床位于西澳大利亚伊尔岗中心部位的绿岩带上。该矿床于 1906 年被发现，一直小规模间断的开采至 1964 年后关闭。随后，该矿于 1981 年重新开始运营。截至 1989 年，开采矿石总量约为 3.28×10^6 t，其中金品位约为 3.0 g/t，银品位约为 0.59 g/t。

（二）区域地质背景

南十字带为一处有花岗闪长岩和花岗岩岩基侵入的变质绿岩带，为太古宙伊尔岗（Yilgarn）地块中部的南十字构造-地层省的一部分。矿床位于中等程度变质的花岗岩基内部，距离花岗岩基和绿岩带接触带约 1.5 km。

该区域的地层因覆盖程度较高所以研究资料较少，通常情况下可被粗略分为上部变杂砂岩层（Metagraywacke）（>1500 m）和下部变杂砂岩层。主要的金矿床均分布在下部变杂砂岩层中，该套岩层主要由变科马提岩和变玄武岩组成，夹有含石墨石英-黑云母片岩薄层、石英-铁闪石条带状含铁

建造和透镜体状变辉绿岩岩床。下部变砂岩层中基性岩的全岩 Sm-Nd 同位素年龄约为 3000 Ma (Fletcher et al., 1984)。

绿岩带被穹顶状岩基侵入，超基性和基性火山岩为绿岩带和岩基边界。绿岩带向 Chooli Dome 岩基方向的变质程度逐渐增加。Chooli Dome 岩基中一个花岗岩样品的锆石 U-Pb 年龄为 2661±8 Ma, Rb-Sr 平均年龄为 2630±7 Ma（Hill et al., 1989）。岩基的被动边缘被一个陡倾的剪切带切断。

（三）矿床地质特征

1. 赋矿围岩

（1）超基性岩

矿区内最主要的超基性岩为大面积弱片理化的枕状角闪石-绿泥石岩，主要分布在 Marvel Loch 露采面西南边缘的剪切带附近。枕状角闪石-绿泥石岩约含 21%的 MgO，被划分为科马提岩，主要由富镁角闪石、富镁铁闪石和少量富镁绿泥石（20%~30%）。富镁尖晶石占角闪石总量的 30%~50%，斜长石较为少见，全岩含有少量钠化。钛铁矿和铬铁矿为主要的副矿物。岩石为纤维状变晶结构，原矿物为角闪石和铁闪石，微晶基质包含角闪石和绿泥石。角闪石-绿泥石岩中常见 10~100 cm 厚的蛇纹岩条带，蛇纹岩约含 37%的 MgO。

（2）基性岩

包括中粗粒角闪岩和变辉绿岩。中粗粒角闪岩产状为 NW45°/SW85°，覆盖于变辉绿岩的岩床之上，近平行于 Mountain Queen 区域的变火山岩和变沉积岩。变辉绿岩富钛贫镁，成分上近于拉斑系列，主要由纤维状变晶的富镁角闪石（>50%）、斜长石（$An_{26\sim34}$）以及少量石英（10%）组成，另有磷灰石、钛铁矿等副矿物。

2. 构造

Marvel Loch 矿床主要分布在一个剪切带上，在开采面上剪切带的产状为 NW30°/SW88°，与变辉绿岩岩床有约 15°的夹角。矿区内共发育两套脆性断裂，第一套为一个反转断裂，主要分布在主矿带，产状为 NW45°/SW35°，倾向为 NWW，造成了 1~3 m 的错断，穿切了一处陡倾的矿脉；第二套为陡倾断裂，产状为 NE10°/WE 75°，将矿体抬升了约 10 m，这条断裂内石英和绿泥石较发育，在切穿矿体时宽度增加，断面绿泥石角砾发育。

3. 岩浆岩

矿区内可见多条各种产状的伟晶岩墙。伟晶岩主要由石英、钠长石、微斜长石，少量白云母和黑云母组成，副矿物主要为锰质钙铝榴石、黑色阳起石和蓝色含锰磷灰石等。独立岩墙被厚 5~20 cm 的弥散状黑云母边包裹，该套伟晶岩并不含有矿化。仅在一处 1~2 m 长的部位见到数颗被伟晶岩中的钠长石-铁铝榴石包裹的自然金，伟晶岩的黑云母部分蚀变为绿泥石，钠长石绢云母化较强，显示该套伟晶岩可能遭受过热液改造。根据 Andreas（1991），这套伟晶岩应在热液活动晚期侵入，因为一些已经发生矿化的 S 型解理被该套岩墙切割、错断。同时，该套伟晶岩也多被更晚期的正北走向的高角度断裂切断。

4. 矿化分带

该矿床的矿化分带内容主要引自 Andreas（1991）。共划分出内带富方解石矿体、中带贫方解石矿体、外带透闪石-绿泥石片岩和晚期蚀变带 4 个地质单元。

（1）内带富方解石矿体

内蚀变带由 30%~40%的富镁方解石、少量白云石（2%~5%）和其他硅酸盐矿物组成。中粒铁橄榄石（粒径 1~3 mm）和方解石矿物组合较为常见，通常呈 1~3 cm 的集合体产于层理中，两种矿物都和极少量的金云母、富镁绿泥石、绿尖晶石和白钨矿共生。铁橄榄石原地退化为橙黄色-棕色伊丁石，也偶尔被蛇纹石交代。

橄榄石-方解石蚀变带通常被由方解石、金云母和富镁绿泥石组成的片岩包裹、穿切。有些变质作用发生在层理面上，通常被 S-型纹理覆盖。金云母在透射光下呈浅棕色到蓝绿色，外带为浅棕色，具有一定分带性。富方解石矿体被多条粗粒透辉石脉和由透闪石-阳起石，少量透辉石和金云母组成的透镜体封闭。退变质矿物常沿层理交代透辉石或透闪石。

（2）中带贫方解石矿体

贫方解石矿体含2%~3%富镁方解石和白云石，其余主要为硅酸盐矿物。或可根据岩相进一步划分为石英-透辉石条带脉、透辉石-角闪石条带和透闪石-金云母片岩。

石英-透辉石脉与其他岩相呈截然接触，产状大多与层理面平行。脉体主要由粗粒石英（1~5 mm）和半自形透辉石组成，另有少量透闪石、阳起石和方解石等，其中，透闪石和阳起石主要分布在脉体边缘。

薄板状或条带状透辉石-角闪石岩主要由40%~80%的粗粒透辉石和沿层理分布的中粒角闪石、金云母和少量富镁方解石组成。榍石是常见的副矿物，角闪石的端员组成变动较大，白云母微晶在层理处较为常见。

透辉石-角闪石岩通常蚀变为透闪石-金云母片岩。该套片岩主要由中粒透闪石和金云母（10%~20%）组成，含少量富镁绿泥石（约5%）、铁橄榄石和透辉石（5%~15%）变斑晶。和外蚀变带比，中带含有更多的金云母和弥散状硫化物。

（3）外带透闪石-绿泥石片岩

外带的片岩含有大量晶形较好的中粒（0.5~2 mm）透闪石、富镁绿泥石和少量铁橄榄石（5%~15%），橄榄石与富方解石矿体中的橄榄石相比更为富铁（铁含量为21%~24%）。可见铁橄榄石原地退化为橙黄色-棕色伊丁石。金云母虽然较为常见但总量较小（<5%）。

片岩呈同构造或后构造结构，常见橄榄石变斑晶、透闪石双晶和平板状金云母沿层理分布，富镁的镁铁闪石是枕状科马提岩中最主要的矿物组合，但在透闪石-绿泥石片岩中较少出现，变质矿物组合在外蚀变带中被部分保存。

（4）晚期蚀变带

分布在富方解石矿体周缘，主要为石英-透辉石脉和平板状透辉石-角闪石岩。

5. 矿物特征

该矿床的矿物特征描述内容同样引自 Andreas（1991）。主要的氧化矿物、硫化物和含金银矿物如下所述。

（1）氧化矿物

在富方解石矿石中，磁铁矿是最主要的热液矿物。磁铁矿在方解石-金云母-绿帘石片岩中较为常见，也与尖晶石和半自形晶的钛铁矿一起呈集合体状分布于橄榄石方解石中。钛铁矿中白钛石并不发育，应为热液来源的次生矿物。含较多的镁质（10%~20% $MgTiO_3$）和锰质（9%~12% $MnTiO_3$）。绿色尖晶石主要为铁尖晶石系列（含量为81%~93%），$Mg/(Mg+Fe^{2+})$ 值为0.59~0.62，并含有高于1.37%的ZnO。在许多集合体中，磁铁矿交代尖晶石并与钛铁矿伴生。

在透辉石-角闪石夹层中，尖晶石和次生钛铁矿缺位。半自形-自形榍石为主要的含钛矿物，与白钛石化的钛铁矿伴生。

（2）硫化物

除了外蚀变带大量呈弥散状产出的硫化物外，并未发现成矿晚期的硫化物组合。最常见的硫化物为磁黄铁矿，呈自形晶，常呈长度大于13 mm的集合体产出。黄铁矿数量较少，且通常呈他形晶被包裹在磁黄铁矿集合体中（Py1），电子探针数据显示毒砂（FeAsS）和斜方砷铁矿（$FeAs_2$）分布较为广泛。弥散型方铅矿和红棕色富铁黄铁矿主要分布于石英-透辉石脉中。

（3）含金银矿物

除自然金外，没有其他含金矿物被发现，自然金的粒径为0.001~3 mm，或呈团簇状被包裹于橄榄石-方解石和石英-透辉石集合体（脉石）中，或与磁黄铁矿、闪锌矿、黄铜矿等硫化物接触。包裹于橄榄石-方解石中的银含量较低（Ag 4.9%~5.0%，$n=2$），与硫化物接触的自然金颗粒银含量较高（Ag 21.8%~23%，$n=4$）。

总体而言，Marvel Loch 的 Au：Ag 为 1.7：1，自然金颗粒中的银并不是主要的赋银矿物，闪锌矿中的 Ag_2S 和独立银矿物可能是该矿床主要的含银矿物。

（四）成矿环境

Andreas G M（1991）根据变质作用的压力估算和矿物的共生组合，估算出 Marvel Loch 矿床中矽卡岩的形成压力约 $4±1×10^8$ Pa，对应深度为距地表 13 km 处，变质作用最高温度为 550~630℃。

压力计-温度计计算表明热液流体的最高温度为 640±20℃，在此阶段形成了早期的橄榄石-方解石组合和透辉石-角闪石组合，当温度降低至 500~600℃时形成了金云母-绿泥石-方解石片岩和石英-透辉石脉，更低的温度（400~500℃）形成了退变质矿物组合，主要是蛇纹石（原矿物为橄榄石）、滑石（原矿物为透闪石）。更晚期的矿物组合为白云母+单斜黝帘石+葡萄石组合。根据磁铁矿+钛铁矿+橄榄石组合，估算流体的氧逸度为 10^{-15}~10^{-19} Pa。根据磁黄铁矿+斜方砷铁矿、磁黄铁矿+毒砂和黄铁矿+白铁矿的矿物对组合，流体的硫逸度估算为 10^{-2}~10^{-4} Pa。表明硫化物主要于退变质阶段沉淀，对应的温度应为 400~550℃以下。

根据流体的同位素组成（$^{206}Pb/^{204}Pb=13.7$，$^{86}Sr/^{87}Sr=0.7024$，$\delta^{13}C=-4.8‰$），结合热液矿物中的方铅矿、白钨矿和方解石，表明流体的成分在高温阶段于花岗闪长质和花岗质岩石能达到均衡，表明深部可能存在岩浆活动。

五、西班牙 Ortosa 金铋碲矿床

（一）地理位置和勘查开发概况

Ortosa 金-铋-碲矿床位于西班牙 Oviedo 西约 50 km，Ibevian 半岛的西北部。地质填图始于 1981 年，从 1996 年起到现在，重新评价过去的钻探资料，并进行钻探工作，打了 3653 m 钻孔，获得金资源储量 3.56 t，Au 平均品位为 7.11 g/t。

（二）成矿地质背景

Ortosa 地区位于 Somiedo-Correcilla 构造-地层单元，该构造-地层单元具有一个薄层弧形外壳。它在华力西期造山运动时，形成逆冲断层-褶皱和断层，变形发生在浅地壳条件下，没有变质作用，只是局部发育节理。褶皱的方向为 NW—SE 向，长达 3 km。一些华力西期断裂，晚于褶皱，断裂方向有 E—W、NE 和 NW 向，其中对金矿化最有意义的断层是 NE 向。

Ortosa 地壳古生代变质沉积岩和火成岩形成 Ortosa 侵入岩，具有两个沉积单元：①Furada 建造，形成于晚志留世，厚 80~200 m，由含铁砂岩和鲕状铁砂岩、页岩及砂质灰岩透镜体组成；②下泥盆统 Raneces 组碳酸盐岩，厚达 400~600 m，由页岩、粉砂岩、钙质粉砂岩和砂质灰岩组成，矽卡岩主要交代该组的顶部岩石。

Ortosa 侵入岩出露面积约 1 km^2，呈岩株状，在岩体西部伴有许多岩床和岩脉。侵入岩分为暗色的和浅色的两类。浅色侵入岩为浅灰色，中粒，岩性为花岗闪长岩和二长花岗岩，组成矿物有斜长石（$An_{30\sim57}$）、黑云母、石英、钾长石和镁质角闪石，副矿物有斜方辉石、单斜辉石、锆石、磷灰石、金红石、钛铁矿（数量比磁铁矿多）。暗色侵入岩主要为岩株、岩脉和岩床，岩性为中粒石英二长闪长岩，主要矿物有斜方辉石、单斜辉石、镁质角闪石、黑云母、斜长石（$An_{30\sim68}$）、石英和少量钾长石，副矿物有锆石、磷灰石、金红石、钛铁矿和榍石。

（三）矽卡岩

在 Ortosa 石英二长闪长岩体西部，一些岩床、岩脉和小岩株的上部与 Furada 建造接触带发育不规则状钙矽卡岩，厚 1~7 m。在东部 Ortosa 岩体与 Raneces 组灰岩接触，也有含矿矽卡岩分布。矽卡岩主要交代钙质粉砂岩、页岩和薄层灰岩，构成中细粒辉石和粗粒石榴子石矽卡岩。内矽卡岩发育程

度比外矽卡岩差。

1. 内矽卡岩

石英二长闪长岩和Furada建造接触处，有内矽卡岩出现，同时侵入岩发生褪色，组成矿物有斜方辉石、单斜辉石和石英，黑云母部分或全部被阳起石交代。阳起石常伴生氟磷灰石，后者富含氯(1.5%)。侵入岩的褪色作用使辉石增加，含铁较高。这些蚀变的辉石和石英常形成细脉，并伴有硫化物。硫化物由毒砂和磁黄铁矿组成，部分被黄铜矿和闪锌矿所交代。交代辉石又进一步被第二代铁角闪石和铁阳起石所交代。

2. 外矽卡岩

矽卡岩主要交代角页岩，形成辉石-石榴子石矽卡岩。石榴子石呈粗晶条带，透辉石呈细粒条带。石榴子石主要为钙铝榴石（$Gr_{74.5}$），而且含钛较高（TiO_2 大于0.5%），说明它是交代粉砂岩而成的，因为交代灰岩的石榴子石 TiO_2 含量小于0.1%。

退化交代矽卡岩由第二代富铁辉石（$Hd_{50\sim87}$）和角闪石组成。角闪石介于铁阳起石和铁角闪石之间。伴生石英、钾长石、钠长石、绿帘石、斜黝帘石、方解石和氟磷灰石，其中角闪石的数量很多。含金品位较高的交代岩主要由辉石、铁角闪石、铁阳起石和石英组成，伴有磁黄铁矿和毒砂。强烈的退化交代作用，改变了早期形成的矽卡岩的结构和形态。这些岩石大多由绿泥石、方解石和石英组成，伴有氟磷灰石和少量绿帘石、斜黝帘石、葡萄石和榍石。

（四）矿石矿物

金属矿物在矽卡岩中与退化交代矿物伴生，常见磁黄铁矿、毒砂、斜方砷铁矿、黄铜矿和黄铁矿，少量赫碲铋矿、自然金、自然铋、水锌矿和微量辉铋矿和闪锌矿。早期形成的金属矿物如斜方砷铁矿和磁黄铁矿主要与钙铁辉石、角闪石伴生，呈包裹体产于自形的毒砂中。磁黄铁矿在毒砂形成后继续生长，同时又被黄铜矿所交代，在闪锌矿中常呈包裹体出现。

六、中国湖北阳新鸡笼山金（铜）矿床[1]

（一）地理位置和勘查开发概况

鸡笼山金（铜）矿位于湖北省阳新县东约35 km的富池镇，区域构造背景为扬子台褶带中的断拗区。该矿床是一个古矿，相传南宋时常开采铜。20世纪60年代中南冶勘公司604队进行过普查工作，于1971年提交了“湖北阳新丰山矿吉龙山（即鸡笼山）铜矿地质报告”，确定属一小型铜（多金属）矿床；70年代，中南冶勘公司604队徐季照等发现金矿具有工业意义；80年代，604队陈力军等通过控矿地质条件的研究和勘查，发现深部隐伏接触带上的金铜矿体，确定为大型金矿和中型共生富铜矿床，并于1991年提交了湖北省阳新县鸡笼山铜金矿床勘探报告。

（二）矿区地质特征

区内出露地层主要是下三叠统大冶组灰岩、白云质灰岩和灰质白云岩。灰岩的成分为CaO 51.67%~54.48%，MgO 0.47%~2.25%；灰质白云岩类成分为CaO 32.24%~32.87%，MgO 15.29%~17.81%。

矿区褶皱构造非常发育，呈近E—W向和NWW向紧密线状的倒转、翻转背、向斜，以舒缓波状延展为特征，从北向南依次发育有柯家塘倒背斜、竹林塘倒转向斜、桂家山翻转背斜、白崖头翻转背向斜和鸡笼山翻转背斜，其中，以竹林塘倒转向斜最重要，是矿区主要控岩、控矿构造之一。该向斜

[1] 主要根据张轶男（1999）的博士论文，黄亚南（1993），张轶男等（1998），赵一鸣等（1997c，1999a,），Zhao Yiming et al.（1999）的论文，陈力军、王亚南等（1991）的《湖北阳新鸡笼山铜金矿床勘探报告》以及赵一鸣等1994、1996年的野外考察和有关研究撰写。

两翼地层正、倒同向南倾，倾角35°~50°，主矿体大都赋存于向斜轴部地层及其层间裂隙中。

鸡笼山岩体呈NW向展布，长2.8 km，宽0.2~0.6 km，出露面积约1.2 km^2（图11-2）。岩体向南西倾斜，倾角30°~40°，向南东侧伏，南东段延深大。岩体北缘接触带是向北超覆，说明岩体是由南东向北西侵入的。岩体的接触带形态极其复杂多变，因此，控制的矿体形态也千姿百态。岩体的岩性主体是花岗闪长斑岩，围绕其边缘分布有发育不够好的分异相——石英闪长斑岩。成岩后侵入于岩体的脉岩有闪长玢岩、石英闪长玢岩和煌斑岩等。

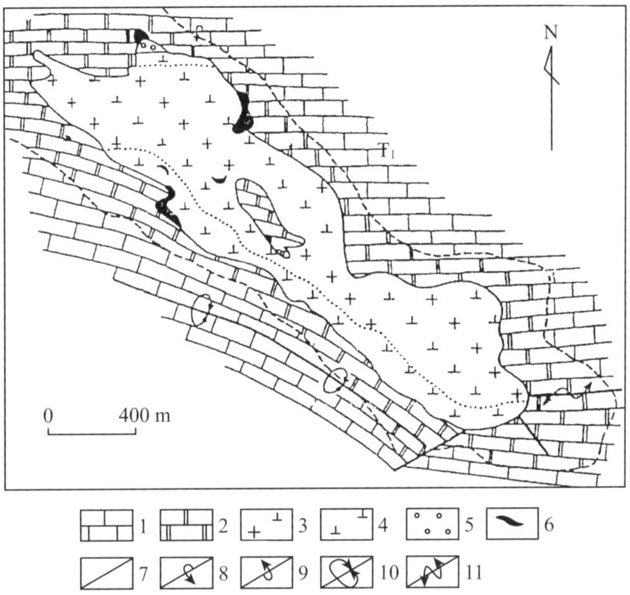

图11-2 鸡笼山金（铜）矿床地质略图

（据中南冶勘公司604地质队，1990，有修改）

1—下三叠统灰岩和白云质灰岩（T_1）；2—结晶灰岩或大理岩；3—花岗闪长斑岩；4—石英闪长斑岩；5—钙矽卡岩；6—矿体；7—断层；8—倒转背斜；9—倒转向斜；10—翻转背斜；11—翻转向斜

花岗闪长斑岩为灰色，斑状结构，斑晶含量约55%，主要为中长石，次为角闪石、石英、黑云母、钾长石，一般粒径为1.5~4.5 mm；基质由斜长石、石英、角闪石等组成，粒径0.01~0.2 mm；副矿物有榍石、磁铁矿和磷灰石。岩石的化学成分（%）：SiO_2 61.13~62.76、TiO_2 0.51~0.56、Al_2O_3 13.39~14.70、Fe_2O_3 1.89~2.07、FeO 1.76~2.89、MnO 0.04~0.12，MgO 1.89~3.41、CaO 4.56~5.10、Na_2O 3.36~3.76、K_2O 3.46~4.20。测得全岩铷锶等时线年龄为158.19±18.2 Ma，$(^{87}Sr/^{86}Sr)_i$ 初始值为0.7087。岩石的稀土元素分布模式属轻稀土富集型，球粒陨石标准化稀土配分模式为右倾的平滑曲线，Eu异常不明显。以上资料表明，岩浆主要来源于上地幔，并可能有部分硅铝质壳源物质混入，属壳幔混源型（赵一鸣等，1997c，1999a；张铁男，1999）。岩体的微量元素分析表明，Au、Cu、Ag、Pb、Mo等元素大大高于同类岩浆岩的平均丰度，其中Au高1~2个数量级，其他金属元素是背景值的2~8倍（陈力军等，1991），反映了成矿作用与岩浆活动的成因联系。

（三）矿床地质特征

1. 矿体

矿区内已探明大小矿体189个，其中有工业价值的矿体54个，主要受鸡笼山岩体与三叠系大冶组碳酸盐岩接触带的控制（图11-3），并具有明显的带状展布特征。根据矿体赋存的控矿构造位置，可分为三个矿带：北矿带受岩体北缘接触带控制，中矿带受岩体底部围岩伸入岩体中的舌状体、捕虏体接触带控制，南矿带受岩体南缘接触构造控制。主要矿体都集中在北、中两个矿带。关于主矿体之所以集中在北、中两个矿带的重要原因之一，黄亚南（1993）曾指出，那里主要发育隐爆角砾构造。

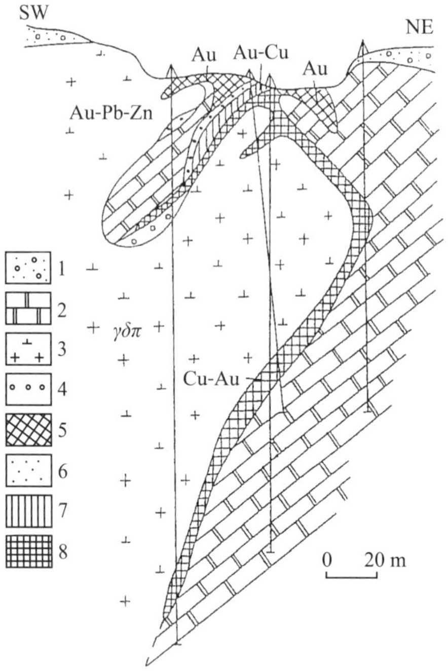

图 11-3　鸡笼山金（铜）矿床垂直矿化分带地质剖面

（据中南冶金地勘 604 队资料）

1—第四系浮土；2—白云质大理岩和大理岩；3—花岗闪长斑岩；4—矽卡岩；
5—金矿体；6—金-铅-锌矿体；7—金矿体；8—铜-金矿体

角砾岩呈上宽下窄的月牙形绕火成岩体舌状体前缘分布，角砾大小不一，呈棱角状，其成分有大理岩、岩体和矽卡岩等各种岩石，也有单一的大理岩或矽卡岩；胶结物为碳酸盐矿物，石英、黏土矿物、绢云母和黄铁矿等。

矿体形状复杂，主要呈不规则脉状、鞍状，次为似层状、透镜状及囊状等。矿区内有 5 个主矿体，以Ⅰ号和Ⅱ号矿体最大。Ⅰ号矿体长 1300 m，最大倾斜延伸 58 m，平均厚 4.33 m，占矿床金总储量的 42.5%和铜总储量的 34%。

矿化类型主要有矽卡岩型、热液脉状或网脉状交代型、细脉浸染型和角砾岩型四类，其中以矽卡岩型最重要，分布也最广泛。按矽卡岩的种类，又可进一步划分为石榴子石矽卡岩金铜矿石、透辉石矽卡岩金铜矿石和硅灰石矽卡岩金铜矿石三类。热液脉交代型金铜（多金属）矿化仅次于矽卡岩型，主要呈脉状或网脉状交代大理岩，在Ⅰ号采场地表，局部还能见到块状铅锌（银）矿石。细脉浸染型铜钼矿化仅见于局部蚀变花岗闪长斑岩中，但未形成工业矿体。角砾岩型金铜矿化是原矿体或矿化体经破碎成角砾又遭后期热液活动所胶结，角砾的成分有大理岩、斑岩和矽卡岩，尤其是由矽卡岩组成的角砾岩型矿石含金更高。

2. 矿化分带

鸡笼山金铜矿床在垂向和水平方向都表现出明显的矿化分带。垂向上、在深部的矿体主要是矽卡岩金铜矿，接触带则出现热液交代型金矿体或金铅锌多金属矿体，从而显示出清楚的矿化垂直分带（图 11-3）。

矿化水平分带在地表Ⅰ号采坑中清楚可见，靠近花岗闪长斑岩的内接触带，有矽卡岩金-铜矿体产出，但在外接触带的角砾状大理岩中，则出现热液交代型金或金多金属矿体（图 11-4）。在多金属矿石中，金与闪锌矿、方铅矿或雄黄、雌黄共生。大理岩遭构造破碎成角砾状，含金硫化物矿化呈网脉状交代，形成了热液角砾岩型金或金多金属矿化带。

综上所述，鸡笼山矿床从花岗闪长斑岩至大理岩方向总的金属矿化分带序列为 Cu（Mo）→Cu

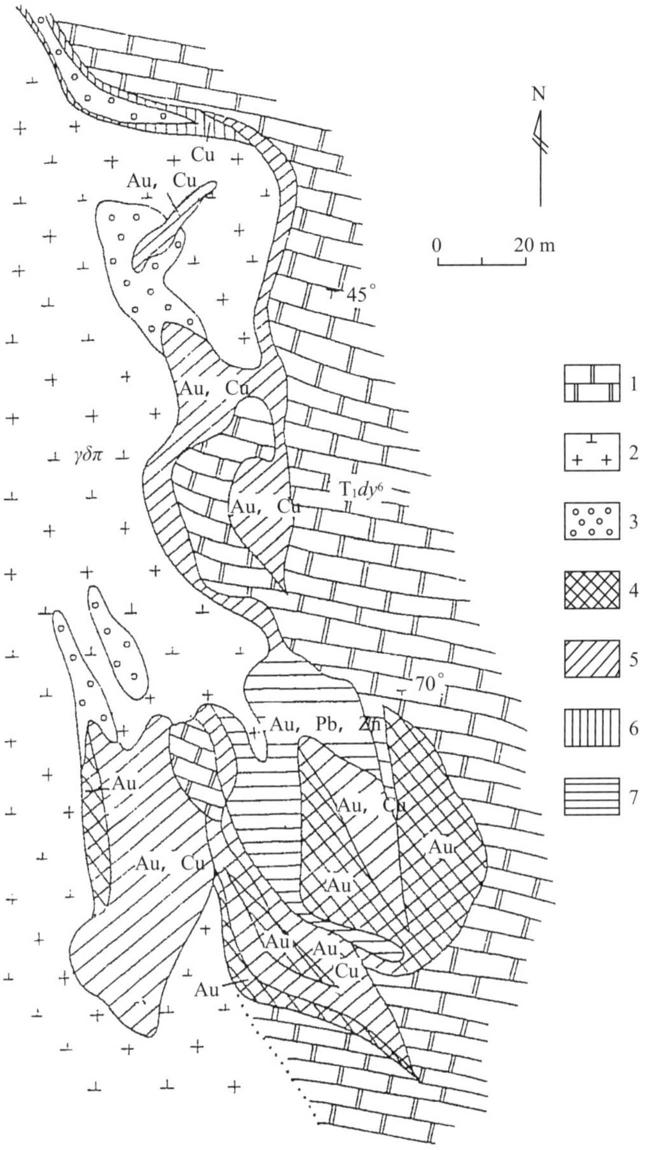

图 11-4　鸡笼山金（铜）矿床Ⅰ号矿坑水平矿化分带略图

（据赵一鸣等，1997）

1—大理岩；2—花岗闪长斑岩；3—钙矽卡岩；4—金矿体；5—金铜矿体；6—铜矿体；7—金铅锌（砷）矿体

（Au）→Au（Cu）→Au-Pb-Zn（As）。矿化有从高温向中低温演化的趋势。上述趋势也基本上符合成矿化元素离子半径逐渐增大的规律。由于成矿有多阶段性，较低温的矿物组合又可叠加在高温矿物组合之上。

3. 矿石物质成分

鸡笼山金铜矿矿石的矿物组成复杂，经查明的矿物有 100 多种。主要的金属矿物有黄铁矿、黄铜矿、斑铜矿，次为闪锌矿、方铅矿、毒砂、磁黄铁矿、砷黝铜矿、磁铁矿、赤铁矿、辉钼矿、辉铜矿、雄黄、雌黄，及少量自然金、银金矿、碲金矿、碲金银矿、碲银矿、辉碲铋矿、辉铋矿、硫铋铜矿和硒碲银矿等。以上共生金属矿物组合表明，Cu、Mo、Pb、Zn、As、Au、Ag、Te、Bi、Se 等元素组合可作为鸡笼山金铜矿床的重要地球化学找矿标志。

金矿物主要以包裹体金、粒间金和裂隙金赋存于铁铜硫化物中，其中包裹体金和粒间金占了绝大多数。金矿物形态复杂，千姿百态，以边界呈港湾状的不规则粒状为主，还有浑圆粒状、叶片状及豆荚状、针棒状和裂隙状等。金的粒度最大为 50μm 左右，最小 0.78μm，平均粒度 5.7μm（中南冶勘604 队，1991）。金的载体矿物以黄铁矿、黄铜矿、斑铜矿、辉铜矿、闪锌矿和方铅矿为主。黄铁矿在各矿化阶段都有分布，黄铁矿中的 Au 含量随着高温→中温→低温阶段的演化明显递增。

矿石的脉石矿物主要为石榴子石、透辉石、硅灰石、石英、方解石、白云石、绢云母，次有正长石、斜长石、绿泥石、蛇纹石、滑石、绿帘石、阳起石、透闪石、菱锰矿、高岭石和沸石等。全区金、铜矿石中金的平均品位为 3.82 g/t，铜的平均品位为 1.42%。

（四）矽卡岩及其分带

1. 矽卡岩类型和矿物组成

鸡笼山矿区的含矿矽卡岩属于典型的钙矽卡岩，分布甚广，产于花岗闪长斑岩或石英闪长斑岩和大冶组碳酸盐岩的接触带，以外矽卡岩为主，局部有交代岩体的内矽卡岩。主要矽卡岩矿物是钙铝-钙铁榴石系列石榴子石，次为透辉石和硅灰石，局部有方柱石。叠加于矽卡岩之上与矿化相伴的后期热液蚀变有硅化、碳酸盐化、绢云母化、绿泥石化、沸石化等，局部有绿帘石化、萤石化、蛇纹石化、滑石化和高岭土化等。

石榴子石是矿区内分布最广的矽卡岩矿物。产于内、外带矽卡岩中的石榴子石成分是不同的，外带为钙铁榴石（$Ad_{78.2\sim100}Gr_{0\sim2.14}Sp_{0\sim0.52}$），内带的石榴子石为钙铝榴石（$Ad_{36.5\sim44.3}Gr_{54.6\sim61.9}Sp_{1.1\sim1.6}$），锰铝榴石分子含量二者均很低，这与其他钙矽卡岩金（铜）矿床中的石榴子石特征相似。辉石主要属透辉石（$Di_{79.8\sim98.6}Hd_{1.2\sim18.2}Jo_{0.2\sim2.0}$），锰钙辉石分子含量很低。

从以上可以看出，钙矽卡岩金铜矿床中的外带含金矽卡岩主要是透辉石与钙铁榴石共生，说明铁主要以 Fe^{3+} 的形式赋存于石榴子石中，反映了其形成酸度较低和氧逸度较高的条件（赵一鸣等，1997c）。

2. 矽卡岩分带

矿区内矽卡岩分带现象较明显。从花岗闪长斑岩（或石英闪长斑岩）至大理岩方向，分带序列一般表现为花岗闪长斑岩（或石英闪长斑岩）→蚀变花岗闪长斑岩→透辉石-钙铝榴石矽卡岩（内带）→钙铁榴石矽卡岩（叠加有金铜等硫化物矿化）→石榴子石-硅灰石矽卡岩（叠加有金铜矿化）→蚀变角砾状大理岩（叠加有矿化）→大理岩。下面举两个分带剖面实例：

例一，位于矿区-90 m 中段 22 穿脉，矽卡岩分带如下。

黄铁矿化、碳酸盐化、硅化花岗闪长斑岩→钙铁榴石矽卡岩，部分叠加有强硅化、碳酸盐化和含金黄铁矿、闪锌矿、方铅矿矿化→含金硅灰石矽卡岩→含金黄铜矿（斑铜矿）化石榴子石-硅灰石矽卡岩→大理岩（图 11-5）。在此分带中，石榴子石矽卡岩带和石榴子石-硅灰石带中的石榴子石均属钙铁榴石（$Ad_{78.2\sim99.9}Gr_{0.02\sim21.4}Sp_{0.1\sim0.4}$）。

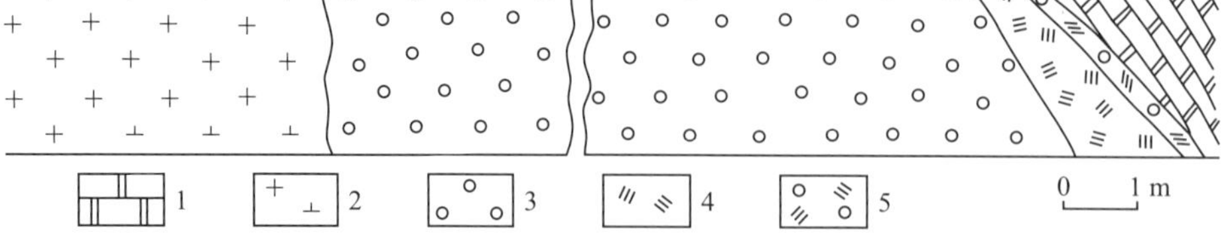

图 11-5　鸡笼山金（铜）矿 22 号穿脉矽卡岩分带剖面

1—大理岩；2—蚀变花岗闪长斑岩；3—石榴子石矽卡岩；4—硅灰石矽卡岩；5—石榴子石-硅灰石矽卡岩

例二，位于-90 m 中段 20 穿脉和沿脉的交汇处，矽卡岩分带如下。

蚀变花岗闪长斑岩→透辉石（$Di_{79.8}Hd_{18.2}Jo_{2.0}$）钙铝榴石（$Ad_{18.9}Gr_{79.5}Sp_{1.6}$）矽卡岩（内带）→钙

铁榴石矽卡岩（$Ad_{99.3}Gr_{0.0}Sp_{0.7}$），叠加硅化和含金黄铜矿矿化→含金雄黄、雌黄矿化角砾状大理岩→大理岩。

从上述两个矽卡岩分带剖面实例可以看出：内矽卡岩带有时可以缺失，说明矽卡岩主要是渗滤交代的方式进行的；矿化主要叠加于外矽卡岩或靠外矽卡岩的角砾状大理岩之上，而是不甚均匀，是受矽卡岩形成后成矿期断裂构造控制的。

（五）矿床地球化学特征

1. 同位素地球化学

矿区内黄铁矿的硫同位素组成 $\delta^{34}S$ 值变化范围很窄（据 17 个黄铁矿样分析数据），介于 -1.85‰~5‰之间，平均值为 2.54‰，接近陨石硫，说明矿床的硫源比较单一，主要为岩浆硫。

铅锌矿石中闪锌矿和方铅矿的铅同位素值：$^{206}Pb/^{204}Pb$ = 17.77~17.83；$^{207}Pb/^{204}Pb$ = 15.46~15.55，$^{208}Pb/^{204}Pb$ = 37.97~38.24，说明铅属正常铅。铅同位素值投影点都落在地幔铅曲线和造山带曲线之间（张铁男，1999）。

氧同位素 $\delta^{18}O$ 值是判断岩浆来源的参数之一。矿区花岗闪长斑岩氧同位素 $\delta^{18}O$ 值的范围为 10.0‰~10.8‰，属壳幔混合型。矿石中氧同位素为 10.99‰（伍超群和杨洪之，1993），与岩浆岩的 $\delta^{18}O$ 值接近，说明岩浆岩和矿石具有同源特点。

2. 流体包裹体地球化学

根据张铁男（1999）研究，矿区内的流体包裹体主要有三种类型：①液体包裹体，②气体包裹体，③含一个或多个子矿物的多相包裹体，其中以液体包裹为主，气体包裹体次之。子矿物主要为立方体的石盐子晶，其次为钾盐、碳酸盐矿物及磁铁矿、黄铁矿等不透明矿物。包裹体形态复杂，有较规则的负晶形或半自形，也有极不规则的蝌蚪状、鱼状、叉状和针柱状等。包裹体大小相差悬殊，较大的有 35~42 μm，小的<5 μm，一般在 7~25 μm 之间。

鸡笼山矿区流体包裹体均一温度和盐度特征的变化，反映了流体演化的时空规律。赋存于石榴子石中的包裹体代表了早期矽卡岩阶段的流体特征，具有高温高盐度，其温度范围为 400~680℃，平均 509℃。石榴子石中有些温度较低的包裹可能是后期捕获的，温度为 283~360℃。石榴子石中含子晶的包裹体占有 18%，大多为 NaCl 子晶。其盐度为 20.6%~51.0%。

石英（碳酸盐）-硫化物阶段的均一温度和盐度较矽卡岩阶段的明显要低。石英中的包裹体均一温度为 128~386℃，平均 286℃。方解石中包裹体均一温度为 95~328℃，平均 222℃，此阶段的盐度为 8.7%~21.2%。在石英中包裹体偶尔可见子晶及富气相，说明流体在某一时期产生过沸腾。金矿物的沉淀主要在石英-硫化物阶段的中晚期。

七、中国安徽淮北三铺地区金（铜、铁）矿床❶

（一）地理位置和研究概况

含金矽卡岩矿床是当前国际地学界研究的热点之一。近十几年来，国内外有关含金矽卡岩矿床的文献报道大多为钙矽卡岩型，达 500 余篇，但有关含金镁矽卡岩矿床的报道却寥若晨星，只有少数几篇。安徽三铺地区位于安徽北部淮北市南、宿县北西约 15 km 处，在大地构造上处于中朝准地台鲁西断隆边缘的华北断拗带内，区内已知分布有 4 个中（小）型镁矽卡岩金（铜、铁）矿床，即秦楼、前常、杨桥孜和刘楼，金的总储量已达大型。与国外已报道的含金镁矽卡岩矿床对比，本区矽卡岩金矿床在生成地质环境和成矿地质地球化学特征等方面颇具特色。

---

❶ 主要根据赵一鸣等，1999a；Zhao et al.，1999 以及张铁男 1999 年的博士论文撰写。

（二）矿区地质特征

根据中国大陆 45 km 深度地震层析成像资料，三铺地区镁矽卡岩金（铜、铁）矿床集中区恰位于上地幔异常区，说明成矿作用可能与局部的地幔柱隆起有关。本区的地层褶皱方向为 NNE、EW 和 NNE 向深断裂的交汇控制了燕山期中酸性侵入岩的侵位。控矿围岩为中上寒武统白云岩和白云质灰岩，其中上寒武统以白云岩为主，含 MgO 高达 6.87%~20.43%，从而为形成本区镁矽卡岩提供了必要的围岩条件。

与镁矽卡岩金（铜、铁）矿床有关的岩浆岩为燕山期（180~131 Ma）中酸性浅成复式侵入岩体，呈岩株状主要侵位于早古生代地层中，出露面积约 53.8 km^2（图 11-6）。该岩体主体由石英二长闪长玢岩组成，其中心部位则为花岗闪长斑岩，后者的形成时间相对较晚。石英二长闪长玢岩与成矿关系较密切，具斑状结构，斑晶为斜长石、角闪石和黑云母，基质由斜长石、钾长石和石英组成，含少量磷灰石、磁铁矿和榍石等副矿物。

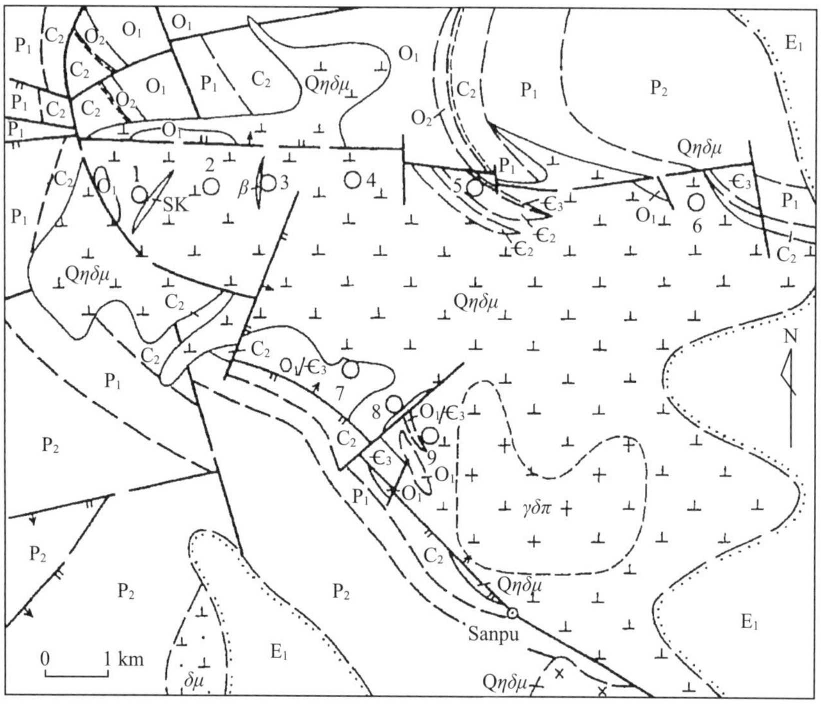

图 11-6 安徽北部三铺地区金（铁、铜）矿床地质略图

E_1—古近系；P_1，P_2—下、上二叠统；C_2—上石炭统；O_2，O_1—中、下奥陶统；$O_1/Є_3$—下奥陶统或上寒武统；$Є_3$，$Є_2$—上、中寒武统。$Q\eta\delta\mu$—石英二长闪长玢岩；$\gamma\delta\pi$—花岗闪长斑岩；$\delta\mu$—闪长玢岩；$Q\eta\upsilon\mu$—石英二长辉长玢岩；β—辉绿岩；SK—矽卡岩。1—陈庄铜铁矿；2—刘楼村铜铁矿；3—刘楼金铜铁矿；4—小任家铁矿；5—杨桥孜铜金矿；6—秦楼铜金矿；7—三铺铜铁矿；8—前常金铜铁矿；9—前常东铜铁矿

石英二长闪长玢岩的（$^{87}Sr/^{86}Sr$）$_i$ 初始值为 0.708；岩石的稀土元素分布模式属于轻稀土富集型，稀土总量 ΣREE 为 80.92×10^{-6}~121.50×10^{-6}，球粒陨石标准化稀土配分模式显示出右倾曲线，Eu 异常不明显；全岩的氧同位素 $\delta^{18}O_{SMOW}$ 为 9.5‰。上述资料表明，成矿岩浆主要来源于上地幔，但混入了部分硅铝质壳源物质，属幔壳混合型。

（三）矽卡岩及其分带

1. 矽卡岩类型和矿物组成

区内发育两类矽卡岩，即镁矽卡岩和钙矽卡岩，以前者为主。镁矽卡岩一般产于外接触带，组成

矿物主要有透辉石（$Di_{94.3\sim99.9}Hd_{0\sim5.7}Jo_{0\sim0.7}$）、镁橄榄石、方镁石、金云母、斜硅镁石、透闪石等，常叠加有多量蛇纹石（包括利蛇纹石、纤维蛇纹石和胶蛇纹石）、碳酸盐矿物（方解石、白云石）、滑石和水镁石等晚期热液蚀变矿物。蛇纹石主要交代镁橄榄石和斜（粒）硅镁石，而斜绿泥石和水镁石则分别交代金云母和方镁石而呈它们的假象。

钙矽卡岩通常见于内接触带，主要由透辉石（$Di_{82.3\sim87.6}Hd_{12.1\sim16.5}Jo_{0.3\sim1.2}$）、石榴子石（$Gr_{38.8\sim97.3}Ad_{2.6\sim61.1}Sp_{0.1\sim0.4}$）、绿帘石和钾长石等组成，局部有方柱石或钙铝黄长石。在钙矽卡岩旁的石英二长闪长玢岩中广泛发育钾长石化，使岩石蚀变为肉红色，其宽度可达十米至一百余米。因此，钾长石化可作为重要的找矿标志之一。

2. 矽卡岩分带

矽卡岩分带在三铺地区镁矽卡岩金（铜、铁）矿床中均较明显，其分带序列从石英二长闪长玢岩向白云石大理岩方向一般为石英二长闪长玢岩→钾长石化石英二长闪长玢岩→绿帘石化透辉石化石榴子石化石英二长闪长玢岩或绿帘石化透辉石-石榴子石矽卡岩→透辉石-金云母矽卡岩→斜硅镁石（粒硅镁石）矽卡岩→蛇纹石化白云石大理岩→白云石大理岩。Fe、Cu、Au 等金属矿化主要赋存于外接触带镁矽卡岩或蛇纹石化白云石大理岩中。

矽卡岩分带甚至在手标本中都清晰可见，并显示出对称分带现象。中心部位为透辉石-钙铝榴石-钙铝黄长石矽卡岩，原岩可能为石英二长闪长玢岩，其两侧为金云母矽卡岩，外侧则为蛇纹石化镁橄榄石斑花大理岩。

镁矽卡岩产于外带，钙矽卡岩产于内带。上述矽卡岩分带格局和陕西洛南地区木龙沟镁矽卡岩铁（钼）多金属矿床的分带有一定相似性，说明这两类矽卡岩均属于岩浆期后的接触交代产物。

（四）金属矿物组合、矿化分带和成矿阶段

1. 金属矿物组合

含金（铜、铁）镁矽卡岩矿床的主要金属矿物为磁铁矿、镁磁铁矿、镁铁矿、黄铁矿、黄铜矿和斑铜矿，少量或微量矿物有辉铜矿、硼镁铁矿、蓝辉铜矿、辉钼矿、黝铜矿、磁黄铁矿、方黄铜矿、自然金、银金矿、碲银矿、自然铋、自然银、硫铋铜铅矿、红硒铜矿和硒铊银铜矿等。其中镁铁矿作为一种罕见的交代矿物，在我国是首次发现。它产于秦楼矿区浅部的镁矽卡岩化白云石大理岩捕虏体中，构成透镜状镁铁矿独立矿体（图 11-7）。在镁铁矿中 MgO 含量可高达 17.17%~17.66%，大大高于意大利维苏威火山中发现的镁铁矿 MgO 含量 12.54%（Deer et al.，1962），这在世界上实属罕见。镁磁铁矿的 MgO 含量也较高，为 2.68%~8.45%。

2. 矿化分带

铁、铜、金矿体一般呈透镜状或似层状产于外接触带蚀变镁矽卡岩和蛇纹石化白云石大理岩中，而钼矿体则呈脉状产于钾长石化石英二长闪长玢岩的裂隙面内。金属矿化分带在秦楼矿区十分清楚，从钾长石化石英二长玢岩到蛇纹石化白云石大理岩方向，矿化分带序列依次为 Mo→Fe→Cu（Au）→Au（Cu）（图 11-7），反映了从高温到中（低）温热液交代作用的空间演化趋势。

3. 成矿阶段

矿物共生组合研究表明，在上述交代矿物中，镁橄榄石、透辉石、方镁石等镁矽卡岩矿物形成最早，大致和内矽卡岩带的钙铝榴石、钙铝黄长石和透辉石相当，属于无水矽卡岩阶段的产物。

金属矿物中，磁铁矿、镁磁铁矿和镁铁矿为铁（镁）氧化物阶段的产物，其形成时间大致相当于金云母、粒硅镁石和斜硅镁石等含水镁矽卡岩矿物。金属硫化物和金矿化的形成时间相对较晚，基本上和蛇纹石、斜绿泥石、石英和碳酸盐矿物等晚期热液交代矿物一致，即属于碳酸盐（石英）-硫化物阶段的产物。

为了进一步确定成矿的时代，我们对含矿镁矽卡岩中的金云母进行了 K-Ar 稀释法同位素年龄测定，结果为 134.32±1.95 Ma，说明矽卡岩化和矿化发生在燕山期中期，比岩体主体石英二长闪长玢岩生成的时间稍晚。

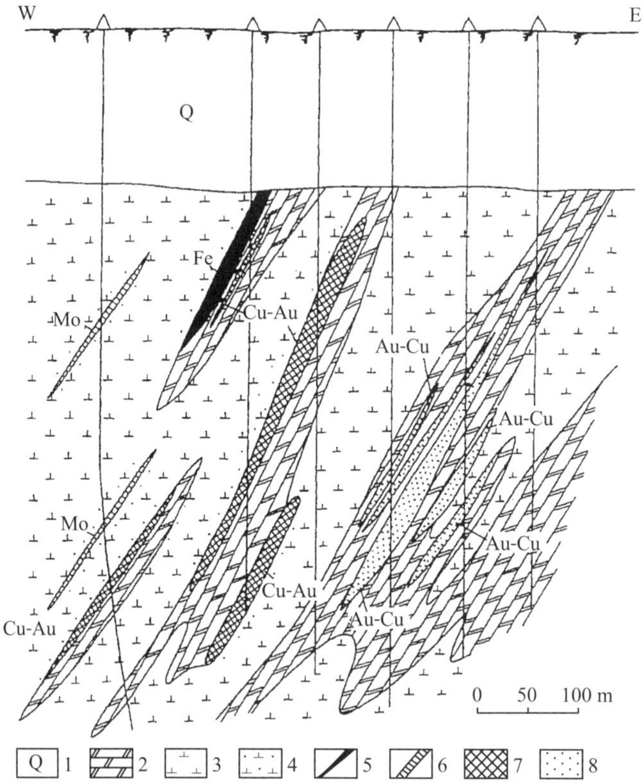

图 11-7 秦楼金（铜、铁）矿床的金属矿化分带地质剖面

1—第四系浮土；2—上寒武统白云质大理岩；3—石英二长闪长玢岩；4—蚀变石英二长闪长玢岩；5—镁铁矿矿体；6—辉钼矿矿体；7—铜（金）矿体；8—金（铜）矿体

（五）流体包裹体特征及其演化

1. 包裹体均一温度和盐度

本次研究分别对透辉石、粒硅镁石、绿帘石、白云石、石英等矿物中流体包裹体进行了均一温度和盐度的测定，共获得测温数据上百个（表 11-2）。从测温结果可以看出，本区流体演化大致经历了 3 个阶段：第 1 阶段相当于早期镁矽卡岩阶段，包括镁橄榄石、透辉石和内矽卡岩带的石榴子石等无水矽卡岩矿物组合，温度范围为 400~625℃，主要集中在 480~600℃之间（图 11-8）；第Ⅱ阶段相当于含水镁矽卡岩阶段，包括金云母、粒硅镁石、斜硅镁石、透闪石等含水镁矽卡岩矿物组合，主要金属矿物为磁铁矿、镁磁铁矿和镁铁矿，温度范围为 340~450℃；第Ⅲ阶段相当于蛇纹石、碳酸盐化蚀变阶段，主要形成自然金和黄铁矿、斑铜矿、黄铜矿等硫化物，温度范围为 180~340℃。通过过饱和 NaCl 水溶液的等盐度 p-t 截面图（Erwood et al.，1979），可求出本区富含子晶的包裹体形成压力为 32~63 MPa，估算成矿深度为 2~3.5 km。

表 11-2 三铺地区镁矽卡岩金（铜、铁）矿床流体包裹体数据

样号	岩性	矿物	包裹体个数	均一温度/℃	冰点/℃	盐度/%	子晶消失温度/℃	压力/MPa
203-326	碳酸盐化、绿帘石化、硅化石英二长闪长玢岩	白云石	5	170~190	13.9~20.8	17.8~23.2		
		绿帘石	7	241~402	30.5~30.9			
		石英	6	176~267				
203-625	绿帘石化透辉石、石榴子石矽卡岩	透辉石（早）	19	365~532	17.2~17.3	38.35~46.0	306~400	43~46
			3	345~352		20.6		

续表

样号	岩性	矿物	包裹体个数	均一温度/℃	冰点/℃	盐度/%	子晶消失温度/℃	压力/MPa
203-564	金云母、透辉石矽卡岩	透辉石	15	431~565		48.1~51.6	421~456	29~32
07-514	蛇纹石化、磁铁矿化金云母透辉石矽卡岩	透辉石	17	420~595		47.9~50.1	419~440	48
07-447	蛇纹石化金云母硅镁石矽卡岩	透辉石	12	470~625		40.1~59.7	330~527	
07-550	金云母透辉石矽卡岩	透辉石（早）	13	431~610		49.0	430	40
		透辉石（晚）	2	342~349				

三铺地区早期矽卡岩阶段包裹体主要赋存矿物为透辉石，少量赋存于镁橄榄石、石榴子石等矿物中。此阶段几乎95%包裹体都含有子矿物，大多数包裹体含石盐子晶，有些含钾盐或磁铁矿等不透明矿物。盐度范围为38.35%~59.7%，平均44.1%，为高温高盐度流体（图11-9）。含水镁（钙）硅酸盐阶段包裹体冰点为-30.9~-30.5℃，根据NaCl-H_2O的低共熔温度为-21.2℃和NaCl-KCl-H_2O体系的低共熔温度-22.9℃，推断本区流体成分可能是NaCl-$CaCl_2$-H_2O体系，随流体温度下降，盐度也相应降低，当流体演化至碳酸盐-硫化物阶段时，盐度范围为17.8%~20.6%，平均19.2%，金矿物的沉淀和流体演化主要与碳酸盐（石英）硫化物阶段关系密切。成矿温度范围大致为180~340℃。

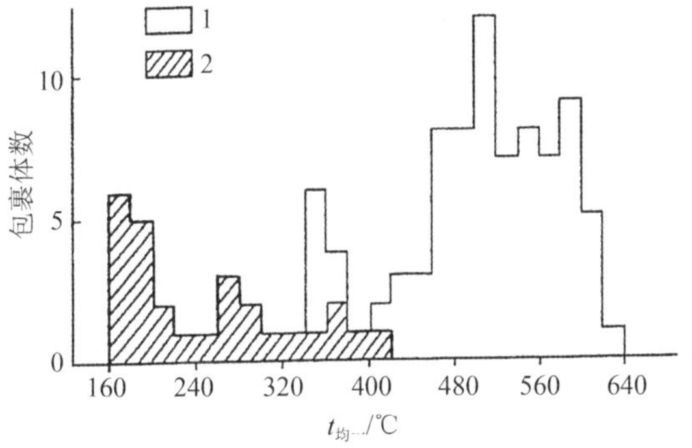

图11-8 三铺地区流体包裹体均一温度直方图

1—第Ⅰ阶段包裹体；2—第Ⅱ、Ⅲ阶段包裹体

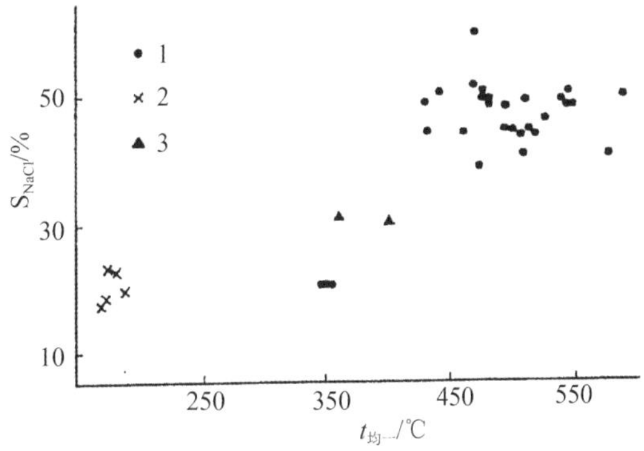

图11-9 三铺地区流体包裹体均一温度-盐度关系图

1—透辉石；2—白云石；3—绿帘石

2. 包裹体成分

三铺地区流体包裹体化学成分具有一定的演化规律。K^+、Na^+含量较高，表明矿液具高盐度的特征，这与透辉石中包裹体含有以钠盐为主的子晶，且含少量钾盐相吻合。矿液中Ca^{2+}、Mg^{2+}的含量高，且Ca^{2+}/Mg^{2+}值自早至晚由小变大，也是造成本区流体盐度高、成分复杂的原因，也说明Ca^{2+}、Mg^{2+}在成矿中所起的重要作用。

随着成矿热液温度和盐度的逐渐降低，溶液的酸碱度亦不断变化。本区自矽卡岩阶段→氧化物阶段→碳酸盐-硫化物阶段，成矿溶液的pH值经历了弱酸性（6.09）→酸性（3.86）→弱碱性（8.38）的变化。其中磁铁矿的pH值可能偏高。

据包裹体气相成分计算的还原参数，可以看出，从早至晚还原参数均较低，且由大变小，反映成矿环境属弱还原环境。根据包裹体气相成分，结合温压条件，利用李秉伦的“矿物中包裹体气相成分的物理化学参数图解”可得到氧逸度为10^{-16}~10^{-25} Pa，且从早至晚氧逸度有降低趋势。

3. 流体演化模式

三铺地区流体包裹体均一温度和盐度的特征变化反映了流体的时空演化规律。成矿流体从深部岩浆房中分异出来后，上升至2~3.5 km，压力下降为30~60 MPa。此时流体温度为400~625℃或更高，且盐度较高为38.35%~59.7%，相当于流体演化的早期镁矽卡岩阶段的温压条件，此阶段包裹体富含石盐或少量钾盐等子晶，反映了矿液盐度高，富 Na^+、K^+的特点。由于含矿流体与镁质大理岩围岩的反应交代作用，成矿流体温度下降（340~450℃），流体演化进入含水镁（钙）矽卡岩阶段，形成大量磁铁矿、镁磁铁矿和镁铁矿等铁（镁）氧化物矿物组合。这是本区镁矽卡岩演化的一个重要成矿阶段。此阶段流体盐度仍较高，为30.3%~31.0%（NaCl），10.5%~10.8%（$CaCl_2$），反映了本区流体成分复杂，并非单一的 $NaCl-H_2O$ 体系。当流体演化至碳酸盐（石英）-硫化物阶段，包裹体以不含子晶的气液包裹体为主，盐度明显降低，为17.8%~20.6%，温度降至180~340℃。流体中硫的化学势增高，促使黄铁矿、黄铜矿及斑铜矿等金属硫化物和金矿物的沉淀，构成重要的金、铜、钼的成矿阶段。

本区金属硫化物和金的成矿环境属弱还原条件，成矿流体 pH 值从始至终的变化为弱酸性-酸性-弱碱性。

（六）含金镁矽卡岩生成地质环境讨论

本区含金镁矽卡岩矿床产于中朝准地台—华北断坳区的上地幔柱隆起区。矿体赋存于燕山期石英二长闪长玢岩和中-上寒武统白云岩的接触带，属活化地台型。其生成地质构造环境有其特殊性，既不同于塔吉克斯坦塔罗尔和美国蒙大拿州 Butte Highlands 的镁矽卡岩金矿床，更不同于澳大利亚西部 Savage Lage 的含金镁矽卡岩矿床。

Влохина（1984）曾报道过苏联中塔吉克斯坦塔罗尔镁矽卡岩金矿床的形成地质环境和矿床地球化学特征，指出该区含金镁矽卡岩产于地槽褶皱带华力西期花岗闪长岩类和中志留统白云质大理岩的接触带。镁矽卡岩由镁橄榄石、尖晶石、透辉石、金云母、斜硅镁石、硼镁铁矿等组成。金-硫化物矿石赋存于镁矽卡岩的退化热液蚀变岩——似滑石菱镁片岩和花岗闪长岩类的蚀变产物——黄铁绢英岩中。

美国蒙大拿州的 Butte Highlands 含金镁矽卡岩也产于中生代地槽褶皱带闪长岩与下古生界结晶白云岩的接触带，主要由镁橄榄石和尖晶石组成，次为透辉石和金云母，叠加有蛇纹石、滑石、碳酸盐矿物等退化热液蚀变矿物组合，并伴有金属硫化物和金矿化（Ettligner et al.，1996）。

至于澳大利亚西部 Savage Loge 的含金镁矽卡岩矿床的形成地质环境更为特殊，产于太古界中级变质绿岩带内的韧性剪切带，交代了叶片状变科马提岩。该绿岩带赋存于花岗闪长岩-花岗岩大岩基中。含金镁矽卡岩由铁橄榄石、透辉石、方解石、金云母、透闪石、富镁绿泥石和少量铁尖晶石组成，伴生的金属矿物有钛铁矿、磁铁矿、毒砂、自然金、磁黄铁矿、黄铜矿和闪锌矿等。

由此可见，根据含金镁矽卡岩的产出构造环境，大致可划分出3类：①产于地台活化区的矿床；②产于地槽褶皱带的矿床；③产于太古界绿岩带的矿床。从矿物共生组合和矿化特征看，前两类矿床有一定相似性，即金和硫化物矿化均与镁矽卡岩期后的退化热液蚀变作用有关，属于酸性淋滤阶段的交代产物。当然不同矿床还有其特殊性。但第三类矿床的构造环境、围岩条件和生成方式则与前两类完全不同。

八、中国云南北衙金多金属矿床

（一）地理位置和勘查开发概况

北衙金多金属矿床位于云南省西部鹤庆市境内。进入21世纪以来，云南黄金矿业集团股份有限公司通过成矿理论和成矿预测等综合研究，指导找矿实践，对滇西金多金属矿床开展系统勘查工作，经过多次详查，布置了系统的地质、物探和化探工作，施工钻孔一千多个，进尺 36 万多米。地质找矿获得重大突破，查明 333 以上资源储量 Au 323 t，平均品位 2.47 g/t；共伴生铁矿石 1.7×10^8 t，平均 TFe 33.34%；Cu 65×10^4 t，平均品位 0.52%；Pb 155×10^4 t，平均品位 2.01%；Zn 53×10^4 t，平均品位 1.38%；Ag 7743 t，S 1070×10^4 t，平均品位 10.41%。它成为我国的超大型金多金属矿床和中国十大黄金生产矿山之一，在西南三江地区占有极为重要的地位。许多学者对矿床地质特征、成矿规律、找矿标志等进行了研究，初步建立了北衙金多金属矿床的地质、地球物理、地球化学综合勘查模型（晏建国等，2002；和文言，2014）。

（二）成矿地质背景

在大地构造上，北衙金多金属矿床位于扬子板块西部边缘与兰坪-思茅微地块的结合部，金沙江-哀牢山缝合带和剪切带的东部。矿区位于 NNE 向的马鞍山复背斜南部翘起端东翼之次级北衙向斜中。矿区南北长近 6 km，东西宽 2～3 km，大致以北衙向斜轴部为界分为东、西两个矿带：东带包括桅杆坡、笔架山、锅盖山，西带包括万硐山、红泥塘、金沟坝矿段（图 11-10）。

矿区出露地层由老至新有上二叠统峨眉山玄武岩组（P_2e）；下三叠统青天堡组（T_1q）长石砂岩、杂砂岩，顶部夹薄层泥质灰岩、白云质灰岩、白云岩、砂屑灰岩等；第四系（Q）为砂质黏土、细砂等。

矿区构造表现为 SN 向北衙向斜，两翼局部地段受断层和岩浆侵入作用影响，次级褶曲、断层以及节理、裂隙发育。矿区断层主要有两组，一组近 SN 向，另一组近 EW 向。近 SN 向的断裂组为控矿断裂；近 EW 向断裂组为成矿后断裂，对矿体起破坏作用。

矿区发育基性、中性、酸性及碱性岩浆岩。华力西期以玄武岩为主；喜马拉雅期主要为石英正长斑岩、煌斑岩、正长斑岩、震碎角砾岩、隐爆角砾岩等，并以形成侵入的富碱斑岩为主。斑岩体一般较小，规模稍大的呈岩株状，如万硐山岩体、大沙地隐伏岩体和红泥塘岩体等，其余为岩脉、岩墙和岩床。上述岩体主要分布于北衙向斜两翼，其分布主要受向斜两翼 NNE 向、NNW 向及 EW 向三组断层控制。岩石类型以石英正长斑岩为主，其次为正长斑岩、黑云母石英正长斑岩和煌斑岩。石英正长斑岩的侵入时代为 37～35 Ma（和文言，2014）；黑云母石英正长斑岩和煌斑岩的侵位时代为 35 Ma（和文言等，2014）。石英正长斑岩的岩浆活动与北衙金多金属矿化关系密切，主要矿体产于万硐山石英正长岩体与北衙组碳酸盐岩接触带矽卡岩中，受富碱斑岩的控制。

（三）矿床地质特征

1. 矿体和矿石

北衙矿区圈定 Au、Fe、Cu、Ag、Pb-Zn 多金属矿体近 2800 余个，其中规模较大的矿体 50 多个，金资源储量在 10 t 以上的主要矿体有 6 个，即 KT4、KT10、KT11、KT52、KT54 和 KT63，其中，规模最大的 KT52 矿体金资源储量大于 200 t。这 6 个主要矿体一般长 400～1680 m，宽 570～1420 m，平均厚 4.27～13.27 m。Au 品位为 1.65～2.83 g/t；TFe 25.06%～37.55%；Pb 0.91%～4.4%；Ag 24.52～67.29 g/t。

万硐山矿段位于矿区北部，是北衙矿区 6 个矿段中的主要矿段，圈定大小矿体 1800 余个，探明 Au 资源储量占矿区总量的 85%。该矿段处于北衙向斜的中段，向斜轴向 NNE，两翼产状平缓。西翼出露地层倾向东，倾角 30°～60°；东翼出露地层倾向西，倾角 10°～40°，核部产状平缓。万硐山岩体出露于矿段中北部，南北长 470 m，东西宽 30～65 m，地表以下 100 m 岩体膨大，向 SW 侧伏，呈岩株状产出。岩石类型以石英正长斑岩为主，常有煌斑岩穿插。上盘接触带产状较平缓，下盘接触带构造发育，产状及形态较复杂。

接触带矽卡岩发育，沿岩体边缘分布。矿体主要赋存于岩体与围岩接触带矽卡岩中，其次赋存于北衙组碳酸盐岩的构造破碎带或向斜虚脱带、北衙组碳酸盐岩与青天堡组碎屑岩接触面附近。另外，

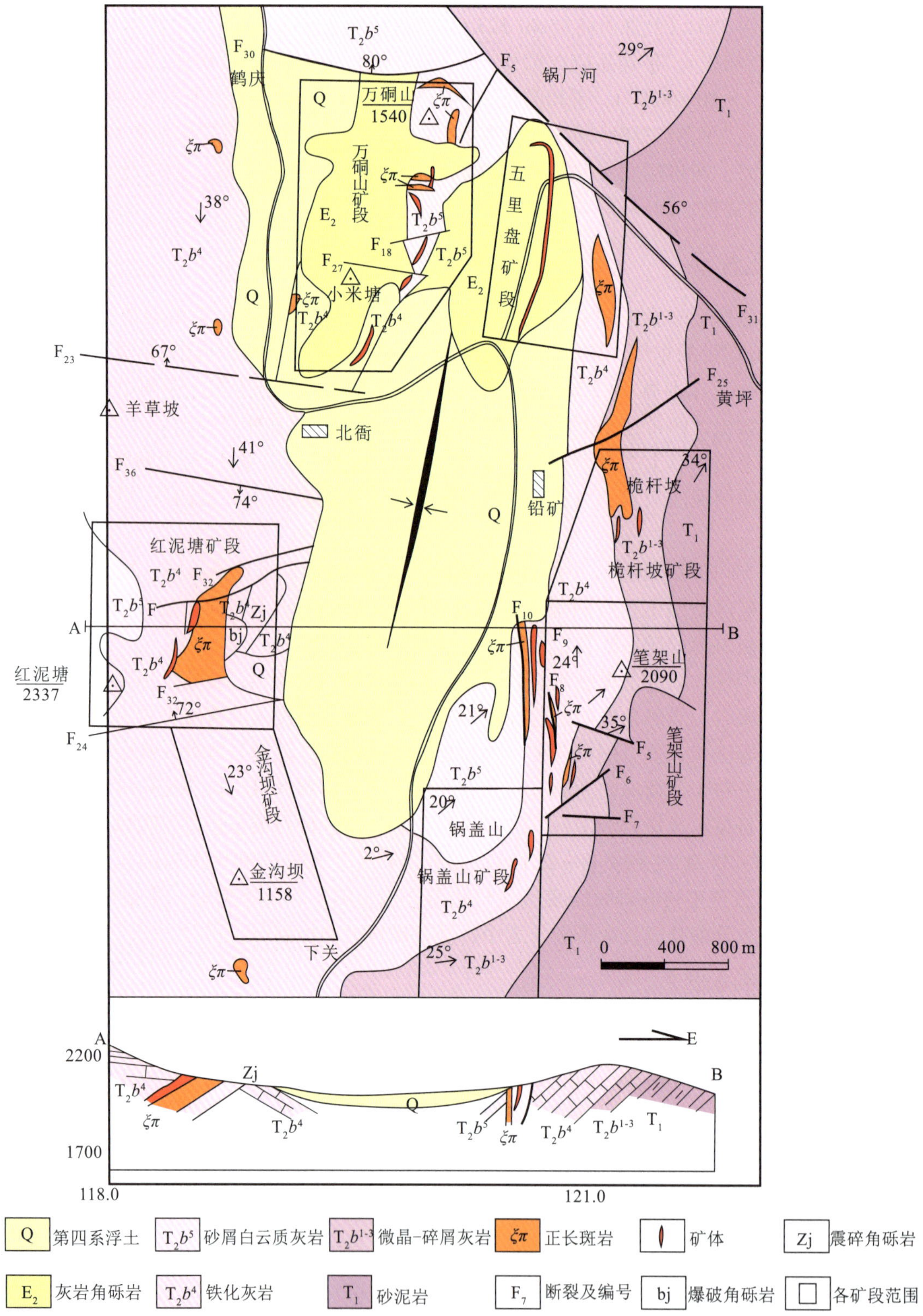

图 11-10 北衙金多金属矿床地质略图❶

（据云南黄金矿业集团股份有限公司，2011）

❶ 云南黄金矿业集团股份有限公司. 2011. 云南省鹤庆县北衙金矿区万硐山矿段详查报告.

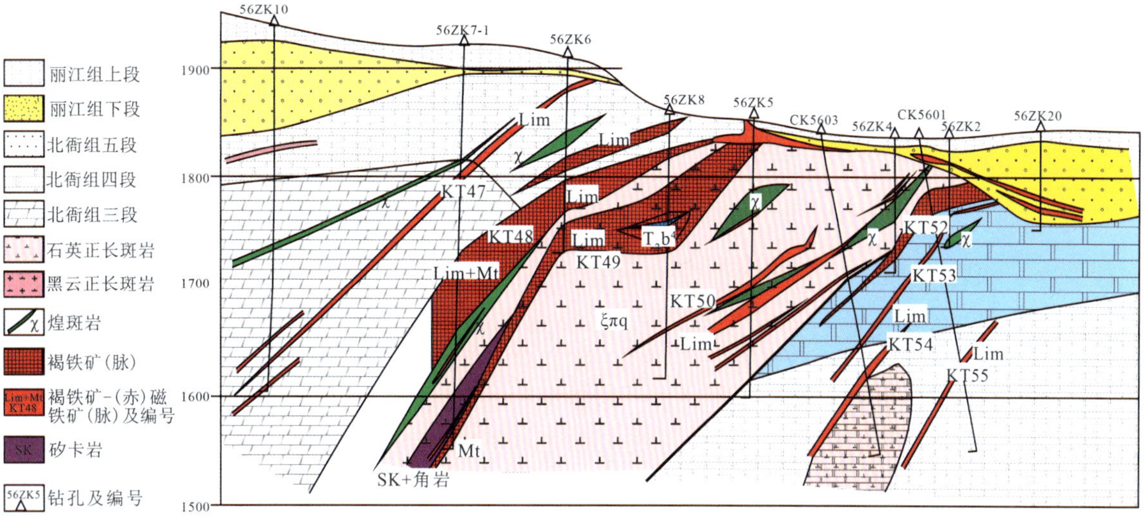

图 11-11　北衙矿区万硐山矿段 P56 勘探线地质剖面图

（据云南黄金矿业集团股份有限公司，2011）

在岩体和围岩的裂隙中也有脉状矿体零星分布。主矿体 KT52 矽卡岩型矿体是矿区规模最大的矿体，查明 Au 资源储量大于 200t。矿体总体沿万峒山石英正长斑岩体与北衙组碳酸盐岩内、外接触带矽卡岩环状分布（图 11-11），严格受矽卡岩带控制，另外有 4 个分支延伸到碳酸盐岩围岩内。矿体南北走向长 1680 m，东西宽 113～1420 m。矿体产状随石英正长斑岩体与围岩接触带同步变化，矿体形态复杂产状变化大。矿体厚 1.89～115.26 m，平均 11.94 m。Au 平均品位为 2.63 g/t，TFe 36.85%，Cu 0.61%，Pb 0.89%，Zn 0.28%，Ag 40 g/t。主要矿石矿物为磁铁矿、黄铁矿、菱铁矿、赤铁矿、黄铜矿、磁黄铁矿、方铅矿、闪锌矿、斜方辉铅铋矿、辉钼矿、自然金、银金矿、自然银等；脉石矿物主要有石英、黑云母、钙铁榴石、透辉石等。

2. 矽卡岩和其他围岩蚀变

矽卡岩主要由石榴子石、透辉石、绿帘石、透闪石、阳起石、硅灰石、方柱石、萤石等组成。矽卡岩旁侧的石英正长斑岩受到钾长石化、硅化和绢云母化等蚀变作用。

3. 矿床成因类型

北衙金多金属矿床与喜马拉雅期富碱斑岩有密切的成因联系。金属矿种类复杂，产出 Au、Cu、Fe、Pb、Zn、Ag、Mo 等多矿种。随着空间位置、成矿期和成矿作用的不同，表现出不同的成矿方式。在岩体和碳酸盐岩围岩接触带上，接触交代作用显著，形成矽卡岩型金多金属矿体。远离岩体的碳酸盐岩围岩中主要以热液充填-交代成矿作用为主，形成铅锌多金属矿体。因此，从矿床成矿系列的角度看，北衙金多金属矿床属于与喜马拉雅期石英正长斑岩有关的矽卡岩型-热液充填交代型矿床。从石英正长斑岩接触带向碳酸盐岩围岩方向，金属矿化发生变化，即由以 Au、Fe、Cu 为主向以 Pb、Zn、Ag 为主转变，显示一定的矿化分带。

第十二章　矽卡岩铀-稀土矿床

矽卡岩 U-REE（Th，Zr，Y）矿床数量较少，但很特殊，有关岩浆岩为正长岩、碱性花岗岩，也有碱性伟晶岩。在碱性侵入岩和碳酸盐岩围岩的接触带，往往有一套碱性矽卡岩产出，U-REE（Th，Zr，Y）矿化即产于碱性矽卡岩中。因此，作者建议把这类矽卡岩单独划分出来。

碱质矽卡岩的矿物组成有霓石、霓辉石、氟镁钠闪石、镁钠闪石、钠透闪石、针钠钙石、异性石、钠锆石等。矿石金属矿物十分复杂，可能有绿层硅铈钛矿、水硅钛铈矿、沥青铀矿、独居石、烧绿石、褐帘石、菱硼硅镧矿等。

碱质矽卡岩矿床的围岩，可以是大理岩、白云质大理岩，也可能是碳酸岩。已知主要矿床实例有加拿大魁北克的 Kipawa Y-Zr-REE（U）矿床、中国辽宁赛马 U-REE（Th）矿床和澳大利亚的 Mary Kathleen U-REE 矿床等。成矿时代为元古代和中生代（表 12-1）。

一、加拿大 Kipawa 钇锆稀土（铀）矿床

Kipawa Y-Zr-REE（U）矿床位于加拿大魁北克省的西部，曾于 1958~1969 年开采过 U 和 Th；20 世纪 90 年代开采过 Y 和 REE，Y_2O_3 的品位大于 0.1%，稀土金属矿化可能与过碱性花岗岩有成因联系的过碱性伟晶岩有关。

矿床产于过碱性花岗岩、正长岩和大理岩的接触带。矿体的形成是由于过碱性花岗岩、正长岩析出的流体与周围沉积碳酸盐岩作用的结果。Kipawa 正长杂岩由各种过碱性正长质和花岗质岩石组成，包括奥长质花岗片麻岩、过碱性正长片麻岩和辉绿岩岩脉在内，沿走向长可达 50 km。

Kipawa 矿床包括少量矿化伟晶岩，其中锆石同位素年龄为 994±2 Ma。矿区内侵入岩为过碱性正长岩质片麻岩，主要矿物组成是斜长石+钾长石+角闪石±辉石±石英±异性石±磷灰石±石榴子石±磁黄铁矿。在矿区内及附近，岩石富含钙碱性辉石、钙碱性角闪石和金云母，伴生 Y 矿化。钙质硅酸盐片麻岩夹有层状和透镜状大理岩。

Y、Zr 和 REE 矿化产于大理岩和正长片麻岩、碱性花岗岩、正长岩（现已变质成为片麻岩）的接触带。矿化主要与钙质硅酸盐岩——片麻岩、变正长质片麻岩和正长片麻岩伴生。矿体形态见图 12-1。

异性石（Eudialyte）、硅锆钠石（Vlasovite）和锆石是主要含锆矿物，其中，异性石的分布比硅锆钠石广；少量矿物有钠锆石（Catapleite）、硅锆钙石（Gittinsite）和 Gaydonnayite，局部交代异性石和硅锆钠石。异性石在伟晶岩中也有广泛分布。

铈磷灰石（Britholite）在 Kipawa 矿区是一个较普遍的矿物，在许多情况下，它是 Y 的载体。片榍石（Hiortdahlite）在矿区内也是 Y 的重要载体。含轻稀土矿物氟硅硅钠石（Agrellite）在矿区的伟晶岩中也很普遍。

石墨见于蚀变带外侧矽卡岩和强蚀变正长岩中，但在大理岩中缺失；磁铁矿在矿床中也缺失。

有两个明显的矿化标志，反映了 Kipawa 矿床的不同作用过程：第一，在钙-硅酸盐岩和某些正长岩片麻岩中富含 REE、Zr 和 Y 及较少的 Zr；第二，在有些岩石群富含 HREE、Zr、U 和 Th。钠长石化在矿区内很发育。Currie 和 Gitlen（1993）认为，矿区内矽卡岩中富集 Y 和 Zr 与岩浆同化碳酸盐岩围岩有关。大多数矽卡岩既包括交代碳酸盐岩围岩的外矽卡岩，也包括交代侵入岩的内矽卡岩。

总体上，Kipawa 矿床的形成于过碱性花岗岩分离出来的流体富 F，使 F 的配合物搬运 Y、Zr、REE、Nb、Li、U 和 Th。矽卡岩与广泛发育的钠长石化交代岩共生，使在钙硅酸盐岩和一些正长岩

表 12-1 世界主要矽卡岩铀-稀土矿床一览表

序号	矿床名称	地理位置	矿床简要地质特征	储量和品位	成矿时代	参考文献
251	中国白云鄂博 Fe-Nb-REE 矿床	内蒙古包头	Fe-Nb-REE 矿体产于碳酸盐岩中，高温热液交代现象十分明显；主要碱质矽卡岩矿物有霓石、钠铁闪石、镁钠铁闪石、金云母、钠透闪石、铁钠透闪石等；伴生大量萤石、磁铁矿、氟碳铈矿、独居石、铌铁矿、易解石、烧绿石、褐钇铌矿和铌铁金红石	超大型， Fe 14.68×10^8 t， TFe 34%； LRe_2O_3 4.9%~5.2%	中元古代 （1305~1250 Ma）	Zhao et al.，2005
252	中国赛马 U-REE（TH、Nb）	辽宁省	矿体呈透镜状产于霓霞正长岩与元古代白云质大理岩接触带。镁矽卡岩矿物有尖晶石、镁橄榄石、透辉石、透闪石、金云母、硅镁石等；碱质矽卡岩主要由氟镁钠闪石、镁钠闪石和钠透闪石组成，含一定量钾长石、钠长石、霓石、钙霞石等；矿石矿物十分复杂，主要为绿层硅铈钛矿及其蚀变产物-水硅铈钛矿，还有异性石、钠锆石、钛铌钙铈矿等	U_3O_8 0.05%~0.1%； Th 0.15%~0.4%	三叠纪 （210~190 Ma）	陈肇博等，1996
253	澳大利亚 Mary Kathleen U-REE 矿床	昆士兰北部	矿体呈似层状、透镜状产于碱性花岗岩与早古生代变粒岩、碳酸盐岩的接触带。矿化与方柱石、石榴子石矽卡岩共生。主要矿石矿物有沥青铀矿、磷灰岩、褐帘石、菱硼硅铜矿，REE 赋存于上述矿物中	U_3O_8 平均 0.13%	古元古代 （1640 Ma）	Birkett et al.，1998
254	马达加斯加 Tranomaro 钍矿	马达加斯加南部	矽卡岩产于花岗岩和大理岩接触带；钍矿化主要赋存于矽卡岩化辉岩中，主要组成矿物有透辉石、方柱石、橄榄石、尖晶石和碳酸盐；钍矿物为方钍石和铀方钍石	钍矿物含 ThO_2 平均 66.12%		王凤岗等，2010
255	加拿大 Kipawa Y-Zr-REE 矿体	魁北克省西部	矿体产于过碱性花岗岩类和沉积碳酸盐岩的接触带。碱质矽卡岩由碱钙性辉石、钙碱性角闪石和金云母组成；矿石矿物有异性石、硅锆钠石、锆石、钠锆石、硅锆钙石和含轻稀土的氟硅钙钠石等		元古宙	Birkett et al.，1998

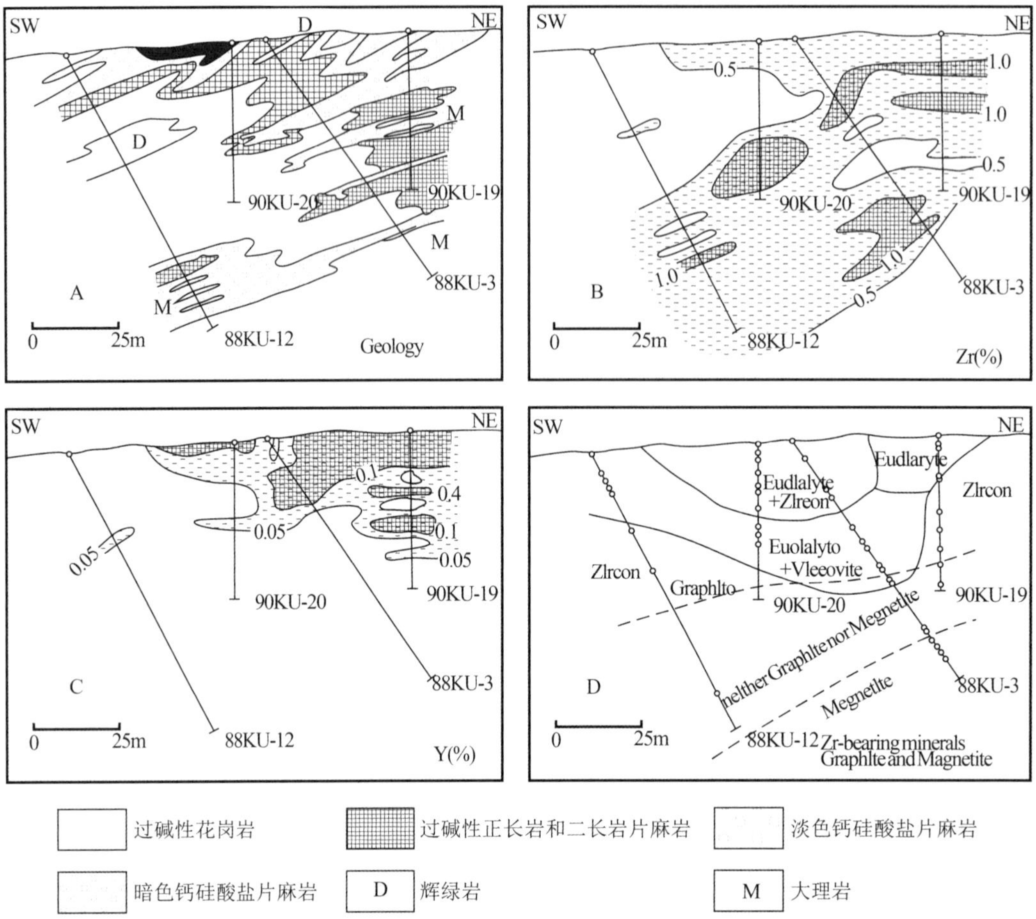

图 12-1 加拿大魁北克 Kipawa 矿床 SW—NE 向地质剖面（A）；Zr 在剖面中的分布（B）；Y 在剖面中的分布（C）；异性石等矿物在剖面中的分布（D）

（据 Birkett T C et al.，1998）

中富集 Y、REE、Zr、Th 和 U。

二、中国辽宁丹东赛马铀矿床❶

赛马是一个与碱性岩有关的大型接触交代-热液型铀矿床，是由我国铀矿地质工作者在 20 世纪 50 年代后期发现和勘探的。除 U 外，Th、TR、Nb 等可综合回收。

（一）区域地质概况

该铀矿床位于我国辽宁省境内，地处东西向构造带与北北东构造隆起带的交汇部位。区内出露中-新元古代变质岩、寒武纪灰岩和板岩、侏罗纪火山碎屑岩和煤系地层。区内北部和南部发育大量燕山期花岗岩类，而中部呈近东西向展布着一个碱性杂岩发育区。它由四个碱性侵入体和大量碱性火山岩和次火山岩组成，出露面积约 200 km^2。碱性岩区的东部以正长岩为主；中部以粗面岩、假白榴响岩、正长斑岩为主；西部以各种云霞正长岩和霓霞正长岩为主。含铀的赛马碱性岩体位于该区最西部。

赛马岩体侵入于中元古界和古元古界构成的近东西向短轴背斜核部，出露面积约 20 km^2，钻探控制的碱性岩深度超过 1000 m。岩体北部、西部和南部的围岩为中元古界辽河群白云质大理岩，西南

❶ 主要根据北京铀矿地质研究所赛马矿床研究组（1977）、陈肇博等（1996）和作者 1982 年实地调查及有关研究。

部为辽河群千枚岩，东北部为新元古代石英岩和寒武纪灰岩。岩体东部被侏罗纪砂砾岩和煤系地层所覆盖（图 12-2）。北京铀矿地质研究所对岩体的造岩矿物黑云母和副矿物绿层硅铈钛矿、异性石进行同位素年龄测定，其结果均在 240~220 Ma 之间，而矽卡岩阶段形成的金云母为 210~190 Ma，热液阶段生成的钍石、锆石为 190~170 Ma，最晚期热液活动产物沥青铀矿为 130 Ma。这表明成岩成矿经历了漫长的演化过程。岩体主体形成于华力西运动晚期，而岩浆期后热液活动一直延续到燕山期才结束。

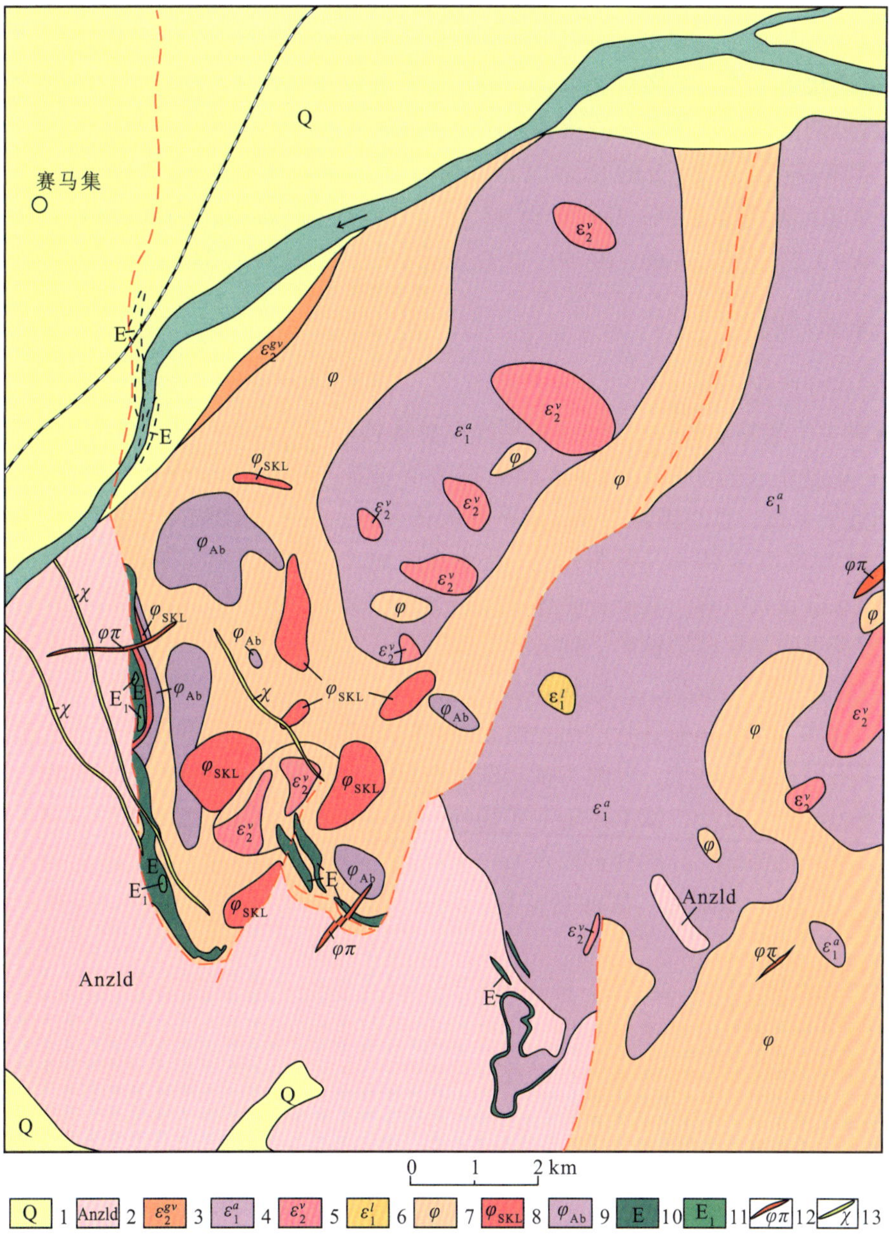

图 12-2　赛马碱性岩体地质略图

（据张金带等，2022）

1—第四系；2—古元古代大理岩；3—草绿色霓霞正长岩；4—黑色霓霞正长岩；5—绿色霓霞正长岩；6—黑云母霓石正长岩；7—碱性正长岩；8—高岭土化绢云母化正长岩；9—钠长石化正长岩；10—钠铁闪石黑云母绿霓石化带；11—钠铁闪石黑云母岩带；12—正长斑岩脉；13—煌斑岩脉

赛马岩体由同源碱性岩浆派生的碱性火山岩、侵入岩和脉岩构成，而以侵入岩为主体。碱性喷出岩是一套富钾岩石，以白榴斑岩和假白榴响岩为主，产于岩体顶部和边部，其生成早于侵入岩。第一期侵入岩为云霓霞正长岩，产于岩体中部，向两侧相变为黑色霓石霓霞正长岩。在岩体边部常由于岩浆与钙质围岩同化混染作用而生成富含钙、镁的边缘相岩石——黑榴云霞正长岩和云霞正长岩。此外，还有一种呈脉状出现的暗绿色霓石霓霞正长岩，是第一侵入期的补体。第二期侵入岩是一套富钠的霓霞正长岩，主要分布在岩体西北部。本期侵入岩按岩性可分为三类：草绿色霓石霓霞正长岩、绿色霓石霓霞正长岩和异性石草绿色霓石霓霞正长岩。

草绿色霓石霓霞正长岩是赛马岩体主要含矿岩石。它的结构构造变化极大，从中细粒直至巨粒伟晶状，而以粗粒和伟晶状为主。矿物分布也很不均匀，常具缓产状分异层理，由富含草绿色霓石的深色带和富含长石、霞石的浅色带交互成似层状。草绿色霓石形态特殊，单体为细小针状、放射状、云朵状和不规则团块状集合体。笔者对这类岩石进行野外观察和室内薄片研究后，认为它可能属于岩浆晚期到岩浆期后早期富含钠和挥发分的流体作用于第一期正长岩类的交代产物。

赛马碱性岩体各类主要岩石的化学成分（%）：SiO_2 47.31~58.57；TiO_2 0.70~1.88；Al_2O_3 12.06~17.80；Fe_2O_3 3.67~12.56；FeO 0.88~3.02；MnO 0.09~0.24；MgO 0.54~1.72；CaO 1.08~7.36；Na_2O 4.08~9.21；K_2O 5.68~10.50；P_2O_5 0.09~0.32；H_2O 1.04~1.64。

（二）矿床地质特征

矿床主要有三种矿化类型。

1）岩浆末期—岩浆期后早期流体-气成型绿层硅铈钛矿（U、Th、TR等元素）交代矿化：主要产于草绿色霓石霓霞正长岩中。单个矿体的形态为似层状、透镜状，倾向NE80°，倾角一般10°~15°。矿体之间近于平行，且与围岩分异层理产状大体一致。矿体在围岩中呈鱼群状透镜体分布（图12-3）。矿体最大厚度可达40 m，大部分矿体集中在距地表250 m以上。工业矿物主要为绿层硅铈钛矿及其蚀变产物水硅钛铈矿等，在矿石中含量最高达40%以上，是U、Th、TR、Nb的主要载体。此外，矿石中还有少量胶绿层硅铈钛矿、铀方钍石、铀钍石、硅铀钙镁矿等放射性矿物。

绿层硅铈钛矿晶体呈长板状、长柱状和细针状，一般长0.2~2 cm，最长10 cm，常构成扇形、放射状和团块状集合体，有时呈似脉状产出，明显交代和穿插长石、霞石和霓石等造岩矿物。绿层硅铈钛矿大都遭受了不同程度的蚀变，分解为稀土碳酸盐矿物、萤石、水硅铈钛矿等矿物。

矿石的矿物组成十分复杂，除上述工业矿物外，还含有多量长石、霞石、霓石和少量异性石、钠锆石、闪叶石、钛铌钙铈矿、针钠钙石以及Cu、Pb、Zn、Fe、Co的硫化物、砷化物等。矿石经热液改造后发育大量钠沸石、绿泥石、碳酸盐矿物、水云母、水针铁矿、菱锶矿、板钛矿、锐钛矿、锆石等。

2）产于碱质矽卡岩中的铀烧绿石-铌钛铀矿型矿化：工业矿体呈透镜状产于矿区西部的矽卡岩带，产状一般较陡，与矽卡岩带产状一致。主要含矿岩石是镁钠闪石（或氟镁钠闪石）岩、金云母岩，其次为钠透闪石岩、碳酸盐化矽卡岩以及内接触带的变生正长岩。工业矿物为铀烧绿石和铌钛铀矿，它们呈不均匀浸染状产出，有时呈条带状和似脉状，其生成明显晚于矽卡岩。矿石中除矽卡岩矿物外，还有长石、霞石、针钠钙石、金属硫化物、萤石、沸石、稀土碳酸盐矿物、铀钍矿等。

3）产于变生正长岩中的沥青铀矿型矿化：矿化在变生正长岩和变生霓石正长岩中，受一组北东向陡倾角的扭性裂隙控制，一般沿走向延伸较长，但厚度小。沥青铀矿具肾状、球粒状等胶状结构，并常见裂纹。矿石中还含黄铁矿、闪锌矿、方铅矿、黄铜矿、水针铁矿和石英、玉髓、方解石、绿泥石等。

除了上述三种主要矿化外，在长霓岩中还有铀钍矿化，镁矽卡岩中见有铀方钍石矿化，霞石、霓辉石碱质矽卡岩中有褐稀土矿矿化等，但规模都不大。

上述矿化类型在空间上有密切联系，在矿物共生组合和地球化学演化上存在着一定继承性和成因联系，是碱性岩浆和岩浆期后溶液在长期演化过程中于不同阶段和不同地质条件下生成的矿化交代产物，因此，可以构成一个与碱性岩浆侵入活动有关的矿床成矿系列。

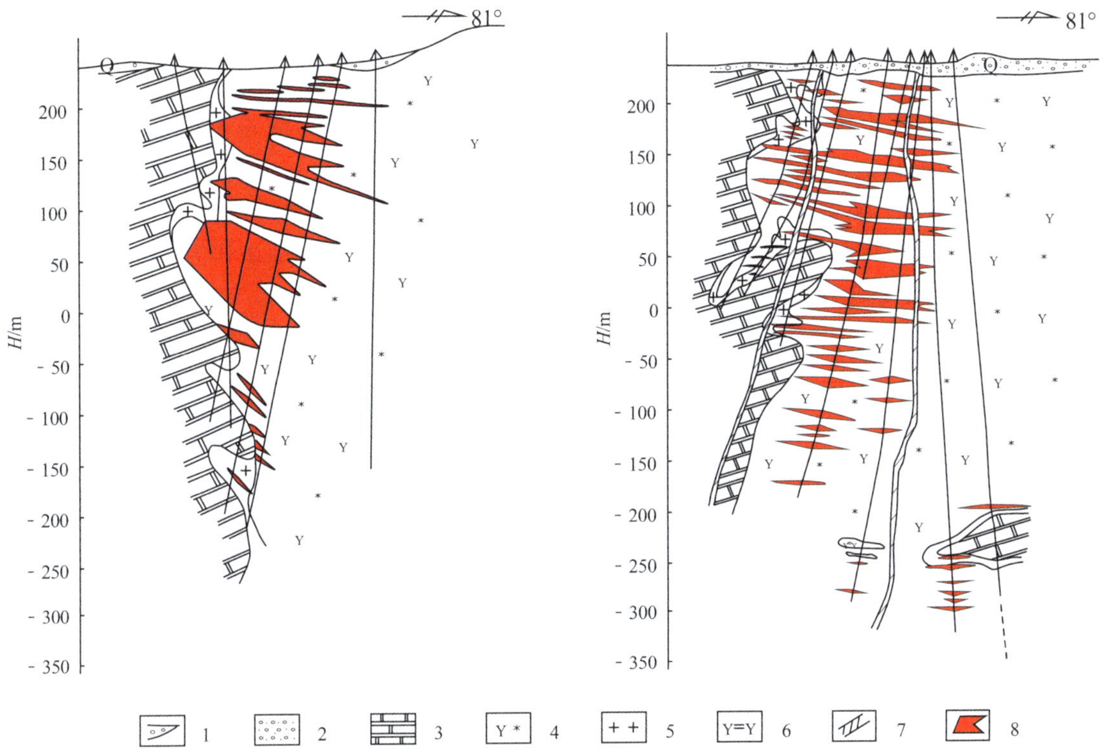

图 12-3　赛马铀钍-稀土矿床 5 号（左）和 13 号（右）剖面示意图

（据张金带等，2022）

1—冲积、坡积物；2—浮土；3—大理岩；4—草绿色霓石霓霞正长岩；5—闪石化霞石正长岩；6—钠铁闪石岩；7—构造破碎带；8—矿体

（三）矽卡岩和有关交代岩

赛马碱性岩体的接触交代作用十分强烈。在岩体内、外接触带广泛分布各类矽卡岩和有关交代岩，包括岩浆期长霓岩、岩浆期镁矽卡岩、草绿色霓石霓霞正长岩、岩浆期后镁矽卡岩、碱性矽卡岩和各种热液交代岩等。

长霓岩系当碱性岩与千枚岩、石英岩接触时，外接触带的围岩常发生强烈的长霓岩化作用，形成由碱性矿物组成的各类长霓岩。改造千枚岩而成的一般为金云母-霓辉石-钠长石-微斜长石长霓岩，而改造石英岩的则为石英-金云母-微斜长石长霓岩。在长霓岩中伴生有铀钍石矿化。

镁矽卡岩和碱质矽卡岩系当碱性岩与白云质大理岩接触时形成。矿区内的镁矽卡岩主要为岩浆期后镁矽卡岩，主要由透辉石、硅镁石、金云母和透闪石等矿物组成，分别构成金云母-透辉石矽卡岩、透闪石-金云母矽卡岩、金云母-透闪石矽卡岩、透闪石矽卡岩和硅镁石矽卡岩等。局部可见岩浆期镁矽卡岩，如尖晶石-镁橄榄石矽卡岩。有些岩浆期后镁矽卡岩可能是改造岩浆期镁矽卡岩的产物。

碱质矽卡岩主要由氟镁钠闪石（或镁钠闪石和钠透闪石）组成，常含一定量钾长石、钠长石、霓石、方解石和金云母等，构成氟镁钠闪石岩、钾长石-氟镁钠闪石岩、钠透闪石-金云母岩和钾长石-氟镁钠闪石岩等。北京铀矿研究所（1977）把霞石-黑榴石-霓辉石也划归碱性的矽卡岩类。氟镁钠闪石为针状、纤维状集合体，外表暗蓝绿色，单偏光下浅蓝绿色。多色性：N_g—浅黄绿色或无色，N_m—浅蓝绿色，N_p—蓝绿色；吸收性：$N_g<N_m<N_p$；二轴晶负旋光性：$C\wedge N_g=25°\sim54°$。

根据角闪石分类原则（Leake，1978），当标准结晶化学式中（Ca+Na）$_B\geq1.34$ 和 $0.67<Na_B<1.34$ 时属钙质角闪石亚族；当标准结晶化学式中（Ca+Na）$_B\geq1.34$ 和 $Na_B\geq1.34$ 时属碱质角闪石亚

族。钠透闪石在本矿区属首次发现。氟镁钠闪石在瑞典诺拉卡的针钠钙石-氟镁钠闪石-霓石-霞石正长岩中曾被发现过，但在我国氟镁钠闪石则是首次发现。碱质矽卡岩是赛马矿区的重要含矿岩石之一，常伴生高-中温铀烧绿石-铌钛铀矿矿化。

岩体内外接触带发育了一系列热液蚀变作用，从高温的斜长石化、霞石化，到中低温的钠长石化、钠沸石化、钙霞石化、方沸石化、水云母化、绿泥石化、萤石化等。它们主要沿晚期断裂构造和裂隙带发育，特别在岩体西部最为强烈，原生的霞石正长岩遭到中低温热液蚀变作用后，变为浅色碱性正长岩类，暗色矿物部分或全部消失，出现许多热液交代矿物。北京铀矿研究所（1977）称其为“变生正长岩”。前已提到，在“变生正长岩”中常伴有沥青铀矿矿化。

主要参考文献及资料

《无机化学》编写组. 1978. 无机化学. 北京：人民教育出版社.

北京铀矿地质研究所赛马矿床研究组. 1977. 我国东北赛马碱性岩体中的铀矿床. 中国科学，5：466~683.

南京大学地质学系. 1981. 华南不同时代花岗岩及其与成矿关系. 北京：科学出版社，1~395.

艾昊. 2013. 湖南黄沙坪多金属矿床成矿斑岩锆石 U-Pb 年代学及 Hf 同位素制约. 矿床地质，32(3)：545~563.

安芳，王居里，朱峰，等. 2014. 哈萨克斯坦萨亚克铜矿田代表性矿区矽卡岩矿物的组成及其意义研究. 矿床地质，33(3)：521~540.

陈德潜. 1984，试论黄玉霏细斑岩的特征与成因. 岩石矿物及测试，1：9~12.

陈国华，万浩章，舒良树，等. 2012. 江西景德镇朱溪铜钨多金属矿床地质特征与控矿条件分析. 岩石学报，28：3901~3914.

陈国华，舒良树，舒立旻，等. 2015. 江南东段朱溪钨(铜)多金属矿床的地质特征与成矿背景. 中国科学(地球科学)，45：1799~1818.

陈宣华，王志宏，杨农，等. 2010. 中亚巴尔喀什成矿带萨亚克大型铜矿田矿床地质特征与成矿模式. 地质力学学报，16(2)：189~202.

陈宣华，王志宏，陈正乐，等. 2012. 中亚萨亚克大型铜矿田矽卡岩型铜成矿作用的年代学制约. 岩石学报，28(7)：1981~1994.

陈毓川，黄民智，徐珏，等. 1985. 大厂锡石硫化物多金属成矿带地质特征及成矿系列. 地质学报，59(3)：228~240.

陈肇博，范军，郭智添，等. 1996. 赛马碱性岩与成矿作用. 北京：原子能出版社，1~305.

程顺波，付建明，马丽艳，等. 2012. 广西佛子冲矿田大冲花岗闪长岩锆石 SHRIMP U-Pb 定年及其地质意义. 华南地质与矿产，28(4)：315~320.

代军治，毛景文，杜安道，等. 2007. 辽西肖家营子钼(铁)矿床 Re-Os 年龄及其地质意义. 地质学报，81(7)：917~923.

董永观. 1986. 八家子铅锌矿矿化蚀变分带特征. 矿床地质，5(4)：82~93.

杜汉忠，陈刚，王少波，等. 1987. 国外主要有色金属矿产. 北京：冶金工业出版社，1~602.

杜绍华，黄蕴慧. 1985. 香花岭岩一种新的岩浆岩. 南岭地质矿产文集，第 1 辑. 北京：地质出版社，45~60.

杜光树，姚鹏，潘凤雏，等. 1998. 喷流成因矽卡岩与成矿——以西藏甲玛铜多金属矿床为例. 成都：四川科学技术出版社，1~113.

段士刚，董满华，张作衡，等. 2014. 西天山敦德铁矿床磁铁矿原位 LA ICP MS 元素分析及意义. 矿床地质，33(6)：1325~1337.

丰成友，李东生，屈文俊，等. 2009. 青海祁漫塔格索拉吉尔矽卡岩型铜钼矿床辉钼矿铼-锇同位素定年及其地质意义. 岩矿测试，28(3)：223~227.

丰成友，王雪萍，舒晓峰，等. 2011a. 青海祁漫塔格虎头崖铅锌多金属矿区年代学研究及地质意义. 吉林大学学报(地球科学报)，41(4)：1806~1817.

丰成友，赵一鸣，李大新，等. 2011b. 青海西部祁漫塔格地区矽卡岩型铁铜多金属矿床的矽卡岩类型和矿物学特征. 地质学报，85(7)：1108~1115.

丰成友，曾载淋，王松，等. 2012. 赣南矽卡岩型钨矿成岩成矿年代学及地质意义——以焦里和宝山矿床为例. 大地构造与成矿学，36(3)：337~349.

丰成友，李国臣，李大新，等. 2013. 新疆祁漫塔格柯可卡尔德钨锡矿床控矿构造及$^{40}Ar-^{39}Ar$年代学研究. 矿床地质，32(1)：207~216.

冯孝良，管任平，牟传龙，等. 2001. 西藏甲玛铜多金属矿床的岩浆热液交代成因——地质与地球化学证据. 地质地球化学，29(4)：40~48.

韩发，葛朝华. 1983. 福建马坑铁矿床海相火山热液-沉积成因的地质地球化学特征. 中国地质科学院文集(1981)，167~169.

韩发，赵汝松，沈建忠，等. 1996. 大厂锡多金属矿床研究. //柳州华锡集团有限责任公司，地矿部矿床地质研究所，成都理工学院.

何细荣，陈国华，刘建光，等. 2011. 江西景德镇朱溪地区铜钨多金属矿找矿方向. 中国钨业，26(1)：9~14.

和文言. 2014，滇西北衙地区富碱斑岩及其金多金属成矿作用. 北京：中国地质大学，1~166.

侯增谦，郑远川，杨志明，等. 2012. 大陆碰撞成矿作用：Ⅰ. 冈底斯新生代斑岩成矿系统. 矿床地质，31(4)：647~670.

胡茂德，张洪瑞，贾敬伍. 2013. 伊朗松贡铜钼矿床研究新进展. 地质科技情报，32(5)：174~181.

胡受奚，周顺之，刘存善，等. 1982. 矿床学上册. 北京：地质出版社，1~287.

胡永嘉，黄日明，龚茂杨. 1984. 湘南两个内生金属成矿系列的铅锌矿床. 湖南地质，1：1~13.

黄克贤. 2012. 西藏蒙亚啊铅锌矿床成矿作用研究. 中国地质大学(北京)，1~103.

黄亚南. 1993. 鸡笼山式共生金矿床成矿规律. 地质与勘探，29(6)：19~26.

黄蕴慧，杜少华. 1979. 癞子岭地区矿物共生组合及其特征. 国际交流地质学术论文集(3). 北京：地质出版社，94~108.

江思宏，聂凤军，白大明，等. 2011a. 内蒙古白音诺尔铅锌矿床印支期成矿的年代学证据. 矿床地质，30(5)：787~798.

江思宏，聂凤军，白大明，等. 2011b. 内蒙古白音诺尔铅锌矿铅同位素研究. 地球科学与环境学报，33(3)：230~236.

贾长顺，曾庆栋，徐九华，等. 2008. 内蒙古白音诺尔铅锌矿褶皱控矿特征及找矿方向. 北京科技大学学报，4：331~338.

孔庆友. 2005. 山东省矿产资源可持续利用面临的困境及解决途径. 中国人口资源与环境，2：132~135.

雷泽恒，陈富文，陈郑辉，等. 2010. 黄沙坪铅锌多金属矿成岩成矿年龄测定及地质意义. 地球学报，31(4)：532~540.

李春昱，王荃，刘雪亚，等. 1982. 亚洲大地构造图说明书. 北京：地图出版社，1~49.

李永峰，毛景文，白凤军，等. 2003. 东秦岭南泥湖钼(钨)矿田 Re-Os 同位素年龄及其地质意义. 地质论评，6：652~659.

李大新，赵一鸣. 2004. 江西焦里矽卡岩银铅锌钨矿床的矿化矽卡岩分带和流体演化. 地质论评，50(1)：16~24.

李大新，丰成友，赵一鸣，等．2011．青海卡而却卡铜多金属矿床蚀变矿化类型及矽卡岩矿物学特征．吉林大学学报(地球科学版)，41(6)：1818~1830．
李大新，丰成友，赵一鸣，等．2013．东昆仑祁漫塔格西段白干湖超大型钨锡矿田地质特征及其矿化交代岩分类．矿床地质，32(1)：37~54．
李广慧，韩丽，张明海．1999．黑龙江省老柞山金矿田韧性剪切带与金成矿的关系．地质与勘探，2．
李进文，梁玉伟，王向阳，等．2011．内蒙古二道河子铅锌矿成因研究．吉林大学学报(地球科学版)，41(6)：1743~1754，1783．
李进文，裴荣富，王永磊，等．2013．云南都龙锡锌矿区同位素年代学研究．矿床地质，32(4)：767~782．
李荫清，陈伟十．1982．马坑铁矿流体包裹体研究及成矿作用探讨．中国地质科学院矿床地质研究所所刊，3：91~102．
李赞春，唐尚熹．1990．上犹焦里银多金属矿床地质特征．江西地质，4(4)：257~269．
梁祥济，曲国林．1982．福建马坑铁矿床形成温度和压力实验的初步研究．中国地质科学院院报，83~94．
李光明，芮宗瑶，王高明，等．2005．西藏冈底斯成矿带甲马和知不拉铜多金属矿床的Re-Os同位素年龄及其意义．矿床地质，5：481~489．
林文蔚．1987．辽西杨家杖子钼矿田的交代系列．矿床地质，6(1)：23~34．
刘善宝，王登红，陈毓川，等．2011．邢家山胶东半岛烟台地区邢家山钨钼矿床地质特征及其辉钼矿 Re-Os 同位素测年．地质通报，30(8)：1294~1302．
刘善宝，刘战庆，王成辉，等．2017．赣东北朱溪超大型钨矿床中白钨矿的稀土，微量元素地球化学特征及其 Sm-Nd 定年．地学前缘，24：17~30．
刘永绰，张泰华．1981．三道庄层状硅卡岩型钼钨矿床的一般特征——南泥湖斑岩钼矿床简介之一．河南地质，1．
罗铭玖，董群英，李兴福．1985．河南栾川南泥湖-三道庄钼钨矿床的地质特征及矿床类型．河南地质(增刊)．
马丽艳，付建明，伍式崇，等．2008．湘东锡田垄上锡多金属矿床$^{40}Ar/^{39}Ar$同位素定年研究．中国地质，4：706~713．
马振东．1984．从铅同位素组成特征初步探讨豫西东秦岭钼矿带的成因和构造环境．地球科学，4：57~64．
毛景文，李红艳，宋学信，等．1998．湖南柿竹园钨锡钼铋多金属矿床地质与地球化学．北京：地质出版社，1~214．
毛景文，张招崇，杨建民，等．2003．北祁连山西段地质演化和金属矿床成矿规律．北京：地质出版社，1~521．
毛景文，谢桂青，郭春丽，等．2008．华南地区中生代主要金属矿床时空分布规律和成矿环境．高校地质学报，14(4)：510~526．
孟令库，陈毓川．1985．广西大厂矿田拉么—龙箱盖地区矿化蚀变特征及流体包裹体研究．中国地质科学院文集(1983中英文合订本)，175~176．
欧阳志强，练翠侠，宛克勇，等．2021．湖南水口山典型矿床稀散元素分布特征及其找矿意义．矿床地质，40(4)：857~872．
裴荣富，刘瑛，吕凤翔．1985．再论大冶式铁矿．中国地质科学院矿床地质研究所所刊，3：1~12．
瞿泓滢，丰成友，裴荣富，等．2015．青海祁漫塔格虎头崖多金属矿区岩体热年代学研究．地质学报，89(3)：498~509．
乔怀栋，刘长命，彭万夫．1986．从栾川老君山花岗岩的成因看其与成钼小岩体的关系．河南地质，1：10~11．
任纪舜，姜春发，张正坤，等．1980．中国大地构造及其演化．北京：科学出版社，1~124．
芮宗瑶，黄崇轲，齐国明，等．1984．中国斑岩铜(钼)矿床．北京：地质出版社，1~350．
邵军，李秀荣，杨宏智．2011．黑龙江翠宏山铅锌多金属矿区花岗岩锆石 SHRIMP U-Pb 测年及其地质意义．地球学报，32(3)：163~170．
沈承珩，王守伦，陈森煌，等．1995．世界黑色金属矿产资源．北京：地质出版社，1~485．
施美凤，朱华平，林方城，等．2015．越南石溪铁矿二长花岗岩地球化学特征，锆石 U-Pb 年龄和 Hf 同位素组成及其成矿意义．地质学报，89(9)：1683~1695．
史鹏会，杨言辰，叶松青，等．2012．黑龙江五道岭钼铁矿床地质地球化学特征及成因．世界地质，31(2)：262~270．
孙丰月，丁正江，刘殿浩，等．2011．初论胶东福山北部地区斑岩成矿系统．黄金，31(1)：14~19．
唐菊兴，王登红，汪雄武，等．2010．西藏甲玛铜多金属矿矿床地质特征及其矿床模型．地球学报，31(4)：495~506．
童潜明．1986．湖南黄沙坪铅锌矿床的成矿作用特征．地质论评，32(6)：577~656．
王昌烈，胥友志，谢慈国，等．1984．柿竹园钨锡铋矿床地质特征—钨矿地质讨论会论文集．北京：地质出版社，66~141．
王成辉，等．2013．全国矿产资源潜力评价“全国重要矿产和区域成矿规律研究”项目系列成果之全国典型矿床成矿模式(内部资料)．
王成辉，王成辉，刘善宝，等．2014．南岭地区与金矿有关岩浆岩成矿专属性初探．大地构造与成矿学，38(2)：276~288．
王登红，陈毓川，陈文，等．2004．广西南丹大厂超大型锡多金属矿床的成矿时代．地质学报，1：132~138，146．
王登红，陈郑辉，陈毓川，等．2010．我国重要矿产地成岩年代学研究新数据．地质学报，84(7)：1030~1040．
王登红，何晗晗，黄凡，等．2014．对华南小岩体找大矿问题的探讨．地球科学与环境学报，36(1)：1~18．
王登红，章少华，熊先孝，等．2018．中国矿产地质志·典型矿床总述卷．北京：地质出版社，1~1177．
王凤岗，范洪海，范存琨．2010．马达加斯加南部 Tranomaro 地区 Th 矿 Th 的赋存状态及 Th 矿物特征研究．世界核地质科学，27(4)：210~213．
王建华，李文昌．2014．香格里拉县松诺斑岩体与普朗斑岩体特征对比．云南地质，33(2)：185~187．
王立华，张德全．1988．湖南香花岭锡矿床地质特征及成矿机理．北京：科学技术出版社，1~94．
王立强，唐菊兴，陈毓川，等．2011．西藏邦铺钼(铜)矿床含矿二长花岗斑岩 LA-ICP-MS 锆石 U-Pb 定年及地质意义．矿床地质，30(2)：349~360．
王书凤．1983．大顶锡铁矿的地球化学问题．中国地质科学院矿床地质研究所所刊，3：1~72．
王书凤，张绮玲．1986．湖南某地钨锡铋钼矿床地质及主要交代现象．中国地质科学院矿床地质研究所文集，18：108．

王先广，刘建光，陈国华，等．2014．江西朱溪钨铜矿找矿进展及建议．地质学刊，38(3)：483～491．
王玉荣．1978．高温高压下络合物研究的地球化学意义与实验方法．科学通报，23(11)：682～686．
王志华，张作衡，蒋宗胜，等．2012．西天山智博铁矿床磁铁矿成分特征及其矿床成因意义．矿床地质，31(5)：983～998．
吴澄宇．1984．河南栾川南泥湖-三道庄钼(钨)矿床成岩成矿岩体地质特征及成矿地质背景分析．
吴琼．2020．钨、锡矿成岩成矿过程差异性研究——以南岭地区淘锡坑钨矿床和香花岭锡矿床为例．北京：中国地质科学院博士学位论文．
吴良士，邹晓秋．1997．江西城门山铜矿铼—锇同位素年龄研究．矿床地质，16(4)：376～381．
伍超群，杨洪之．1993．鸡笼山矽卡岩型金铜矿床地球化学特征及成矿模式．地质与勘探，8：52～57．
伍勤生，许俊珍，杨志．1984．个旧含Sn花岗岩的Sr同位素特征及找矿标志的研究．地球化学，4：239～302．
熊先孝，曹烨，祁才吉，等．2022．中国矿产地质志・硫矿卷．北京：地质出版社．
徐繁昌，李葆华，王强．2016．江西朱溪铜钨多金属矿床流体包裹体研究．现代矿业，566：169～170，173．
晏建国，陈贤胜，崔银亮．2002．云南北衙超大型金矿矿床地质找矿模式．昆明：云南科学技术出版社，1～80．
闫学义，黄树峰，杜安道．2010．冈底斯泽当大型钨铜钼矿Re-Os年龄及陆缘走滑转换成矿作用．地质学报，84(3)：398～406．
杨超群，田焕章，杨世义．1980．湖南东坡网脉状云英岩-矽卡岩复合型钨钼铋矿床．中国地质科学院院报宜昌地质研究所分刊，1(1)：76～94．
杨喜安，刘家军，韩思宇，等．2011．云南羊拉铜矿床里农花岗闪长岩体锆石U-Pb年龄、矿体辉钼矿Re-Os年龄及其地质意义．岩石学报，27(9)：2567～2576．
姚军明，华仁氏，屈文俊，等．2007．湖南黄沙坪铅锌钨钼多金属矿床辉钼矿的Re-Os同位素定年及其意义．中国科学(D辑：地球科学)，37(4)：471～477．
姚远，陈骏，陆建军，等．2013．湘东锡田A型花岗岩的年代学、Hf同位素、地球化学特征及其地质意义．矿床地质，32(3)：467～488．
尹汉辉．1978．湖南某多金属矿田的成矿作用．地球化学，4：270～280．
应立娟，唐菊兴，王登红，等．2009．西藏甲玛铜多金属矿床矽卡岩中辉钼矿铼-锇同位素定年及其成矿意义．岩矿测试，28(3)：265～268．
应立娟，王登红，唐菊兴，等．2010．西藏甲玛铜多金属矿斑铜矿的特征浅析．矿床地质，29(S1)：325～326．
应立娟，唐菊兴，王登红，等．2011．西藏甲玛超大型铜矿区斑岩脉成岩时代及其与成矿的关系．岩石学报，27(7)：2095～2102．
于淼，丰成友，刘洪川，等．2015．青海尕林格矽卡岩铁矿金云母Ar-Ar年代学及成矿地质意义．地质学报，89(3)：510～521．
袁顺达，张东亮，双燕，等．2012．湘南新田岭大型钨钼矿床辉钼矿Re-Os同位素测年及其地质意义．岩石学报，28(1)：27～38．
曾华杰，张炳欣．1985．河南栾川南泥湖钼矿田矿床地质特征及其成因探讨．河南地质(增刊)．
翟裕生，姚书振，林新多，等．1992．长江中下游地区铁铜(金)成矿规律．北京：地质出版社，1～235．
张德全，雷蕴芬，罗太阳，等．1991．内蒙古白音诺铅锌矿床地质特征及成矿作用．矿床地质，10(3)：204～216．
张德全，雷蕴芬，罗太阳，等．1992．白音诺铅锌矿床矿化分带及矿液流向．矿床地质，11(3)：203～212．
张理刚．1985．稳定同位素在地质科学中的应用——金属活化热液成矿作用及找矿．西安：陕西科学技术出版社，1～267．
张文佑，张抗，赵永贵，等．1983．华北断块区中、新生代地质构造特征及岩石圈动力学模型．地质学报，1：33～42．
张绮玲，曲晓明，徐文艺，等．2003．西藏南木斑岩铜钼矿床的流体包裹体研究．岩石学报，2：251～259．
张铁男，赵一鸣，毕承思．1998．鸡笼山矽卡岩金(铜)矿床分带及流体演化．矿床地质，17(增刊)：365～368．
张铁男．1999．长江中下游及其邻区重要含金(铜)矽卡岩矿床地质地球化学特征．北京：中国地质科学院博士论文，1～102．
张作衡，毛景文，杨建民，等．2002．北祁连加里东造山带塔儿沟矽卡岩-石英脉型钨矿床地质及成因．矿床地质，20(2)：200～211．
赵伦华．1988．胶东地区钼矿床类型及其成矿特征．山东地质，1：101～112．
赵一鸣．1991．环太平洋地区的矽卡岩矿床．矿床地质，10(1)：41～51．
赵一鸣．1997．我国一些重要矽卡岩Pb-Zn多金属矿床的交代分带．矿床地质，16(2)：120～130．
赵一鸣．1998．两类不同构造环境中形成的含金矽卡岩矿床．矿床地质，17(增刊)：170～190．
赵一鸣．2013．中国主要富铁矿床类型及地质特征．矿床地质，32(4)：685～704．
赵一鸣，毕承思．1980．从岩浆岩成矿专属性的角度讨论中国接触交代型铁矿的成因分类．//国际交流地质学术论文集——为二十六届国际地质大会撰写(3)，成矿作用和矿床．北京：地质出版社，7～15．
赵一鸣，毕承思，李大新．1983a．中国主要矽卡岩铁矿床的挥发组分和碱质交代特征及其成矿中的作用．地质评论，29(1)：66～74．
赵一鸣，谭惠静，许振南，等．1983b．闽西南地区马坑式钙矽卡岩型铁矿床．中国地质科学院矿床地质研究所所刊，1：1～141．
赵一鸣，林文蔚，毕承思，等．1985．中国矽卡岩矿床基本地质特征．中国地质科学院院报，14：59～87．
赵一鸣，林文蔚，毕承思，等．1990．中国矽卡岩矿床．北京：地质出版社，1～354．
赵一鸣，张铁男，林文蔚．1997a．我国矽卡岩矿床中的辉石和似辉石特征．矿床地质，16(4)：318～329．
赵一鸣，林文蔚，毕承思，等．1997b．中国含金矽卡岩矿床的分布和主要地质特征．矿床地质，16(3)：193～203．
赵一鸣，张铁男，毕承思．1999a．安徽淮江三铺地区镁矽卡岩金(铜，铁)矿床生成地质环境，分带和流体演化．矿床地质，18(1)：1～11．
赵一鸣，张铁男，毕承思．1999b．含金矽卡岩矿床产出构造环境和地质地球化学评价标志．地学前缘，6(1～2)：181～193．
赵一鸣，李大新，董永观．2002．再论含PbZnAg锰质矽卡岩建造．矿床地质，21(增刊)：548～552．
赵一鸣，李大新，陈文明，等．2006．内蒙古羊蹄子山沉积变质型钛矿床——一个新的钛矿床类型的发现．矿床地质，2：113～122．

赵一鸣，陈廷遇，李大新. 2007. 印度尼西亚南加里曼丹地区铁矿考察报告. 1~12.
赵一鸣，林文蔚，毕承思，等. 2012. 中国矽卡岩矿床. 北京：地质出版社，1~410.
赵一鸣，丰成友，李大新. 2017a. 中国矽卡岩矿床找矿新进展和时空分布规律. 矿床地质，36(3)：519~543.
赵一鸣，丰成友，李大新，等. 2017b. 湖南香花岭锡多金属矿区的含 Li，Be 条纹岩和有关交代岩. 矿床地质，36(6)：1245~1262.
钟世华，丰成友，任雅琼，等. 2017. 新疆维宝矽卡岩铜铅锌矿床维西矿段成矿流体性质和来源. 矿床地质，36(2)：483~500.

Ahmata L, DeLaeter J R. 1982. Rb-Sr isotopic evidence for Archaean-Proterozoic crustal evolution of part of the central Yilgarn Block, Western Australia: constraints on the age and source of the anorthositic Windimurra Gabbroid. Journal of the Geological Society of Australia, 29: 177~190.

Alcksandrov S M. 1974. Geochemistry of borotin mineralization in the magnesian skarns of eastern Chukorka. Geochemistry Internat, 11: 532~539.

Andreas G M. 1991. The savage lode magnesian skarn in the Marvel Loch gold-silver mine, southern cross greenstone belt, western Australia part 2: pressure-temperature estimates and constraints on fluid sources. Canada journal of earth science, 28: 686~704.

Aranda-Gómez J J. 1978. Metamorphism, mineral zoning, and paragenesis in the San Martín mine, Zacatecas, Mexico. Master thesis, Colorado School Mines, Golden CO,USA, 90.

Armstrong R L, Suppe J. 1973. Potassium-argon geochronometry of Mesozoic igneous rocks in Nevada, Utah and California: Geol. Soc. America Bull., 84: 1375~1392.

Arnorsson S, Stefansson A. 2007. Fluid-fluid interactions in geothermal systems. //Liebscher A, and Heinrich C A, eds. Reviews in Mineralogy and Geochemistry, 65: 259~312.

Ashley P M. 1980. Geology of the Ban Ban zinc deposit, a sulfide-bearing skarn, Southeast Queensland, Australia. Econ. Geol., 75: 15~29.

Atkinson W W, Jr, Enaudi M T. 1978. Skarn formation and mineralization in the contact aureole at Carr Fork, Bingham, Utah. Econ. Geol., 73: 1326~1365.

Autran A, Guitard G, Fonteilles M. 1970. Relations entre les intrusions de granitoïdes, l'anatexie et le métamorphisme regional, considérés principalement du point de vue du rôle de l'eau: cas de la chaîne hercynienne des Pyrénées Orientales Geol. Soc. France, Bull. Ser. 7(12): 673~731.

Autran A, Derré C, Fonteilles M, et al. 1980. Génèse des skarns à tungstène dans les Pyrénées: Bur. Recherches Geol. Min. Mem., 99: 193~319.

Bauer H L, Jr Breitrick R A, Cooper J J, et al. 1966. Porphyry copper deposits in the Robinson Mining District. //Titley S R, and Hicks C L, eds. Geology of the porphyry copper deposits, southwestern North America: Tucson, University of Arizona Press, 232~244.

Bea F, Villaseca C, Bellido F. 2004. El Batolito de Ávila(Sistema Central Español). //Vera J A ed. Geología deEspaña. Sociedad Geológica Española-Instituto Geológico yMinero de España, Madrid, 101~110.

Benavides V. 1956. Cretaceous System in northern Peru. Bulletin of the American Museum of Natural History, 108: 353~494.

Benavides V. 1999. Orogenic evolution of the Peruvian Andes: The Andean cycle. //Skinner B J ed. Geology and ore deposits of the central Andes: Society of Economic Geologists Special Publication, 7: 61~107.

Bespaev K A, Miroshnichenko L A. 2004. Atlas of mineral deposit models. Almaty, Kazakhstan: K. I. Satpaev Institute of Geological Sciences, 1~141.

Birkett T C, Sinclair W D. 1998. Rare-metal replacement deposits (skarns and fenites) associated with alkalic and carbonatite complexes. //In Lentz D R ed. Mineralized intrusion-related skarn systems, Mineralogical Association of Canada, 445~474.

Borojević Šoštarić S, Palinkaš A L, Topa D, et al. 2011. Silver-base metal epithermal vein and listwaenite type of deposit Crnac, Rogozna Mts., Kosovo. Part I: Ore mineral geochemistry and sulfur isotope study: Ore Geology Reviews, 40: 65~80.

Bostock H H. 1980. Geology of the Itchen Lake area, District of MacKenzie. Canada Geological Survey Memoir 391, 101.

Bullis H R, Hureau R A, Penner B D. 1994. Distribution of gold and sulfides at Lupin, Northwest Territories, Canada. Econ. Geol., 89: 1217~1227.

Camprubí A, González-Partida E, Valencia V A, et al. 2015. Geochronology of Mexican mineral deposits. I: the San Martín polymetallic skarn, Zacatecas. Boletín de la Sociedad Geológica Mexicana, 67(1): 119~122.

Canet C, Camprubí A, González-Partida E, et al. 2009. Mineral assemblages of the Francisco I. Madero Zn-Cu-Pb-(Ag) deposit, Zacatecas, Mexico: Implications for ore deposit genesis, Ore Geology Reviews, 35: 423~435.

Canet C, et al. 2011. The Zn-Pb-Ag skarns of Zacatepec Northeastern Caxaca, Mexico: A study of mineral assemblages and ore-forming fluids. Ore Geology Reviews, 39: 277~290.

Carson D J T. 1973. The plotonic rocks of Vancouver Island, British Columbia ;Their petrography, chemistry, age, and emplasment. Geology Survey of Canada, 70.

Castellanos Alarcon O M, Rios Reyes C A, Mantilla Figuera L C. 2016. Occurrence of a skarn-type mineralogy found in Cienaga mables, located in the NW foothills of the Santa Massif (Columbia). Universidad Nacional de Columbia. Sede Medellin Facultad de Mines, 69~79.

Chang Z S, Meinert L D. 2002. Magmatic processes and skarn formation: an example from the E#mpire Cu-Zn skrn deposit, Custer County, Idoho. Abstracts with Programs Geological Society of America, 34(6): 337.

Chang Z, Meinert L D. 2004. The magmatic-hydrothermal transition—evidence from quartz phenocryst textures and endoskarn abundance in Cu-Zn skarns at the Empire Mine, Idaho, USA. Chemical Geology, 210: 149~171.

Choi S G, Kim S T, Lee J G. 2003. Stabe isotope systematics of Ulsan Fe-W skarn deposit Korea. Journal of Geochemical Exploration, 78~79: 601~606.

Ciobanu C L, Cook N J. 2004. Skarn textures and a case study: The Ocna de Fier-Dognecea orefield, Banat, Romania. Ore Geology Reviews, 24: 315~370.

Clark K F, Foster C T, Damon P E. 1982. Cenozoic mineral deposits and subduction-related magmatic arcs in Mexico. Geological Society of America Bulletin, 93 (6): 533~544.

Corbett G J, Leach T M. 1998. Southwest Pacific rim gold-copper systems: Structure, alteration, and mineralization. Society of Economic Geologists Special Publication, 6: 234.

Cordon E P. 1922. The geology of the Twin Buttes Mining district. The Master of Science, from University of Arizona.

Corsini F, Cortecci G, Leone G, et al. 1980. Sulfur isotope study of the skarn (Cu-Pb-Zn) sulfide deposit of Valle del Temperino, Campiglia Maritlima, Tuscany, Italy. Econ. Geol., 75: 83~96.

Cvetković V, Prelević D, Downes H, et al. 2004. Origin and geodynamic significance of Tertiary postcollisional basaltic magmatism in Serbia (central Balkan Peninsula). Lithos, 73: 161~186.

Damon P E, Shafiqullah M, Clark K F. 1983. Geochronology of the porphyry copper deposits and related mineralization of Mexico. Canadian Journal of Earth Sciences, 20(6): 1052~1071.

Daries H L, Howell W J S, Fardon R S H, et al. 1978. History of the Ok Tedi porphyry copper prospect, Papua-New Guinea. Econ,. Geol., 73: 796~809.

Díaz Alvarado J, Fernάndez C, Castro A, et al. 2013. SHRIMP U-Pb zircon geochronology and thermalmodeling of multilayer granitoid intrusions: Implications for thebuilding and thermal evolution of the Central Systembatholith, Iberian Massif, Spain. Lithos, 175~176: 104~123.

Dick L A, Hodgson C J. 1980. The relationship of gangue mineral assemblages and compositions to ore element associations in skarn deposits of the NE Canadian cordillera [abs]. Geol. Assoc. Canada, Ann Mtg., Halifax, Programme with Abstracts, 48.

Dick L A, Hodgson C J. 1982. The Mactung W-Cu(Zn) contact metasomatic and related deposits of the Northereastern Canadian Cordillera. Econ. Geol., 72: 845~867.

Dimitrijević M D. 1995. The Kopaonik block—its position in the Vardar zone: Geology and Metallogeny of the Kopaonik Mountain Symposium, Belgrade, Proceedings, 33~40.

Dommanget A. 1977. Le cadre géologique des niveaux minéralisés(Pb-Zn) du Paleozoique de la zone axiale des hautes Pyrénées Arièegeoises (secteur d'Aulus-Port d'Aula). Unpub. Ph. D. thesis, Univ. Paris 6, 205.

Donald H L, Lewis C H, Peter S. 1988. Hydrothermal alteration associated with the Iron Hat iron skarn deposit, eastern Mojave Desert, San Bernardino County, California. Econ. Geol. and the Bulletin of the Society of Economic Geologists, 83: 568~587.

Edwards A B, Baker G, Callow K J. 1955. Metamorphism and metasomatism at king island scheelite mine. Journal of the Geological Society of Australia, 3: 1, 55~98.

Einaudi M T, Meinert L D, Newberry R J. 1981. Skarn deposits. Economic Geology, 75th Anniversary Volume, 317~381.

Elongo V, Lecumberri-Sanchez P, Legros H, et al. 2020. Paragenetic constraints on the Cantung, Mactung and Lened tungsten skarn deposits, Canada: implications for grade distribution. Ore Geology Reviews, 125.

Erwood R J, Kester S E, Cloke D L. 1979. Compositionally distinct, Saline hydrothermal solutions, Naica Mine, Chihua, Mexico. Econ Geol., 74: 95~108.

Ettlinger A D, Meinert L D. 1991. Gold in the Soviet Union: A study of the Veselyi mine, Sinuikhinskoe district, Siberia, USSR. Econ. Geol., 86: 185~194.

Everson C I, Read T J. 1992. Gold skarn deposits of the Elkhorn district, Jefferson County, Montana. A. J. M. E. ~S. M. E. (Preprint).

Farrar E, Clark A, Kim O. 1978. Age of the Sangdong tungsten deposit, Republic of Korea, and its bearing on the metallogeny of the southern Korean Peninsula. Economy Geology, 73: 547~552.

Fischer B J, Martel E, Falck H. 2018. Geology of the Mactung tungsten skarn and area Review and 2016 field observations; Northwest Territories Geological Survey, NWT Open File 2018-02, 84 pages and appendices.

Fletcheri R, Rosmank J R, Williamsi R, et al. 1984. Sm-Nd geochronology of greenstone belts in the Yilgarn Block, Western Australia. Precambrian Research, 26: 333~361.

Fonteilles M, Nansot L, Soler P, et al. 1988. Ore controls for the Salau Scheelite deposit (Ariège-France): Evolution of the ideas and present stage of knowledge: Soc. Geology Appl. Mineral Deposits Spec. Pub. 6, Berlin-New York: Springer-Verlag, 95~116.

Fonteilles M, Soler P, Demance M, et al. 1989. The scheelite skarn deposit of Salau (Ariege,French Pyrences). Econ. Geol., 84: 1172~1209.

Frost J E. 1965. Controls of ore deposition for the Larap mineral deposits, Camarines Norte, Philippines. Unpubl. Ph. D. dissertation, Stanford Univ., 173.

Fuertes Fuente M, Martin Izard A, Nieto J G, et al. 2000. Preliminary mineralogical and petrological study of the Ortosa Au-Bi-Te ore deposit ; a reduced gold skarn in the northern part of the Rio Narcea gold belt, Astorias, Spain. Journal of Geochemical Exploration, 71(2) : 177~190.
Gabert G, Vinken R. 1965. Die Scheelitlagerstatte Sangdong (Sudkorea) ihre Genese und ihre geologischetektonische Rahmen. Geol. Rundschau, 54: 906~925.
Gebru A L. 2017. Petrogenesis of Granitoids in the Vicinity of the Mactung Tungsten Skarn Deposit, NE Yukon-Northwest Territories: Characterization of Skarn Mineralization and Causative Plutons through Geological, Petrochemical, Mineralogical, and Geochronological Analysis. UnPub PhD Thesis University of New Brunswick, New Brunswick, Canada.
Gee R D, Baxter J L, Wilde S A, et al. 1981. Crustal development in the Archaean Yilgarn Block, Western Australia. In Archaean geology. // In Glover J E and Groves D I. eds. Geological Society of Australia, Special Publication, 7: 43~56.
Gee R D. 1982. Explanatory notes on the Southern Cross 1 : 250 000 geological sheet (SH 50~16), Western Australia. Geological Survey of Western Australia, Perth.
Giggenbach W F. 2003. Magma degassing and mineral deposition in hydrothermal systems along convergent plate boundaries. Society of Economic Geologists Special Publication, 10: 1~18.
González Partida E, Camprubí A. 2006. Evolution of mineralizing fluids in the Zn-Pb-Cu (-Ag±Au) skarn and epithermal deposits of the world -class San Martín district, Zacatecas, Mexico. Journal of Geochemical Exploration, 89(1~3) : 138~142.
Gutiérrez Alonso G, Fernández Suárez J, Jeffries T E, et al. 2011. Diachronous post-orogenicmagmatism within a developing orocline in Iberia, EuropeanVariscides. Tectonics, 30(5) : 17.
Harris F R. 1977. Geology of the MacMillan Tungsten deposits: White Horse, Yukon, Dept. Indian Northern Affairs, 1976 Yukon Mineral Industry Report.
Harrison J V. 1940. The geology of the central Andes in part of the Province of Junin, Peru. Quarterly Journal of the Geological Society, London, 99: 1~36.
Henderson J B. 1970. Stratigraphy of the Archean Yellowknife Supergroup, Yellowknife Bay-Prosperous Lake area, District of Mackenzie. Canada Geological Survey Paper, 12.
Henderson J B, Easton R M. 1977. Archean supracrustal basement rock relationships in the Keskarrah Bay map-area, Slave structural province, District of Mackenzie. Canada Geological Survey Paper 77~1A: 217~221.
Hickey R I. 1992. The Buckhorn Mountain (Crown Jewel) gold skarn deposit, Okanogan County, Washinton. Econ. Geol., 87: 125~141.
Hill R I, Campbelli H, Compston W. 1989. Age and origin of granitic rocks in the Kalgoorlie-Norseman region of Western Australia: Implications for the origin of Archaean crust. Geochimica et Cosmochimica Acta, 53: 1259~1275.
Holtz F, Johannes W. 1994. Maximum and minimum water contents of granitic melts: implications for chemical and physical properties of ascending magmas. Lithos, 32: 149~159.
Hunt R N. 1924. The ores in limestones at Bingham, Utah. Am. Inst. Mining Metall. Engineers Trans., 70: 856~883.
Hutchison M N, Scott S D. 1981. Sphalerite geobarometry in the Cu-Fe-Zn-S system. Economic Geology, 76: 143~153.
Jaillard E. 1987. Sedimentary evolution of an active margin during middle and upper Cretaceous times: The north Peruvian margin from late Aptian up to Senonian. Geologische Rundschau, 76: 677~697.
Jankovic S. 1995. The principal metallogenic features of the Kopaonik district. Geology and Metallogeny of the Kopaonik Mountain Symposium, Belgrade, Proceedings, 79~101.
Ivanov S N, Dymkin A M. 1988. Iron Ore Formations of the Urals (Middle and Southern parts of the Turgai depression), Sverdlovsk (In Russian).
James A H, Smith W H, Bray R E. 1961. The Bingham district—a zoned porphyry ore deposit. //In Cook D R ed. Geology of the Bingham mining district and northern Oquirrh Mountains. Utah Geol. Soc. Guidebook 16: 81~100.
James A H, Smith W H, Welsh J E. 1961. General geology and structure of the Bingham district, Utah. //In Cook D R. ed. Geology of the Bingham mining district and northern Oquirrh Mountains. Utah Geol. Soc. Guidebook 16: 49~71.
James L P. 1976. Zoned alteration in limestone at porphyry copper deposits, Ely, Nevada. Econ. Geol., 71: 488~512.
John D R. 1984. Annotated bibliographics of mineral deposits in Europe, Part 1. Pergamon Press.
John Y W. 1963. Geology and origin of Sandong tungsten mine, Republic of Korea. Econ. Geol., 57: 1285~1300.
Johnson T W, Meinert L D. 1994. Au-Cu-Ag skarn and replacement mineralization in the McLaren deposit, New Wold district, Park County, Montana. Econ. Geol. and the Bulletin of the Society of Economic Geologists, 89: 969~993.
Kamvong T, Zaw K. 2009. The origin and evalution of skarn-forming fluids from Phu Lon deposit, northern loei fold belt, Taind: Evidence from fiuid inclusion and sulfur isotope studies. Journal of Asian Earth.
Kesler S E. 1968. Contact localized ore formation at the Meme mine, Haiti. Econ. Geol., 68: 106~112.
King J E, Davis W J, Van Nostrand T, et al. 1989. Geology of the western Contwoyto Lake map area, District of Mackenzie, N. W. T.. Canada Geological Survey Paper 89~1 C, 81~94.

Klepper M R. 1947. The Sangdong tungsten deposit, South Korea. Economic Geology, 42: 456~477.

Kodera P, Lexa J, Fallick A E. 2010. Formation of the Vysoka-Zlatno Cu-Au skarn-porphyry deposit, Slovakia. Mineralium Deposita, 45: 817~843.

Lapham D M. 1968. Triassic magnetite and diabase at Cornwall, Pennsylvania. //In Ridge J D ed. Ore Deposits of the United States 1933~1967, 1: 72~94(991). Am. Inst. Min.. Metall. Pet. Engrs., New York.

Layne Graham D, Spooner E T C. 1991. The JC tin skarn deposit, southern Yukon Territory; 1, Geology paragenesis, and fluid inclusion microthermometry. Econ. Geol. And the bulletin of the Society of Economic Geologists, 86: 29~47.

Leake B E. 1978. Nomenclature of amphibole. The Canadian Mineralogist, 16(4): 501~520.

Logan M A V. 2000. Mineralogy and geochemistry of the Gualilan skarn deposit in the Precordillera of western Argentina. Ore Geology Reviews, 17(1~2): 113~138.

Love D A, Clark A H, Schwarz F P. 2000. The Antamina deposit, An-cash, Peru: Anatomy and petrology of a giant copper skarn [abs.]. Geological Society of America Abstracts with Programs, 32(7): Al37.

Love D A, Clark A H, Glover J K. 2004. The lithologic, stratigraphic, and structural setting of the giant Antamina copper-zinc skarn deposit, Ancash, Peru. Econ. Geol., 99: 887~916.

Lovering T G. 1972. Jasperold in the United States—its characteristics, origin, and economic significance. U. S. Geol. Survey Prof. Paper 710: 164.

Lowell G R. 1991. Tungsten-bearing scapolite-vesuvianite skarns from Upper Calcha River area, east-central Alasky. 385~418.

Lu H Z, Liu Y, Wang C, et al. 2003. Mineralization and fluid inclusion study of the Shizhuyuan W-Sn-Bi-Mo-F skarn deposit, Hunan Province, China. Econ. Geol., 98: 955~974.

Mackin J H. 1954. Geology and iron ore deposits of the Granite Mountain area, Iron County, Utah, U. S. Geol. Suev. Mineral Invest. Field Stud. Map MF 14.

Magakyan I G. 1955. National geological technology deposit press 1 ~ 334 (Russian: Магакьян ИГ 1955 Рудные месторождения ГОСГЕОЛТЕХИЗДАТА 1~334).

Manning D A C. 1981. The effect of fluorine on liquidus phase relationships in the system Qz-Ab-Or with excess water at 1 kb. Contributions to Mineralogy and Petrology, 76: 206~215.

Manrique A I. 1998. Promocion de la mineria del carbon en El Peru: Geología economica de las cuencas de Alto Chicama, Santa, Oyón y Jatun -huasi. PROCARBON, Instituto Geológico, Minero y Metalúrgico, Sector Energía y Minas, Perú, 66.

Marović M, Krstić N, Stanić S, et al. 1999. The evolution of Neogene sedimentation provinces of central Balkan Peninsula. Bulletin of Geoinstitute Belgrade, 36: 25~94.

Mathur R, Ruiz J, Titley S, et al. 2000. Different crustal sources for Au-rich and Au-poor ores of the Grasberg Cu-Au porphyry deposit. Earth and Planetary Science Letters, 183: 7~14.

McDowell F W. 1967. Age of intrusion and ore deposition in the Robinsonm ining district: Ecox. GEm., 62: 905~908.

McDowell F W. 1971. K-Ar ages of igneous rocks from the western United States: Ischron/West, 2: 1~16.

McDowell F W, Keizer R P. 1977. Timing of mid-Tertiary volcanism in the Sierra Madre Occidental between Durango city and Mazatlán, Mexico. Geological Society of America Bulletin, 88(10): 1479~1487.

McDowell F W, Clabaugh S E, Chapin C E, et al. 1979. Ignimbrites of the Sierra Madre Occidental and their relation to the tectonic history of western Mexico. Geological Society of America Special Paper, 180: 113~124.

McKee E H, Noble D C, Scherkenbach D A, et al. 1979. Age of porphyry intrusion, potassic alteration, and related Cu-Zn skarn mineralization, Antamina district, northern Peru. Economic Geology, 74: 928~930.

Mégard F. 1984. The Andean orogenic period and its major structures in central and northern Peru. Journal of the Geological Society, London, 141: 893~900.

Mégard F. 1987. Structure and evolution of the Peruvian Andes. //In Schaer J P and Rodgers I eds. The anatomy of mountain ranges. Princeton, Newersey, Princeton University Press, 179~210.

Meinert L D. 1984. Mineralogy and petrology of iron skarns in western Britith Columbia, Canada. Econ. Geol., 79: 869~882.

Meinert L D. 1987. Skarn zonation and fluid evalution in the Groundhog Mine, Central Mining distract, New Mexico. Econ. Geol., 82(3): 545.

Meinert L D. 1989. Gold skarn deposits-geology and exploration criteria. Econ. Geol., (Monograh. 6): 537~552.

Meinert L D. 1998a. Application of skarn deposit zonation to mineral exploration. Explor. Mining Geol., 6(2): 185~208.

Meinert L D. 1998b. A review of skarn that contain gold. In Lentz D R ed. Mineralized intrusion-related skarn systems. Quebec, Short Course Series, 26: 359~414.

Meinert L D, Hefton K K, Mayes D, et al. 1997. Geology, zonation, and fluid evolution of the Big Crossan Cu-Au skarn deposit, Ertsberg district, Irian Jaya. Econ. Geol., 95(5): 509~553.

Meinert L D, Dipple G M, Nicolescu S. 2005. World skarn deposits. Economic Geology, 100th Anniversary Volume, 299~336.

Michel P, Michel D, Colette D, et al. 1989. The scheelite skarn deposit of Salau (Ariege, French Pyrenees). 84: 1172~1209.
Miyazawa T. 1978. Contact metasomatic deposits in Japan and Korea: Tokyo,231p. (in Japanese).
Molnar F, Diehl M. 2007. Basic research in service of successful exploitation in Pb-Zn-Ag Stari Trg mine, Trepča, Kosovo. // In Andrew C. J., ed., Digging deeper. Navan, Ireland, Irish Association for Economic Geology, 165~167.
Moon K. 1983. The genesis of the Sangdong tungsten deposit, the Republic of Korea. University of Tasmania.
Moret J F, Weyant M. 1986. Datation de l'Emsien-Dévonien moyen des calcaires de Campaüs et des schistes d'Escala Alta, équivalents occidentaux de la "série de Salau" (zone axiale pyreneenne, Haute Noguera-Pallaresa, province de Lerida, Es-pagne). Conséquences structurales: Acad. Sci. [Paris] Comptes Rendus, 302: 353~356.
Mueller A G. 1991. The sevage lode magnesian skarn in the Marvel Loch gold-silver mine, southern cross greenstone bert, western Australia. Part 1. Structural setting, petrography, and geochemistry.
Mueller Andreas G, Nemchin Alexander A, Robert F. 2004. The Nevoria gold skarn deposit, Southern Cross greenstone belt, Western Australia; 2, Pressure~temperature-time path and relationship to postorogenic granites. Econ. Geol. and the Society of Economic Geologists, 99(3): 453.
Myers I S. 1974. Cretaceous stratigraphy and structure, western Andes of Peru between latitudes 10° and 10° 30'. American Association of Petroleum Geologists Bulletin, 58: 474~487.
Myers I S. 1975. Vertical crustal movements of the Andes in Peru. Nature, 254: 672~674.
Myers I S. 1976. Erosion surfaces and ignimbrite eruptions, measures of Andean uplift in norther Peru. Geological Journal, 11: 29~44.
Myers I S. 1980. Geología de los cuadrangulos de Huarmey(21-g) Huayllapampa (21-h), Boletín 33, Serie A: Carta Geológica Nacional. Instituto Geológico, Minero y Metalúrgico, Sector Energía y Minas, Perú, 153 p., 1 map, 1 : 100,000 scale.
Newberry R J. 1982. Tungsten-bearing skarns of the Sierra Nevada. 1. The Pine Creek mine, California. Econ. Geol., 77: 823~844.
Newberry R J, Einaudi M T. 1981. Tectonic and geochemical setting of tungsten skarn mineralization in the Cordillera. Arizona Geological Society Digest, 14: 99~111.
Newberry R J, Swanson S E. 1986. Scheelite skarn granitoids: An evaluation of the roles of magmatic source and process. Ore Geology Reviews, 1: 57~81.
Newberry R J, Enaudi M T, Eastman H S. 1991. Zoning and genesis of the Darwin Pb-Zn-Ag skarn deposit, California; a reinterpretation based on new data. Econ. Geol. and Bulletin of the Society of Economic Geologists., 86(5): 960~982.
Oftedal T. 1964. Vesuvianite as a host mineral for boron. Norsk Geol. Tidsskr., 44: 377~383.
Ohmoto H, Rye R O. 1979. Isotopes of sulfur and carbon: In Geochemistry of hydrothermal ore deposits, edited by Barnes, H. L. 2nd ed., 509~567.
Oyman Tolgal. 2010. Geochemistry, mineralogy and genesis of the Ayazmant Fe-Cu skarn deposit in Ayvalik (Balikesir), Turkey. Ore Geology Reviews,37: 175~201.
Ozturk Y Y, Helvaci C, Satir M. 2008. The influence of meteoric water on skarn formation and late stage hydrothermal alteration at the Erciler skarn occurrences, Kazdag, NW Turkey. Ore Geology Reviews,34: 271~284.
Palinkas S S, Painkas L A, Rennac P C, et al. 2013. Metallogenic model of the Trepča Pb-Zn-Ag skarn deposit, Kosovo: Evidence from fluid inclusions, rare earth elements, and stable isotope data. Econ. Geol.,108: 135~162.
Pan Y M, Dong P. 1999. The lower Changjiang (Yangtzi River) metallogenic belt, east central China: intrusion and wall rock-related Cu-Fe-Au, Mo, Zn, Pb,Ag deposits. Ore Geology Reviews, 15: 177~242.
Park C F, Mc Diarmid R A. 1972. Ore deposits. 3rd ed., San Francisco, 529.
Park C Y, Choi W Y, Kim H, et al. 2017. Oscillatory zoning in skarn garnet: Implications for tungsten ore exploration. Ore Geology Reviews, 89: 1006~1018.
Palau J, Losantos M, Sanz J. 1989. Geologia del Massis de Marimanya. Catalunya Geol. Servei.
Perry D V. 1969. Skarn genesis at the Christmas mine, Gila County, Arizons. Econ. Geol., 64: 255~270.
Podlessky K V, Vlasva D K, Kudrja P F. 1991. Magnetite-bearing magnesian skarns of Mongolia. In Skarn-their genesis and metallogeny. Athens: Theophrastus Pub.: 265~298.
Raimbault L, Kaelin J L. 1987. Géologie, pétrographie et géochimie de la granodiorite de la Fourque et de ses faciès hydrothermalisés associes aux skarns à scheelite de Salau (Pyrenées, France). Bull. Mineralogie, 110(6): 633~644.
Ratkin V V, Eliseeva O A, Pandian M S, et al. 2018. Stages and formation conditions of productive mineral associations of the Dalnegorsk Borosilicate deposit, Sikhote Alin. Geology of Ore Deposit, 60(8): 672~684.
Ray G E, McClintock J, Roberts W. 1985. Tillicum Mountian Au-Ag project. In Geological Fieldwork, 1984. B. C. Ministry of Energy, Mines and Petroleum Resources, 1: 35~47.
Ray G E, Ettlinger A D, Meinert L D. 1990. Gold skarns: their distribution, characristics and problems in classification. British Columbia Geological Survey Geological Fieldwork 1989: 1, 237~246.

Ray G E, Dawson G L. 1994. The geology and mineral deposits of the Hedley gold skarn district, southern British Columbia. B. C. Ministry of Energy, Mines and Petroleum Resources Bulletin, 87: 156.

Relf C. 1989. Archean deformation of the Contwoyto Formation metasediments western Contwoyto Lake area, Northwest Territories. Canada Geological Survey Paper 89~1C: 95~105.

Roberts R J, Crittenden M D Jr, Tooker E W, et al. 1965. PennsylvanJan and Permian basins in northwestern Utah, northeastern Nevada, and south-central Idaho. Am. Assoc. Petroleum Geologists Bull. , 49: 1926~1956.

Roedder E. 1984. Fluid inclusions. Reviews in Mineralogy, 12: 644.

Romer R L, Öhlander B. 1994. U-Pb age of the Yxsjöberg tungsten-skarn deposit, Sweden. GFF, 116: 3, 161~166.

Rowley P D, Barker D S. 1978. Geology of the Iron Springs mining district, Utah. Geological Association of Utah Publication 7, Guidebook to Mineral Deposits of Southwest Utah: 49~58.

Rowley P D, Mackin J H, Siders M A. Geologimc map of the Stoddard Mountain quadrangle, Iron and Washington Counties, Utah. U. S. Geologicl Survey Geologic Quadranglea Map. (in press)

Rubin J N. 1988. Mineralogy and geochemistry of the San Martin skarn deposit, Zacatecas, Mexico. Econ. Geol. , 83: 1782~1801.

Rubin J N, Kyle J R. 1998. The Gunung Bijih Timur (Ertsberg east) skarn complex Irian Jaya, Indonesia: geology and genesis of a large, magnesian, Cu-Au skarn. Mineralized intrusion-related skarn systems. Ed. :DR Lentz. Short Course Volume 26: 245~288.

Sato K. 1980. Tunsten skarn deposit of the Fujigatani Mine southwest Japan. Econ. Geol. , 75: 1066~1082.

Sato K. 1982. Characteristics of tungsten skarns in Japan, two contrasting types. Proceeding of a Symposium on tungsten geology, Jiangxi, China. Published by: Escap/Rmrdc, Bandung. Indonesia and Geol. Publishing: 203~209.

Seghedi I, Voica Bojar A, Downes H, et al. 2007. Generation of normal and adakite-like calc-alkaline magmas in a non-subductional environment: An Sr-O-H isotopic study of the Apuseni Mountains Neogene magmatic province, Romania. Chemical Geology, 245: 70~88.

Shabynin Lee. 1978. Subsoil of muscano iron deposit. 1 ~ 232 (Russion: Шабынин ЛИ 1978 Магнезиально－скарновые железорудные местарождения Изд Недра 1~232).

Sheppard S, Walshe J L, Pooly G D. 1995. Noncarbonate, skarnlike Au-Bi-Te mineralization, Lucky Draw, South Wales, Australia. Econ. Geol. 90: 1553~1569.

Shimizu M, Iiyama J T. 1982. Zinc-Lead skarn deposits of the Nakatatsu Mine, CentraJ Japan. Economic Geology, 77(4): 1000~1012.

Siddaiah, Rajamani V. 1989. The geologic setting, mineralogy, geochemistry, and genesis of gold deposits of the Archean Kolar schist belt, India. Econ. Geol. , 84: 2155~2172.

Sinclair A J, Percy G R. 1969. Multiple regression analisis of precious metal values, Phonix Mine, B. C. Canada. Econ. Geol. , 64: 822~824.

Smirnov V I. 1977. Ore Deposits of the USSR vol. 1. Pitman Publishing, London: 7~113.

Smirnov V I. 1978. Birth place of Soviet mineral resources Moscow T2—The Shabynin Lee mining area is located in the 286s underground magnesium skana formation (Russian: Смирнов ВЕ 1978 Рудные местарождения СССР Недра Москва Т 2 Шабынин ЛИ Рудные местарождеия в формации магнезиальных скарнов М Недра 286c).

Smirnov V I. 1983. Studies of Mineral Deposits. Mir Publishers, Moscow, 1~288.

Smith W H. 1961. The volcanics of the eastern slopes of the Bingham district, Utah. //Cook D R, ed. Geology of the Bingham mining district and northern Oquirrh Mountains. Utah Geol. Soc. Guidebook, 16: 101~119.

Soler P, Grandin G, Fomari, M. 1986. Essai de synthese surla métallogenie du Pérou. Géodynamique, 1: 33~68.

Soler A, Ayora C. 1991. Gold-bearing arsenopyrite bodies in skarns from L'alt Urgell, central Pyrenees, Spain. In Skarns-Their genesis and metallogeny, 227~251.

Soloviev S G, Kryazhev S G, Dvurechenskaya S S. 2013. Geology, mineralization, stable isotope geochemistry, and fluid inclusion characteristics of the Novogodnee-Monto oxidized Au-(Cu) skarn and porphyry deposit, Polar Ural, Russia. Mineralium Deposita, 48: 603~627.

Soloviev S G, Kryazhev S. 2017. Geology, mineralization, and fluid inclusion characteristics of the Chorukh-Dairon W-Mo-Cu skarn deposits in the Middle Tien Shan, northern Tajikstan. Ore Geology Reviews.

Somarin A K. 2004. Geochemical effects of endoskarn formation in the Mazrach Cu-Fe skarn deposit innorthwestern Iron. Geochemistry Exploration, Environment, Analysis, 4: 305~315.

Starling T, Uribe J, Maldonado D. 1997. Nuevos conceptos quedefinen los controles estructurales y la evolución del yacimientode San Martín, Zacatecas, México. Trabajos técnicos XXIIConvención Nacional AIMMGM, Acapulco, Guerrero, 1: 327~338.

Strmić Palinkaš S, Palinkaš L A, Molnar F, et al. 2007. Basic research in service of successful exploitation in Pb-Zn-Ag Stari Trg mine, Trepča, Kosovo. //In Andrew C J, ed. Digging deeper. Navan, Ireland, Irish Association for Economic Geology, 165~167.

Strmić Palinkaš S. 2009. Genesis of hydrothermal and skarn paragenesis in Pb-Zn-Ag mineral deposit Trepča (Stari Trg), Kosovo. Unpublished doctoral thesis, Zagreb, University of Zagreb, 143.

Strmić Palinkaš S, Borojević Šoštarić S, Bermanec V, et al. 2009. Dickite and kaolinite in the Pb-Zn-Ag sulphide deposits of northern Kosovo (Trepča and Crnac). Clay Minerals, 44: 631~643.

Strmić Palinkaš S, Palinkaš L A, Renac C, et al. 2013. Metallogenic model of the Trepča Pb-Zn-Ag skarn deposit, Kosovo: evidence from fluid inclusions, rare earth elements, and stable isotope data. Economic Geology, 108: 135~162.

Szekely T S. 1967. Geology near Huallacocha Lakes, central high Andes, Peru. American Association of Petroleum Geologists Bulletin, 51: 1346~1353.

Takimoto K. 1939. Geology and ore deposits near the Kiwadamine, Yamaguchi Prefecture. Mining Inst. Kyushu, Journal, 10: 8~21, 61~78.

Taylor H P. 1979. Oxygen and hydrogen isotope relationship in hydrothermal mineral deposits. 2nd ed., edited by Barnes, H. L., 236~272.

Tenney D. 1981. White Horse copper bert: ming, exploration and geology (1967~1980). Department of Indian and Northern Affairs, Canada Bulletin 1: 29.

Timón-Sánchez S M, Moro M C, Cembranos M L, et al. 2007. Contact metamorphism in the Los Santos W skarn (NW Spain). Mineralogy and Petrology, 90(1~2): 109~140.

Timón-Sánchez S M, Benito M C M, Pérez M L C. 2009. Mineralogical and physiochemical evolution of the Los Santos scheelite skarn, Salamanca, NW Spain. Economic Geology, 104(7): 961~995.

Timón-Sánchez S M, López-Moro F J, Romer R L, et al. 2019. Late-Variscan multistage hydrothermal processes unveiled by chemical ages coupled with compositional and textural uraninite variations in W-Au deposits in the western Spanish Central System Batholith. Geologica Acta, 17(1): 1~19.

Titley S R. 1961. Genesis and control of the Linchburg orebogy Socorro County, New Mexico. Econ. Geol., 56: 695~722.

Thedore T G, Orris G J, Hammarstron I M, et al. 1991. Gold-bearing skarns. Washington. U S. Geol. Surv. Ball. 1930: 1~61.

Tooker E W. 1970. Radial movements in the western Wyoming salient of the Cordilleran overthrust belt: discussion. Geol. Soc. America Bull., 81: 3503~3506.

Tornos F, Galindo C, Crespo J L, et al. 2008. Geochemistry and origin of calcic tungsten-bearing skarns, Los Santos, Central Iberian Zone, Spain. The Canadian Mineralogist, 46(1): 87~109.

Toyohara F. 1976. Geologic structure from Sangun-Yamaguchi zone to ;Ryoke zone' in eastern Yamaguchi prefecture. Geol. Soc. Japan Journal, 82: 99~111.

Vakhrushev V A. 1965. Mineralogy, geochemistry and genetic group science of contact metasomatic iron deposits in Altai Sayan region. 290s. (Russian: Вахрушев ВА 1965 Минералогия геохимия и генетические группы контактовометасоматических железорудных месторождений Алтае~Саянской области М Наука 290с).

Valle Aguado B, Azevedo M R, Schaltegger U, et al. 2005. U-Pb zircon and monazite geochronology of Variscan magmatism related to synconvergence extension in Central Northern Portugal. Lithos, 82(1~2): 169~184.

Valley J W. 1986. Stable isotope geochemistry of metamorphic rocks. In: Valley J W, Taylor H P Jr, O'Neil J R (eds). Stable isotopes in high temperature geological processes. Washington D C. Mineral Soc Am Rev Mineral 16: 445~489.

Vassileva R D, Bonev I K, Marchev P, et al. 2005. Pb-Zn deposits in the Madan ore field, south Bulgaria: Madan district: Lat. 41°30′N, long. 24°56′E. Ore Geology Reviews, 27: 90~91.

Veizer J, Hoefs J. 1976. The nature of $^{18}O/^{16}O$ and $^{13}C/^{12}C$ secular trends in sedimentary carbonate rocks. Geochim Cosmochim Ac 40: 1387~1395.

Verkaren J, Bartholome P. 1979. Petrology of the San Leone magnetite skan deposit (S. W. Sardinia). Econ. Geol. and the Bulletin of the Society of Economic Geologists, 74: 1, 53~66.

Vigneresse J L. 2009. Evaluation of the chemical reactivity of the fluid phase through hard-soft acid-base concepts in magmatic intrusions with applications to ore generation. Chemical Geology, 263: 69~81.

Vitrac-Michard A, Allègre C J. 1975. A study of the formation and history of a piece of continental crust by $^{87}Rb-^{87}Sr$ method: The case of the French Oriental Pyrenees. Contr. Mineralogy Petrology, 50: 257~285.

Wilson J J. 1963. Cretaceous stratigraphy of central Andes of Peru: Ameri-can Association of Petroleum Geologists Bulletin, 47: 1~33.

Wodziki A. 1972. Mineralogy, geochemistry and origin of hydrothermal alteration and sulfide mineralization in the disseminated molybdenite and skarn-type copper sulfide deposit at Copperstain Creek, Tacaka, New Zealand. Journal of Geology and Geophysics. 15(4): 599~631.

Wolf K H. 1976. Handbook of strata-bound and stratiform ore deposits. Elsevier Scientific Publishing Company, 363.

Wood S A, Samson I M. 2000. The Hydrothermal Geochemistry of Tungsten in Granitoid Environments: I. Relative Solubilities of Ferberite and Scheelite as a Function of T, P, pH, and mNaCl. Economic Geology, 95: 143~182.

Yamada K. 1989. Skarn forming processeses at the Senno deposit, Nakatatsu mine, central Japan. Journal of the Facurty of Science, University of Tokyo Sec 2., 22(1): 11~37.

Yun S, Einaudl M T. 1982. Zine-Lead skarns of the Yeonhwa-Ulchin district, South Korea. Econ. Geol., 77: 1013~1032.

Zeck H P, Wingate M T D, Pooley G D. 2007. Ion microprobe U-Pb zircon geochronology of a late tectonic granitic-gabbroic rock complex within the Hercynian Iberian belt. Geological Magazine, 144(1): 157~177.

Zhao Y M, Zhang Y, Bi C. 1999. geology of gold~bearing skarn deposits in the middle and lower valley of the Yangtze River and its adjacent regions. Ore Geology Reviews, 14(3~4): 227~249.

Zhao Y M, Dong Y G, Li D X, et al. 2003. Geology, mineralogy, geochemistry, and zonation of the Baijiazi dolostone-hosted Zn-Pb-Ag skarn deposit, Liaoning Province, China. Ore Geology Reviews, 23: 153~182.

Zhao Y M, Bai G, Li D X. 2005. REE-Nb(Fe, U, Th)-bearing alkaline skarns of China. Mineral Deposit Research Meeting, The Global Challenge, Vol. 1, (Eds: Mao J V and Bierlein F P), Springer, 507~509.

Zharikov V A. 1959. Geology and metasomatism of polymetallic birthplace in Western Karamazar, IGEM Institute of the Soviet Academy of Sciences, 14367.

Zharikov V A. 1991. Skarn types formation and ore mineralization condition. Athens: Theophrastus pub., 455~465.

Zheng Y F. 1993. Calculation of oxygen isotope fractionation in anhydrous silicate minerals. Geochimica et Cosmochimica Acta, 57: 1079~1091.

Жариков В А. 1959. Геодогия и метасоматические явления скарново-полиметаллических месторождений Западного Карамазара. Труды ИГЕМ АН СССР, вып. 14: 1~367.

Жариков В А. 1968. Скарновые месторождения. В кн. Генезис эндогенных месторождений. М., "Наука", 220~300.

Жариков В А. 1985. Скарновые месторождения. М., "Наука", 246.

Коржинский Д С. 1955. Очерк метасоматических процессов. В сб. "Основные проблемы в учении о магматогенных рудных месторождениях". 2-е изд. Издат. АН СССР, М., 335~456.

Шабынин Л И. 1974. Рудные месторождения в формации магнезиальных скарнов. Москва: "Недра", 1~286.

Шабынин Л И. 1978. Магнезиально-скарновые железорудные месторождения. Москва: "Недра".

Overview

The Skarn Deposit is one of the most important deposit types in the world. It is also an important type of rich iron and copper ores and tungsten, tin, and lead, zinc, gold ores, almost formed in all geological ages. It is distributed in all over the five continents, but not uniformly, mostly along the fold belts of different ages. According to incomplete statistics around the world, there are 2526 skarn deposits in more than 70 countries. Among them, China, the United States, Canada, Russia, Australia, and Japan have the most widely distribution.

Skarn is a kind of simple and special rock type, mainly composed of calcium (magnesium) silicate minerals, such as garnet, pyroxene, and hornblende, and epidote, and wollastonite, and magnesium olivine, and phlogopite, and so on. Most skarn deposits are found in the contact zone between intrusive rocks and calcium (magnesium) country rocks showing more or less zoning. This zonation is reflected not only in its own skarn zonation, but also in metal mineralization zonation. They are closely related to magmatism and high-temperature hydrothermal activity.

The introductions of skarn deposits abroad give priority to general introductions, and most references deal with geological and geochemical characteristics of single deposits. However, comprehensive systematic descriptions and introductions of the geological and geochemical characteristics of some major skarn deposits in the world are lacking. This book aims at achieving this and making it easily accessible to readers, especial to deposit geologists interested in skarn deposits.

The entire book is divided into two parts. One is the general statement, and the other is the separate exposition. The general statement mainly describes the space-time distribution and ore controlling geological factors, skarn types and mineralogy, and zoning, and geochemical relationship between skarn and metal mineralization. The separate exposition is the emphasis in this book, which expatiates the main geological characteristics of representative deposits including eight types respectively, i. e., Fe, Cu, Pb-Zn, W, Sn, Mo, Au and U-REE. A list of skarn deposits in the world is also attached, including the names, geographical locations, and geological description of deposits, and reserves, and grade, and metallogenic epoch, and references, etc.

The main contents of this book include:

1. Space-time distribution and ore controlling geological factor

(1) Space distribution regular pattern

It is not uniformly distributed all over the five continents, along the fold belts of different ages. There are also a few deposits in the ancient shield. Based on the distributions of skarn deposits, eight major metallogenic belts can be divided as follows: ①the eastern Pacific coast metallogenic belt; ② the western Pacific coast metallogenic belt; ③the Ural Mountains metallogenic belt; ④the Tethys metallogenic belt; ⑤the middle and lower Yangtze River metallogenic belt; ⑥the East Kunlun metallogenic belt; ⑦the Altay-Sayan metallogenic belt; ⑧the Tuergai metallogenic belt. Among them, the belts from 1 to 6 are comprehensive deposit metallogenic belts, while from 7 to 8 are relatively single iron ore metallogenic belts.

(2) Evolution of the petrogenic and ore genetic ages

The magmatic rocks related to skarn deposits can be divided into five main magmatic periods: Precambrian, Caledonian, and Hercynian, and Mesozoic, and Cenozoic. Among them, the Mesozoic is the most important.

The Precambrian skarn deposits are dominated by iron ore and tungsten ore, followed by Cu, Pb-Zn, Sn, Mo, Au and U-REE ores. Iron and tungsten deposits are mainly found in the old metamorphic rock areas of Norway, Sweden in northern Europe and India. Also, some Pb-Zn-Cu deposits, Mo-W and U-REE deposits in central and southwest Australia, northern Queensland occur in the Precambrian Period. The Tykjo W (Cu) deposit in Norway therein is 2.8 billion years old, which belongs to the Paleoproterozoic and is probable the oldest skarn deposit in the world.

The Early Paleozoic Caledonian skarn deposits are relatively few, the Cadia Fe-Cu-Au deposit and Junction Reefs Au deposit in New South Wales, Australia, and the Baiganhu W-Sn deposit in Xinjiang and the Qinjia Cu deposit in Guangxi, China.

The Late Paleozoic Hercynian skarn deposits are dominated by iron deposits, including the iron deposits in the Tuergai metallogenic belt and the Tianshan metallogenic belt in Xinjiang, China, and also the Kara W deposit in King Island, Tasmania, Australia.

The skarn deposits related to Mesozoic magmatic activities account for about 80% of the total skarn deposits in China, which are mainly distributed in the eastern part of China. There are also considerable numbers in other countries such as Korea, Japan, and Canada, and the United States, and Mexico, etc. Therefore, the Mesozoic Yanshanian is the most important skarn deposit and ore period in the world.

The skarn deposits related to Cenozoic magmatic activities are mainly found in Peru, Chile, and Mexico, and western United States, and in Tibet of China. Some Cu, W, Mo, Fe deposits in Turkey and Iran are also formed in the Cenozoic.

(3) Ore controlling geological factors

The main ore-controlling geological factors are strata (surrounding rocks), magmatic rocks, and structures.

A. The control of strata/surrounding rocks on skarn deposits

Skarn deposits can be found in the stratum surrounding rocks of all ages. And the surrounding rocks are multifarious in lithology, mainly including limestone, dolomitic limestone, and limestone dolomite, and dolomite, followed by marl, volcanic tuff, and tuffaceous sandstone (siltstone), and sandstone, and schist, and gneisses, and so on. The existence of carbonate surrounding rocks and some calcareous rocks is one of the necessary conditions for the formation of skarn deposits. The interbedding of carbonate rocks, volcanic tuff, and sand shale, and siltstone is advantageous to the formation of skarn deposits.

The differences in chemical composition of the carbonate surrounding rocks greatly affect the types of skarns. Statistics show that when MgO contents in carbonate rocks are less than 3% of limestone or marble, they are generally formed in calc-skarn mineral assemblages (calc-almandine, diopside-calc-augite, Wollastonite, epidote, actinolite, etc.), such as the Merry Widow and Texada Island iron deposits in British Columbia, Canada, the Fortitude gold deposit in Nevada, the United States, and most of the Fe (Cu) deposits in southern Fujian, Qinghai and the middle-lower Yangtze River, China. Statistics also show that when the MgO contents in carbonate rocks are higher than 10% of dolomite or dolomitic marble, the typical magnesium skarn mineral assemblages (including magnesium olivine, spinel, diopside, magnesite, phlogopite, serpentine, etc.) are likely to occur, such as the Таеж iron (boron) deposit in Russia, the Ertsberg Cu-Au deposit in Indonesia, and the Dading iron (tin) deposit in Guangdong, China.

The strata ages of the ore-controlling wall rocks are dated from the Archean to the Cenozoic, but the most important ore-controlling strata are Proterozoic-Middle Ordovician, Devonian, and Carboniferous-Permian, and Triassic, and Cretaceous. It is worth noting that usual one or two carbonates or volcanic-sedimentary strata are the main ore-controlling strata in a metallogenic belt (region), controlling the distribution of skarn deposits in the region. For example, the skarn iron deposits in the Middle Craton in North China are mainly controlled by Middle Ordovician limestone; the skarn Fe–Cu (Au) deposits in the middle–lower Yangtze River are concentrated in the Triassic and Carboniferous carbonate rocks; the main wall rocks of iron deposits in the Altai–Sayan region; Russia are the Lower Paleozoic volcanic–sedimentary rocks intercalated with limestone strata, but the iron deposits in the Turgai metallogenic belt, Kazakhstan are concentrated in the Carboniferous volcanic–sedimentary rocks intercalated with limestone strata.

B. Metallogenic magmatic rock

Most skarn deposits are associated with magmatic intrusions of different types, ages and scales. As mentioned earlier, the ages of the relevant magmatic rocks range from Precambrian to Caledonian to Hercynian to Indosinian to Yanshanian and up to Cenozoic, of which the Mesozoic Yanshanian is the main one, and the Cenozoic Himalayan and Hercynian are the next. The types of intrusive rocks are diverse, including gabbro, diorite, and quartz diorite, and quartz diorite, and granodiorite, and monzogranite, and diorite porphyry, and granite, and granite porphyry, etc. The scales of rock mass are large to the granite batholith, and small to stocks and dikes, but main are small rock mass. Most of the exposed surface area is less than 1 km^2 with a variety of forms.

There is a close relationship between the types of skarn deposits and the chemical compositions of related intrusive rocks, and there is a certain ore–forming specificity of magmatic rocks between them.

The intrusive rocks associated with iron ores mainly include gabbro and diorite, but also granites. In the latter case, iron ores are inevitably accompanied by the mineralization of tin, molybdenum and other metals, such as Daxiang, Huanggang and Makeng iron ore deposits in China.

The intrusive rocks related to Cu and Au deposits are most diorite, granodiorite, and quartz monzonite, etc.

The intrusive rocks related to Pb–Zn–Ag deposits are granodiorite, quartz monzonite, and monzonite granite, and granite porphyry, etc.

The intrusive rocks related to Sn and Mo deposits are main granites, especial Sn deposits, most high–alumina crust–derived remelting granites. In contrast, aluminous–unsaturated diorite intrusions are associated with iron deposits, which have strong mantle signals and are less contaminated with continental crust sediments.

Meinet et al. (2005) integrated the data of main elements of intrusive rocks and seven skarn deposit types (Fe, Au, Cu, Pb–Zn, W, Mo, Sn) as geological discriminant maps. The intrusions associated with skarn Fe and Au deposits contain a large number of MgO than skarn Sn and Mo deposits, but lack K_2O and SiO_2. In addition, skarn Fe, Au, Cu, Zn, W, Sn and Mo deposits are positively correlated in K_2O–SiO_2 correlation diagram, while negatively correlated in MgO–SiO_2 correlation diagram. It may reflect the original magmatic material of intrusive rocks, and Fe and Au skarns contaminate less crustal material than Sn and Mo skarns.

C. The control of tectonic units on skarn deposits

According to geotectonic settings of skarn deposits, the main types are as follows.

a. Skarn found in the interior of the ancient craton

In terms of genesis, most of them are closely related to granitic migmatization, such as the magnesium skarn type iron (boron) deposit in Eastern Siberia, Russia, and the Wengquangou magnesium skarn type iron (boron) deposit in southern Liaoning Province, China. Iron and tungsten deposits in Norway and Sweden may also fall into this category.

b. Skarn found in continental margin fold–belts and island arcs

This is the most important tectonic setting for the formation of skarn deposits. Many important Fe, Cu, Pb, Zu, W, Sn, Au deposits are found by this type of tectonic environment in the west coast of North America, the Far East of Russia, and Japan, and Korea, and Heilongjiang Province of China. The related magmatic rocks are main medium-acid calc-alkaline diorite, quartz diorite, and granodiorite, and monzonite, and granites, etc.

c. Skarn found in continent-continent collision fold-belts

A typical example is the Gangdise metallogenic belt in Tibet, China. Hou et al. (2012) considered that continental collision mineralization constitutes the Cenozoic porphyry-skarn mineralization system in Gangdise. The deposits run through the whole process of the Indo-Asian continental collision and are concentrated in the Gangdise giant collision belt. It formed large-scale skarn deposits such as Yaguila (Pb-Zn-Ag), Nuri (Cu-W-Mo), and Jiamar (Cu-polymetallic).

d. The control of large (deep) continental faults on skarn deposits

A considerable number of skarn deposits are distributed linearly along large (deep) faults of certain tectonic units in China. Many skarn iron deposits are distributed along the Lishui-Haifeng fault zone in southern Fujian and eastern Guangdong. The fault extends in NE directions, about 1100 km in length and 20 to 50 km in width. Li et al. (1982) suggested that the fault may be a Paleozoic plate subduction zone.

The middle-lower reaches area of Yangtze River became more active during the Yanshanian. Zhai et al. (1992) considered that it was composed of a variety of tectonic elements, including deep faults, fault block structures, and decollement nappe structures, and structural fracture zones, volcanic intrusions, etc. Skarn Fe-Cu (Au) deposits are distributed along both sides of this deep fault zone.

2. Skarn types and mineralogy

In references, skarns are usually divided into two categories: magnesium skarns and calcium skarns, according to their mineral composition. By studying various skarn systems in China and making extensive comparisons with foreign skarn deposits, the authors suggest that in addition to magnesium skarns and calcium skarns, manganese and alkaline skarns should be further classified. Due to the latter two types of skarns not only have their particularities in terms of mineral assemblages, compositions and formation conditions, but also have unique mineralization specialisations. Below, we describe the four types of skarns in terms of the geological formation conditions, symbiotic mineral assemblages, mineral composition characteristics, zoning, and associated mineralization.

(1) Magnesium skarn

Magnesium skarns are generally found in the contact zones among various intrusive rocks, and migmatites, and aluminosilicate rocks, and magnesium marbles. According to the differences of generation ages, processes and symbiotic mineral assemblage characteristics, they can be divided into two types: syn-magmatic skarns and post-magmatic skarns. The concept of syn-magmatic magnesium skarns was first proposed by former Soviet scholar Коржинский (1955). He proposed that magmatic solutions were involved during granitization, and alterations of dolomite by magnesium skarns occurred in the syn-magmatic stage. Later, Жариков (1968, 1985) and Шабынин (1974, 1978) made further studies on the formation conditions, rock minerals and geochemical characteristics of this type of skarn. We also conducted detailed studies on the magnesium skarn deposits in the East Qinling area (Zhao et al., 1983a, b), and confirmed the existence of syn-magmatic and post-magmatic magnesium skarns.

The main distinguishing signs of syn-magmatic skarns and post-magmatic magma skarns are as follows.

A. Characteristics of mineral compositions and symbiotic assemblages

Minerals of syn-magmatic skarns are relatively simple, mainly composed of a set of magnesium-rich and aluminum-rich silicate minerals, including spinel, aluminum diopside (Al_2O_3 contents can be as high as 3.64%~13.14%, and optical axis angles show strong dispersion phenomenon), forsterite, and basic plagioclase, and hypersthene (only found in deep phase), and Ca-Mg-forsterite, and periclase (generally found in shallow phase), and calcite, and magnetite, etc.

The pyroxene in the post-magmatic skarn is mainly pure diopside, the content of Al_2O_3 is generally not more than 1%, and the optical axis angle has no dispersion phenomenon. At the same time, according to the content of Al_2O_3 in pyroxene and the optical axis dispersion, it is possible to distinguish the diopside in syn-magmatic magmatic skarns from diopside in post-magmatic skarns.

The minerals of post-magmatic skarns are more diverse, mainly including forsterite, diopside, and phlogopite, and tremolite, and stevensite group (including stevensite, chondrodite and clinohumite, etc.), and serpentine, etc. In special cases, there are ludwigite, szaibelyite, and suanite, and fluoborite, and anthophyllite, etc. In addition, there are some lower temperature magnesium skarn alteration minerals, such as Mg-chlorite, brucite, and talc, and fiber szaibelyite.

B. Changes of magmatic rocks in contact zones

Since the syn-magmatic skarns were formed before magmas were completely crystallized and solidified, they were interacting results between solutions separated from magmas and that caused wall rocks granitization and dolomite. There is no skarnization phenomenon in the magmatic rocks contacting with skarns. On the contrary, post-magmatic magnesium skarns are products of contact reaction and metasomatism between magmatic rocks and Mg-marble under actions of post-magmatic solutions, and the magmatic rock itself is often skarnized. For example, post-magmatic skarns (including diopside, forsterite and chondrodite (clinohumite) skarns) are widely developed in the outer contact zone of the Mulonggou mining area in Shaanxi; while diopside-garnet skarns are often developed in the inner contact zone in granodiorite porphyry.

C. Formation temperature

Formation temperatures of syn-and post-magmatic skarns are different. The formation temperature of the syn-magmatic skarn is quite high. We carried out a homogenous method of relevant fluid inclusions to determine the formation temperatures, and found existences of melt inclusions in aluminum diopside in the syn-magmatic skarns in the Heishan magnesium deposit, Shaanxi Province. The homogenous temperatures were measured to be from 905 to 1005℃. The homogeneous temperatures of gas-liquid inclusions in forsterite skarns are also high, reaching 642~702℃. However, the homogenous temperatures of gas-liquid inclusions in diopside of the post-magmatic magnesium skarns in this area and Gejiu, Yunnan Province are relatively lower, ranging from 502℃ to 672℃, and the homogeneous temperatures of inclusions in tremolite are even lower, only 360℃ to 507℃.

D. Mineralization

Syn-magmatic magnesium skarns generally do not contain ores, and sometimes a small amount of magnetite mineralization may be associated with them; while the associated mineralization of post-magmatic magnesium skarns is quite complicated, and there may be Fe, Cu, Pb, Zn, W, Sn, Mo, Au, B, Be, etc.

(2) Calcium skarn

Calcium skarns are metasomatic rocks composed of calcium, magnesium, and iron silicates. They are interaction productions of carbonate rocks (mainly limestone) and magmatic rocks (including various intrusive and volcanic rocks) or other aluminosilicate rocks (including gneiss, schist, migmatite, sandstone) under the involvement of high temperature gases and liquids.

Geological conditions of calcium skarns in China and many other countries in the world show that they are produced in a wide range of geological backgrounds, including continental margin fold belts, island arcs, and intracontinental active areas, and ancient metamorphic rock areas of cratons in different ages.

Calcium skarns can be divided into double metasomatism (diffusion metasomatism) and contact percolation metasomatism according to their formations. The formation of double metasomatism calcium skarns occur when high temperature solutions migrate along two media with unbalanced chemical compositions (carbonate rock and aluminosilicate rock), and the diffusion of silicon and aluminum to carbonate rock occurs. Calcium diffuses into aluminosilicate rocks, forming contact-reactive calcium skarn bodies. The contact percolation calcium skarn is the result of reaction metasomatism due to unidirectional migration of components.

There are many kinds of minerals in calcium skarns. The common ones are calcium aluminum-calcium series garnet, diopside-hedenbergite series pyroxene, and wollastonite, and scapolite, and epidote, and actinolite, and plagioclase, etc. Sphene and apatite are also common. Brown pidote is found at times. Under special conditions, rare minerals, such as melilite, viluite, and hydrous cuspidine, and xonotlite, may appear. In some magnesium (copper) deposits, there are more iron-containing phlogopite, chlorine-containing amphibole, and fluorine-containing amphibole, and aegirine-augite.

A large number of skarn mineralogical studies have shown that pyroxene and garnet compositions in different calcium skarn metal deposits possess obvious differences.

The main pyroxene of skarn iron and copper ore deposits is diopside, and contents of manganese-calcium pyroxene are very low. The garnet that coexists with pyroxene is generally andradite, containing 63%~88% andradite molecules, and spessartine molecules do not exceed 3%. The ratio of pyroxene-garnet mineral symbiosis to iron content ratio is very small. These indicat that acidities of the skarnization solution are very low and oxygen fugacities are high. This feature is consistent with the subsequent large-scale magnetization with relative oxygen-rich environments.

The pyroxene in the skarn scheelite deposit contains a moderate amount of calcium-iron pyroxene molecules (33.91%~58.55%), and also contains a certain amount of manganese-calcium pyroxene molecules (7.87%~10.39%), and garnet contains 52%~68% andradite molecules. A typical characteristic is that the garnet contains high spessartine molecules (3.5%~22%). In this type of deposits, transition species of diopside and grossularite-andradite are symbiotic, reflecting that the skarnization solution is generally moderately acidic.

The pyroxene in skarn tin deposits is mainly hedenbergite, but in copper-bearing skarns it is mainly diopside, indicating that the skarnization solution has high acidity and was formed in reducing environment.

The main pyroxene of molybdenum-bearing skarns is diopside, while garnet belongs to the transitional species of grossularite and calcium-magnesium garnet. The molecular content of grossularite is relatively high, reaching 32%~83%, the average is 58.8%.

The situation of skarn lead-zinc deposits is quite special. In addition to a large amount of andradite, epidote and other minerals, there are often a large amount of manganese pyroxene, such as johannsenite, manganhedenbergite, and rhodonite, and calcium rhodonite etc. Meanwhile spessartite occurs in some mining areas.

The above shows that the metasomatic mineralization specificity is shown in the early pyroxene-garnet symbiosis pair, that is, with the increase of the acidity of the skarnization solution and the decrease of the oxygen fugacity, the Fe^{3+} mainly occurs in garnet, Fe^{2+} is mainly present in clinopyroxene gradually, and associated metal mineralization combination also changes regularly, Fe-Cu to Mo to W to Sn. The skarn lead-zinc deposits are characterized by the development of manganese-rich pyroxene.

(3) Manganese skarn

The manganese skarn is a metasomatism construction differentiated by the authors via investigating some skarn lead-zinc-silver deposits in Fujian, Liaoning and other provinces and comparing them with related foreign skarn lead-zinc-manganese deposits. In previous foreign references, they were regarded as a part of calcium skarns. The reasons why we want to separate them from calcium skarn and consider them as an independent metasomatic construction is mainly based on the following points:

1) They have a set of special combinations of manganese silicate minerals, including johannsenite, manganhedenbergite, and spessartite, and rhodonite, and calcium rhodonite, and pyroxmangite, and manganese

ilvaite, and manganese wollastonite, etc., and are often superimposed with some late manganese hydrothermal metasomatism minerals, such as manganese actinite, epidote, and rhodochrosite, and manganese chlorite, etc. This is obviously different from calcium skarns, which is mainly composed of grossularite-andradite series garnet, diopside, and calcium-iron pyroxene series pyroxene, and wollastonite, and fushanite, shale, and other minerals.

2) The formation temperature of manganese skarns is lower than that of calcium skarns. The former is mostly 200~400℃, and the latter are generally 350~650℃. The formation time is also later than that of calcium skarns. Manganese skarns are commonly metasomatic with calcium skarns. The formation of manganese skarns is mainly caused by contact infiltration metasomatism. They are often produced in carbonate host rocks at a certain distance from the intrusive body and are controlled by faults and interlayer fissure zones, while calcium skarns can be formed by double metasomatism or contact infiltration metasomatism. Most of them are produced in the contact zone, and some are produced along faults and fissures of the surrounding rocks.

3) Manganese skarns are often associated with Pb and Zn (Cu, Ag) mineralization, and main constituent minerals are sphalerite, galena, and pyrite, followed by chalcopyrite, pyrrhotite, and magnetite. The associated mineralization of calcium skarn is very extensive, Fe, Cu, Pb, Zn, W, Mo, Sn, Bi, Au, etc., and corresponding metal minerals are more complex.

4) This set of special manganese skarn mineral assemblages and associated mineralization are not only produced under similar geological conditions in many areas of China, but also have commonalities in other countries, such as the former Soviet Union's West Karamachai (Zarikou, 1959), Grondhog in New Mexico (Einaudi et al., 1981), and Nakatsu in Japan, and Yeonhwa-Wlchin in South Korea, etc. The manganese skarn mineral assemblages are slightly different in different regions.

(4) Alkaline skarn

Alkaline skarn is also a new type of skarn and ore-bearing metasomatism constructions proposed by the authors, because it was formed in a relatively special geological environment and has a special set of Na (K, Ca, Mg, Fe, Al) silicon metasomatic minerals accompanying with REE (Fe, Mo, U, Th) (Zhao et al., 1990, 2012).

Alkaline skarns generally occur in contact zones of alkaline granite or syenite and dolomite. Alkaline skarn minerals and associated economically valuable minerals, such as aegirine, aegirine-augite, agrellite, pectolite, arfvedsonite, magnesioriebeckite, magnesio-arfvedsonite, richterite, phlogopite, pyrochlore, monazite, magnetite, bastnaesite, aeschynite, columbite, fluorite, pitchblende, eudialyte, fergusonite, vlasovite, britholite, hiortdahlite, catepleite, and so on.

3. Classification of skarn deposits

The skarn has been divided into four types, i. e., magnesium skarn, calcium skarn, and manganese skarn, and alkali skarn. Each type of skarns has its associated metallic mineralization. For narrative convenience and clear comparison, Einaudi et al. (1981), Meinert et al. (2005), and Zhao et al. (1990, 2012) all classified skarn deposits according to the main metallic elements in the deposits, namely 7 types of Fe, Cu, Pb-Zn, W, Sn, Mo and Au. In this classification, we add the U-REE to a total of 8 types.

(1) Iron skarn deposit

The skarn iron deposit is one of main types of iron deposits and are also an important type of rich iron deposits at present. The ore grade of TFe is generally greater than 40%. The iron ores of some deposits even reach 50%~60%, and can be directly fed into the furnace for steelmaking without beneficiation.

The skarn iron deposit has a widespread geological metallogenic environment, including ancient shields, continental margin fold belts, and island arcs, and fault continental interior depression belts. Its distribution is relatively wide, mainly concentrated in islands of western Canada, marine belts of western United States, and eastern China, and the Urals and Altay-Sayan regions of Russia, and the Turkai region of Kazakhstan.

The main magmatic rocks related to mineralization are gabbros and diorites, as well as granites. In the latter case, iron ores are always accompanied by Sn or Mo. The albitization and/or scapolitization are usually developed strongly in internal contact zones of intrusive bodies, and the width is large, which can be used as one of important prospecting indicators.

Skarn iron deposits can be roughly divided into two types. One is deposits that mainly occurr in contact zones between intrusive rocks and various carbonate wall rocks, such as Tieshan in Hubei, Dading in Guangdong, China, and Iron Spings in Utah, USA, etc. The other is skarn iron deposits related to marine volcanic -intrusive activities, for examples, Altai-Sayan in Russia, Turgai region in Kazakhstan and Tianshan metallogenic belt in China.

According to the differences of ore-bearing wall rocks, they can be divided into magnesium-skarn iron deposits and calcium-skarn iron deposits. In the former, the metasomatized wall rocks are dolomite or dolomitic limestone, while in the latter are limestone, marble, or calcareous volcanic rocks with MgO content generally less than 3%.

Mineralization ages range from Precambrian, to Paleozoic, to Mesozoic, to Cenozoic. However, the iron ore-forming age related to marine volcano-intrusive activities is mainly Paleozoic.

(2) Copper skarn deposit

Skarn copper deposits are one of important types of copper deposits in the world, especial rich copper deposits. The ore is usually characterized by high-grade, and is often accompanied by Fe, Mo, Au, Pb, Zn, W, Sn and other metals to form multiple mineralization combinations such as copper, copper-iron (or iron-copper), copper-molybdenum, copper-gold, copper-lead-zinc, and copper-tin, etc.

The deposit can be divided into two types: a skarn copper polymetallic deposit with single genesis and a compound porphyry-skarn copper polymetallic deposit. The latter tends to have large copper reserves, but the average grade of copper is relatively low.

Skarn copper deposits mainly distribute in the United States, Mexican coasts, and northern Peru, and Chile, and the middle-lower Yangtze River of China, and the Tethyan metallogenic belt. Its tectonic backgrounds are continental margin fold belts, fault-fold belts, and continental interior collision and fold belts.

Metallogenic rocks are various from pyroxene diorite to granite, and the most closely related are intermediate intrusive rocks, especial intermediate-acid intrusive rocks, including quartz diorite, quartz monzodiorite, and granodiorite and epioic facies. Most of them belong to rock series with weakly supersaturated silicate, poor iron and magnesium components, calc-alkaline and subalkaline with rich alkalinities. Mineralization is mostly accompanied by epioic and ultra-epioic facies, sometimes is accompanied by intrusions and eruptive breccias.

The main metallogenic ages are Mesozoic and Cenozoic. The skarn copper deposits of these two periods account for 83% of the skarn copper deposits in the world.

Skarn copper deposits are widely developed with calcium skarn and magnesium skarn metasomatic constructions, and the former is more common. The magnesium skarn mainly occurs in a contact zone between intermediate-acid magmatic rocks and dolomites.

Metasomatism zoning is an important characteristic of skarn copper deposits. Different mineralized assemblages often coexist with certain skarn zoning, which lead to the spatial differentiation and enrichment of Cu, Fe, Mo, etc. In intermediate-acid and acid metallogenic parent rocks, a stage of high-temperature alkalic metasomatism is dominated by potassification, accompanying hydrothermal alteration of silica-potassium at medium to low-temperature, such as potassification, biotization, sericitization-water musculization, kaolinization, montmorillonization, and silicification. Anciditization, epidotization, chloritization and carbonation are usually developed in the calcium skarn. Skarnzation and intensities and extents of hydrothermal alterations at post-magmatic stages are important metallogenic indicators of skarn copper deposits.

In the acidic intrusive rocks of epioic facies, the skarn mineralization is usually accompanied by porphyry Cu and Mo mineralization. The organic combination of all kinds of alteration mineralization in space and the sequential development in time result in the formation of porphyry mineralization centered on rock masses and the skarn mineralization centered on contact zones, which constituted the porphyry-skarn mineralization series related to epioic facies intermediate-acid magmatic activities.

(3) Zinc-lead skarn deposit

Skarn Pb-Zn-Ag deposits mostly occur in continental margin fold belts and island arcs. Ore bodies generally occur in wall rocks of carbonate at a certain distance from intrusive contact zones, and along fractures or interbedded fracture zones of different lithologies between carbonate rocks and clastic rocks. Some are found in dikes, veins, and carbonate contacts.

Intrusive rocks associated with mineralization are diorite, granodiorite, and quartz monzonite, and granite and their epioic facies.

The skarn associated with mineralization mainly belongs to the manganous skarn with a slightly lower temperature. Its mineral compositions include manganhedenbergite, schefferite, rhodonite, bustamite, pyroxmangite, manganic actinolite, manganic ilvaite and spessartite, etc. , which have become important indicators for mineral exploration (Zhao et al. , 1990).

Skarn Pb and Zn deposits are often associated with Fe, Cu, W, Sn, Mo and other metals, and show certain zoning. In general, Fe and Cu are close to the contact zone of the intrusive rocks, while Pb, Zn and Ag occur in the carbonate wall rocks at a distance from the contact zone.

The metallogenic ages mainly are Mesozoic and Cenozoic.

(4) Tungsten skarn deposit

The skarn tungsten deposits mainly occur in important orogenic belts of the continental margin and interior, and are usually associated with calc-alkaline intrusions, which are medium-coarse-grained batholiths or large stocks. The lithology of intrusive rocks is granodiorite, quartz monzonite, and monzonite, and granite, and so on. Metallogenic ages range from Precambrian to Paleozoic to Mesozoic to Cenozoic, and the Mesozoic Yanshanian is the main one.

The tungsten mineralization is often associated with the mineralization of other metals, such as Cu, Zn, Mo and Sn. Scheelite in disseminated or veinlet-disseminated shapes generally metasomasis the skarn or its adjacent metasomatic rocks. The distribution of WO_3 grade is uneven, generally 0.3% ~ 0.72%, and some rich ores can reach 1.28% ~ 2%. Neberry et al. (1981) divided tungsten-bearing skarns into two groups: a reduced-type and an oxidized-type. The reduced-type tungsten-bearing skarn is mainly composed of hedenbergite and a small amount of essonite, accompanying molybdenum-rich scheelite ores (tungsten-powellite). In the oxidized-type tungsten-bearing skarn, hedenbergite is abundant, pyroxene is relatively small, and scheelite is poor in molybdenum.

(5) Tin skarn deposit

Distributions of skarn tin deposits is limited and uneven. Besides northwestern Canada, Alaska, and Russian Far East, and Australia, and Thailand, and Afghanistan, most of deposits are concentrated in southern China.

Most of intrusive rocks related to mineralization are high-silicon granites, being crust-derived remelted granites. They are characterized by high acidities, greater contents of K_2O than Na_2O, and aluminum supersaturation, and rich volatile F. Metallogenic ages are in the Mesozoic Yanshanian period, and a few are in the Proterozoic and Paleozoic.

Wall-rock strata of the deposits are Upper Proterozoic, Cambrian, Devonian, Carboniferous-Permian and Triassic, among which Devonian and Triassic are the most important ore-controlling strata. Ore fields and deposits are generally located at composite parts of two or more than two groups of different directional structures, and the short-axis anticline is one of main structural forms that control tin-bearing intrusive bodies.

In these deposits, Sn is often associated with the mineralization of metals, such as Fe, Cu, W, Pb, Zn, and Au. Skarns mainly belong to calcium skarns, and a few deposits also have special fluorine-rich ribbon rocks. Tin-containing minerals are relatively simple, main of cassiterite, and occasional of malayanite, kesterite and nordenskioldine.

Dobson (1982) reported that tin contents of garnets are up to 6% in the Lost River tin-bearing skarns in Alaska. Zhao et al. (1990) also reported that the tungsten content of garnet was as high as 1.97% in the Gejiu tin polymetallic deposit, Yunnan, China, and the iron content of garnet was proportional to the tin content.

(6) Molybdenum skarn deposit

Compared with other skarn deposits, the number of skarn molybdenum deposits is relatively small. Besides a little more in northern China, deposits in other regions are scattered.

Tectonically, skarn molybdenum deposits mainly occur in continental margins or inner fold belts. Some small deposits also produced in the Precambrian stable blocks (cratons).

Intrusive rocks related to mineralization are granites, and some deposits are associated with quartz monzonite or granodiorite. These rocks are relatively rich in SiO_2 and K_2O, but the SiO_2 contents vary widely. The potassium is richer than that in the skarn copper deposits. According to characteristics of ore-forming magmatic rocks, it can be divided into two series, i. e., granodiorite and granite. The former includes quartz diorite, quartz monzonite, and granodiorite; the latter is granite, quartz porphyry, granite porphyry, and rhyolite porphyry. Granite series are obviously dominant among the molybdenum-forming magmatic rocks. The rock masses are most intermediate epioic-epioic-ultra-epioic facies, and are even accompanied by intrusions or eruptive breccias.

Metallogenic ages concentrate in the Indosinian-Yanshanian, a small amount of which is the Precambrian, Paleozoic and Cenozoic, and the Yanshanian is the main one. Isotope ages are most from 180 to 80 Ma.

Ages of the wall rocks of skarn molybdenum deposit are relatively old, mainly in the Middle-Late Proterozoic and Paleozoic, and the second is the Permian. In the same areas or even in the same ore fields, skarn molybdenum deposits can be produced with porphyry-, vein-and breccia-tube-type molybdenum mineralization, forming intricate alteration mineralization. Generally, spatial zonation of skarn-, porphyry-, and vein-, and reticule-vein-, and breccia-tube-type appears from bottom to top. The alteration of wall rocks is usually centered on rock masses, and with strong development of potassium-siliceous metasomatism, forming planar or linear alteration zones. Skarn is widely developed in contact zones. There is a considerable amount of skarn molybdenum deposits associated with tungsten.

(7) Gold skarn deposit

Recent decades, great progress has been made in explorations and researches of gold-bearing skarn deposits at home and abroad, and a number of large independent or symbiotic gold deposits have been discovered, such as McCoy in Nevada, Elkhom and Beal in Montana, Crown Jewel in Washington State, the United States, Big Gossan in Indonesia (Meinert, 1997; 1998a, b), Jiguanzui, Jilongshan and Taohuazui in Hubei, and Tianma Mountain in Anhui, China, etc., which thus attracted people's attentions and became one of the frontiers and hotspots of international geoscience researches.

Theodoret et al. (1991) summarized main geological characteristics, rules of zoning, and tectonic backgrounds of occurrences, and symbiotic deposits, and ore mineral compositions, and fluid inclusion characteristics of gold-bearing skarn deposits, and listed place names of origins, reserves, and grades, and geological characteristics of 127 gold-bearing skarn deposits in 33 countries in the world, however, known little about gold-bearing skarns in China.

Meinert et al. (1989, 1998a, b) and Rey et al. (1990) summarized main geological characteristics of more than 10 important gold-bearing skarn deposits in the United States, Canada, and Australia, and so on. They divided gold-bearing skarns into four types, such as reduced-type skarns, oxidized-type skarns, and gold-bearing magnesium skarns, and gold-bearing skarns that occured in regional metamorphic terranes. According to the examples of deposits, the reduced gold-bearing skarn is the most important one, and most of the gold mineralization occurs in the hedenbergite skarn at a certain distance from the contact zone. These skarn deposits include the Hedley (Nickel Plate) giant gold deposit in Canada, the Junction Biancoons in Australia, and the Nevada Fortitude giant gold deposit, the Montana Beal and Elkhom gold deposit, and the Washington Grown Jewal gold deposit in the United States. The reduced-type skarn gold deposit contains iron-rich clinopyroxen (greater than HD50), and is rich in garnet near contact zones. Some intrusive rocks contain ilmenite ores, in which $Fe_2O_3/(Fe_2O_3+FeO)$ values are less than 0.5. Another characteristics of this kind of gold deposit are that gold grades are high, Au contents are up to 5 to 15 g/t, and sulfide contents are also high mainly containing pyrrhotite and arsenopyrite. The characteristics of oxidized-type skarn gold deposits are as follows: the ratio of garnet to pyroxene is high, the sulfide and gold grade is relatively low, and the content of pyrite in sulfide is more than that of pyrrhotite. There are many examples of oxidized-type skarn gold deposits, such as McCoy in Nevada, Namija in Ecuador, and Jilongshan in Hubei, and Beiya in Yunnan.

Zhao et al. (1997a, b, c, 1998, 1999 a, b) studied distributions, tectonic settings, and geological and geochemical characteristics of gold-bearing skarn deposits in China, especial in the middle and lower Yangtze River. It is pointed out that the favorable tectonic environment for their formation is the depression and fold belt in the continental margin and near the deep and large faults. The related intrusive rocks are I type, main of epioic facies of granodiorite and quartz monzodiorite. Comprehensive metasomatic zoning models of deposits from rock masses to carbonate rock masses are as follows: Cu (Mo) to Cu (Fe) to Cu-Au to Au to Au-Pb-Zn. The gold-bearing skarn is of oxidized-type, and the formation temperature of gold mineralization is about from 153 to 350℃.

(8) Uranium-rare-earth deposit

This type of skarn is rare but special. The related magmatic rocks are syenite, alkaline granite, and alkaline pegmatite. A set of alkaline skarn is usually produced in contact zones between alkaline intrusive rocks and carbonate wall rocks. U-REE (Th, Zr, Y) mineralization is produced in alkaline skarns. Therefore, the authors recommend that such skarn deposit should be separated from others.

Mineral compositions of alkaline skarns include aegirine, aegirine-augite, eckermannite, torendrikite, richterite, pectolite, eudialyte, catapleiite, and so on. The metallic minerals of the ore are very complex and may include rinkolite, bistitanite, uraninite, monazite, pyrochlorite, allanite, lanthanide borosilicate, etc.

Wall rocks of alkaline skarn deposits may be marble, dolomitic marble or carbonate. Major known deposit examples include the Kipawa Y-Zr-REE deposit in Quebec, Canada, the Masai U-REE (Th) deposit in Liaoning, China, and the Mary-Kathleen U-Ree deposit in Australia. The metallogenic period is Proterozoic and Mesozoic.

赵一鸣先生手写概述

Word Skarn Deposits

Zhao Yiming, Feng Chengyou, Qu Hongying,
Liu Jiannan, Wu Qiong

矽卡岩矿床是地壳中重要的矿床类型之一，也是富铁矿、富铜矿和钨、锡、铅、锌、金矿的重要类型，几乎形成了所有时代。其分布遍及五大洲，但很不均一，主要沿不同时代的褶皱带分布。

据不完全统计，全世界七十多个国家已探明的矽卡岩矿床多达2526个。其中又以中国、美国、加拿大、俄罗斯、澳大利亚和日本等国家分布最广。

矽卡岩是一种较简单又特殊的岩石类型，主要由钙（镁）硅酸盐矿物，如石榴子石、辉石、角闪石、绿帘石、硅灰石、镁橄榄石、金云母等组成。

大多数矽卡岩矿床产于侵入岩和钙（镁）质围岩的接触带，并显示一定的分带性。这种分带性既反映在本身的矽卡岩的分带，也表现为金属矿化的分带。它们与岩浆作用和有关高温热液活动有密切的关系。

—1—

国外对矽卡岩矿床的介绍，或以综述为主，如Einaudi等（1981）和Meinert等（2005），大多数文献则是对单个矿床的地质地球化学特征加以介绍，但缺乏对世界上一些主要矽卡岩矿床的地质地球化学特征进行较全面系统的描述和介绍。本书的目的则力求做到这一点，使读者，特别是对矽卡岩矿床感兴趣的矿产地质工作者便于查阅。

一般来说，对典型矿床的描述，力求做到简明、扼要，突出重点；而对少数超大型矿床的叙述，则其内容稍丰富一些，如印度尼西亚的Erstberg铜金矿、加拿大的Nickel plate金矿床和中国的个旧锡多金属矿床等。

全书共分两个部分，一是总论，二是分论。总论主要叙述世界矽卡岩矿床的时空分布，控矿地质条件，矽卡岩类型、矿物学、矿床分类等；分论是本书的重点，主要按Fe、Cu、Pb-Zn、W-Sn、Mo、Au和U-REE八个类型，分述代表性矿床的

— 2 —

主要地质特征，并附有世界矽卡岩矿床一览表。在一览表中，包括矿床名称、地理位置、矿床地质简述、储量、品位、成矿时代和参考文献等内容。

1. 矽卡岩矿床的时空分布

矽卡岩矿床在世界五大洲均有分布，但很不均匀，主要沿不同时代的褶皱带分布，在古老地盾中，也有少量矿床产出。其分布情况见图1和表1。

根据矽卡岩矿床的分布情况，可大致划分出以下8个较重要的成矿带：

(1) 太平洋东岸成矿带；

(2) 太平洋西岸成矿带；

(3) 乌拉尔山成矿带；

(4) 特提斯成矿带；

(5) 长江中下游成矿带；

(6) 阿尔泰-萨彦成矿带；

(7) 土尔盖成矿带；

(8) 天山成矿带

其中，1-5是综合矿床成矿带，而6-8则是较单一的铁矿成矿带。

2. 成矿时代的演化

与矽卡岩矿床有关的岩浆岩，大致可分为5个主要岩浆活动期：即前寒武纪期、加里东期、海西期、中生代岩浆活动期和新生代岩浆活动期。其中以中生代最为重要。

前寒武纪的矽卡岩矿床以铁矿和钨矿为主，次有Cu、Pb-Zn、Sn、Mo、Au和U-REE。铁、钨矿床主要见于北欧的挪威、瑞典和印度老变质岩区，澳大利亚中部、西南部和昆士兰州北部的一些Pb-Zn、Cu矿床，Mo-W和U-REE矿床也认为属于前寒武纪形成。其中，挪威的Tyskjo W(Cu)矿的形成时代为28亿年，属古元古代，可能是世界上最古老的矽卡岩矿床。

早古生代加里东期的矽卡岩矿床相对较少，主要见于澳大利亚新南威尔士州的Cadia Fe-Cu-Au矿床、Junction Reefs Au矿床和中国新疆的白干湖W-Sn矿床、广西欧甲Cu矿床等。

晚古生代海西期的矽卡岩矿床以铁矿为主，包括土耳其成矿带的铁矿床和我国新疆天山成矿带的一些铁矿床以及澳大利亚塔斯马尼亚的King岛Kara W矿床等。

与中生代岩浆活动有关的矽卡岩矿床约占中国矽卡岩矿床总数的80%，主要分布在我国东部地区；在韩国、日本、北美洲加拿大、美国和墨西哥等国也有相当大的数量。因此，中生代燕山期在世界范围内也是最重要的矽卡岩矿床成矿期。

与新生代岩浆活动有关的矽卡岩矿床，主要见于南美洲秘鲁、智利，墨西哥和美国西部及中国西藏，土耳其和伊朗的一些Cu、W、Mo、Fe矿床，也均属新生代。

3. 矽卡岩矿床的控矿地质条件

控制矽卡岩矿的主要地质条件为地层(围岩)、岩浆岩和构造。

(1) 地层围岩对矽卡岩矿床的控制

矽卡岩矿床可以产于所有时代的地层围岩中，围岩的岩性五花八门，主要是灰岩、白云质灰岩、灰质白云岩、白云岩，其次是泥灰岩、火山凝灰岩、凝灰质砂岩或粉砂岩、砂岩、片岩、片麻岩等。碳酸盐围岩和一些钙质岩石的存在是矽卡岩矿床形成的必要条件之一。当碳酸盐岩、火山凝灰岩、砂页岩、粉砂岩互层时，对形成矽卡岩矿床是有利的。

碳酸盐岩围岩化学成分的差别，在很大程度上影响着矽卡岩的类型。统计表明，当碳酸盐岩的MgO含量小于3%的灰岩或大理岩时，一般是形成钙矽卡岩矿物组合（钙铝-钙铁榴石、透辉石-钙铁辉石、硅灰石、绿帘石、阳起石等），如加拿大不列颠哥伦比亚省的Merry Widow和Texada Island铁矿床、内华达州Fortitude金矿和中国河南、青海都兰及长江中下游的大多数Fe(Cu)矿床；当碳酸盐围岩中的MgO含量高于10%-15%的白云岩或白云质大理岩时，就有可能出现镁型的镁矽卡岩矿物组合（包括镁橄榄石、尖晶石、透辉石、硅镁石类、金云母、蛇纹石等），如俄罗斯的Таёжск

铁(硼)矿床、印尼的 Ertsberg Cu-Au 矿床和中国广东的大顶铁(锡)矿床等。

控矿围岩的地层时代，从前寒武纪太古代到新生代各时代均有，但其中最重要的控矿层位是元古宇、中奥陶统、泥盆系、石炭-二叠系、三叠系和白垩系。值得注意的是，对一个成矿带(区)往往有一两个碳酸盐岩层或火山-沉积岩岩层为主要控矿层位，控制着区域内的矽卡岩矿床的分布。例如，分布在华北地区中朝克拉通上的矽卡岩铁矿床的控矿层位主要是中奥陶统灰岩；长江中下游地区的矽卡岩铁铜(金)矿床集中在三叠系和石炭系两个碳酸盐岩层位；俄罗斯阿尔泰-萨彦地区的铁矿床围岩主要是下古生代火山-沉积岩夹灰岩地层，而哈萨克斯坦土尔盖成矿带的铁矿集中在石炭系火山-沉积岩夹灰岩地层中等。

（2）成矿岩浆岩

绝大多数矽卡岩矿床伴随有不同类型、时代、规模的岩浆岩侵入体。前已提及，有关岩浆岩的时代从前寒武纪、加里东期、海西期、燕山期，一直到新生代。而以中生代燕山期为主，次为新生代喜山期和海西期。侵入岩的类型则多种多样，包括辉长岩、闪长岩、石英闪长岩、石英二长闪长岩、花岗闪长岩、二长花岗岩、闪长玢岩、花岗岩和花岗斑岩等。岩体的规模有大有小，大到花岗岩基，小致岩株、岩墙、岩脉，但以小型岩体为主。出露地表的面积大多数小于1km²。其形态千姿百态。

矽卡岩矿床的类型和有关侵入岩的化学成分之间有着非常密切的关系，它们之间存在一定的岩浆岩成矿专属性（赵一鸣等，1991，2013）。

与铁矿有关的侵入岩主要有辉长岩和闪长岩类，但也有花岗岩。当另一种情况下，铁矿必然伴生钨、钼等金属矿化，如中国大冶、黄岗和马坑铁矿。

与Cu、Au矿床有关的侵入岩大多为闪长岩、花岗闪长岩、石英二长岩等。

与Pb-Zn-Ag矿床有关的侵入岩有花岗闪长岩、石英二长岩、二长花岗岩、花岗斑岩等。

与Sn、Mo矿床有关的侵入岩主要为花岗岩，特别是Sn矿床，多为高铝的壳源重熔型花岗岩；相反，铝不饱和的闪长岩类侵入体和铁矿伴生，具有较强的地幔信息，与陆壳沉积物混染较少（Kesler，1968）。

Meinert等（2005）曾综合了侵入岩主元素与7个矽卡岩矿床类型（Fe，Au，Cu，Pb-Zn，W，Mo与Sn）之间的相关资料，用作地球化学判别图件。与矽卡岩Fe、Au矿床伴生的侵入体比矽卡岩Sn、Mo矿床含有大量MgO，但相对缺K_2O和SiO_2；而且矽卡岩Fe，Au，Cu，Zn，W，Sn和Mo矿床在K_2O-SiO_2相关图上，具有正相关关系，而在MgO-SiO_2相关图上，则具有负相关关系。这可能反映侵入岩的原始岩浆物质，Fe、Au矽卡岩比Sn、Mo矽卡岩少混染地壳物质。

（3）大地构造单元对矽卡岩矿床的控制

矽卡岩矿床按产出的大地构造环境，主要有以下几类：

—9—

① 产于古老克拉通内部的矽卡岩矿床

在成因上，大多与花岗混合岩化作用有密切关系，如俄罗斯东西伯利亚的镁矽卡岩型 Таёжск 铁(硼)矿床、中国辽南翁泉沟镁矽卡岩型铁(硼)矿床。挪威、瑞典的铁、钨矿床可能也属此类。

② 产于大陆边缘增生带和岛弧中的矽卡岩矿床

这是形成矽卡岩矿床最重要的大地构造背景，北美西海岸、俄罗斯远东、日本、韩国和我国黑龙江等许多重要的Fe、Cu、Pb、Zn、W、Sn、Au矿床都产于这类地质构造环境。有关岩浆岩多为中酸性的钙碱性的闪长岩、石英闪长岩、花岗闪长岩、二长岩和花岗岩等。

③ 产于陆-陆碰撞造山带的矽卡岩矿床

典型实例是我国西藏的冈底斯成矿带。侯增谦等（2012）认为，大陆碰撞成矿作用构成了冈底斯新生代的斑岩-矽卡岩成矿系统。矿床贯穿于印度-亚洲大陆碰撞的全过程，集中产出于冈底斯巨型碰撞带。形成亚贵拉（Pb-Zn-Ag）、努日（Cu-W-Mo）、甲玛（Cu多金属）等大型矽卡岩矿床。

④ 大陆内部大（深）断裂对碳酸岩矿床的控制

我国有相当数量的碳酸岩矿床沿一定大地构造单元的大（深）断裂带呈线性分布。在闽西-粤东地区，许多碳酸岩铁矿床多沿政和-海丰大断裂带附近分布。该断裂带呈北东向延伸，长约1100 Km，宽20-50 Km。李春昱等（1982）认为这条大断裂可能是古生代板块俯冲带。

长江中下游地区在燕山期板块活动性明显增强，常印佛等（1992）认为是由多种地质构造要素组成，包括深断裂、断块构造、滑覆脱推覆构造、构造破碎带、火山-侵入机构等。碳酸岩铁、铜（金）矿床沿着这一深大断裂带两侧分布。

碳酸岩类型和矿物学

在文献上，碳酸岩按其组成矿物特征，通常分为镁碳酸岩和钙碳酸岩两类。作者通过对我国各种碳酸岩系统研究，并和国外有关碳酸岩矿床做了广泛的对比，建议除了镁碳酸岩和钙碳酸岩外，还应进一步划分出钠质碳酸岩和碱质碳酸岩类。因为后两类碳酸岩不仅在矿物组合、成分和生成条件等方面有其特殊性，而且有时有的成矿专属性。下面，我们就这四类矿床的生成地质条件、矿物共生组合、矿物成分特征、分带性以及伴生矿化等方面进行分析叙述：

1. 铁矿床

铁矿床一般见于含镁侵入岩、混合岩、铝硅酸盐岩石和镁质大理岩的接触带。根据其生成时间、方式和矿物共生组合特征等的不同，可以划分为岩浆期铁矿床和岩浆期后矿床两类。岩浆期铁矿床的概念是前苏联学者柯尔仁斯基（1955，1967）最先提出来的。他认为在岗岩化作用时，有过岩浆熔液的参与，铁矿床交代白云岩发生在岩浆阶段。以后，扎里柯夫（1968，1985）和沙贝宁（1974，1978）等又对这类矿床的形成条件、岩石、矿物和地球化学特征作了进一步研究。作者也曾对东秦岭地区的铁矿床矿床进行过较详细的研究（1974，1983），并确定有岩浆期和岩浆期后铁矿床的存在。

岩浆期铁矿床和岩浆期后铁矿床的主要鉴别标志是：

（1）矿物成分和共生组合特征

岩浆期铁矿床的矿物较为单一，主要由一套富镁

光轴角有较强色散现象

Al$_2$O$_3$含量可高达3.64－13.14%

富铝硅酸盐矿物组成，有尖晶石、铝透辉石（深绿辉石）、镁橄榄石、基性斜长石、紫苏辉石（仅见于深成相）、钙镁橄榄石、方镁石（一般见于浅成相）、方解石和硫镁矿等。

岩浆期后镁矽卡岩中的辉石主要为较纯的透辉石，Al$_2$O$_3$的含量一般不超过1%。光轴角没有色散现象。因此，根据辉石中Al$_2$O$_3$的含量高低和光轴色散情况，可以较有把握地区分岩浆期镁矽卡岩的铝透辉石和岩浆期后镁矽卡岩中的透辉石。

岩浆期后镁矽卡岩的组成矿物较多样化，主要有镁橄榄石、透辉石、金云母、透闪石、硅镁石族（包括硅镁石、粒硅镁石和斜硅镁石等）和蛇纹石等；在特殊情况下还有硼镁铁矿、硼镁石、遂安石、氟硼镁石和直闪石等。此外，还有一些较低温的镁矽卡岩蚀变矿物，如镁绿泥石、水镁石、滑石和纤维硼镁石等。

(2) 接触带岩浆岩的变化

由于岩浆期镁矽卡岩是在岩浆尚未完全结晶凝固之前形成的，是从液态岩浆中分出来的溶液或是引起围岩花岗岩化作用的溶液与白云岩相互作用的结果，因此，与矽卡岩接触的岩浆岩本身未见有矽卡岩化现象。与此相反，岩浆期后镁矽卡岩是岩浆期后溶液作用下，岩浆岩和镁质大理岩进行接触交代的产物，本身岩浆岩也常遭矽卡岩化。例如，在陕西千应沟矿区外接触带广泛发育岩浆期后镁矽卡岩（包括透辉石、镁橄榄石和粒（钙）硅镁石矽卡岩）；而在内接触带花岗闪长斑岩中常发育透辉石－石榴子石矽卡岩。

(3) 形成温度

岩浆期镁矽卡岩和岩浆期后镁矽卡岩的形成温度有较大差别。岩浆期镁矽卡岩的生成温度相当高，我们曾对陕西黑山铁矿的岩浆期镁矽卡岩的有关矿物包裹体进行了均一法测定，在镁透辉石中发现有熔融包裹体存在，测得其均一温度为905°C-1005°C。镁橄榄石矽卡岩中的气液包体均一温度也较高，达642°C-702°C。而辽宁加三南乡旧等矿区岩浆期后镁矽卡岩的透辉石中气液包体均一温度相对较低，为502°C-672°C，透闪石中的包体更低，仅360°C-507°C。

(4) 矿化

岩浆期镁矽卡岩一般不含矿，有时可伴生少量磁铁矿化；而岩浆期后镁矽卡岩的伴生矿化则相当复杂，可能有 Fe、Cu、Pb、Zn、W、Sn、Mo、Au、B、Be等。

2. 钙矽卡岩

钙矽卡岩是由钙、镁、铁硅酸盐组成的交代岩。它是在高温气液条件下，碳酸盐岩石（主要是灰岩）和岩浆岩（包括各类侵入岩和火山岩）或其他铝硅酸盐岩石（包括碎屑岩、片岩、混合岩、砂岩、粉砂岩等）相互反应作用的产物。

我国和世界上许多国家钙矽卡岩的产出地质条件表明，它们产于较广泛的地质背景，包括不同时代的大陆边缘褶皱带、岛弧、大陆内部活动区和克拉通古老变质岩区等。

钙矽卡岩按其形成的方式，可分为双交代型（扩散交代型）和接触渗滤交代型。双交代型钙矽卡岩的生成是当高温溶液沿着化学成分不平衡的两种介质（碳酸盐岩和铝硅酸盐岩）运移时，发生硅、铝向碳酸盐岩石扩散，而钙向铝硅酸盐岩石扩散，形成接触带钙矽卡岩体。接触渗滤型钙矽卡岩的生成是由于组分单向迁移而发生反应交代的结果。

钙矽卡岩的矿物种类较多，但常见的主要有：钙铝-钙铁系列石榴石、透辉石-钙铁辉石系列辉石、硅灰石、方柱石、绿帘石、阳起石、斜长石和钾长石等，常见榍石、磷灰石，有时有褐帘石，在特殊条件下可能有黄长石、硼钙山石、（含Cl柱晶石）硬硅钙石等罕见矿物出现。在有些铁（铜）矿床中，有较多的含铁金云母、含氟角闪石、含氯角闪石、电气石。

大量矽卡岩矿物学研究表明，不同钙矽卡岩金属矿床中的辉石和石榴石成分有较明显的变化：

矽卡岩铁、铜矿的辉石主要为透辉石，锰钙辉石分子含量很低。与辉石共生的石榴石一般为钙铁榴石，含63-88%钙铁榴石分子，锰铝榴石分子不超过3%，辉石-石榴石矿物共生对含铁率比值很小，说明矽卡岩化溶液酸度很低，氧逸度较高。这一特点和接触带来的大规模磁铁矿化需要相对富氧的环境是一致的。

矽卡岩白钨矿矿床中的辉石含钙铁辉石分子为中等数量（33.91-58.88%），还含一定量锰钙辉石分子（7.87-10.39%），石榴石含52-68%钙铁榴石分子，较为特征的是石榴石的锰铝榴石分子普遍较高（3.5-22%）。在本类矿床中，透辉石和钙铝-钙铁榴石的过渡种属共生，反映了矽卡岩化溶液大体属中等酸度。

矽卡岩锡矿床的辉石主要为钙铁辉石，但在含铜矽卡岩中则以透辉石为主，说明矽卡岩化溶液酸度较高，形成了较还原的环境。

含钼矽卡岩的辉石主要为透辉石，而石榴石则属于钙铝榴石和钙铁榴石的过渡种属，钙铝榴石分子含量相对较高，达32-83%，平均58.8%。

矽卡岩铅锌矿床的情况比较特殊，除了见有少量钙铁榴石、绿帘石等矿物外，还常出现大量锰质辉石，如钙锰辉石、锰钙铁辉石、蔷薇辉石、钙蔷薇辉石等，个别矿区还有锰铝榴石。

以上说明，交代成矿专属性在早期辉石-石榴石共生对中有所显示，即随着矽卡岩化溶液酸度的增大和氧逸度的降低，铁从以Fe^{3+}为主赋存于石榴石中，逐渐变为以Fe^{2+}为主赋存于单斜辉石中，其伴生金属矿化组合也作有规律的变化：Fe、Cu→Mo-W-Sn。矽卡岩铅锌矿床则以富锰辉石发育为其特征。

3. 锰质矽卡岩

锰质矽卡岩是作者通过对福建、辽宁等省一些矽卡岩铅锌银矿床研究后，并和国外有关矽卡岩铅锌银矿床进行对比后，划分出来的交代建造。在以往的国外文献中，它是当作钙矽卡岩的一部分。我们之所以要把其从钙矽卡岩中划分出来，从一个独立的交代建造来考虑，主要依据有以下几点：

(1) 它有一套较特殊的锰质硅酸盐矿物组合，包括锰钙辉石、锰钙铁辉石、锰铝榴石、蔷薇辉石、钙蔷薇辉石、锰三斜辉石、锰黑柱石和锰质硅灰石等，还往往叠加一些晚期的锰质热液交代矿物，如锰质阳起石、红帘石、菱锰矿、锰绿泥石等。这和钙矽卡岩主要由钙铝-钙铁系列石榴石、透辉石-钙铁辉石系列辉石、硅灰石、符山石、方柱石等矿物组成有明显的区别。

(2) 锰质矽卡岩的形成温度比一般钙矽卡岩要低，前者大多为200-400℃，后者一般为350℃-650℃；生成时间也比钙矽卡岩要晚一些，常见它交代钙矽卡岩的现象。锰质矽卡岩的形成方式主要是接触渗滤交代作用。它们经常产于距离侵入体有一定距离的碳酸盐围岩中，受断裂和层间裂隙带控制；而钙矽卡岩既可以由双交代作用形成，也可以通过接触渗滤交代方式生成，大多产于接触带，也有沿围岩断裂裂隙产出的。

(3) 锰质矽卡岩经常伴生Pb、Zn (Cu, Ag) 矿化，主要组成矿物为闪锌矿、方铅矿、黄铁矿，次为黄铜矿、磁黄铁矿和磁铁矿，而钙矽卡岩的伴生矿化则十分广泛，可能有Fe、Cu、Pb、Zn、W、Mo、Sn、Bi、Au等，相应地金属矿物更为复杂。

（4）这套特殊的镁质矽卡岩矿物组合和伴生矿化，不但在中国许多地区相似地质条件下产出，而且在其他国家也有共同性，如前苏联的西卡拉玛尔（扎里柯夫，1959）、美国新墨西哥州的Grandhog（Einaudi等，1981），日本的Nakatsu和韩国的Yeonhwa-Ulchin等，只是不同地区的镁质矽卡岩矿物组合略有差异而已。

5. 碱质矽卡岩

碱质矽卡岩也是作者提出的一种新的矽卡岩类型和含矿交代建造，因为它形成于较特殊的地质环境，有一套特殊的Na(K, Ca, Mg, Fe, Al)硅酸盐交代矿物，并伴生REE(Fe, Nb, U, Th)等矿化（赵一鸣等，1990，2012）。

碱质矽卡岩一般产于碱性花岗岩或正长岩和白云岩的接触带。碱质矽卡岩矿物和伴生的具经济价值的矿物，已知有以下一些：

Aegirine	$NaFeSi_2O_6$
Aegirine-augite	$(Na,Ca)(Fe^{3+},Mg,Al)[Si_2O_6]$
Agrellite	$NaCa_2Si_4O_{10}F$

Pectolite	$NaCa_2Si_3O_8(OH)$
Arfvedsonite	$Na_3(Fe^{2+},Mg)_4Fe^{3+}Si_8O_{22}(OH)_2$
Magnesioriebeckite	$Na_2(Mg,Fe^{2+})_3Fe^{3+}Si_8O_{22}(OH)_2$
Magnesio-arfvedsonite	$Na_3(Mg,Fe^{2+})_4Fe^{3+}Si_8O_{22}(OH)_2$
Richterite	$Na_2Ca(Mg,Fe^{2+})_5Si_8O_{22}(OH)_2$
phlogopite	$KMg_3Si_3AlO_{10}(F,OH)_2$
Pyrochlore	$(Ca,Na)_2Nb_2O_6(OH,F)$
Monazite	$(Ce,La,Nd,Th)PO_4$
Magnetite	$Fe^{2+}Fe^{3+}O_4$
Bastnaesite	$(Ce,La)(CO_3)F$
Aeschynite	$((Ce,Ca,Fe,Th)(Ti,Nb)_2(O,OH)_6$
Columbite	$(Fe,Mn)(Nb,Ta)_2O_6$
Fluorite	CaF_2
Pitchblende	UO_2
Eudialyte	$Na_4(Ca,Ce,Fe)_2ZrSi_6O_{17}(OH,Cl)_2(Fe,Mn)$
Fergusonite	$Y(Nb,Ta)O_4$
Vlasovite	$Na_2ZrSi_4O_{11}$
Britholite	$(Ce,Ca)_5(SO_4,PO_4)_3(OH,F)$
Hiortdahlite	$(Ca,Na)_3ZrSi_2O_7(O,OH,F)_2$
Catepleite	$Na_2ZrSi_3O_9 \cdot 2H_2O$

— 20 —

矽卡岩矿床分类

前面我们已经按矽卡岩类型分为四类，即钙矽卡岩、镁矽卡岩、锰矽卡岩和碱质矽卡岩。每类矽卡岩都有其伴生的金属矿化。为了叙述方便和对比清晰，Einaudi等(1981)、Meinert等(2005)和赵一鸣等(1990,2012)均按矿床中主要金属元素，来划分矽卡岩矿床的类型，即Fe, Cu, Pb-Zn, W, Sn, Mo, Au七类。这次分类，我们还加上U-REE，共八类。

1. 矽卡岩铁矿床

矽卡岩铁矿床是主要铁矿类型之一，也是目前重要的富铁矿类型。矿石的品位TFe一般大于40%；部分矿床的铁矿石可达50-60%，矿石无需选矿可以直接入炉炼钢。

矽卡岩铁矿床生成地质环境十分广泛，包括古老地盾区、大陆边缘褶皱带、岛弧和大陆内部的断凹带等。其分布相对较广，主要集中在加拿大西部岛屿、美国西海岸、中国东部、俄罗斯乌拉尔、阿尔泰-萨彦地区以及哈萨克斯坦的土尔盖地区等。

与成矿有关的岩浆岩，主要为辉长岩和闪长岩，但也有花岗岩，在后一种情况下，铁矿常是伴生Cu或Mo。在侵入体内接触带往往发育较强的钠长石化和/或方柱石化蚀变，而且宽度较大，可作为重要的找矿标志之一。

矽卡岩铁矿床可大致分为两大类，一类是矿床主要产于侵入岩和各类碳酸盐围岩的接触带，如中国湖北铁山、广东大顶，美国犹他州的 Iron Spings 等；另一类是与海相火山－侵入活动有关的矽卡岩铁矿床，其实例有俄罗斯阿尔泰－萨彦、哈萨克斯坦土尔盖地区和中国天山成矿带。

根据容矿围岩的不同，又可分为镁矽卡岩型铁矿和钙矽卡岩型铁矿两类。前者的被交代围岩为白云岩或白云质灰岩；后者的被交代围岩则为 MgO 含量一般低于3%的灰岩、大理岩或钙质火山岩类。

成矿时代可以从前寒武纪、古生代、中生代一直到新生代。但与海相火山－侵入活动有关的铁矿成矿时代主要是古生代。

2. 矽卡岩铜矿床

矽卡岩铜矿床是世界铜矿，尤其是富铜矿的重要类型之一。矿石多以较高品位的富矿为特征，常与 Fe、Mo、Au、Pb、Zn、W、Sn 等金属相伴产出，组成铜、铜铁（或铁铜）、铜钼、铜金、铜铅锌、铜锡等多种矿化组合。

可分为成因单一的矽卡岩铜多金属矿床和斑岩－矽卡

岩复合型铜多金属矿床两类，后一类矿床铜储量规模往往较大，但铜的平均品位相对较低。

矽卡岩铜矿床主要分布于美国、墨西哥西海岸、秘鲁和智利北部、中国长江中下游、特提斯成矿带等地。大地构造背景是大陆边缘褶皱带、断裂-褶皱带和大陆内部碰撞-褶皱带。

成矿岩体包括辉石闪长岩-花岗岩的各类岩石，而以中性特别是中酸性侵入岩关系最为密切，包括石英闪长岩、石英二长闪长岩、花岗闪长岩及其浅成斑岩相。在岩石化学上它们大多数属于硅酸过饱和、贫铁镁组分、富含碱质的钙碱性系列和次碱性系列岩石。矿化多与浅成-超浅成岩相相伴随，有时伴有侵入爆发角砾岩。

成矿时代主要为中生代和新生代。这两个时代的矽卡岩铜矿床占全世界矽卡岩铜矿床的83%。

含铜矽卡岩矿床广泛发育有钙矽卡岩及镁矽卡岩交代蚀变，前者更为普遍；镁矽卡岩主要产于中酸性岩浆岩与白云岩的接触带。

交代分带是矽卡岩铜矿床的重要特征，不同矿化组合常与一定矽卡岩带相依并存，促使Cu、Fe、Mo等在空间上的分异富集。在中酸性和酸性成矿母岩中，高温碱质交代阶段以钾化为主，并常伴有硅钾交中低温热液蚀变，如钾长石化、黑云母化、绢云母—水白云母化、高岭石化、蒙脱石化、硅化。在钙矽卡岩中常发育阳起石化、绿帘石化、绿泥石化、碳酸盐化。矽卡岩化及岩浆期后热液蚀变的强度和广度是矽卡岩铜矿床的重要找矿标志。

在酸性浅成相侵入岩中，矽卡岩化常与斑岩型Cu、Mo矿化相伴随；各类蚀变矿化在空间上的有机结合，在时间上依序发展，形成以岩体为中心的斑岩型和以接触带为中心的矽卡岩型矿化，这两者构成了与浅成中酸性岩浆活动有关的斑岩—矽卡岩型矿床成矿系列。

3. 矽卡岩铅锌银矿床

矽卡岩铅锌银矿床多产于大陆边缘褶皱带、岛弧。矿体一般赋存于距侵入体接触带有一定距离的碳酸盐围岩中，沿断裂裂隙或碳酸盐岩和碎屑岩之间不同岩性的层间破碎带产出；也有产于岩墙、岩脉和碳酸盐岩接触带内。

与成矿有关的侵入岩可以从闪长岩、花岗闪长岩、石英二长岩到花岗岩及它们的浅成相。

与矿化伴生的矽卡岩主要属于温度较低的锰质矽卡岩，其组成矿物有锰钙铁辉石、锰钙辉石、蔷薇辉石、钙蔷薇辉石、锰三斜辉石、锰质阳起石、锰黑柱石和锰铝榴石等，成为找矿勘探的重要标志之一（赵一鸣等，1990）。

矽卡岩Pb·Zn矿床常与Fe、Cu、W、Sn、Mo等金属伴生，并呈示一定的分带性；一般Fe、Cu靠近侵入岩接触带，而Pb、Zn、Ag则离接触带有一定距离的碳酸盐围岩中。

成矿时代主要为中生代和新生代。

4. 矽卡岩钨矿床

矽卡岩钨矿床主要产于大陆边缘及内部的重要造山带，多与钙碱性侵入体相伴，且主要是中粗粒的岩基或较大岩株。侵入岩岩性有花岗闪长岩、石英二长岩、二长花岗岩、花岗岩等。成矿时代可以从前寒武纪、古生代、中生代一直到新生代，而以中生代燕山期为主。

钨矿化常与Cu、Zn、Mo、Sn等金属矿化伴生。白钨矿一般呈浸染状或细脉-浸染状交代矽卡岩或其附近的交代岩。WO_3品位分布不均，一般为0.3-0.72%，部分富矿可达1.28-2%。Neberry和Einaudi（1981）把含钨矽卡岩分为两组：还原型和氧化型。还原性含钨矽卡岩主要由钙铁辉石和少量钙铝榴石组成，伴有富钼的白钨矿（钨钼钙矿）；在氧化型含钨矽卡岩中，钙铁榴石较丰富，辉石相对较少，白钨矿是贫钼的。

5、矽卡岩锡矿床

矽卡岩锡矿床的分布有局限性，很不均匀，除了加拿大西北部、阿拉斯加、俄罗斯远东、澳大利亚、泰国、阿富汗等地有零星分布外，大多数矿床集中在中国华南地区。

与成矿有关的侵入岩大多为高硅的花岗岩，属于壳源重熔型花岗岩，以酸度高、K_2O大于Na_2O、铝过饱和、富含挥发分F为特征。成矿时代以中生代燕山期为主，少量为元古代和古生代。

矿床赋存的围岩地层有上元古界、寒武系、泥盆系、石炭-二叠系和三叠系等，其中泥盆系和三叠系是最重要的控矿地层。矿田、矿床一般位于两组或两组以上不同方向构造的复合部位，短轴背斜是控制含锡岩体的主要构造形式之一。

在矿床中，Sn常和Fe、Cu、W、Pb、Zn、Au等金属矿化伴生；矽卡岩主要属于钙矽卡岩，少数矿床还有较特殊的富氟条纹岩。含锡矿物比较单一，主要为锡石，偶有马来亚石、黄锡矿和硼钙锡矿。

Dobson (1982) 曾报道在阿拉斯加Lost River含锡矽卡岩中，石榴子石含锡高达6%；赵一鸣等(1990)也报道过在中国云南个旧锡多金属矿床中，石榴子石含锡高达1.97%，石榴子石的含铁性和含锡率之间成正比。

6、矽卡岩钼矿床

与其他矽卡岩矿床相比较，矽卡岩钼矿床的数量相对较稀少。除在中国北方较多外，其他地区矿床分布零星。

在构造上，矽卡岩钼矿床主要产于大陆边缘或内部的褶皱带。一些小型矿床也产于前寒武纪稳定地块（克拉通）。

与成矿有关的侵入岩主要为花岗岩，部分矿床伴生石英二长岩或花岗闪长岩。岩石相对富SiO_2、K_2O，但SiO_2含量变化范围较大；较矽卡岩铜矿更富钾。依据成矿岩浆岩的特点，可划分花岗闪长岩和花岗岩两个系列，前者包括石英闪长岩、石英二长闪长岩、花岗闪长岩；后者为花岗岩、石英斑岩、花岗斑岩、流纹斑岩。其中花岗岩系列的岩石在成钼岩浆岩中占明显优势。岩体多成中深成—浅成相—超浅成相，甚至伴有侵入或爆发角砾岩。

成矿时代集中于印支—燕山期，少量为前寒武纪、古生代和新生代，而以燕山期为主。同位素年龄多为180-80 Ma。

矽卡岩钼矿床的围岩时代偏老，主要为中、新元古代及古生代。其次为三叠系。同一地区，甚至同一矿田中，矽卡岩钼矿床可与斑岩型、脉型及角砾岩筒型钼矿化相伴产出，构成错综复杂的蚀变矿化。一般由下至上可出现矽卡岩型-斑岩型-脉型-网脉型及角砾岩筒型的空间分带。围岩蚀变常以岩体为中心，发育强烈的钾硅质交代作用，形成面型或线型蚀变带。在接触带广泛发育的大理岩化。有相当数量的矽卡岩钼矿床伴生钨。

—27—

7. 矽卡岩金矿床

近十几年来，含金矽卡岩矿床的勘查和研究工作在国内外均取得了很大的进展，发现了一批大型独立或共生金矿床，如美国内华达州的McCoy、蒙大拿州的Elkhorn和Beal，华盛顿州的Crown Jewel，印度尼西亚的Big Gossan（Meinert，1997；1998），中国湖北的鸡冠咀、鸡笼山、桃花咀和安徽的天马山等，从而引起了人们的关注，成为国际地学研究的前沿和热点之一。

Theodore等（1991）总结了含金矽卡岩矿床的主要地质特征、分带规律、岩浆构造背景、共生矿床、矿石矿物组成和流体包裹体特征，并列出了世界上33个国家的127个含金矽卡岩矿床的产地名称、储量、品位和地质特征，但其中对中国的含金矽卡岩知之甚少。

Meinert等（1989；1998）和Ray等（1990）对美国、加拿大、澳大利亚等国的十余个重要含金矽卡岩矿床的主要地质特征作了总结，划分出还原型和氧化型含金矽卡岩、含金镁矽卡岩和产于区域变质地体中的含金矽卡岩等四个类型。从其所举的矿床实例看，以还原型含金矽卡岩最为重要，金矿化大多产于富辉石带有一定比例的钙铁辉石矽卡岩中。这类矽卡岩包括：加拿大的特大型Hedley（Nickel plate）金矿、美国内华达州的特大型Fortitude金矿、蒙大拿州的Beal和Elkhorn，华盛顿州的Crown Jewel和澳大利亚的Junction Reefs等。还原型的矽卡岩金矿床具有富铁的单斜辉石（大于Hd50），但在近接触带含较丰富的石榴子石；有关侵入岩含有钛铁矿，$Fe_2O_3/(Fe_2O_3+FeO)$值小于0.5。另一特点是该类金矿含金品位较高，Au高达5-15g/t，硫化物含量也较高，以磁黄铁矿和毒砂为主。氧化型矽卡岩金矿的特点是：石榴子石/辉石比值较高；硫化物和含金品位相对较低，硫化物中黄铁矿含量多于磁黄铁矿。氧化型矽卡岩金矿的实例较多，有美国内华达州的McCoy，厄瓜多尔的Nambija以及中国湖北的鸡笼山、河南北[illegible]等。

赵一鸣等（1997，1998，1999，Zhao et al.，1999）对我国含金矽卡岩矿床，特别是对长江中下游地区的含金矽卡岩矿床的分布、构造环境、地质地球化学特征等进行了较深入的研究，指出它们形成的有利构造环境为大陆边缘的拗陷和褶皱带及深大断裂附近，有关侵入岩为I型，主要为花岗闪长岩和石英二长闪长岩的浅成相，矿床的综合交代矿化分带模式，自岩体向碳酸盐围岩方向依次为：Cu(Mo)→Cu(Fe)→Cu、Au→Au→Au-Pb-Zn。含金矽卡岩均为氧化型，金矿化形成温度大致为350-153°C。

—29—

8. 矽卡岩 U-REE(Th, Zr, Y)矿床

这类矽卡岩数量较少，但很特殊；有关岩浆岩为正长岩、碱性花岗岩，也有碱性伟晶岩；在碱性侵入岩和碳酸盐围岩的接触带，往往有一套碱性的矽卡岩产出。U-REE(Th, Zr, Y)矿化即产于碱性矽卡岩中。因此，作者建议把这类矽卡岩矿床单独划分出来。

碱质矽卡岩的矿物组成有霓石、霓辉石、氟镁钠闪石、镁钠闪石、钠透闪石、针钠钙石、异性石、钠锆石等。矿石金属矿物十分复杂，可能有绿层硅铈钛矿、水硅钛铈矿、沥青铀矿、独居石、烧绿石、褐帘石、菱硼硅铈矿等。

碱质矽卡岩矿床的围岩，可以是大理岩、白云质大理岩，也可能是碳酸岩。已知主要矿床实例有加拿大魁北克的 Kipawa Y-Zr-REE 矿床，中国辽宁赛马 U-REE(Th)矿床和澳大利亚的 Mary-Kathleen U-REE 矿床等。成矿时代为元古代和中生代。

图版 I

照片 1　尖晶石(绿色)-铝透辉石矽卡岩
单偏光　安徽天鹅抱蛋

照片 2　透辉石矽卡岩
正交偏光　陕西木龙沟

照片 3　镁橄榄石矽卡岩
黑色为磁铁矿
正交偏光　陕西木龙沟

照片 4　透闪石矽卡岩
正交偏光　辽宁八家子

照片 5　金云母矽卡岩
黑色为磁铁矿
正交偏光　辽宁八家子

照片 6　粒硅锂石-磁铁矿(黑色)
正交偏光　陕西木龙沟

图版Ⅱ

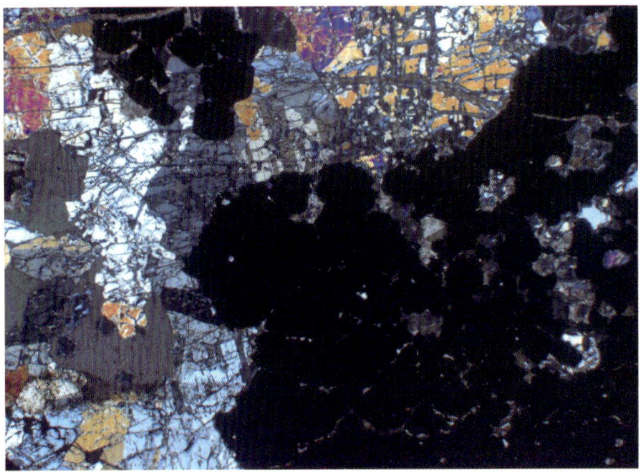

照片7　斜硅镁石、磁铁矿(黑色)矿石
正交偏光　陕西黑山

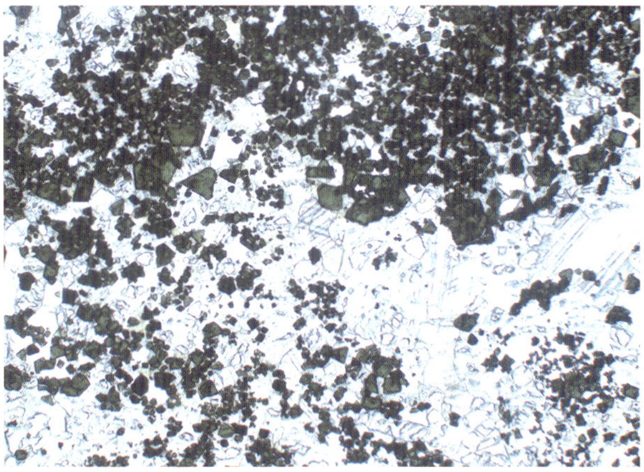

照片8　尖晶石(绿色)矽卡岩
Cal-方解石
单偏光　陕西黑山

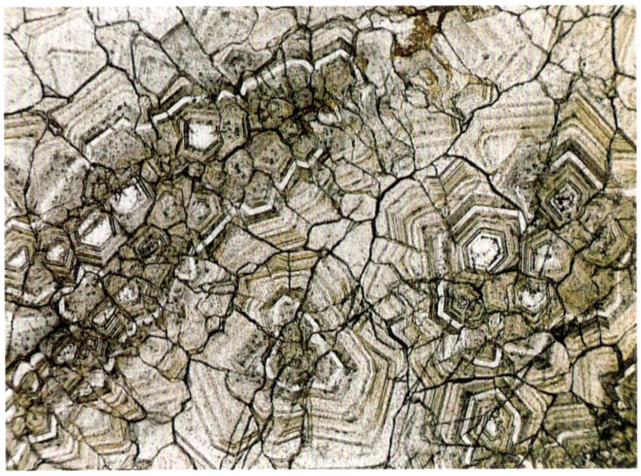

照片9　石榴石矽卡岩
单偏光　湖北大广山

照片10　钙铁辉石矽卡岩
正交偏光　云南个旧

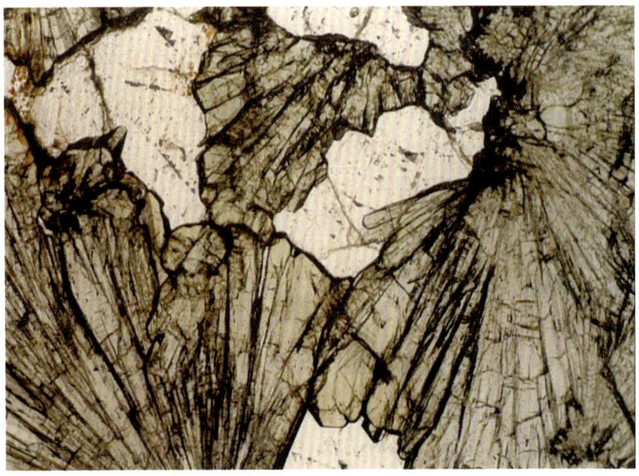

照片11　硼符山石矽卡岩
白色为萤石
单偏光　云南个旧打磨山

照片12　绿帘石矽卡岩
原黑色为方解石
正交偏光　安徽天马山

图版Ⅲ

照片 13　硅灰石矽卡岩
正交偏光　福建溶田

照片 14　含氟角闪石矽卡岩
黑色为磁铁矿
单偏光　福建桂山

照片 15　钠长石交代岩
粒状矿物为霓辉质透辉石
正交偏光　湖北铁山

照片 16　石榴子石-方柱石(白色)矽卡岩
单偏光　湖北铁山

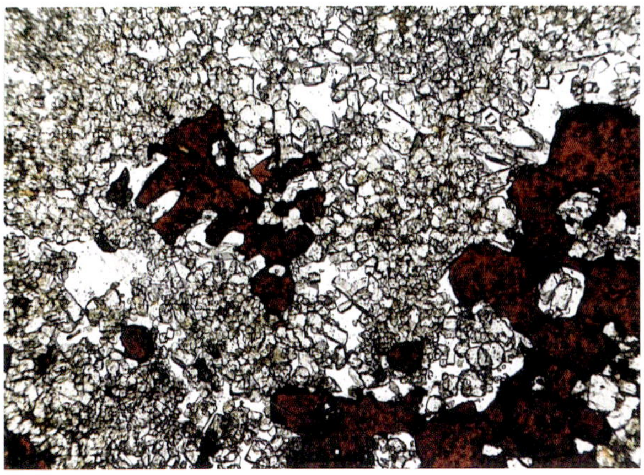

照片 17　锰钙铁辉石矽卡岩
有闪锌矿化(红棕色)
单偏光　内蒙古白音诺

照片 18　锰钙辉石矽卡岩
正交偏光　福建大排

图版Ⅳ

照片 19　钙蔷薇辉石矽卡岩
正交偏光　福建马坑

照片 20　蔷薇辉石矽卡岩
黑色不规则脉为方铅矿
正交偏光　辽宁八家子

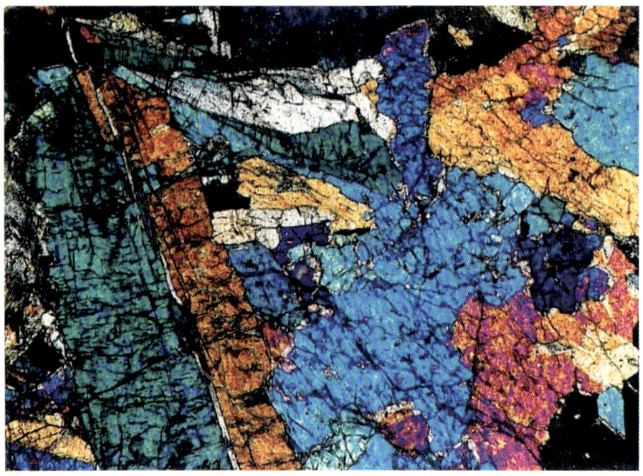

照片 21　铁锰橄榄石矽卡岩
正交偏光　辽宁八家子

照片 22　锰质阳起石矽卡岩
正交偏光　福建马坑

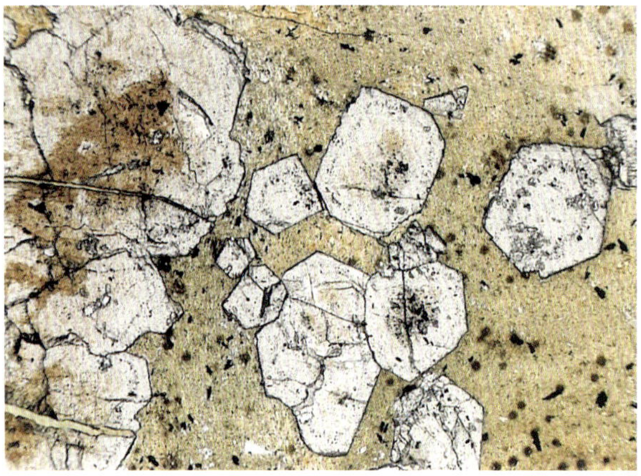

照片 23　锰铝榴石矽卡岩
浅黄色基质为含铁金云母
单偏光　辽宁八家子

照片 24　霓石矽卡岩
单偏光　辽宁赛马

图版V

照片25　氯镁钠闪石矽卡岩
单偏光　辽宁赛马

照片26　钠角闪石矽卡岩
正交偏光　辽宁赛马

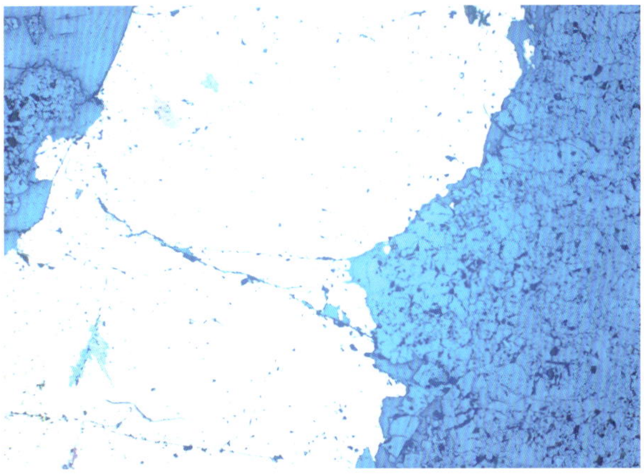

照片27　黄铜矿化透辉石矽卡岩
反光　青海卡尔却克

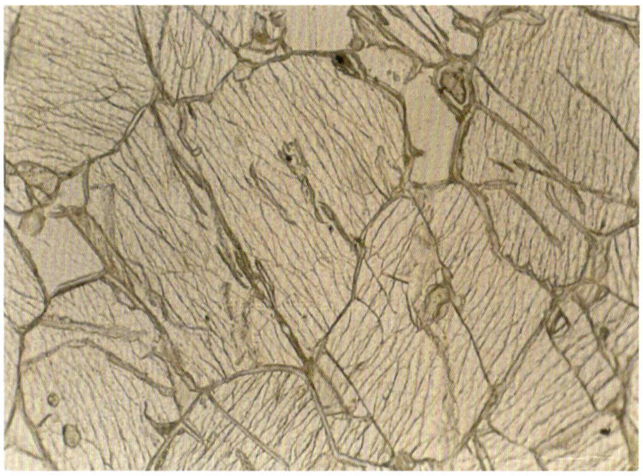

照片28　钙镁橄榄石矽卡岩
单偏光　陕西店门

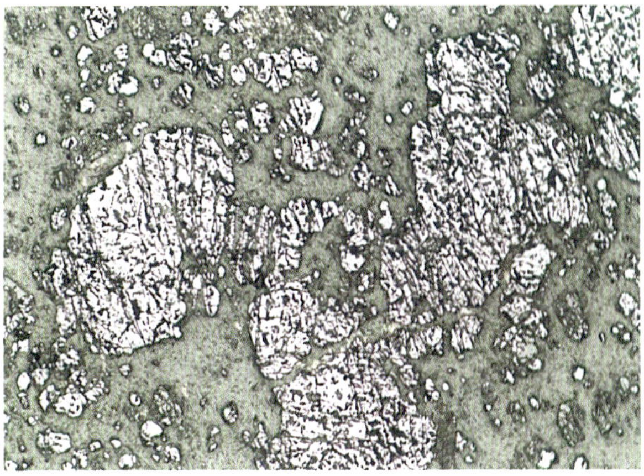

照片29　镁铁矿
反光　安徽三铺

照片30　含白钨矿（浅绿色）石榴子石矽卡岩
单偏光　湖南新田岭

图版Ⅵ

照片 31　透辉石矽卡岩中的锡石(黄棕色)矿化
正交偏光　湖南香花岭

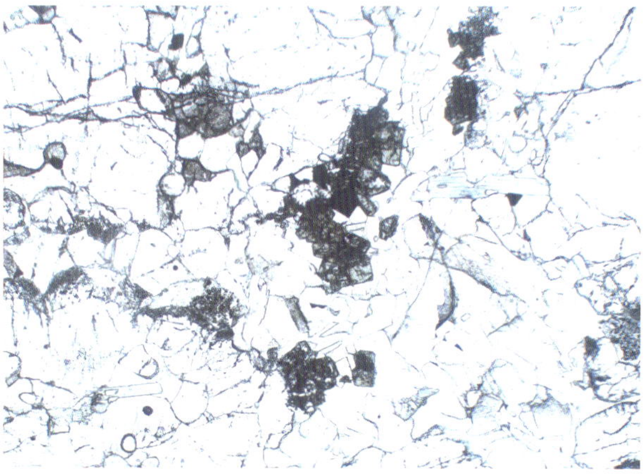

照片 32　香花石(红色)交代岩
黑色为为锡石
单偏光　湖南香花岭

照片 33　矽铍石交代岩
正交偏光　湖南香花岭

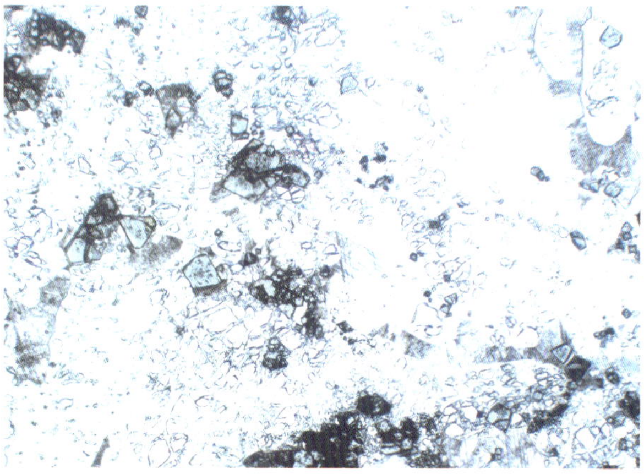

照片 34　氟硼镁石(绿色)交代岩
正交偏光　湖南香花岭

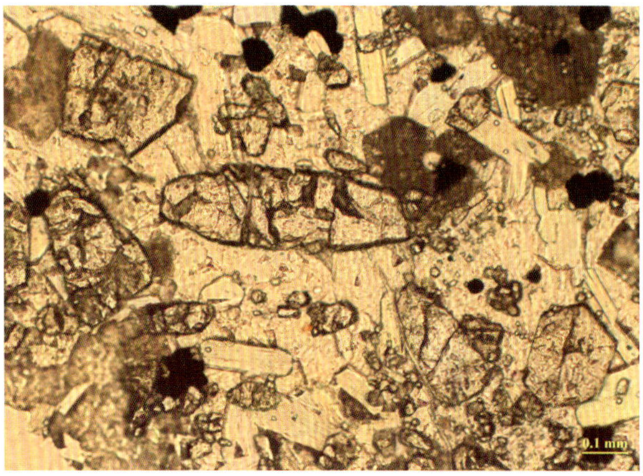

照片 35　塔菲石条纹岩
湖南香花岭

照片 36　钙铁榴石矽卡岩

内蒙古黄岗

照片 37　放射状符山石矽卡岩

湖南香花岭

照片 38　方柱石矽卡岩

湖北铁山

照片 39　香花矿(白色)-金云母交代岩

湖南香花岭

照片 40　绿柱石

湖南香花岭

照片 41　磁铁矿晶族

湖北铁山

照片 42　闪锌矿晶族

湖南北口山

照片 43　方铅矿矿石

内蒙古白音诺

照片 44　含铍条纹岩

湖南香花岭